普通高等教育机械类系列教材

Creo 8.0 机械设计教程

（高校本科教材）

詹友刚　主　编

扫描二维码
获取随书学习资源

机 械 工 业 出 版 社

本书是供我国高等学校机械类本科学生使用的教材，以 Creo 8.0 软件为蓝本，介绍了 Creo 软件的操作方法和应用技巧。为方便广大教师和学生的教学和学习，本书附赠学习资源，制作了大量应用技巧和具有针对性的范例教学视频，并进行了详细的语音讲解。另外，学习资源中还包含本书所有的素材文件、练习文件和范例文件。

在内容安排上，为了使学生能更快地掌握 Creo 软件的基本功能，书中结合大量的范例对软件中的概念、命令和功能进行讲解，以范例的形式讲述了应用 Creo 进行产品设计的过程。这些范例都是实际生产中具有代表性的例子，具有很强的实用性和广泛的适用性，能使学生较快地进入产品设计实战状态。本书在每一章还安排了大量的各类习题，便于教师布置课后作业和学生进一步巩固所学知识。在写作方式上，本书内容紧贴软件的实际操作界面，使学生能够直观、准确地操作软件进行学习，从而尽快上手，提高学习效率。在学习完本书后，学生能够迅速地运用 Creo 软件来完成一般机械产品从零部件三维建模（含钣金件）、装配到制作工程图的设计工作。

本书内容全面，条理清晰，范例丰富，讲解详细，可作为高等院校机械类各专业本科学生的 CAD/CAM 课程教材，也可作为广大工程技术人员自学 Creo 软件的教材和参考书。

图书在版编目（CIP）数据

Creo 8.0机械设计教程/詹友刚主编. —北京：机械工业出版社，2023.12（2024.8重印）

高校本科教材　普通高等教育机械类系列教材

ISBN 978-7-111-73626-4

Ⅰ.①C…　Ⅱ.①詹…　Ⅲ.①机械设计—计算机辅助设计—应用软件—高等学校—教材　Ⅳ.①TH122

中国国家版本馆CIP数据核字（2023）第146580号

机械工业出版社（北京市百万庄大街22号　邮政编码100037）
策划编辑：丁　锋　　责任编辑：丁　锋
责任校对：张亚楠　贾立萍　陈立辉　　封面设计：张　静
责任印制：张　博
北京建宏印刷有限公司印刷
2024 年 8 月第 1 版第 2 次印刷
184mm × 260mm · 22.75印张 · 518千字
标准书号：ISBN 978-7-111-73626-4
定价：69.90 元

电话服务　　网络服务
客服电话：010-88361066　　机　工　官　网：www.cmpbook.com
010-88379833　　机　工　官　博：weibo.com/cmp1952
010-68326294　　金　　书　　网：www.golden-book.com
封底无防伪标均为盗版　　机工教育服务网：www.cmpedu.com

前 言

本书是以我国高等院校机械类各专业本科学生为主要读者对象而编写的，内容安排根据我国大学本科学生就业岗位群职业能力的要求，并参照 PTC 公司 Creo 全球认证培训大纲而确定。本书特色如下。

- 内容全面，涵盖了机械产品设计中零件创建（含钣金件）、装配和工程图制作的全过程。
- 范例丰富，对软件中的主要命令和功能，先结合简单的范例进行讲解，然后安排一些较复杂的综合范例帮助读者深入理解、灵活应用。
- 写法独特，采用 Creo 软件中真实的对话框、操控板和按钮等进行讲解，使初学者能够直观、准确地操作软件，从而大大提高学习效率。
- 附加值高，本书附赠学习资源，制作了大量 Creo 应用技巧和具有针对性的范例教学视频，并进行了详细的语音讲解，可以帮助读者轻松、高效地学习。

建议本书的教学采用 48 学时（包括学生上机练习），教师也可以根据实际情况，对书中内容进行适当的取舍，将课程调整到 32 学时。

本书由詹友刚主编，参加编写的人员有王焕田、刘静、詹路。限于编者水平，书中如有疏漏之处，恳请广大读者予以指正。

电子邮箱：zhanygjames@163.com　咨询电话：010-82176248，010-82176249。

编　者

注意：本书是为我国高等院校机械类各专业而编写的教材，为了方便教师教学，特制作了本书的教学 PPT 课件和习题答案，同时备有一定数量的、与本教材教学相关的高级教学参考书籍供任课教师选用。有需要该 PPT 课件和教学参考书的任课教师，请写邮件或打电话索取（电子邮箱：zhanygjames@163.com，电话：010-82176248，010-82176249），索取时务必说明贵校本课程的教学目的和教学要求、学校名称、教师姓名、联系电话、电子邮箱以及邮寄地址。

本书导读

为了能够更好地学习本书的知识，请您先仔细阅读下面的内容。

写作环境

本书使用的操作系统为64位的Windows 7，系统主题采用Windows经典主题。本书采用的写作蓝本是Creo 8.0中文版。

随书学习资源的使用

为方便读者练习，特将本书所有素材文件、已完成的范例文件、配置文件和视频语音讲解文件等放入随书附赠的学习资源中，读者在学习过程中可以打开相应素材文件进行操作和练习。

在学习资源的dbcreo8.1目录下共有3个子目录。

（1）Creo_system_file子文件夹：包含一些系统文件。

（2）work子目录：包含本书讲解中所有的教案文件、范例文件和练习素材文件。

（3）video子目录：包含本书讲解中的视频文件。读者学习时，可在该子目录中按顺序查找所需的视频文件。

学习资源中带有“ok”扩展名的文件或文件夹表示已完成的范例。

建议读者在学习本书前，先将随书学习资源中的所有文件复制到计算机硬盘的D盘中。

相比于老版本的软件，Creo 8.0在功能、界面和操作上变化极小，经过简单的设置后，几乎与老版本完全一样（书中已介绍设置方法）。因此，对于软件新老版本操作完全相同的内容部分，学习资源中仍然使用老版本的视频讲解，对于绝大部分读者而言，并不影响软件的学习。

本书约定

- 本书中有关鼠标操作的简略表述意义如下。
  - ☑ 单击：将鼠标指针移至某位置处，然后按一下鼠标的左键。
  - ☑ 双击：将鼠标指针移至某位置处，然后连续快速地按两次鼠标的左键。
  - ☑ 右击：将鼠标指针移至某位置处，然后按一下鼠标的右键。
  - ☑ 单击中键：将鼠标指针移至某位置处，然后按一下鼠标的中键。
  - ☑ 滚动中键：只是滚动鼠标的中键，而不能按中键。
  - ☑ 选择（选取）某对象：将鼠标指针移至某对象上，单击以选取该对象。
  - ☑ 拖动某对象：将鼠标指针移至某对象上，然后按下鼠标的左键不放，同时移动鼠标，将该对象移动到指定的位置后再松开鼠标的左键。

- 本书中的操作步骤分为 Task、Stage 和 Step 三个级别，说明如下。
  - ☑ 对于一般的软件操作，每个操作步骤以 Step 字符开始。
  - ☑ 每个 Step 操作视其复杂程度，其下面可含有多级子操作，例如 Step1 下可能包含（1）、（2）、（3）等子操作，（1）子操作下可能包含①、②、③等子操作，①子操作下可能包含 a）、b）、c）等子操作。
  - ☑ 如果操作较复杂，需要几个大的操作步骤才能完成，则每个大的操作冠以 Stage1、Stage2、Stage3 等，Stage 级别的操作下再分 Step1、Step2、Step3 等操作。
  - ☑ 对于多个任务的操作，则每个任务冠以 Task1、Task2、Task3 等，每个 Task 操作下则可包含 Stage 和 Step 级别的操作。
- 因为已建议读者将 dbcreo8.1 文件夹复制到计算机硬盘的 D 盘根目录下，所以书中在要求设置工作目录或打开学习资源文件时，所述的路径均以 D：开始。例如，下面是一段有关这方面的描述。

  Step1. 设置工作目录和打开文件。

  （1）将工作目录设置至 D：\dbcreo8.1\work\ch04\ch04.05。

  （2）打开文件 asm_pattern_ref.asm。

技术支持

本书主编和主要参编人员来自北京兆迪科技有限公司，该公司专门从事 CAD/CAM/CAE 技术的研究、开发、咨询及产品设计与制造服务，并提供 UG、Ansys、Adams 等软件的专业培训及技术咨询，读者在学习本书的过程中如果遇到问题，可通过访问该公司的网站 http：//www.zalldy.com 来获得技术支持。

为了感谢广大读者对兆迪科技图书的信任与厚爱，兆迪科技面向读者推出免费送课、最新图书信息咨询、与主编在线直播互动交流等服务。

- 免费送课。读者凭有效购书证明，可领取价值 100 元的在线课程代金券 1 张，此券可在兆迪科技网校（http：//www.zalldy.com/）免费换购在线课程 1 门，活动详情可以登录兆迪网校或者关注兆迪公众号查看。

  咨询电话：010-82176248，010-82176249。

目录

第 1 章　Creo 8.0 软件基础知识

本章提要

随着计算机辅助设计—— CAD（Computer Aided Design）技术的飞速发展和普及，越来越多的工程设计人员开始利用计算机进行产品的设计和开发，Creo 作为一种当前最流行的高端三维 CAD 软件，越来越受到我国工程技术人员的青睐。本章内容主要包括：

- Creo 8.0 软件简介
- 创建用户文件目录
- 设置系统配置文件
- 设置工作界面配置文件
- 启动 Creo 8.0 软件
- Creo 8.0 软件的用户界面
- Creo 8.0 软件的环境设置
- 设置 Creo 8.0 工作目录

1.1　Creo 8.0 软件简介

美国 PTC 公司（Parametric Technology Corporation，参数技术公司）于 1985 年在美国波士顿成立。目前，PTC 公司的软件已占全球 CAID/CAD/CAE/CAM/PDM 市场份额的 43% 以上，成为 CAID/CAD/CAE/CAM/PDM 领域最具代表性的软件公司。

Creo 是美国 PTC 公司于 2011 年 10 月推出的 CAD 设计软件包。Creo 是整合了 PTC 公司 Pro/Engineer 的参数化技术、CoCreate 的直接建模技术和 ProductView 的三维可视化技术的新型 CAD 设计软件包，是 PTC 公司闪电计划所推出的第一个产品。

Creo 在拉丁语中是创新的意思。Creo 软件的推出，是为了解决困扰制造企业在应用 CAD 软件中的难题。CAD 软件已经应用了几十年，三维软件也已经出现了 20 多年，似乎技术与市场逐渐趋于成熟。但是，目前制造企业在 CAD 应用方面仍然面临着四大核心问题。

（1）软件的易用性。目前 CAD 软件虽然在技术上已经逐渐成熟，但是软件的操作还很复杂，简易化程度有待提高。

（2）互操作性。不同的设计软件造型方法各异，包括特征造型、直觉造型等，二维设计还在广泛地应用。但这些软件相对独立，操作方式完全不同，对于客户来说，鱼和熊掌不能兼得。

（3）数据转换的问题。这个问题依然是困扰 CAD 软件应用的大问题。一些厂商试图通过图形文件的标准来锁定用户，因而导致用户有很高的数据转换成本。

（4）装配模型如何满足复杂的客户配置需求。由于客户需求的差异，往往会造成由于复杂的配置，而大大延长产品交付的时间。

Creo 8.0 软件的推出，正是为了从根本上解决这些制造企业在 CAD 应用中面临的核心问题，从而真正将企业的创新能力发挥出来，帮助企业提升研发协作水平，让 CAD 应用真正提高效率，为企业创造价值。作为 PTC 闪电计划中的一员，Creo 8.0 具备互操作性、开放、易用三大特点。在产品生命周期中，不同的用户对产品开发有着不同的需求。不同于目前的解决方案，Creo 8.0 软件旨在消除 CAD 行业中多项难以解决的问题。

- 解决机械 CAD 领域中未解决的重大问题，包括基本的易用性、互操作性和装配管理。
- 采用全新的方法实现解决方案（建立在 PTC 的特有技术和资源上）。
- 提供一组可伸缩、可互操作、开放且易于使用的机械设计应用程序。
- 为设计过程中的每一名参与者适时提供合适的解决方案。

Creo 通过整合原来的 Pro/Engineer、CoCreate 和 ProductView 三个软件后，重新分成各个更为简单而具有针对性的子应用模块，所有这些模块统称为 Creo Elements。而原来的三个软件则分别整合为新的软件包中的一个子应用。

- Pro/Engineer 整合为 Creo Elements/Pro。
- CoCreate 整合为 Creo Elements/Direct。
- ProductView 整合为 Creo Elements/View。

整个 Creo 软件包被分成 30 个子应用，所有这些子应用被划分为四大应用模块，分别是：

- AnyRole APPs（应用）：在恰当的时间向正确的用户提供合适的工具，使组织中的所有人都参与到产品开发过程中。最终结果：激发新思路、创造力以及个人效率。
- AnyMode Modeling（建模）：提供业内唯一真正的多范型设计平台，使用户能够采用二维、三维直接或三维参数等方式进行设计。在某一个模式下创建的数据能在任何其他模式中访问和重用，每位用户可以在所选择的模式中使用自己或他人的数据。此外，Creo 8.0 的 AnyMode 建模可以让用户在模式之间进行无缝切换，而不丢失信息或设计思路，从而提高团队效率。
- AnyData Adoption（采用）：用户能够统一使用任何 CAD 系统生成的数据，从而实现多 CAD 设计的效率和价值。参与整个产品开发流程的每一个人，都能够获取并重用 Creo 8.0 产品设计应用软件所创建的重要信息。此外，Creo 8.0 可以提高原有系统数据的重用率，降低技术锁定所需的高昂转换成本。
- Any BOM Assembly（装配）：为团队提供所需的能力和可扩展性，以创建、验证和重用高度可配置产品的信息。利用 BOM 驱动组件以及与 PTC Windchill PLM 软件的紧密集成，用户将开启并达到团队乃至企业前所未有过的效率和价值水平。

注意：以上有关 Creo 的功能模块的介绍仅供参考，如有变动应以 PTC 公司的最新相关正式资料为准，特此说明。

1.2　创建用户文件目录

使用 Creo 8.0 软件时，应该注意文件的目录管理。如果文件管理混乱，将会造成系统找不到正确的相关文件，从而严重影响 Creo 8.0 软件的全相关性，同时也会使文件的保存、删除等操作产生混乱。因此应按照操作者的姓名、产品名称（或型号）等建立用户文件目录，如本书要求在 D 盘上创建一个名为 Creo-course 的文件夹作为用户目录。

1.3　设置系统配置文件

用户可以利用一个名为 config.pro 的系统配置文件预设 Creo 8.0 软件的工作环境和进行全局设置，例如 Creo 8.0 软件的界面是中文还是英文（或者中英文双语）由 menu_translation 选项来控制，这个选项有三个可选的值：yes、no 和 both，它们分别可以使软件界面为中文、英文和中英文双语。

本书下载文件夹中的 config.pro 文件对一些基本的选项进行了设置，强烈建议读者进行如下操作，使该 config.pro 文件中的设置有效，这样可以保证后面学习中的软件配置与本书相同，从而提高学习效率。

将 D：\dbcreo8.1\Creo8.0_system_file\ 下的 config.pro 复制至 Creo 8.0 安装目录的 text 目录下（假设 Creo 8.0 的安装目录为 C：\Program Files\Creo8.0，则应将该文件复制到 C：\Program Files\PTC\Creo 8.0\F000\Common Files\text)。

1.4　设置工作界面配置文件

用户可以利用一个名为 creo_parametric_customization.ui 的系统配置文件预设 Creo 8.0 软件工作环境的工作界面（包括工具栏中按钮的位置）。

本书附赠学习资源中的 creo_parametric_customization.ui 对软件界面进行了一定的设置，建议读者进行如下操作，使软件界面与本书相同，从而提高学习效率。

Step1. 进入配置界面。选择“文件”下拉菜单中的 文件 → 选项 命令，系统弹出“Creo Parametric 选项”对话框。

Step2. 导入配置文件。在“Creo Parametric 选项”对话框中单击 功能区 区域，单击 导入 按钮，系统弹出“打开”对话框。

Step3. 选中 D：\dbcreo8.1\Creo8.0_system_file\ 文件夹中的 creo_parametric_customization.ui 文件，单击 打开 按钮。

1.5 启动 Creo 8.0 软件

一般来说，有两种方法可启动并进入 Creo 8.0 软件环境。

方法一：双击 Windows 桌面上的 Creo 8.0 软件快捷图标。

说明：只要是正常安装，Windows 桌面上会显示 Creo 8.0 软件快捷图标。对于快捷图标的名称，可根据需要进行修改。

方法二：从 Windows 系统的“开始”菜单进入 Creo，操作方法如下。

Step1. 单击 Windows 桌面左下角的 按钮。

Step2. 选择 PTC → Creo Parametric 8.0.0.0 命令，系统便进入 Creo 软件环境。

1.6 Creo 8.0 软件的用户界面

在学习本节时，请先打开目录 D:\dbcreo8.1\work\ch01.06 下的文件 socket.prt。

Creo 8.0 用户界面包括快速访问工具栏、功能区、视图控制工具条、标题栏、智能选取栏、消息区、图形区及导航选项卡区，如图 1.6.1 所示。

1. 导航选项卡区

导航选项卡包括三个页面选项：“模型树或层树”“文件夹浏览器”和“收藏夹”。

- “模型树”中列出了活动文件中的所有零件及特征，并以树的形式显示模型结构。根对象（活动零件或组件）显示在模型树的顶部，其从属对象（零件或特征）位于根对象之下。例如：在活动装配文件中，“模型树”列表的顶部是组件，组件下方是每个零件的名称；在活动零件文件中，“模型树”列表的顶部是零件，零件下方是每个特征的名称。若打开多个 Creo 模型，则“模型树”只反映活动模型的内容。
- “文件夹浏览器”类似于 Windows 的“资源管理器”，用于浏览文件。
- “收藏夹”用于有效组织和管理个人资源。

2. 快速访问工具栏

快速访问工具栏中包含新建、保存、修改模型和设置 Creo 环境的一些命令。快速访问工具栏为快速进入命令及设置工作环境提供了极大的方便，用户可以根据具体情况定制快速访问工具栏。

3. 标题栏

标题栏显示了当前的软件版本以及活动的模型文件名称。

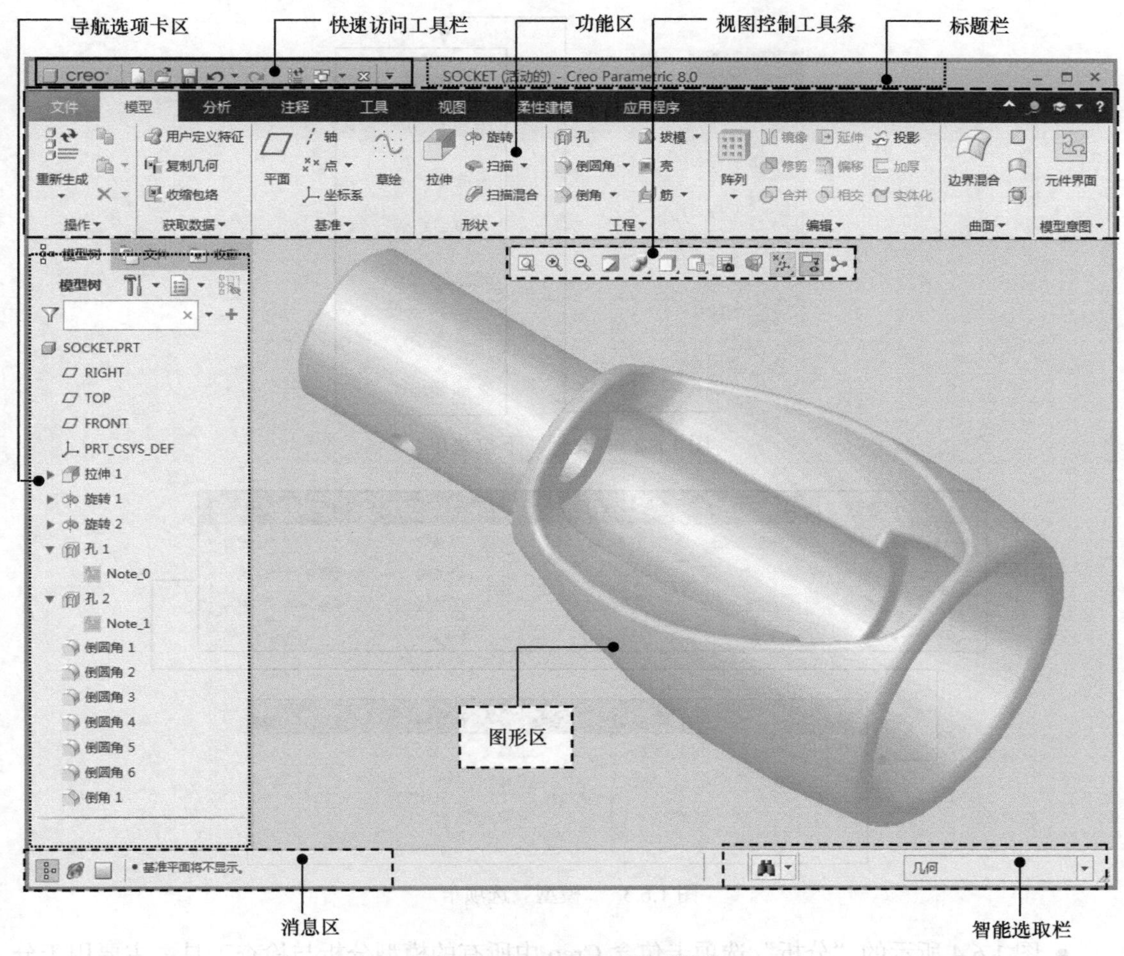

图 1.6.1　Creo 8.0 用户界面

4. 功能区

功能区中包含“文件”下拉菜单和“命令”选项卡。“命令”选项卡显示了 Creo 中所有的功能按钮，并以选项卡的形式进行分类。用户可以根据需要自己定义各功能选项卡中的按钮，也可以自己创建新的选项卡，将常用的命令按钮放在自定义的功能选项卡中。

注意： 用户会看到有些菜单命令和按钮处于非激活状态（呈灰色，即暗色），这是因为它们目前还没有处在发挥功能的环境中。一旦它们进入有关的环境，便会自动激活。

下面是功能区中各选项卡的介绍。

- 图 1.6.2 所示的“文件”下拉菜单包含新建、打开、保存、关闭和退出等文件管理工具，系统选项设置工具也在其中。
- 图 1.6.3 所示的“模型”选项卡包含 Creo 中所有的零件建模工具，主要有实体建模工具、曲面工具、基准特征、工程特征、特征的编辑工具以及模型示意图工具等。

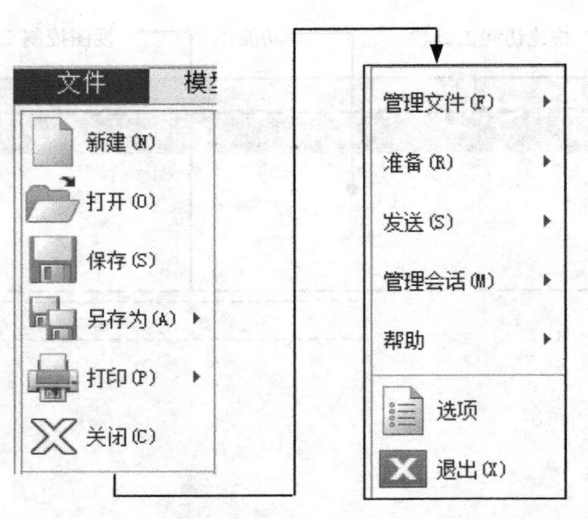

图 1.6.2 “文件”下拉菜单

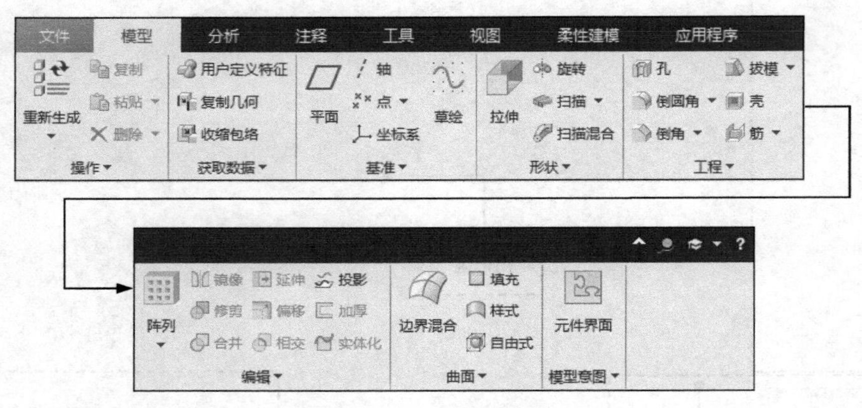

图 1.6.3 “模型”选项卡

- 图 1.6.4 所示的“分析”选项卡包含 Creo 中所有的模型分析与检查工具，主要用于分析测量模型中的各种物理数据、检查各种几何元素以及尺寸公差分析等。

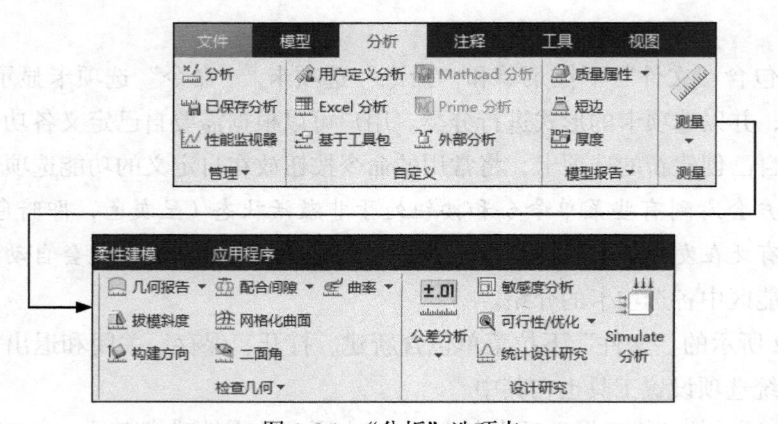

图 1.6.4 “分析”选项卡

- 图 1.6.5 所示的“注释”选项卡用于创建与管理模型的 3D 注释，如在模型中添加尺寸注释、添加几何公差与基准等，这些注释也可以直接导入 2D 工程图中。

图 1.6.5　“注释”选项卡

● 图 1.6.6 所示的“工具”选项卡包含 Creo 中的建模辅助工具，主要有模型播放器、参考查看器、搜索工具、族表工具、参数化工具、辅助应用程序等。

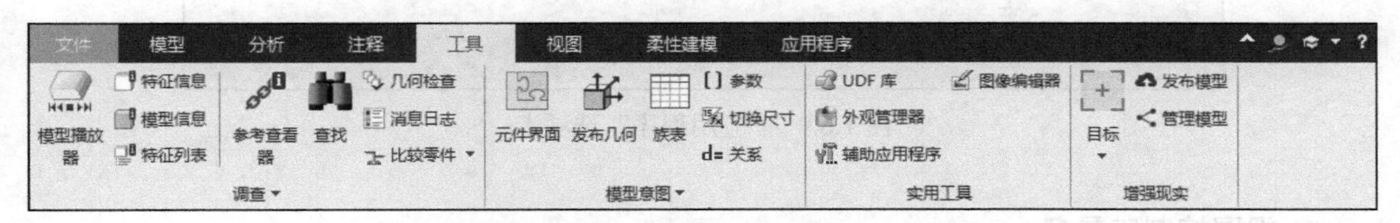

图 1.6.6　“工具”选项卡

● 图 1.6.7 所示的“视图”选项卡主要用于设置管理模型的视图，可以调整模型的显示效果、外观、设置显示样式、控制基准特征的显示与隐藏、文件窗口管理等。

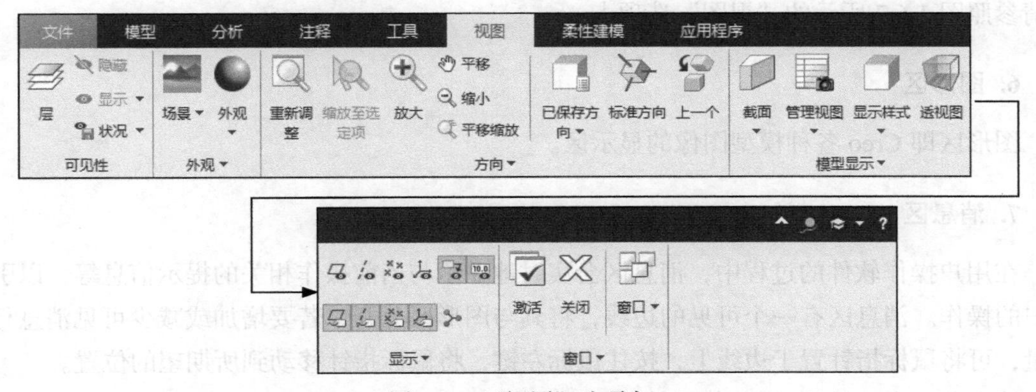

图 1.6.7　“视图”选项卡

● 图 1.6.8 所示的“柔性建模”选项卡是 Creo 软件的新功能，主要用于直接编辑模型中的各种实体和特征（包括无参数实体）。

● 图 1.6.9 所示的“应用程序”选项卡主要用于切换到 Creo 的部分工程模块，如焊件设计、模具设计、分析模拟等。

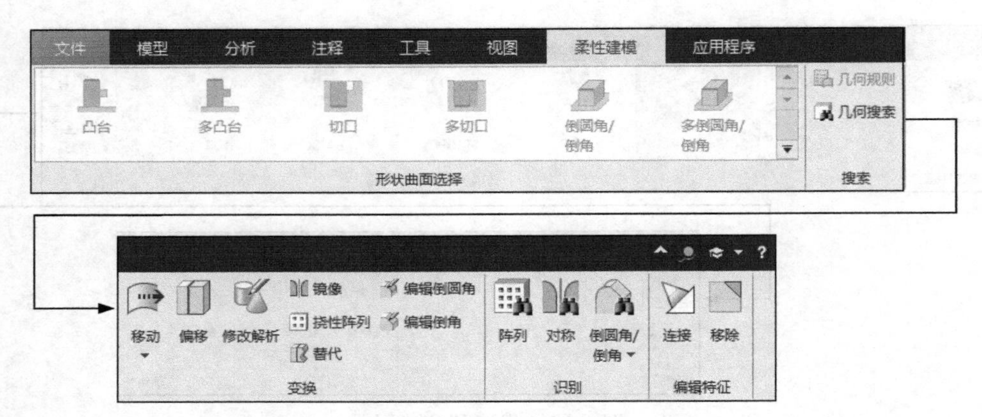

图 1.6.8 “柔性建模”选项卡

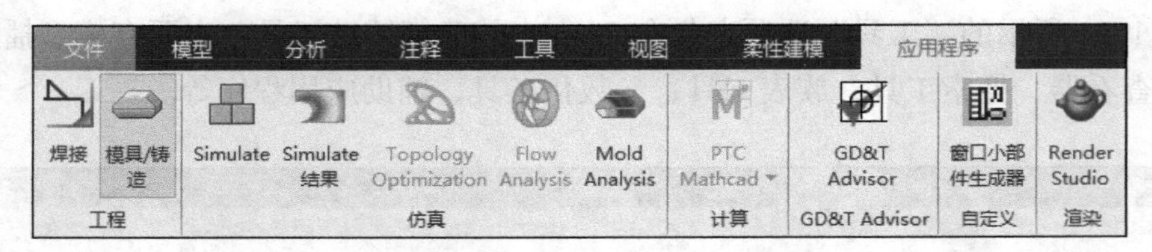

图 1.6.9 “应用程序”选项卡

5. 视图控制工具条

图 1.6.10 所示的视图控制工具条是将“视图”功能选项卡中部分常用的命令按钮集成到了一个工具条中，以便随时调用。各按钮的功能请参照图 1.6.7 所示的“视图”选项卡。

图 1.6.10 视图控制工具条

6. 图形区

图形区即 Creo 各种模型图像的显示区。

7. 消息区

在用户操作软件的过程中，消息区会实时地显示与当前操作相关的提示信息等，以引导用户的操作。消息区有一个可见的边线，将其与图形区分开，若要增加或减少可见消息行的数量，可将鼠标指针置于边线上，按住鼠标左键，将鼠标指针移动到所期望的位置。

消息分五类，分别以不同的图标提醒。

8. 智能选取栏

智能选取栏也称过滤器，主要用于快速选取某种所需要的要素（如几何、基准等）。

1.7 Creo 8.0 软件的环境设置

选择“文件”下拉菜单中的 文件 → 选项 命令，在系统弹出的“Creo Parametric 选项”对话框中选择 环境 选项，即可进入软件“环境”设置界面，如图 1.7.1 所示。

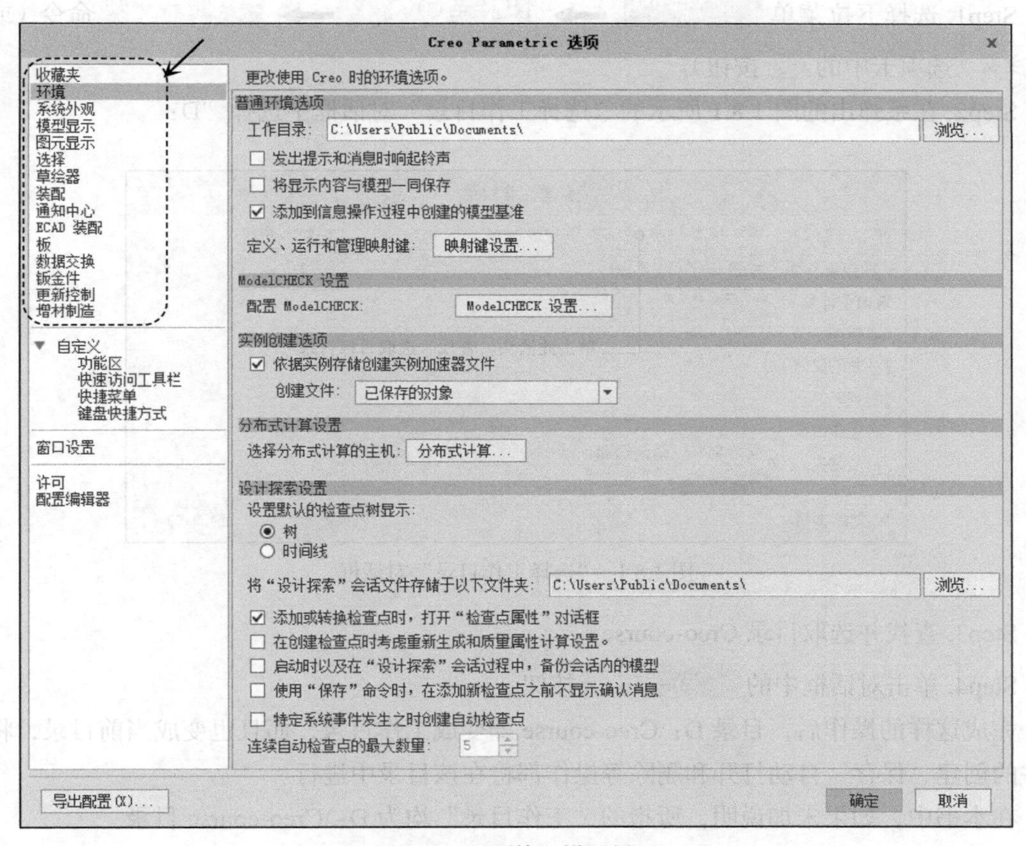

图 1.7.1 “环境”设置界面

在“Creo Parametric 选项”对话框中选择其他选项，可以设置系统外观、模型显示、图元显示、草绘器选项以及一些专用模块环境设置等。用户可以利用 config.pro 的系统配置文件管理 Creo 8.0 软件的工作环境，有关 config.pro 的配置请参考本章“1.3 设置系统配置文件”中的内容。

注意： 在环境设置界面中改变设置，仅对当前进程产生影响。当再次启动 Creo 8.0 时，如果存在配置文件 config.pro，则由该配置文件定义环境设置；否则由系统默认配置定义。

1.8 设置 Creo 8.0 软件的工作目录

Creo 8.0 软件在运行过程中会将大量的文件保存在当前目录中，并且也常常从当前目录中自动打开文件，为了更好地管理 Creo 8.0 软件中大量有关联的文件，应特别注意在进入 Creo 8.0 后，开始工作前最要紧的事情是“设置工作目录”。其操作过程如下。

Step1. 选择下拉菜单 文件 → 管理会话(M) → 选择工作目录(W) 命令（或单击 主页 选项卡中的 按钮）。

Step2. 在系弹出的图 1.8.1 所示的“选择工作目录”对话框中选择“D:”。

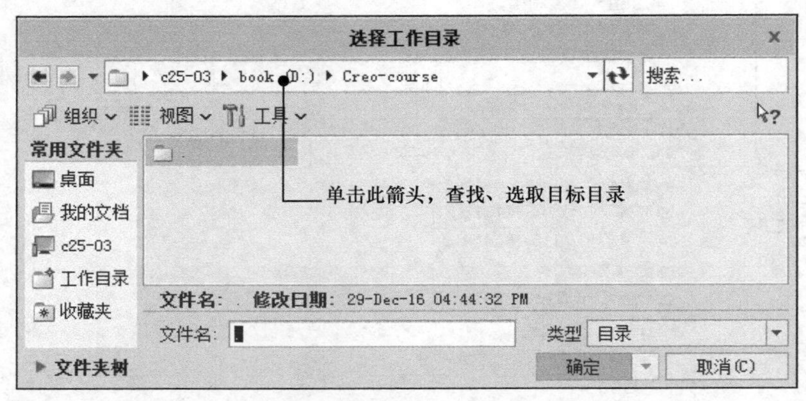

图 1.8.1 “选择工作目录”对话框

Step3. 查找并选取目录 Creo-course。

Step4. 单击对话框中的 确定 按钮。

完成这样的操作后，目录 D:\Creo-course 即变成工作目录，而且也变成当前目录，将来文件的创建、保存、自动打开和删除等操作都将在该目录中进行。

在本书中，如果未加说明，所指的“工作目录”均为 D:\Creo-course 目录。

说明： 进行下列操作后，双击桌面上的 Creo 图标进入 Creo 软件系统，即可自动切换到指定的工作目录。

（1）右击桌面上的 Creo 图标，在系统弹出的快捷菜单中选择 属性(R) 命令。

（2）图 1.8.2 所示的“Creo Parametric 8.0.0.0 属性”对话框被打开，单击该对话框中的 快捷方式 选项卡，然后在 起始位置(S): 文本栏中输入 D:\Creo-course，并单击 确定 按钮。

注意： 设置好启动目录后，每次启动 Creo 8.0 软件，系统自动在启动目录中生成一个名为“trail.txt”的文件。该文件是一个后台记录文件，它记录了用户从打开软件到关闭期间的所有操作记录。读者应注意保护好当前启动目录的文件夹，如果启动目录文件夹丢失，系统会自动将生成的后台记录文件放在桌面上。

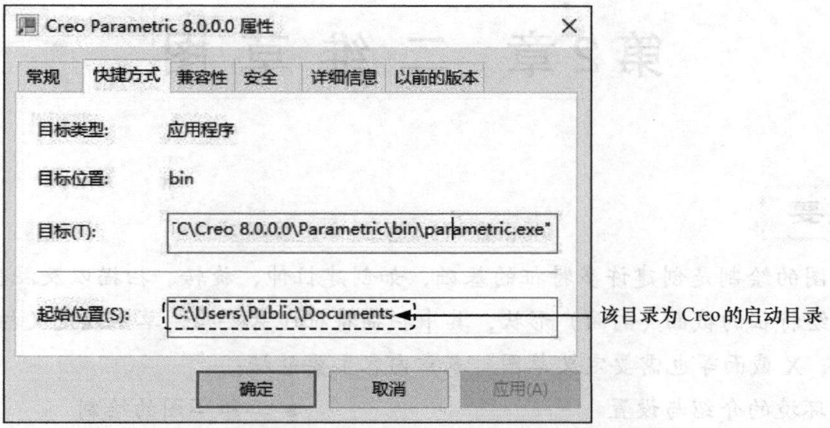

图 1.8.2　“Creo Parametric 8.0.0.0 属性”对话框

1.9　习　　题

选择题

1. 下列不属于 Creo 新建类型的是（　　）。

A. 零件　　B. 装配　　C. 坐标　　D. 绘图

2. 如何用鼠标实现模型的平移？（　　）

A. 左键 + 中键　　B. Ctrl 键 + 中键

C. Shift 键 + 中键　　D. 单击左键

3. 如何用鼠标实现模型的旋转？（　　）

A. 中键　　B. Shift 键 + 中键

C. 单击右键　　D. 单击左键

4. 在 Creo 软件的用户界面中，哪个区域会提示用户下一步做什么？（　　）

A. 功能区　　B. 消息区　　C. 智能选取栏　　D. 图形区

5. 下列关于在图形区操作模型说法正确的是（　　）。

A. 模型的缩放其真实大小也发生变化

B. 模型的缩放其位置会发生变化

C. 模型的缩放其真实大小及位置都不变

D. 模型的缩放其大小发生变化位置不变

第2章 二维草图

本章提要

二维草图的绘制是创建许多特征的基础，如创建拉伸、旋转、扫描以及混合等特征时，都需要先草绘特征的截面（剖面）形状，其中扫描特征还需要绘制草图以定义扫描轨迹；另外基准曲线、X截面等也需要定义草图。本章内容主要包括：

- 草图环境的介绍与设置
- 二维草图的绘制
- 二维草图的编辑
- 二维草图的诊断
- 二维草图的尺寸标注及编辑
- 二维草图中的约束
- 二维草图绘制范例

2.1 概述

Creo 8.0 软件中的零件设计是以特征为基础进行的，大部分几何体特征都来源于二维（2D）截面草图。创建零件模型的过程，就是先创建几何特征的 2D 草图，然后根据 2D 草图创建三维（3D）特征，并对所创建的各个特征进行适当的布尔运算，最终得到完整零件的一个过程。因此，二维截面草图是零件建模的基础，十分重要。掌握草图绘制的方法和技巧，可以极大地提高零件设计的效率。

2.2 二维草图的主要术语

下面列出 Creo 8.0 软件二维草图中经常使用的术语。

图元：指二维草图中的任何几何元素（如直线、中心线、圆弧、圆、椭圆、样条曲线、点及坐标系等）。

参考图元：指绘制和标注二维草图时所参考的图元。

尺寸：图元大小、图元之间位置的量度。

约束：定义图元间的位置关系。约束定义后，其约束符号会出现在被约束的图元旁边。例如，约束两条直线垂直后，垂直的直线旁将分别显示一个垂直约束符号。在默认状态下，约束符号显示为蓝色。

参考：草图中的辅助元素。

关系：关联尺寸和（或）参数的等式。例如，可使用一个关系将一条线段的长度设置为另一条线段的两倍。

“弱”尺寸：“弱”尺寸是由系统自动建立的尺寸。当用户增加需要的尺寸时，系统可以在没有用户确认的情况下自动删除多余的“弱”尺寸。在默认状态下，“弱”尺寸在屏幕中显示为青色。

“强”尺寸：是指由用户所创建的尺寸，对于这样的尺寸，系统不能自动地将其删除。如果几个“强”尺寸发生冲突，系统会要求删除其中一个。另外用户也可将符合要求的“弱”尺寸转化为“强”尺寸。“强”尺寸显示为蓝色。

冲突：两个或多个“强”尺寸或约束可能会产生矛盾或多余条件。出现这种情况，必须删除一个不需要的约束或尺寸。

2.3 进入二维草图环境

进入二维草图环境的操作方法如下。

Step1. 选择下拉菜单 文件 → 新建(N) 命令（或单击“新建”按钮 ）。

Step2. 系统弹出“新建”对话框，在该对话框中选中 ◉ 草绘 单选项，在 名称 后的文本框中输入草图名（如 s1）；单击 确定 按钮，即进入草图环境。

注意：还有另外一种进入二维草图环境的途径，就是在创建某些特征（如拉伸、旋转以及扫描等）时，以这些特征命令为入口，进入草图环境，详见第 3 章的有关内容。

2.4 二维草图工具按钮简介

进入二维草图环境后，屏幕上方的“草绘”选项卡中会出现草绘时所需要的各种工具按钮，如图 2.4.1 所示。

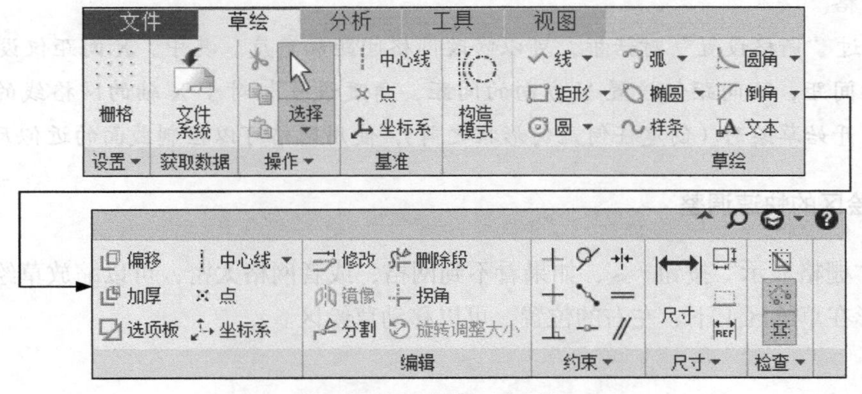

图 2.4.1 “草绘”选项卡

图 2.4.1 中各区域的工具按钮的简介如下。

- 设置▼ 区域：设置草绘栅格的属性、图元线条样式等。
- 获取数据 区域：导入外部草图数据。
- 操作▼ 区域：对草图进行复制、粘贴、剪切、删除、切换图元构造和转换尺寸等。
- 基准 区域：绘制中心线、点以及坐标系。
- 草绘 区域：绘制线、矩形、圆等实体图元以及构造图元。
- 编辑 区域：镜像、修改、分割草图，调整草图比例和修改尺寸值。
- 约束▼ 区域：添加几何约束。
- 尺寸▼ 区域：添加尺寸约束。
- 检查▼ 区域：检查开放端点、重复图元和封闭环等。

2.5 草绘前的设置

1. 设置网格间距

Step1. 在 草绘 选项卡中单击 栅格 按钮。

Step2. 此时系统弹出“栅格设置”对话框，在 间距 选项组中选择 ◉ 静态 单选项，然后在 X: 和 Y: 文本框中输入间距值；单击 确定 按钮，结束栅格设置。

Step3. 在图 2.5.1 所示的“视图”工具条中单击“草绘器显示过滤器”按钮，在系统弹出的菜单中选中 ☑ 栅格显示 复选框，可以在图形区中显示栅格。

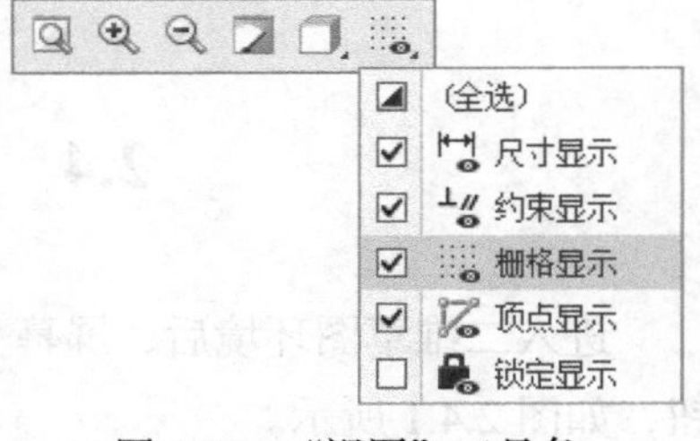

图 2.5.1 “视图”工具条

说明：

1）Creo 8.0 软件支持笛卡儿坐标和极坐标栅格。当第一次进入草图环境时，系统显示笛卡儿坐标网格。

2）通过“栅格设置”对话框，可以修改网格间距和角度。其中，X 间距仅设置 X 方向的间距，Y 间距仅设置 Y 方向的间距，角度设置相对于 X 轴的网格线的角度。当刚开始草绘时（创建任何几何形状之前），使用网格可以控制截面的近似尺寸。

2. 草绘区的快速调整

单击“栅格显示”按钮，如果看不到网格，或者网格太密，可以缩放草绘区；如果想调整图形在草绘区上下、左右的位置，可以移动草绘区。

鼠标操作方法说明。

- 中键滚轮（缩放草绘区）：滚动鼠标中键滚轮，向前滚可看到图形在缩小，向后滚可看到图形在变大。
- 中键（移动草绘区）：按住鼠标中键，移动鼠标，可看到图形跟着鼠标移动。

注意： 草绘区这样的调整不会改变图形的实际大小和实际空间位置，它的作用是便于用户查看和操作图形。

3. 草绘选项设置

选择“文件”下拉菜单中的 文件 → 选项 命令，系统弹出“Creo Parametric 选项”对话框，单击其中的 草绘器 选项，即可进入“草绘器”设置界面，如图 2.5.2 所示。

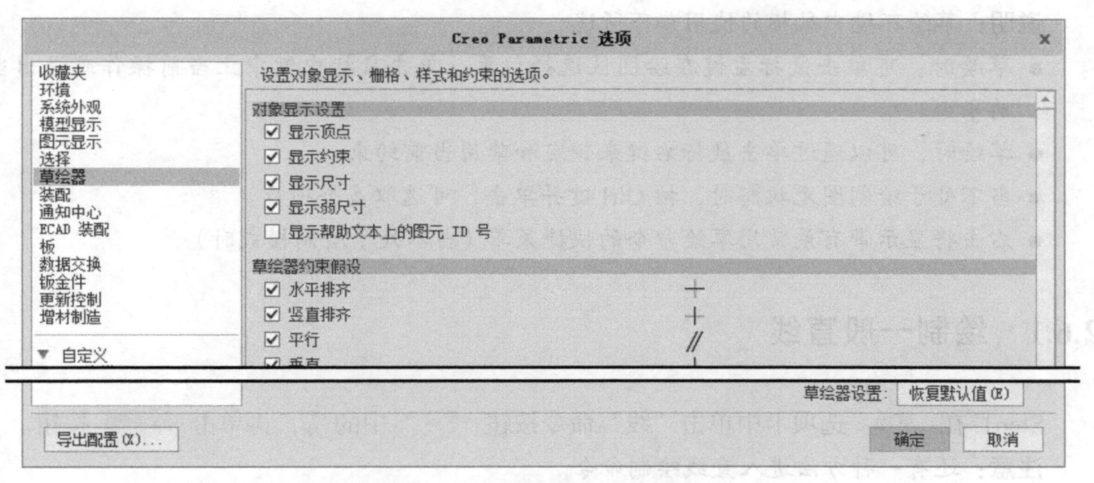

图 2.5.2 “草绘器”设置界面

- 对象显示设置 区域：设置草图中的顶点、约束、尺寸及弱尺寸是否显示。
- 草绘器约束假设 区域：设置绘图时自动捕捉的几何约束。
- 精度和敏感度 区域：设置尺寸的小数位数及求解精度。
- 拖动截面时的尺寸行为 区域：设置是否需要锁定已修改的尺寸和用户定义的尺寸。
- 草绘器栅格 区域：设置栅格参数。
- 草绘器启动 区域：设置在建模环境中绘制草图时是否将草绘平面与屏幕平行。
- 图元线型和颜色 区域：设置导入截面图元时是否保持原始线型及颜色。
- 草绘器参考 区域：设置是否通过选定背景几何自动创建参考。
- 草绘器诊断 区域：设置草图诊断选项。

2.6　二维草图的绘制

要进行二维草图的绘制，应先从草绘功能选项卡的 草绘 区域中选取一个绘图命令，然后可通过在屏幕图形区中单击选择位置来创建图元。

在绘制图元的过程中，当移动鼠标指针时，系统会自动确定可添加的约束并将其显示。当同时出现多个约束时，系统以绿色显示活动约束。

草绘图元后，用户还可通过 约束▾ 区域中的工具栏继续添加约束。

在绘制截面草图的过程中，系统会自动标注几何尺寸，这样产生的几何尺寸称为“弱”尺寸，系统可以自动地删除或改变它们。用户可以把有用的“弱”尺寸转换为“强”尺寸。

说明：草绘环境中鼠标的使用如下所述。

- 草绘时，可单击鼠标左键在绘图区选择位置，单击鼠标中键中止当前操作或退出当前命令。
- 草绘时，可以通过单击鼠标右键来锁定和禁用当前约束。
- 当不处于绘制图元状态时，按 Ctrl 键并单击，可选取多个项目。
- 右击将显示带有最常用草绘命令的快捷菜单（当不处于绘制模式时）。

2.6.1　绘制一般直线

Step1. 在 草绘 选项卡中单击“线”命令按钮 线▾ 中的 ▾，再单击 线链 按钮。

注意：还有一种方法进入直线绘制命令。

- 在绘图区右击，从系统弹出的快捷菜单中选择 线链(C) 命令。

Step2. 单击直线的起始位置点，此时可看到一条“橡皮筋”线附着在鼠标指针上。

Step3. 单击直线的终止位置点，系统便在两点间创建一条直线，并且在直线的终点处出现另一条“橡皮筋”线。

Step4. 重复 Step3，可创建一系列连续的线段。

Step5. 单击鼠标中键，结束直线的绘制。

说明：

- 在草图环境中，单击“撤销”按钮 可撤销上一个操作，单击“重做”按钮 可重新执行被撤销的操作。这两个按钮在草图环境中十分有用。
- Creo 8.0 具有尺寸驱动功能，即图形的大小随着图形尺寸的改变而改变。
- 用 Creo 8.0 进行设计，一般是先绘制大致的草图形状，然后再修改其尺寸，在修改尺寸时输入准确的尺寸值，即可获得最终所需要大小的图形。

2.6.2 绘制相切直线

Step1. 在 草绘 选项卡中单击“线”命令按钮 线 中的 ，再单击 直线相切 按钮。

Step2. 在第一个圆或弧上单击一点，此时可观察到一条始终与该圆或弧相切的“橡皮筋”线附着在鼠标指针上。

Step3. 在第二个圆或弧上单击与直线相切的位置点，此时便产生一条与两个圆（弧）相切的直线段。

Step4. 单击鼠标中键，结束相切直线的创建。

2.6.3 绘制中心线

Creo 8.0 提供两种中心线创建的方法，分别是 基准 区域中的 中心线 和 草绘 区域中的 中心线 ，分别用来创建几何中心线和一般中心线。几何中心线是作为一个旋转特征的旋转轴线；一般 2 点中心线是用来作为作图辅助中心线使用的，或作为截面内的对称中心线来使用的。下面介绍创建方法。

方法一： 创建 2 点中心线。

Step1. 单击 基准 区域中的 中心线 按钮。

Step2. 在绘图区的某位置单击，一条中心线附着在鼠标指针上。

Step3. 在另一位置点单击，系统即绘制一条通过此两点的“中心线”。

方法二： 创建 2 点几何中心线。

说明： 创建 2 点几何中心线的方法和创建 2 点中心线的方法完全一样，此处不再介绍。

2.6.4 绘制矩形

矩形对于绘制截面十分有用，可省去绘制四条线的麻烦。

Step1. 在 草绘 选项卡中单击 矩形 按钮中的 ，然后再单击 拐角矩形 按钮。

注意： 还有一种方法可进入矩形绘制命令。

- 在绘图区右击，从系统弹出的快捷菜单中选择 拐角矩形(R) 命令。

Step2. 在绘图区的某位置单击，放置矩形的一个角点。

Step3. 再次单击，放置矩形的另一个角点。此时，系统即在两个角点间绘制一个矩形。

2.6.5 绘制斜矩形

Step1. 单击 矩形 按钮中的 ，然后再单击 斜矩形 按钮。

Step2. 在绘图区的某位置单击，放置斜矩形的一个角点，然后拖动鼠标确定斜矩形的倾斜角度，并单击左键定义斜矩形的长度，最后拖动鼠标并单击左键定义斜矩形的高度。

Step3. 此时，完成斜矩形的创建。

2.6.6 绘制平行四边形

下面介绍平行四边形的创建方法。

Step1. 单击 矩形 按钮中的 ，然后再单击 平行四边形 按钮。

Step2. 在绘图区的某位置单击，放置平行四边形的一个角点，然后拖动鼠标确定平行四边形的长度并单击左键确认，最后拖动鼠标定义平行四边形的高度。

Step3. 此时，完成平行四边形的创建。

2.6.7 绘制圆

方法一：中心 / 点——通过选取中心点和圆上一点来创建圆。

Step1. 单击“圆”命令按钮 圆 中的 ，然后再单击 圆心和点 按钮。

Step2. 在某位置单击，放置圆的中心点，然后将该圆拖至所需大小并单击左键，完成该圆的创建。

方法二：同心圆。

Step1. 单击“圆”命令按钮 圆 中的 ，然后再单击 同心 按钮。

Step2. 选取一个参考圆或一条圆弧边来定义圆心。

Step3. 移动鼠标指针，将圆拖至所需大小并单击左键，然后单击中键。

方法三：三点圆。

Step1. 单击“圆”命令按钮 圆 中的 ，然后再单击 3点 按钮。

Step2. 在绘图区任意位置单击三个点，然后单击鼠标中键，完成该圆的创建。

方法四：三相切圆。

Step1. 单击“圆”命令按钮 圆 中的 ，然后再单击 3 相切 按钮。

Step2. 在绘图区依次选取先前所作的三条边线，然后单击鼠标中键，完成该圆的创建。

2.6.8 绘制椭圆

Creo 8.0 提供了两种创建椭圆的方法，并且可以创建斜椭圆。下面介绍椭圆的两种创建方法。

方法一：根据轴端点来创建椭圆。

Step1. 单击“圆”命令按钮 椭圆 中的 ，然后再单击 轴端点椭圆 按钮。

Step2. 在绘图区的某位置单击，放置椭圆的一条轴线的起始端点，移动鼠标指针，在绘图区的某位置单击，放置椭圆当前轴线的结束端点。

Step3. 移动鼠标指针，将椭圆拉至所需形状并单击左键放置另一轴，完成椭圆的创建。

方法二： 根据椭圆中心点和长轴端点来创建椭圆。

Step1. 单击“圆”命令按钮 椭圆 中的 ▾，然后再单击 中心和轴椭圆 按钮。

Step2. 在绘图区的某位置单击，放置椭圆的中心点，移动鼠标指针，在绘图区的某位置单击，放置椭圆的一条轴线端点。

Step3. 移动鼠标指针，将椭圆拉至所需形状并单击左键，完成椭圆的创建。

说明： 椭圆有如下特性。

- 椭圆的中心点相当于圆心，可以作为尺寸和约束的参考。
- 椭圆由两个半径定义：X半径和Y半径。从椭圆中心点到椭圆的水平半轴长度称为X半径，竖直半轴长度称为Y半径。
- 当指定椭圆的中心点和椭圆半径时，可用的约束有“相切”“图元上的点”和“相等半径”等。

2.6.9 绘制圆弧

共有四种绘制圆弧的方法。

方法一： 点 / 终点圆弧——确定圆弧的两个端点和弧上的一个附加点来创建一个三点圆弧。

Step1. 单击“圆弧”命令按钮 弧 中的 3点/相切端。

Step2. 在绘图区某位置单击，放置圆弧一个端点；在另一位置单击，放置另一个端点。

Step3. 此时移动鼠标指针，圆弧呈“橡皮筋”样变化，单击确定圆弧上的一点。

方法二： 同心圆弧。

Step1. 单击“圆弧”命令按钮 弧 中的 同心。

Step2. 选取一个参考圆或一条圆弧边来定义圆心。

Step3. 将圆拉至所需大小，然后在圆上单击两点以确定圆弧的两个端点。

方法三： 圆心 / 端点圆弧。

Step1. 单击“圆弧”命令按钮 弧 中的 圆心和端点。

Step2. 在某位置单击，确定圆弧中心点，然后将圆拉至所需大小，并在圆上单击两点以确定圆弧的两个端点。

方法四： 创建与三个图元相切的圆弧。

Step1. 单击“圆弧”命令按钮 弧 中的 3 相切。

Step2. 分别选取三个图元，系统便自动创建与这三个图元相切的圆弧。

注意： 在第三个图元上选取不同的位置点，则可创建不同的相切圆弧。

2.6.10 绘制锥形弧

Step1. 单击“圆弧”命令按钮 弧 中的 圆锥。

Step2. 在绘图区单击两点，作为圆锥弧的两个端点。

Step3. 此时移动鼠标指针，圆锥弧呈“橡皮筋”样变化，单击确定弧的“尖点”的位置。

2.6.11 绘制圆角

Step1. 单击“圆角”命令按钮 圆角 中的 圆形修剪。

Step2. 分别选取两个图元（两条边），系统便在这两个图元间创建圆角，并将两个图元裁剪至交点。

说明： 如果选择 圆角 中的 圆形 命令，系统在创建圆角后会以构造线（虚线）显示圆角拐角。

2.6.12 绘制椭圆形圆角

Step1. 单击“圆角”命令按钮 圆角 中的 椭圆形修剪。

Step2. 分别选取两个图元（两条边），系统便在这两个图元间创建椭圆形圆角，并将两个图元裁剪至交点。

2.6.13 绘制倒角

Step1. 单击“倒角”命令按钮 倒角 中的 倒角修剪。

Step2. 分别选取两个图元（两条边），系统便在这两个图元间创建倒角。

说明：

- 单击“倒角”命令按钮 倒角 中的 倒角，创建倒角后系统会创建延伸构造线。
- 倒角的对象可以是直线，也可以是圆弧，还可以是样条曲线。

2.6.14 绘制样条曲线

样条曲线是通过任意多个中间点的平滑曲线。

Step1. 单击“样条曲线”按钮 样条。

Step2. 单击一系列点，可观察到一条“橡皮筋”样条附着在鼠标指针上。

Step3. 单击鼠标中键，结束样条曲线的绘制。

2.6.15 在草图环境中创建坐标系

Step1. 单击 草绘 区域中的 坐标系 按钮。

Step2. 在某位置单击以放置该坐标系原点。

说明：

- 可以将坐标系与下列对象一起使用。
  - ☑ 样条：可以用坐标系标注样条曲线，这样即可通过坐标系指定 X、Y、Z 轴的坐标值来修改样条点。
  - ☑ 参考：可以把坐标系增加到截面中作为草绘参考。
  - ☑ 混合特征截面：可以用坐标系为每个用于混合的截面建立相对原点。
- 草绘 区域中 坐标系 和 基准 区域中 坐标系 的区别：前者一般用于草图环境中的参考坐标系；后者一般用于零件建模中创建基准坐标系。

2.6.16 创建点

在设计管路和电缆布线时，创建点对工作十分有帮助。

Step1. 单击 草绘 区域中的 × 点 按钮。

Step2. 在绘图区的某位置单击以放置该点。

2.6.17 创建几何点

在 Creo 8.0 草图中，新增了创建“几何点”功能，用来草绘一个基准点。几何点的创建方法与普通点的创建方法基本一样，不同的是，在零件设计环境中，普通点无法单独存在于草绘中，而草绘几何点可以作为唯一图元出现在草绘中。

Step1. 单击 基准 区域中的 × 点 按钮。

Step2. 在绘图区的某位置单击以放置该点。

说明：关于几何点的应用详见本书第 3 章第 3.9.3 小节。

2.6.18 将一般图元变成构建图元

在 Creo 8.0 草图中，构建图元（构建线）的作用为辅助线（参考线），构建图元以虚线显示。草绘中的直线、圆弧和样条曲线等一般图元都可以转化为构造图元。下面以图 2.6.1

为例，说明构造图元的创建方法。

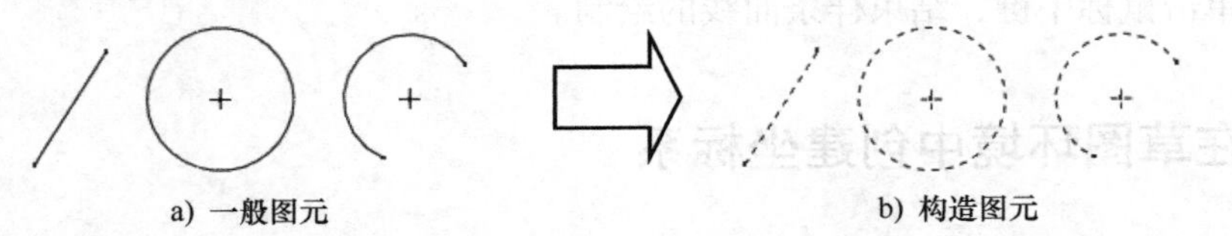

图 2.6.1　将一般图元转换为构造图元

Step1. 选择下拉菜单 文件 → 管理会话(M) → 选择工作目录(W) 命令（或单击 主页 选项卡中的 按钮），将工作目录设置到 D:\dbcreo8.1\work\ch04.06。

Step2. 选择下拉菜单 文件 → 打开(O) 命令，打开文件 construct.sec。

Step3. 按住 Ctrl 键不放，依次选取图 2.6.1a 中的直线、圆弧和圆。

Step4. 右击，在系统弹出的快捷菜单中选择“切换构造”命令 ，被选取的图元就转换成构造图元。结果如图 2.6.1b 所示。

2.6.19　创建文本

Step1. 单击 草绘 区域中的 A 文本 按钮。

Step2. 在系统 ➡选择行的起点，确定文本高度和方向。 的提示下，单击一点作为起始点。

Step3. 在系统 ➡选择行的第二点，确定文本高度和方向。 的提示下，单击另一点。此时在两点之间会显示一条构造线，该线的长度决定文本的高度，该线的角度决定文本的方向。

Step4. 系统弹出图 2.6.2 所示的“文本”对话框，在 文本行 文本框中输入文本（一般应少于 79 个字符）。

Step5. 可设置下列文本选项，如图 2.6.2 所示。

- 字体 下拉列表：从系统提供的字体和 TrueType 字体列表中选取一类。
- 位置: 区域：
  - ☑ 水平 下拉列表：水平方向上，起始点可位于文本行的左侧、中心或右侧。
  - ☑ 竖直 下拉列表：竖直方向上，起始点可位于文本行的底部、中间或顶部。
- 选项 区域：
  - ☑ 长宽比 文本框：拖动滑动条增大或减小文本的长宽比。
  - ☑ 斜角 文本框：拖动滑动条增大或减小文本的倾斜角度。
  - ☑ 间距: 文本框：拖动滑动条增大或减小文本之间的距离。
  - ☑ 沿曲线放置 复选框：选中此复选框，可沿着一条曲线放置文本，然后选择希望在其上放置文本的弧或圆，如图 2.6.3 所示。
  - ☑ 字符间距处理 复选框：启用文本字符串的字符间距处理。这样可控制某些字符对之间的空格，改善文本字符串的外观。字符间距处理属于特定字体的特征。或者，可设置 sketcher_default_font_kerning 配置选项，以自动为创建的新文本字符串启用字符间距处理。

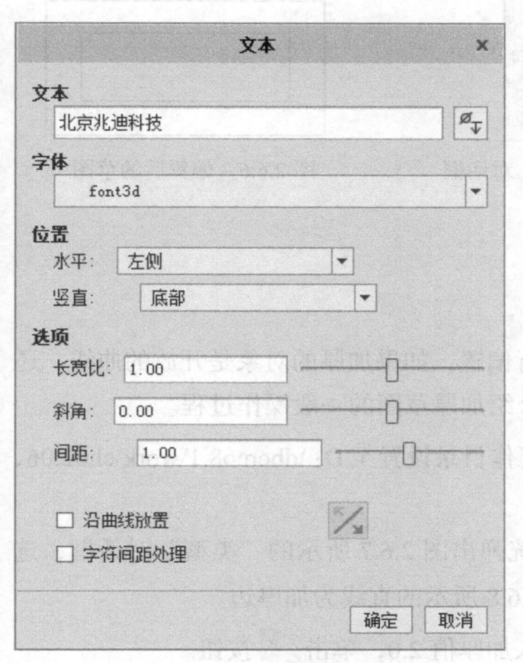

图 2.6.2 “文本”对话框

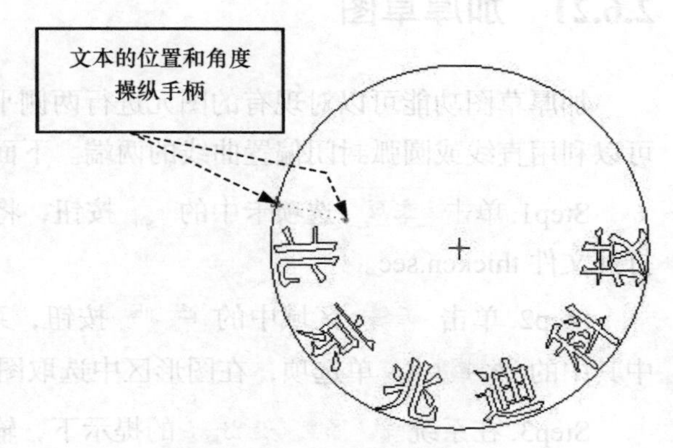

图 2.6.3 文本操纵手柄

Step6. 单击 确定 按钮，完成文本创建。

说明：在绘图区中，可以拖动图 2.6.3 所示的文本操纵手柄来调整文本的位置和角度。

2.6.20 偏移草图

偏移草图功能可以对现有的图元进行平行偏置，也可以提取已有的实体边在当前草图平面上的投影线进行偏置。下面介绍偏移草图的一般操作过程。

Step1. 选择下拉菜单 文件 ➡ 管理会话(M) ➡ 选择工作目录(W) 命令（或单击 主页 选项卡中的 按钮）。将工作目录设置至 D:\dbcreo8.1\work\ch02.06，打开文件 offset.sec，如图 2.6.4 所示。

Step2. 单击 草绘 区域中的 偏移 按钮，系统弹出图 2.6.5 所示的“类型”对话框，选中其中的 ◉ 环(L) 单选项，在图形区中选取图 2.6.6 所示的图元。

Step3. 在系统 于箭头方向输入偏移[退出] 的提示下，输入偏距值 0.5。

说明：如果在文本框中输入负值，则朝反方向偏置曲线。

Step4. 单击 ✓ 按钮，完成草图的偏移，如图 2.6.6 所示。

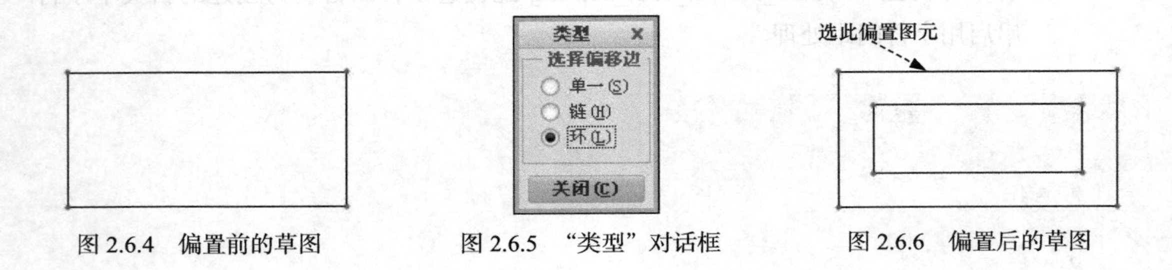

图 2.6.4 偏置前的草图　　图 2.6.5 “类型”对话框　　图 2.6.6 偏置后的草图

2.6.21 加厚草图

加厚草图功能可以对现有的图元进行两侧平行偏置，如果加厚的对象是开放的曲线，还可以利用直线或圆弧封闭偏置曲线的两端。下面介绍加厚草图的一般操作过程。

Step1. 单击 主页 选项卡中的 按钮，将工作目录设置至 D：\dbcreo8.1\work\ch02.06，打开文件 thicken.sec。

Step2. 单击 草绘 区域中的 加厚 按钮，系统弹出图 2.6.7 所示的“类型”对话框，选中其中的 ◉ 圆形(C) 单选项，在图形区中选取图 2.6.8 所示的直线为加厚边。

Step3. 在系统 输入厚度 [-退出-]: 的提示下，输入加厚值 2.0，单击 ✓ 按钮。

Step4. 在系统 于箭头方向输入偏移[退出] 的提示下，输入偏距值 0.0，单击 ✓ 按钮，完成草图的加厚，如图 2.6.9 所示。

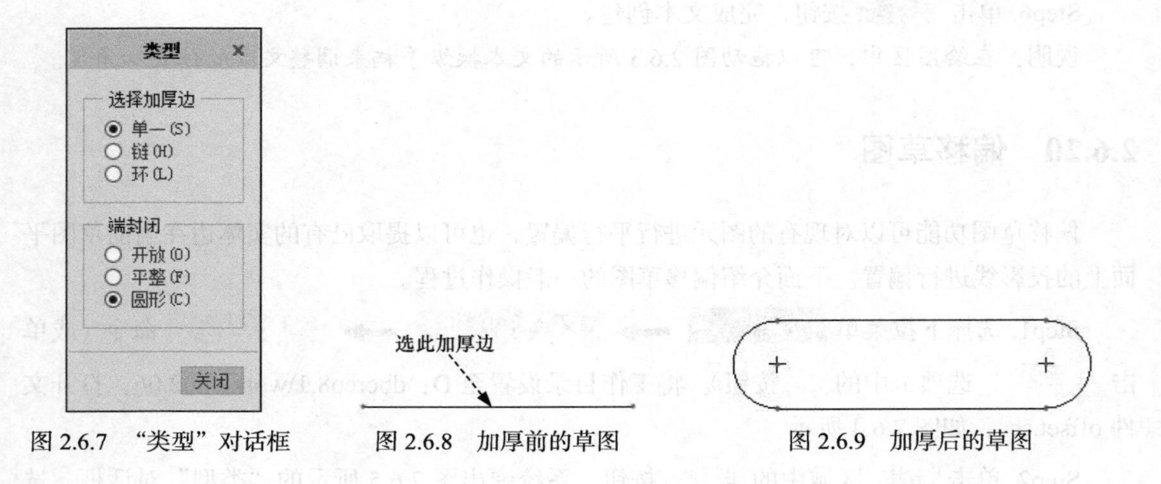

图 2.6.7 “类型”对话框　　图 2.6.8 加厚前的草图　　图 2.6.9 加厚后的草图

2.6.22 使用以前保存过的图形创建当前草图

利用前面介绍的基本绘图功能，用户可以从头绘制各种要求的二维草图；另外，还可以继承和使用以前在 Pro/E 软件或其他软件（如 AutoCAD）中保存过的二维草图。

1. 保存Creo草图的操作方法

选择草绘环境中的下拉菜单 文件 → 保存(S) 命令（或单击 按钮）。

2. 使用以前保存过的草图的操作方法

Step1. 选择下拉菜单 文件 → 管理会话(M) → 选择工作目录(W) 命令，将工作目录设置至 D:\dbcreo8.1\work\ch02.06。

Step2. 单击 草绘 选项卡 获取数据 区域中的 文件系统 按钮，此时系统弹出“打开”对话框。

Step3. 单击“类型”下拉列表中的 按钮后，从下拉列表中选择要打开文件的类型（Creo的模型截面草绘格式是.sec）。

Step4. 选取要打开的文件（s2d0001.sec）并单击 打开 按钮，在绘图区单击一点以确定草图放置的位置，该截面便显示在图形区中，同时系统弹出“导入截面”选项卡的图元操作图，如图2.6.10所示。

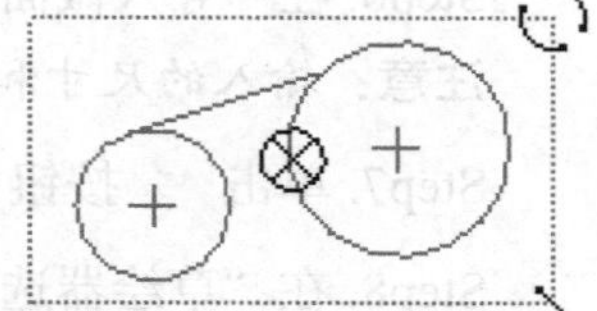

图2.6.10 图元操作图

Step5. 在“导入截面”选项卡的 文本框中输入旋转角度值0，在 文本框中输入缩放比例值1。

Step6. 在“导入截面”选项卡中单击 按钮，系统关闭该选项卡并添加新几何图形。

2.6.23 选项板的使用

草绘器选项板相当于一个预定义形状的定制库，用户可以将选项板中所存储的草图轮廓方便地调用到当前的草绘图形中，也可以将自定义的轮廓草图保存到选项板中备用。

1. 调用选项板中的草图轮廓

在正确安装Creo 8.0后，草绘器选项板中就已存储了一些常用的草图轮廓，下面以实例讲解调用选项板中草图轮廓的方法。

Step1. 选择下拉菜单 文件 → 新建(N) 命令（或单击“新建”按钮 ）。

Step2. 系统弹出“新建”对话框，在该对话框中选中 草绘 单选按钮；在 名称 后的文本框中接受系统默认的草图名称；单击 确定 按钮，即进入草绘环境。

Step3. 在 草绘 选项卡中单击“选项板”按钮 选项板，系统弹出图2.6.11所示的“草绘器选项板”对话框。

说明：选项板中具有表示草图轮廓类别的四个选项卡：多边形、轮廓、形状、星形。每个选项卡都具有唯一的名称，并且至少包括一种截面。

- 多边形：包括常规多边形，如五边形、六边形等。
- 轮廓：包括常规的轮廓，如 C 形轮廓、I 形轮廓等。
- 形状：包括其他的常见形状，如弧形跑道、十字形等。
- 星形：包括常规的星形形状，如五角星、六角星等。

Step4. 选择选项卡。在“草绘器选项板”对话框中选取 多边形 选项卡（在列表框中出现与选定的选项卡中的形状相应的缩略图和标签），在列表框中选取 六边形 选项，此时在预览区域中会出现与选定形状相应的截面。

Step5. 将选定的选项拖到图形区。选中 六边形 选项后，按住鼠标左键不放，把光标移到图形区中，然后松开鼠标，选定的图形就自动出现在图形区中，图形区中的六边形如图 2.6.12 所示，此时系统弹出“导入截面”选项卡。

说明：选中 六边形 选项后，双击 六边形 选项，把光标移到图形区中合适的位置，单击鼠标左键，选定的图形也会自动出现在图形区中。

Step6. 在“导入截面”选项卡的 文本框中输入缩放比例值 4.0。

注意：输入的尺寸和约束被创建为强尺寸和约束。

Step7. 单击 ✔ 按钮，完成图 2.6.13 所示的“六边形”的调用。

Step8. 在“草绘器选项板”对话框中单击 关闭 按钮。

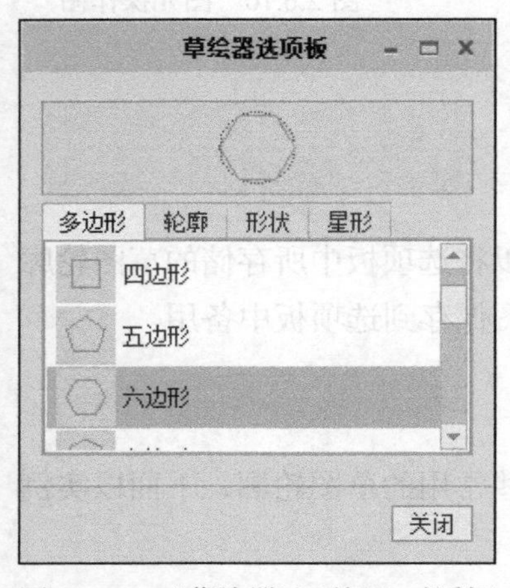

图 2.6.11　“草绘器选项板”对话框

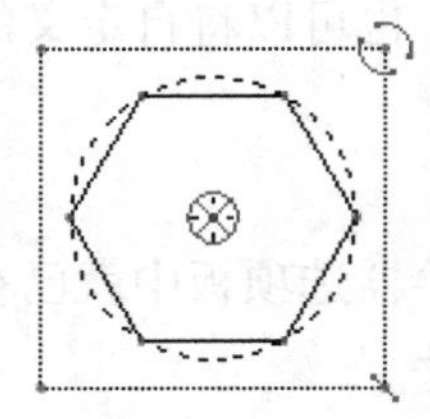

图 2.6.12　六边形

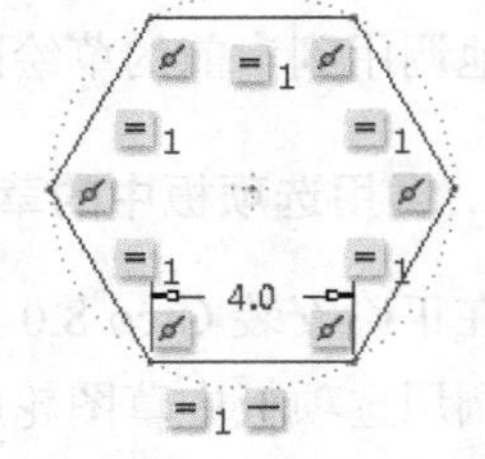

图 2.6.13　定义后的“六边形”

2. 将草图轮廓存储到选项板中

当选项板中的草图轮廓不能满足绘图的需要时，用户可以把所自定义的草图轮廓添加到选项板中。下面以范例讲解将自定义草图轮廓添加到选项板中的方法。

Step1. 选择下拉菜单 文件 → 管理会话(M) → 选择工作目录(W) 命令（或单击 主页 选项卡中的 按钮），将工作目录设置至 Creo 的安装目录 \Creo 8.0\F000\

Common Files\text\sketcher_palette\polygons。

Step2. 单击“新建”按钮 。

Step3. 系统弹出“新建”对话框；在该对话框中选中 ◉ 草绘 单选项，在 名称 后的文本框中输入草图名 lozenge；单击 确定 按钮，即进入草绘环境。

Step4. 编辑轮廓草图，绘制如图 2.6.14 所示的平行四边形。

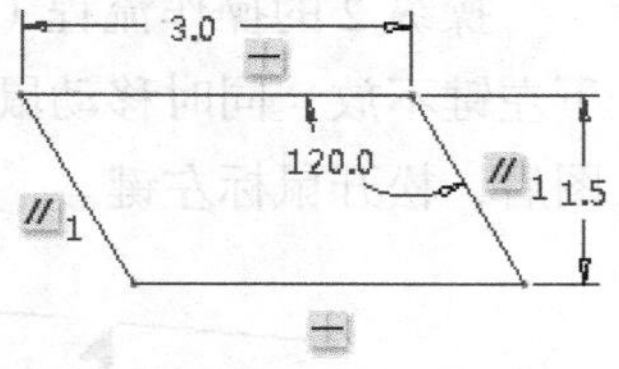

图 2.6.14 轮廓草图

Step5. 将轮廓草图保存至工作目录下，即选项板存储库中；选择草绘环境中的下拉菜单 文件 → 保存(S) 命令，系统弹出如图 2.6.15 所示的“保存对象”对话框，单击 确定 按钮，完成草图的保存。

说明：保存的轮廓草图文件必须是扩展名为 .sec 的文件。

Step6. 将工作目录设置至 D:\Creo-course，然后新建一个草图文件。

说明：此时将工作目录设置至其他位置后，选项板选项卡就不会发生变化。

Step7. 在选项板中查看保存后的轮廓。在 草绘 工具栏中单击“选项板”按钮 选项板，系统弹出如图 2.6.16 所示的“草绘器选项板”对话框；在“草绘器选项板”中选取 多边形 选项卡，此时在列表框中就能找到如图 2.6.16 所示的 Lozenge 选项。

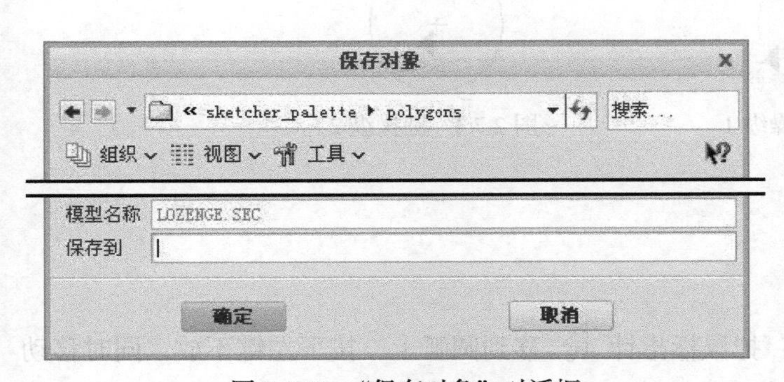

图 2.6.15 “保存对象”对话框

图 2.6.16 “草绘器选项板”对话框

2.7 二维草图的编辑

2.7.1 直线的操纵

Creo 8.0 提供了图元操纵功能，可方便地旋转、拉伸和移动图元。

操纵 1 的操作流程（图 2.7.1）：在绘图区，把鼠标指针 移到直线上，按下左键不放，同时移动鼠标（此时鼠标指针变为 ），此时直线以远离鼠标指针的那个端点为圆心转动。达到绘制意图后，松开鼠标左键。

操纵 2 的操作流程（图 2.7.2）：在绘图区，把鼠标指针 移到直线的某个端点上，按下左键不放，同时移动鼠标，此时会看到直线以另一端点为固定点伸缩或转动。达到绘制意图后，松开鼠标左键。

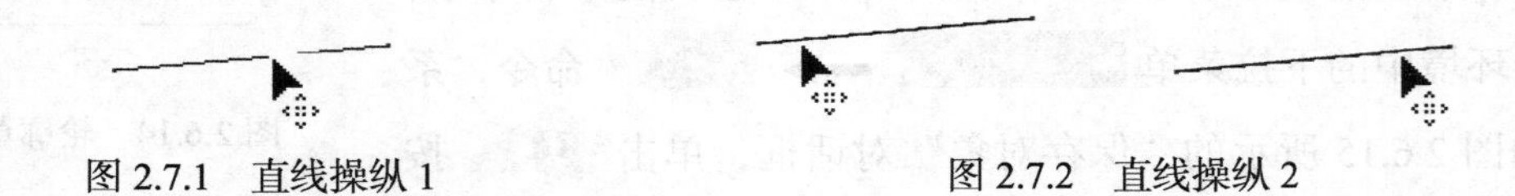

图 2.7.1 直线操纵 1　　图 2.7.2 直线操纵 2

2.7.2 圆的操纵

操纵 1 的操作流程（图 2.7.3）：把鼠标指针 移到圆的边线上，按下左键不放，同时移动鼠标，此时会看到圆在变大或缩小。达到绘制意图后，松开鼠标左键。

操纵 2 的操作流程（图 2.7.4）：把鼠标指针 移到圆心上，按下左键不放，同时移动鼠标，此时会看到圆随着指针一起移动。达到绘制意图后，松开鼠标左键。

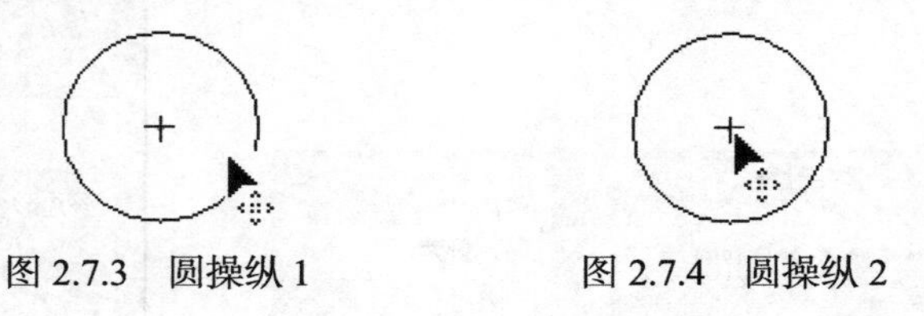

图 2.7.3 圆操纵 1　　图 2.7.4 圆操纵 2

2.7.3 圆弧的操纵

操纵 1 的操作流程（图 2.7.5）：把鼠标指针 移到圆弧上，按下左键不放，同时移动鼠标，此时会看到圆弧半径变大或变小。达到绘制意图后，松开鼠标左键。

操纵 2 的操作流程（图 2.7.6）：把鼠标指针 移到圆弧的某个端点上，按下左键不放，同时移动鼠标，此时会看到圆弧以另一端点为固定点旋转，并且圆弧的包角也在变化。达到绘制意图后，松开鼠标左键。

操纵 3 的操作流程（图 2.7.7）：把鼠标指针 移到圆弧的圆心点上，按下左键不放，同时移动鼠标，此时圆弧以某一端点为固定点旋转，并且圆弧的包角及半径也在变化。达到绘制意图后，松开鼠标左键。

操纵 4 的操作流程（图 2.7.7）：先单击圆心，然后把鼠标指针 移到圆心上，按下左键不放，同时移动鼠标，此时圆弧随着指针一起移动。达到绘制意图后，松开鼠标左键。

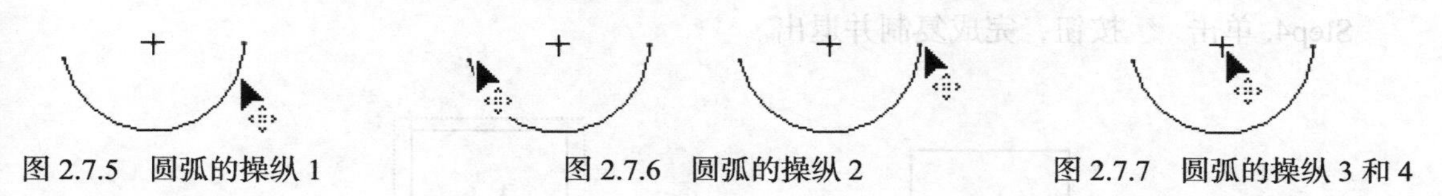

图 2.7.5　圆弧的操纵 1　　图 2.7.6　圆弧的操纵 2　　图 2.7.7　圆弧的操纵 3 和 4

说明：

- 点和坐标系的操纵很简单，读者不妨自己试一试。
- 同心圆弧的操纵与圆弧基本相似。

2.7.4　样条曲线的操纵

操纵 1 的操作流程（图 2.7.8）：把鼠标指针 ↖ 移到样条曲线的某个端点上，按下左键不放，同时移动鼠标，此时样条曲线以另一端点为固定点旋转，同时大小也在变化。达到绘制意图后，松开鼠标左键。

操纵 2 的操作流程（图 2.7.9）：把鼠标指针 ↖ 移到样条曲线的中间点上，按下左键不放，同时移动鼠标，此时样条曲线的拓扑形状（曲率）不断变化。达到绘制意图后，松开鼠标左键。

图 2.7.8　样条曲线的操纵 1　　图 2.7.9　样条曲线的操纵 2

2.7.5　删除图元

Step1. 在绘图区单击或框选（框选时要框住整个图元）要删除的图元（可看到被选中的图元变红）。

Step2. 按一下键盘上的 Delete 键，所选图元即被删除。也可采用下面的方法删除图元：

- 右击，在系统弹出的快捷菜单中选择 删除(D) 命令。

2.7.6　复制图元

Step1. 在绘图区单击或框选（框选时要框住整个图元）要复制的图元，如图 2.7.10 所示（可看到选中的图元变绿）。

Step2. 单击 草绘 功能选项卡 操作 ▾ 区域中的 按钮，然后单击 按钮。

Step3. 在绘图区单击一点以确定草图放置的位置，图形区出现如图 2.7.11 所示的图元操作图和“粘贴”选项卡。在复制草图的同时，还可对其进行比例缩放和旋转。

Step4. 单击 按钮，完成复制并退出。

图 2.7.10　复制图元　　　　图 2.7.11　图元操作图

2.7.7　镜像图元

Step1. 在绘图区单击或框选要镜像的图元。

Step2. 单击 草绘 功能选项卡 编辑 区域中的 按钮。

Step3. 系统提示选取一个镜像中心线，选取如图 2.7.12 所示的中心线（如果没有可用的中心线，可用绘制中心线的命令绘制一条中心线）。

注意： 基准面的投影线看上去像中心线，但它并不是中心线，不能作为镜像中心线。

2.7.8　裁剪图元

方法一： 去掉方式。

Step1. 单击 草绘 功能选项卡 编辑 区域中的 按钮。

Step2. 分别单击各相交图元上要去掉的部分，如图 2.7.13a 所示。

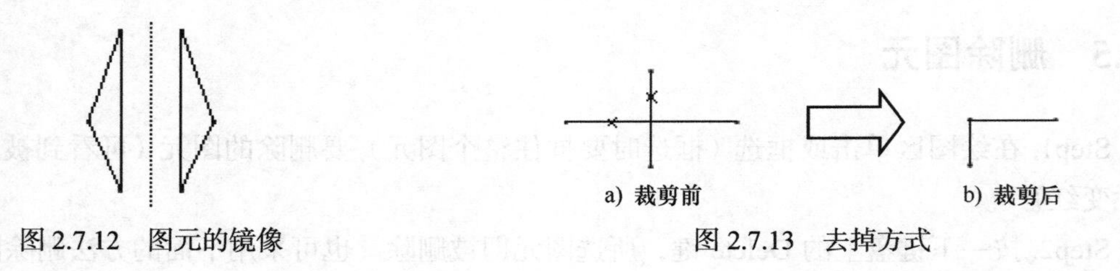

图 2.7.12　图元的镜像　　　　图 2.7.13　去掉方式

方法二： 保留方式。

Step1. 单击 草绘 功能选项卡 编辑 区域中的 按钮。

Step2. 依次单击两个相交图元上要保留的一侧，如图 2.7.14a 所示。

说明： 如果所选两个图元不相交，则系统将对其进行延伸，并将线段修剪至交点。

方法三： 图元分割。

Step1. 单击 草绘 功能选项卡 编辑 区域中的 按钮。

Step2. 在图元上单击，如图 2.7.15 所示，系统在单击处断开图元。

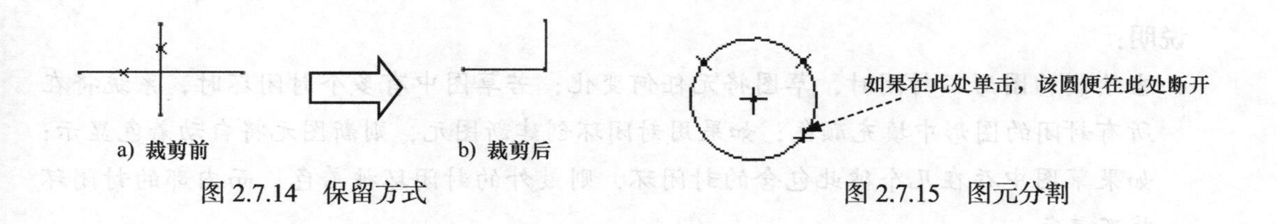

图 2.7.14　保留方式　　图 2.7.15　图元分割

2.7.9　旋转并调整图元的大小

Step1. 在绘图区单击或框选（框选时要框住整个图元）要缩放的图元（可看到被选中的图元变绿）。

Step2. 单击 草绘 功能选项卡 编辑 区域中的 按钮，图形区出现图 2.7.16 所示的图元操作图和“旋转调整大小”选项卡。

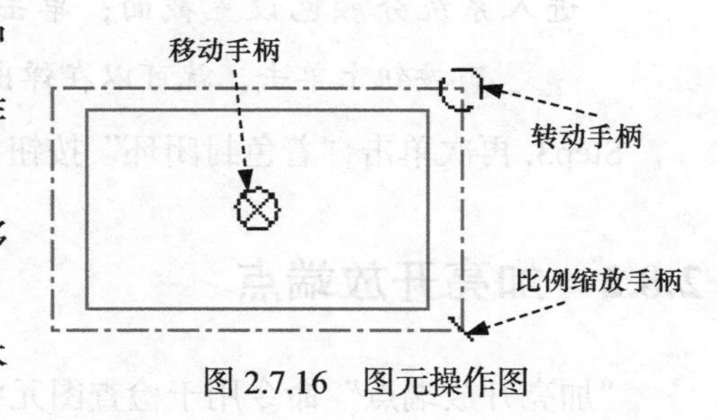

图 2.7.16　图元操作图

（1）单击选取不同的操纵手柄，可以进行移动、缩放和旋转操纵。

（2）也可以在“旋转调整大小”选项卡的文本框内输入相应的缩放比例和旋转角度值。

（3）单击“旋转调整大小”对话框中的 按钮，确认变化并退出。

2.8　二维草图的诊断

Creo 8.0 提供了诊断草图的功能，包括诊断图元的封闭区域、开放区域、重叠区域，也可诊断图元是否满足相应的特征要求。

2.8.1　着色封闭环

“着色封闭环”命令用预定义的颜色将图元中封闭的区域进行填充，非封闭的区域图元无变化。

下面举例说明“着色封闭环”命令的使用方法。

Step1. 将工作目录设置至D: \dbcreo8.1\work\ch02.08，打开文件 sketch_diagnose.sec。

Step2. 选择命令，单击 草绘 功能选项卡 检查 ▾ 区域中的 按钮，系统自动在如图 2.8.1b 所示的圆内侧填充颜色。

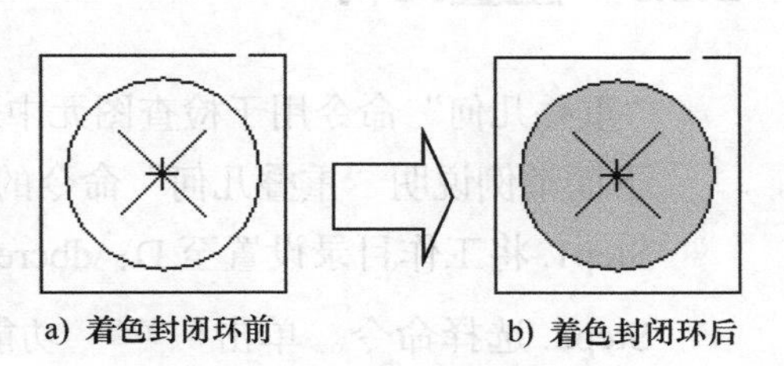

图 2.8.1　着色封闭环

说明：

- 当绘制的图形不封闭时，草图将无任何变化；若草图中有多个封闭环时，系统将在所有封闭的图形中填充颜色；如果用封闭环创建新图元，则新图元将自动着色显示；如果草图中存在几个彼此包含的封闭环，则最外的封闭环被着色，而内部的封闭环将不着色。
- 对于具有多个草绘器组的草绘，识别封闭环的标准可独立适用于各个组。所有草绘器组的封闭环的着色颜色都相同。
- 如果想设置系统默认的填充颜色，选择“文件”下拉菜单中的 文件 → 选项 命令，在系统弹出的“Creo Parametric 选项”对话框中选择 系统外观 选项，即可进入系统分颜色设置截面；单击 ▶草绘器 折叠按钮，在 着色封闭环 选项的按钮上单击，就可以在弹出的列表中选取各种系统设置的颜色。

Step3. 再次单击“着色封闭环”按钮，使其处于弹起状态，退出对封闭环的着色。

2.8.2 加亮开放端点

“加亮开放端点”命令用于检查图元中所有开放的端点，并将其加亮。

下面举例说明“加亮开放端点”命令的使用方法。

Step1. 将工作目录设置至 D:\dbcreo8.1\work\ch02.08，打开文件 sketch_diagnose.sec。

Step2. 选择命令。单击 草绘 功能选项卡 检查 区域中的按钮，系统自动加亮如图 2.8.2b 所示的各个开放端点。

说明：

- 构造几何的开放端点不会被加亮。
- 在“加亮开放端点”诊断模式中，所有现有的开放端点均加亮显示。
- 如果用开放端点创建新图元，则新图元的开放端点自动着色显示。

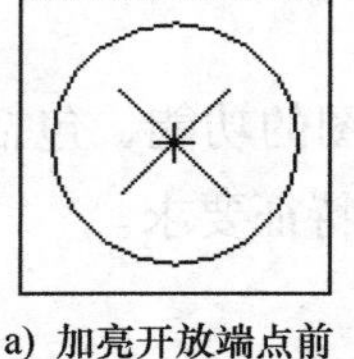

a) 加亮开放端点前

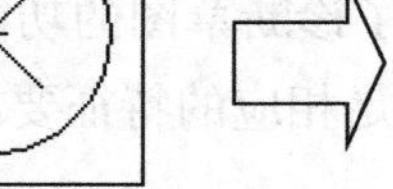

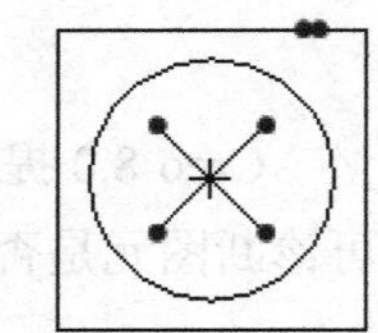

b) 加亮开放端点后

图 2.8.2 加亮开放端点

Step3. 再次单击按钮，使其处于弹起状态，退出对开放端点的加亮。

2.8.3 重叠几何

“重叠几何”命令用于检查图元中所有相互重叠的几何（端点重合除外），并将其加亮。

下面举例说明“重叠几何”命令的使用方法。

Step1. 将工作目录设置至 D:\dbcreo8.1\work\ch02.08，打开文件 sketch_diagnose.sec。

Step2. 选择命令。单击 草绘 功能选项卡 检查 区域中的按钮，系统自动加亮如图 2.8.3 所示的重叠的图元。

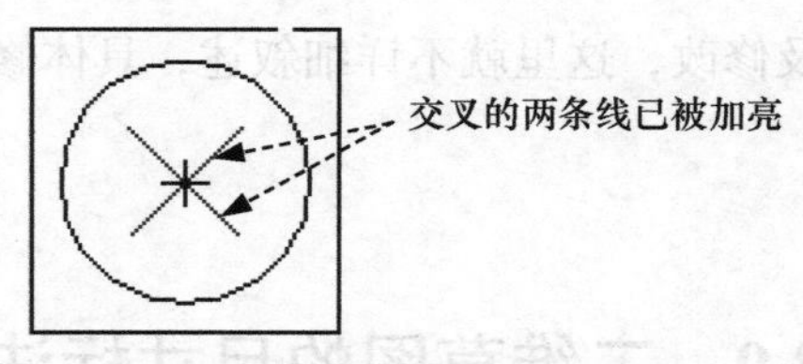

图 2.8.3 加亮重叠图元

说明：

- 加亮重叠几何 按钮不保持活动状态。
- 若系统默认的颜色不符合要求，可以选择“文件”下拉菜单中的 文件 → 选项 命令，在系统弹出的“Creo Parametric 选项”对话框中选择 系统外观 选项；单击 ▼图形 按钮，在 边突出显示 选项的 按钮上单击，就可以在弹出的列表中选取各种系统设置的颜色。

Step3. 再次单击 按钮，使其处于弹起状态，退出对重叠几何的加亮。

2.8.4 特征要求

“特征要求”命令用于检查图元是否满足当前特征的设计要求。需要注意的是，该命令只能在零件模块的草图环境中才可使用。

下面举例说明“特征要求”命令的使用方法。

Step1. 在零件模块的拉伸草图环境中绘制如图 2.8.4 所示的图形组。

Step2. 选择命令。单击 草绘 功能选项卡 检查▼ 区域（图 2.8.5）中的 特征要求 按钮，系统弹出“特征要求”对话框。

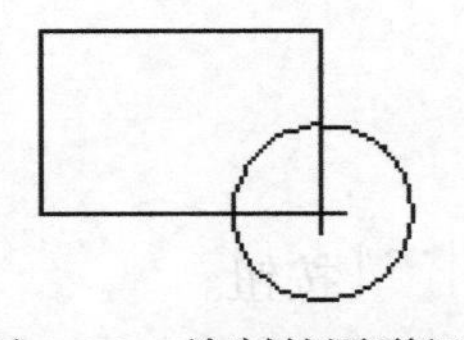

图 2.8.4 绘制的图形组

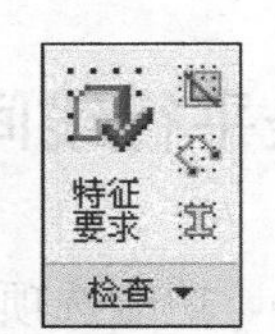

图 2.8.5 “检查”区域

“特征要求”对话框的“状态”列中各符号的说明如下。

✔——表示满足零件设计要求。

❶——表示不满足零件设计要求。

△——表示满足零件设计要求，但若对草图进行简单的改动就有可能不满足零件设计要求。

Step3. 单击 关闭 按钮，把“特征要求”对话框状态列表中带 ❶ 和 △ 的选项进行修改。由于在零件模块中才涉及修改，这里就不详细叙述，具体修改步骤请参照第 3 章中关于零件模块的内容。

2.9　二维草图的尺寸标注

2.9.1　关于二维草图的尺寸标注

在绘制二维草图的几何图元时，系统会及时自动地产生尺寸，这些尺寸被称为“弱”尺寸，系统在创建和删除它们时并不给予警告，但用户不能手动删除，“弱”尺寸显示为灰色。用户还可以按设计意图增加尺寸以创建所需的标注布置，这些尺寸称为“强”尺寸。增加“强”尺寸时，系统自动删除多余的“弱”尺寸和约束，以保证二维草图的完全约束。在退出草图环境之前，把二维草图中的“弱”尺寸变成“强”尺寸是一个很好的习惯，这样可确保系统在没有得到用户的确认前不会删除这些尺寸。

2.9.2　标注线段长度

Step1. 单击 草绘 功能选项卡 尺寸 ▾ 区域中的 尺寸 按钮。

说明：本书中的 尺寸 按钮在后文中将简化为 ⟷ 按钮。

Step2. 选取要标注的图元。单击位置 1 以选择直线，如图 2.9.1 所示。

Step3. 确定尺寸的放置位置。在位置 2 单击鼠标中键以放置尺寸。

2.9.3　标注两条平行线间的距离

Step1. 单击 草绘 功能选项卡 尺寸 ▾ 区域中的 ⟷ 按钮。

Step2. 分别单击位置 1 和位置 2 以选择两条平行线，中键单击位置 3 以放置尺寸，如图 2.9.2 所示。

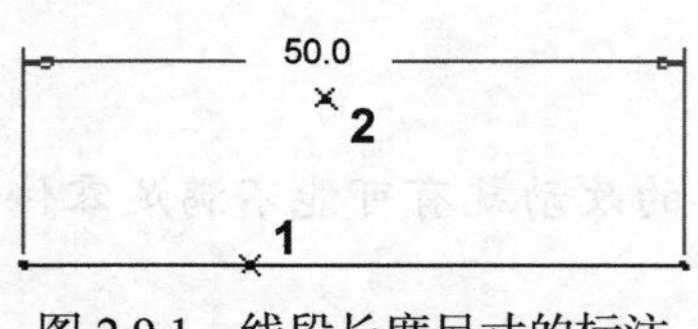

图 2.9.1　线段长度尺寸的标注

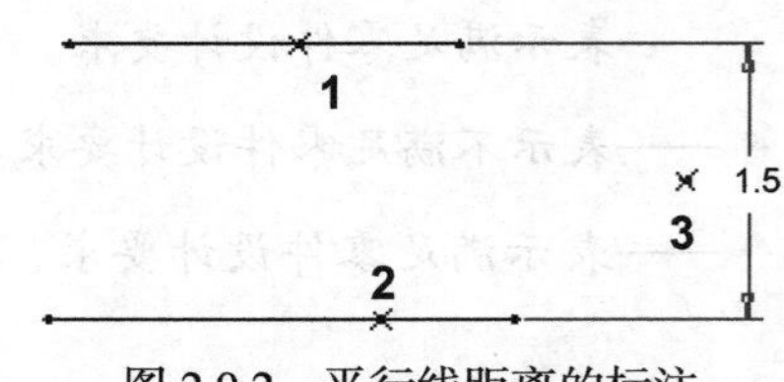

图 2.9.2　平行线距离的标注

2.9.4 标注点到直线之间的距离

Step1. 单击 草绘 功能选项卡 尺寸 ▼ 区域中的 |↔| 按钮。

Step2. 单击位置 1 以选择一点，单击位置 2 以选择直线；中键单击位置 3 以放置尺寸，如图 2.9.3 所示。

2.9.5 标注两点间的距离

Step1. 单击 草绘 功能选项卡 尺寸 ▼ 区域中的 |↔| 按钮。

Step2. 分别单击位置 1 和位置 2 以选择两点，中键单击位置 3 以放置尺寸，如图 2.9.4 所示。

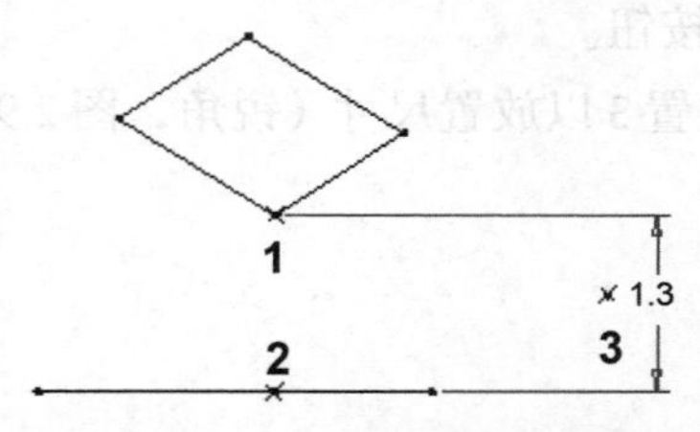

图 2.9.3 点到直线间距离的标注

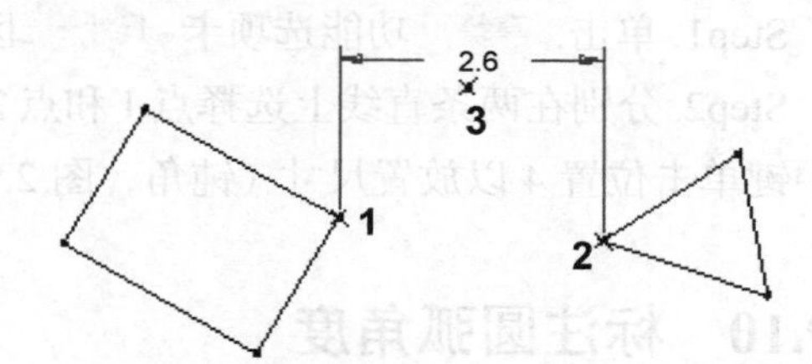

图 2.9.4 两点间距离的标注

2.9.6 标注直径

Step1. 单击 草绘 功能选项卡 尺寸 ▼ 区域中的 |↔| 按钮。

Step2. 分别单击位置 1 和位置 2 以选择圆上两点，中键单击位置 3 以放置尺寸，如图 2.9.5 所示，或者双击圆上的某一点如位置 1 或位置 2，然后中键单击位置 3 以放置尺寸。

注意： *在草绘环境下不显示直径 Φ 符号。*

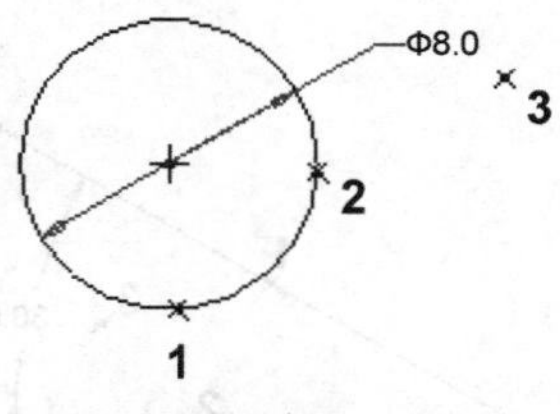

图 2.9.5 直径的标注

2.9.7 标注对称尺寸

Step1. 单击 草绘 功能选项卡 尺寸 ▼ 区域中的 |↔| 按钮。

Step2. 选择点 1，选择对称中心线上的任意一点 2，再次选择点 1；中键单击位置 3 以放置尺寸，如图 2.9.6 所示。

2.9.8 标注半径

Step1. 单击 草绘 功能选项卡 尺寸 ▼ 区域中的 |↔| 按钮。

Step2. 单击位置 1 选择圆上一点，中键单击位置 2 以放置尺寸，如图 2.9.7 所示。

注意：在草绘环境下不显示半径 R 符号。

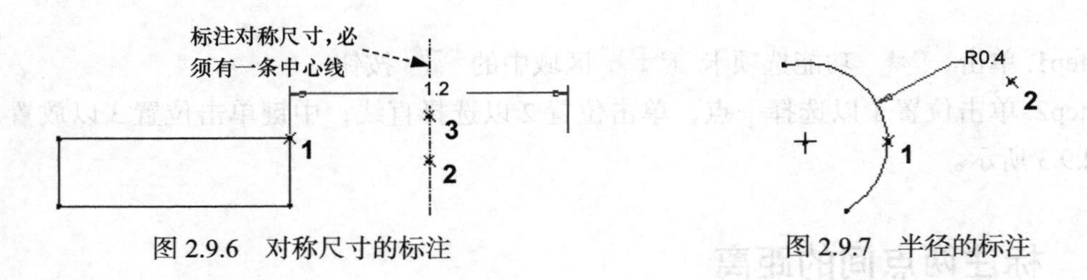

图 2.9.6　对称尺寸的标注　　图 2.9.7　半径的标注

2.9.9　标注两条直线间的角度

Step1. 单击 草绘 功能选项卡 尺寸 区域中的 按钮。

Step2. 分别在两条直线上选择点 1 和点 2；中键单击位置 3 以放置尺寸（锐角，图 2.9.8），或中键单击位置 4 以放置尺寸（钝角，图 2.9.9）。

2.9.10　标注圆弧角度

Step1. 单击 草绘 功能选项卡 尺寸 区域中的 按钮。

Step2. 分别选择弧的端点 1、端点 2 及弧上一点 3；中键单击位置 4 以放置尺寸，然后选中图 2.9.10 所示的弧长尺寸，在系统弹出的快捷菜单中选择 命令，如图 2.9.10 所示。

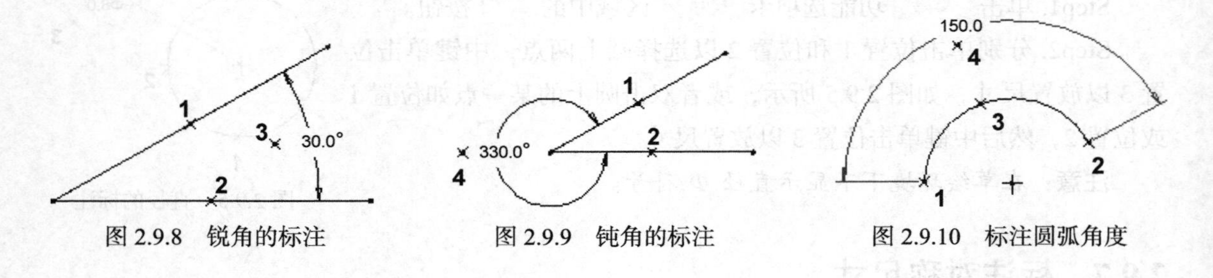

图 2.9.8　锐角的标注　　图 2.9.9　钝角的标注　　图 2.9.10　标注圆弧角度

2.9.11　标注周长

下面以圆和矩形为例，介绍标注周长的一般方法。

（1）标注圆的周长。

Step1. 单击 草绘 功能选项卡 尺寸 区域中的 按钮。

Step2. 此时系统弹出“选择”对话框，选择如图 2.9.11a 所示的轮廓，单击“选择”对话框中的 确定 按钮；选择如图 2.9.11a 所示的尺寸，此时系统在图形中显示出周长尺寸。

结果如图 2.9.11b 所示。

说明：当添加上周长尺寸，系统将直径尺寸转变为一个变量尺寸，此时的变量尺寸是不能进行修改的。

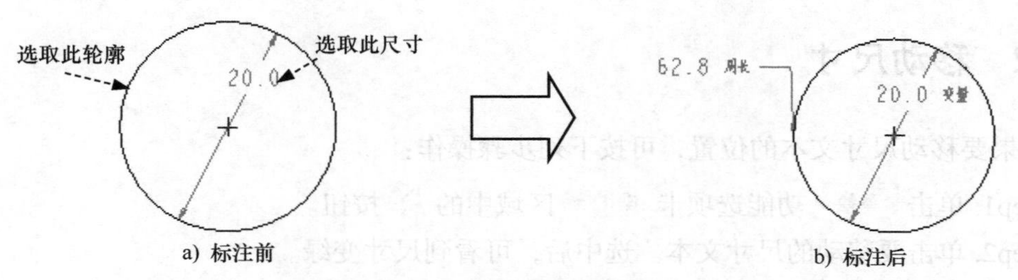

a) 标注前　　b) 标注后

图 2.9.11　圆周长标注

（2）标注矩形的周长。

Step1. 单击 草绘 功能选项卡 尺寸 ▾ 区域中的 按钮。

Step2. 此时系统弹出“选择”对话框，按住 Ctrl 键，选择如图 2.9.12a 所示的轮廓，单击“选择”对话框中的 确定 按钮；选择如图 2.9.12a 所示的尺寸，此时系统在图形中显示出周长尺寸。结果如图 2.9.12b 所示。

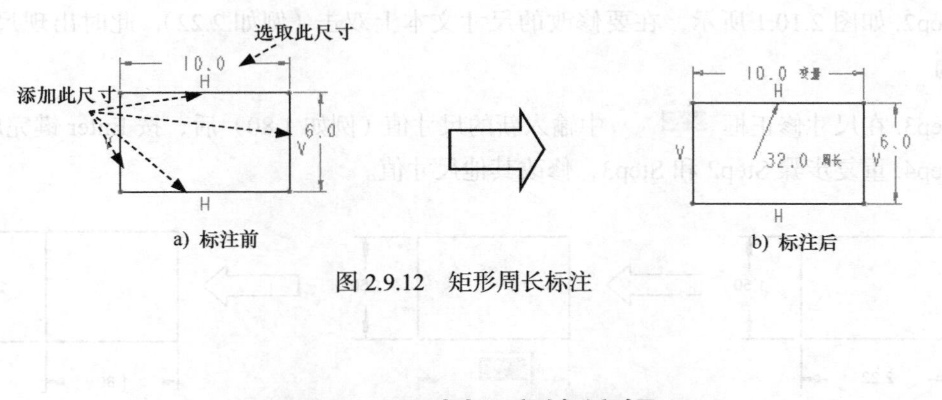

a) 标注前　　b) 标注后

图 2.9.12　矩形周长标注

2.10　尺寸标注的编辑

2.10.1　控制尺寸的显示

可以用下列方法之一打开或关闭尺寸显示。

- 单击“视图控制”工具栏中的 按钮，在系统弹出的菜单中选中或取消 ☑ 尺寸显示 复选框。
- 选择“文件”下拉菜单中的 文件 → 选项 命令，系统弹出“Creo Parametric 选项”对话框，单击其中的 草绘器 选项，然后选中或取消 ☑ 显示尺寸 和 ☑ 显示弱尺寸复选框，从而打开或关闭尺寸和弱尺寸的显示。

- 要禁用默认尺寸显示，需将配置文件 config.pro 中的变量 sketcher_disp_dimensions 设置为 no。

2.10.2 移动尺寸

如果要移动尺寸文本的位置，可按下列步骤操作：

Step1. 单击 草绘 功能选项卡 操作 ▾ 区域中的 按钮。

Step2. 单击要移动的尺寸文本。选中后，可看到尺寸变绿。

Step3. 按下左键并移动鼠标，将尺寸文本拖至所需位置。

2.10.3 修改尺寸值

有两种方法可修改所标注的尺寸值。

方法一：

Step1. 单击中键，退出当前正在使用的草绘或标注命令。

Step2. 如图 2.10.1 所示，在要修改的尺寸文本上双击（例如 2.22），此时出现尺寸修正框 2.22 。

Step3. 在尺寸修正框 2.22 中输入新的尺寸值（例如 1.80）后，按 Enter 键完成修改。

Step4. 重复步骤 Step2 和 Step3，修改其他尺寸值。

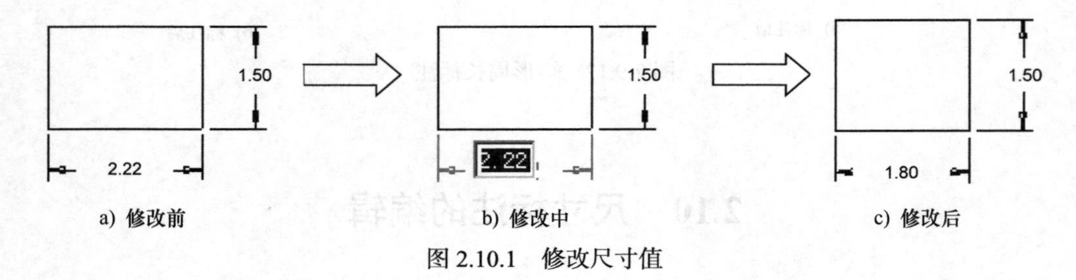

a) 修改前　　b) 修改中　　c) 修改后

图 2.10.1　修改尺寸值

方法二：

Step1. 单击 草绘 功能选项卡 操作 ▾ 区域中的 按钮。

Step2. 单击要修改的尺寸文本，此时尺寸颜色变绿（按下 Ctrl 键可选取多个尺寸目标）。

Step3. 单击 草绘 功能选项卡 编辑 区域中的 按钮，此时系统出现“修改尺寸”对话框，所选取的每一个目标的尺寸值和尺寸参数（如 sd0、sd1 等 sd # 系列的尺寸参数）出现在“尺寸”列表中。

Step4. 在尺寸列表中输入新的尺寸值。

注意：也可以单击并拖移尺寸值旁边的旋转轮盘。要增加尺寸值，向右拖移；要减少尺寸值，则向左拖移。在拖移该轮盘时，系统会自动更新图形。

Step5. 修改完毕后，单击 确定 按钮。系统再生二维草图并关闭对话框。

2.10.4 输入负尺寸

在修改线性尺寸时，可以输入一个负尺寸值，它会使几何改变方向。在草绘环境中，负号总是出现在尺寸旁边，但在“零件”模式中，尺寸值总以正值出现。

2.10.5 修改尺寸值的小数位数

可以在“草绘器”设置界面中指定尺寸值的默认小数位数。

Step1. 选择“文件”下拉菜单中的 文件 → 选项 命令，系统弹出“Creo Parametric 选项”对话框，单击其中的 草绘器 选项。

Step2. 在 精度和敏感度 区域的 尺寸的小数位数: 文本框中输入一个新值，单击 确定 按钮，系统接受该变化并关闭对话框。

注意： 增加尺寸时，系统将数值四舍五入到指定的小数位数。

2.10.6 将“弱”尺寸转换为“强”尺寸

退出草绘环境之前，将截面中的“弱”尺寸加强是一个很好的习惯，那么如何将“弱”尺寸变成“强”尺寸呢？

操作方法如下。

Step1. 在绘图区选取要加强的“弱”尺寸（呈青色）。

Step2. 右击，在快捷菜单中选择 强(S) 命令，此时可看到所选的尺寸由青色变为蓝色，说明已经完成转换。

注意：

- 在整个 Creo 8.0 软件中，每当修改一个“弱”尺寸，或在一个关系中使用它时，该尺寸就自动变为“强”尺寸。
- 加强一个尺寸时，系统按四舍五入原则对其取整到系统设置的小数位数。

2.10.7 锁定或解锁草图截面尺寸

在草绘截面中，选择一个尺寸（例如在图 2.10.2a 所示的草绘截面中，单击尺寸 2.2），在弹出的菜单中选择 🔒 选项，可以将尺寸锁定。被锁定的尺寸将以深红色显示。当编辑、修改草绘截面时（包括增加、修改截面尺寸），非锁定的尺寸有可能被系统自动删除或修改，而锁定后的尺寸则不会被系统自动删除或修改（但用户可以手动修改锁定的尺寸）。这种功能在创建和修改复杂的草绘截面时非常有用，作为一个操作技巧会经常被用到。

说明： 选择尺寸后，右击，在弹出的快捷菜单中 选项，也能锁定尺寸。

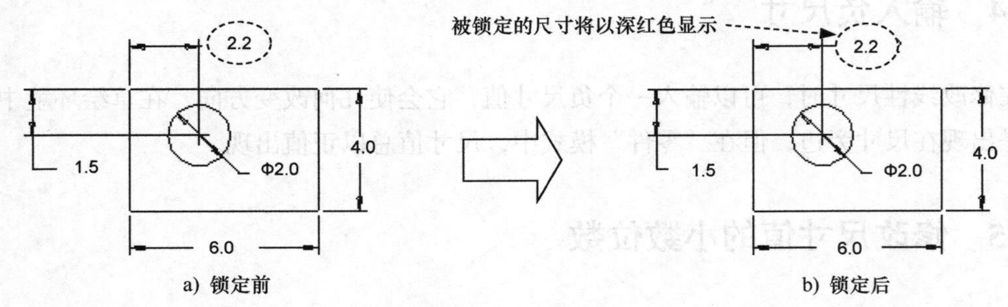

图 2.10.2　尺寸的锁定

注意：

- 当选取被锁定的尺寸，在弹出的菜单中选择 选项，此时该尺寸的颜色恢复到以前未锁定的状态。
- 通过设置草绘器选项，可以控制尺寸的锁定。操作方法是：选择“文件”下拉菜单中的 文件 → 选项 命令，系统弹出“Creo Parametric 选项”对话框，单击其中的 草绘器 选项，在 拖动截面时的尺寸行为 区域中选中 锁定已修改的尺寸(L) 或 锁定用户定义的尺寸(U) 复选框。

2.10.8　替换尺寸

可以用新的尺寸替换草绘环境中现有的尺寸，以便使新尺寸保持原始的尺寸参数(sd#)。当要保留与原始尺寸相关的其他数据时（如在“草图”模式中添加了几何公差符号或额外文本），替换尺寸非常有用。

其操作方法如下。

Step1. 选中要替换的尺寸，右击，在系统弹出的快捷菜单中选择 命令，选取的尺寸即被删除。

Step2. 创建一个新的尺寸。

2.11　二维草图中的约束

按照工程技术人员的设计习惯，在草绘时或草绘后，希望对绘制的草图增加一些平行、相切、相等或对齐等约束来帮助几何定位。在 Creo 8.0 系统的草图环境中，用户随时可以很方便地对草图进行约束。下面对约束进行详细介绍。

2.11.1 约束的显示

1. 约束的屏幕显示控制

单击“视图控制”工具栏中的按钮，在系统弹出的菜单中选中或取消 ☑ 约束显示 复选框，即可控制约束符号在屏幕中的显示 / 关闭。

2. 各种约束符号列表

各种约束符号见表 2.11.1。

表 2.11.1 各种约束符号

约束名称	约束符号
中点	
重合	
水平图元	
竖直图元	
相切图元	
垂直图元	
平行线	
相等图元	
对称	
共线	
使用边	

3. 约束符号颜色含义

- 约束：显示为蓝色。
- 鼠标指针所在的约束：显示为淡绿色。
- 选定的约束（或活动约束）：显示为绿色。
- 锁定约束：放在一个圆中。
- 禁用约束：用一条直线穿过约束符号。

2.11.2 约束的禁用、锁定与切换

在用户绘制图元的过程中，系统会自动捕捉约束并显示约束符号。例如，在绘制直线的

过程中，当定义直线的起点时，如果将鼠标指针移至一个圆弧附近，系统便自动将直线的起点对齐到圆弧上并显示对齐约束符号（小圆圈），此时如果：

- 右击，会出现锁定的符号（图 2.11.1），表示对齐约束被“锁定”，即直线的起点只能在圆弧上。
- 右击，对齐约束符号（小圆圈）上被画上斜线（图 2.11.2），表示对齐约束被“禁用”，即对齐约束不起作用。如果再次右击，“禁用”被取消。
- 按住 Shift 键绘制图元，系统将不会捕捉任何约束。

图 2.11.1 约束的“锁定”　　图 2.11.2 约束的“禁用”

在绘制图元过程中，当出现多个约束时，只有一个约束处于活动状态，其约束符号以亮颜色（绿色）显示；其余约束为非活动状态，其约束符号以青色显示。只有活动的约束可以被“禁用”或“锁定”。用户可以使用 Tab 键，轮流将非活动约束“切换”为活动约束，这样用户就可以将多个约束中的任意一个约束设置为“禁用”或“锁定”。例如，在绘制图 2.11.3 中的直线 1 时，当直线 1 的起点定义在圆弧上后，在定义直线 1 的终点时，若其终点位于直线 2 上的某处，则系统会同时显示三个约束：第一个约束是直线 1 的终点与直线 2 的对齐约束；第二个约束是直线 1 与直线 3 的平行约束；第三个约束是直线 1 与圆弧的相切约束。图 2.11.3 中当前显示平行约束符号为亮颜色（绿色），表示该约束为活动约束，故可以将该平行约束设置为“禁用”或“锁定”。如果按键盘上的 Tab 键，可以轮流将其余两个约束“切换”为活动约束，然后将其设置为“禁用”或“锁定”。

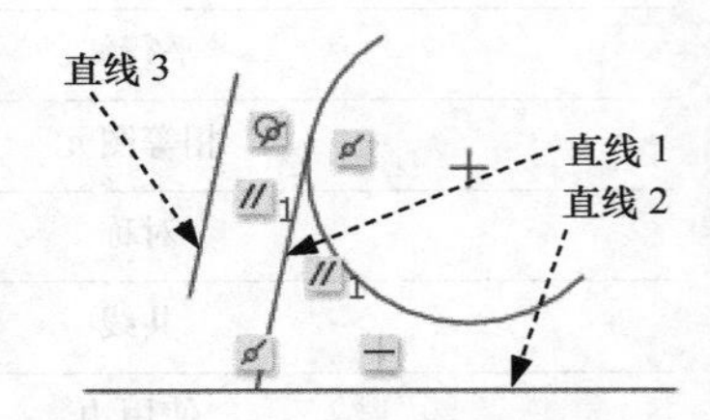

图 2.11.3 约束的“切换”

2.11.3 约束的种类

草绘后，用户还可以按设计意图手动建立各种约束。Creo 8.0 所支持的约束种类见表 2.11.2。

表 2.11.2 Creo 8.0 所支持的约束种类

按　钮	约　束
+	使直线或两点竖直
+	使直线或两点水平

（续）

按钮	约束
⊥	使两直线图元垂直
相切	使两图元（圆与圆、直线与圆等）相切
中点	把一点放在线的中间
重合	使两点、两线重合，或使一个点落在直线或圆等图元上
对称	使两点或顶点对称于中心线
=	创建相等长度、相等半径或相等曲率
//	使两直线平行

2.11.4 创建约束

下面以图 2.11.4 所示的相切约束为例，说明创建约束的步骤。

Step1. 单击 草绘 功能选项卡 约束 ▾ 区域中的 按钮，如图 2.11.5 所示。

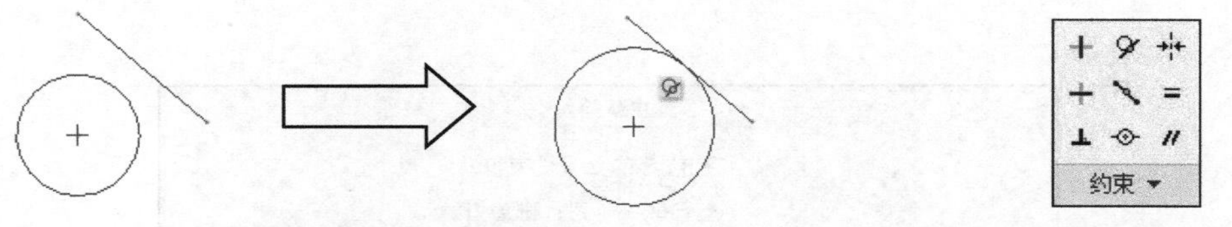

图 2.11.4 相切约束　　图 2.11.5 “约束”区域

Step2. 系统在信息区提示 ➪选择两图元使它们相切，分别选取直线和圆。此时系统按创建的约束更新截面，并显示约束符号。如果不显示约束符号，单击“视图控制”工具栏中的 按钮，在系统弹出的菜单中选中 ☑ 约束显示 复选框，可显示约束。

Step3. 重复步骤 Step1 和 Step2，可创建其他的约束。

2.11.5 删除约束

Step1. 单击要删除的约束的显示符号（如上例中的 ），选中后，约束符号的颜色变绿。

Step2. 右击，在系统弹出的快捷菜单中选择 删除(D) 命令（或按下 Delete 键），系统删除所选的约束。

说明：删除约束后，系统会自动增加一个约束或尺寸，来使截面图形保持全约束状态。

2.11.6　解决约束冲突

当增加的约束或尺寸与现有的约束或“强”尺寸相互冲突或多余时，例如在图 2.11.6 所示的草绘截面中添加尺寸 3.8 时（图 2.11.7），系统就会加亮冲突尺寸或约束，并告诉用户删除加亮的尺寸或约束之一；同时系统弹出图 2.11.8 所示的“解决草绘”对话框，利用此对话框可以解决冲突。

其中各选项说明如下。

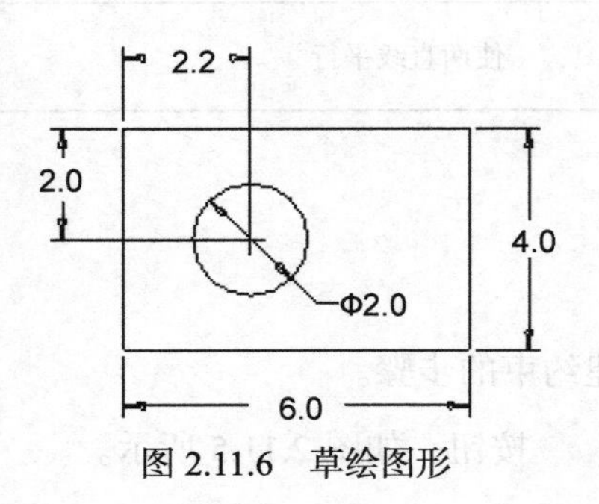

图 2.11.6　草绘图形

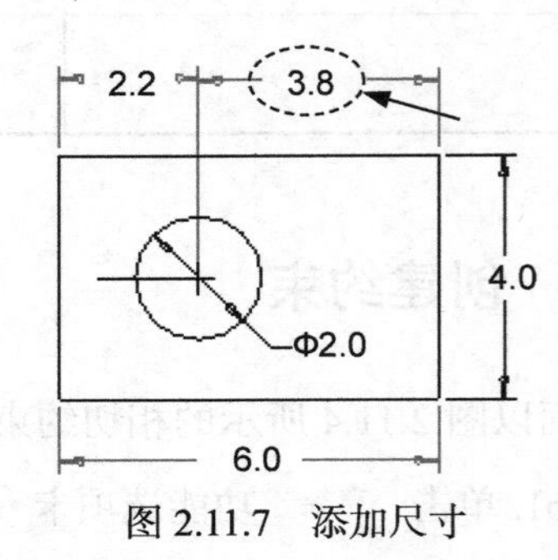

图 2.11.7　添加尺寸

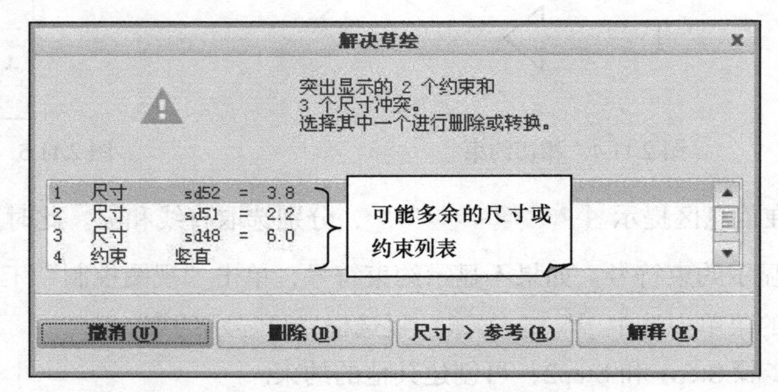

图 2.11.8　“解决草绘”对话框

- 撤消(U) 按钮：撤销刚刚导致截面的尺寸或约束冲突的操作。
- 删除(D) 按钮：从列表框中选择某个多余的尺寸或约束，将其删除。
- 尺寸 > 参考(R) 按钮：选取一个多余的尺寸，将其转换为一个参照尺寸。
- 解释(E) 按钮：选择一个约束，获取约束说明。

2.12 二维草图绘制范例

2.12.1 草图范例 1

范例概述：

本范例从新建一个草图开始，详细介绍了草图的绘制、编辑和标注的过程，要重点掌握的是绘图前的设置、约束的处理以及尺寸的处理技巧。范例 1 图形如图 2.12.1 所示，其创建的操作步骤如下。

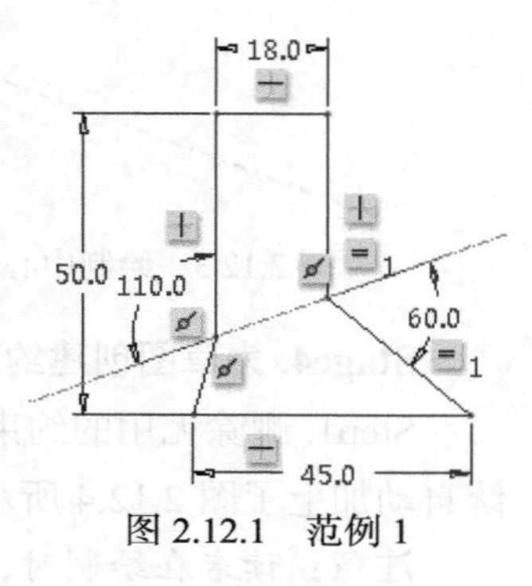

图 2.12.1 范例 1

Stage1. 新建一个草绘文件

Step1. 选择下拉菜单 文件 ➡ 新建(N) 命令（或单击“新建”按钮 ）。

Step2. 系统弹出“新建”对话框，在该对话框中选中 ◉ 草绘 单选按钮；在 名称 后的文本框中输入草图名 spsk1；单击 确定 按钮，即进入草绘环境。

Stage2. 绘图前的必要设置

Step1. 在 草绘 选项卡中单击 栅格 按钮。

Step2. 此时系统弹出“栅格设置”对话框，在 间距 选项组中选择 ◉ 静态 单选项，然后在 X: 和 Y: 文本框中均输入间距值 10.0；单击 确定 按钮，结束栅格设置。

Step3. 在“视图”工具条中单击“草绘器显示过滤器”按钮 ，在系统弹出的菜单中选中 ☑ 栅格显示 复选框，可以在图形区中显示栅格。

Step4. 此时，绘图区中的每一个栅格表示 10 个单位长度。为了便于查看和操作图形，可以滚动鼠标中键滚轮，调整栅格到合适的大小（图 2.12.2）。单击“草绘器显示过滤器”按钮 ，在系统弹出的菜单中取消选中 ☐ 栅格显示 复选框，将栅格的显示关闭。

图 2.12.2 调整栅格到合适的大小

Stage3. 创建草图以勾勒出图形的大概形状

由于 Creo 具有尺寸驱动功能，开始绘图时只需绘制大致的形状即可。

Step1. 单击“视图控制”工具栏中的 按钮，在系统弹出的菜单中取消选中 ☐ 尺寸显示 复选框，不显示尺寸。

Step2. 单击 草绘 区域中的 中心线 按钮，绘制图 2.12.3 所示的中心线。

Step3. 单击“线链”命令按钮 线 中的 ，再单击 线链 按钮，绘制图 2.12.4 所示的图形。

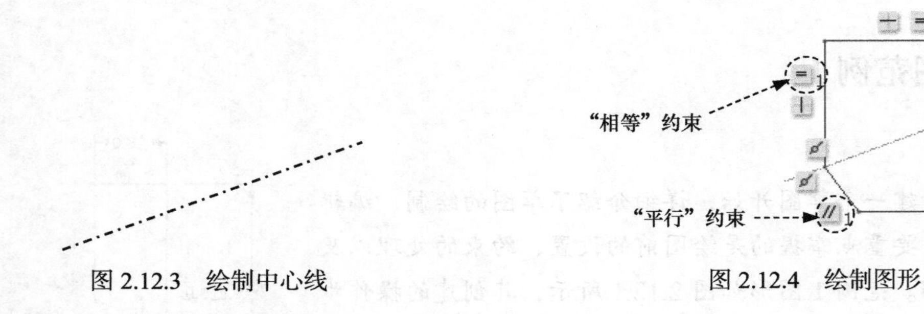

图 2.12.3　绘制中心线　　　　图 2.12.4　绘制图形

Stage4. 为草图创建约束

Step1. 删除无用的约束。在绘制草图时，系统会自动加上一些无用的约束，如本例中系统自动加上了图 2.12.4 所示的“相等”和“平行”约束。

注意： 读者在绘制时，可能没有这两个约束，自动添加的约束取决于绘制时鼠标的走向与停留的位置。

（1）单击 操作 区域中的 按钮。

（2）删除“相等”约束。在图 2.12.4 所示的图形中选取“相等”约束，然后右击，在系统弹出的图 2.12.5 所示的快捷菜单中选择 删除(D) 命令。

（3）删除“平行”约束。在图 2.12.4 所示的图形中选取“平行”约束，然后右击，在系统弹出的图 2.12.5 所示的快捷菜单中选择 删除(D) 命令。完成操作后，图形如图 2.12.6 所示。

Step2. 添加有用的约束。单击在 约束 区域中的 按钮，然后在图 2.12.6 所示的图形中依次单击线段 1 和线段 2。完成操作后，图形如图 2.12.7 所示。

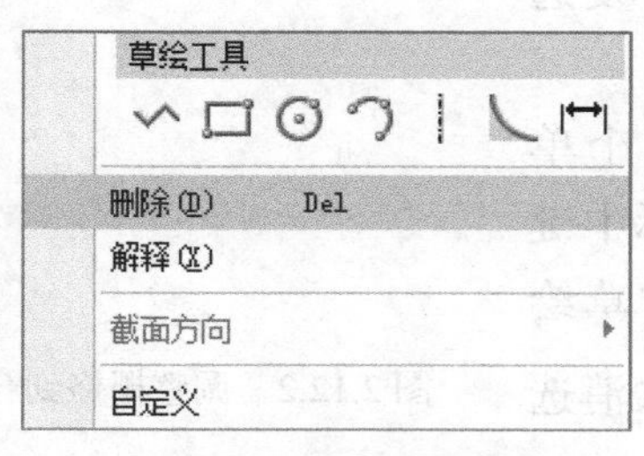

图 2.12.5　快捷菜单

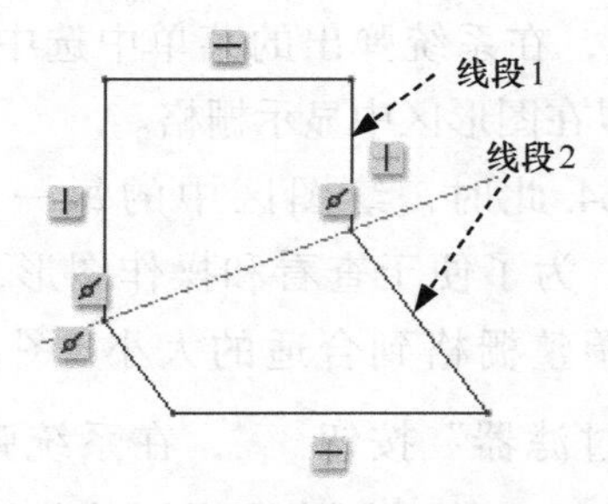

图 2.12.6　删除无用的约束

Stage5. 调整草图尺寸

Step1. 单击“视图控制”工具栏中的 按钮，在系统弹出的菜单中选中 ☑ 尺寸显示 复选框，打开尺寸显示，此时图形如图 2.12.8 所示。

Step2. 移动尺寸至合适的位置，如图 2.12.9 所示。

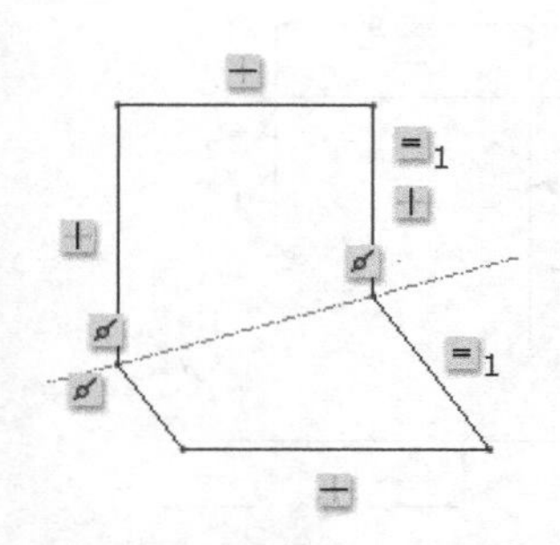
图 2.12.7 添加有用的约束

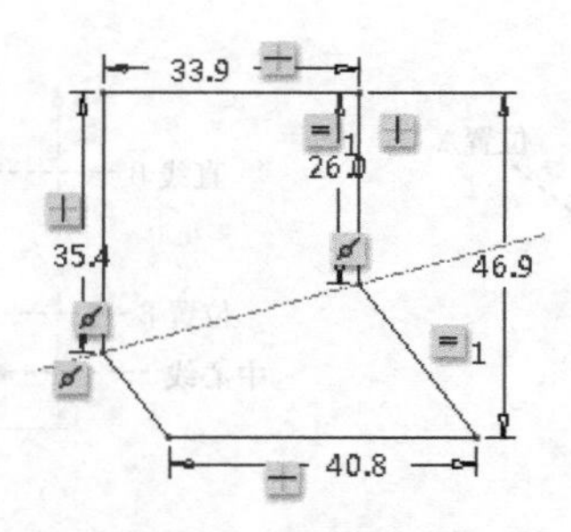

图 2.12.8 打开尺寸显示

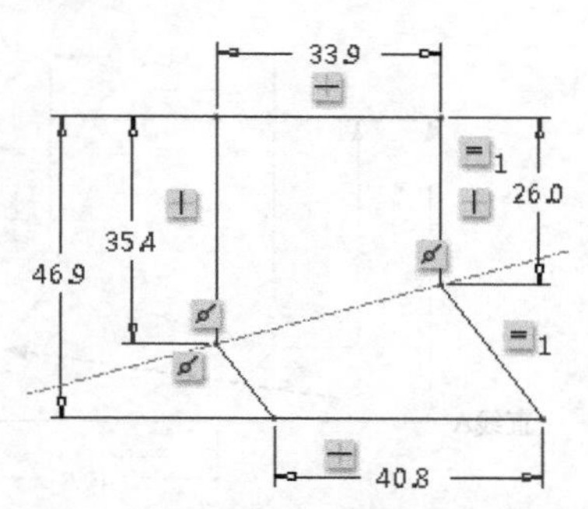

图 2.12.9 移动尺寸至合适的位置

Step3. 锁定有用的尺寸标注。

当用户编辑、修改草绘截面时（包括增加、修改截面尺寸），非锁定的尺寸有可能被自动删除或大小自动发生变化，这样很容易使所绘图形的外在形状面目全非或丢失有用的尺寸，因此在修改前，我们可以先锁定有用的关键尺寸。

单击图 2.12.9 所示的图形中有用的尺寸，然后右击，在系统弹出的图 2.12.10 所示的快捷菜单中选择 🔒 命令，此时被锁定的尺寸将以红色显示，结果如图 2.12.11 所示。

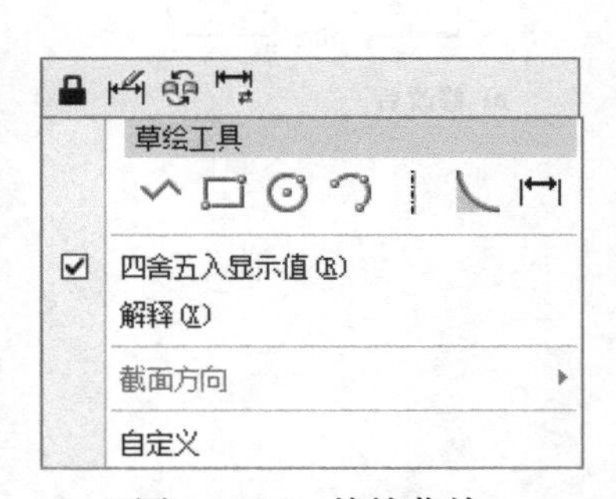

图 2.12.10 快捷菜单

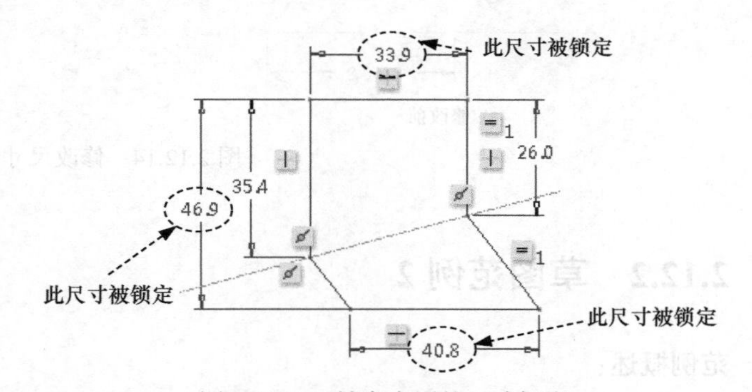

图 2.12.11 锁定有用的尺寸标注

Step4. 添加新的尺寸，以创建所需的标注布局。

（1）添加第一个角度标注。单击“标注”按钮 ⟷，在图 2.12.12 所示的图形中，依次单击中心线和直线 A，中键单击位置 A 以放置尺寸，创建第一个角度尺寸。

（2）添加第二个角度标注。在图 2.12.13 所示的图形中，依次单击中心线和直线 B，中键单击位置 B 以放置尺寸，创建第二个角度尺寸。

Step5. 修改尺寸至最终尺寸。

以草图的方式绘制出大致的形状后，就可以对草图尺寸进行修改，从而使草绘图变成最终的精确图形。

（1）先解锁 Step3 中被锁定的三个尺寸。

（2）在图 2.12.14a 所示的图形中双击要修改的尺寸，然后在系统弹出的文本框中输入正确的尺寸值，并按 Enter 键。

（3）用同样的方法修改其余的尺寸值，使图形最终变成图 2.12.14b 所示的图形。

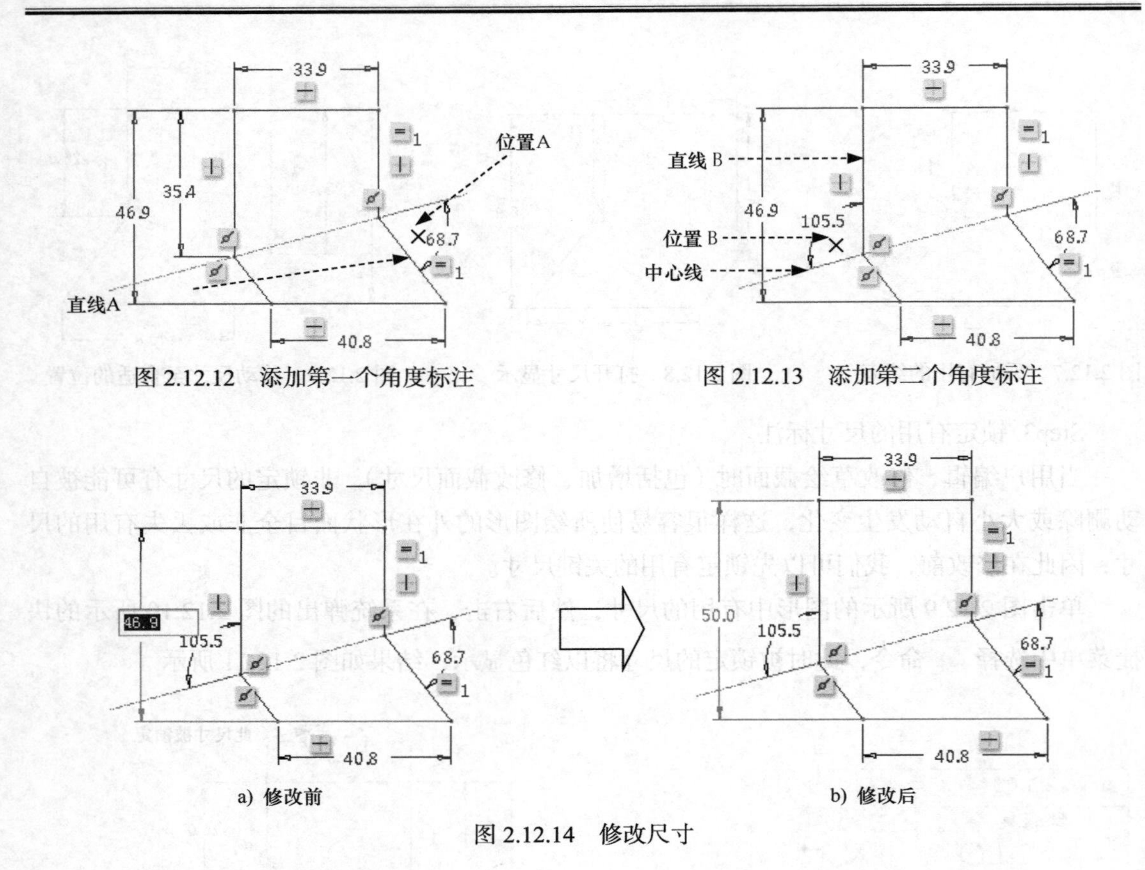

图 2.12.12 添加第一个角度标注

图 2.12.13 添加第二个角度标注

a) 修改前

b) 修改后

图 2.12.14 修改尺寸

2.12.2 草图范例 2

范例概述：

本范例主要介绍对已有草图进行编辑的过程，重点讲解用“修剪”“延伸”的方法进行草图的编辑。范例 2 图形如图 2.12.15 所示，其创建的操作步骤如下。

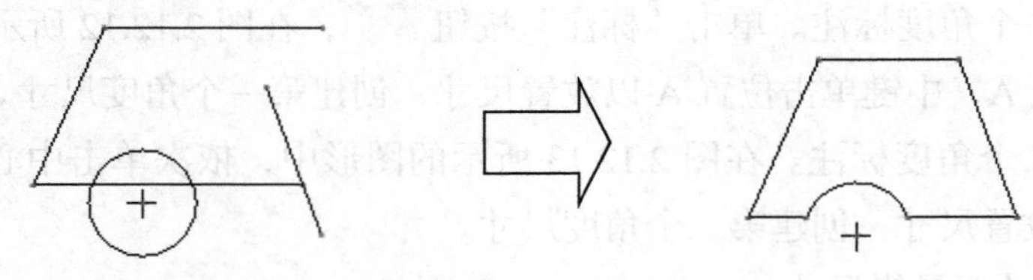

图 2.12.15 范例 2

Stage1. 打开草图文件

将工作目录设置至 D:\dbcreo8.1\work\ch02.12，打开文件 spsk2.sec。

Stage2. 编辑草图

Step1. 编辑草图前的准备工作。

（1）确认 按钮中的 □ 尺寸显示 复选框处于取消选中状态（即尺寸显示关闭）。

（2）确认 按钮中的 ☐ 约束显示 复选框处于取消选中状态（即约束显示关闭）。

Step2. 修剪图元。

（1）单击 草绘 功能选项卡 编辑 区域中的 按钮。

（2）按住鼠标左键并拖动，可绘制图 2.12.16a 所示的路径，与此路径相交的部分被剪掉。结果如图 2.12.16b 所示。

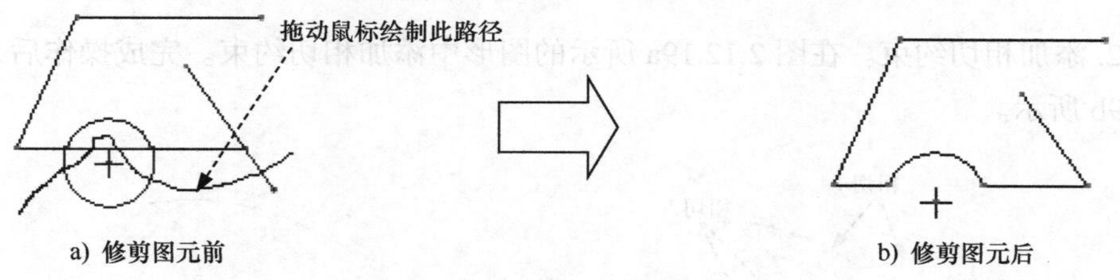

图 2.12.16 修剪图元

Step3. 延伸修剪图元。

（1）单击 草绘 功能选项卡 编辑 区域中的 按钮。

（2）分别选取图 2.12.17a 中的线段 A 和线段 B，系统便对线段进行延伸以使两线段相交，并将线段修剪至交点。结果如图 2.12.17b 所示。

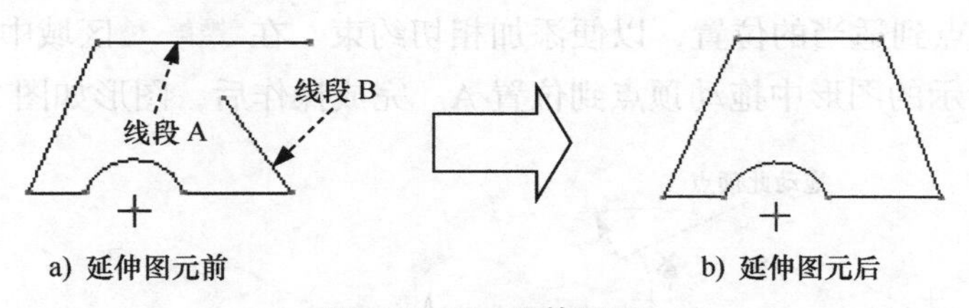

图 2.12.17 延伸图元

2.12.3 草图范例 3

范例概述：

本范例主要介绍利用“添加约束”的方法进行草图编辑的过程。范例 3 图形如图 2.12.18 所示，其创建的操作步骤如下。

Stage1. 打开草图文件

将工作目录设置至 D：\dbcreo8.1\work\ch02.12，打开文件 spsk3.sec。

Stage2. 编辑草图前的准备工作

Step1. 确认 按钮中的 ☐ 尺寸显示 复选框处于取消选中状态（即尺寸显示关闭）。

Step2. 确认 按钮中的 ☑ 约束显示 复选框处于选中状态（即显示约束）。

Stage3. 处理草图约束（添加约束）

Step1. 单击 草绘 功能选项卡 约束 ▾ 区域中的 按钮。

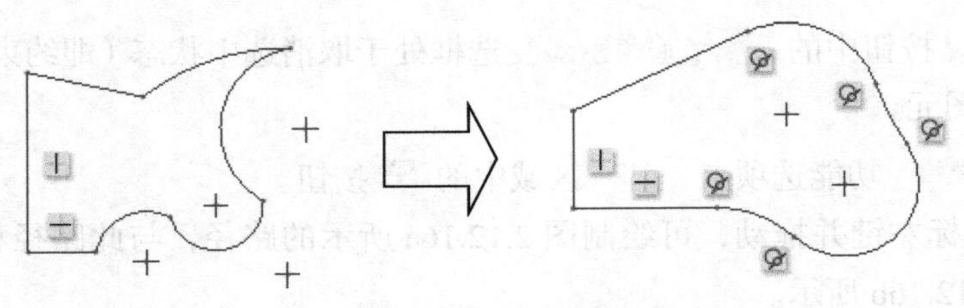

图 2.12.18 范例 3

Step2. 添加相切约束。在图 2.12.19a 所示的图形中添加相切约束。完成操作后，图形如图 2.12.19b 所示。

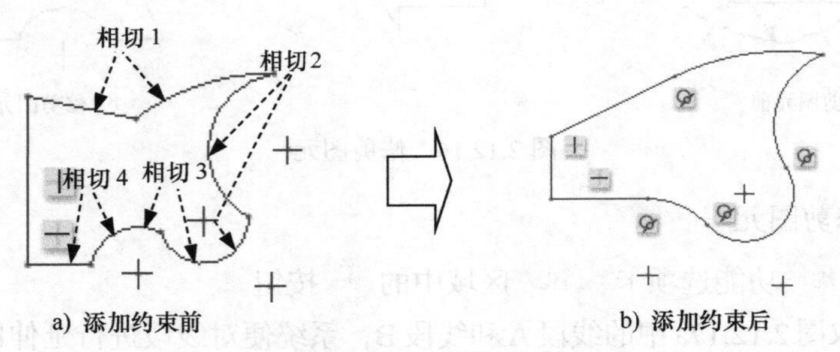

图 2.12.19 添加约束

Step3. 拖动顶点到适当的位置，以便添加相切约束。在 操作 ▾ 区域中单击 按钮，然后在图 2.12.20a 所示的图形中拖动顶点到位置 A。完成操作后，图形如图 2.12.20b 所示。

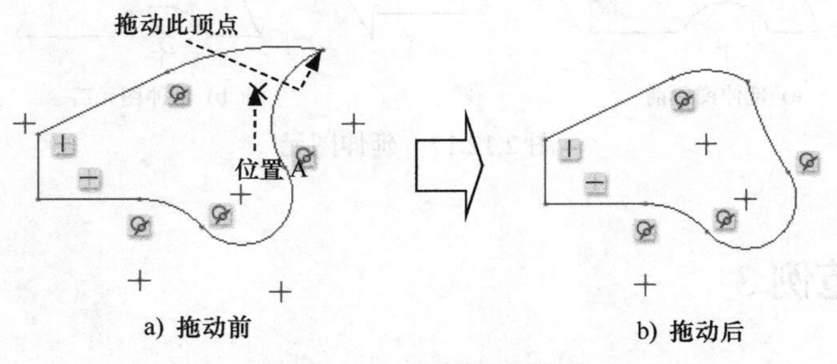

图 2.12.20 拖动顶点位置

Step4. 添加相切约束。单击 按钮，在图 2.12.21a 所示的图形中添加相切约束。完成操作后，图形如图 2.12.21b 所示。

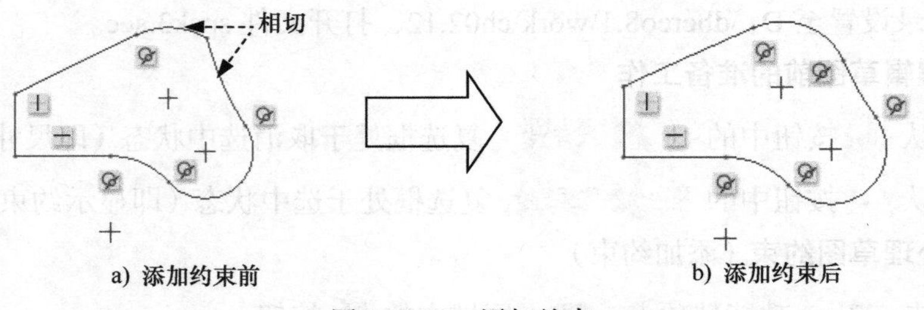

图 2.12.21 添加约束

2.12.4 草图范例 4

范例概述：

本范例讲解的是草图标注的技巧。在图 2.12.22a 中，标注了圆角圆心到一个顶点的距离值 12.8，如果要将该尺寸变为图 2.12.22b 中的尺寸 17.1，那么就必须先绘制两条构造线及其交点，然后创建尺寸 17.1。操作步骤如下。

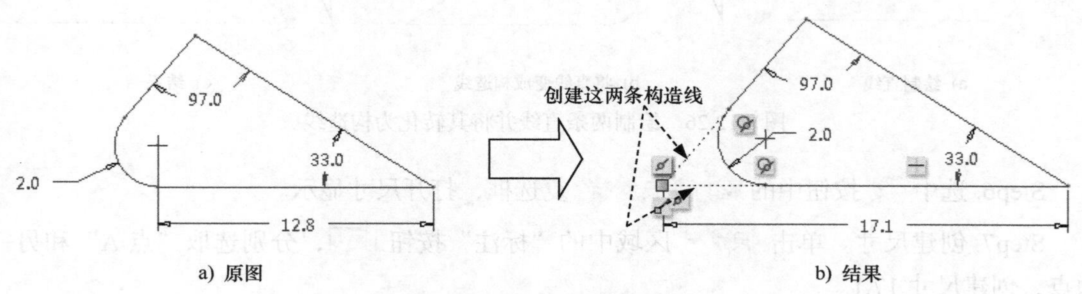

a) 原图　　b) 结果

图 2.12.22 范例 4

Step1. 将工作目录设置至 D:\dbcreo8.1\work\ch02.12，打开文件 spsk4.sec。

Step2. 调整显示状态，如图 2.12.23 所示。

（1）关闭尺寸显示。取消选中 按钮中的 尺寸显示 复选框。

（2）打开约束符号的显示。选中 按钮中的 约束显示 复选框。

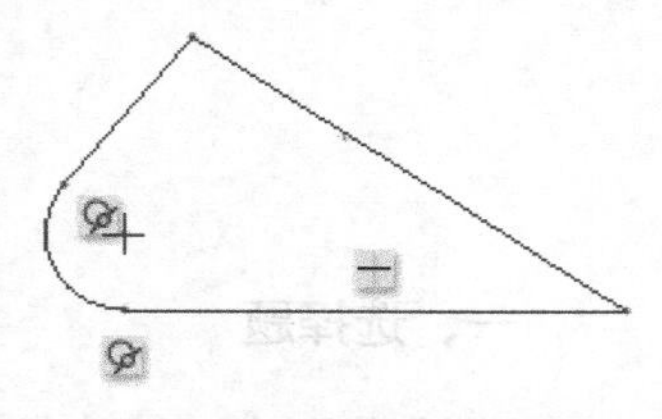

图 2.12.23 打开约束符号

Step3. 单击 草绘 区域中的 点 按钮，创建任意一点 A，如图 2.12.24 所示。

Step4. 将点 A 约束到两条边的交点上，如图 2.12.25 所示。

（1）单击 约束 ▾ 区域中的 按钮。

（2）系统在信息区提示 选择要对齐的两图元或顶点。，先分别选取“点 A”和“边 1”，再分别选取“点 A”和“边 2”，如图 2.12.25 所示。

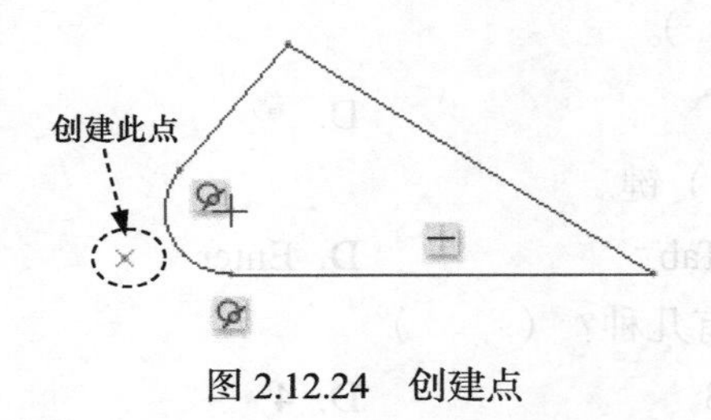

图 2.12.24 创建点

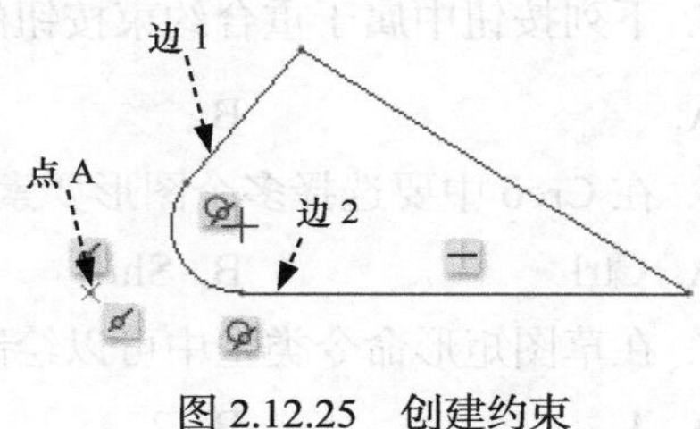

图 2.12.25 创建约束

Step5. 绘制两条直线并将其转化为构造线，如图 2.12.26 所示。

（1）创建第一条构造线。单击“线链”命令按钮 中的 ，再单击按钮 ，选取“边 1”的左端点和“点 A”绘制一条直线；选择该直线并右击，从快捷菜单中选择“切换构造”命令 ，将其转化为构造线。

（2）参照步骤（1）的操作，创建另一条构造线。

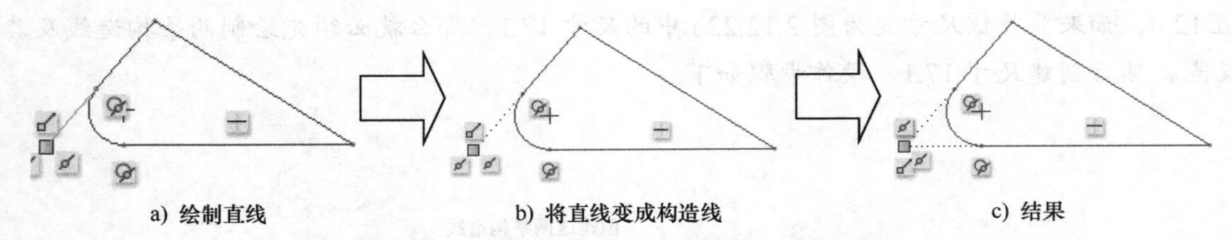

a）绘制直线　　b）将直线变成构造线　　c）结果

图 2.12.26　绘制两条直线并将其转化为构造线

Step6. 选中 按钮中的 尺寸显示 复选框，打开尺寸显示。

Step7. 创建尺寸。单击 尺寸 区域中的“标注”按钮 ，分别选取“点 A”和另一顶点，创建尺寸 17.1。

2.13　习　　题

一、选择题

1. 在草图中可以直接画与 3 条直线同时相切的圆弧命令是（　　）。

A. 3 点 / 相切端　　B. 圆心和端点　　C. 3 相切　　D. 同心

2. 在 Creo 新建文件对话框中，新建文件类型有（　　）种。

A. 8 种　　B. 9 种　　C. 10 种　　D. 11 种

3. 当镜像草图时，（　　）几何关系被增加。

A. 对称　　B. 镜像　　C. 重合　　D. 相等

4. 图标按钮的名称是（　　）。

A. 拐角　　B. 删除段　　C. 倒角　　D. 修改

5. 下列按钮中属于重合约束按钮的图标是（　　）。

A.　　B.　　C.　　D.

6. 在 Creo 中要选择多个图形要素应按住（　　）键。

A. Ctrl　　B. Shift　　C. Tab　　D. Enter

7. 在草图矩形命令类型中可以绘制倾斜矩形的有几种？（　　）

A. 1　　B. 2　　C. 3　　D. 4

8. 改变绘制好的椭圆的形状，可以进行如下操作。（　　）

A. 按住 Ctrl 键　　B. 左键拖动特征点
C. 右键拖动特征点　　D. Ctrl + Shift 键

9. 在 Creo 的绘图区中，可以使草图适合整个图形区的工具是（　　）。

A.　　B.　　C.　　D.

10. 在草图中关于直线和构建线说法正确的是（　　）。

A. 直线不可以转换为构建线　　B. 直线可以和构建线互相转换
C. 构建线不可以转换成直线　　D. 以上说法都不正确

11. 草图平面不能是（　　）。

A. 实体平表面　　B. 任一平面　　C. 基准面　　D. 曲面

12. 下列不属于草图中几何约束的是（　　）。

A. 水平　　B. 竖直　　C. 对称　　D. 角度

13. 下图是在草图中绘制圆弧，请指出应用了哪种绘制方法。（　　）

A. 3 点 / 相切端　　B. 3 相切　　C. 圆心和端点　　D. 以上都不是

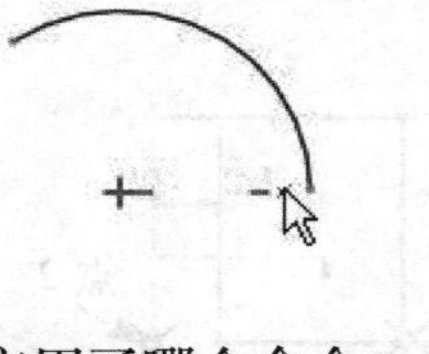

14. 在草图模块下由左图到右图是应用了哪个命令？（　　）

A. 镜像　　B. 偏移　　C. 加厚　　D. 旋转调整大小

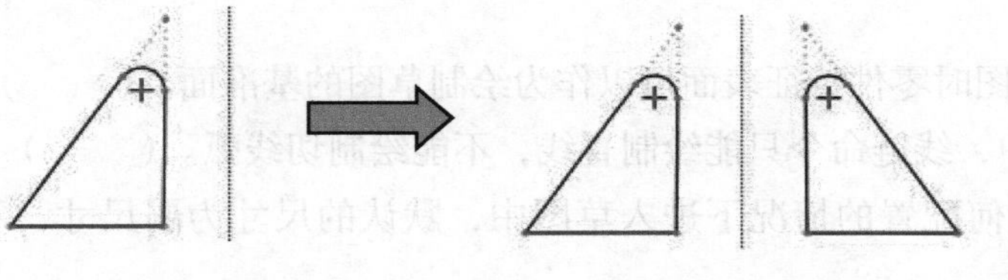

15. 下图是在草图中绘制圆，请指出哪个是用“圆心和点”的方法绘制的。（　　）

A. 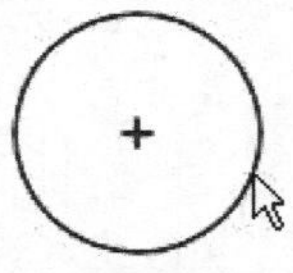　　B.

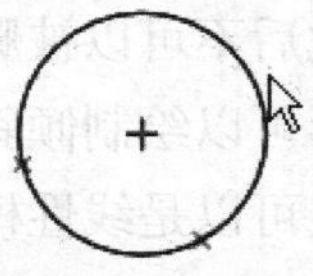

16. 下图是在草图中绘制矩形，请指出应用了哪种绘制方法。（　　）

A. 拐角矩形　　B. 斜矩形　　C. 中心矩形　　D. 以上都不是

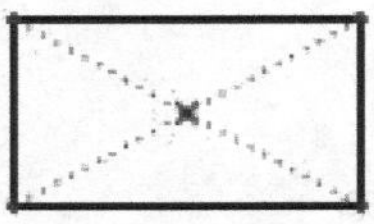

17. Creo 草绘过程中，如果不小心旋转了草图视角，可以通过下列哪个按钮使草图恢复到正视状态（　　）。

A. 　　B. 　　C. 　　D.

18. 对草绘对象标注尺寸时有时会发生约束冲突，这时可以尝试将其中一个尺寸转换成（　　）来解决问题。

A. 参考尺寸　　B. 弱尺寸　　C. 强尺寸　　D. 垂直尺寸

19. 在绘制草图时，可以将草图按一定的距离方向偏置复制出一条新的曲线，当偏置对象是封闭的草图时，该草图实体则放大或缩小的命令是（　　）。

A. 加厚　　B. 镜像　　C. 偏移　　D. 投影

20. 关于下图对称尺寸标注说法正确的是（　　）。

A. 选择命令后先单击点 1，再单击点 4，最后单击中键在点 3 处放置尺寸

B. 选择命令后先单击点 1，再单击点 2 和点 4，最后单击中键在点 3 处放置尺寸

C. 选择命令后先单击点 1，再单击点 4 和点 2，最后单击中键在点 3 处放置尺寸

D. 选择命令后先单击点 1，再单击点 2 和点 1，最后单击中键在点 3 处放置尺寸

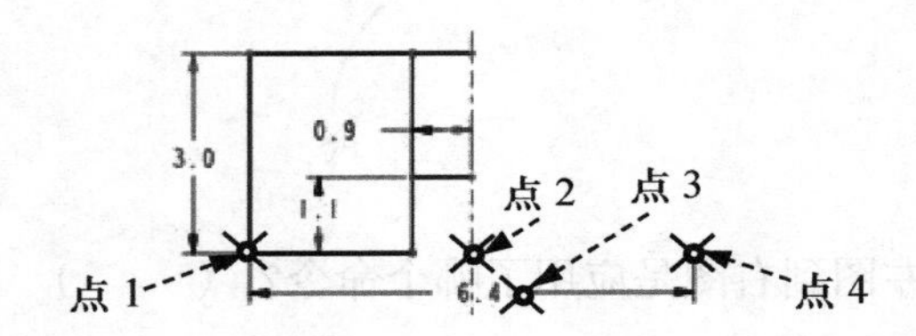

二、判断题

1. 在绘制草图时零件特征表面可以作为绘制草图的基准面。（　　）

2. 在 Creo 中，线链命令只能绘制直线，不能绘制切线弧。（　　）

3. 在不做任何配置的情况下进入草图中，默认的尺寸为弱尺寸，不可以变为强尺寸。（　　）

4. 在草图中使用倒角工具使两条线段形成倒角时，两条线段必须相交。（　　）

5. 尺寸经过修改或强化后不可以被删除。（　　）

6. 在草图中，拐角矩形可以绘制倾斜的矩形。（　　）

7. 草图中镜像的中心线可以是线性模型边线，还可以是直线。（　　）

三、简答题

简述草图绘制的一般过程。

四、完成草图

1. 绘制并标注图 2.13.1 所示的草图。

2. 绘制并标注图 2.13.2 所示的草图。

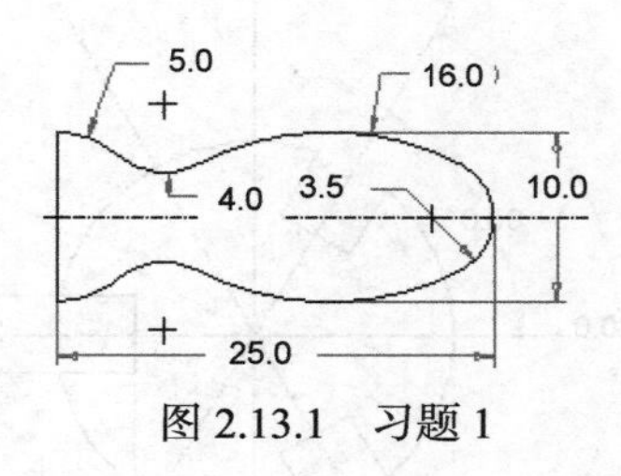

图 2.13.1 习题 1

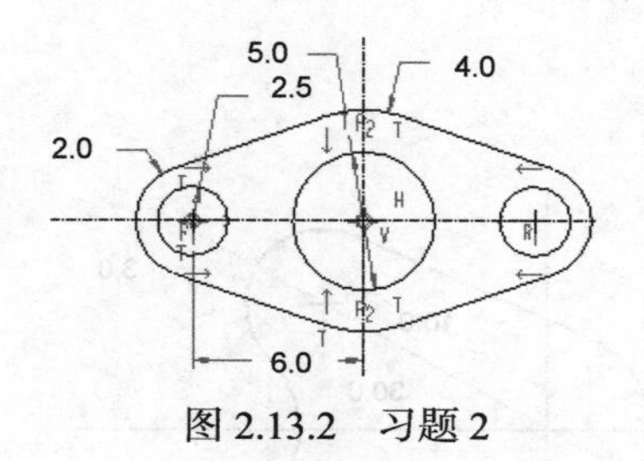

图 2.13.2 习题 2

3. 绘制并标注图 2.13.3 所示的草图。
4. 绘制并标注图 2.13.4 所示的草图。

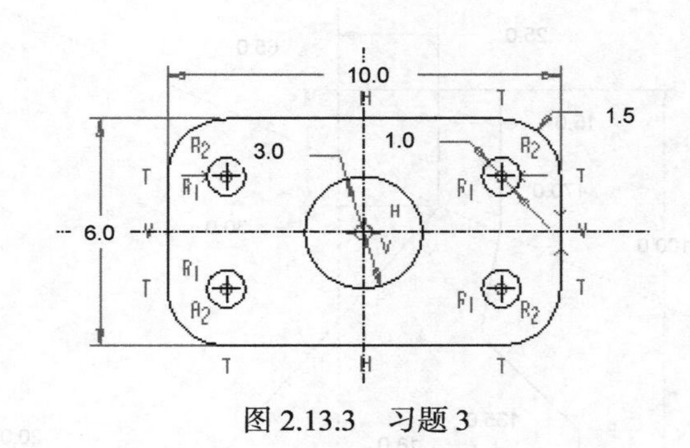

图 2.13.3 习题 3

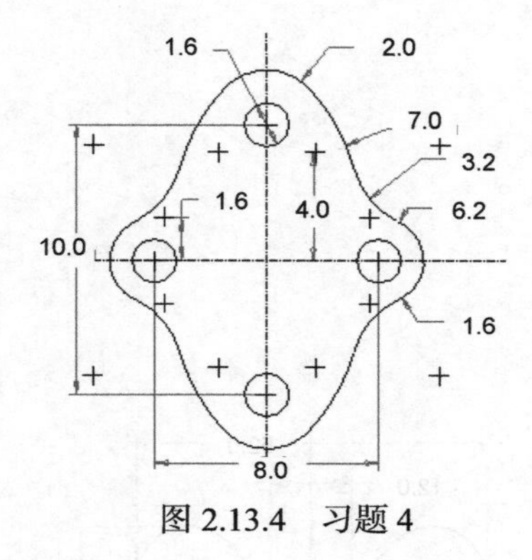

图 2.13.4 习题 4

5. 绘制并标注图 2.13.5 所示的草图。
6. 绘制并标注图 2.13.6 所示的草图。

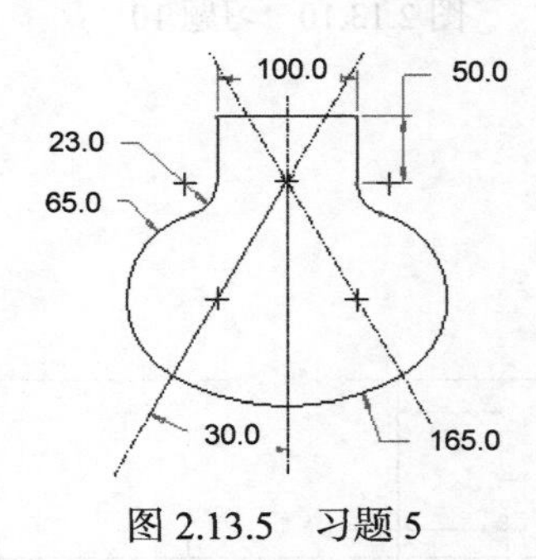

图 2.13.5 习题 5

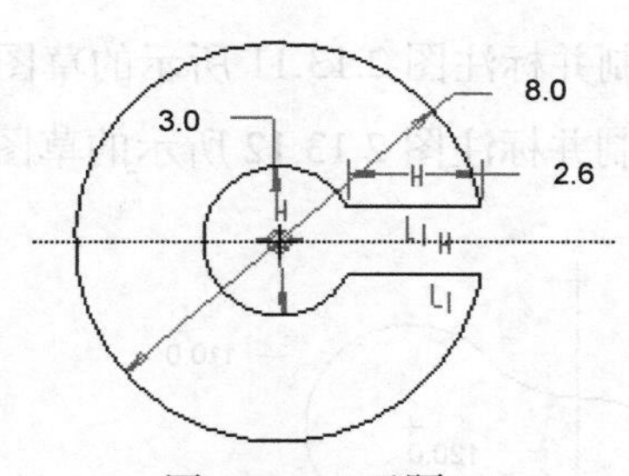

图 2.13.6 习题 6

7. 绘制并标注图 2.13.7 所示的草图。
8. 绘制并标注图 2.13.8 所示的草图。
9. 绘制并标注图 2.13.9 所示的草图。
10. 绘制并标注图 2.13.10 所示的草图。

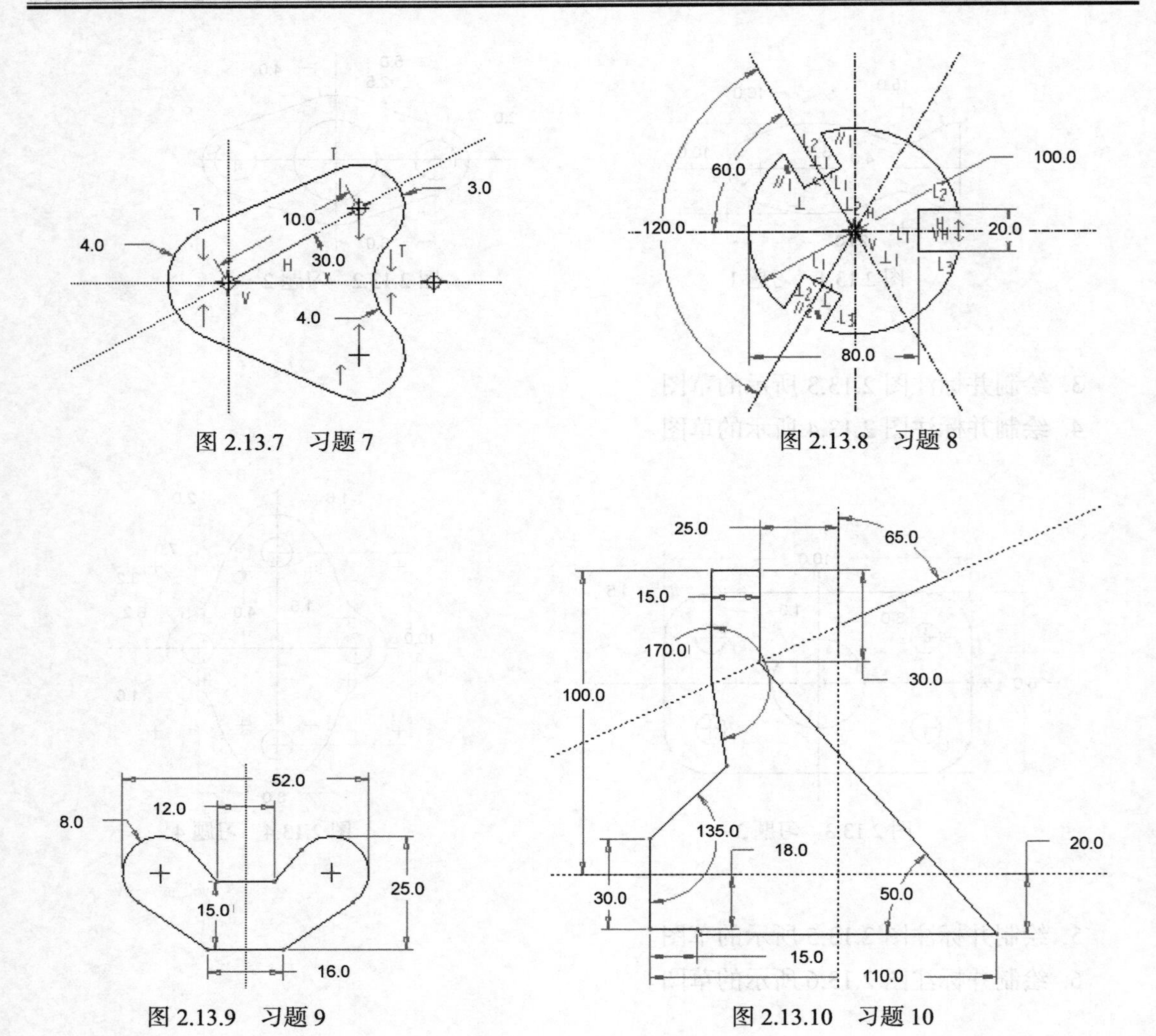

图 2.13.7 习题 7

图 2.13.8 习题 8

图 2.13.9 习题 9

图 2.13.10 习题 10

11. 绘制并标注图 2.13.11 所示的草图。

12. 绘制并标注图 2.13.12 所示的草图。

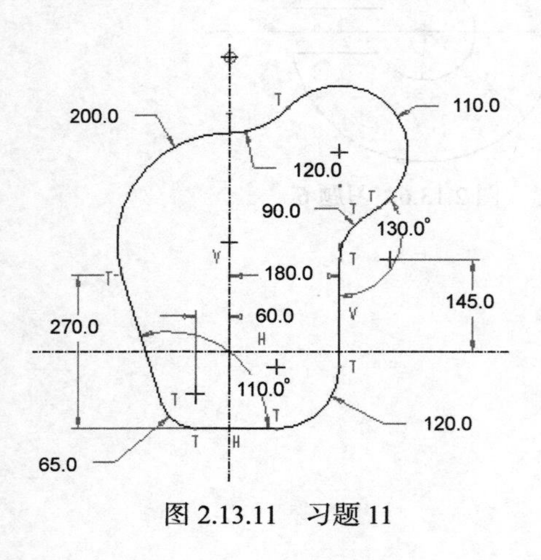

图 2.13.11 习题 11

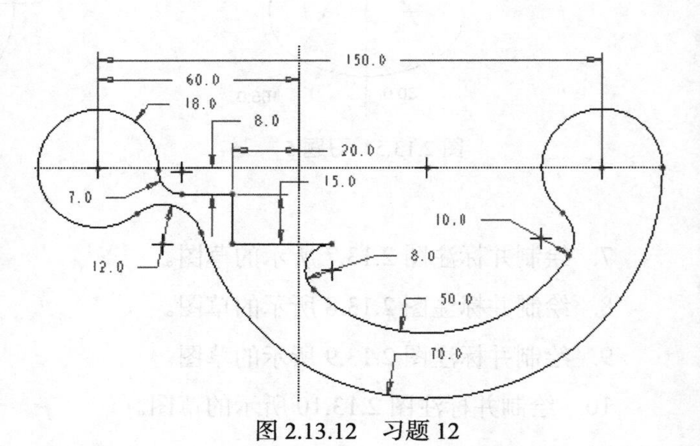

图 2.13.12 习题 12

13. 绘制并标注图 2.13.13 所示的草图。

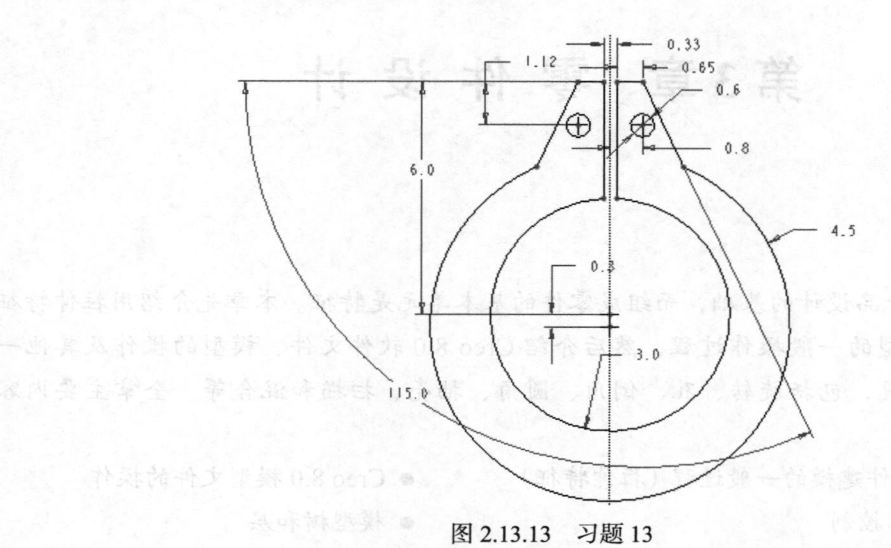

图 2.13.13 习题 13

14. 绘制并标注图 2.13.14 所示的草图。

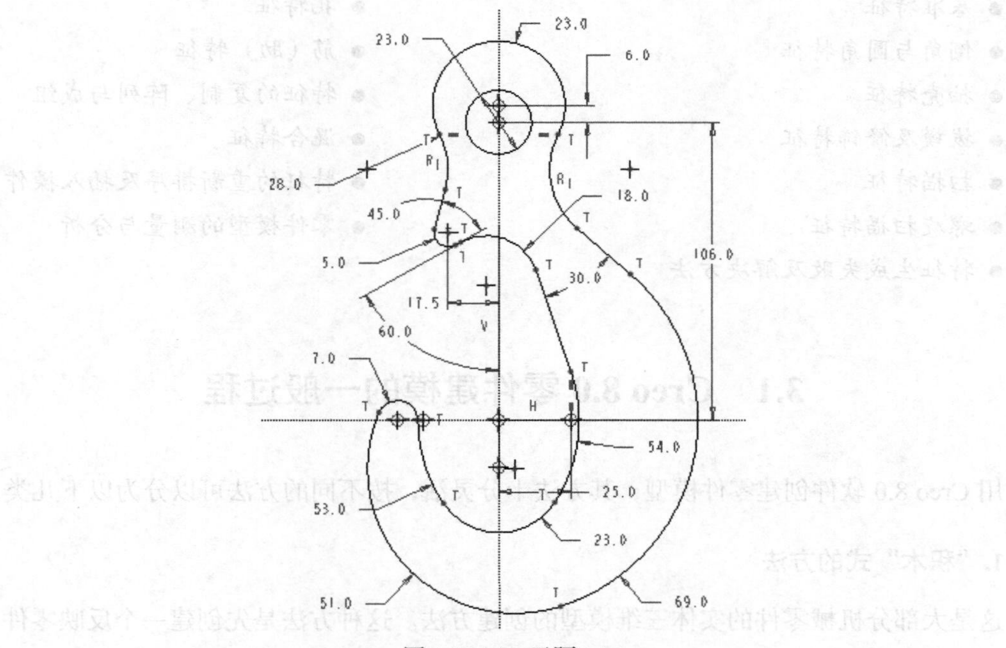

图 2.13.14 习题 14

第3章 零件设计

本章提要

零件建模是产品设计的基础，而组成零件的基本单元是特征。本章先介绍用拉伸特征创建一个零件模型的一般操作过程，然后介绍 Creo 8.0 软件文件、模型的操作及其他一些基本的特征工具，包括旋转、孔、倒角、圆角、抽壳、扫描和混合等。全章主要内容包括：

- Creo 8.0 零件建模的一般过程（拉伸特征）
- Creo 8.0 模型文件的操作
- 模型的显示控制
- 模型树和层
- 零件属性设置
- 特征的修改
- 多级撤销/重做功能
- 旋转特征
- 基准特征
- 孔特征
- 倒角与圆角特征
- 筋（肋）特征
- 抽壳特征
- 特征的复制、阵列与成组
- 拔模及修饰特征
- 混合特征
- 扫描特征
- 特征的重新排序及插入操作
- 螺旋扫描特征
- 零件模型的测量与分析
- 特征生成失败及解决方法

3.1 Creo 8.0 零件建模的一般过程

用 Creo 8.0 软件创建零件模型，其方法十分灵活，按不同的方法可以分为以下几类。

1.“积木”式的方法

这是大部分机械零件的实体三维模型的创建方法。这种方法是先创建一个反映零件主要形状的基础特征，然后在这个基础特征上添加其他的一些特征，如伸出、切槽（口）、倒角和圆角等。

2. 由曲面生成零件的实体三维模型的方法

这种方法是先创建零件的曲面特征，然后把曲面转换成实体模型。

3. 从装配中生成零件的实体三维模型的方法

这种方法是先创建装配体，然后在装配体中创建零件。

本章将主要介绍用第一种方法创建零件模型的一般过程，其他的方法将在后面章节中陆续介绍。

下面以一个零件——滑块（slide.prt）为例，说明用 Creo 8.0 软件创建零件三维模型的一般操作步骤，同时介绍拉伸（Extrude）特征的基本概念及其创建方法。滑块的三维模型如图 3.1.1 所示。

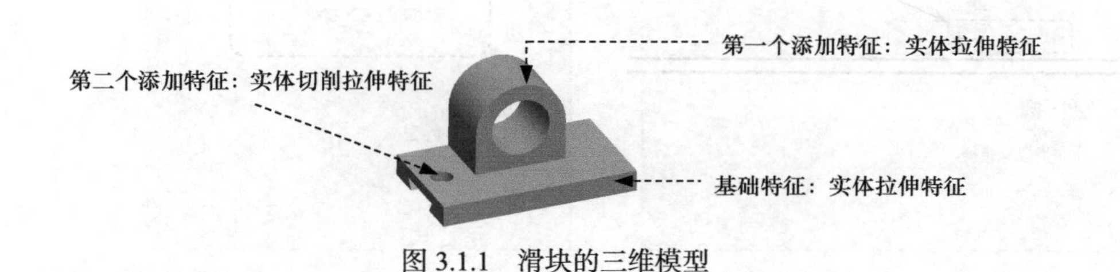

图 3.1.1 滑块的三维模型

3.1.1 新建一个零件模型文件

准备工作：将目录 D: \dbcreo8.1\work\ch03.01 设置为工作目录。在后面的章节中，每次新建或打开一个模型文件（包括零件、装配件等）之前，都应先将工作目录设置正确。

新建一个零件模型文件的操作步骤如下。

Step1. 选择下拉菜单 文件 → 新建(N) 命令（或单击“新建”按钮），如图 3.1.2 所示），系统弹出图 3.1.3 所示的文件“新建”对话框。

Step2. 选择文件类型和子类型。在对话框中选中 类型 选项组中的 零件 单选项，选中 子类型 选项组中的 实体 单选项。

Step3. 输入文件名。在 名称 文本框中输入文件名 slide。

说明：

- 每次新建一个文件时，Creo 会显示一个默认名。如果要创建的是零件，默认名的格式是 prt 后跟一个序号（如 prt0001），若以后再新建一个零件，序号自动加 1。
- 在 公用名称 文本框中可输入模型的公共描述，一般设计中不对此进行操作。

Step4. 取消选中 使用默认模板 复选框并选取适当的模板。通过单击 使用默认模板 复选框来取消使用默认模板，然后单击对话框中的 确定 按钮，系统弹出图 3.1.4 所示的“新文件选项”对话框，在“模板”选项组中选取 PTC 公司提供的米制实体零件模型模板 mmns_part_solid（如果用户所在公司创建了专用模板，可用 浏览... 按钮找到该模板），然后单击 确定 按钮，系统立即进入零件的创建环境。

图 3.1.2　“新建”按钮

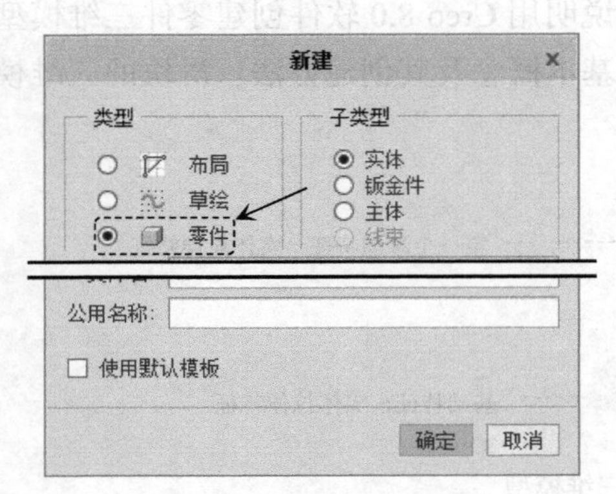

图 3.1.3　“新建”对话框

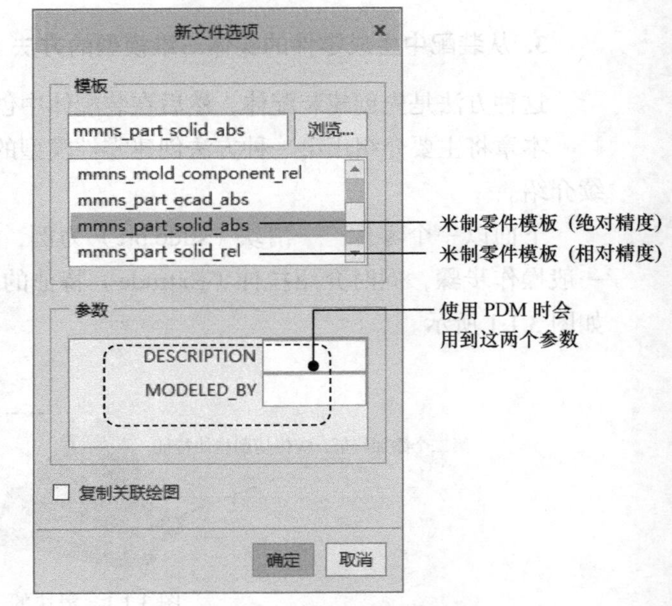

图 3.1.4　“新文件选项”对话框

注意：为了使本书的通用性更强，在后面各个 Creo 模块（包括零件、装配件、工程制图、钣金件和模具设计）的介绍中，无论是范例介绍还是章节练习，当新建一个模型时（包括零件模型、装配体模型和模具制造模型），如未加注明，都是取消选中 □ 使用默认模板 复选框，而且都是使用 PTC 公司提供的以 mmns 开始的米制模板。

说明：关于模板及默认模板。

Creo 的模板分为两种类型：模型模板和工程图模板。模型模板分为零件模型模板、装配模型模板和模具模型模板等，这些模板其实都是一个标准 Creo 模型，它们都包含预定义的特征、层、参数、命名的视图、默认单位及其他属性。Creo 为其中各类模型分别提供了两种模板：一种是米制模板，以 mmns 开始，使用米制度量单位；一种是寸制模板，以 inlbs 开始，使用寸制单位。每种模板又有绝对精度和相对精度之分，模板后缀为“abs”的，使用绝对精度；模板后缀为“rel”的，使用相对精度。

工程图模板是一个包含创建工程图项目说明的特殊工程图文件。这些工程图项目包括视图、表、格式、符号、捕捉线、注释、参数注释及尺寸，另外 PTC 标准绘图模板还包含三个正交视图。

用户可以根据个人或本公司的具体需要，对模板进行更详细的定制，并可以在配置文件 config.pro 中将这些模板设置成默认模板。

3.1.2　创建一个拉伸特征作为零件的基础特征

基础特征是一个零件的主要轮廓特征，创建什么样的特征作为零件的基础特征比较重要，一般由设计者根据产品的设计意图和零件的特点灵活掌握。本例中，滑块零件的基础特征是一个拉伸（Extrude）特征（图 3.1.5）。拉伸特征是将截面草图沿着草绘平面的垂直方向拉伸而形成的，它是最基本且经常使用的零件建模工具。

1. 选取特征命令

进入 Creo 的零件设计环境后，屏幕的绘图区中应该显示图 3.1.6 所示的三个相互垂直的默认基准平面，如果没有显示，可单击“视图控制”工具栏中的 按钮，然后在系统弹出的菜单中选中 平面显示 复选框，将基准平面显现出来。

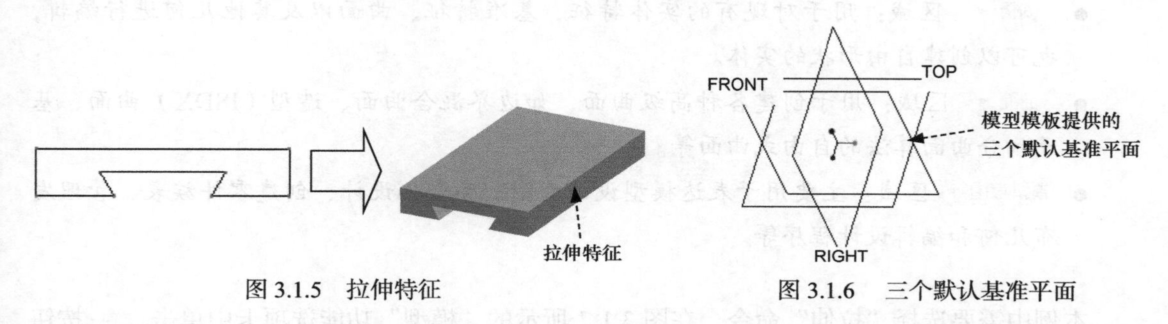

图 3.1.5 拉伸特征　　　　图 3.1.6 三个默认基准平面

进入 Creo 的零件设计环境后，在软件界面上方会显示图 3.1.7 所示的“模型”功能选项卡。该选项卡中包含 Creo 中所有的零件建模工具，特征命令的选取方法一般是单击其中的命令按钮。

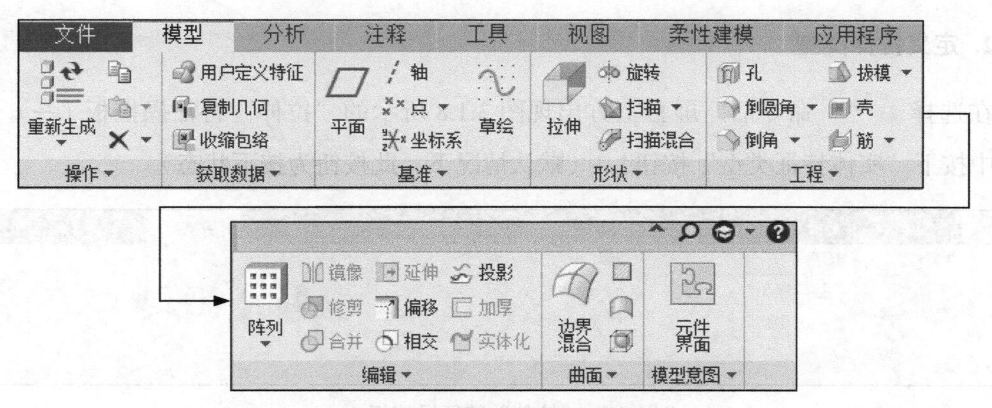

图 3.1.7 “模型”功能选项卡

下面对图 3.1.7 所示的“模型”功能选项卡中的各命令按钮区域进行简要说明。

- 操作 区域：用于针对某个特征的操作，如修改编辑特征、再生特征，复制、粘贴、删除特征等。
- 获取数据 区域：用于复制当前模型中的几何，使用用户自定义的特征，或从其他外部数据文件中调用特征与几何。
- 基准 区域：主要用于创建各种基准特征，基准特征在建模、装配和其他工程模块中起着非常主要的辅助作用。

● 形状 ▼ 区域：用于创建各种实体（如凸台）、减材料实体（如在实体上挖孔）或普通曲面，所有的形状特征都必须以二维截面草图为基础进行创建。在 Creo 中，同一形状的特征可以用不同方法来创建。比如同样一个圆柱形特征，既可以选择“拉伸”命令（用拉伸的方法创建），也可以选择“旋转”命令（用旋转的方法创建）。

● 工程 ▼ 区域：用于创建工程特征（构造特征），工程特征一般建立在现有的实体特征之上，如对某个实体的边添加“倒圆角”。当模型中没有任何实体时，该部分中的所有命令为灰色，表明它们此时不可使用。

● 编辑 ▼ 区域：用于对现有的实体特征、基准特征、曲面以及其他几何进行编辑，也可以创建自由形状的实体。

● 曲面 ▼ 区域：用于创建各种高级曲面，如边界混合曲面、造型（ISDX）曲面、基于细分曲面算法的自由式曲面等。

● 模型意图 ▼ 区域：主要用于表达模型设计意图、参数化设计、创建零件族表、管理发布几何和编辑设计程序等。

本例中需要选择“拉伸”命令，在图 3.1.7 所示的“模型”功能选项卡中单击 拉伸 按钮即可。

说明：本书中的 拉伸 按钮在后文中将简化为 拉伸 按钮。

2. 定义拉伸类型

在选择 拉伸 命令后，屏幕上方出现图 3.1.8 所示的“拉伸”特征操控板（一）。在操控板中按下“实体特征类型”按钮 （默认情况下，此按钮为按下状态）。

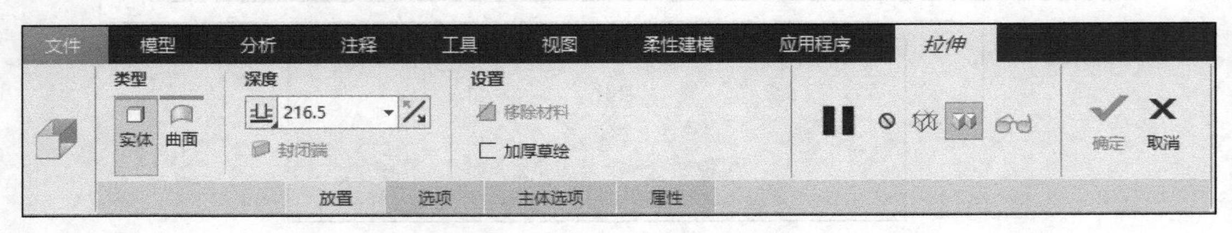

图 3.1.8 “拉伸”特征操控板（一）

说明：利用拉伸工具，可以创建如下几种类型的特征。

● 实体类型：按下操控板中的“实体特征类型”按钮 ，可以创建实体类型的特征。在由截面草图生成实体时，实体特征的截面草图完全由材料填充，并沿草图平面的法向伸展来生成实体，如图 3.1.9 所示。

● 曲面类型：按下操控板中的“曲面特征类型”按钮 ，可以创建一个拉伸曲面。在 Creo 中，曲面是一种没有厚度和重量的片体几何，但通过相关命令操作可变成带厚度的实体，如图 3.1.10 所示。

- 薄壁类型：按下“薄壁特征类型”按钮 ，可以创建薄壁类型特征。在由截面草图生成实体时，薄壁特征的截面草图则由材料填充成均厚的环，环的内侧或外侧或中心轮廓线是截面草图，如图 3.1.11 所示。

图 3.1.9 “实体”特征

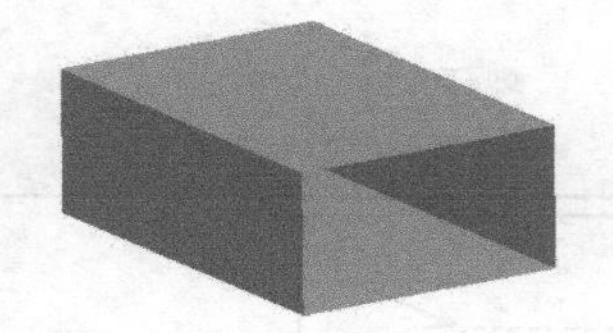
图 3.1.10 “曲面”特征

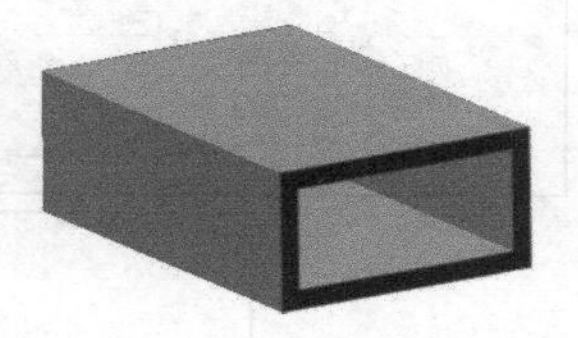
图 3.1.11 “薄壁”特征

- 切削类型：操控板中的“切削特征类型”按钮 被按下时，可以创建切削特征。

一般来说，创建的特征可分为“正空间”特征和“负空间”特征。“正空间”特征是指在现有零件模型上添加材料，“负空间”特征是指在现有零件模型上移除材料，即切削。

如果“切削特征”按钮 被按下，同时“实体特征”按钮 也被按下，则用于创建“负空间”实体，即从零件模型中移除材料。当创建零件模型的第一个（基础）特征时，零件模型中没有任何材料，所以零件模型的第一个（基础）特征不可能是切削类型的特征，因而切削按钮 是灰色的，不能选取。

如果“切削特征”按钮 被按下，同时“曲面特征”按钮 也被按下，则用于曲面的裁剪，即使用正在创建的曲面特征裁剪已有曲面。

如果“切削特征”按钮 被按下，同时“薄壁特征”按钮 及“实体特征”按钮 也被按下，则用于创建薄壁切削实体特征。

3. 定义截面草图

定义特征截面草图的方法有两种：第一种是选择已有草图作为特征的截面草图；第二种是创建新的草图作为特征的截面草图。本例中使用的是第二种方法，操作过程如下。

Step1. 选取命令。单击图 3.1.12 所示的“拉伸”特征操控板（二）中的 放置 按钮，在系统弹出的界面中单击 定义... 按钮（也可在绘图区中按下鼠标右键，直至系统弹出图 3.1.13 所示的快捷菜单时，松开鼠标右键，选择 定义内部草绘... 命令），系统弹出图 3.1.14 所示的“草绘”对话框（一）。

Step2. 定义截面草图的放置属性。

（1）定义草绘平面。

对草绘平面的概念和有关选项介绍如下。

- 草绘平面是特征截面或轨迹的绘制平面，可以是基准平面，也可以是实体的某个表面。

● 单击 **使用先前的** 按钮，意味着把先前一个特征的草绘平面及其方向作为本特征的草绘平面和方向。

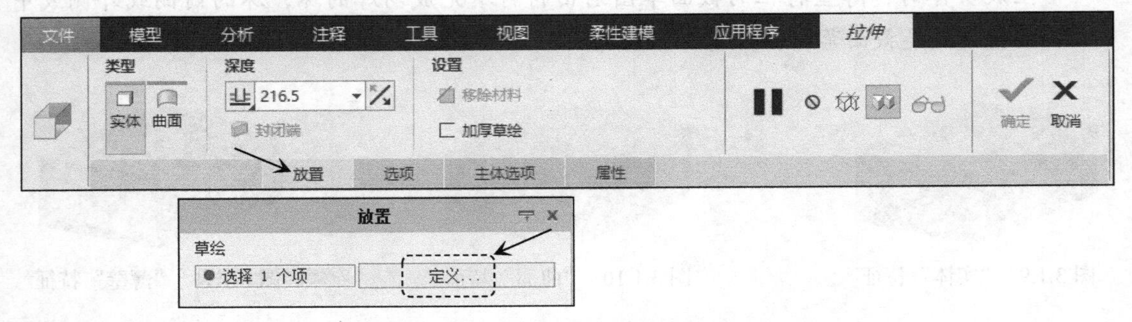

图 3.1.12 “拉伸”特征操控板（二）

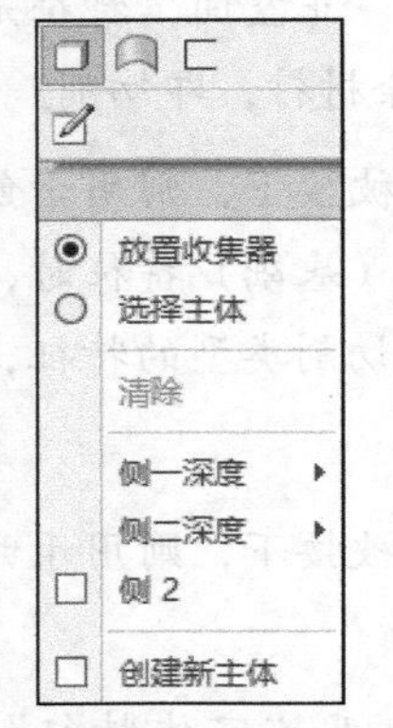

图 3.1.13 快捷菜单

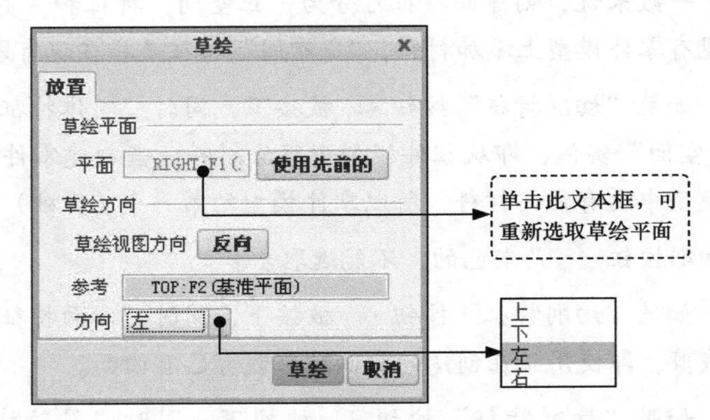

图 3.1.14 “草绘”对话框（一）

选取 RIGHT 基准平面作为草绘平面，操作方法如下。

将鼠标指针移至图形区 RIGHT 基准平面的边线或 RIGHT 字符附近，在基准平面的边线外出现绿色加亮边线时单击，即可将 RIGHT 基准平面定义为草绘平面【此时“草绘”对话框中“草绘平面”区域的文本框中显示出“RIGHT：F1（基准平面)”】。

（2）定义草绘视图方向。采用模型中默认的草绘视图方向。

说明：完成 Step2 后，图形区中 RIGHT 基准平面的边线旁边会出现一个黄色的箭头（图 3.1.15），该箭头方向表示查看草绘平面的方向。如果要改变该箭头的方向，有三种方法。

方法一：在“草绘”对话框中单击 **反向** 按钮。

方法二：将鼠标指针移至该箭头上，单击。

方法三：将鼠标指针移至该箭头上，右击，在弹出的快捷菜单中选择 反向 命令。

（3）对草绘平面进行定向。此例中，我们按如下方法定向草绘平面。

① 指定草绘平面的参考平面。完成草绘平面选取后，“草绘”对话框的 参考 文本框自动加亮，选取图形区中的 FRONT 基准平面作为参考平面。

② 指定参考平面的方向。单击对话框中 方向 文本框后的 ▼ 按钮，在系统弹出的列表

中选择 下 选项；完成这两步操作后，“草绘”对话框（二）的显示如图 3.1.16 所示。

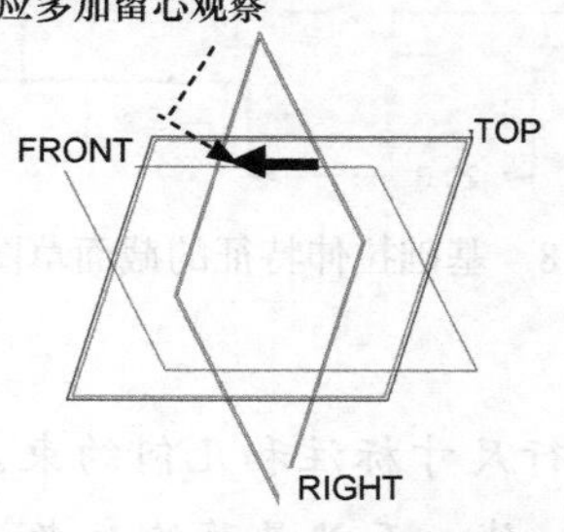

图 3.1.15 查看方向箭头

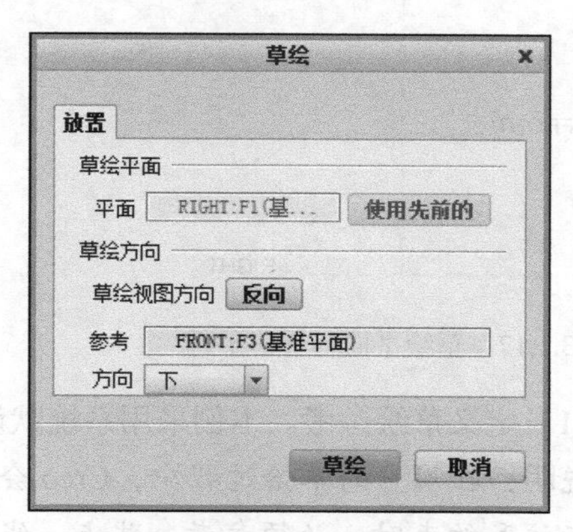

图 3.1.16 “草绘”对话框（二）

说明：选取草绘平面后，还必须对草绘平面进行定向。定向完成后，系统即按所指定的定向方位来摆放草绘平面，并进入草绘环境。要完成草绘平面的定向，必须进行下面的操作：

指定草绘平面的参考平面，即指定一个与草绘平面相垂直的平面作为参考。“草绘平面的参考平面”有时简称为“参考平面”“参照平面”或“参考”。

指定参考平面的方向，即指定参考平面的放置方位，参考平面可以朝向显示器屏幕的 上 或 下 或 右 侧或 左 侧。

注意：

- 参考平面必须是平面，并且要求与草绘平面垂直。
- 如果参考平面是基准平面，则参考平面的方向取决于基准平面橘黄色侧面的朝向。
- 这里要注意图形区中的 TOP（顶）、RIGHT（右）和图 3.1.14 中的 上、右 的区别。模型中的 TOP（顶）、RIGHT（右）是指基准平面的名称，该名称可以随意修改；图 3.1.14 中的 上、右 是草绘平面的参考平面的放置方位。
- 为参考平面选取不同的方向，则草绘平面在草绘环境中的摆放就不一样。
- 完成 Step2 操作后，当系统获得足够的信息时，系统将会自动指定草绘平面的参考平面及其方向。系统自动指定 TOP 基准平面作为参考，自动指定参考平面的放置方位为“左”。

（4）单击对话框中的 草绘 按钮，系统进入草绘环境。

说明：单击 草绘 按钮后，系统进行草绘平面的定向，使其与屏幕平行，如图 3.1.17 所示。从图中可看到，FRONT 基准平面现在水平放置，并且 FRONT 基准平面的橘黄色的一侧在底部。

Step3. 创建特征的截面草图。

基础拉伸特征的截面草图如图 3.1.18 所示。下面将以此为例介绍特征截面草图的一般创建步骤。

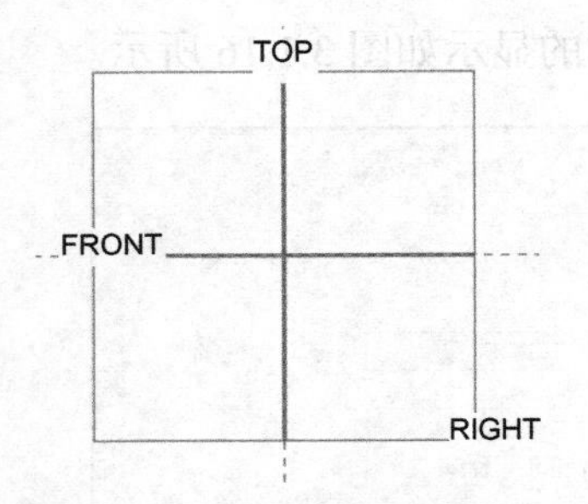

图 3.1.17 草绘平面与屏幕平行

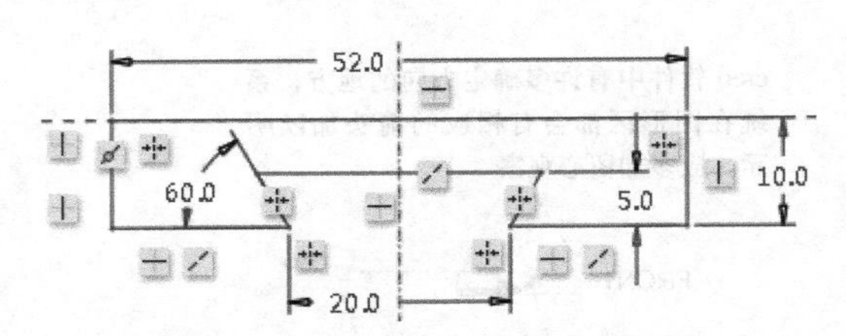

图 3.1.18 基础拉伸特征的截面草图

（1）定义草绘参考。本例采用系统默认的草绘参考。

说明：在用户的草绘过程中，Creo 会自动对图形进行尺寸标注和几何约束，但系统在自动标注和约束时，必须参考一些点、线、面，这些点、线、面就是草绘参考。进入 Creo 草绘环境后，系统将自动为草图的绘制及标注选取足够的草绘参考。如本例中，系统默认选取了 TOP 和 FRONT 基准平面作为草绘参考。

关于 Creo 的草绘参考，应注意如下几点。

- 查看当前草绘参考：在图形区中右击，在系统弹出的快捷菜单中选择 参考(R)... 选项，系统弹出"参考"对话框，系统在参考列表区列出了当前的草绘参考，如图 3.1.19 所示（该图中的两个草绘参考 FRONT 和 TOP 基准平面是系统默认选取的）。如果用户想添加其他的点、线、面作为草绘参考，可以通过在图形上直接单击来选取。
- 要使草绘截面的参考完整，必须至少选取一个水平参考和一个垂直参考，否则会出现错误警告提示。
- 没有足够的参考来摆放一个截面时，系统会自动弹出图 3.1.19 所示的"参考"对话框，要求用户选取足够的草绘参考。
- 在重新定义一个缺少参考的特征时，必须选取足够的草绘参考。

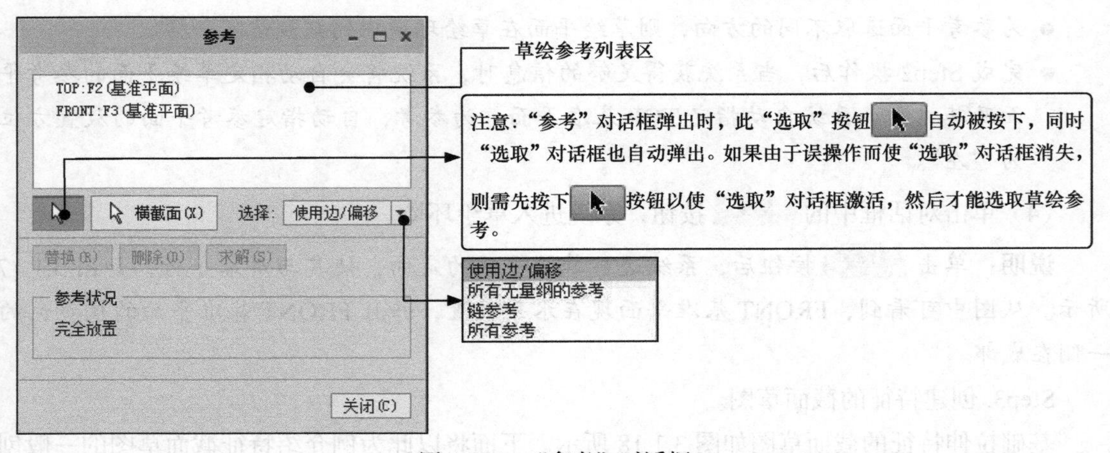

图 3.1.19 "参考"对话框

“参考”对话框中的几个选项介绍如下。

- 按钮：用于为尺寸和约束选取参考。单击此按钮后，即可在图形区的二维草绘图形中选取直线（包括平面的投影直线）、点（包括直线的投影点）等作为参考基准。
- 横截面(X) 按钮：单击此按钮，再选取目标曲面，可将草绘平面与某个曲面的交线作为参考。
- 删除(D) 按钮：如果要删除参考，可在参考列表区选取要删除的参考名称，然后单击此按钮。

（2）设置草图环境，调整草绘区。

操作提示与注意事项：

- 将草绘的网格设置为1。
- 除可以移动和缩放草绘区外，如果用户想在三维空间绘制草图或希望看到模型截面草图在三维空间的方位，可以旋转草绘区。方法是按住鼠标的中键，同时移动鼠标，即可看到图形跟着鼠标旋转。旋转后，单击图3.1.20所示的“视图控制”工具栏中的按钮，即可恢复绘图平面与屏幕平行。
- 如果用户不希望屏幕图形区中显示的东西太多，可单击“视图控制”工具栏中的按钮，在弹出的菜单中取消选中相应的复选框，将基准轴、基准平面、坐标系、网格等的显示关闭，使图面显得更简洁。
- 在操作中，如果鼠标指针变成圆圈，或在当前窗口不能选取有关的按钮或菜单命令时，可单击屏幕上方“快速访问工具栏”中的按钮，将当前窗口激活。如果“快速访问工具栏”中无此按钮，则请读者参考本章的有关内容进行设置，或单击 视图 功能选项卡 窗口▼ 区域中的 按钮，也能够将当前窗口激活。

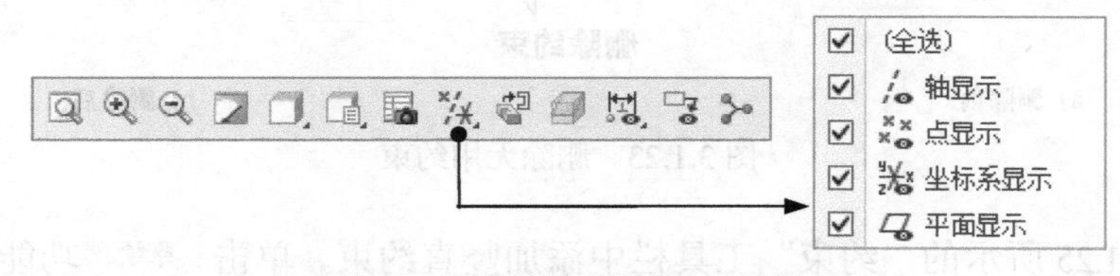

图3.1.20 “视图控制”工具栏

（3）绘制截面草图并进行标注。

① 绘制截面几何图形的大体轮廓。使用Creo软件绘制截面草图，开始时没有必要很精确地绘制截面的几何形状、位置和尺寸，只需要勾勒截面的大概形状即可。

操作提示与注意事项：

- 为了使草绘时的图形显示得更简洁、清晰，并在勾勒截面形状的过程中添加必要的约束，建议在打开约束符号显示的同时关闭尺寸显示。方法如下。

☑ 单击“视图控制”工具栏中的按钮，在系统弹出的菜单中取消选中 ☐ 尺寸显示 复选框，不显示尺寸。

☑ 选中 按钮中的 ☑ 约束显示 复选框，显示约束。

- 在 草绘 选项卡中单击“线链”命令按钮 线 中的 ▾，再单击按钮 线链，绘制图 3.1.21 所示的 8 条线段（绘制时不要太在意图中线段的大小和位置，只要大概的形状与图 3.1.21 相似就可以）。
- 单击 草绘 区域中的 中心线 ▾，绘制图 3.1.22 所示的中心线。

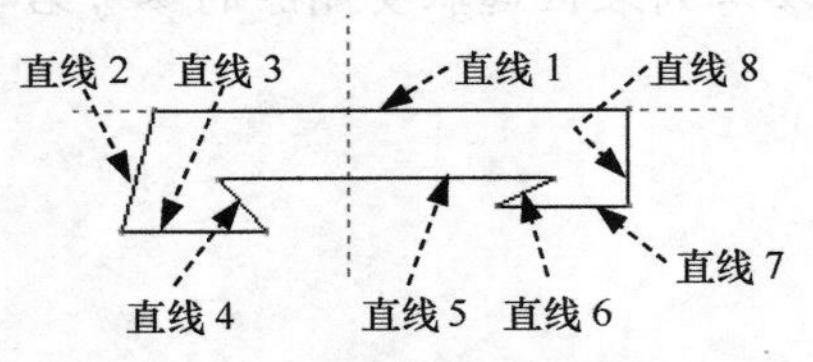

图 3.1.21　草绘截面的初步图形

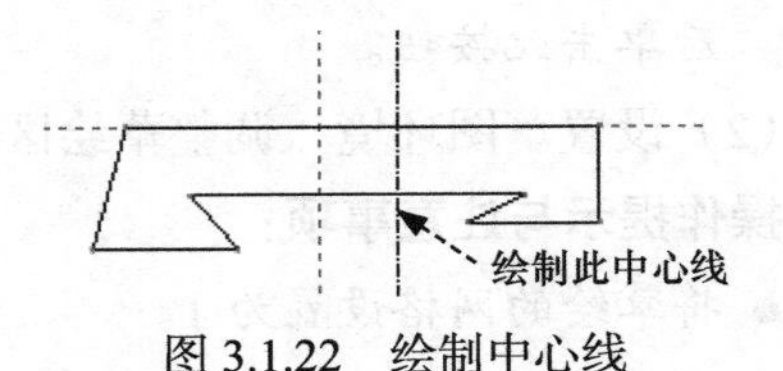

图 3.1.22　绘制中心线

② 添加必要的约束。操作提示如下。

a）显示约束。确认 按钮中的 ☑ 约束显示 复选框被选中。

b）删除无用的约束。在绘制草图时，系统会自动添加一些约束，而其中有些是没用的。例如在图 3.1.23a 中，系统自动添加了“垂直”约束（注意：读者在绘制时，可能没有这个约束，这取决于绘制时鼠标的走向与停留的位置）。删除约束的操作方法为：单击 草绘 功能选项卡 操作 ▾ 区域中的 按钮，选取图 3.1.23a 中的“垂直”约束 1，然后右击，在弹出的图 3.1.24 所示的快捷菜单中选择 删除(D) 命令。用同样的方法删除“垂直”约束 2。

图 3.1.23　删除无用约束

c）在图 3.1.25 所示的“约束”工具栏中添加竖直约束。单击 草绘 功能选项卡 约束 ▾ 区域中的 按钮，然后在图 3.1.26a 所示的图形中单击直线 2，此时图形如图 3.1.26b 所示。

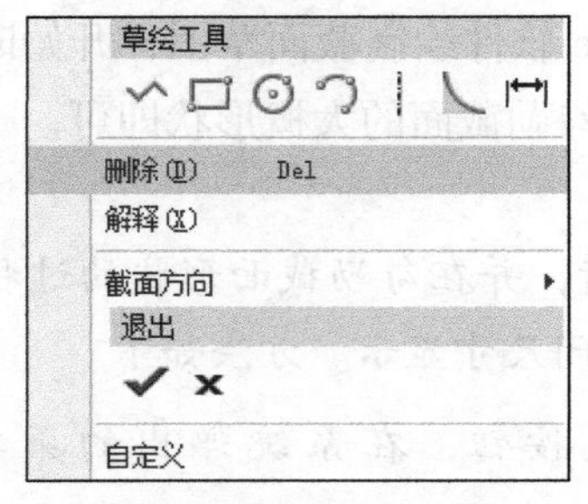

图 3.1.24　快捷菜单

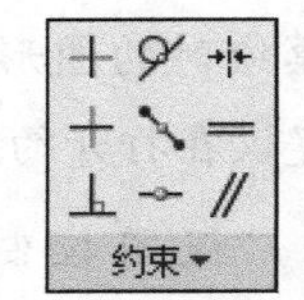

图 3.1.25　“约束”工具栏

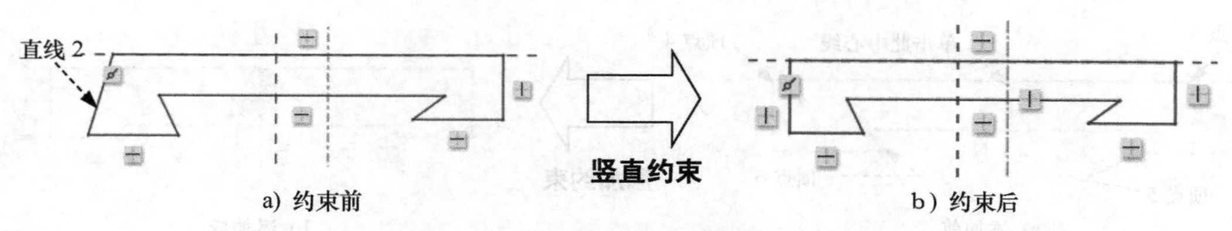

图 3.1.26 添加竖直约束

d）添加相等约束。单击 草绘 功能选项卡 约束 ▾ 区域中的 = 按钮，然后在图 3.1.27a 所示的图形中单击直线 8，再单击直线 2，此时图形如图 3.1.27b 所示。

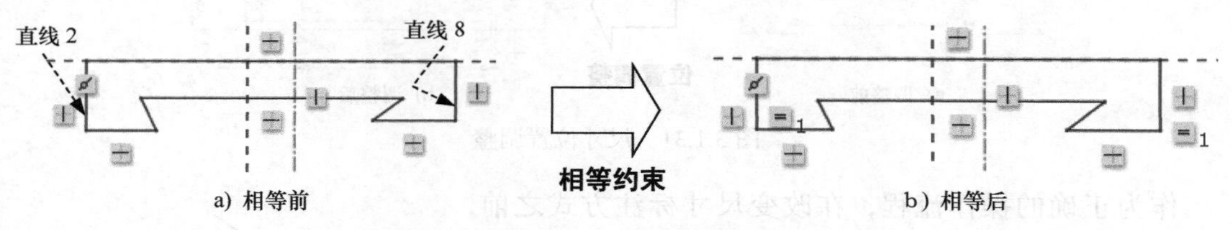

图 3.1.27 添加相等约束

e）添加对齐约束。单击 约束 ▾ 区域中的 按钮，然后在图 3.1.28a 所示的图形中单击中心线，再单击图中的基准面边线，此时图形如图 3.1.28b 所示。

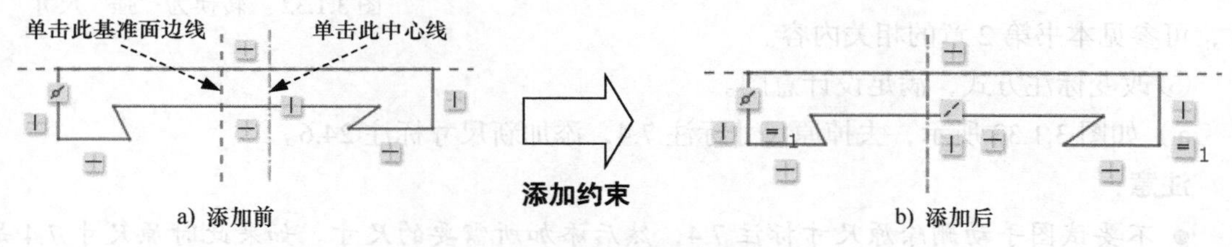

图 3.1.28 添加对齐约束

f）添加对称约束。单击 约束 ▾ 区域中的 按钮，依次单击图 3.1.29a 所示的中心线及顶点 1 和顶点 2；完成操作后，图形如图 3.1.29b 所示；单击图 3.1.30a 所示的中心线及顶点 3 和顶点 4；接着单击中心线及顶点 5 和顶点 6；完成操作后，图形如图 3.1.30b 所示。

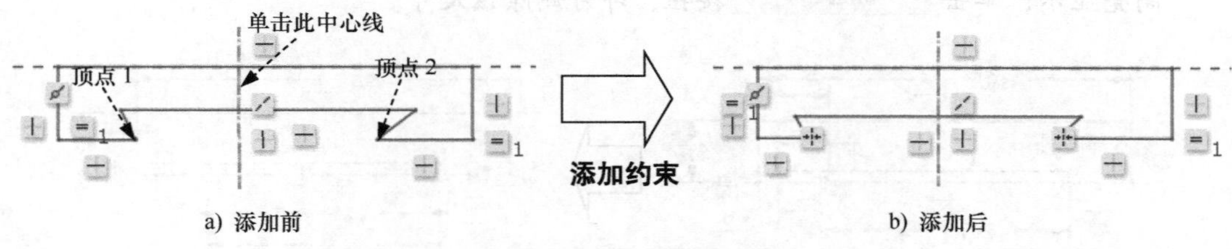

图 3.1.29 添加对称约束（一）

③ 选中 按钮中的 ☑ 尺寸显示 复选框，显示尺寸，并将草图的尺寸移动至适当的位置，如图 3.1.31b 所示。

④ 将符合设计意图的“弱”尺寸转换为“强”尺寸。

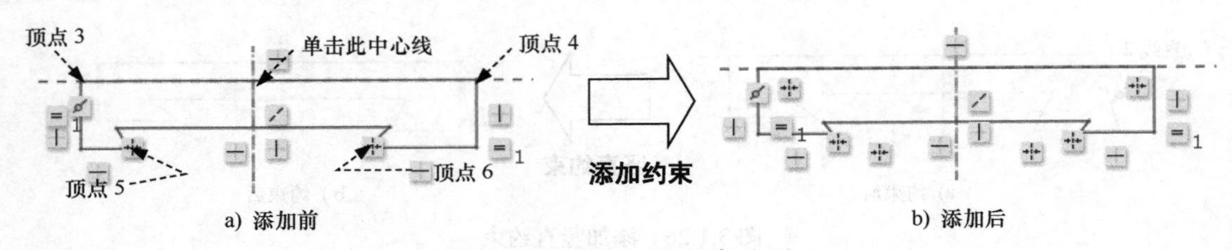

图 3.1.30 添加对称约束（二）

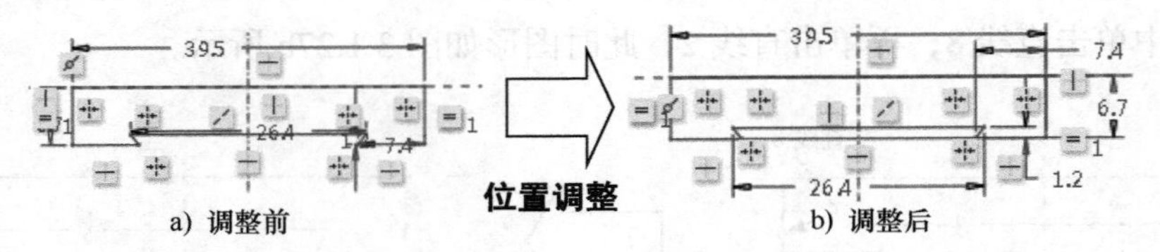

图 3.1.31 尺寸位置调整

作为正确的操作流程，在改变尺寸标注方式之前，应将符合设计意图的“弱”尺寸转换为“强”尺寸，以免用户在改变尺寸标注方式时，系统自动将符合设计意图的“弱”尺寸删掉。将图 3.1.32 所示的三个尺寸转换为“强”尺寸，关于如何将“弱”尺寸转换为“强”尺寸，可参见本书第 2 章的相关内容。

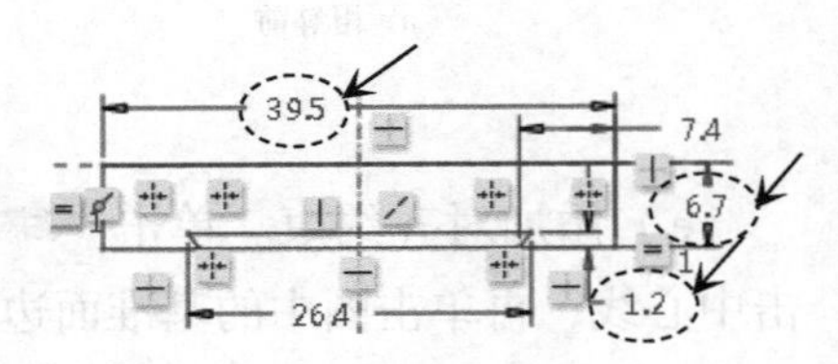

图 3.1.32 转换为“强”尺寸

⑤ 改变标注方式，满足设计意图。

a）如图 3.1.33 所示，去掉原尺寸标注 7.4，添加新尺寸标注 24.6。

注意：

- 不要试图手动删除原尺寸标注 7.4，然后添加所需要的尺寸。如果此时原尺寸 7.4 是“弱”尺寸，则添加新尺寸 24.6 后，系统会自动将“弱”尺寸 7.4 删除。如果此时原尺寸 7.4 是“强”尺寸，应先添加所需的尺寸标注，此时系统将弹出“解决草绘”提示对话框，其中列出了冲突的尺寸及约束，依次单击对话框中的各列出项，可看到草图中的相应项目变红；在对话框中单击尺寸 7.4，此时草图中的原尺寸 7.4 带边框高亮显示，单击 删除(D) 按钮，即可删除该尺寸。

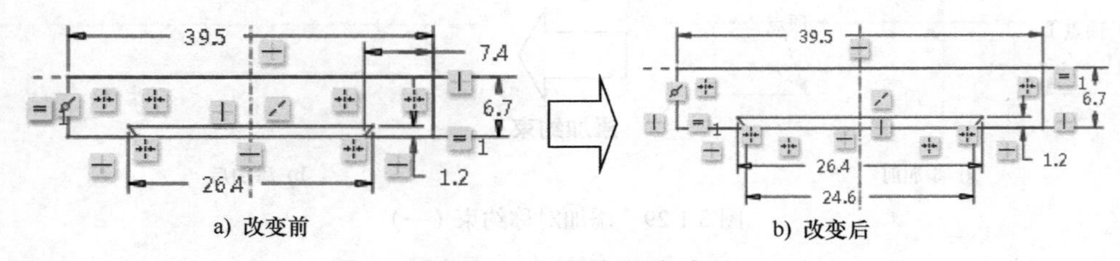

图 3.1.33 改变标注方式 1

b）如图 3.1.34 所示，去掉原尺寸标注 26.4，添加新尺寸标注 52.4。

⑥ 将尺寸修改为设计要求的尺寸。

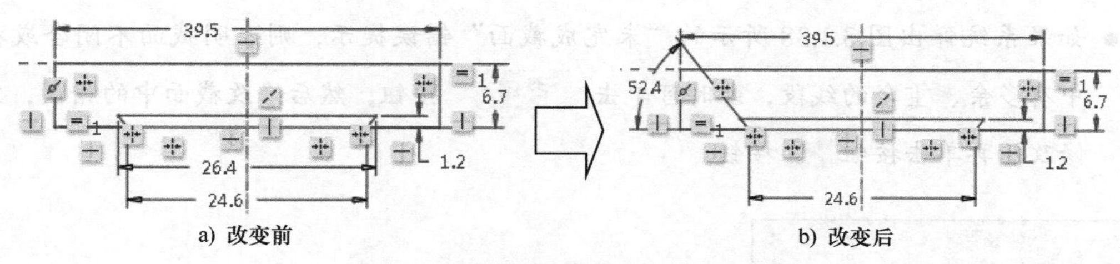

a) 改变前　　b) 改变后

图 3.1.34 改变标注方式 2

其操作提示与注意事项如下。

- 尺寸的修改往往安排在建立约束以后进行。
- 修改尺寸前要注意，如果要修改的尺寸的大小与设计目的尺寸相差太大，应该先用图元操纵功能将其“拖到”与目的尺寸相近，然后再双击尺寸，输入目的尺寸。
- 注意修改尺寸时的先后顺序。为防止图形变得很凌乱，应先修改对截面外观影响不大的尺寸（在图 3.1.35a 中，尺寸 24.6 是对截面外观影响不大的尺寸，所以建议先修改此尺寸）。

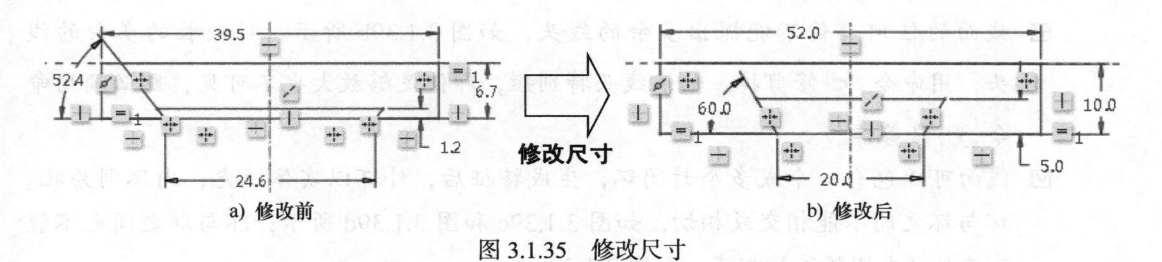

a) 修改前　　b) 修改后

图 3.1.35 修改尺寸

⑦ 编辑、修剪多余的边线。使用 编辑 区域中的“修剪”按钮 将草图中多余的边线去掉。为了确保草图正确，建议使用 按钮对图形的每个交点处进行进一步的修剪处理。

⑧ 将截面草图中的所有“弱”尺寸转换为“强”尺寸。

在完成特征截面草图的创建后，将截面草图中剩余的所有“弱”尺寸转换为“强”尺寸，是使用 Creo 软件的一个好习惯。

⑨ 分析当前截面草图是否满足拉伸特征的设计要求。单击 检查 ▾ 区域中的 特征要求 按钮，系统弹出图 3.1.36 所示的“特征要求”对话框，从对话框中可以看出当前的草绘截面拉伸特征的设计要求，单击 关闭 按钮，即可关闭“特征要求”对话框。

（4）单击“草绘”工具栏中的“确定”按钮 ，完成拉伸特征截面草绘，退出草绘环境。

注意：

- 草绘“确定”按钮 的位置一般如图 3.1.37 所示。

- 如果系统弹出图 3.1.38 所示的“未完成截面”错误提示，则表明截面不闭合或截面中有多余、重合的线段，此时可单击 否(N) 按钮，然后修改截面中的错误，完成修改后再单击按钮 按钮。

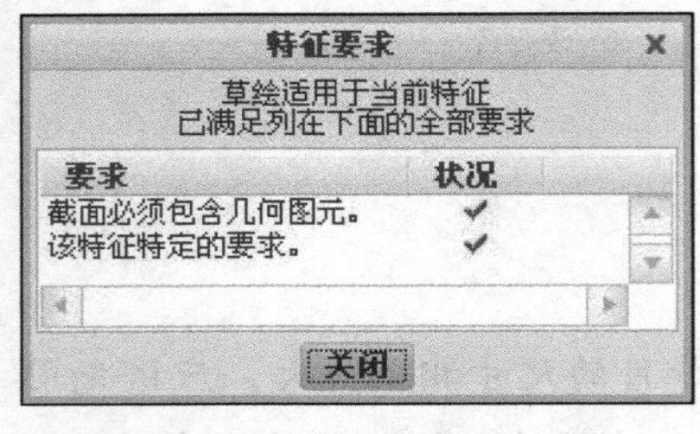

图 3.1.36　“特征要求”对话框

图 3.1.37　“确定”按钮

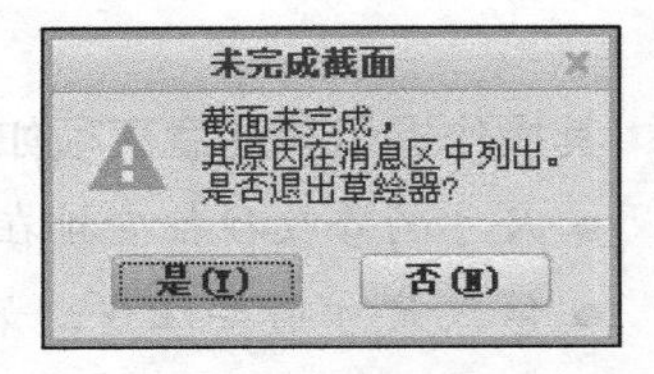

图 3.1.38　“未完成截面”错误提示

- 绘制实体拉伸特征的截面时，应该注意如下要求。
  - ☑ 截面必须闭合，截面的任何部位不能有缺口。如图 3.1.39a 所示，如果有缺口，可用“修剪”命令 将缺口封闭。
  - ☑ 截面的任何部位不能探出多余的线头，如图 3.1.39b 所示。对较长的多余的线头，用命令 修剪掉。如果线头特别短，即使足够放大也不可见，则必须用命令 修剪掉。
  - ☑ 截面可以包含一个或多个封闭环，生成特征后，外环以实体填充，内环则为孔。环与环之间不能相交或相切，如图 3.1.39c 和图 3.1.39d 所示；环与环之间也不能有直线（或圆弧等）相连，如图 3.1.39e 所示。
- 曲面拉伸特征的截面可以是开放的，但截面不能有多于一个的开放环。

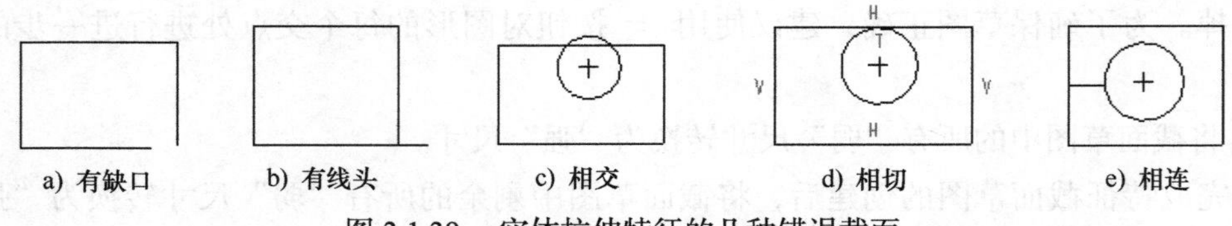

a) 有缺口　b) 有线头　c) 相交　d) 相切　e) 相连

图 3.1.39　实体拉伸特征的几种错误截面

4. 定义拉伸深度属性

Step1. 定义深度方向。采用模型中默认的深度方向。

说明： 按住鼠标的中键且移动鼠标，可将草图从图 3.1.40 所示的平行状态旋转到图 3.1.41 所示的不平行状态，此时在模型中可看到一个黄色的箭头，该箭头表示特征拉伸的方向。当选取的深度类型为 （对称深度）时，该箭头的方向没有太大的意义。如果为单侧拉伸，应注意箭头的方向是否为将要拉伸的深度方向。要改变箭头的方向，有如下几种方法：

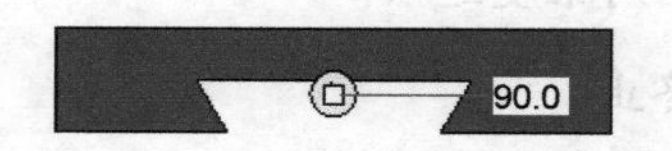

图 3.1.40 草绘平面与屏幕平行

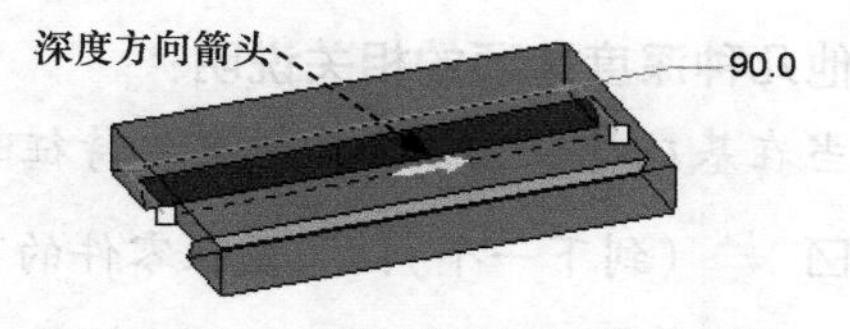

图 3.1.41 草绘平面与屏幕不平行

方法一：在操控板中单击深度文本框 216.5 后面的按钮 。

方法二：将鼠标指针移至深度方向箭头上，单击。

方法三：将鼠标指针移至深度方向箭头附近，右击，选择 反向 命令。

方法四：将鼠标指针移至模型中的深度尺寸 216.5 上，右击，系统弹出图 3.1.42 所示的深度快捷菜单，选择 反向深度方向 命令。

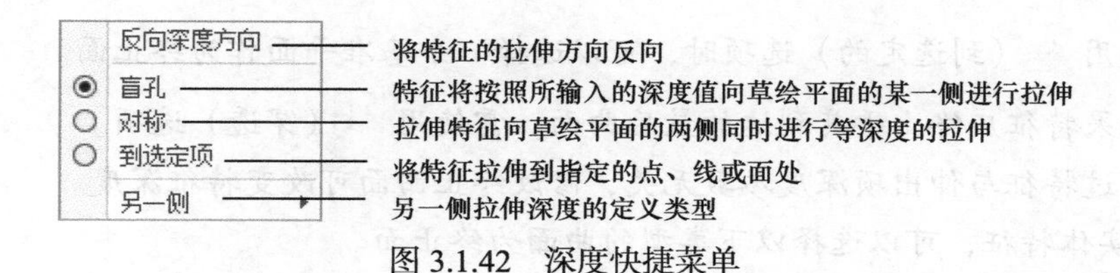

图 3.1.42 深度快捷菜单

Step2. 选取深度类型并输入其深度值。在图 3.1.43 所示的“拉伸”特征操控板（三）中选取深度类型 （即“对称拉伸”）。

说明：如图 3.1.43 所示，单击操控板中 按钮后的 按钮，可以选取特征的拉伸深度类型，各选项说明如下。

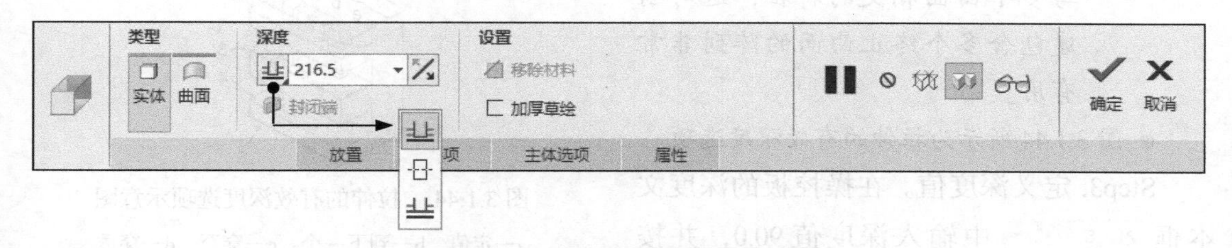

图 3.1.43 “拉伸”特征操控板（三）

- 单击按钮 （定值，以前的版本称为“盲孔”），可以创建“定值”深度类型的特征，此时特征将从草绘平面开始，按照所输入的数值（即拉伸深度值）向特征创建的方向一侧进行拉伸。
- 单击按钮 （对称），可以创建“对称”深度类型的特征，此时特征将在草绘平面两侧进行拉伸，输入的深度值被草绘平面平均分割，草绘平面两边的深度值相等。
- 单击按钮 （到选定的），可以创建“到选定的”深度类型的特征，此时特征将从草绘平面开始拉伸至选定的点、曲线、平面或曲面。

其他几种深度选项的相关说明：

- 当在基础特征上添加其他某些特征时，还会出现下列深度选项。
  - ☑ (到下一个)：深度在零件的下一个曲面处终止。
  - ☑ (穿透)：特征在拉伸方向上延伸，直至与所有曲面相交。
  - ☑ (穿至)：特征在拉伸方向上延伸，直到与指定的曲面（或平面）相交。
- 使用“穿过”类选项时，要考虑下列规则。
  - ☑ 如果特征要拉伸至某个终止曲面，则特征的截面草图的大小不能超出终止曲面（或面组）的范围。
  - ☑ 如果特征应终止于其到达的第一个曲面，需使用 (到下一个）选项，使用 选项创建的伸出项不能终止于基准平面。
  - ☑ 使用 (到选定的）选项时，可以选择一个基准平面作为终止面。
  - ☑ 如果特征应终止于其到达的最后曲面，需使用 (穿透）选项。
  - ☑ 穿过特征与伸出项深度参数无关，修改终止曲面可改变特征深度。
- 对于实体特征，可以选择以下类型的曲面为终止面。
  - ☑ 零件的某个表面，它不必是平面。
  - ☑ 基准面，它不必平行于草绘平面。
  - ☑ 是由一个或多个曲面组成的面组。
  - ☑ 在以“装配”模式创建特征时，可以选择另一个元件的几何作为 选项的参考。
  - ☑ 用面组作为终止曲面，可以创建与多个曲面相交的特征，这对创建包含多个终止曲面的阵列非常有用。
- 图 3.1.44 所示为拉伸的有效深度选项。

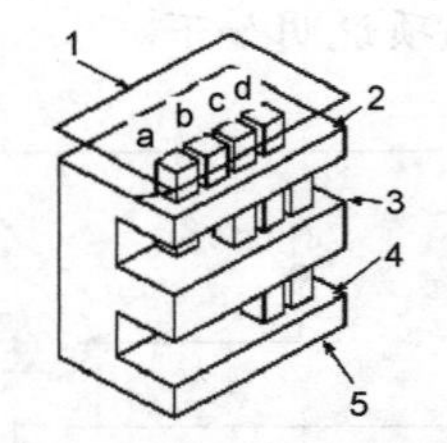

图 3.1.44 拉伸的有效深度选项示意图

a—定值 b—到下一个 c—穿至 d—穿透

1—草绘平面 2—下一个曲面 3、4、5—模型的其他曲面

Step3. 定义深度值。在操控板的深度文本框 216.5 中输入深度值 90.0，并按 Enter 键。

5. 完成特征的创建

Step1. 特征的所有要素被定义完毕后，单击操控板中的“预览”按钮 ，预览所创建的特征，以检查各要素的定义是否正确。预览时，可按住鼠标中键进行旋转查看，如果所创建的特征不符合设计意图，可选择操控板中的相关项，重新定义。

Step2. 预览完成后，单击操控板中的“确定”按钮 ，完成特征的创建。

3.1.3 在零件上添加其他特征

1. 添加拉伸特征

在创建零件的基本特征后，可以增加其他特征。现在要添加图 3.1.45 所示的实体拉伸特征，其操作步骤如下。

Step1. 单击“拉伸”命令按钮 拉伸。

Step2. 定义拉伸类型。在操控板中按下“实体类型”按钮 □。

Step3. 定义截面草图。

（1）在绘图区中右击，从弹出的快捷菜单中选择 定义内部草绘... 命令，系统弹出“草绘”对话框。

（2）定义截面草图的放置属性。

① 设置草绘平面。选取图 3.1.46 所示的模型表面为草绘平面。

② 设置草绘视图方向。采用模型中默认的黄色箭头的方向为草绘视图方向。

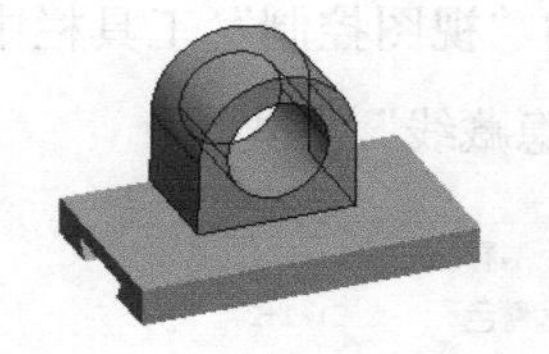

图 3.1.45 添加实体拉伸特征

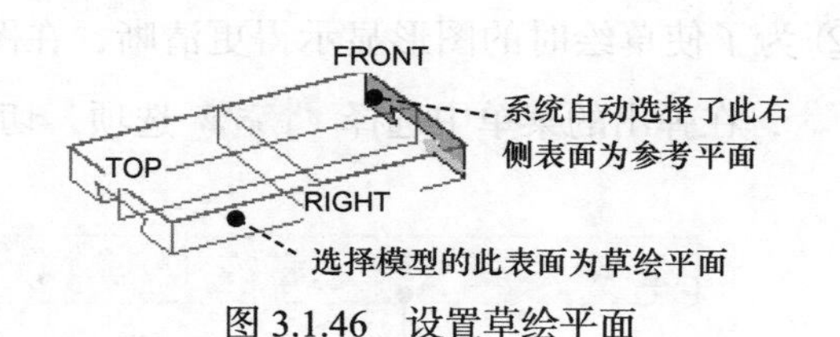

图 3.1.46 设置草绘平面

③ 对草绘平面进行定向。

a）指定草绘平面的参考平面。选取草绘平面后，系统自动选择了图 3.1.46 所示的右侧表面为参考平面；为了使模型按照设计意图来摆放，单击图 3.1.47 所示的“草绘”对话框（一）中的 参考 文本框，选择图 3.1.48 所示的模型表面为参考平面。

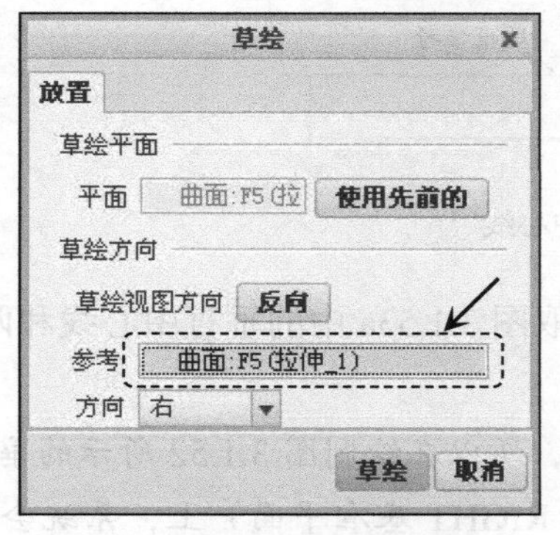

图 3.1.47 “草绘”对话框（一）

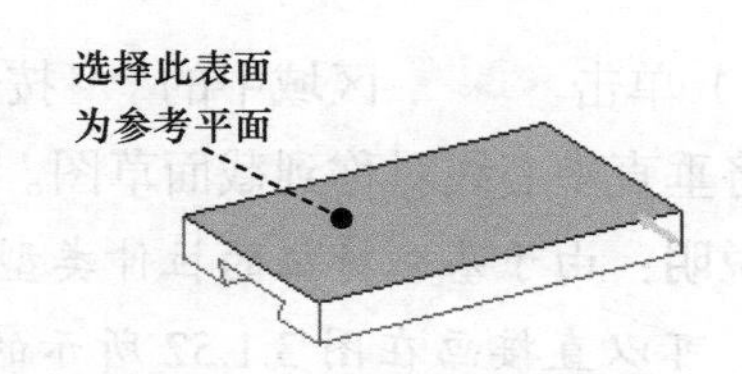

图 3.1.48 重新设置参考平面

b）指定参考平面的方向。在图 3.1.49 所示的“草绘”对话框（二）中选取 上 作为参考平面的方向。

④ 单击“草绘”对话框中的 草绘 按钮，至此，系统进入截面草绘环境。

（3）创建图 3.1.50 所示的特征截面草图，详细操作过程如下。

① 定义截面草绘参考。在绘图区右击选择 参考(R)... 命令，选取 RIGHT 基准平面和图 3.1.50 所示的边线为草绘参考。

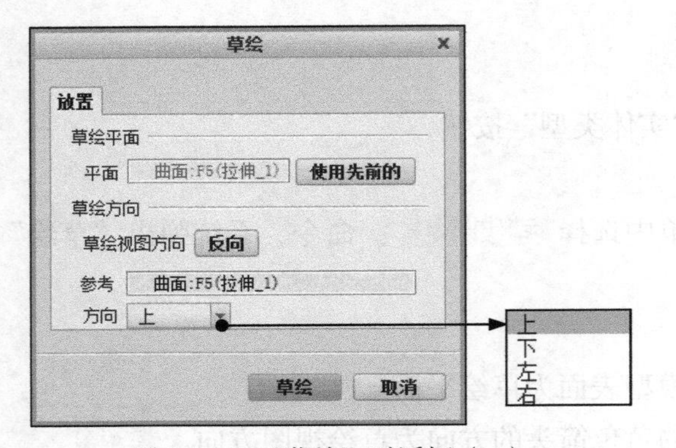

图 3.1.49 “草绘”对话框（二）

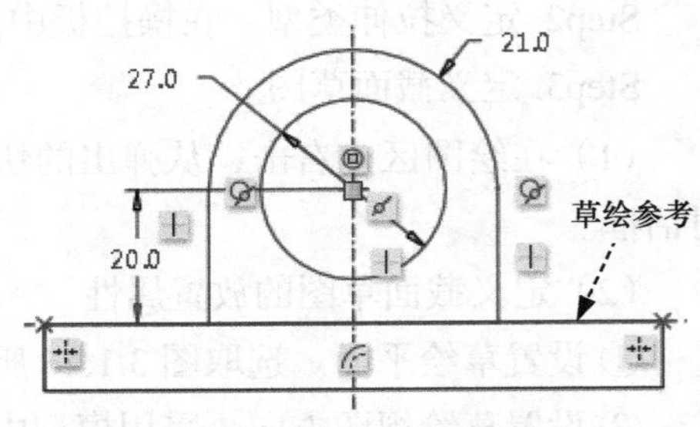

图 3.1.50 特征截面草图

② 为了使草绘时的图形显示得更清晰，在图 3.1.51 所示的“视图控制”工具栏中单击按钮 ，在弹出的菜单中选择 消隐 选项，切换到“不显示隐藏线”方式。

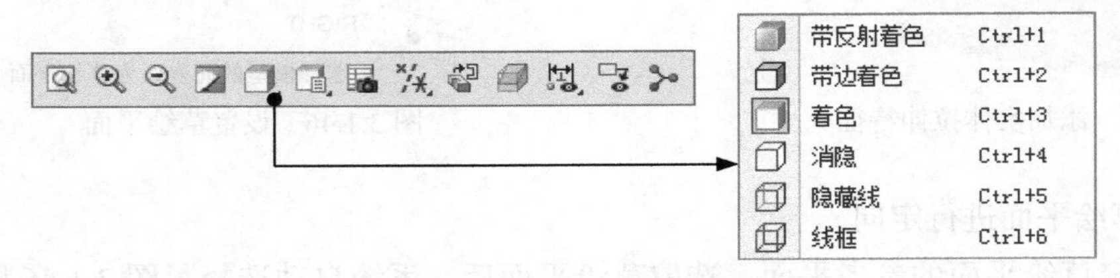

图 3.1.51 “视图控制”工具栏

③ 绘制、标注截面。

a）绘制一条图 3.1.52 所示的垂直中心线。

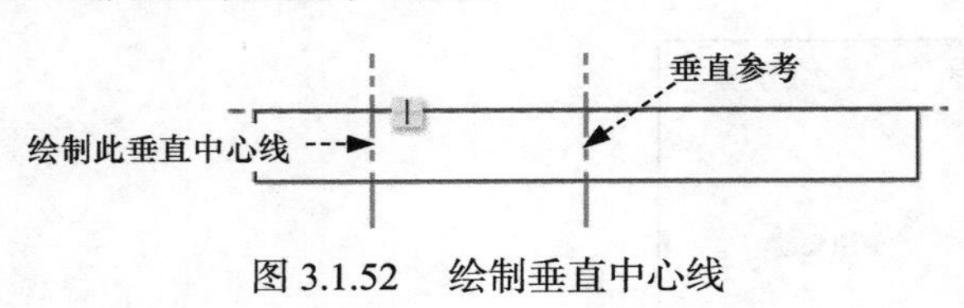

图 3.1.52 绘制垂直中心线

b）单击 约束 ▾ 区域中的 按钮，然后分别选取图 3.1.53a 中的垂直中心线和两个点，就能将垂直中心线对称到截面草图。

说明：由于基础特征的拉伸类型是“对称”拉伸，所以在绘制图 3.1.52 所示的垂直中心线时，可以直接画在图 3.1.52 所示的竖直方向参考（RIGHT 基准平面）上，系统会自动捕捉并添加重合约束。

图 3.1.53 添加对称约束

c）使用边线。单击工具栏中的 □投影 按钮；在系统弹出的图 3.1.54 所示的“类型”对话框中选取边线类型 ◉ 单一(S)；选取图 3.1.55 所示的边线为使用边；关闭对话框，可看到选取的边线上出现“使用边”约束符号（图 3.1.55），这样这条“使用边”就变成当前截面草图的一部分。

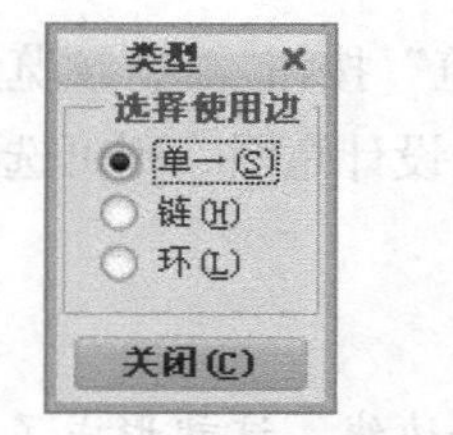

图 3.1.54 “类型”对话框

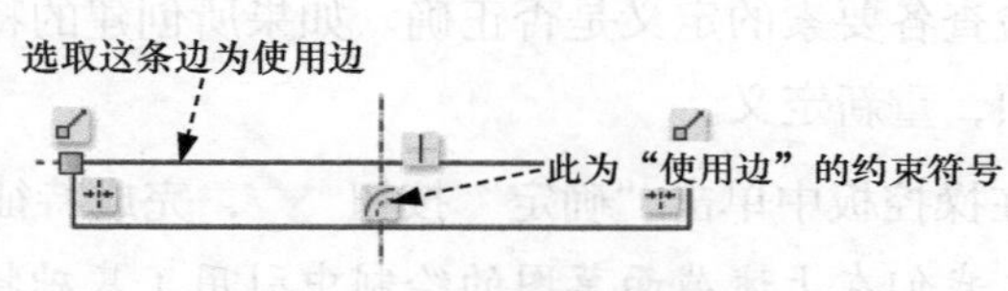

图 3.1.55 “使用边”约束符号

关于“使用边”的补充说明：

- “使用边”类型说明：“使用边”分为“单个”“链”和“环”三个类型。假如要使用图 3.1.56 中的上、下两条直线段，可先选中 ◉ 单一(S)，然后逐一选取两条线段；假如要使用图 3.1.57 中相连的两个圆弧和直线线段，可先选中 ◉ 链(H)，然后选取该“链”中的首尾两个图元——圆弧；假如要使用图 3.1.58 中闭合的两个圆弧和两条直线线段，可先选中 ◉ 环(L)，然后选取该“环”中的任意一个图元。另外，利用“链”类型也可选择闭合边线中的任意几个相连的图元链。

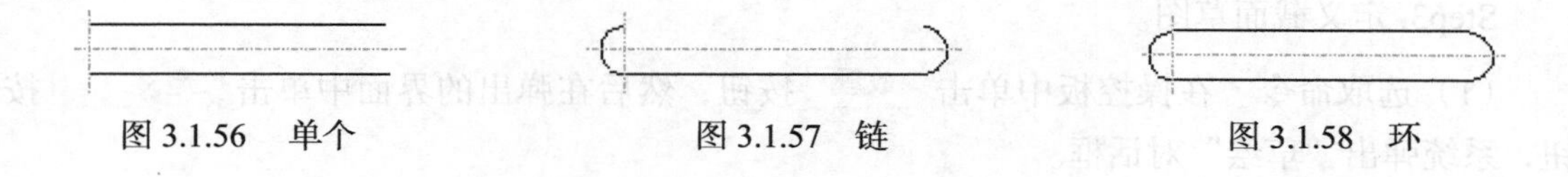

图 3.1.56 单个　　图 3.1.57 链　　图 3.1.58 环

- 还有一种“偏移使用边”命令（命令按钮 □偏移），如图 3.1.59 所示。由图可见，所创建的边线与原边线有一定距离的偏移，偏移方向有相应的箭头表示。

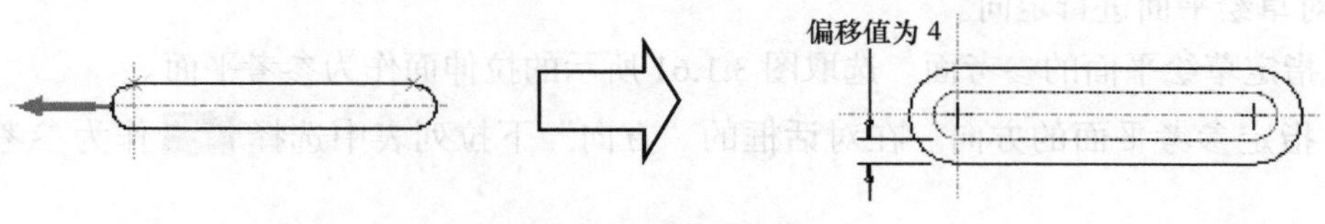

图 3.1.59 偏移使用边

d）绘制图 3.1.50 所示的截面草图，并创建对称约束及相切约束。

e）修剪截面的多余边线。为了确保草图正确，建议使用 按钮对图形的每个交点处进行进一步的修剪处理。

f）修改截面草图的尺寸。

（4）完成截面绘制后，单击“草绘”工具栏中的“确定”按钮 。

Step4. 定义拉伸深度属性。

（1）定义拉伸方向。单击“反向”按钮 ，切换拉伸方向。

（2）选取深度类型。在操控板中选取深度类型 （即“定值拉伸”）。

（3）定义深度值。在操控板的“深度”文本框中输入深度值 30.0。

Step5. 完成特征的创建。

（1）特征的所有要素被定义完毕后，单击操控板中的“预览”按钮 ，预览所创建的特征，以检查各要素的定义是否正确。如果所创建的特征不符合设计意图，则可选择操控板中的相关项，重新定义。

（2）在操控板中单击“确定”按钮 ，完成特征的创建。

注意：我们在上述截面草图的绘制中引用了基础特征的一条边线，这就形成了它们之间的父子关系，则该拉伸特征是基础特征的子特征。在创建和添加特征的过程中，特征的父子关系很重要，父特征的删除或隐含等操作会直接影响到子特征。

2. 添加图 3.1.60 所示的切削拉伸特征

Step1. 单击“拉伸”命令按钮 ，屏幕上方出现“拉伸”操控板。

Step2. 定义拉伸类型。确认“实体”按钮 被按下，并按下操控板中的“去除材料”按钮 。

图 3.1.60 添加切削拉伸特征

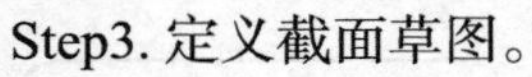

Step3. 定义截面草图。

（1）选取命令。在操控板中单击 放置 按钮，然后在弹出的界面中单击 定义... 按钮，系统弹出“草绘”对话框。

（2）定义截面草图的放置属性。

① 定义草绘平面。选取图 3.1.61 所示的零件表面为草绘平面。

② 定义草绘视图方向。采用模型中默认的黄色箭头方向为草绘视图方向。

③ 对草绘平面进行定向。

a）指定草绘平面的参考面。选取图 3.1.61 所示的拉伸面作为参考平面。

b）指定参考平面的方向。在对话框的“方向”下拉列表中选择 右 作为参考平面的方向。

④ 在“草绘”对话框中单击 草绘 按钮，进入草绘环境。

（3）创建图 3.1.62 所示的截面草绘图形。

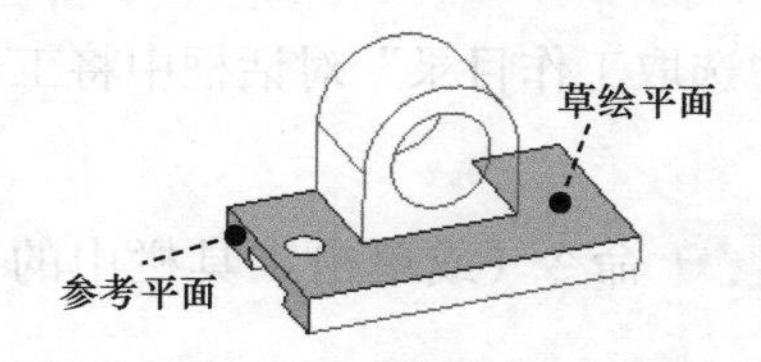

图 3.1.61　选取草绘平面与参考平面

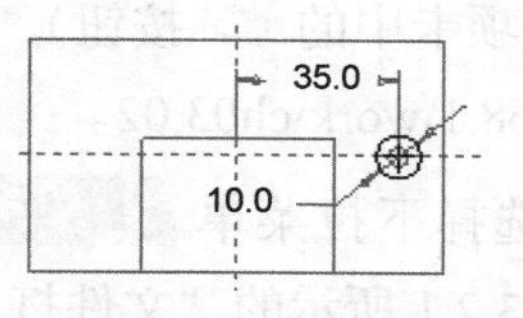

图 3.1.62　截面草绘图形

① 进入截面草绘环境后，接受系统的默认参考。

② 绘制截面几何图形，建立约束并修改尺寸。

③ 完成绘制后，单击“草绘”工具栏中的“确定”按钮 ✔。

Step4. 定义拉伸深度属性。

（1）定义深度方向。本例不进行操作，采用模型中默认的深度方向。

（2）选取深度类型。在操控板中选取深度类型 ⫼（即“穿透”）。

Step5. 定义移除材料的方向。采用模型中默认的移除材料方向。

说明： 如图 3.1.63 所示，在模型中的圆内可看到一个黄色的箭头，该箭头表示移除材料的方向。为了便于理解该箭头方向的意义，请将模型放大（操作方法是滚动鼠标的中键滑轮），此时箭头位于圆内（如图 3.1.63 所示的放大图）。如果箭头指向圆内，系统会将圆圈内部的材料挖除掉，圆圈外部的材料保留；如果改变箭头的方向，使箭头指向圆外，则系统会将圆圈外部的材料去掉，圆圈内部的材料保留。要改变该箭头方向，有如下几种方法。

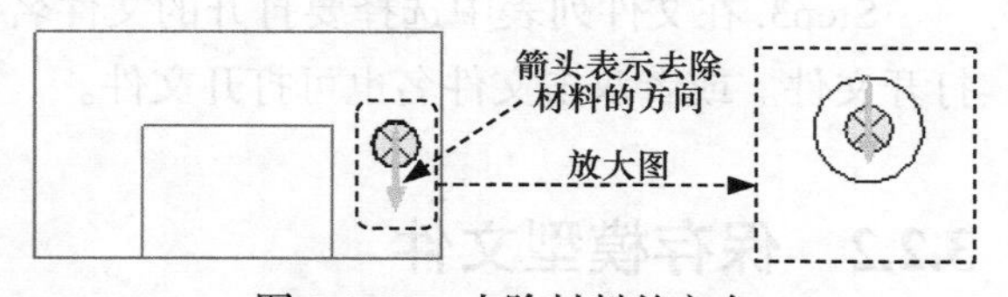

图 3.1.63　去除材料的方向

方法一： 在操控板中单击“薄壁拉伸”按钮 □ 后面的按钮 ⇅。

方法二： 将鼠标指针移至深度方向箭头上，单击。

方法三： 将鼠标指针移至深度方向箭头上，右击，选择 反向 命令。

Step6. 在操控板中单击“确定”按钮 ✔，完成切削拉伸特征的创建。

3.2　Creo 8.0 模型文件的操作

3.2.1　打开模型文件

假设已经退出 Creo 8.0 软件，重新进入软件后，要打开文件 guide_block.prt，其操作步骤如下。

Step1. 选择下拉菜单 文件 → 管理会话(M) → 选择工作目录(W) 命令（或单击 主页 选项卡中的 按钮），在系统弹出的“选取工作目录”对话框中将工作目录设置为 D: \dbcreo8.1\work\ch03.02。

Step2. 选择下拉菜单 文件 → 打开(O) 命令（或单击工具栏中的 按钮），系统弹出图 3.2.1 所示的“文件打开”对话框。

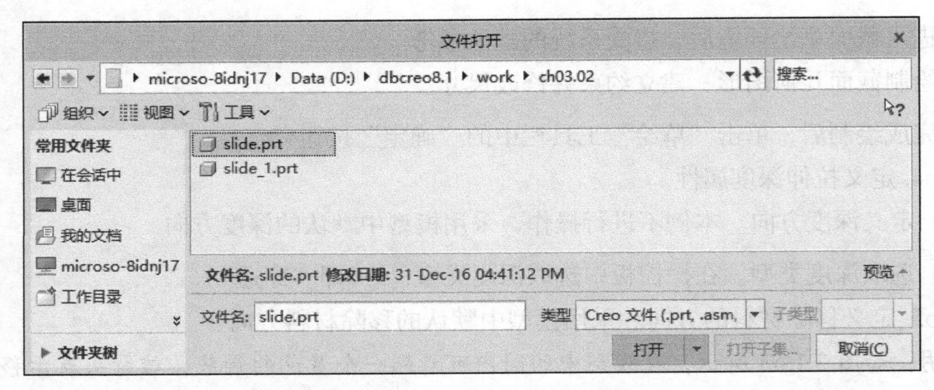

图 3.2.1 “文件打开”对话框

Step3. 在文件列表中选择要打开的文件名 slide.prt，然后单击 打开 按钮，即可打开文件。或者双击文件名也可打开文件。

3.2.2 保存模型文件

1. 零件模型的保存操作

Step1. 单击“快速访问工具栏”中的按钮 （或选择下拉菜单 文件 → 保存(S) 命令），系统弹出图 3.2.2 所示的“保存对象”对话框，文件名出现在 模型名称 文本框中。

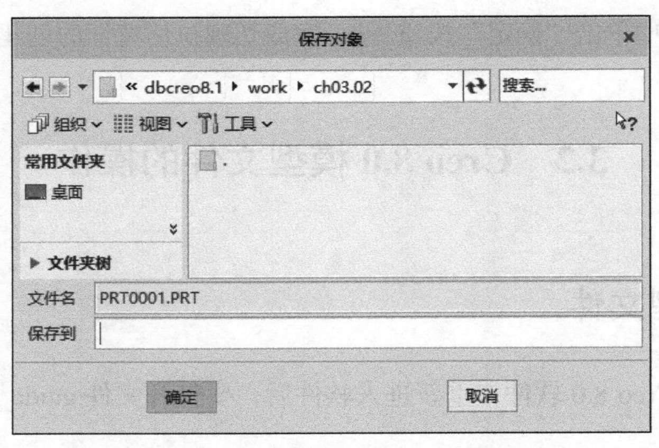

图 3.2.2 “保存对象”对话框

Step2. 单击 确定 按钮。如果不进行保存操作，单击 取消 按钮。

注意：如图 3.2.2 所示，保存模型文件时，建议用户使用现有名称，如果要修改文件的名称，可选择下拉菜单 文件 → 管理文件(F) → 重命名(R) 重命名当前对象和子对象。命令来实现。

2. 文件保存操作的几条命令的说明

➢ **“保存”**

关于“保存”文件的几点说明。

- 如果从进程中（内存）删除对象或退出 Creo 而不保存，则会丢失当前进程中的所有更改。
- 在磁盘上保存模型对象时，Creo 的文件名格式为“对象名 . 对象类型 . 版本号”。例如：创建模型 slide，第一次保存时的文件名为 slide.prt.1，再次保存时版本号自动加 1，这样在磁盘中保存对象时，不会覆盖原有的对象文件。
- 新建对象将保存在当前工作目录中；如果是打开的文件，保存时，将存储在原目录中，如果 override_store_back 设置为 no（默认设置），而且没有原目录的写入许可，同时又将配置选项 save_object_in_current 设置为 yes，则此文件将保存在当前目录中。

➢ **“保存副本”**

选择下拉菜单 文件 → 另存为(A) → 保存副本(A) 保存活动窗口中对象的副本。命令，系统弹出图 3.2.3 所示的“保存副本”对话框，可保存一个文件的副本。

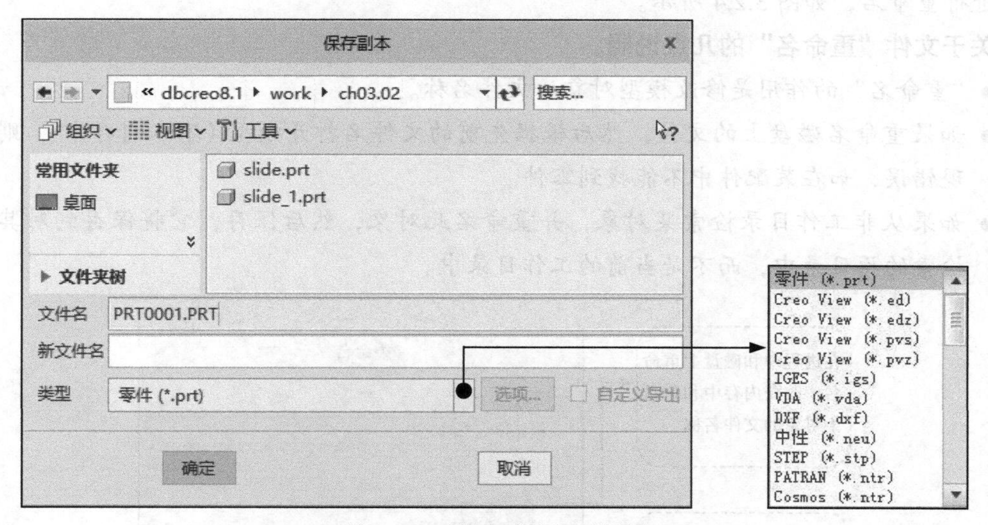

图 3.2.3 “保存副本”对话框

关于保存文件副本的几点说明。

- “保存副本”的作用是保存指定对象文件的副本，可将副本保存到同一目录或不同的目录中，无论哪种情况都要给副本命名一个新的（唯一）名称，即使在不同的目录中保存副本文件，也不能使用与原始文件名相同的文件名。

- "保存副本"对话框允许 Creo 将文件输出为不同格式，以及将文件另存为图像（图 3.2.3），这也许是 Creo 设立"保存副本"命令的一个很重要的原因，也是与文件"备份"命令的主要区别所在。

➢ **"备份"**

选择下拉菜单 文件 → 另存为(A) → 保存备份(B) 将对象备份到当前目录。命令，可对一个文件进行备份。

关于文件备份的几点说明。

- 可将文件备份到不同的目录。
- 在备份目录中备份对象的修正版，重新设置为 1。
- 必须有备份目录的写入许可，才能进行文件的备份。
- 如果要备份装配件、工程图或制造模型，则 Creo 在指定目录中保存其所有从属文件。
- 如果装配件有相关的交换组，则备份该装配件时，交换组不保存在备份目录中。
- 如果备份模型后对其模型进行更改，然后再保存此模型，则变更将被保存在备份目录中。

➢ **文件"重命名"**

选择下拉菜单 文件 → 管理文件(F) → 重命名(R) 重命名当前对象和子对象。对话框，可对一个文件进行重命名，如图 3.2.4 所示。

关于文件"重命名"的几点说明。

- "重命名"的作用是修改模型对象的文件名称。
- 如果重命名磁盘上的文件，然后根据先前的文件名打开模型（不在内存中），则会出现错误，如在装配件中不能找到零件。
- 如果从非工作目录检索某对象，并重命名此对象，然后保存，它将保存到对其进行检索的原目录中，而不是当前的工作目录中。

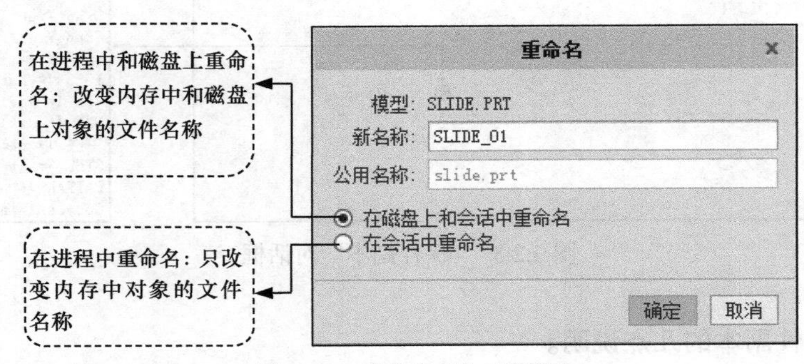

图 3.2.4　"重命名"对话框

3.2.3 拭除文件

首先说明：本节中提到的“对象”是一个用 Creo 8.0 创建的文件，如草绘、零件模型、制造模型、装配体模型及工程图等。

1. 从内存中拭除未显示的对象

如果选择下拉菜单 文件 ➡ 关闭(C) 命令（或单击 视图 功能选项卡 窗口 区域中的 按钮）关闭一个窗口，窗口中的对象便不在图形区显示，但只要工作区处于活动状态，对象仍保留在内存中，则这些对象就被称为“未显示的对象”。

选择下拉菜单 文件 ➡ 管理会话(M) ➡ 拭除未显示的(U) 命令后，系统弹出“拭除未显示的”对话框，在该对话框中列出未显示对象，单击 确定 按钮，所有的未显示对象将从内存中拭除，但它们不会从磁盘中删除。当参考未显示对象的装配件或工程图仍处于活动状态时，则系统不能拭除该未显示对象。

2. 从内存中拭除当前对象

第一种情况：如果当前对象为零件、格式和布局等类型时，选择下拉菜单 文件 ➡ 管理会话(M) ➡ 拭除当前(C) 命令后，系统弹出“拭除确认”对话框，单击 是 按钮，当前对象将从内存中拭除，但它们不会从磁盘中删除。

第二种情况：如果当前对象为装配、工程图及模具等类型，选择下拉菜单 文件 ➡ 管理会话(M) ➡ 拭除当前(C) 命令后，系统弹出“拭除”对话框，选取要拭除的关联对象后，再单击 是 按钮，则当前对象及选取的关联对象将从内存中被拭除。

3.2.4 删除文件

1. 删除文件的旧版本

使用 Creo 软件创建模型文件时（包括零件模型、装配模型和制造模型等），在最终完成模型的创建后，可将模型文件的所有旧版本删除。

要删除文件的旧版本，需要先将工作目录设置到文件所在的文件夹，选择下拉菜单 文件 ➡ 管理文件(F) ➡ 删除旧版本(O) 命令后，在系统弹出的对话框中单击 是 按钮，系统就会将对象的除最新版本外的所有版本删除。

2. 删除文件的所有版本

在设计完成后，可将没有用的模型文件的所有版本删除。

选择下拉菜单 文件 ➡ 管理文件(F) ➡ 删除所有版本(A) 从磁盘删除指定对象的所有版本。命令后，系统弹出“警告”对话框，单击 是(I) 按钮，系统就会删除当前对象的所有版本。如果选择删除的对象是族表的一个实例，则实例和普通模型都不能被删除；如果选择删除的对象是普通模型，则将删除此普通模型。

3.3 模型的显示控制

在学习本节时，请先将工作目录设置至 D: \dbcreo8.1\work\ch03.03，然后打开模型文件 orient.prt。

在 Creo 工作界面中单击 视图 功能选项卡，将进入图 3.3.1 所示的“视图”选项卡。该选项卡用于控制模型视图和管理文件窗口。

图 3.3.1 “视图”选项卡

下面对图 3.3.1 所示的“视图”选项卡中各个区域的功能按钮进行简要说明。

- 可见性 区域：用于进入 Creo 中的“层”并对层的可见性进行管理。
- 方向 区域：用于调整模型在图形区中的显示大小，控制模型的显示方位。
- 模型显示 区域：用于设置模型的外观，显示样式以及对各种视图进行管理。
- 显示 区域：用于控制基准特征和注释的显示与隐藏。
- 窗口 区域：用于激活、关闭和切换文件窗口。

3.3.1 模型的几种显示方式

在 Creo 软件中，模型有六种显示方式，如图 3.3.2 所示。单击图 3.3.3 所示的 视图 功

能选项卡 模型显示 区域中的“显示样式”按钮 ，在系统弹出的菜单中选择相应的显示样式，可以切换模型的显示方式。

- 带反射着色 显示方式：模型表面为灰色，并以反射的方式呈现另一侧，如图 3.3.2a 所示。
- 带边着色 显示方式：模型表面为灰色，部分表面有阴影感，高亮显示所有边线，如图 3.3.2b 所示。
- 着色 显示方式：模型表面为灰色，部分表面有阴影感，所有边线均不可见，如图 3.3.2c 所示。

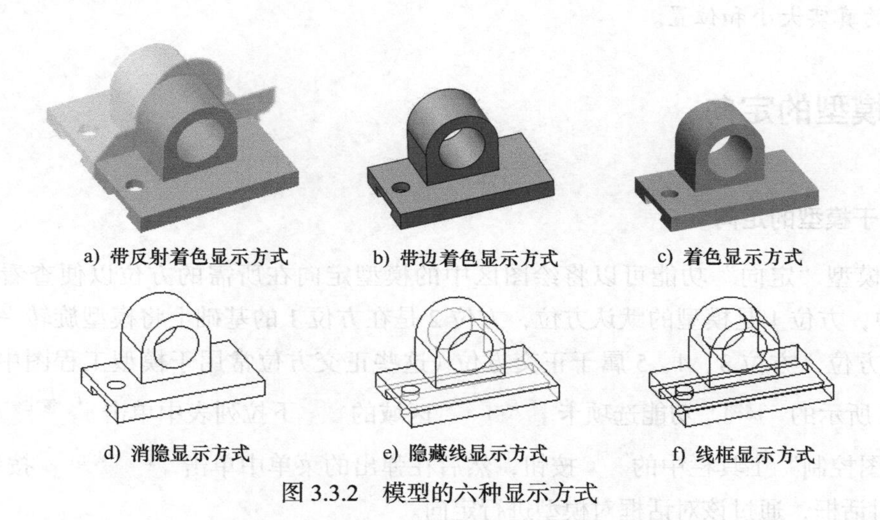

a) 带反射着色显示方式　b) 带边着色显示方式　c) 着色显示方式

d) 消隐显示方式　e) 隐藏线显示方式　f) 线框显示方式

图 3.3.2　模型的六种显示方式

- 消隐 显示方式：模型以线框形式显示，可见的边线显示为深颜色的实线，不可见的边线被隐藏起来（即不显示），如图 3.3.2d 所示。
- 隐藏线 显示方式：模型以线框形式显示，可见的边线显示为深颜色的实线，不可见的边线显示为虚线（在软件中显示为灰色的实线），如图 3.3.2e 所示。
- 线框 显示方式：模型以线框形式显示，模型所有的边线显示为深颜色的实线，如图 3.3.2f 所示。

说明： 视图 功能选项卡中部分常用的按钮可以在图 3.3.4 所示的“视图控制”工具栏中快速选用。

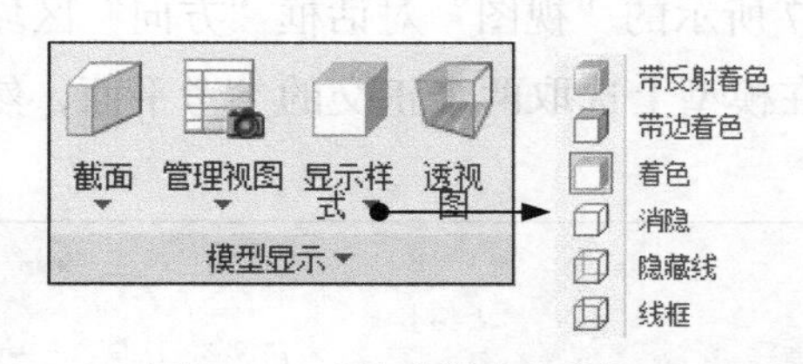

图 3.3.3　“显示样式”按钮

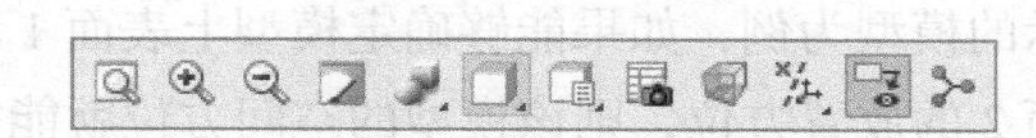

图 3.3.4　“视图控制”工具栏

3.3.2 模型的移动、旋转与缩放

用鼠标可以控制图形区中的模型显示状态。

● 滚动鼠标中键滚轮，可以缩放模型：向前滚，模型缩小；向后滚，模型变大。

● 按住鼠标中键，移动鼠标，可旋转模型。

● 先按住键盘上的 Shift 键，然后按住鼠标中键，移动鼠标可移动模型。

注意： 采用以上方法对模型进行缩放和移动操作时，只能改变模型的显示状态，而不能改变模型的真实大小和位置。

3.3.3 模型的定向

1. 关于模型的定向

利用模型“定向”功能可以将绘图区中的模型定向在所需的方位以便查看。例如在图 3.3.5 中，方位 1 是模型的默认方位，方位 2 是在方位 1 的基础上将模型旋转一定的角度而得到的方位，方位 3、4、5 属于正交方位（这些正交方位常用于模型工程图中的视图）。在图 3.3.6 所示的 视图 功能选项卡 方向 ▾ 区域的 下拉列表中单击 重定向 按钮（或单击“视图控制”工具栏中的 按钮，然后在弹出的菜单中单击 重定向(O)... 按钮），打开“视图”对话框，通过该对话框对模型进行定向。

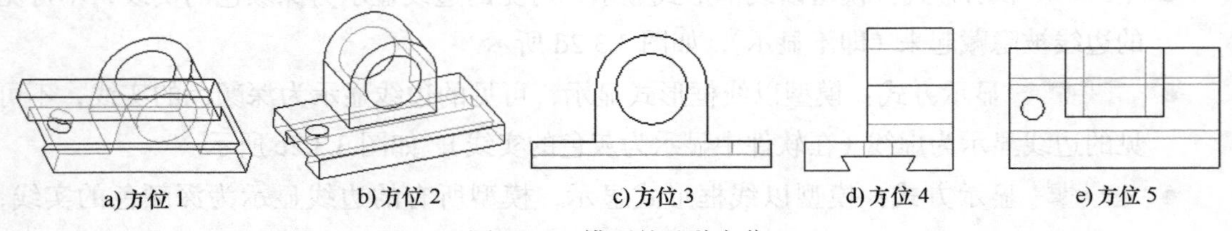

图 3.3.5 模型的几种方位

2. 模型定向的一般方法

常用的模型定向方法为“参考定向”（在图 3.3.7 所示的“视图”对话框“方向”区域中选择 按参考定向 类型）。这种定向方法的原理是：在模型上选取两个正交的参考平面，然后定义两个参考平面的放置方位。以图 3.3.8 所示的模型为例，如果能够确定模型上表面 1 和表面 2 的放置方位，则该模型的空间方位就能完全确定。参考的放置方位有如下几种，如图 3.3.7 所示。

图 3.3.6 “方向”区域

- 前：使所选取的参考平面与显示器的屏幕平面平行，方向朝向屏幕前方，即面对操作者。
- 后：使参考平面与屏幕平行且朝向屏幕后方，即背对操作者。
- 上：使参考平面与显示器屏幕平面垂直，方向朝向显示器的上方，即位于显示器上部。
- 下：使参考平面与显示器屏幕平面垂直，方向朝向显示器的下方，即位于显示器下部。
- 左：使参考平面与屏幕平面垂直，方向朝左。
- 右：使参考平面与屏幕平面垂直，方向朝右。
- 竖直轴：选择该选项后，需选取模型中的某个轴线，系统将使该轴线竖直（即垂直于地平面）放置，从而确定模型的放置方位。
- 水平轴：选择该选项，系统将使所选取的轴线水平（即平行于地平面）放置，从而确定模型的放置方位。

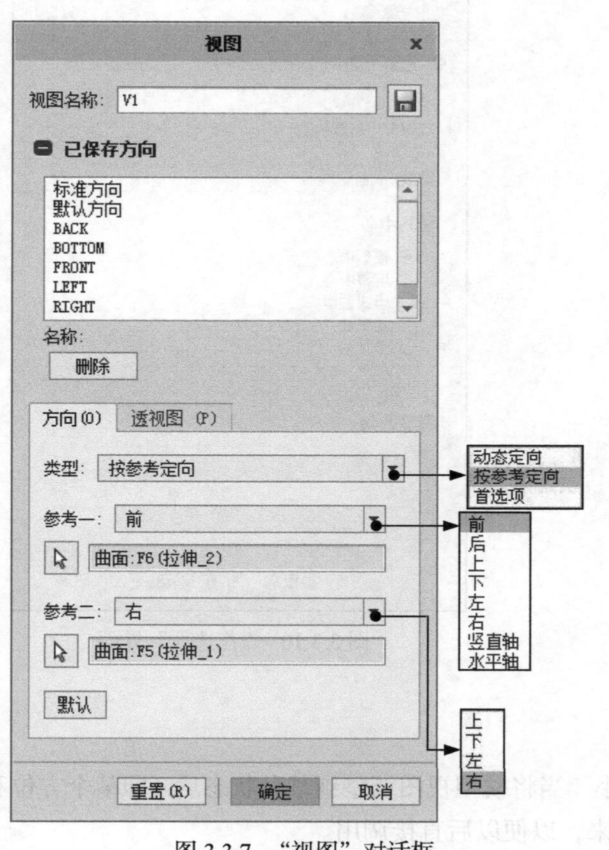

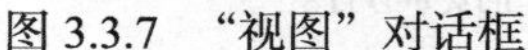
图 3.3.7 “视图”对话框

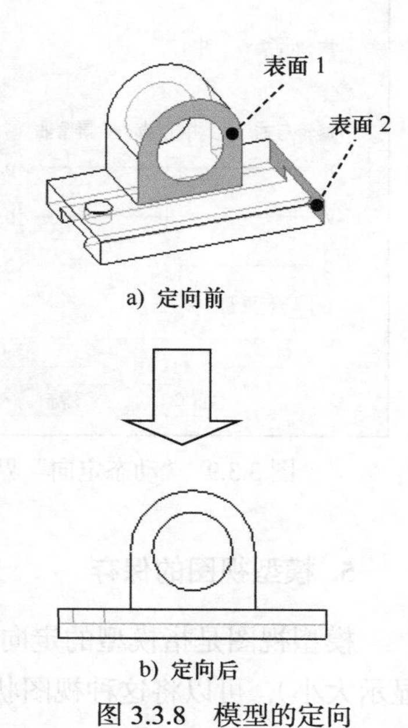

图 3.3.8 模型的定向

3. 动态定向

在“方向”区域的 类型 下拉列表中选择 动态定向 选项，系统显示“动态定向”界面，如图 3.3.9 所示。移动界面中的滑块，可以方便地对模型进行移动、旋转与缩放。

4. 定向的优先选项

在“方向”区域的 类型 下拉列表中选择 首选项 选项，在系统弹出的图 3.3.10 所示的“首选项”界面中，可以选择模型的旋转中心和模型默认的方向。在“视图控制”工具栏中按下 按钮，可以控制模型上是否显示旋转符号（模型上的旋转中心符号如图 3.3.11 所示）。模型默认的定向可以是“斜轴测”或“等轴测”，也可以由用户定义。

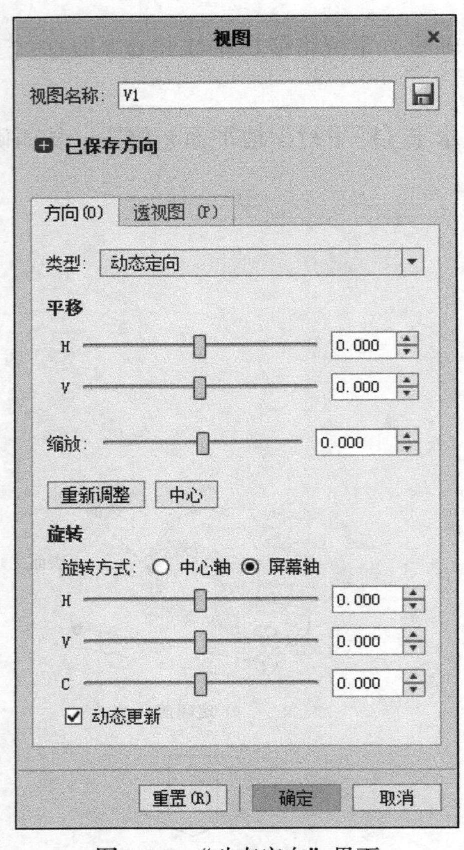

图 3.3.9 “动态定向”界面

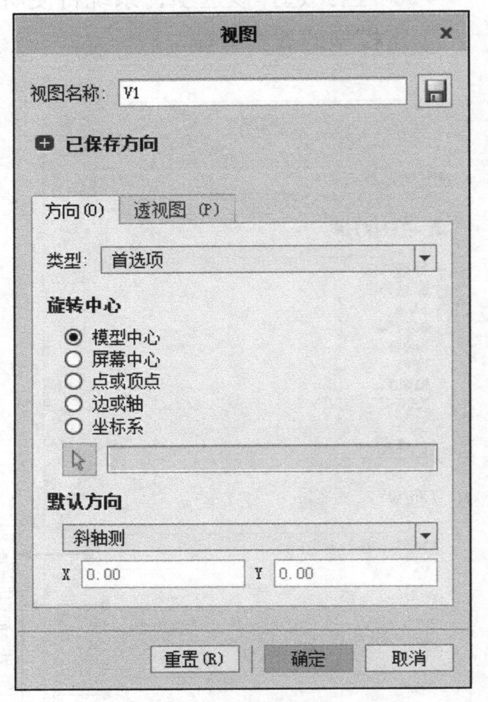

图 3.3.10 “首选项”界面

5. 模型视图的保存

模型视图是指模型的定向和显示大小。当将模型视图调整到某种状态后（即某个方位和显示大小），可以将这种视图状态保存起来，以便以后直接调用。

在“视图”对话框中单击 已保存方向 标签，将弹出图 3.3.12 所示的“已保存方向”界面。

- 在上部的列表框中列出了所有已保存视图的名称，其中 标准方向、默认方向、BACK、BOTTOM 等为系统自动创建的视图。

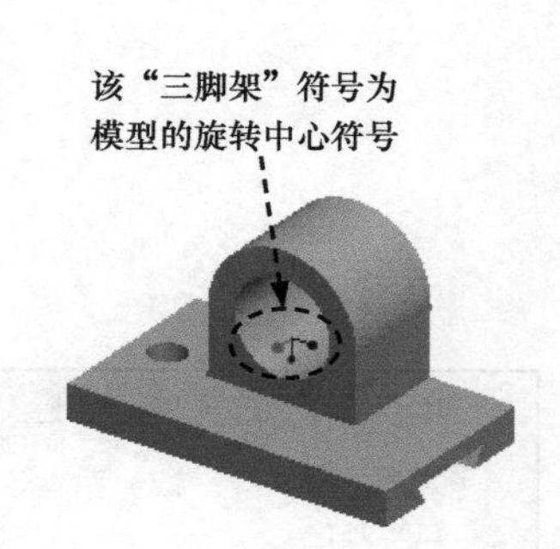

图 3.3.11 模型的旋转中心符号

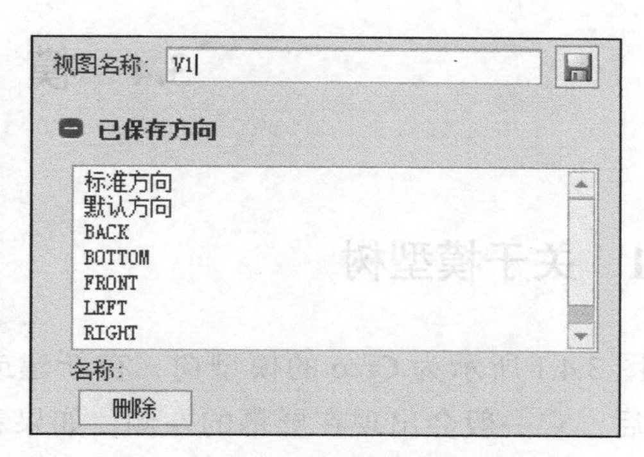

图 3.3.12 “已保存方向”界面

● 如果要保存当前视图，可先在 视图名称: 文本框中输入视图名称，然后单击 按钮，新创建的视图名称立即出现在名称列表中。

● 如果要删除某个视图，可在列表中选取该视图名称，然后单击 删除 按钮。

● 如果要显示某个视图，可在视图名称列表中双击该视图名称。还有一种快速设置视图的方法，就是单击“视图控制”工具栏中的 按钮，从弹出的视图列表中选取某个视图即可，如图 3.3.13 所示。

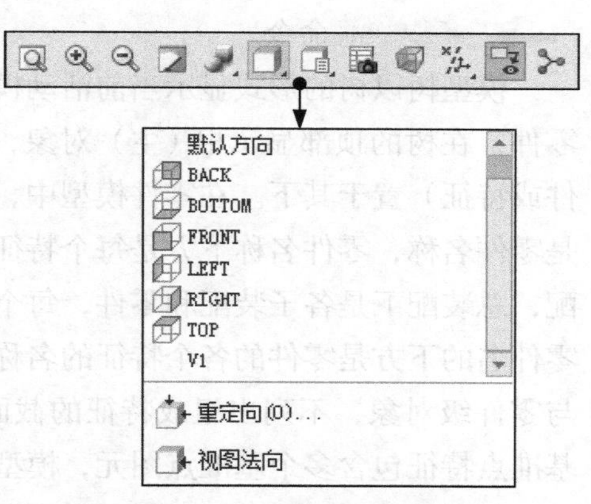

图 3.3.13 “视图控制”工具栏

6. 模型定向的举例

下面介绍图 3.3.8 中模型定向的操作过程：

Step1. 单击“视图控制”工具栏中的 按钮，然后在弹出的菜单中单击 重定向(O)... 按钮。

Step2. 确定参考 1 的放置方位。

（1）采用默认的方位 前 作为参考 1 的方位。

（2）选取模型的表面 1 作为参考 1。

Step3. 确定参考 2 的放置方位。

（1）在下拉列表中选择 右 作为参考 2 的方位。

（2）选取模型上的表面 2 作为参考 2，此时系统立即按照两个参考所定义的方位重新对模型进行定向。

Step4. 完成模型的定向后，可将其保存起来以便下次能方便地调用。保存视图的方法是：在对话框的 视图名称: 文本框中输入视图名称 V1，然后单击对话框中的 按钮。

3.4 模 型 树

3.4.1 关于模型树

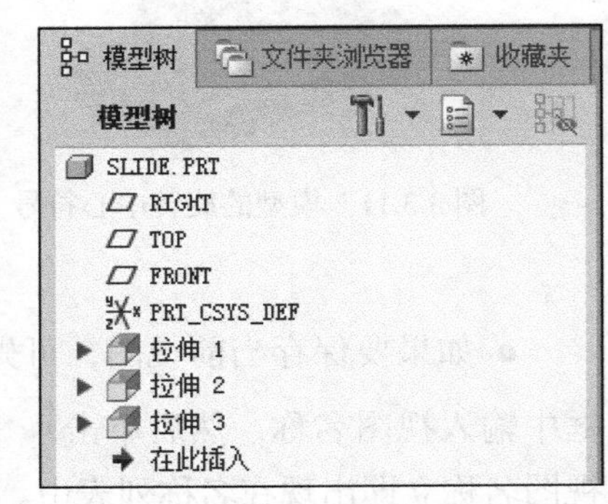

图 3.4.1 模型树

图 3.4.1 所示为 Creo 的模型树，在新建或打开一个文件后，它一般会出现在屏幕的左侧，如果看不见这个模型树，可在导航选项卡中单击“模型树”标签 ；如果此时显示的是“层树”，则可选择导航选项卡中的 → 模型树(M) 命令。

模型树以树的形式显示当前活动模型中的所有特征或零件，在树的顶部显示根（主）对象，并将从属对象（零件或特征）置于其下。在零件模型中，模型树列表的顶部是零件名称，零件名称下方是每个特征的名称；在装配体模型中，模型树列表的顶部是总装配，总装配下是各子装配和零件，每个子装配下方则是该子装配中的每个零件的名称，每个零件名的下方是零件的各个特征的名称。模型树只列出当前活动的零件或装配模型的特征级与零件级对象，不列出组成特征的截面几何要素（如边、曲面和曲线等）。例如，如果一个基准点特征包含多个基准点图元，模型树中只列出基准点特征标识。

如果打开了多个 Creo 窗口，则模型树内容只反映当前活动文件（即活动窗口中的模型文件）。

3.4.2 模型树界面介绍

模型树的操作界面及各下拉菜单命令功能如图 3.4.2 所示。

注意： 选择模型树下拉菜单 中的 保存设置文件(S)... 命令，可将模型树的设置保存在一个 .cfg 文件中，并可重复使用，提高工作效率。

3.4.3 模型树的作用与操作

1. 控制模型树中项目的显示

在模型树操作界面中，选择 → 树过滤器(F)... 命令，系统弹出图 3.4.3 所示的“模型树项”对话框，通过该对话框可控制模型中各类项目是否在模型树中显示。

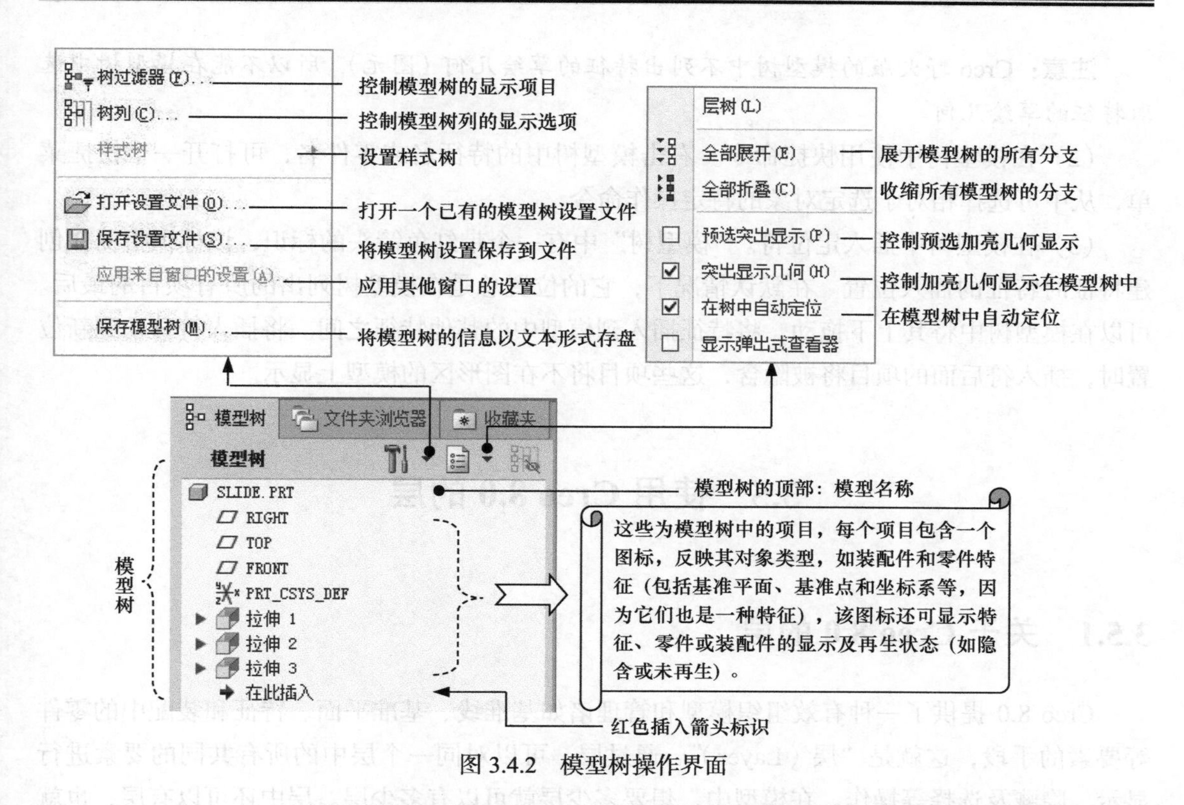

图 3.4.2 模型树操作界面

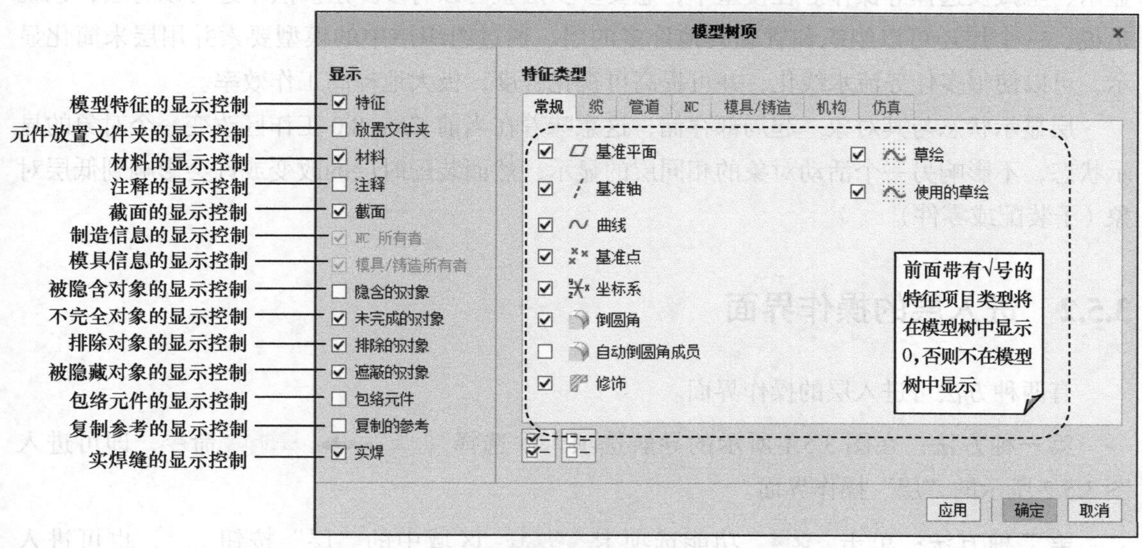

图 3.4.3 “模型树项”对话框

2. 模型树的作用

（1）在模型树中选取对象。可以从模型树中选取要编辑的特征或零件对象。当要选取的特征或零件在图形区的模型中不可见时，此方法尤为有用。当要选取的特征和零件在模型中禁止选取时，仍可在模型树中进行选取操作。

注意： Creo 野火版的模型树中不列出特征的草绘几何（图元），所以不能在模型树中选取特征的草绘几何。

（2）在模型树中使用快捷命令。右击模型树中的特征名或零件名，可打开一个快捷菜单，从中可选择相对于选定对象的特定操作命令。

（3）在模型树中插入定位符。“模型树”中有一个带红色箭头的标识，该标识指明在创建特征时特征的插入位置。在默认情况下，它的位置总是在模型树列出的所有项目的最后。可以在模型树中将其上下拖动，将特征插入到模型中的其他特征之间。将插入符移动到新位置时，插入符后面的项目将被隐含，这些项目将不在图形区的模型上显示。

3.5 使用 Creo 8.0 的层

3.5.1 关于 Creo 8.0 的层

Creo 8.0 提供了一种有效组织模型和管理诸如基准线、基准平面、特征和装配中的零件等要素的手段，这就是“层（Layer）”。通过层，可以对同一个层中的所有共同的要素进行显示、隐藏及选择等操作。在模型中，想要多少层就可以有多少层。层中还可以有层，也就是说，一个层还可以组织和管理其他许多的层。通过组织层中的模型要素并用层来简化显示，可以使很多任务流水线化，并可提高可视化程度，极大地提高工作效率。

层显示状态与其对象一起局部存储，这意味着在当前 Creo 8.0 工作区改变一个对象的显示状态，不影响另一个活动对象的相同层的显示，然而装配时层的改变或许会影响到低层对象（子装配或零件）。

3.5.2 进入层的操作界面

有两种方法可进入层的操作界面。

第一种方法： 在图 3.5.1 所示的导航选项卡中选择 → 层树(L) 命令，即可进入图 3.5.2 所示的“层”操作界面。

第二种方法： 单击 视图 功能选项卡 可见性 区域中的“层”按钮，也可进入“层”的操作界面。

通过该操作界面可以操作层、层的项目及层的显示状态。

注意： 使用 Creo，当正在进行其他命令操作时（例如正在进行伸出项拉伸特征的创建），可以同时使用“层”命令，以便按需要操作层显示状态或层关系，而不必退出正在进行的命令，再进行“层”操作。图 3.5.2 所示的“层”的操作界面反映了“滑块”零件模型（slide）中层的状态，创建该零件时使用的是 PTC 公司提供的零件模板 mmns_part_solid，该模板提供了图 3.5.2 所示的这些预设的层。

进行层操作的一般流程。

Step1. 选取活动层对象（在零件模式下无须进行此步操作）。

Step2. 进行“层”操作，比如创建新层、向层中增加项目、设置层的显示状态等。

Step3. 保存状态文件（可选）。

Step4. 保存当前层的显示状态。

Step5. 关闭“层”操作界面。

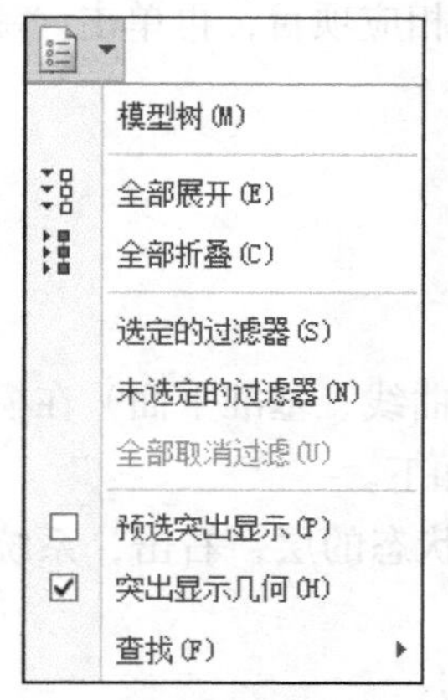

图 3.5.1 导航选项卡

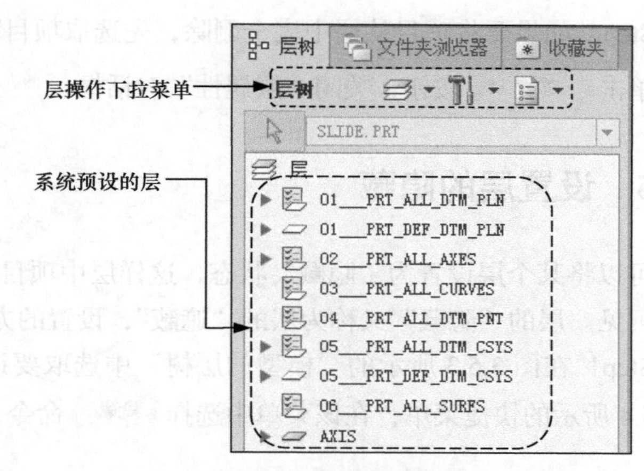

图 3.5.2 “层”操作界面

3.5.3 创建新层

创建新层的一般步骤。

Step1. 在层的操作界面中选择 → 新建层(N)... 命令。

Step2. 完成上步操作后，系统弹出“层属性”对话框。

（1）在 名称 后面的文本框内输入新层的名称（也可以接受默认名）。

注意：层是以名称来识别的，层的名称可以用数字或字母加数字的形式表示，最多不能超过 31 个字符。在层树中显示层时，首先是数字名称层排序，然后是字母加数字名称层排序。字母加数字名称的层按字母排序。不能创建未命名的层。

（2）在 层标识: 后面的文本框内输入“层标识”号。层“标识”的作用是当将文件输出到不同格式（如 IGES）时，利用其标识，可以识别一个层。一般情况下可以不输入标识号。

（3）单击 确定(O) 按钮。

3.5.4 在层中添加项目

层中的内容，如基准线、基准平面等，称为层的“项目”。向层中添加项目的方法如下。

Step1. 在“层树”中单击一个欲向其中添加项目的层，然后右击，在系统弹出的快捷菜单中选择 层属性... 命令，此时系统弹出“层属性”对话框。

Step2. 向层中添加项目。首先确认对话框中的 包括... 按钮被按下，然后将鼠标指针移至图形区的模型上，可以看到，当鼠标指针接触到基准平面、基准轴、坐标系及伸出项特征等项目时，相应的项目就变成淡绿色，此时单击，相应的项目就会添加到该层中。

Step3. 如果要将项目从层中排除，可单击对话框中的 排除... 按钮，再选取项目列表中的相应项目。

Step4. 如果要将项目从层中完全删除，先选取项目列表中的相应项目，再单击 移除 按钮。单击 确定(O) 按钮，关闭“层属性”对话框。

3.5.5　设置层的隐藏

可以将某个层设置为“隐藏”状态，这样层中项目（如基准曲线、基准平面）在模型中将不可见。层的“隐藏”又称为层的“遮蔽”，设置的方法一般如下。

Step1. 在图 3.5.3 所示的“模型的层树”中选取要设置显示状态的层，右击，系统弹出图 3.5.4 所示的快捷菜单，在该菜单中选择 隐藏 命令。

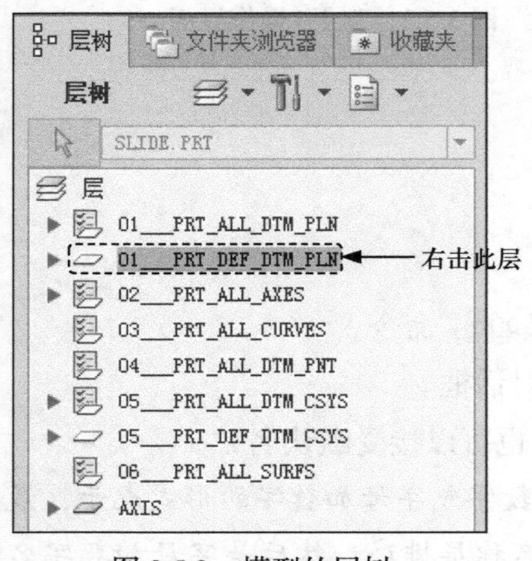

图 3.5.3　模型的层树

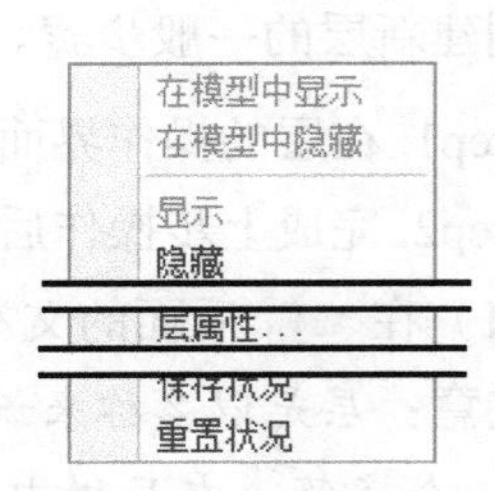

图 3.5.4　快捷菜单

Step2. 单击“视图控制”工具栏中的“重画”按钮，可以在模型上看到“隐藏”层的变化效果。

关于以上操作的几点说明。

层的隐藏或显示不影响模型的实际几何形状。

对含有特征的层进行隐藏操作，只有特征中的基准和曲面被隐藏，特征的实体几何则不受影响。例如，在零件模式下，如果将孔特征放在层上，然后隐藏该层，则只有孔的基准轴被隐藏，但在装配模型中可以隐藏元件。

3.5.6 层树的显示与控制

单击层操作界面中的（显示）下拉菜单，可对层树中的层进行展开、收缩等操作，层的“显示”下拉菜单各命令的功能如图 3.5.5 所示。

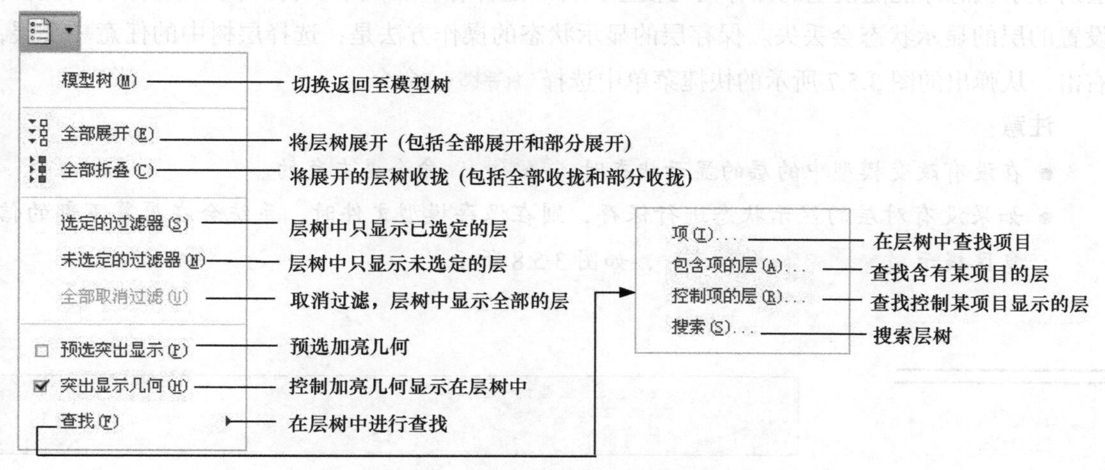

图 3.5.5 层的“显示”下拉菜单

3.5.7 关于系统自动创建层

在 Creo 中，当创建某些类型的特征（如曲面特征、基准特征等）时，系统会自动创建新层，如图 3.5.6 所示。新层中包含所创建的特征或该特征的部分几何元素，以后如果创建相同类型的特征，系统会自动将该特征（或其部分几何元素）放入以前自动创建的新层中。

层树 文件夹浏览器 收藏夹
层树
SLIDE.PRT
层
01___PRT_ALL_DTM_PLN
AXIS
CSYS
DATUM
这几个层是系统自动创建的层

图 3.5.6 自动创建层

注意：对于其二维草绘截面中含有圆弧的拉伸特征，需在系统配置文件 config.pro 中将选项 show_axes_for_extr_arcs 的值设为 yes，图形区的拉伸特征中才显示中心轴线，否则不显示中心轴线。

例如，在用户创建了一个基准平面 DTM1 特征后，系统会自动在层树中创建名为 DATUM 的新层，该层中包含刚创建的基准平面 DTM1 特征，以后如果创建其他的基准平面，系统会自动将其放入 DATUM 层中；又如，在用户创建旋转特征后，系统会自动在层树中创建名为 AXIS 的新层，该层中包含刚创建的旋转特征的中心轴线，以后用户创建含有基准轴的特征（截面中含有圆或圆弧的拉伸特征中均包含中心轴线几何）或基准轴特征时，系统会自动将它们放入 AXIS 层中。

3.5.8　将模型中层的显示状态与模型文件一起保存

将模型中的各层设置为所需要的显示状态后，只有将层的显示状态先保存起来，模型中层的显示状态才能随模型的保存而与模型文件一起保存，否则下次打开模型文件后，以前所设置的层的显示状态会丢失。保存层的显示状态的操作方法是：选择层树中的任意一个层，右击，从弹出的图 3.5.7 所示的快捷菜单中选择 保存状况 命令。

注意：

- 在没有改变模型中的层的显示状态时，保存状况 命令是灰色的。
- 如果没有对层的显示状态进行保存，则在保存模型文件时，系统会在屏幕下部的信息区提示 警告：层显示状况未保存。，如图 3.5.8 所示。

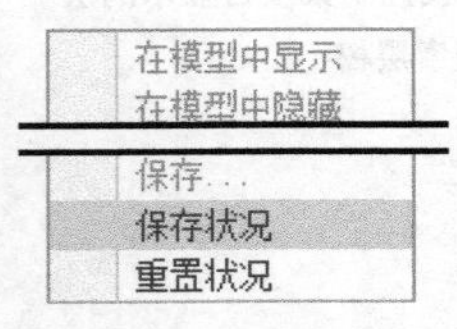

图 3.5.7　快捷菜单

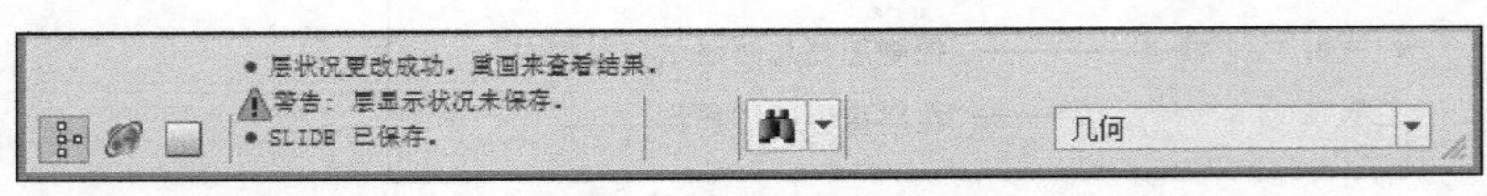

图 3.5.8　信息区的提示

3.6　零件属性设置

3.6.1　概述

在零件模块中，选择下拉菜单 文件 → 准备(R) → 模型属性(I) 编辑模型属性。命令，系统弹出“模型属性”对话框，通过该菜单可以定义基本的数据库输入值，如材料类型、零件精度和度量单位等。

3.6.2　零件材料的设置

下面说明设置零件模型材料属性的一般操作步骤。

Step1. 定义新材料。

（1）进入 Creo 系统，随意创建一个零件模型。

（2）选择下拉菜单 文件 → 准备(R) → 模型属性(I) 编辑模型属性。命令。

（3）在图 3.6.1 所示的“模型属性”对话框中选择 材料 → 材料 → 更改 命令，

系统弹出“材料”对话框（一），如图 3.6.2 所示，然后双击 Legacy-Materials 文件夹将模型打开。

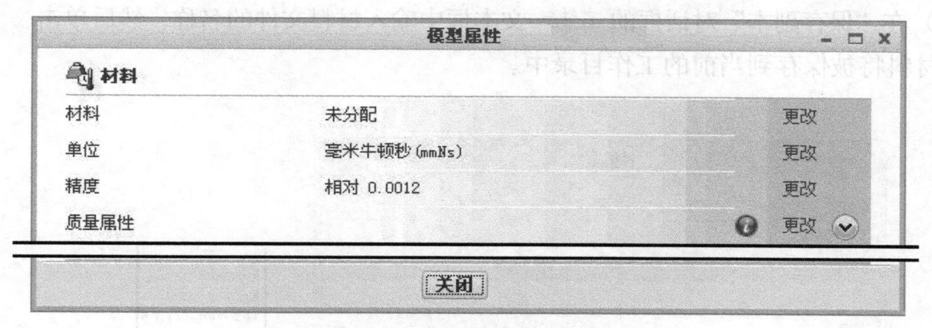

图 3.6.1 “模型属性”对话框

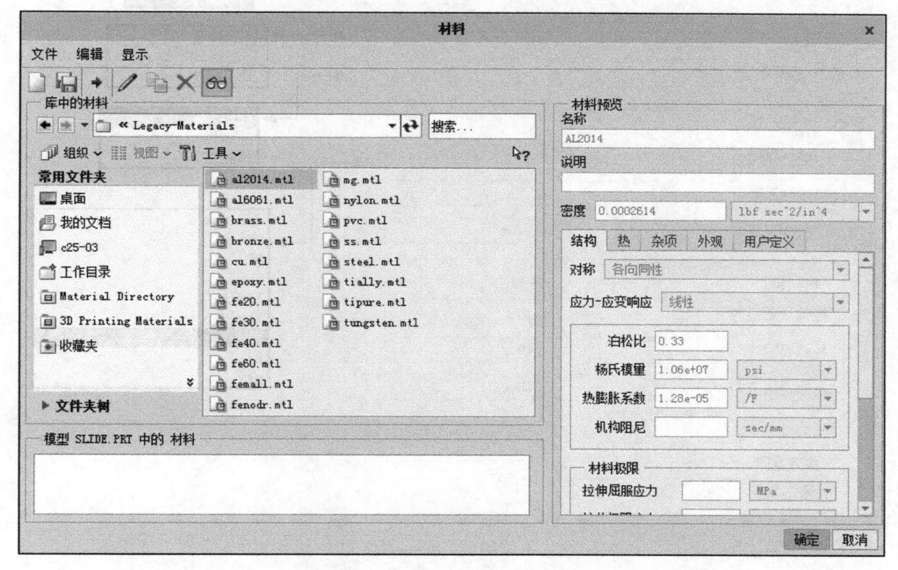

图 3.6.2 “材料”对话框（一）

（4）在“材料”对话框中单击“创建新材料”按钮 ，系统弹出图 3.6.3 所示的“材料定义”对话框。

（5）在“材料定义”对话框的 名称 文本框中输入材料名称 45steel，然后在其他各区域分别填入材料的一些属性值，如 说明、泊松比、和 杨氏模量 等，再单击 保存到模型 按钮。

Step2. 将定义的材料写入磁盘有两种方法。

方法一：

在图 3.6.3 所示的“材料定义”对话框中单击 保存至库 (L)... 按钮。

方法二：

（1）在“材料”对话框的 模型中的材料 下拉列表中选取要写入的材料名称，如 c。

（2）在“材料”对话框中单击“保存选定材料的副本”按钮，系统弹出“保存副本”对话框。

（3）在“保存副本”对话框的 文件名 文本框中输入材料文件的名称，然后单击 确定 按钮，材料将被保存到当前的工作目录中。

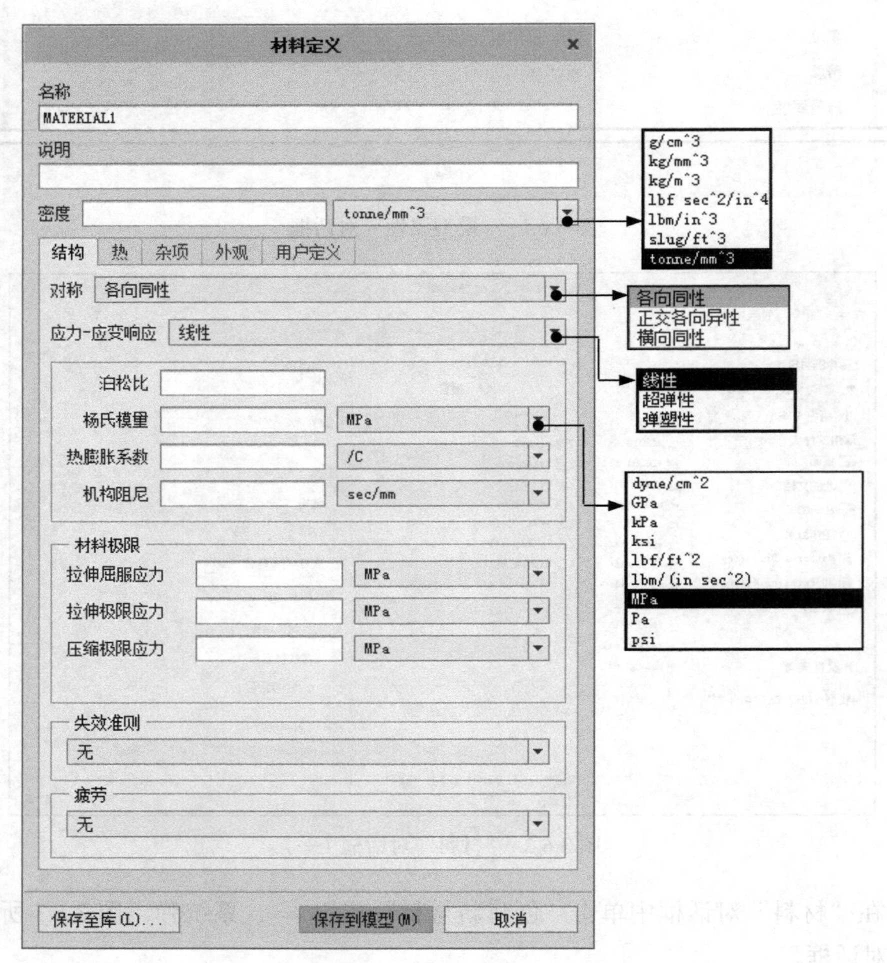

图 3.6.3　“材料定义”对话框

Step3. 为当前模型指定材料。

（1）在图 3.6.4 所示的“材料”对话框（二）的 库中的材料 下拉列表中选取所需的材料名称，如先前保存的材料 45steel.mtl。

（2）在“材料”对话框中单击“将材料分配给模型”按钮，此时材料名称“45steel”被放置到 模型中的材料 列表中。

（3）在“材料”对话框中单击 确定 按钮。

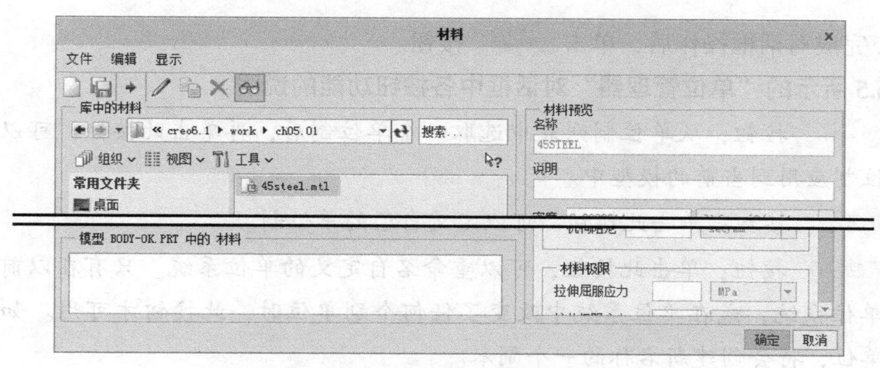

图 3.6.4 “材料”对话框（二）

3.6.3 零件单位的设置

每个模型都有一个基本的米制和非米制单位系统，以确保该模型的所有材料属性保持测量和定义的一贯性。Creo 提供了一些预定义单位系统，其中一个是默认单位系统。用户还可以定义自己的单位和单位系统（称为定制单位和定制单位系统）。在进行一个产品的设计前，应该使产品中各元件具有相同的单位系统。

如果要对当前模型中的单位制进行修改（或创建自定义的单位制），可参考下面的操作方法进行。

Step1. 选择下拉菜单 文件 → 准备(R) → 模型属性(I) 编辑模型属性。命令，在系统弹出的“模型属性”对话框中选择 材料 → 单位 → 更改 命令。

Step2. 系统弹出图 3.6.5 所示的“单位管理器”对话框，在 单位制 选项卡中，箭头指向当前模型的单位系统，用户可以选择列表中的任何一个单位系统或创建自定义的单位系统。选择一个单位系统后，在 说明 区域会显示所选单位系统的描述。

Step3. 如果要对模型应用其他的单位系统，则需先选取某个单位系统，然后单击 设置... 按钮，此时系统会弹出如图 3.6.6 所示的“更改模型单位”对话框，选中其中一个单选按钮，然后单击 确定 按钮。

图 3.6.5 “单位管理器”对话框

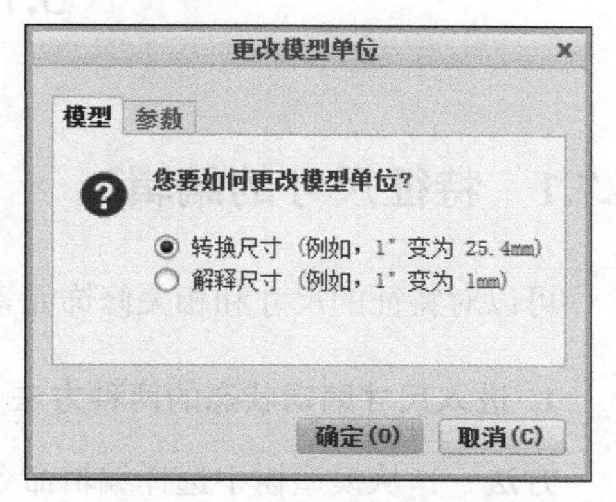

图 3.6.6 “更改模型单位”对话框

Step4. 完成对话框操作后，单击 关闭 按钮。

图 3.6.5 所示的“单位管理器”对话框中各按钮功能的说明。

- 设置... 按钮：从单位制列表中选取一个单位制后，再单击此按钮，可以将选取的单位制应用到当前的模型中。
- 新建... 按钮：单击此按钮，可以定义自己的单位制。
- 复制... 按钮：单击此按钮，可以重命名自定义的单位系统。只有在以前保存了定制单位系统，或在单位系统中改变了任何个别单位时，此按钮才可用。如果是预定义单位，将会创建新名称的一个副本。
- 编辑... 按钮：单击此按钮，可以编辑现存的单位系统。只有当单位系统是以前保存的定制单位系统而非 Creo 最初提供的单位系统之一时，此按钮才可用。注意：用户不能编辑系统预定义单位系统。
- 删除 按钮：单击此按钮，可以删除定制单位系统。如果单位系统是以前保存的定制单位系统而非 Creo 最初提供的单位系统之一，则此按钮可用。注意：用户不能删除系统预定义单位系统。
- 信息... 按钮：单击此按钮，可以在弹出的“信息”对话框中查看有关当前单位系统的基本单位和尺寸信息，以及有关从当前单位系统衍生的单位的信息。在该“信息”对话框中，可以保存、复制或编辑所显示的信息。

图 3.6.6 所示的“更改模型单位”对话框中各单选项的说明。

- 转换尺寸（例如 1" 变为 25.4mm） 单选项：选中此单选项，系统将转换模型中的尺寸值，使该模型大小不变。例如：模型中原来的某个尺寸为 10in，选中此单选项后，该尺寸变为 254mm。自定义参数不进行缩放，用户必须自行更新这些参数。角度尺寸不进行缩放，例如：一个 20° 的角仍保持为 20°。如果选中此单选项，该模型将被再生。
- 解释尺寸（例如 1" 变为 1mm） 单选项：选中此单选项，系统将不改变模型中的尺寸数值，而该模型大小会产生变化。例如：如果模型中原来的某个尺寸为 10in，选中此单选项后，10in 变为 10mm。

3.7 特征的修改

3.7.1 特征尺寸的编辑

可以对特征的尺寸和相关修饰元素进行修改，下面介绍其操作方法。

1. 进入尺寸编辑状态的两种方法

方法一：从模型树中选择编辑命令，然后进行尺寸的编辑。

举例说明如下。

Step1. 选择下拉菜单 文件 → 管理会话(M) → 选择工作目录(W) 命令，将工作目录设置为 D: \dbcreo8.1\work\ch03.07。

Step2. 选择下拉菜单 文件 → 打开(O) 命令，打开文件 slide.prt。

Step3. 在图 3.7.1 所示的滑块零件模型（slide）的模型树中（如果看不到模型树，选择导航区中的 → 模型树(M) 命令），单击要编辑的特征，然后右击，在图 3.7.2 所示的快捷菜单中选择 命令，此时该特征的所有尺寸都会显示出来，以便进行编辑。

方法二：双击模型中的特征，然后进行尺寸的编辑。这种方法是直接在图形区的模型上双击要编辑的特征，此时该特征的所有尺寸都会显示出来。对于简单的模型，这是修改尺寸的一种常用方法。

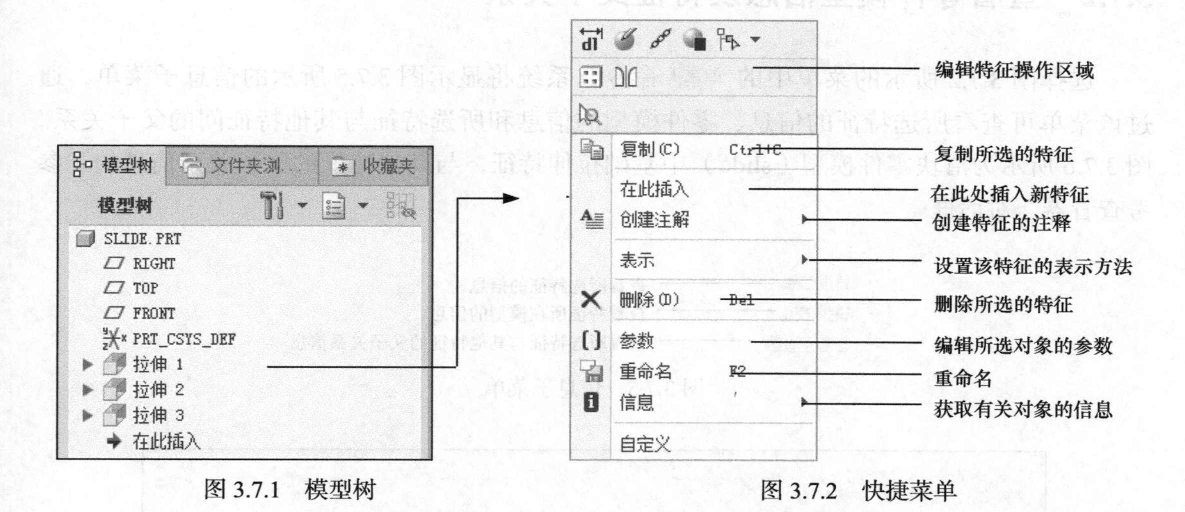

图 3.7.1　模型树　　　　图 3.7.2　快捷菜单

2. 修改特征尺寸值

通过上述方法进入尺寸的编辑状态后，如果要修改特征的某个尺寸值，方法如下。

Step1. 在模型中双击要修改的某个尺寸。

Step2. 在系统弹出的图 3.7.3 所示的文本框中输入新的尺寸，并按 Enter 键，模型立即发生改变。

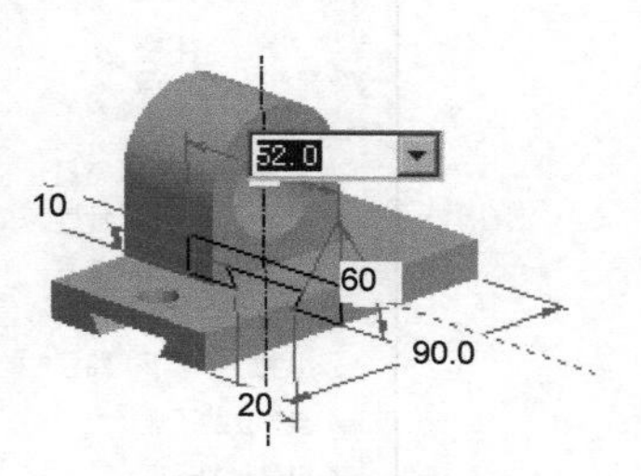

图 3.7.3　修改尺寸

说明：如果修改特征的尺寸后，模型未发生改变，则可以单击 模型 功能选项卡 操作 区域中的 按钮，重新生成模型。

3. 修改特征尺寸的修饰

进入特征的编辑状态后，要想修改特征的某个尺寸的修饰，其一般操作过程如下。

Step1. 在模型中选中要修改其修饰的某个尺寸，系统弹出图 3.7.4 所示的“尺寸”选项卡。

Step2. 可以在“尺寸”选项卡中的“值”“公差”“精度”“尺寸文本”“尺寸格式”等区域中进行相应修饰项的设置修改。

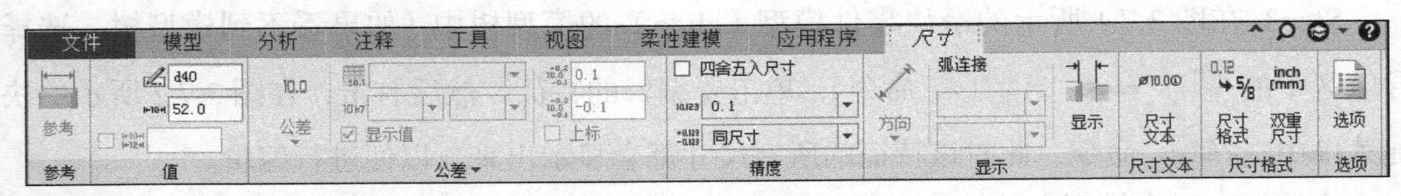

图 3.7.4　“尺寸”选项卡

3.7.2　查看零件模型信息及特征父子关系

选择图 3.7.2 所示的菜单中的 信息 命令，系统将显示图 3.7.5 所示的信息子菜单，通过该菜单可查看所选特征的信息、零件模型的信息和所选特征与其他特征间的父子关系。图 3.7.6 所示为滑块零件模型（slide）中基础拉伸特征，与其他特征的父子关系信息的“参考查看器”对话框。

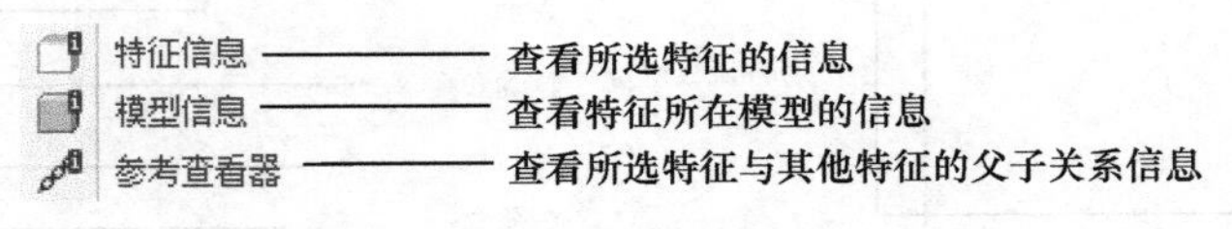

图 3.7.5　信息子菜单

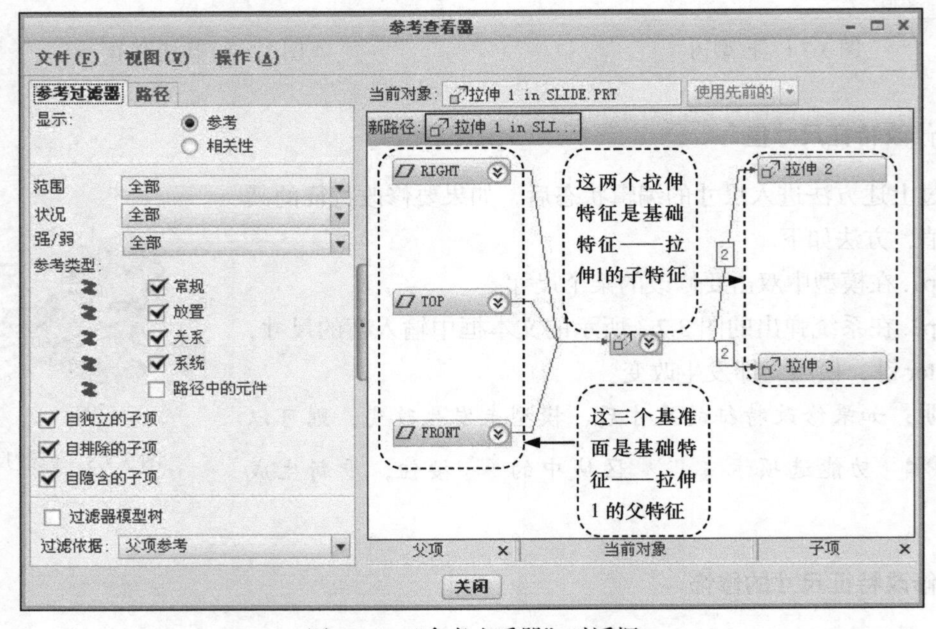

图 3.7.6　“参考查看器”对话框

3.7.3 删除特征

在图 3.7.2 所示的菜单中选择 删除 命令，可删除所选的特征。如果要删除的特征有子特征，例如要删除滑块（slide）中的基础拉伸特征，其模型树如图 3.7.7 所示，系统将弹出图 3.7.8 所示的“删除”对话框，同时系统在模型树上加亮该拉伸特征的所有子特征。如果单击“删除”对话框中的 确定 按钮，则系统删除该拉伸特征及其所有子特征。

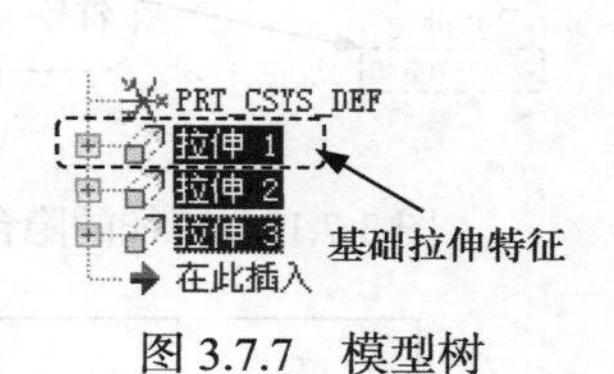

图 3.7.7 模型树

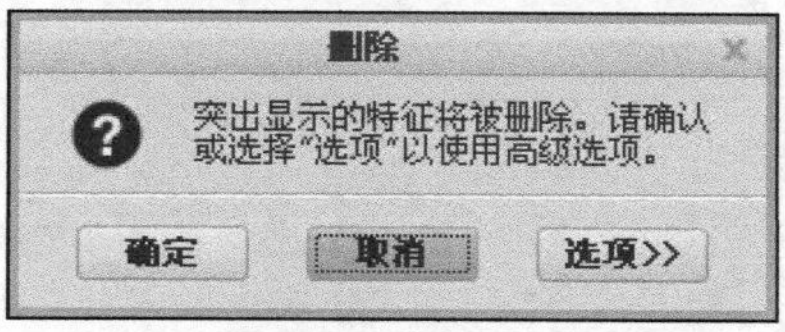

图 3.7.8 “删除”对话框

3.7.4 特征的隐含与隐藏

1. 特征的隐含（Suppress）与恢复隐含（Resume）

在图 3.7.2 所示的菜单中选择 命令，即可“隐含”所选取的特征。“隐含”特征就是将特征从模型中暂时删除。如果要“隐含”的特征有子特征，子特征也会一同被“隐含”。类似地，在装配模块中可以“隐含”装配体中的元件。隐含特征的作用如下。

- 隐含某些特征后，用户可更专注于当前工作区域。
- 隐含零件上的特征或装配体中的元件可以简化零件或装配模型，减少再生时间，加速修改过程和模型显示。
- 暂时删除特征（或元件）可尝试不同的设计迭代。

一般情况下，特征被“隐含”后，系统不在模型树上显示该特征名。如果希望在模型树上显示该特征名，可以在导航选项卡中选择 → 树过滤器(F)... 命令，系统弹出图 3.7.9 所示的“模型树项”对话框。选中该对话框中的 隐含的对象 复选框，然后单击 确定 按钮，这样被隐含的特征名就会显示在模型树中。注意被隐含的特征名前有一个填黑的小正方形标记，如图 3.7.10 所示。

如果想要恢复被隐含的特征，可在模型树中右击隐含特征名，再在弹出的快捷菜单中选择 命令，如图 3.7.11 所示。

2. 特征的隐藏（Hide）与取消隐藏（Unhide）

在滑块零件模型（slide）的模型树中，右击某些基准特征名（如 TOP 基准面），从系统弹出的图 3.7.12 所示的快捷菜单中选择 （隐藏）命令，即可“隐藏”该基准特征，也就是在零件模型上看不见此特征，这种功能相当于层的隐藏功能。

如果想要取消被隐藏的特征，可在模型树中右击隐藏特征名，再在系统弹出的快捷菜单中选择 （取消隐藏）命令，如图 3.7.13 所示。

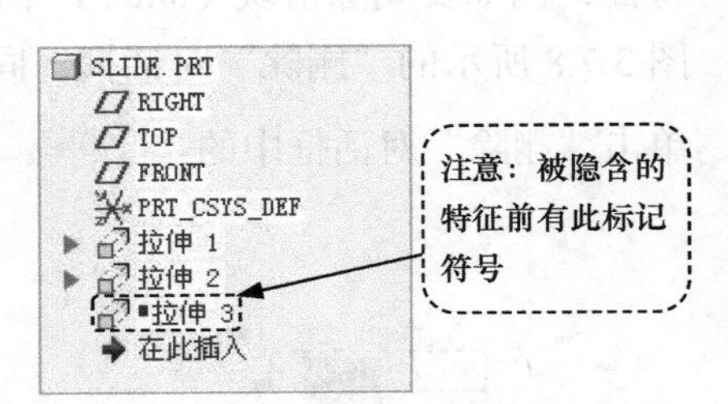

图 3.7.10 特征的隐含

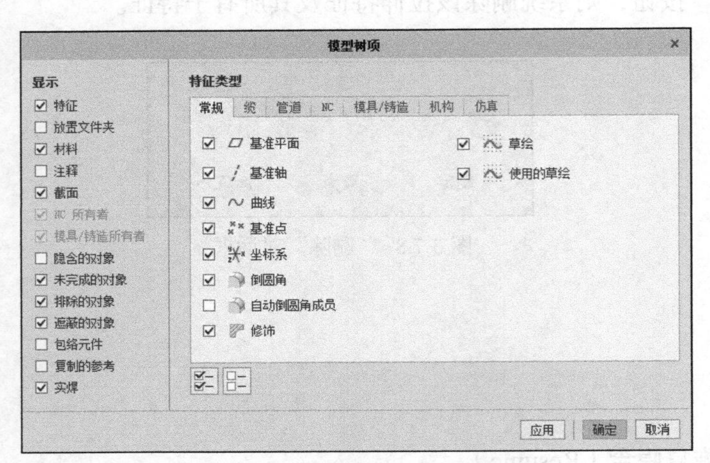

图 3.7.9 “模型树项”对话框

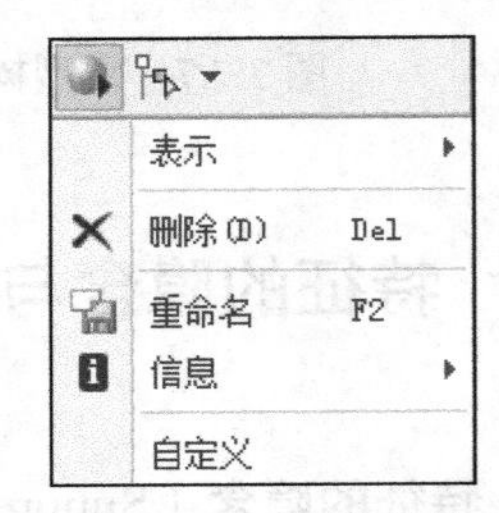

图 3.7.11 快捷菜单

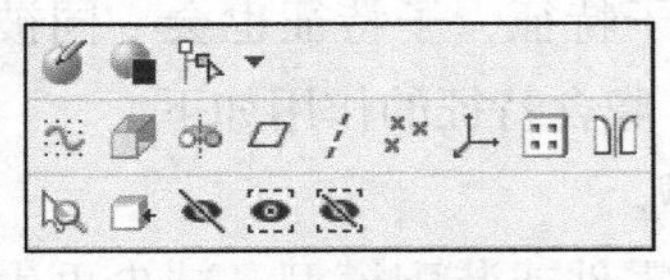

图 3.7.12 “隐藏”命令

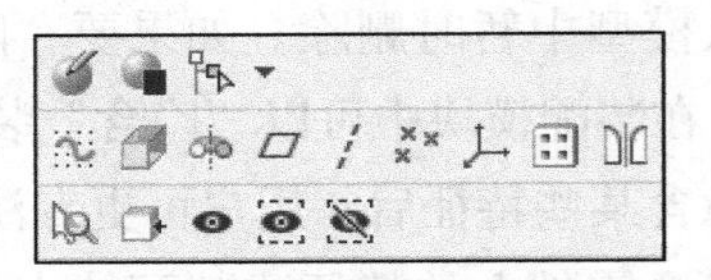

图 3.7.13 “取消隐藏”命令

3.7.5 特征的编辑定义

当特征创建完毕后，如果需要重新定义特征的属性、截面的形状或特征的深度选项，就必须对特征进行“编辑定义”，也叫“重定义”。下面以滑块（slide）的拉伸特征为例，说明其操作方法。

在图 3.7.1 所示的滑块（slide）的模型树中，右击实体拉伸特征（特征名为“拉伸 2”），再在弹出的快捷菜单中选择 命令，此时系统弹出图 3.7.14 所示的操控板界面。按照图中所示的操作方法，可重新定义该特征的所有元素。

1. 重定义特征的属性

在操控板中重新选定特征的深度类型和深度值及拉伸方向等属性。

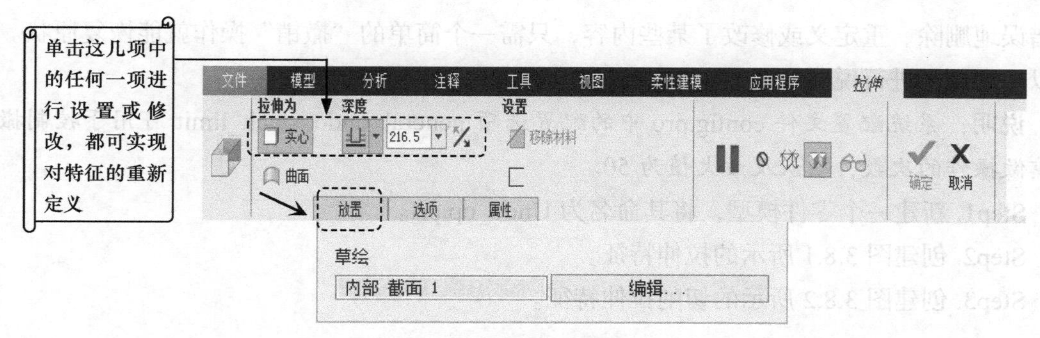

图 3.7.14 操控板界面

2. 重定义特征的截面

Step1. 在操控板中单击 放置 按钮，然后在系统弹出的界面中单击 编辑... 按钮（或者在绘图区中右击，从系统弹出的快捷菜单中选择 编辑内部草绘... 命令，如图 3.7.15 所示）。

Step2. 此时系统进入草绘环境，单击 草绘 功能选项卡 设置 ▾ 区域中的 按钮，系统弹出“草绘”对话框，其中各选项的说明如图 3.7.16 所示。

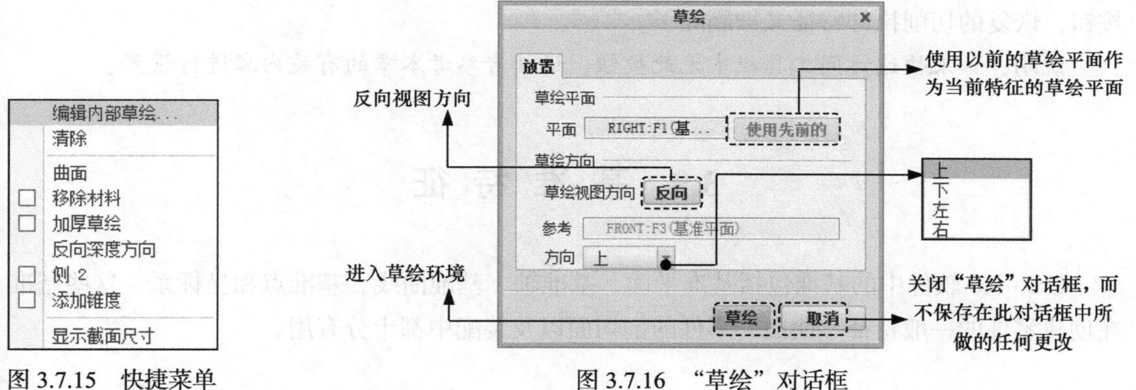

图 3.7.15 快捷菜单　　　　图 3.7.16 “草绘”对话框

Step3. 此时系统将加亮原来的草绘平面，用户可选取其他平面作为草绘平面，并选取方向，也可通过单击 使用先前的 按钮，来选择前一个特征的草绘平面及参考平面。

Step4. 选取草绘平面后，系统加亮原来的草绘平面的参考平面，此时可选取其他平面作为参考平面，并选取方向。

Step5. 完成草绘平面及其参考平面的选取后，系统再次进入草绘环境，可以在草绘环境中修改特征草绘截面的尺寸、约束关系和形状等。修改完成后，单击“确定”按钮 。

3.8 多级撤销 / 重做功能

多级撤销 / 重做（Undo/Redo）功能，意味着在所有对特征、组件和制图的操作中，如果错误地删除、重定义或修改了某些内容，只需一个简单的“撤销”操作就能恢复原状。下面以一个例子进行说明。

说明： 系统配置文件 config.pro 中的配置选项 general_undo_stack_limit 可用于控制撤销或重做操作的次数，默认及最大值为 50。

Step1. 新建一个零件模型，将其命名为 Undo_op.prt。

Step2. 创建图 3.8.1 所示的拉伸特征。

Step3. 创建图 3.8.2 所示的切削拉伸特征。

图 3.8.1　拉伸特征

图 3.8.2　切削拉伸特征

Step4. 删除上步创建的切削拉伸特征，然后单击快速访问工具栏中的（撤销）按钮，则刚刚被删除的切削拉伸特征又恢复回来了；如果再单击快速访问工具栏中的（重做）按钮，恢复的切削拉伸特征又被删除了。

说明： 如果快速访问工具栏中无此按钮，请读者参考本章的有关内容进行设置。

3.9 基准特征

Creo 8.0 软件中的基准包括基准平面、基准轴、基准曲线、基准点和坐标系。这些基准在创建零件的一般特征、曲面、零件的剖切面以及装配中都十分有用。

3.9.1 基准平面

基准平面也称基准面。在创建一般特征时，如果模型上没有合适的平面，用户可以将基准平面作为特征截面的草绘平面及其参考平面；也可以根据一个基准平面进行标注，就好像它是一条边。基准平面的大小都可以调整，使其看起来适合零件、特征、曲面、边、轴或半径。

基准平面有两侧：橘黄色侧和灰色侧。法向方向箭头指向橘黄色侧。基准平面在屏幕中显示为橘黄色还是灰色取决于模型的方向。当装配元件、定向视图和选择草绘参考时，应注意基准平面的颜色。

要选择一个基准平面，可以选择其名称，也可以选择它的一条边界。

1. 创建基准平面的一般过程

下面以一个范例来说明基准平面的一般创建过程。如图 3.9.1 所示，现在要创建一个基准平面DTM1，使其穿过图中模型的一条边线，并与模型上的一个表面成30°的夹角。

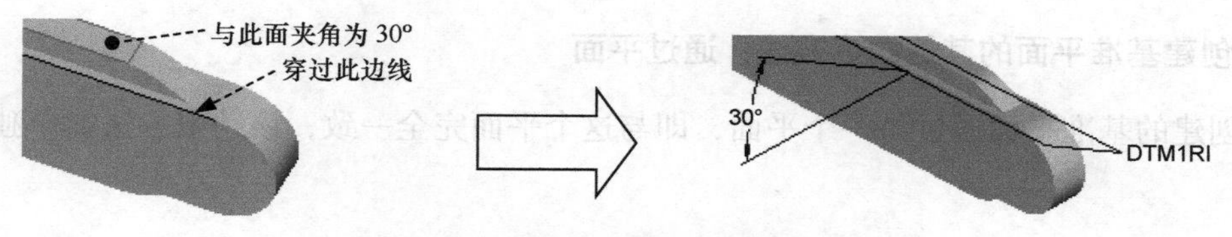

图3.9.1 基准平面的创建

Step1. 将工作目录设置至D: \dbcreo8.1\work\ch03.09，打开文件connecting_rod_plane.prt。

Step2. 单击 模型 功能选项卡 基准 ▾ 区域中的“平面”按钮 ，系统弹出“基准平面”对话框。

Step3. 选取约束。

（1）穿过约束。选择图3.9.1所示的边线，系统默认约束类型为 穿过 。

（2）角度约束。按住Ctrl键，选择图3.9.1所示的参考平面。

（3）给出夹角。在图3.9.2所示的“旋转”文本框中输入夹角值，此例为30.0，并按Enter键。

说明： 创建基准平面可使用如下一些约束。

- 通过轴/边线/基准曲线：要创建的基准平面通过一个基准轴，或模型上的某条边线，或基准曲线。
- 垂直轴/边线/基准曲线：要创建的基准平面垂直于一个基准轴，或模型上的某条边线，或基准曲线。
- 垂直平面：要创建的基准平面垂直于另一个平面。
- 平行平面：要创建的基准平面平行于另一个平面。
- 与圆柱面相切：要创建的基准平面相切于一个圆柱面。
- 通过基准点/顶点：要创建的基准平面通过一个基准点，或模型上的某顶点。
- 角度平面：要创建的基准平面与另一个平面成一定角度。

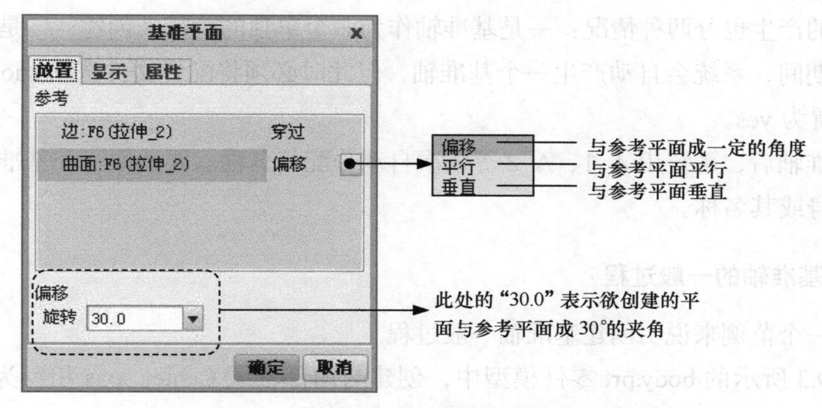

图3.9.2 输入夹角值

Step4. 修改基准平面的名称。在 属性 选项卡的 名称 文本框中输入新的名称。

2. 创建基准平面的其他约束方法：通过平面

要创建的基准平面通过另一个平面，即与这个平面完全一致，该约束方法能单独确定一个平面。

Step1. 单击“平面”按钮 。

Step2. 选取某一参考平面，再在对话框中选择 穿过 选项。

3. 创建基准平面的其他约束方法：偏距平面

要创建的基准平面平行于另一个平面，并且与该平面有一个偏移距离。该约束方法能单独确定一个平面。

Step1. 单击“平面”按钮 。

Step2. 选取某一参考平面，然后输入偏距的距离值。

4. 创建基准平面的其他约束方法：偏距坐标系

用此约束方法可以创建一个基准平面，使其垂直于一个坐标轴并偏离坐标原点。当使用该约束方法时，需要选择与该平面垂直的坐标轴，以及给出沿该轴线方向的偏距。

Step1. 单击“平面”按钮 。

Step2. 选取某一坐标系。

Step3. 选取所需的坐标轴，然后输入偏距的距离值。

3.9.2 基准轴

如同基准平面，基准轴也可以用于特征创建时的参考。基准轴对创建基准平面、同轴放置项目和径向阵列特别有用。

基准轴的产生也分两种情况：一是基准轴作为一个单独的特征来创建；二是在创建带有圆弧的特征期间，系统会自动产生一个基准轴，但此时必须将配置文件选项 show_axes_for_extr_arcs 设置为 yes。

创建基准轴后，系统用 A_1、A_2 等依次自动分配其名称。要选取一个基准轴，可选择基准轴线自身或其名称。

1. 创建基准轴的一般过程

下面以一个范例来说明创建基准轴一般过程。

在图 3.9.3 所示的 body.prt 零件模型中，创建与内部轴线 Center_axis 相距为 8，并且位于 CENTER 基准平面内的基准轴特征。

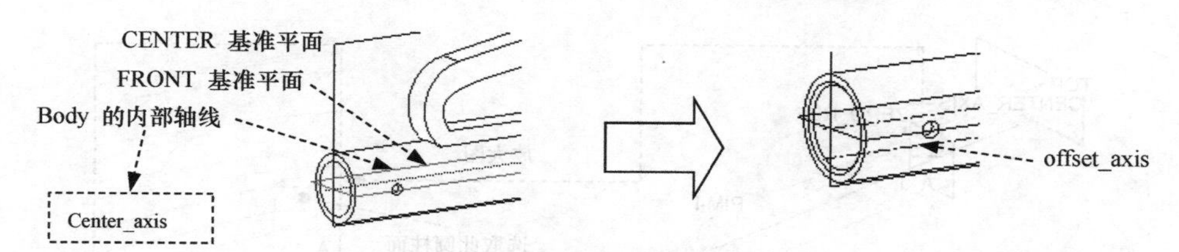

图 3.9.3 基准轴的创建

注意： 该例子中要创建的 offset_axis 轴线是后面装配和运动分析中的一个重要基准轴，请读者认真做好这个例子。

Step1. 将工作目录设置至 D: \dbcreo8.1\work\ch03.09，然后打开文件 body_axis.prt。

Step2. 在 FRONT 基准平面下部创建一个“偏距”基准平面 DTM_REF，偏距尺寸值为 8.0。

Step3. 单击 模型 功能选项卡 基准 ▾ 区域中的 / 轴 按钮。

Step4. 因为所要创建的基准轴通过基准平面 DTM_REF 和 CENTER 的相交线，所以应该选取这两个基准平面为约束参考。

（1）选取第一约束平面。选择图 3.9.3 所示模型的基准平面 CENTER，系统弹出“基准轴”对话框，将约束类型改为 穿过。

注意： 由于 Creo 具有一定的智能性，这里也可不必将约束类型改为 穿过，因为当用户再选取一个约束平面时，系统会自动将第一个平面的约束改为 穿过。

（2）选取第二约束平面。按住 Ctrl 键，选择 Step2 中所创建的“偏距”基准平面 DTM_REF。

说明： 创建基准轴有如下一些约束方法。

- 过边界：要创建的基准轴通过模型上的一个直边。
- 垂直平面：要创建的基准轴垂直于某个“平面”。使用此方法，应先选取要与其垂直的参考平面，然后分别选取两条定位的参考边，并定义基准轴到参考边的距离。
- 过点且垂直于平面：要创建的基准轴通过一个基准点并与一个“平面”垂直，“平面”可以是一个现成的基准面或模型上的表面，也可以创建一个新的基准面作为“平面”。
- 过圆柱：要创建的基准轴通过模型上的一个旋转曲面的中心轴。使用此方法时，再选择一个圆柱面或圆锥面即可。
- 两平面：在两个指定平面（基准平面或模型上的平面表面）的相交处创建基准轴。两平面不能平行，但在屏幕上不必显示相交。
- 两个点 / 顶点：要创建的基准轴通过两个点，这两个点既可以是基准点，也可以是模型上的顶点。

Step5. 修改基准轴的名称。在对话框 属性 选项卡的“名称”文本框中键入新的名称。

2. 练习

练习要求：在图 3.9.4 所示的 body.prt 零件模型中部的切削特征上创建一个基准平面 ZERO_REF。在后面“装配模块”等章节的练习中，会用到这个基准平面。

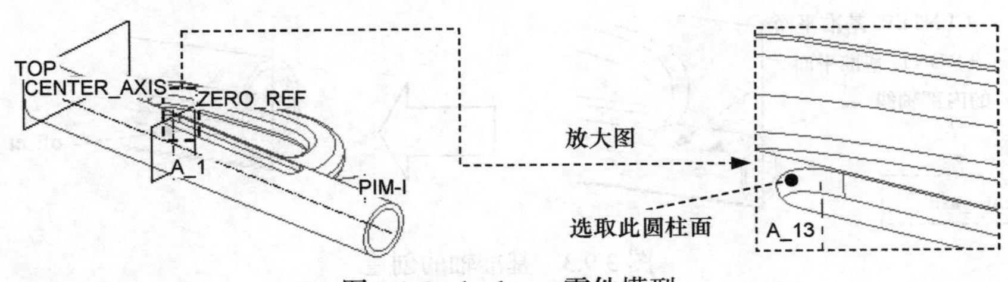

图 3.9.4　body.prt 零件模型

Step1. 将工作目录设置至 D: \dbcreo8.1\work\ch03.09，打开文件 body_plane.prt。

Step2. 创建一个基准轴 A_13。单击 轴 按钮，选择图 3.9.4 所示的圆柱面（见放大图）。

Step3. 创建一个基准平面 ZERO_REF。单击“平面”按钮 ，选取 A_13 轴，约束设置为“穿过”；按住 Ctrl 键，选取 TOP 基准平面，约束设置为“平行”；将此基准平面改名为 ZERO_REF。

3.9.3　基准点

基准点用来为网格生成加载点、在绘图中连接基准目标和注释、创建坐标系及管道特征轨迹，也可以在基准点处放置轴、基准平面、孔和轴肩。

在默认情况下，Creo 将一个基准点显示为叉号 ×，其名称显示为 PNTn，其中 n 是基准点的编号。要选取一个基准点，可选择基准点自身或其名称。

可以使用配置文件选项 datum_point_symbol 来改变基准点的显示样式。基准点的显示样式可使用下列任意一个：CROSS、CIRCLE、TRIANGLE 或 SQUARE。

可以重命名基准点，但不能重命名在布局中声明的基准点。

1. 创建基准点的方法一：在曲线 / 边线上

用位置的参数值在曲线或边上创建基准点，该位置参数值确定从一个顶点开始沿曲线的长度。

如图 3.9.5 所示，现需要在模型边线上创建基准点 PNT0，操作步骤如下。

Step1. 先将工作目录设置至 D: \dbcreo8.1\work\ch03.09，然后打开文件 point1.prt。

Step2. 单击 模型 功能选项卡 基准 ▾ 区域 点 ▾ 按钮中的 ▾，在图 3.9.6 所示的“点”菜单中选择 点 选项（或直接单击 点 ▾ 按钮）。

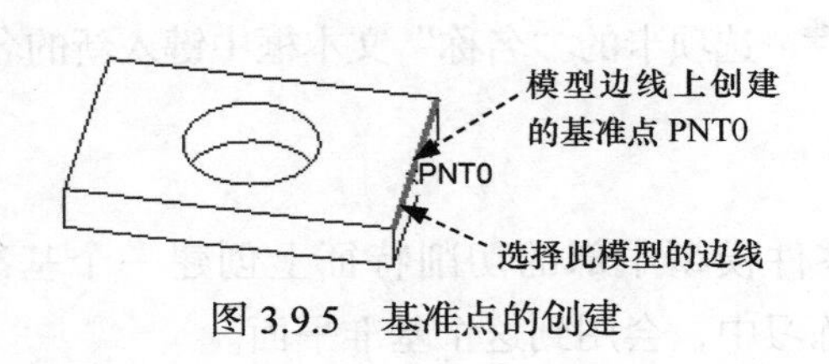

图 3.9.5　基准点的创建

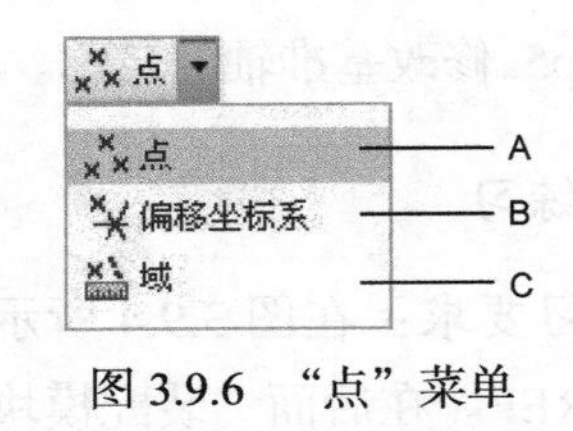

图 3.9.6　“点”菜单

图 3.9.6 所示的"点"菜单中各按钮说明如下。

A：创建基准点。 B：创建偏移坐标系基准点。 C：创建域基准点。

Step3. 选择图 3.9.7 所示的模型的边线，系统立即产生一个基准点 PNT0，如图 3.9.8 所示。

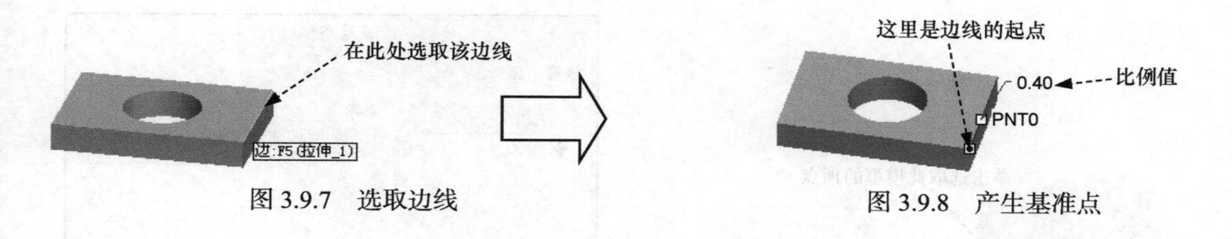

图 3.9.7 选取边线 图 3.9.8 产生基准点

Step4. 在图 3.9.9 所示的"基准点"对话框（一）中，先选择基准点的定位方式（比率或实际值），再键入基准点的定位数值（比率系数或实际长度值）。

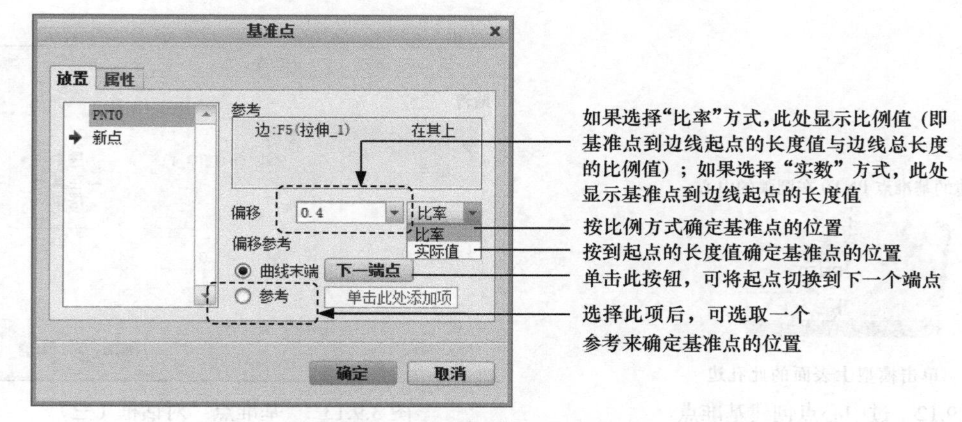

图 3.9.9 "基准点"对话框（一）

2. 创建基准点的方法二：顶点

在零件边、曲面特征边、基准曲线或输入框架的顶点上创建基准点。

如图 3.9.10 所示，现需要在模型的顶点处创建一个基准点 PNT0，操作步骤如下。

Step1. 单击 ××点 按钮。

Step2. 如图 3.9.10 所示，选取模型的顶点，系统立即在此顶点处产生一个基准点 PNT0，此时"基准点"对话框（二）如图 3.9.11 所示。

3. 创建基准点的方法三：过中心点

在一条弧、一个圆或一个椭圆图元的中心处创建基准点。

如图 3.9.12 所示，现需要在模型上表面的孔的圆心处创建一个基准点 PNT，操作步骤如下。

Step1. 将工作目录设置至 D: \dbcreo8.1\work\ch03.09，打开文件 point_center.prt。

Step2. 单击 ××点 按钮。

Step3. 如图 3.9.12 所示，选取模型上表面的孔边线。

Step4. 在图 3.9.13 所示的“基准点”对话框（三）的下拉列表中选取 居中 选项。

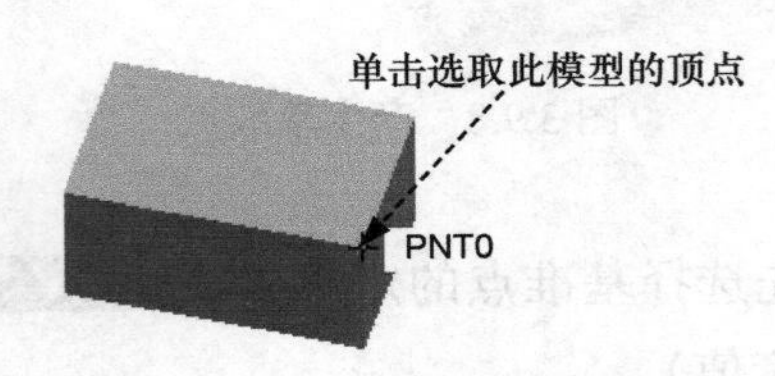

图 3.9.10　顶点基准点的创建

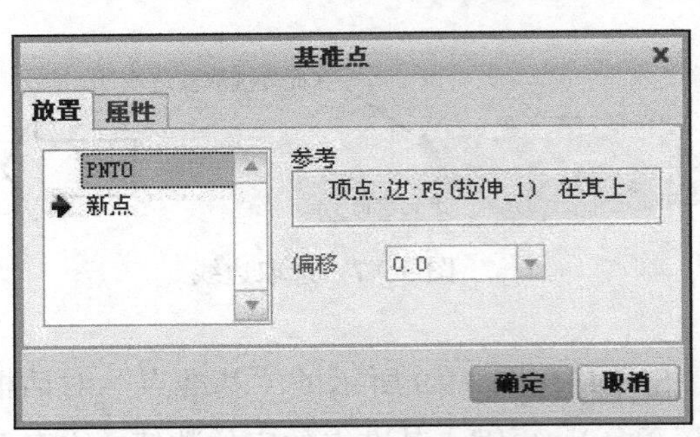

图 3.9.11　“基准点”对话框（二）

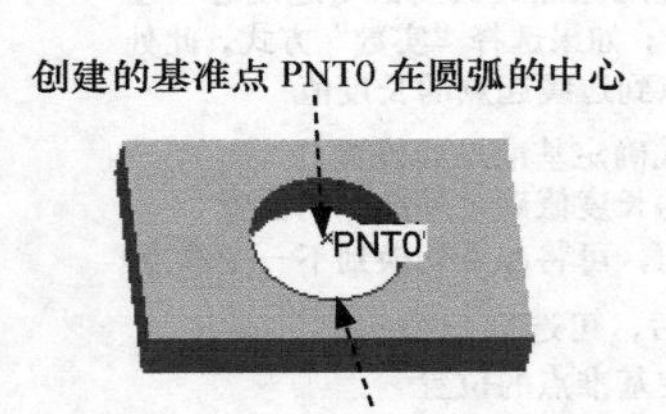

图 3.9.12　过中心点创建基准点

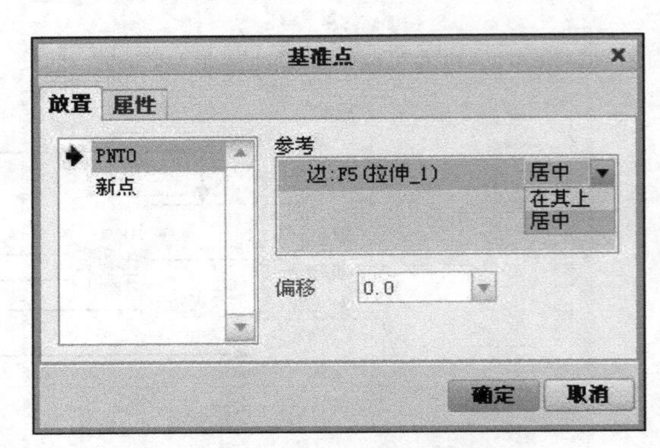

图 3.9.13　“基准点”对话框（三）

4. 创建基准点的方法四：草绘

进入草绘环境，绘制一个基准点。

如图 3.9.14 所示，现需要在模型的表面上创建一个草绘基准点 PNT0，操作步骤如下。

Step1. 先将工作目录设置至 D: \dbcreo8.1\work\ch03.09，然后打开文件 point2.prt。

Step2. 单击 模型 功能选项卡 基准 区域中的“草绘”按钮，系统会弹出“草绘”对话框。

Step3. 选取图 3.9.14 所示的两平面为草绘平面和参考平面，单击 草绘 按钮。

Step4. 进入草绘环境后，选取图 3.9.15 所示模型的边线为草绘环境的参考，单击 关闭(C) 按钮；单击 草绘 选项卡 基准 区域中的 ×（创建几何点）按钮，如图 3.9.16 所示，再在图形区选择一点。

Step5. 单击按钮 ✓，退出草绘环境。

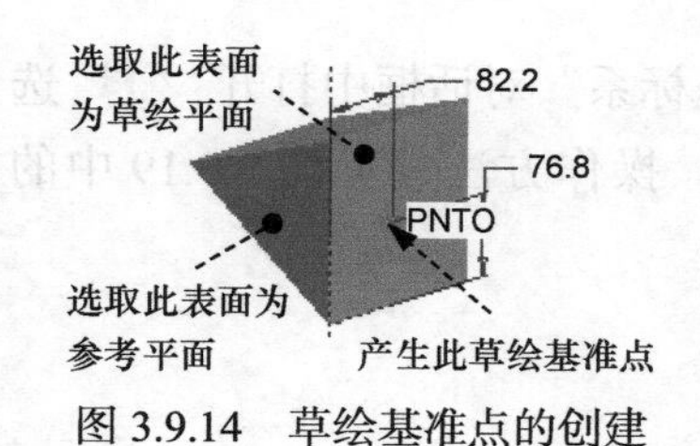

图 3.9.14 草绘基准点的创建

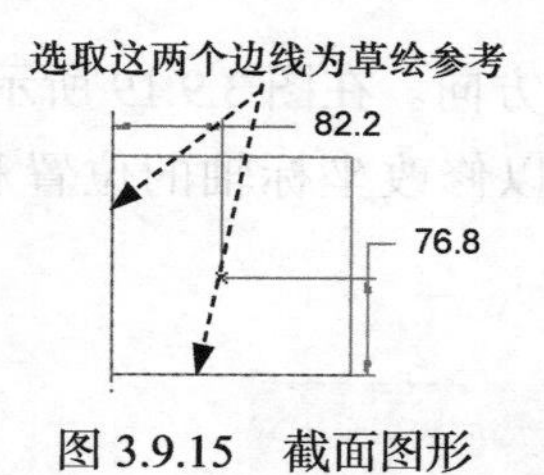

图 3.9.15 截面图形

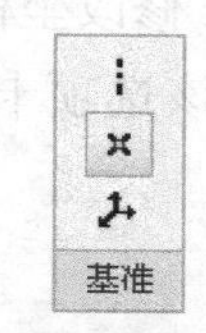

图 3.9.16 工具按钮位置

3.9.4 坐标系

坐标系是可以增加到零件和装配件中的参考特征，它可用于：

- 计算质量属性。
- 装配元件。
- 为“有限元分析（FEA）”放置约束。
- 为刀具轨迹提供制造操作参考。
- 用于定位其他特征的参考（坐标系、基准点、平面和轴线、输入的几何等）。

在 Creo 系统中，可以使用下列三种形式的坐标系：

- 笛卡儿坐标系。系统用 X、Y 和 Z 表示坐标值。
- 柱坐标系。系统用半径、theta（θ）和 Z 表示坐标值。
- 球坐标系。系统用半径、theta（θ）和 phi（ϕ）表示坐标值。

创建坐标系方法：三个平面

选择三个平面（模型的表平面或基准平面），这些平面不必正交，其交点即为坐标原点，选定的第一个平面的法向定义一个轴的方向，第二个平面的法向定义另一轴的大致方向，系统使用右手定则确定第三轴。

如图 3.9.17 所示，现需要在三个垂直平面（平面 1、平面 2 和平面 3）的交点上创建一个坐标系 CSO，操作步骤如下。

Step1. 将工作目录设置至 D: \dbcreo8.1\work\ch03.09，打开文件 csys_create.prt。

Step2. 单击 模型 功能选项卡 基准 ▾ 区域中的 坐标系 按钮。

Step3. 选择三个垂直平面。如图 3.9.17 所示，选择平面 1；按住键盘的 Ctrl 键，选择平面 2；按住 Ctrl 键，选择平面 3。此时系统就创建了图 3.9.18 所示的坐标系，注意字符 X、Y、Z 所在的方向正是相应坐标轴的正方向。

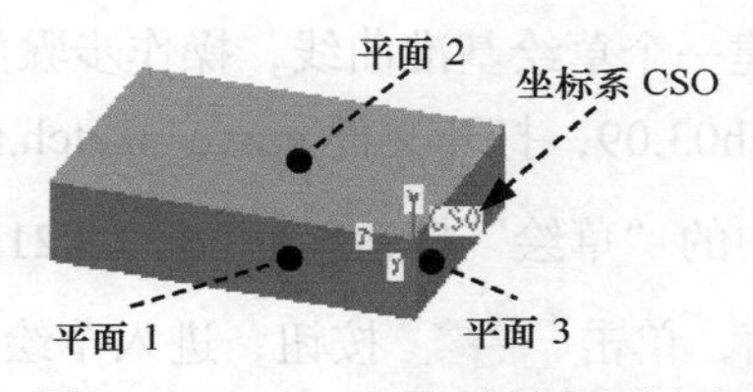

图 3.9.17 由三个平面创建坐标系

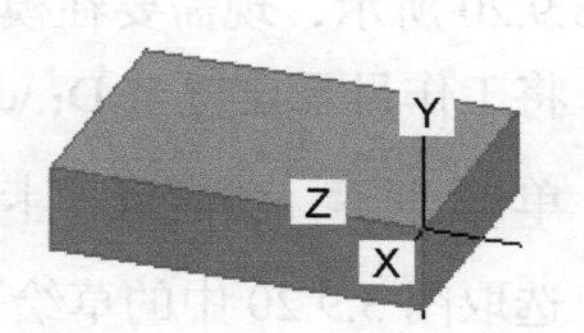

图 3.9.18 产生坐标系

Step4. 修改坐标轴的位置和方向。在图 3.9.19 所示的“坐标系”对话框中打开 方向 选项卡，在该选项卡的界面中可以修改坐标轴的位置和方向。操作方法参见图 3.9.19 中的说明。

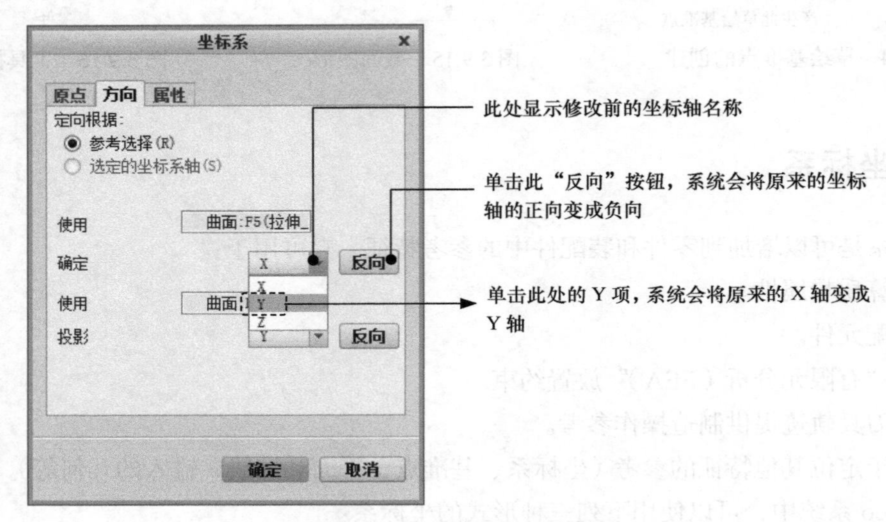

图 3.9.19 “坐标系”对话框

3.9.5 基准曲线

基准曲线可用于创建曲面和其他特征，或作为扫描轨迹。创建曲线有很多方法，下面介绍两种基本方法。

1. 草绘基准曲线

草绘基准曲线的方法与草绘其他特征相同。草绘曲线可以由一个或多个草绘段以及一个或多个开放或封闭的环组成。但是将基准曲线用于其他特征，通常限定在开放或封闭环的单个曲线（它可以由许多段组成）。

草绘基准曲线时，Creo 在离散的草绘基准曲线上边创建一个单一复合基准曲线。对于该类型的复合曲线，不能重定义起点。

由草绘曲线创建的复合曲线可以作为轨迹选择，例如作为扫描轨迹。使用“查询选取”可以选择底层草绘曲线图元。

如图 3.9.20 所示，现需要在模型的表面上创建一个草绘基准曲线，操作步骤如下。

Step1. 将工作目录设置至 D：\dbcreo8.1\work\ch03.09，打开文件 curve_sketch.prt。

Step2. 单击 模型 功能选项卡 基准 ▾ 区域中的“草绘”按钮 （图 3.9.21）。

Step3. 选取图 3.9.20 中的草绘平面及参考平面，单击 草绘 按钮，进入草绘环境。

Step4. 进入草绘环境后，接受默认的平面为草绘环境的参考，然后单击 样条 按钮，草绘一条样条曲线。

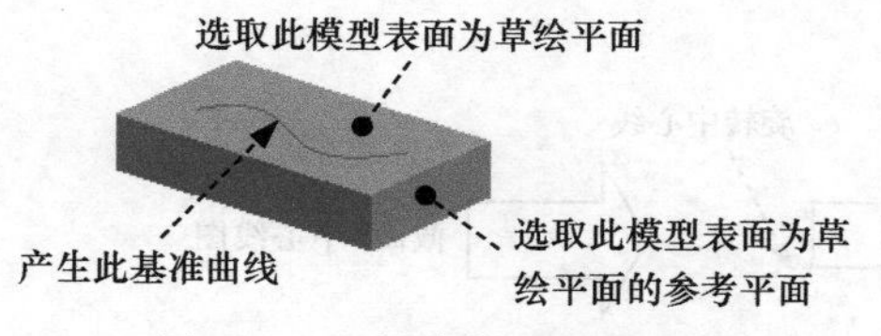

图 3.9.20 创建草绘基准曲线

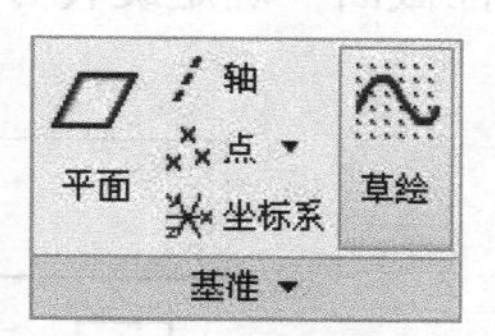

图 3.9.21 草绘基准曲线按钮的位置

Step5. 单击 ✔ 按钮，退出草绘环境。

2. 经过点创建基准曲线

可以通过空间中的一系列点创建基准曲线，经过的点可以是基准点、模型的顶点以及曲线的端点。如图 3.9.22 所示，现需要经过基准点 PNT0、PNT1、PNT2 和 PNT3 创建一条基准曲线，操作步骤如下。

Step1. 将工作目录设置至 D: \dbcreo8.1\work\ch03.09，打开文件 curve_point.prt。

Step2. 单击 模型 功能选项卡中的 基准 ▾ 按钮，在系统弹出的菜单中单击 ～曲线 ▸ 选项后面的 ▸，然后选择 ～通过点的曲线 命令（图 3.9.23）。

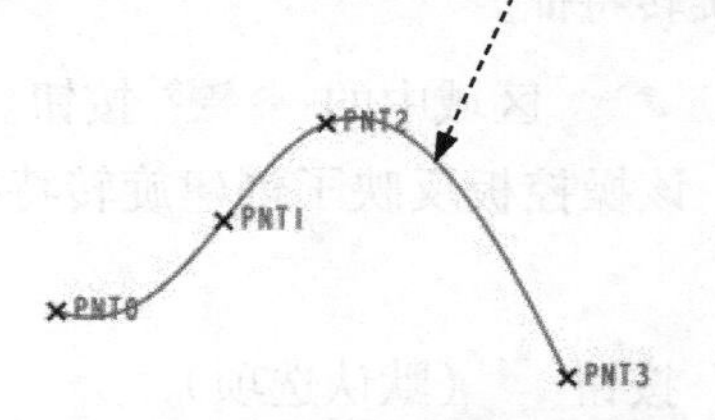

图 3.9.22 经过点基准曲线的创建

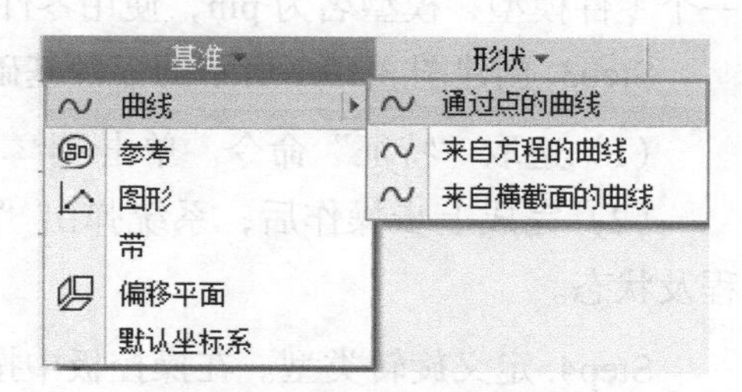

图 3.9.23 创建基准命令的位置

Step3. 完成上步操作后，系统弹出“曲线：通过点”操控板，在图形区中依次选取图 3.9.22 中的基准点 PNT0、PNT1、PNT2 和 PNT3 为曲线的经过点。

Step4. 单击“曲线：通过点”操控板中的 ✔ 按钮，完成曲线的创建。

3.10 旋 转 特 征

1. 关于旋转特征

如图 3.10.1 所示，旋转（Revolve）特征是将截面绕着一条中心线旋转而形成的形状特征。注意：旋转特征必须有一条让截面绕其旋转的中心线。

要创建或重新定义一个旋转特征，可按下列操作顺序给定特征要素。

定义截面放置属性（包括草绘平面、参考平面和参考平面的方向）→绘制旋转中心线→绘制特征截面→确定旋转方向→输入旋转角。

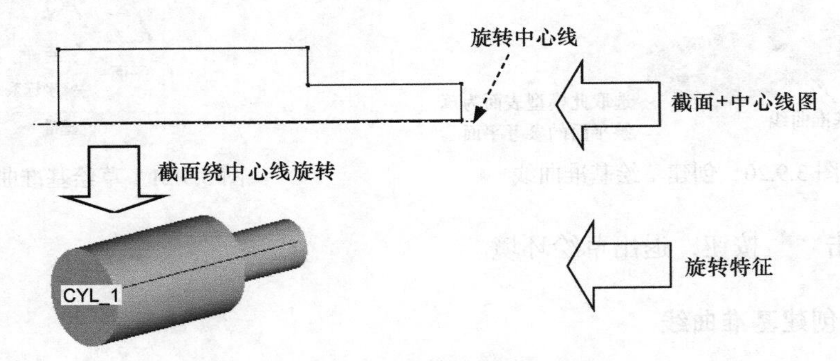

图 3.10.1 旋转特征示意图

2. 旋转特征的一般创建过程

下面说明创建旋转特征的一般操作步骤。

Step1. 将工作目录设置至 D: \dbcreo8.1\work\ch03.10。

Step2. 选择下拉菜单 文件 → 新建 命令（或单击"新建"按钮），新建一个零件模型，模型名为 pin，使用零件模板 mmns_part_solid。

Step3. 创建图 3.10.1 所示的零件基础特征——实体旋转特征。

（1）选取"特征"命令。单击 模型 功能选项卡 形状 ▾ 区域中的 旋转 按钮。

（2）完成上步操作后，系统弹出"旋转"操控板，该操控板反映了创建旋转特征的过程及状态。

Step4. 定义旋转类型。在操控板中按下"实体类型"按钮（默认选项）。

Step5. 定义旋转特征草绘截面放置属性。

（1）在绘图区右击，选择 定义内部草绘... 命令。

（2）选取 RIGHT 基准平面为草绘平面，采用模型中默认的方向为草绘视图方向；选取 TOP 基准平面为参考平面，方向为 左；单击对话框中的 草绘 按钮。

Step6. 绘制图 3.10.2 所示的旋转特征截面草图。

说明： 本例接受系统默认的 TOP 基准平面和 FRONT 基准平面为草绘参考。

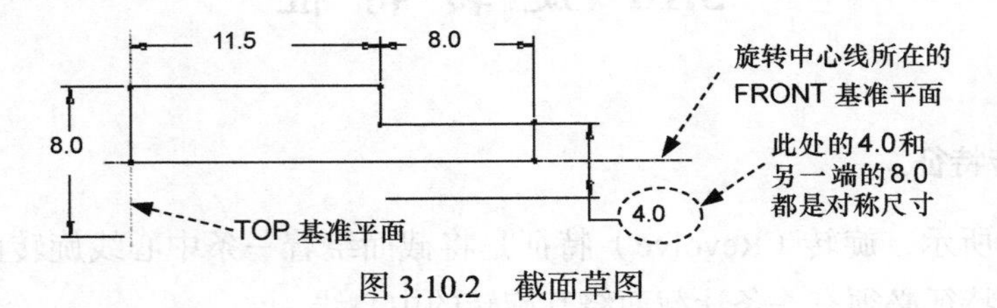

图 3.10.2 截面草图

草绘旋转特征的规则：

- 旋转截面必须有一条几何中心线，围绕中心线旋转的草图只能绘制在该中心线的一侧。
- 若草绘中使用的中心线多于一条，Creo 8.0 将自动选取草绘的第一条中心线作为旋转轴，除非用户另外选取。
- 实体特征的截面必须是封闭的，而曲面特征的截面则可以不封闭。

（1）单击 草绘 选项卡 基准 区域中的 中心线 按钮，在 FRONT 基准平面所在的线上绘制一条旋转中心线（图 3.10.2）。

（2）绘制绕中心线旋转的封闭几何图形。

（3）按图中的要求，标注、修改和整理尺寸。

（4）完成特征截面后，单击“确定”按钮。

Step7. 在操控板中选取“旋转角度类型”按钮（即草绘平面以指定的角度值旋转），再在“角度”文本框中输入角度值 360.0，并按 Enter 键。

说明：单击操控板中按钮后的按钮，可以选取特征的旋转角度类型，各选项说明如下。

- 单击按钮，特征将从草绘平面开始按照所输入的角度值进行旋转。
- 单击按钮，特征将在草绘平面两侧分别从两个方向以输入角度值的一半进行旋转。
- 单击按钮，特征将从草绘平面开始旋转至选定的点、曲线、平面或曲面。

Step8. 单击操控板中的按钮。至此，图 3.10.1 所示的旋转特征已创建完成。

3.11 倒角特征

倒角特征是一种构建特征，所谓构建特征是指不能单独生成，而只能在其他特征上生成的特征。构建特征还包括圆角特征、孔特征及修饰特征等。

1. 关于倒角特征

在 Creo 8.0 中，“倒角”命令分为以下两种类型（图 3.11.1）。

- 边倒角：边倒角是在选定边处截掉一块平直剖面的材料，以在共有该选定边的两个原始曲面之间创建斜角曲面（图 3.11.2）。
- 拐角倒角：拐角倒角是在零件的拐角处移除材料（图 3.11.3）。

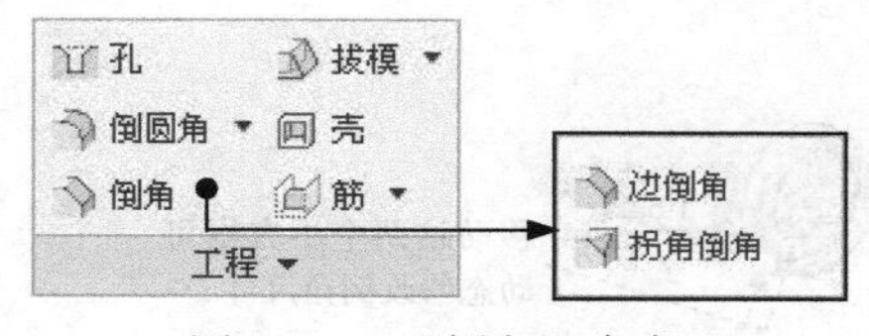

图 3.11.1 “倒角”命令

图 3.11.2 边倒角

图 3.11.3 拐角倒角

2. 简单倒角特征的一般创建过程

下面说明在一个模型上添加倒角特征的一般操作步骤。

Task1. 打开一个已有的零件三维模型

将工作目录设置至 D: \dbcreo8.1\work\ch03.11，打开文件 cork_chamfer.prt。

Task2. 添加倒角（边倒角）

Step1. 单击 模型 功能选项卡 工程 区域中的 倒角 按钮，系统弹出图 3.11.4 所示的“边倒角”特征操控板。

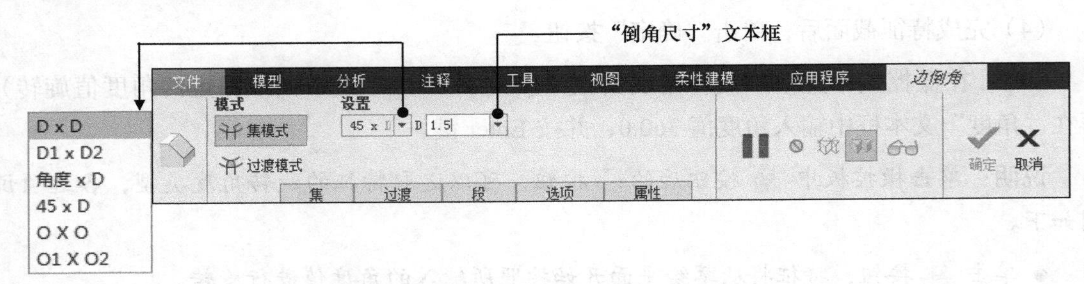

图 3.11.4 “边倒角”特征操控板

Step2. 选取模型中要倒角的边线，如图 3.11.5 所示。

Step3. 选择边倒角方案。本例选取 45 x D 方案。

说明： 如图 3.11.4 所示，倒角有如下几种方案。

- D x D：创建的倒角沿两个邻接曲面距选定边的距离都为 D，随后要输入 D 的值。将来可以通过修改 D 的值来修改倒角。
- D1 x D2：创建的倒角沿第一个曲面距选定边的距离为 D1，沿第二个曲面距选定边的距离为 D2，随后要输入 D1 和 D2 的值。
- 角度 x D：创建的倒角沿一邻接曲面距选定边的距离为 D，并且与该面成一指定夹角。只能在两个平面之间使用该命令，随后要输入角度和 D 的值。
- 45 x D：创建的倒角和两个曲面都呈 45°，并且每个曲面边的倒角距离都为 D，随后要输入 D 的值。只有在两个垂直面的交线上才能创建 45° × D 倒角。

Step4. 设置倒角尺寸。在操控板中的“倒角尺寸”文本框中输入值 4.0，并按 Enter 键。

说明： 在一般零件的倒角设计中，通过移动图 3.11.6 中的两个小方框来动态设置倒角尺寸是一种比较好的设计操作习惯。

Step5. 在操控板中单击 ✔ 按钮，完成倒角特征的构建。

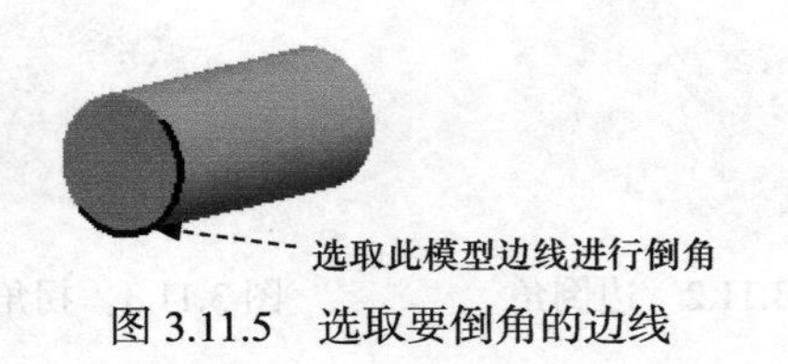

图 3.11.5 选取要倒角的边线

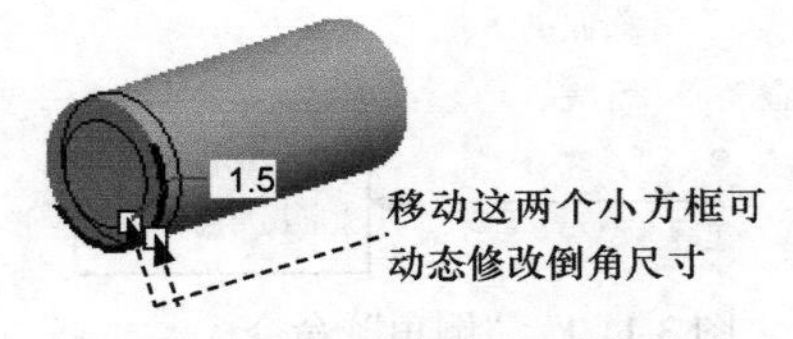

图 3.11.6 调整倒角尺寸的大小

3.12 圆角特征

3.12.1 圆角特征简述

使用圆角（Round）命令可创建曲面间的圆角或中间曲面位置的圆角。曲面可以是实体模型的曲面，也可以是曲面特征。在 Creo 中，可以创建两种不同类型的圆角：简单圆角和高级圆角。创建简单的圆角时，只能指定单个参考组，并且不能修改过渡类型；当创建高级圆角时，可以定义多个“圆角组”，即圆角特征的段。

创建圆角时，应注意下面几点。

- 在设计中尽可能晚些添加圆角特征。
- 可以将所有圆角放置到一个层上，然后隐含该层，以便加快工作进程。
- 为避免创建从属于圆角特征的子项，标注时，不要以圆角创建的边或相切边为参考。

3.12.2 创建一般简单圆角

下面介绍创建一般简单圆角的操作过程。

Step1. 将工作目录设置至 D: \dbcreo8.1\work\ch03.12，打开文件 round_1.prt。

Step2. 单击 模型 功能选项卡 工程 ▾ 区域中的 倒圆角 ▾ 按钮，系统弹出图 3.12.1 所示的“圆角”特征操控板。

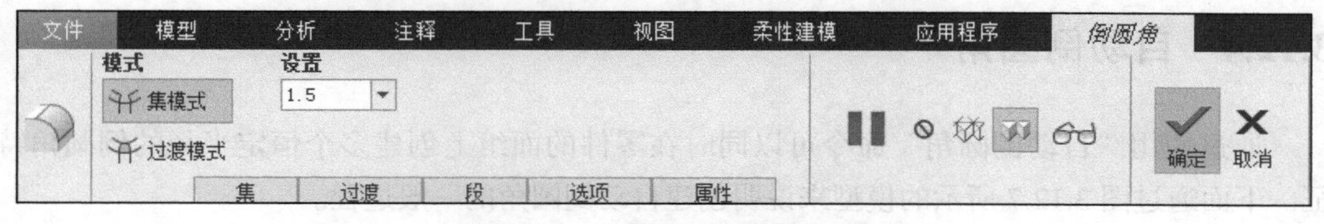

图 3.12.1 “圆角”特征操控板

Step3. 选取圆角放置参考。在图 3.12.2 中的模型上选取要倒圆角的边线，此时模型的显示状态如图 3.12.3 所示。

Step4. 在操控板中输入圆角半径值 22.0，然后单击“确定”按钮 ✓，完成圆角特征的创建，如图 3.12.4 所示。

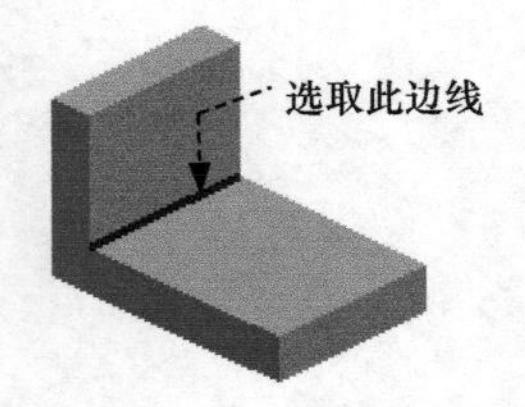

图 3.12.2 选取圆角边线

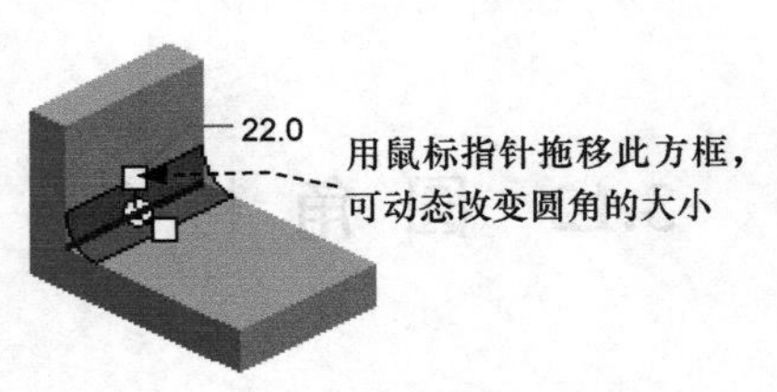

图 3.12.3 调整圆角的大小

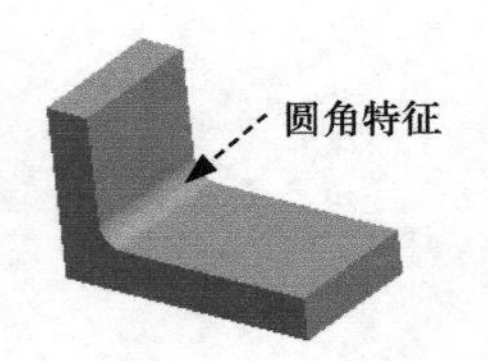

图 3.12.4 创建圆角特征

3.12.3 创建完全圆角

如图 3.12.5 所示，通过指定一对边可创建完全圆角，此时这一对边所构成的曲面会被删除，圆角的大小被该曲面所限制。下面说明创建一般完全圆角的过程。

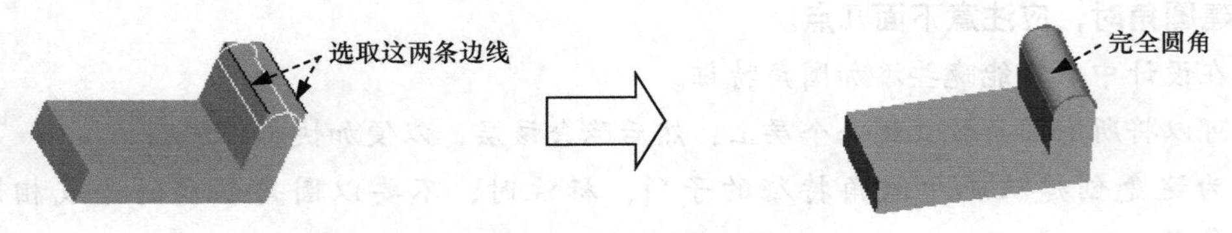

图 3.12.5 创建完全圆角

Step1. 将工作目录设置至 D: \dbcreo8.1\work\ch03.12，打开文件 full_round.prt。

Step2. 单击 模型 功能选项卡 工程 ▾ 区域中的 倒圆角 ▾ 按钮。

Step3. 选取圆角的放置参考。在模型上选取图 3.12.5 所示的两条边线，操作方法为：先选取一条边线，然后按住键盘上的 Ctrl 键，再选取另一条边线。

Step4. 在操控板中单击 集 按钮，系统弹出图 3.12.6 所示的圆角设置界面，在该界面中单击 完全倒圆角 按钮。

Step5. 在操控板中单击“确定”按钮 ✔，完成特征的创建。

3.12.4 自动倒圆角

通过使用“自动倒圆角”命令可以同时在零件的面组上创建多个恒定半径的倒圆角特征。下面通过图 3.12.7 所示的模型来说明创建自动倒圆角的一般过程。

Step1. 将工作目录设置至 D: \dbcreo8.1\work\ch03.12，打开文件 auto_round.prt。

Step2. 单击 模型 功能选项卡 工程 ▾ 区域 倒圆角 ▾ 按钮中的 ▾，在系统弹出的菜单中选择 自动倒圆角 命令，系统弹出图 3.12.8 所示的“自动倒圆角”特征操控板。

Step3. 设置自动倒圆角的范围。在操控板中单击 范围 按钮，在系统弹出的图 3.12.8 所示的“范围”界面上选中 ◉ 实体几何 单选项、☑ 凸边 和 ☑ 凹边 复选框。

Step4. 定义圆角大小。在凸边 文本框中输入凸边的半径值 6.0，在凹边 文本框中输入凹边的半径值3.0。

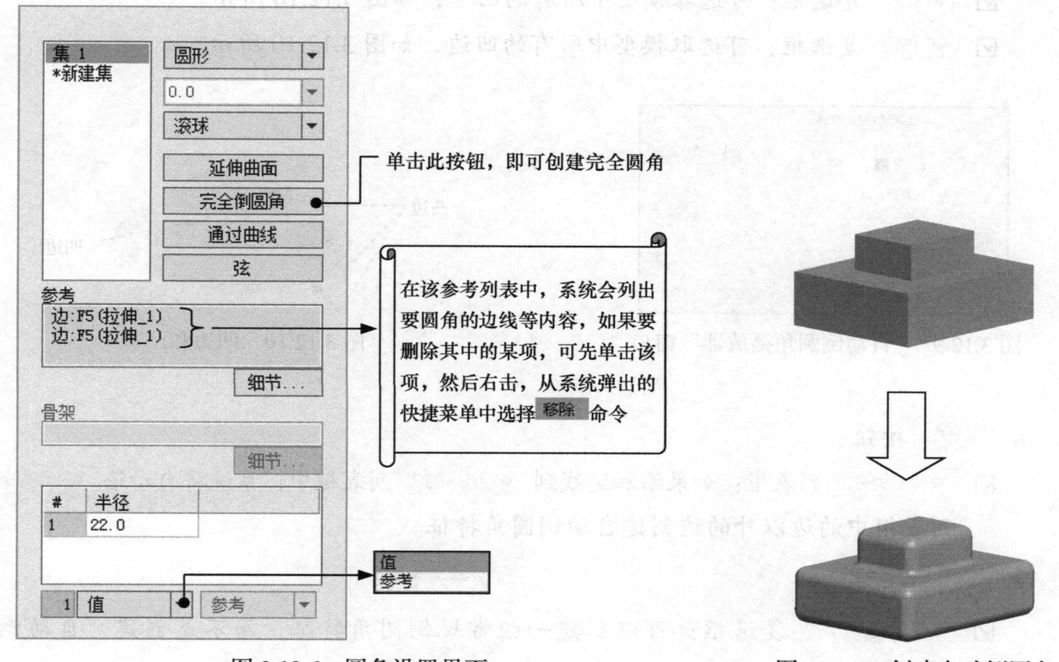

图 3.12.6 圆角设置界面　　　图 3.12.7 创建自动倒圆角

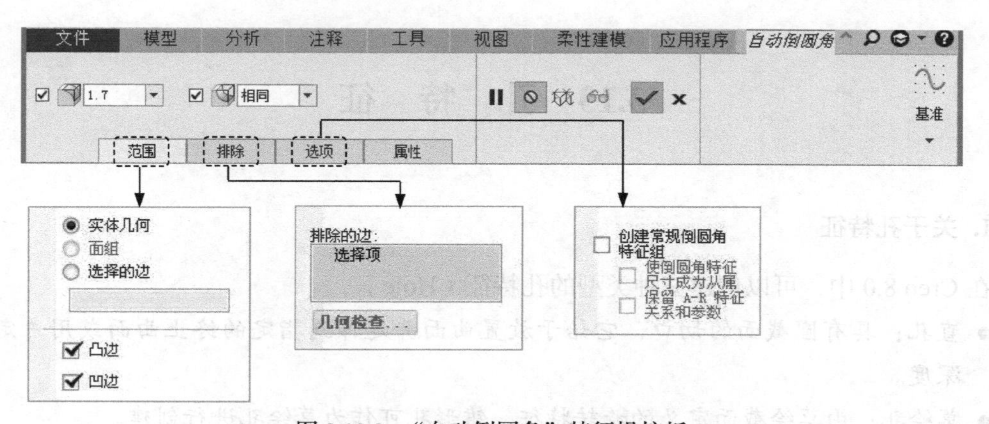

图 3.12.8 “自动倒圆角”特征操控板

说明：当只在凸边 文本框中输入半径值时，系统会默认凹边的半径值与凸边的相同。

Step5. 在操控板中单击“确定”按钮 ，系统弹出图 3.12.9 所示的“自动倒圆角播放器”窗口，完成“自动倒圆角”特征的创建。

图 3.12.8 所示的“自动倒圆角”特征操控板中各选项的说明如下。

● 范围 按钮

☑ 实体几何 单选项：可以在模型的实体几何上创建“自动倒圆角”特征。

☑ 面组 单选项：一般用于曲面，可为每个面组创建一个单独的“自动倒圆角”特征。

☑ 选择的边 单选项：系统只对选取的边或目的链添加自动倒圆角特征。

☑ 凸边 复选框：可选取模型中所有的凸边，如图 3.12.10 所示。

☑ 凹边 复选框：可选取模型中所有的凹边，如图 3.12.10 所示。

图 3.12.9 “自动倒圆角播放器”窗口

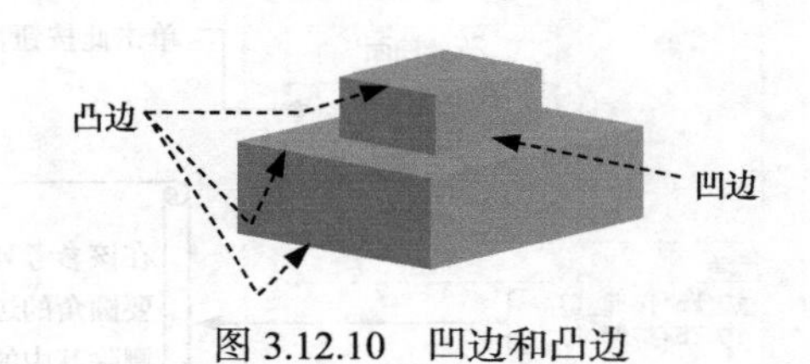

图 3.12.10 凹边和凸边

- 排除 按钮

☑ 选择的边 列表框：如果添加边线到 选择的边 列表框中，系统将自动给 选择的边 列表框中的边以外的边创建自动倒圆角特征。

- 选项 按钮

☑ 创建常规倒圆角特征组 复选框：可以创建一组常规倒圆角特征，而不是创建“自动倒圆角”特征。

3.13 孔 特 征

1. 关于孔特征

在 Creo 8.0 中，可以创建三种类型的孔特征（Hole）。

- 直孔：具有圆截面的切口，它始于放置曲面并延伸到指定的终止曲面或用户定义的深度。
- 草绘孔：由草绘截面定义的旋转特征。锥形孔可作为草绘孔进行创建。
- 标准孔：具有基本形状的螺孔。它是基于相关的工业标准的，可带有不同的末端形状、标准沉孔和埋头孔。对选定的紧固件，既可计算攻螺纹，又可计算间隙直径；既可利用系统提供的标准查找表，又可创建自己的查找表来查找这些直径。

2. 孔特征（直孔）的一般创建过程

下面说明添加图 3.13.1 所示的孔特征（直孔）的详细操作步骤。

Task1. 打开一个已有的零件模型

将工作目录设置至 D: \dbcreo8.1\work\ch03.13，打开文件 piston_hole.prt（图 3.13.1）。

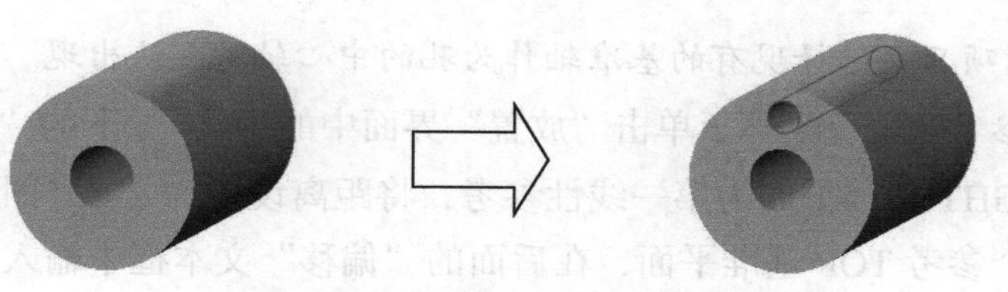

图 3.13.1 创建孔（直孔）特征

Task2. 添加孔特征（直孔）

Step1. 单击 模型 功能选项卡 工程 ▾ 区域中的 孔 按钮。

Step2. 选取孔的类型。完成上步操作后，系统弹出“孔”特征操控板。本例是添加直孔，由于直孔为系统默认，这一步可省略。如果创建标准孔或草绘孔，可单击“创建标准孔”按钮，或单击“使用草绘定义钻孔轮廓”按钮。

Step3. 定义孔的放置。

（1）定义孔放置的主参考。选取图 3.13.2 所示的端面为主参考，此时系统以当前默认值自动生成孔的轮廓。可按照图中说明进行相应的动态操作。

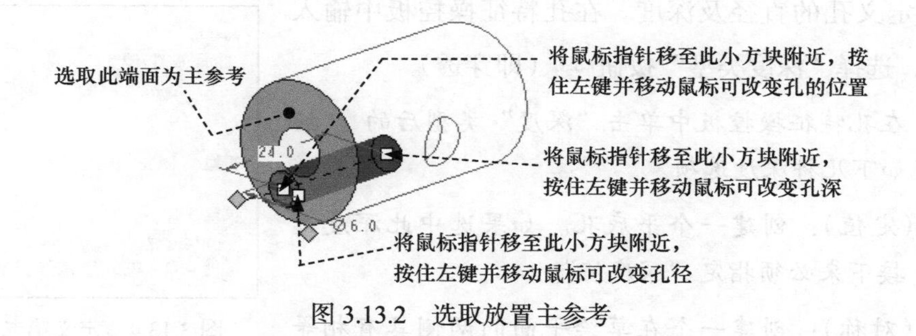

图 3.13.2 选取放置主参考

注意：孔的主参考可以是基准平面或零件模型上的平面或曲面（如柱面、锥面等）。为了直接在曲面上创建孔，该孔必须是径向孔，且该曲面必须是凸起状。

（2）定义孔放置的方向。单击操控板中的 放置 按钮，系统弹出“放置”界面，单击 反向 按钮，可改变孔的放置方向（即孔放置在主参考的哪一边），本例采用系统默认的方向，即孔在实体这一侧。

（3）定义孔的定位方式。单击“放置类型”下拉列表后的 ▾ 按钮，选取 线性 选项。

孔的放置类型介绍如下。

- 线性：参考两边或两平面放置孔（标注两线性尺寸）。如果选择此放置类型，接下来必须选择参考边（平面）并输入距参考边的距离。
- 径向：绕一中心轴及参考一个面放置孔（需输入半径距离）。如果选择此放置类型，接下来必须选择中心轴及角度参考的平面。
- 直径：绕一中心轴及参考一个面放置孔（需输入直径）。如果选择此放置类型，接下来必须选择中心轴及角度参考的平面。

● 同轴：该选项只在选择现有的基准轴作为孔的中心轴时默认出现。

（4）定义次参考及定位尺寸。单击“放置”界面中的 偏移参考 下的“单击此处添…”字符，然后选取 RIGHT 基准平面为第一线性参考，将距离设置为 对齐（图 3.13.3）；按住 Ctrl 键，可选取第二个参考 TOP 基准平面，在后面的“偏移”文本框中输入到第二线性参考的距离值 8.0，再按 Enter 键，如图 3.13.4 所示。

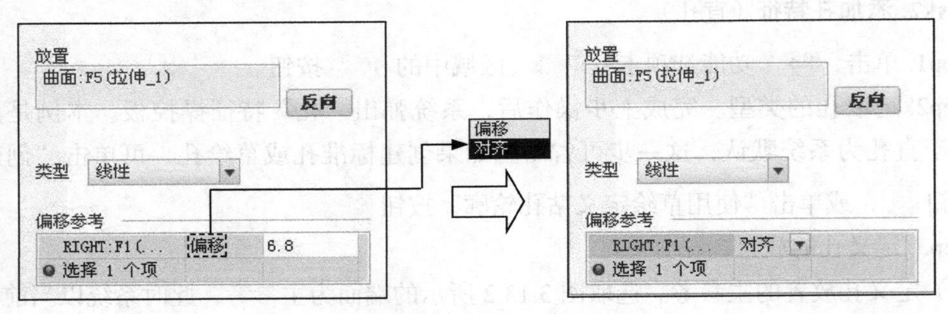

图 3.13.3 定义第一线性参考

Step4. 定义孔的直径及深度。在孔特征操控板中输入直径值 4.0，选择“深度类型”按钮 (即穿透)。

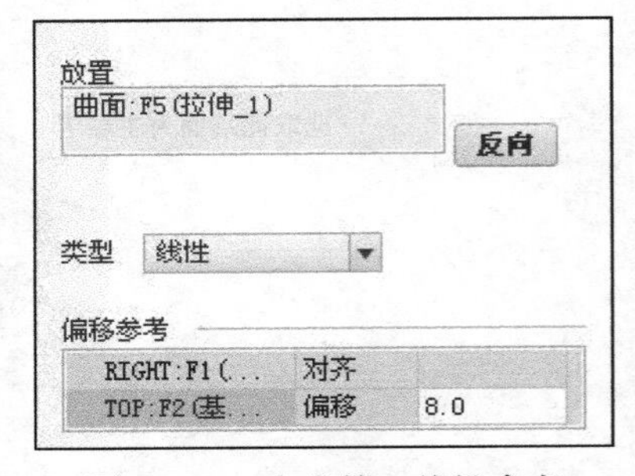

图 3.13.4 定义第二线性参考

说明：在孔特征操控板中单击“深度”类型后的 按钮，可出现如下几种深度选项。

- (定值)：创建一个平底孔。如果选中此深度选项，接下来必须指定“深度值”。
- (对称)：创建一个在草绘平面的两侧具有相等深度的双侧孔。
- (穿过下一个)：创建一个一直延伸到零件的下一个曲面的孔。
- (穿透)：创建一个和所有曲面相交的孔。
- (穿至)：创建一个穿过所有曲面直到指定曲面的孔。如果选取此深度选项，也必须选取曲面。
- (指定的)：创建一个一直延伸到指定点、顶点、曲线或曲面的平底孔。如果选中此深度选项，则必须同时选择参考。

Step5. 在操控板中单击“确定”按钮 ，完成特征的创建。

3. 螺孔的一般创建过程

下面说明创建螺孔（标准孔）的一般操作步骤（图 3.13.5）。

Task1. 打开一个已有的零件三维模型

将工作目录设置至 D: \dbcreo8.1\work\ch03.13，打开文件 socket_hole.prt。

Task2. 添加螺孔特征

Step1. 单击 模型 功能选项卡 工程 ▾ 区域中的 孔 按钮，系统弹出“孔”特征操控板。

Step2. 定义孔的放置。

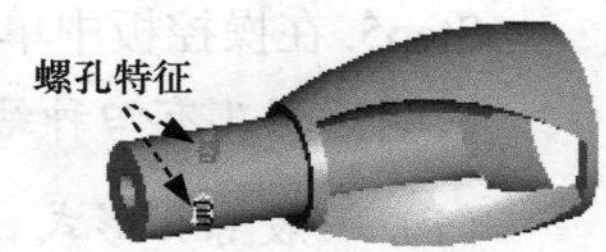

图 3.13.5 创建螺孔

（1）定义孔的放置参考。单击操控板中的 放置 按钮，选取图 3.13.6 所示的模型表面——圆柱面为放置参考。

（2）定义孔放置的方向及类型。采用系统默认的放置方向，放置类型为 径向。

（3）定义偏移参考 1（角度参考）。

① 单击操控板中 偏移参考 下的“单击此处添…”字符。

② 选取图 3.13.6 所示的 FRONT 基准平面为偏移参考 1（角度参考）。

③ 在“角度”后面的文本框中输入角度值 0.0（此角度值用于孔的径向定位），并按 Enter 键。

（4）定义偏移参考 2（轴向参考）。

① 按住 Ctrl 键，选取图 3.13.6 所示的模型端面为偏移参考 2（轴向参考）。

② 在“轴向”后的文本框中输入距离值 20.0（此距离值用于孔的轴向定位），并按 Enter 键，如图 3.13.7 所示。

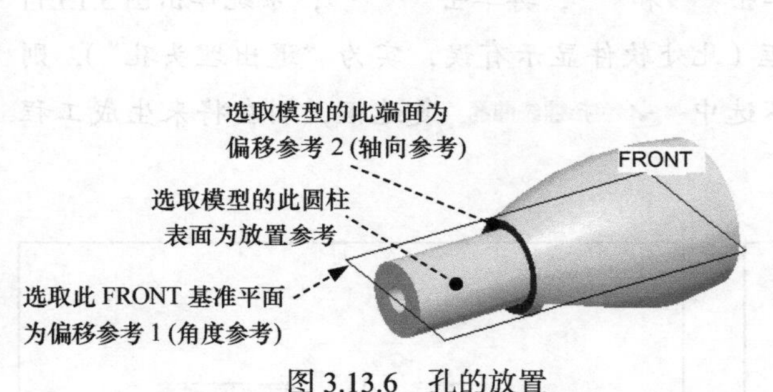

图 3.13.6 孔的放置

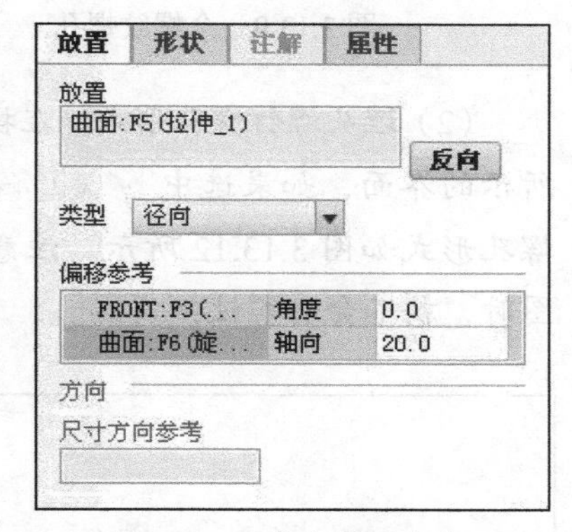

图 3.13.7 定义偏移参考

Step3. 在操控板中按下“创建标准孔”按钮，选择 ISO 螺孔标准，螺孔大小为 M4×0.7，深度类型为 ⫼（穿透），如图 3.13.8 所示。

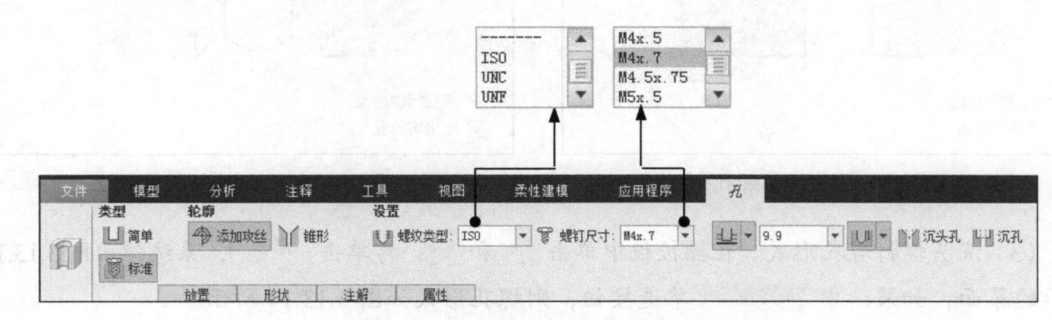

图 3.13.8 “螺孔”操控板

Step4. 选择螺孔结构形式和尺寸。在操控板中按下 按钮，再单击 形状 ，在图 3.13.9 所示的“形状”界面中选中 全螺纹 单选项。

Step5. 在操控板中单击“确定”按钮 ，完成特征的创建。

说明：螺孔有四种结构形式。

（1）一般螺孔形式。在操控板中单击 ，再单击 形状 ，系统弹出图 3.13.9 所示的界面。如果选中 可变 单选按钮，则螺孔形式如图 3.13.10 所示。

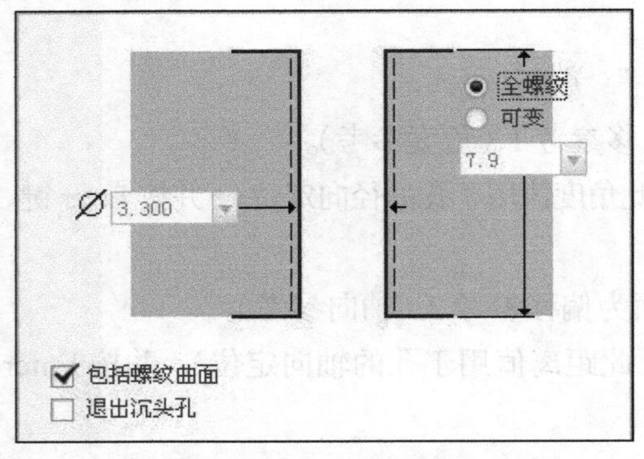

图 3.13.9　全螺纹螺孔

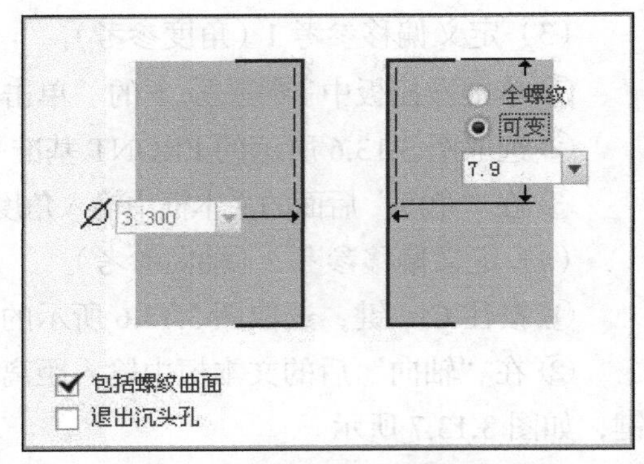

图 3.13.10　深度可变螺孔

（2）埋头螺钉螺孔形式。在操控板中单击 和 ，再单击 形状 ，系统弹出图 3.13.11 所示的界面，如果选中 退出沉头孔 复选框（此处软件显示有误，实为“退出埋头孔”），则螺孔形式如图 3.13.12 所示。注意：如果不选中 包括螺纹曲面 复选框，则在将来生成工程图时，就不会有螺纹细实线。

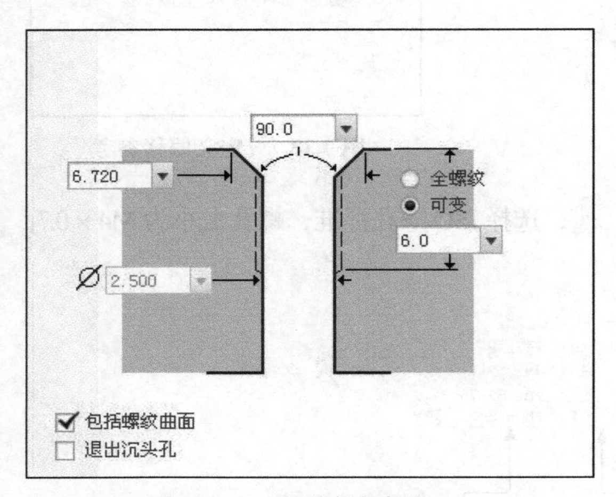

图 3.13.11　埋头螺钉螺孔 1

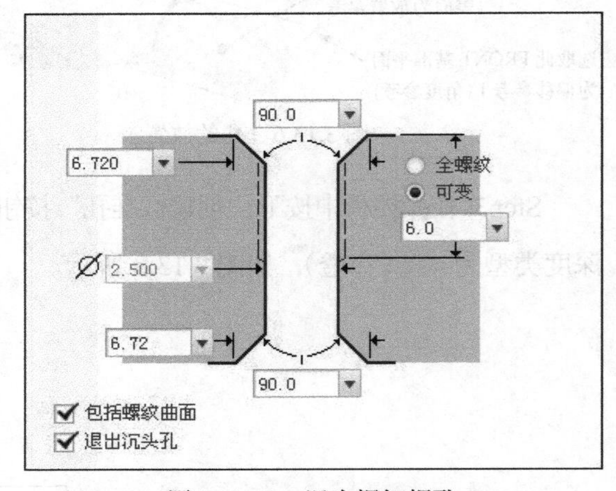

图 3.13.12　埋头螺钉螺孔 2

（3）沉头螺钉螺孔形式。在操控板中单击 和 ，再单击 形状 ，系统弹出图 3.13.13 所示的界面，如果选中 全螺纹 单选按钮，则螺孔形式如图 3.13.14 所示。

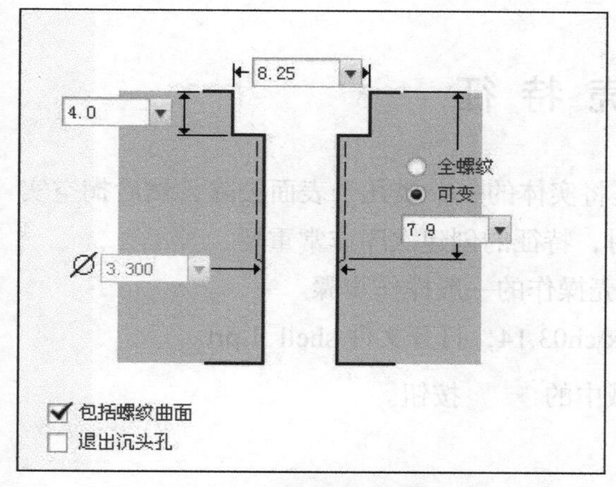

图 3.13.13 沉头螺钉螺孔（可变）

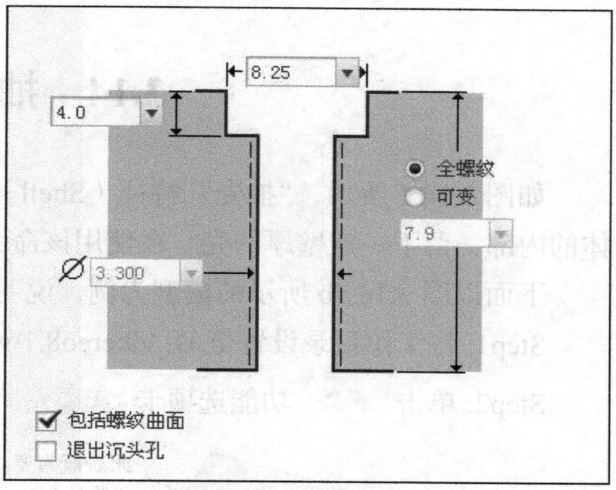

图 3.13.14 沉头螺钉螺孔（全螺纹）

（4）螺钉过孔形式。有三种形式的过孔。

- 在操控板中取消选择 、 和 ，选择“间隙孔” ，再单击 形状 ，则螺孔形式如图 3.13.15 所示。

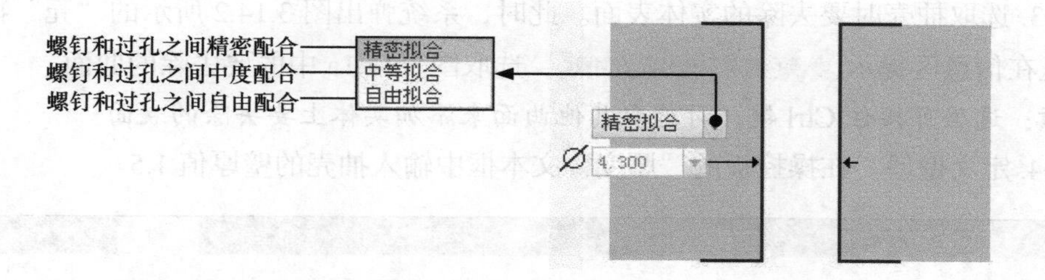

图 3.13.15 螺钉过孔

- 在操控板中单击 ，再单击 形状 ，则螺孔形式如图 3.13.16 所示。
- 在操控板中单击 ，再单击 形状 ，则螺孔形式如图 3.13.17 所示。

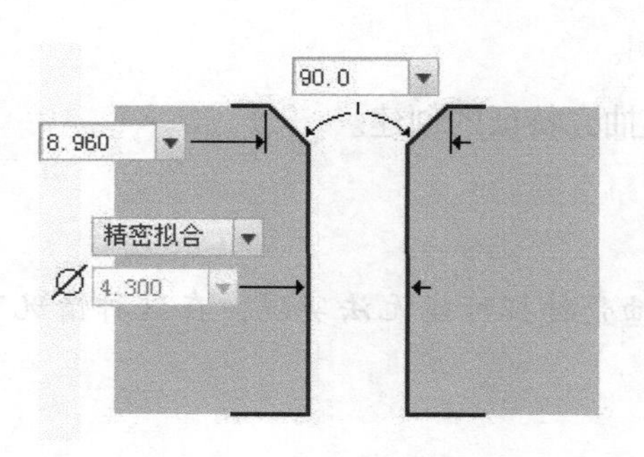

图 3.13.16 埋头螺钉过孔

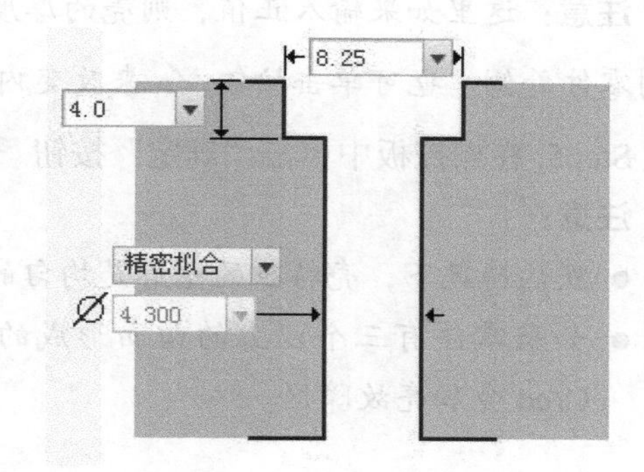

图 3.13.17 沉头螺钉过孔

Step6. 在操控板中单击按钮 ，预览所创建的孔特征；单击按钮 ，完成特征的创建。

3.14 抽 壳 特 征

如图 3.14.1 所示，“抽壳”特征（Shell）是将实体的一个或几个表面去除，然后掏空实体的内部，留下一定壁厚的壳。在使用该命令时，特征的创建次序非常重要。

下面以图 3.14.1b 所示的模型为例，说明抽壳操作的一般操作步骤。

Step1. 将工作目录设置至 D: \dbcreo8.1\work\ch03.14，打开文件 shell_1.prt。

Step2. 单击 模型 功能选项卡 工程 ▾ 区域中的 回壳 按钮。

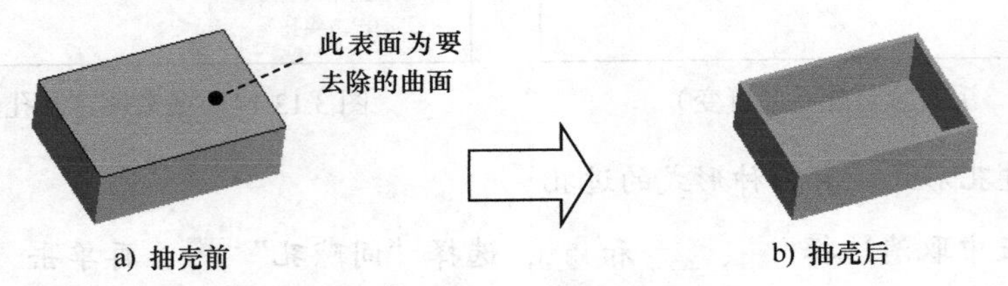

图 3.14.1 “抽壳”特征

Step3. 选取抽壳时要去除的实体表面。此时，系统弹出图 3.14.2 所示的“壳”特征操控板，并且在信息区提示 ➡选择要从零件移除的曲面。，选取图 3.14.1a 中的要去除的曲面。

注意： 这里可按住 Ctrl 键，再选取其他曲面来添加实体上要去除的表面。

Step4. 定义壁厚。在操控板的“厚度”文本框中输入抽壳的壁厚值 1.5。

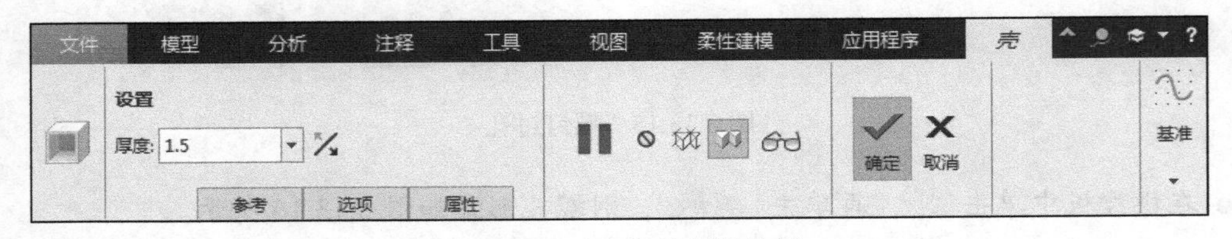

图 3.14.2 “壳”特征操控板

注意： 这里如果输入正值，则壳的厚度保留在零件内侧；如果输入负值，壳的厚度将增加到零件外侧。也可单击按钮 ⁄ 来改变内侧或外侧。

Step5. 在操控板中单击“确定”按钮 ✔，完成抽壳特征的创建。

注意：

- 默认情况下，壳特征的壁厚是均匀的。
- 如果零件有三个以上的曲面形成的拐角，抽壳特征可能无法实现，在这种情况下，Creo 会加亮故障区。

3.15 筋（肋）特征

筋（肋）是用来加固零件的，也常用来防止出现不需要的折弯。筋（肋）特征的创建过程与拉伸特征基本相似，不同的是，筋（肋）特征的截面草图是不封闭的，筋（肋）的截面只是一条直线。Creo 8.0 提供了两种筋（肋）特征的创建方法，分别是轨迹筋和轮廓筋。

3.15.1 轨迹筋

轨迹筋常用于加固塑料零件，通过在腔槽曲面之间草绘筋轨迹，或通过选取现有草绘来创建轨迹筋。

下面以图 3.15.1b 所示的轨迹筋特征为例，说明轨迹筋特征创建的一般过程。

Step1. 将工作目录设置至 D: \dbcreo8.1\work\ch03.15，打开文件 rib_01.prt。

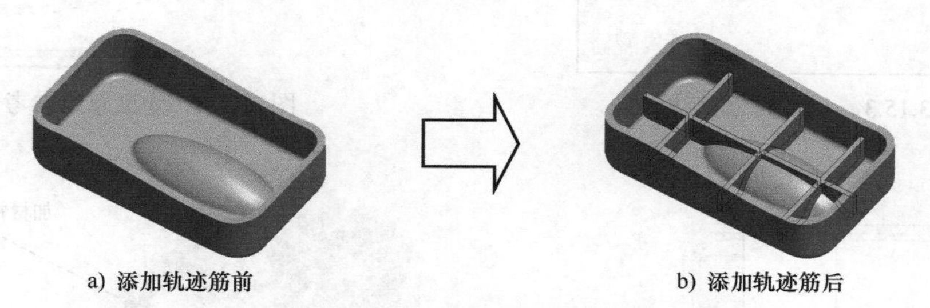

a) 添加轨迹筋前　　b) 添加轨迹筋后

图 3.15.1 轨迹筋特征

Step2. 单击 模型 功能选项卡 工程▼ 区域 筋▼ 按钮中的 ▼，在弹出的菜单中选择 轨迹筋，系统弹出图 3.15.2 所示的“轨迹筋”特征操控板。该操控板反映了轨迹筋创建的过程及状态。

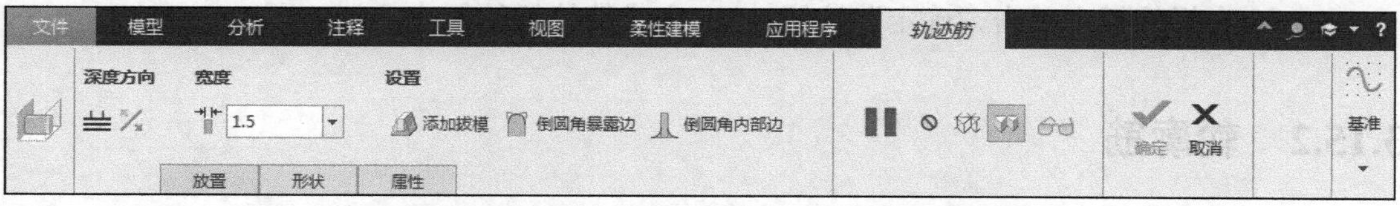

图 3.15.2 “轨迹筋”特征操控板

Step3. 定义草绘放置属性。在图 3.15.2 所示的操控板的 放置 界面中单击 定义... 按钮，选取 DTM1 基准平面为草绘平面，选取 RIGHT 平面为参考面，方向为 右。

Step4. 定义草绘参考。单击 草绘 功能选项卡 设置▼ 区域中的 按钮，系统弹出图 3.15.3 所示的“参考”对话框，选取图 3.15.4 所示的四条边线为草绘参考，单击 关闭(C) 按钮。

Step5. 绘制图 3.15.5 所示的轨迹筋特征截面图形。完成绘制后，单击“确定”按钮 ✔。

Step6. 定义加材料的方向。在模型中单击“方向”箭头，直至箭头的方向如图 3.15.6 所示（箭头方向指向壳体底面）。

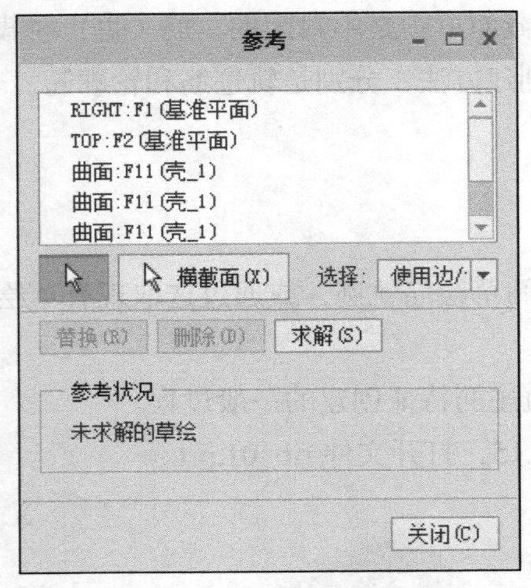

图 3.15.3 “参考”对话框

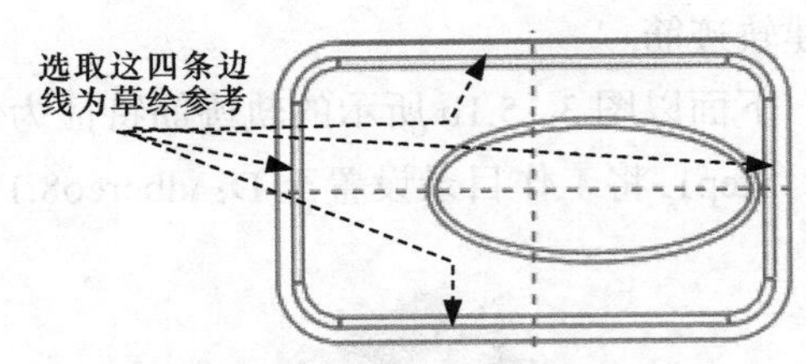

图 3.15.4 定义草绘参考

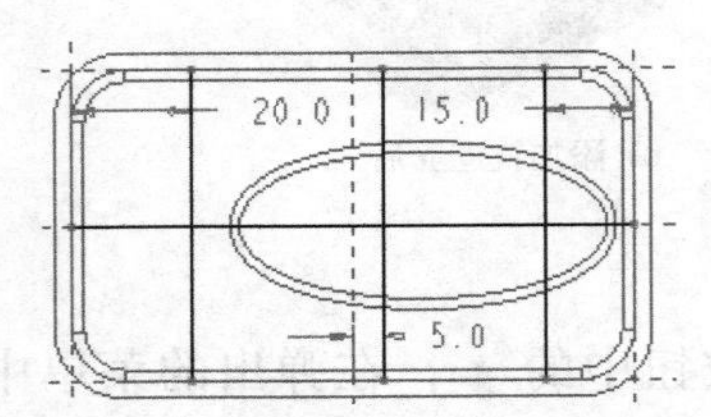

图 3.15.5 轨迹筋特征截面图形

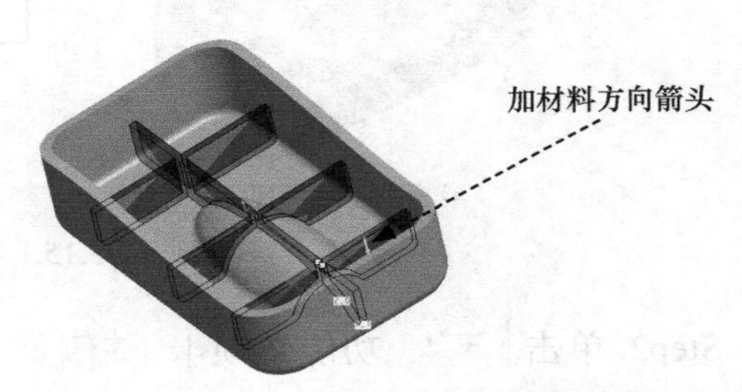

图 3.15.6 定义加材料的方向

Step7. 定义筋的厚度值 2.0。

Step8. 在操控板中单击“确定”按钮 ✓，完成筋特征的创建。

3.15.2 轮廓筋

轮廓筋是设计中连接到实体曲面的薄翼或腹板伸出项，一般通过定义两个垂直曲面之间的特征横截面来创建轮廓筋。

下面以图 3.15.7 所示的轮廓筋特征为例，说明轮廓筋特征创建的一般过程。

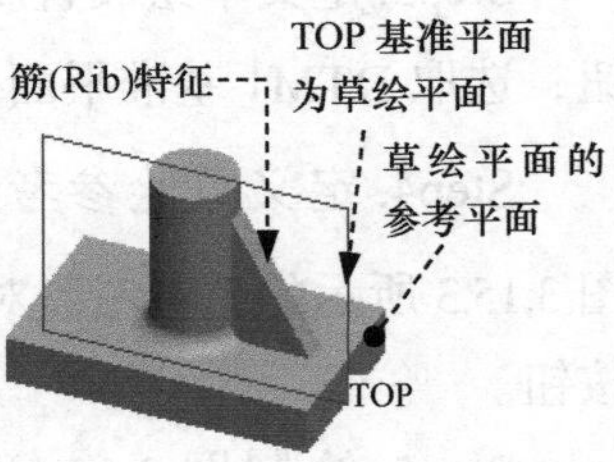

Step1. 将工作目录设置至 D: \dbcreo8.1\work\ch03.15，打开文件 rib_02.prt。

Step2. 单击 模型 功能选项卡 工程 ▾ 区域 筋 ▾ 按钮中的 ▾，在系统弹出的菜单中选择 轮廓筋，系统弹出图 3.15.8 所示的“轮廓筋”特征操控板。

筋(Rib)特征

TOP 基准平面为草绘平面

草绘平面的参考平面

TOP

图 3.15.7 轮廓筋特征

Step3. 定义草绘截面放置属性。

（1）在图 3.15.8 所示的操控板的 参考 界面中单击 定义... 按钮，选取 TOP 基准平面为草绘平面。

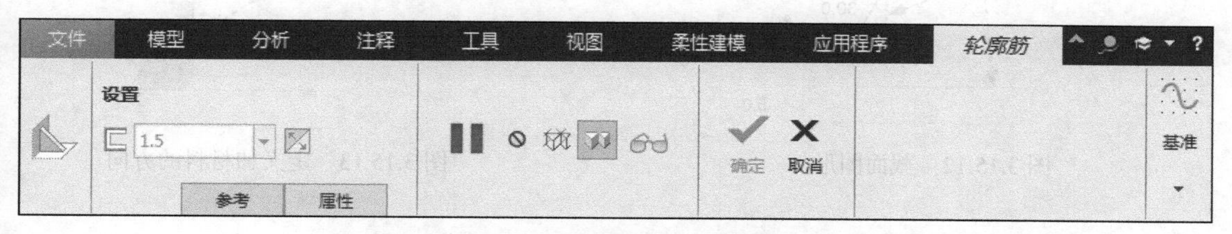

图 3.15.8 “轮廓筋”特征操控板

（2）选取图 3.15.7 中的模型表面为参考面，方向为 右。

说明： 如果模型的表面选取较困难，可用“列表选取”的方法。其操作步骤介绍如下。

① 将鼠标指针移至目标附近，右击。

② 在弹出的图 3.15.9 所示的快捷菜单中选择 从列表中拾取 命令。

③ 在弹出的图 3.15.10 所示的“从列表中拾取”对话框中依次单击各项目，同时模型中对应的元素会变亮，找到所需的目标后，单击对话框下部的 确定(O) 按钮。

Step4. 定义草绘参考。单击 草绘 功能选项卡 设置▾ 区域中的 按钮，系统弹出图 3.15.11 所示的“参考”对话框，选取图 3.15.12 所示的两条边线为草绘参考，单击 关闭(C) 按钮。

Step5. 绘制图 3.15.12 所示的筋特征截面图形。完成绘制后，单击“确定”按钮 ✔。

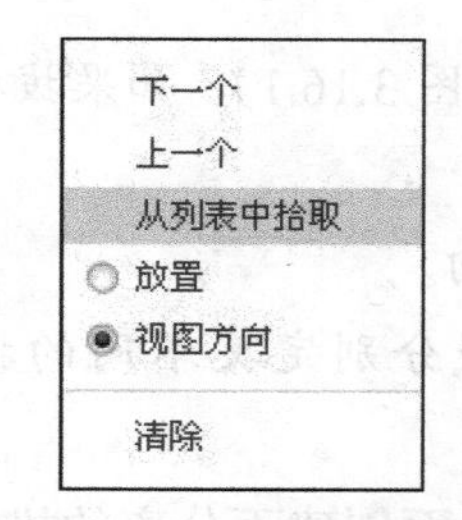

图 3.15.9 快捷菜单

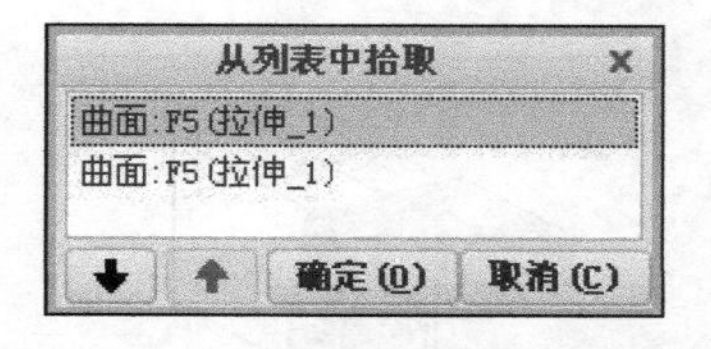

图 3.15.10 “从列表中拾取”对话框

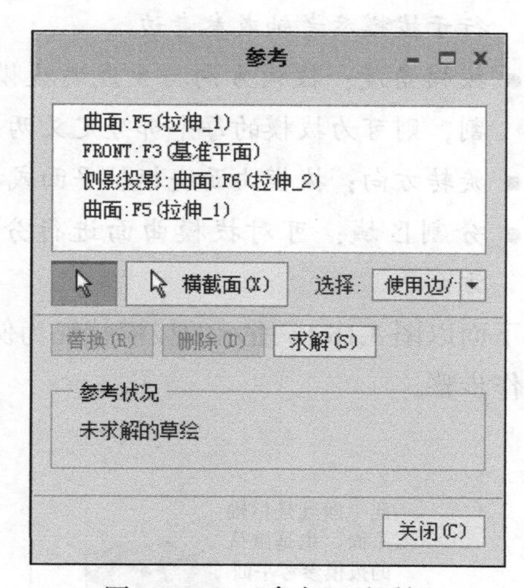

图 3.15.11 “参考”对话框

Step6. 定义加材料的方向。在模型中单击“方向”箭头，直至箭头的方向如图 3.15.13 所示。

Step7. 定义筋的厚度值 4.0。

Step8. 在操控板中单击“确定”按钮 ✔，完成筋特征的创建。

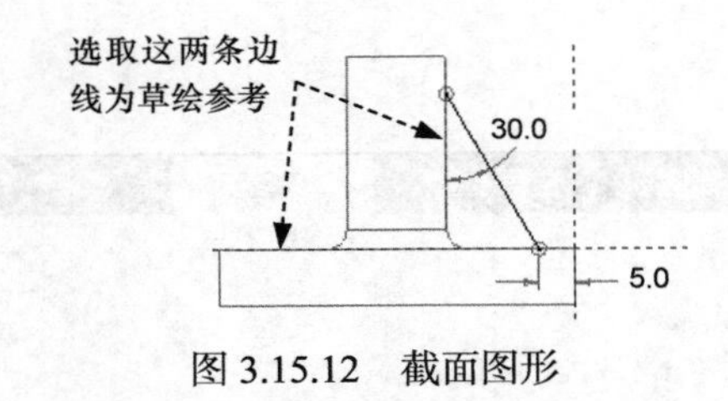

图 3.15.12 截面图形

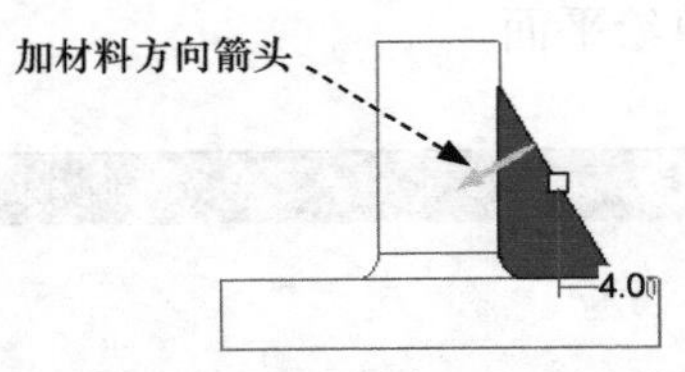

图 3.15.13 定义加材料的方向

3.16 拔 模 特 征

注射件和铸件往往需要一个拔模斜面才能顺利脱模，Creo 8.0 的拔模（斜度）特征就是用来创建模型的拔模斜面。下面先介绍有关拔模的几个关键术语。

- 拔模曲面：要进行拔模的模型曲面（图 3.16.1）。
- 枢轴平面：拔模曲面可绕着枢轴平面与拔模曲面的交线旋转而形成拔模斜面（图 3.16.1）。
- 枢轴曲线：拔模曲面可绕着一条曲线旋转而形成拔模斜面。这条曲线就是枢轴曲线，它必须在要拔模的曲面上（图 3.16.1）。
- 拔模参考：用于确定拔模方向的平面、轴和模型的边。
- 拔模方向：拔模方向可用于确定拔模的正负方向，它总是垂直于拔模参考平面或平行于拔模参考轴或参考边。
- 拔模角度：拔模方向与生成的拔模曲面之间的角度（图 3.16.1）。如果拔模曲面被分割，则可为拔模的每个部分定义两个独立的拔模角度。
- 旋转方向：拔模曲面绕枢轴平面或枢轴曲线旋转的方向。
- 分割区域：可对拔模曲面进行分割，然后为各区域分别定义不同的拔模角度和方向。

下面以图 3.16.1b 所示的拔模特征为例，说明使用枢轴平面创建不分离的拔模特征的一般操作步骤。

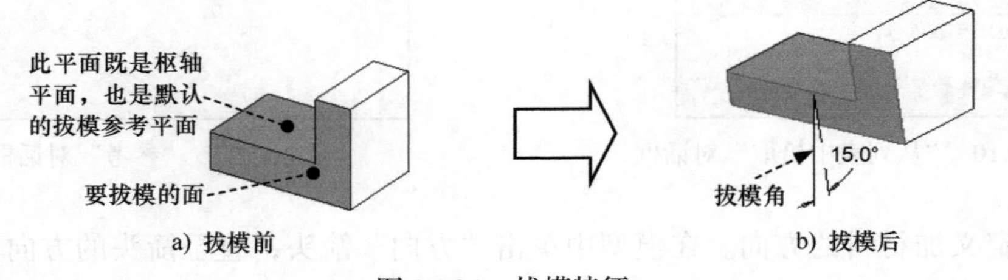

图 3.16.1 拔模特征

Step1. 将工作目录设置至 D: \dbcreo8.1\work\ch03.16，打开文件 draft_general.prt。

Step2. 单击 模型 功能选项卡 工程 ▾ 区域中的 拔模 ▾ 按钮，此时出现图 3.16.2 所示的“拔模”操控板（一）。

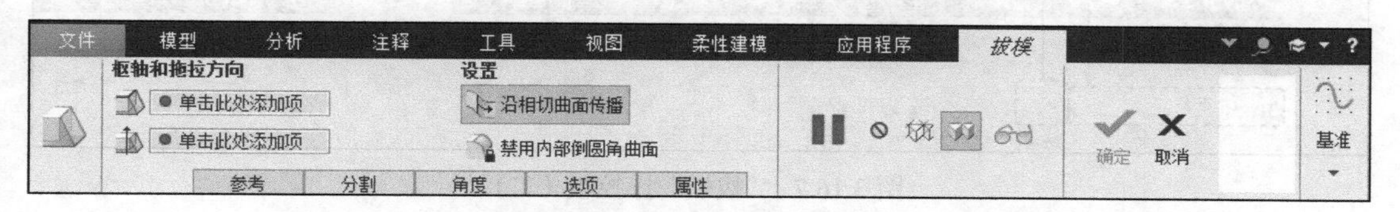

图 3.16.2 “拔模”操控板（一）

Step3. 选取要拔模的曲面。选取图 3.16.3 所示的模型表面。

Step4. 选取拔模枢轴平面。

（1）在操控板中单击 图标后的 单击此处添加项 字符。

（2）选取图 3.16.4 所示的模型表面。完成此步操作后，模型如图 3.16.4 所示。

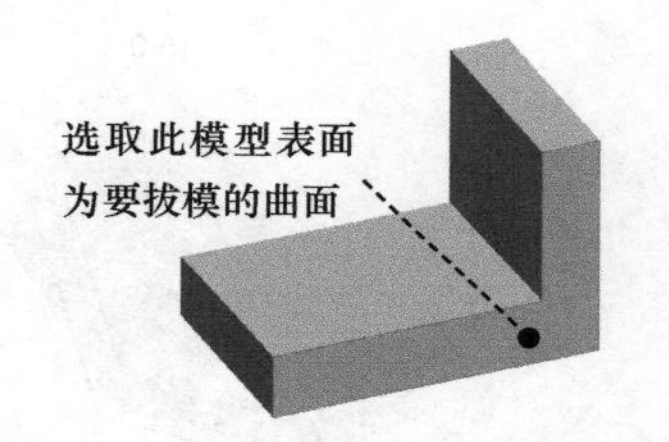

图 3.16.3 选取要拔模的曲面

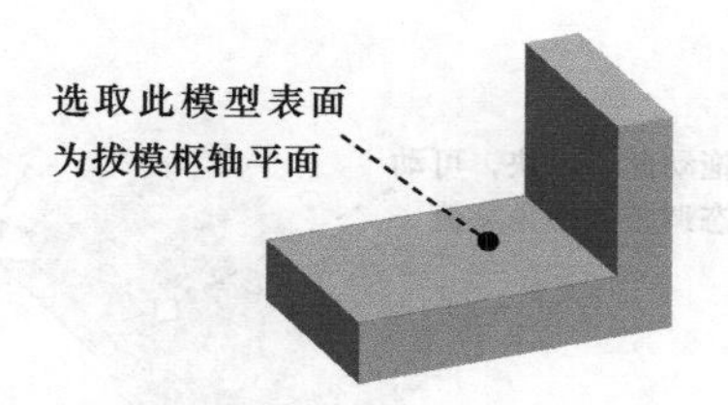

图 3.16.4 选取拔模枢轴平面

说明：拔模枢轴既可以是一个平面，也可以是一条曲线。当选取一个平面作为拔模枢轴时，该平面称为枢轴平面；当选取一条曲线作为拔模枢轴时，该曲线称为枢轴曲线。

Step5. 选取拔模方向参考及改变拔模方向。一般情况下不进行此步操作，因为在用户选取拔模枢轴平面后，系统通常默认地以枢轴平面为拔模参考平面（图 3.16.5）；如果要重新选取拔模参考，例如选取图 3.16.6 所示的模型表面为拔模参考平面，则可进行如下操作。

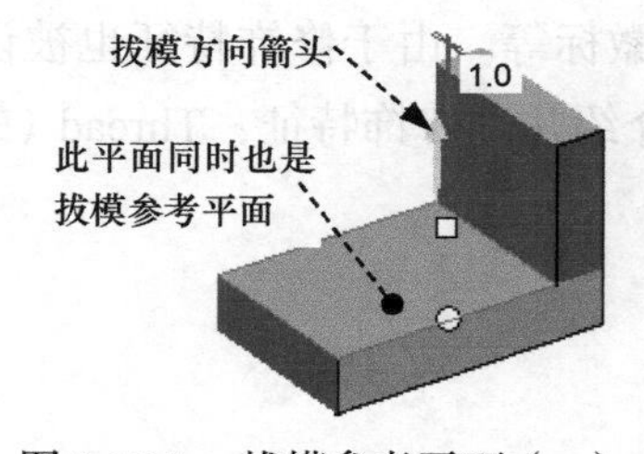

图 3.16.5 拔模参考平面（一）

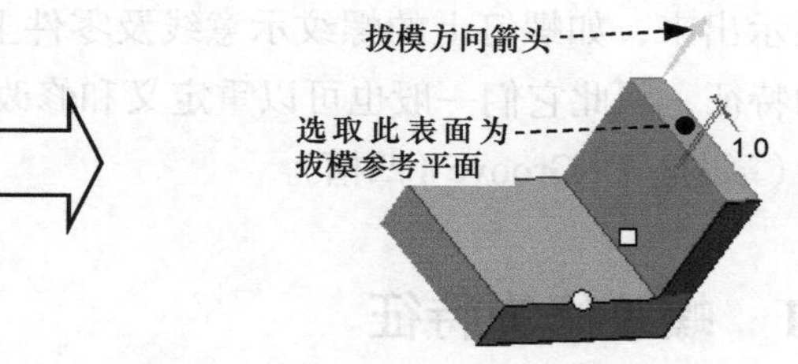

图 3.16.6 拔模参考平面（二）

（1）在图 3.16.7 所示的“拔模”操控板（二）中单击 图标后的 1个平面 字符。

（2）选取图 3.16.6 所示的模型表面。如果要改变拔模方向，则可单击按钮 。

Step6. 修改拔模角度及拔模角方向。如图 3.16.8 所示，此时可在操控板中修改拔模角度（图 3.16.9）和改变拔模角的方向（图 3.16.10）。

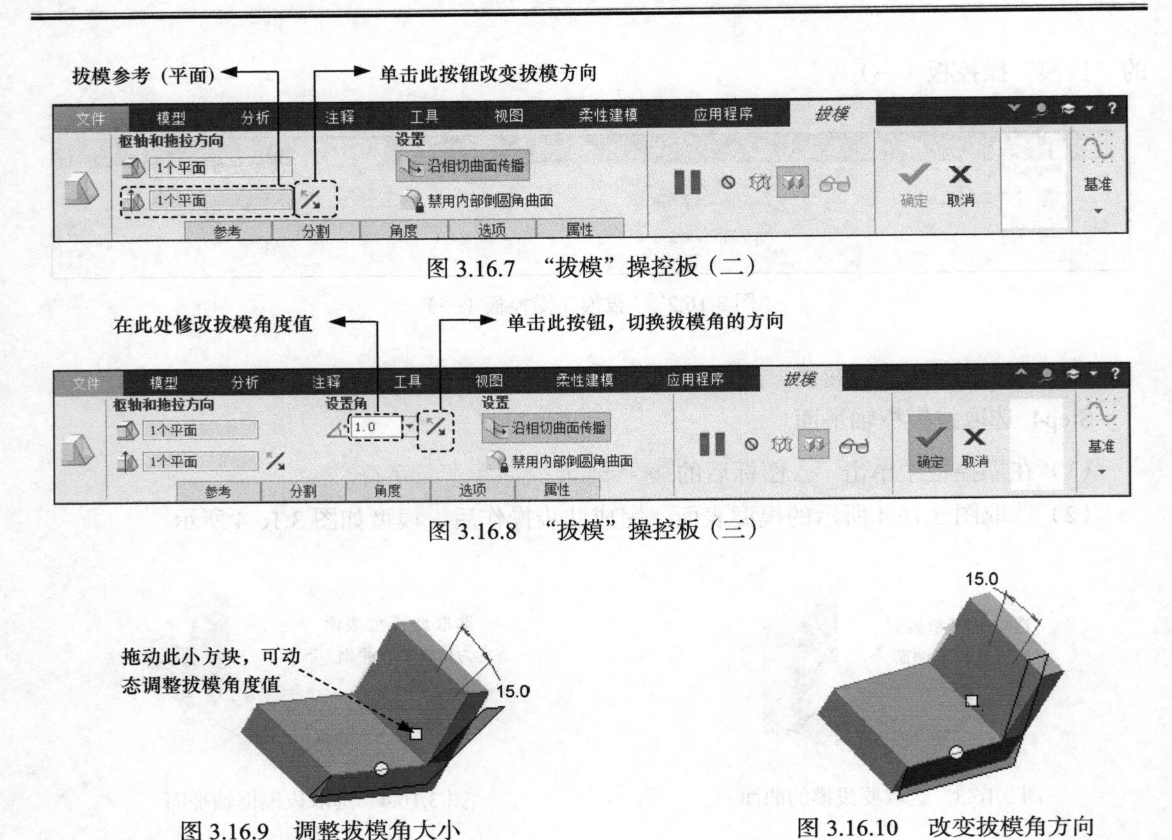

图 3.16.7　“拔模”操控板（二）

图 3.16.8　“拔模”操控板（三）

图 3.16.9　调整拔模角大小

图 3.16.10　改变拔模角方向

Step7. 在操控板中单击 ✓ 按钮，完成拔模特征的创建。

3.17　修 饰 特 征

修饰（Cosmetic）特征就是在其他特征上绘制复杂的几何图形，并要保证在模型上能清楚地显示出来，如螺钉上的螺纹示意线及零件上的公司徽标等。由于修饰特征也被认为是零件的特征，因此它们一般也可以重定义和修改。下面介绍几种修饰特征：Thread（螺纹）、Sketch（草图）和 Groove（凹槽）。

3.17.1　螺纹修饰特征

修饰螺纹（Thread）是表示螺纹直径的修饰特征。与其他修饰特征不同，不能修改修饰螺纹的线型，并且螺纹也不会受到“环境”菜单中隐藏线显示设置的影响。螺纹以默认极限公差设置来创建。

修饰螺纹可以是外螺纹或内螺纹，也可以是不通的或贯通的。可通过指定螺纹小径或螺纹大径（分别对于外螺纹和内螺纹）、起始曲面和螺纹长度或终止边，来创建修饰螺纹。

这里以前面创建的 shaft.prt 零件模型为例，说明如何在模型的圆柱面上创建图 3.17.1 所示的（外）螺纹修饰特征。

Step1. 先将工作目录设置至 D: \dbcreo8.1\work\ch03.17，然后打开文件 shaft.prt。

Step2. 单击 模型 功能选项卡中的 工程 ▾ 按钮，在系统弹出的“工程”子菜单中选择 修饰螺纹 选项，如图 3.17.2 所示。

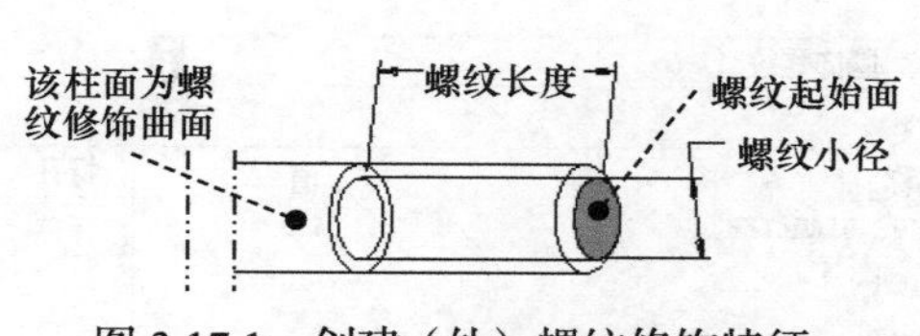

图 3.17.1　创建（外）螺纹修饰特征

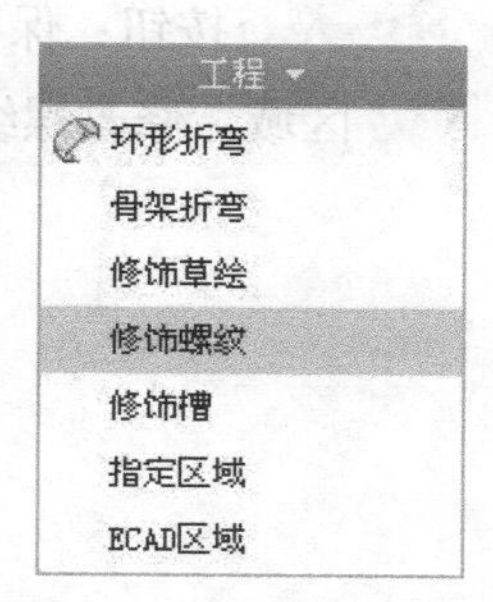

图 3.17.2　“工程”子菜单

Step3. 选取要进行螺纹修饰的曲面。完成上步操作后，系统弹出图 3.17.3 所示的“螺纹”操控板；单击其中的 放置 按钮，选取图 3.17.1 所示的要进行螺纹修饰的曲面。

Step4. 选取螺纹的起始曲面。单击“螺纹”操控板中的 深度 按钮，选取图 3.17.1 所示的螺纹起始曲面。

注意：对于螺纹的起始曲面，可以是一般模型特征的表面（比如拉伸、旋转、倒角、圆角和扫描等特征的表面）或基准平面，也可以是面组。

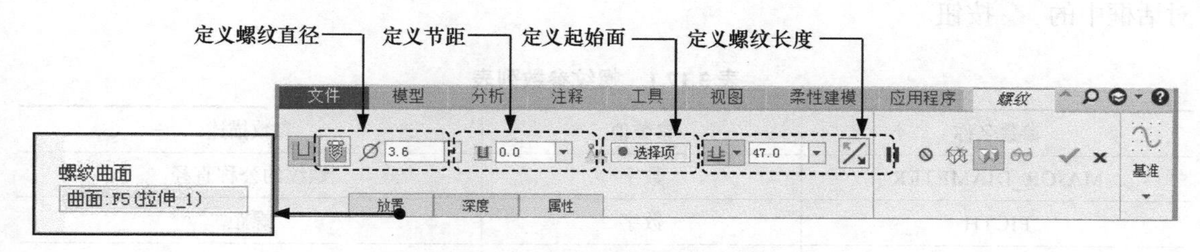

图 3.17.3　“螺纹”操控板

Step5. 定义螺纹的长度方向。完成上步操作后，模型上显示图 3.17.4 所示的螺纹长度方向箭头。箭头必须指向附着面的实体一侧，如方向错误，可以单击 按钮反转方向。

Step6. 定义螺纹长度。在 文本框中输入螺纹长度值 47.0。

Step7. 定义螺纹小径。在 ⌀ 文本框中输入螺纹小径值 3.6。

说明：对于外螺纹，默认外螺纹小径值比轴的直径约小 10%；对于内螺纹，默认螺纹大径值比孔的直径约大 10%。

Step8. 定义螺纹节距。在 文本框中输入值 1。

Step9. 编辑螺纹属性。完成上步操作后，单击“螺纹”操控板中的 属性 按钮，系统弹出图 3.17.5 所示的“属性”界面，用户可以用此界面进行螺纹参数设置，并能将设置好的参数文件保存，以便下次直接调用。

图 3.17.5 所示的“属性”界面中各命令的说明如下。

- 打开... 按钮：用户可从硬盘（磁盘）上打开一个包含螺纹注释参数的文件，并把它们应用到当前的螺纹中。
- 保存... 按钮：保存螺纹注释参数，以便以后再利用。
- 参数 区域：修改螺纹参数（表 3.17.1）。

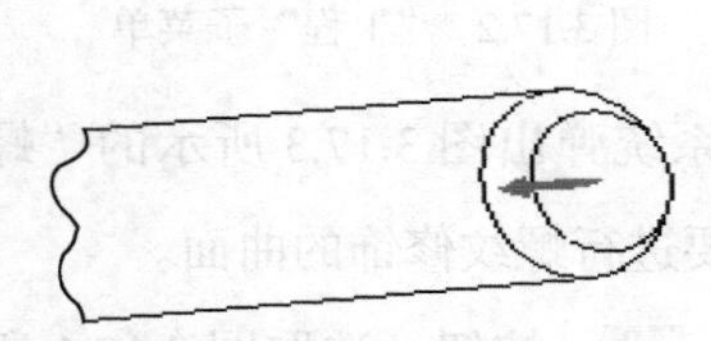

图 3.17.4　螺纹长度方向

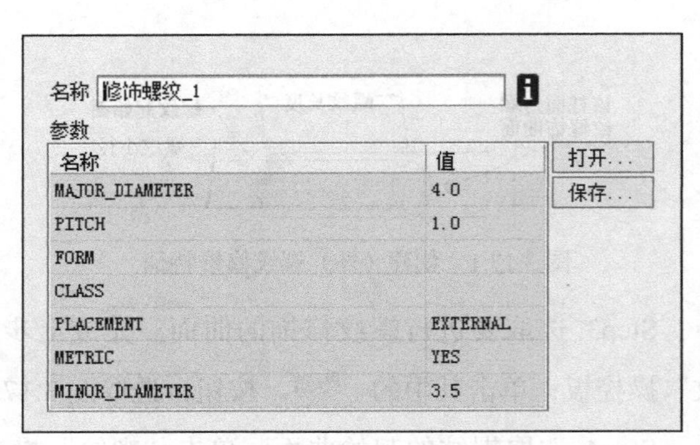

图 3.17.5　“属性”界面

Step10. 单击“修饰：螺纹”对话框中的 按钮，预览所创建的螺纹修饰特征（将模型显示换到线框状态，可看到螺纹示意线），如果定义的螺纹修饰特征符合设计意图，可单击对话框中的 按钮。

表 3.17.1　螺纹参数列表

参数名称	参数值	参数描述
MAJOR_DIAMETER	数字	螺纹的公称直径
PICTH	数字	螺距
FORM	字符串	螺纹形式
CLASS	数字	螺纹等级
PLACEMENT	字符	螺纹放置（A—轴螺纹，B—孔螺纹）
METRIC	YES/NO	螺纹为米制
MINOR_DIAMETER	数字	螺纹的小径

3.17.2　草绘修饰特征

草绘（Sketch）修饰特征被“绘制”在零件的曲面上。例如公司徽标或序列号等可“绘制”在零件的表面上。另外，在进行“有限元”分析计算时，也可利用草绘修饰特征定义

"有限元"局部负荷区域的边界。

单击 模型 功能选项卡中的 工程 ▾ 按钮，在系统弹出的菜单中选择 修饰草绘 选项，系统弹出"草绘"对话框，选择草图平面后即可绘制修饰草图。

注意：其他特征不能参考修饰特征，即修饰特征的边线既不能作为其他特征尺寸标注的起始点，也不能作为"使用边"来使用。

3.17.3 凹槽修饰特征

凹槽修饰特征（Groove）是零件表面上凹下的绘制图形，它是一种投影类型的修饰特征。通过创建草绘图形并将其投影到曲面上即可创建凹槽，凹下的修饰特征是没有定义深度的。

注意：凹槽特征不能跨越曲面边界。在数控加工中，应选取凹槽修饰（Groove）特征来定义雕刻加工。单击 模型 功能选项卡中的 工程 ▾ 按钮，在系统弹出的菜单中选择 修饰槽 选项，可以创建修饰凹槽。

3.18 复 制 特 征

特征的复制（Copy）命令用于创建一个或多个特征的副本。Creo 8.0 的特征复制包括镜像复制、平移复制和旋转复制，下面分别介绍它们的操作步骤。

3.18.1 镜像复制

特征的镜像复制是将源特征相对一个平面（这个平面称为镜像中心平面）进行镜像，从而得到源特征的一个副本。如图 3.18.1 所示，对方孔特征进行镜像复制的操作步骤如下。

Step1. 将工作目录设置至 D: \dbcreo8.1\work\ch03.18，打开文件 copy_mirror.prt。

Step2. 选取要镜像的特征。在图形区中选取要镜像复制的圆柱体拉伸特征（或在模型树中选择"拉伸 2"特征）。

Step3. 选择"镜像"命令。单击 模型 功能选项卡 编辑 ▾ 区域中的"镜像"按钮 ，如图 3.18.2 所示。

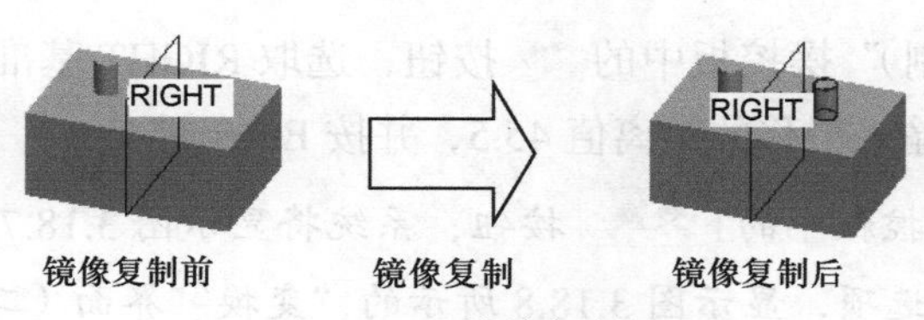

图 3.18.1 镜像复制特征

图 3.18.2 "镜像"命令

Step4. 定义镜像中心平面。完成上步操作后，系统弹出“镜像”操控板，选取 RIGHT 基准平面为镜像中心平面。

Step5. 单击“镜像”操控板中的 ✓ 按钮，完成镜像操作。

3.18.2 平移复制

下面将对图 3.18.3 中的源特征进行平移（Translate）复制，操作步骤如下。

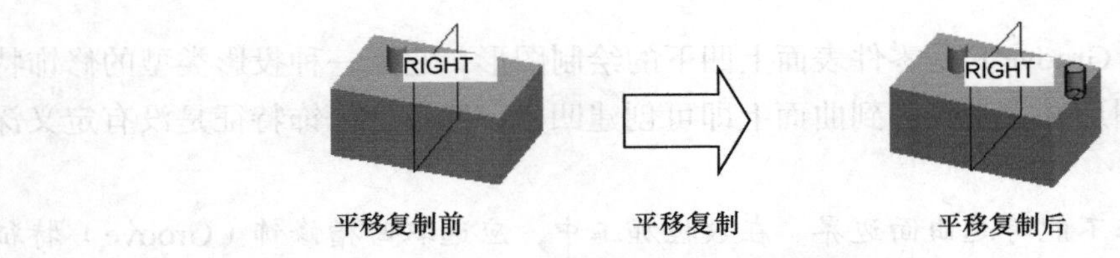

图 3.18.3 平移复制特征

Step1. 将工作目录设置至 D: \dbcreo8.1\work\ch03.18，打开文件 copy_translate.prt。

Step2. 选取要平移复制的特征。在图形区中选取圆柱体拉伸特征为平移复制对象（或在模型树中选择“拉伸 2”特征）。

Step3. 选择“平移复制”命令。单击 模型 功能选项卡 操作▼ 区域中的 按钮，如图 3.18.4 所示，然后单击 按钮中的 ▼，在弹出的菜单中选择 选择性粘贴 命令，系统弹出图 3.18.5 所示的“选择性粘贴”对话框。

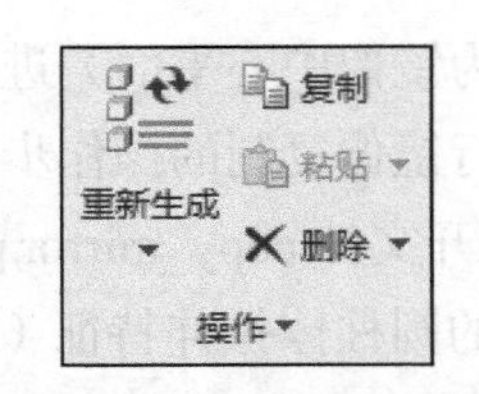

图 3.18.4 “平移复制”命令

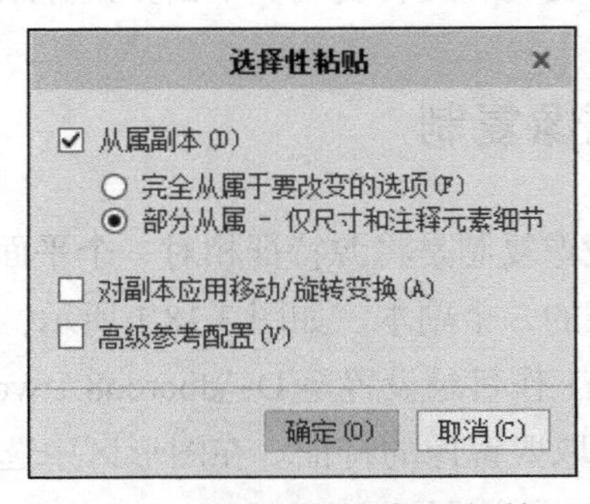

图 3.18.5 “选择性粘贴”对话框

Step4. 在“选择性粘贴”对话框中选中 ☑从属副本 和 ☑对副本应用移动/旋转变换(A) 复选框，然后单击 确定(O) 按钮，系统弹出图 3.18.6 所示的“移动（复制）”操控板。

Step5. 设置移动参数。单击“移动（复制）”操控板中的 ↔ 按钮，选取 RIGHT 基准平面为平移方向参考面；在操控板的文本框中输入平移的距离值 45.5，并按 Enter 键。

说明：如果此时单击“移动（复制）”操控板中的 变换 按钮，系统将显示图 3.18.7 所示的“变换”界面（一），单击其中的 新移动 选项，显示图 3.18.8 所示的“变换”界面（二）。

在该界面中，可以选择新的方向参考进行源特征的第二次移动复制操作。如果在图 3.18.8 所示的下拉列表中选择 旋转 选项，则可以对源特征进行旋转复制操作。

图 3.18.6 “移动（复制）”操控板

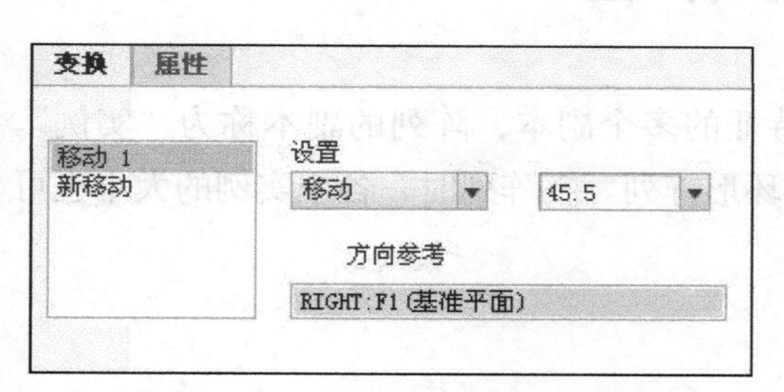

图 3.18.7 “变换”界面（一）

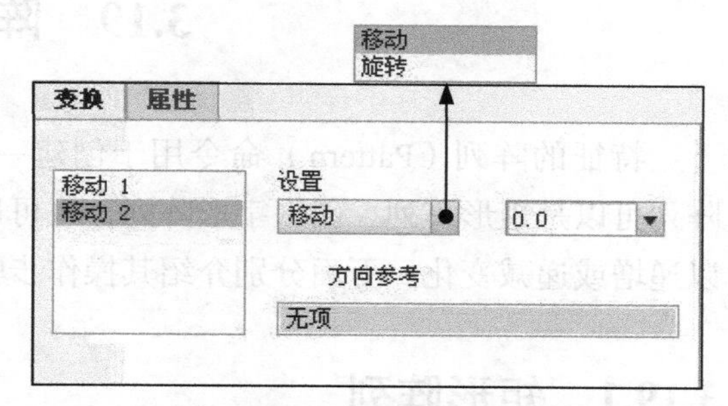

图 3.18.8 “变换”界面（二）

Step6. 单击 ✓ 按钮，完成平移复制操作。

3.18.3 旋转复制

同镜像复制和平移复制一样，旋转复制也需要具备复制移动所需的参考。旋转复制所需的参考可以是绕其转动的轴线、边线或者坐标系的坐标轴等。下面介绍如何对图 3.18.9a 所示的拉伸特征进行旋转（Rotate）复制，操作步骤如下。

Step1. 将工作目录设置至 D:\dbcreo8.1\work\ch03.18，打开文件 rotate_copy.prt。

Step2. 选取要旋转复制的特征。在图形区中选取小圆柱凸台为旋转复制对象（或在模型树中选择“拉伸 2”特征）。

Step3. 选择“旋转复制”命令。单击 模型 功能选项卡 操作 ▾ 区域中的 按钮，然后单击 按钮中的 ▾，在弹出的菜单中选择 选择性粘贴 命令，系统弹出“选择性粘贴”对话框。

Step4. 在“选择性粘贴”对话框中选中 ✓ 从属副本 和 ✓ 对副本应用移动/旋转变换(A) 复选框，然后单击 确定(O) 按钮，系统弹出“移动（复制）”操控板。

Step5. 设置移动参数。单击“移动（复制）”操控板中的 按钮，选取图 3.18.9a 所示的轴线为旋转参考轴；然后在操控板的文本框中输入旋转角度值 –90，并按 Enter 键。

Step6. 单击 ✓ 按钮，完成旋转复制操作（图 3.18.9b）。

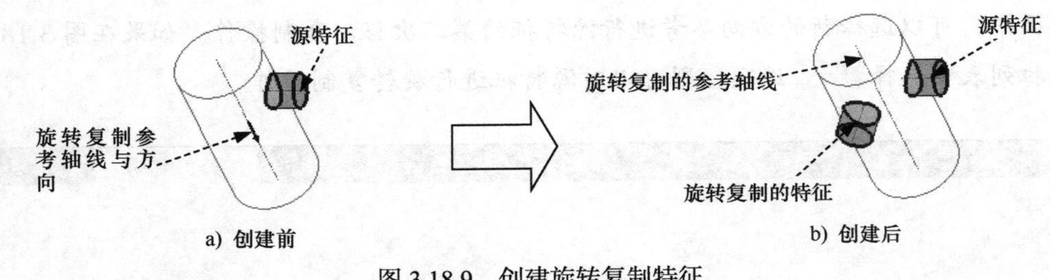

图 3.18.9 创建旋转复制特征

3.19 阵列特征

特征的阵列（Pattern）命令用于创建一个特征的多个副本，阵列的副本称为“实例”。阵列可以是矩形阵列、斜一字形阵列，也可以是环形阵列。在阵列时，各个实例的大小也可以递增或递减变化。下面分别介绍其操作步骤。

3.19.1 矩形阵列

下面介绍图 3.19.1 中孔特征的矩形阵列的操作步骤。

Step1. 将工作目录设置至 D: \dbcreo8.1\work\ch03.19，然后打开文件 pattern_rec.prt。

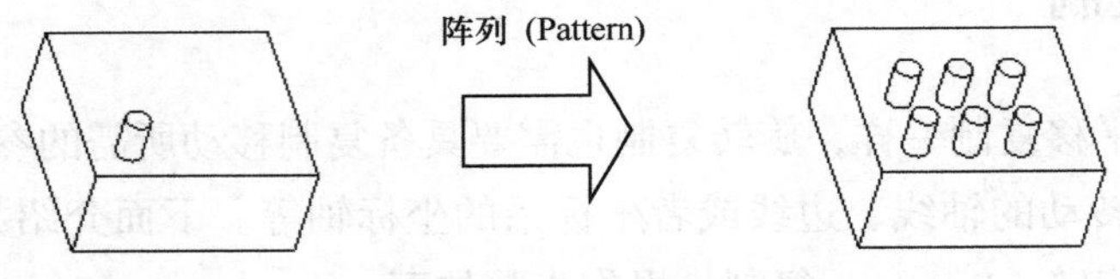

图 3.19.1 创建矩形阵列

Step2. 在模型树中选取要阵列的特征——圆柱体拉伸特征，右击，选择 命令（另一种方法是先选取要阵列的特征，然后单击 模型 功能选项卡 编辑 ▾ 区域中的“阵列”按钮 ）。

注意： 一次只能选取一个特征进行阵列，如果要同时阵列多个特征，应预先把这些特征组成一个“组（Group）”。

Step3. 选取阵列类型。在图 3.19.2 所示的“阵列”操控板（一）的 选项 界面中单击 ▾ 按钮，然后选择 常规 选项。

说明：

在图 3.19.2 所示的“阵列”操控板（一）的 选项 界面中有下面三个阵列类型选项。

- 相同 阵列的特点和要求：

☑ 所有阵列的实例大小相同。

☑ 所有阵列的实例放置在同一曲面上。

☑ 阵列的实例不与放置曲面边、任何其他实例边或放置曲面以外任何特征的边相交。

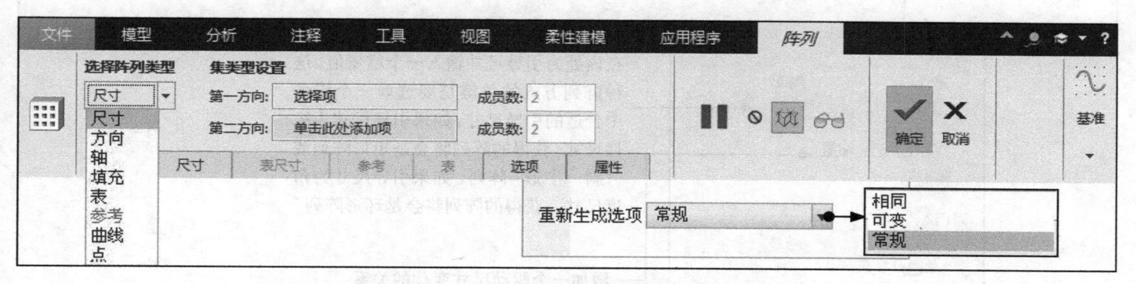

图 3.19.2 “阵列”操控板（一）

例如在图 3.19.3 所示的矩形阵列中，虽然孔的直径大小相同，但其深度不同，所以不能用 相同 阵列，可用 可变 或 常规 进行阵列。

● 可变 阵列的特点和要求：

☑ 实例大小可变化。

☑ 实例可放置在不同曲面上。

☑ 没有实例与其他实例相交。

注意：对于“可变”阵列，Creo 分别为每个实例特征生成几何，然后一次生成所有交截。

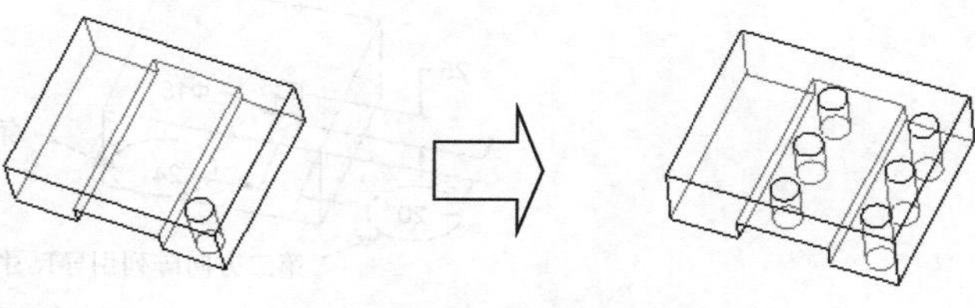

图 3.19.3 矩形阵列

● 常规 阵列的特点：

系统对“一般”特征的实例不做什么要求。系统计算每个单独实例的几何，并分别对每个特征求交。可用该命令使特征与其他实例接触、自交，或与曲面边界交叉。如果实例与基础特征内部相交，即使该交截不可见，也需要进行“一般”阵列。在进行阵列操作时，为了确保阵列创建成功，建议读者优先选中 常规 按钮。

Step4. 选择阵列控制方式。在操控板中选择以“尺寸”方式控制阵列。“阵列”操控板（二）中控制阵列的各命令说明如图 3.19.4 所示。

Step5. 选取第一方向、第二方向引导尺寸并给出增量（间距）值。

（1）在操控板中单击 尺寸 按钮，选取图 3.19.5 中的第一方向阵列引导尺寸 24，再在“方向 1”的“增量”文本栏中输入值 30.0。

（2）在图 3.19.6 所示的“尺寸”界面中，单击“方向 2”区域“尺寸”栏中的“单击此处添加…”字符，然后选取图 3.19.5 中的第二方向阵列引导尺寸 20，再在“方向 2”的“增量”文本栏中输入值 40.0；完成操作后的“尺寸”界面如图 3.19.7 所示。

Step6. 给出第一方向、第二方向阵列的个数。在操控板中的第一方向的阵列个数栏中输入值 3，在第二方向的阵列个数栏中输入值 2。

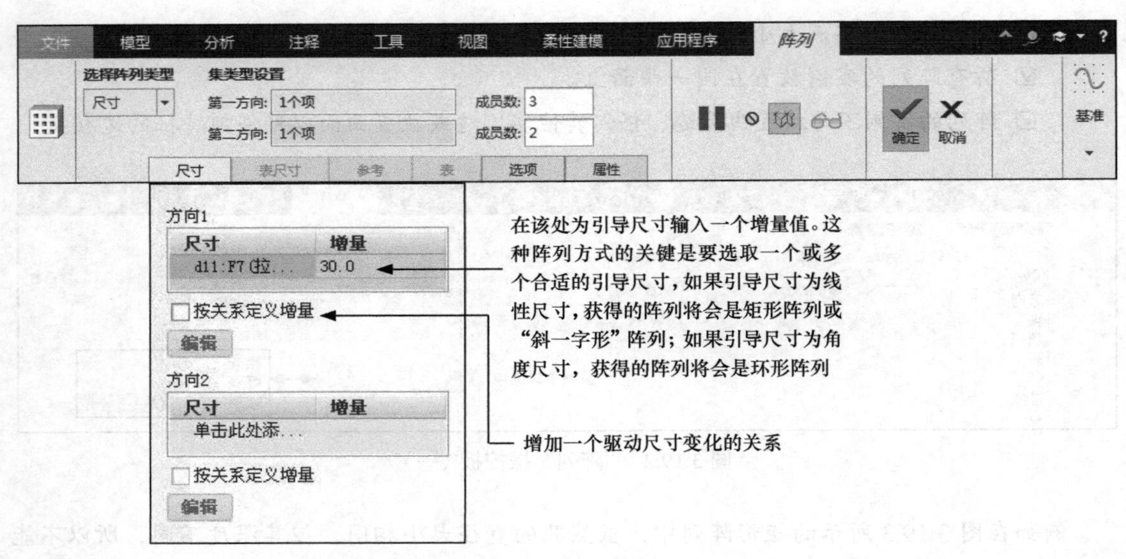

图 3.19.4 “阵列”操控板（二）

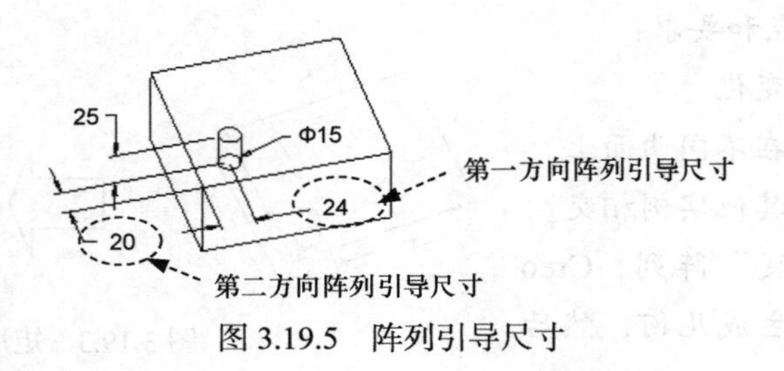

图 3.19.5 阵列引导尺寸

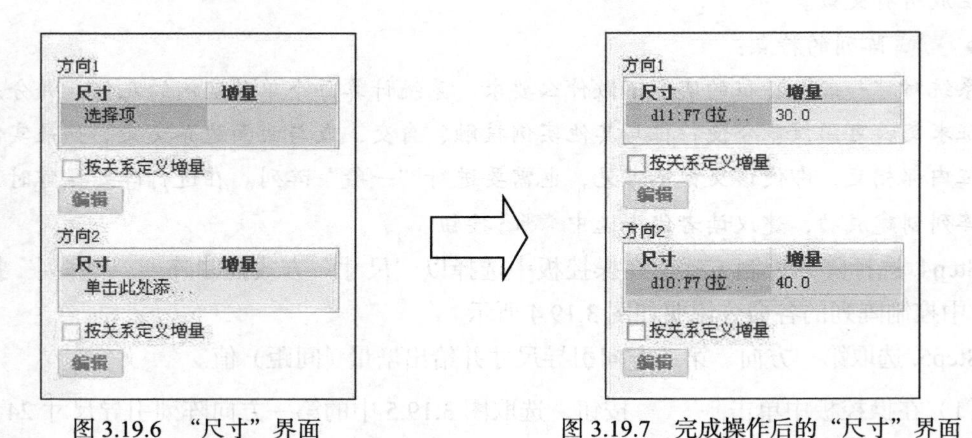

图 3.19.6 “尺寸”界面　　图 3.19.7 完成操作后的“尺寸”界面

Step7. 在操控板中单击“确定”按钮 ✓，完成后的模型如图 3.19.8 所示。

3.19.2 斜一字形阵列

下面将要创建图 3.19.9 所示的圆柱体特征的“斜一字形”阵列。

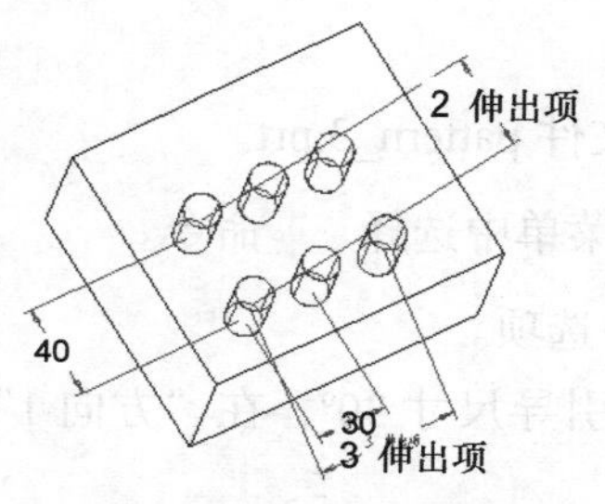

图 3.19.8 完成后的模型

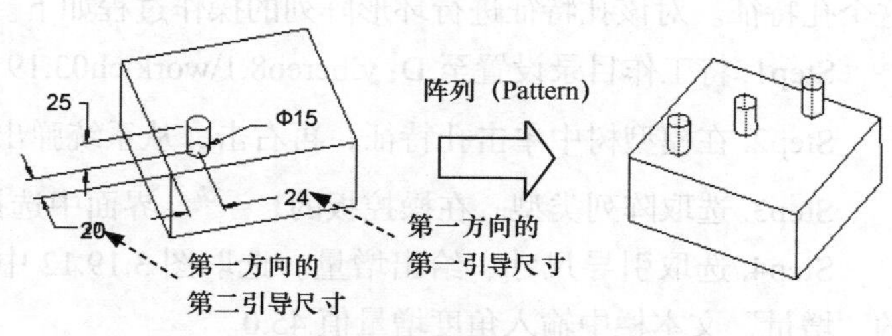

图 3.19.9 创建“斜一字形”阵列

Step1. 将工作目录设置至 D: \dbcreo8.1\work\ch03.19，打开文件 pattern_1.prt。

Step2. 在模型树中右击圆柱体拉伸特征，选择 ⊞ 命令。

Step3. 选取阵列类型。在操控板中单击 选项 按钮，选择 常规 选项。

Step4. 选取引导尺寸，给出增量。

（1）在操控板中单击 尺寸 按钮，系统弹出图 3.19.10 所示的“尺寸”界面。

（2）选取图 3.19.11 中第一方向的第一引导尺寸 24，按住 Ctrl 键再选取第一方向的第二引导尺寸 20；在“方向 1”的“增量”栏中输入第一个增量值为 30.0，第 2 个增量值为 40.0。

Step5. 在操控板中的第一方向的阵列个数栏中输入值 3，然后单击按钮 ✓，完成操作。

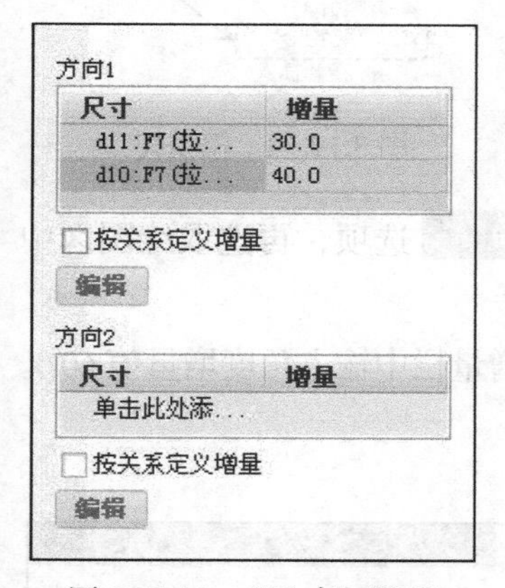

图 3.19.10 “尺寸”界面

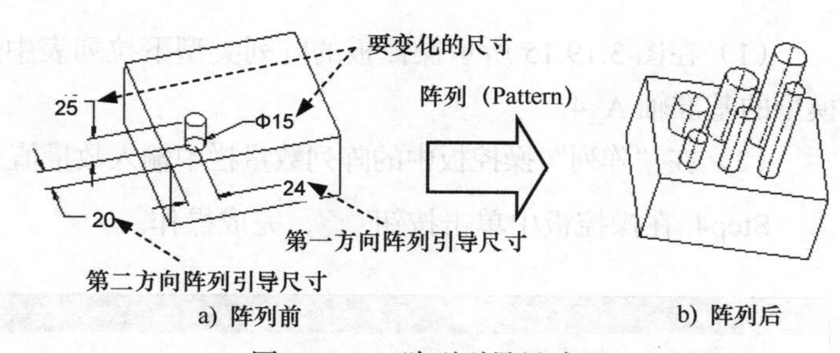

图 3.19.11 阵列引导尺寸

3.19.3 环形阵列

先介绍用“引导尺寸”的方法进行环形阵列。下面要创建图 3.19.12b 所示的孔特征的环形阵列。作为阵列前的准备，先创建一个圆盘形的特征，再添加一个孔特征，由于环形阵列需要有一个角度引导尺寸，因此在创建孔特征时，要选择“径向”选项来放置

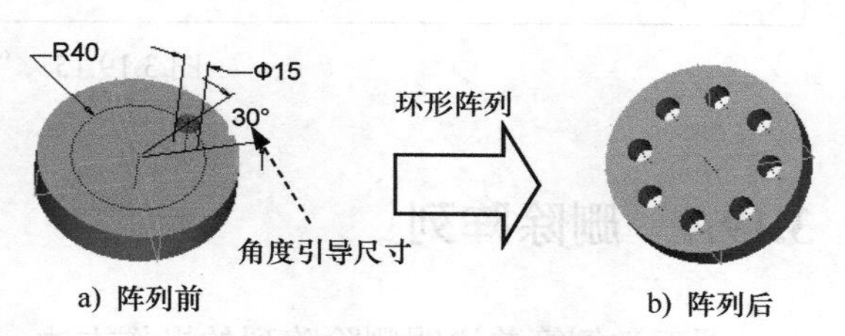

图 3.19.12 创建环形阵列

这个孔特征。对该孔特征进行环形阵列的操作过程如下。

Step1. 将工作目录设置至 D: \dbcreo8.1\work\ch03.19，打开文件 pattern_3.prt。

Step2. 在模型树中单击孔特征，再右击，从系统弹出的快捷菜单中选择 ⊞ 命令。

Step3. 选取阵列类型。在操控板的 选项 界面中选择 常规 选项。

Step4. 选取引导尺寸、给出增量。选取图 3.19.12 中的角度引导尺寸 30º，在“方向 1”的“增量”文本栏中输入角度增量值 45.0。

Step5. 在操控板中输入第一方向的阵列个数 8；单击按钮 ✓，完成操作。

另外，还有一种利用“轴”进行环形阵列的方法。下面以图 3.19.13 为例进行说明。

Step1. 将工作目录设置至 D: \dbcreo8.1\work\ch03.19，打开文件 axis_pattern.prt。

Step2. 在图 3.19.14 所示的模型树中单击 ▸ 拉伸 2 特征，右击，从系统弹出的快捷菜单中选择 ⊞ 命令。

Step3. 选取阵列中心轴和阵列数目。

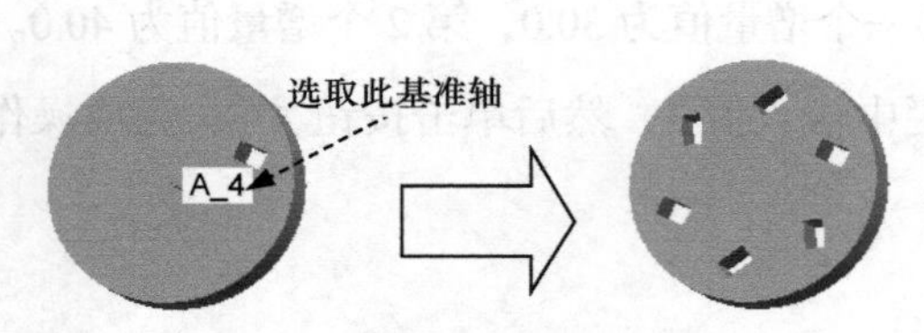

图 3.19.13 利用轴进行环形阵列

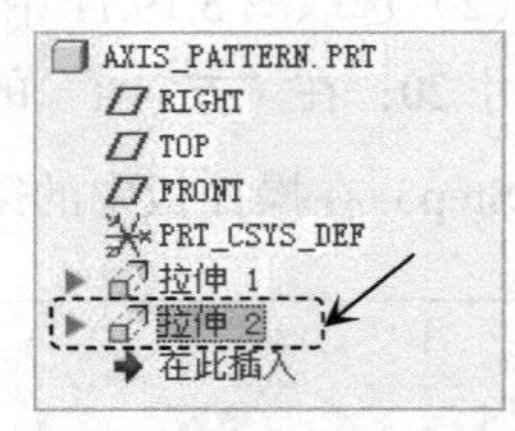

图 3.19.14 模型树

（1）在图 3.19.15 所示操控板的阵列类型下拉列表中选择 轴 选项，再选取绘图区中模型的基准轴 A_4。

（2）在“阵列”操控板中的阵列数量栏中输入数量值 6，在增量栏中输入角度增量值 60.0。

Step4. 在操控板中单击按钮 ✓，完成操作。

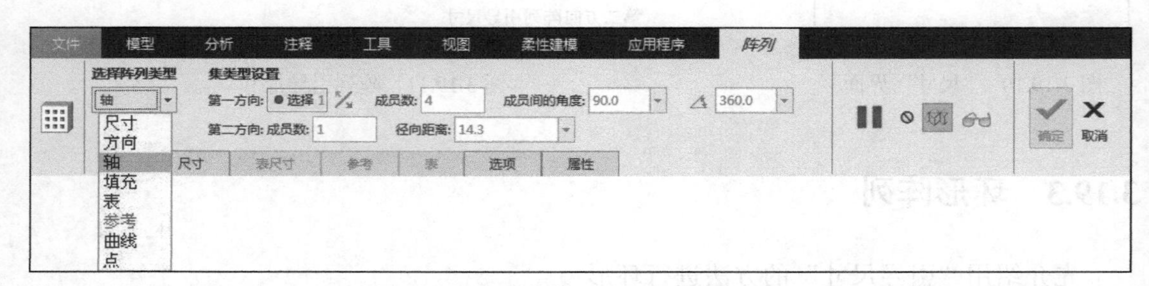

图 3.19.15 “阵列”操控板

3.19.4 删除阵列

下面举例简单说明删除阵列的操作方法。

在模型树中单击任一阵列特征，本例为“▶ 阵列 1 / 拉伸 2”，右击，在系统弹出的快捷菜单中选择 删除阵列 命令。

说明： *在删除阵列时，在模型树中右击阵列特征，在系统弹出的快捷菜单中选中“删除”命令，就会把阵列源特征一起删除。*

3.20 特征的成组

图 3.20.1 所示模型中的凸台由三个特征组成：实体拉伸特征、孔特征和倒角特征，如果要对这个带孔和倒角的凸台进行阵列，必须将它们归成一组，这就是 Creo 8.0 中特征成组（Group）的概念（注意：欲成为一组的多个特征在模型树中必须是连续的）。下面以此为例说明创建“组”的一般步骤。

Step1. 将工作目录设置至 D: \dbcreo8.1\work\ch03.20，打开文件 group.prt。

Step2. 按住 Ctrl 键，在图 3.20.2a 所示的模型树中选取拉伸 2、倒圆角 1 和倒角 1 特征。

Step3. 单击 模型 功能选项卡中的 操作 ▾ 按钮，在系统弹出的下拉菜单中选择 分组 命令（图 3.20.3），此时拉伸 2、倒圆角 1 和倒角 1 的特征合并为 组LOCAL_GROUP（图 3.20.2b），至此完成组的创建。

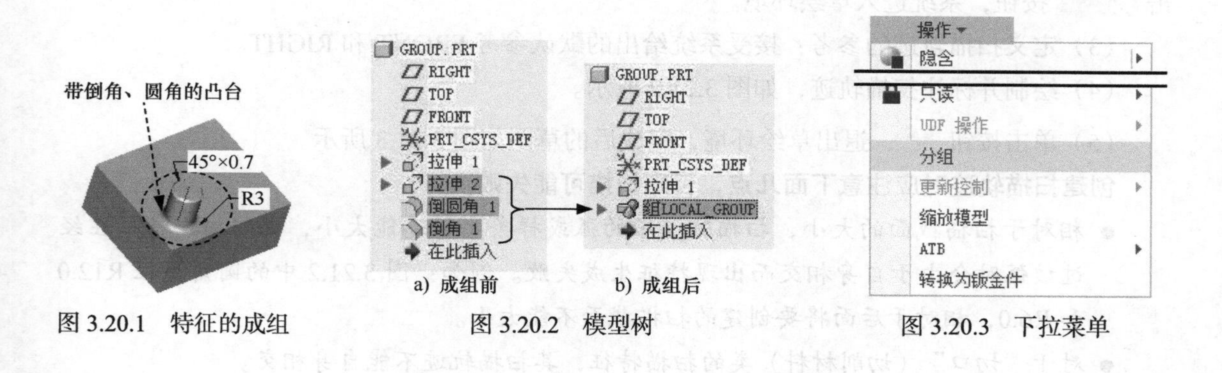

图 3.20.1 特征的成组　　图 3.20.2 模型树　　图 3.20.3 下拉菜单

3.21 扫 描 特 征

3.21.1 关于扫描特征

如图 3.21.1 所示，扫描（Sweep）特征是将一个截面沿着给定的轨迹“掠过”而生成的，所以也叫“扫掠”特征。要创建或重新定义一个扫描特征，必须给定两大特征要素，即扫描轨迹和扫描截面。

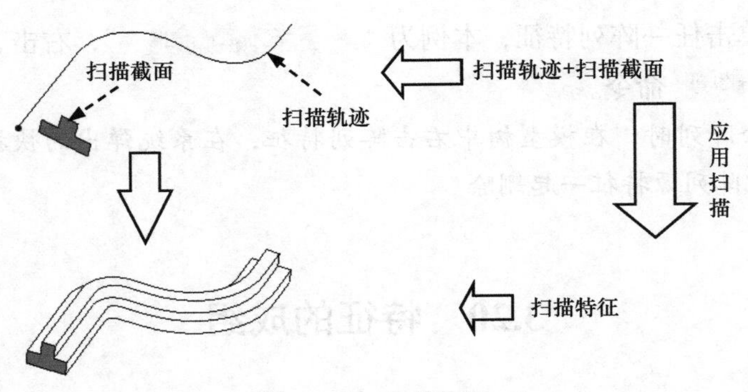

图 3.21.1 扫描特征

3.21.2 扫描特征的一般创建过程

下面以图 3.21.1 为例，说明创建扫描特征的一般过程。

Step1. 新建一个零件模型，将其命名为 sweep。

Step2. 绘制扫描轨迹曲线。

（1）单击 模型 功能选项卡 基准 ▾ 区域中的“草绘”按钮 。

（2）选取 TOP 基准平面作为草绘面，选取 RIGHT 基准平面作为参考面，方向向右；单击 草绘 按钮，系统进入草绘环境。

（3）定义扫描轨迹的参考：接受系统给出的默认参考 FRONT 和 RIGHT。

（4）绘制并标注扫描轨迹，如图 3.21.2 所示。

（5）单击按钮 ，退出草绘环境，完成后的草图如图 3.21.3 所示。

创建扫描轨迹时应注意下面几点，否则扫描可能失败。

- 相对于扫描截面的大小，扫描轨迹中的弧或样条半径不能太小，否则扫描特征在经过该弧时会由于自身相交而出现特征生成失败。例如：图 3.21.2 中的圆角半径 R12.0 和 R6.0，相对于后面将要创建的扫描截面不能太小。
- 对于“切口”（切削材料）类的扫描特征，其扫描轨迹不能自身相交。

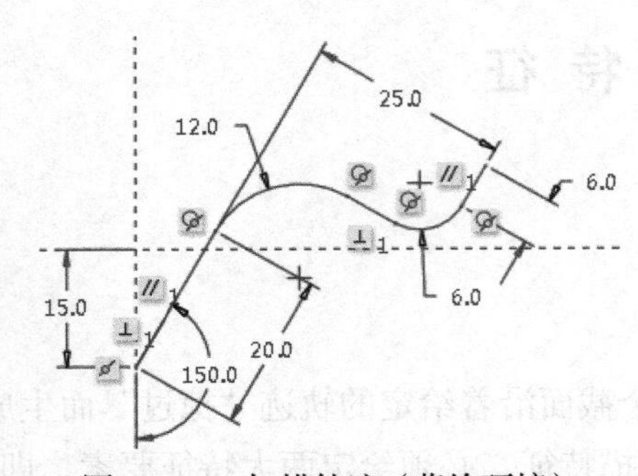

图 3.21.2 扫描轨迹（草绘环境）

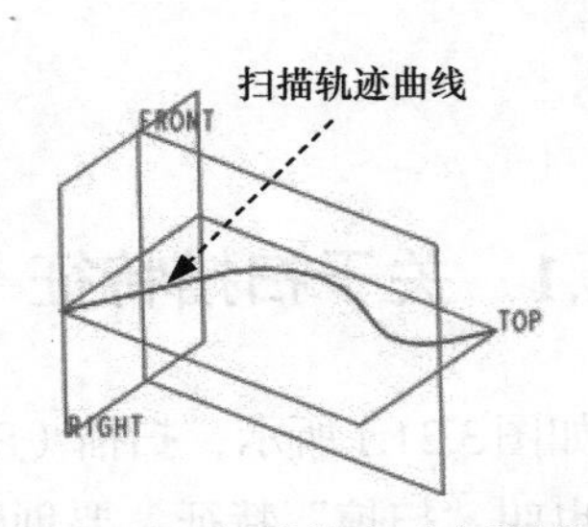

图 3.21.3 扫描轨迹（建模环境）

Step3. 选择“扫描”命令。单击 模型 功能选项卡 形状▼ 区域中的 扫描▼ 按钮（图 3.21.4），系统弹出图 3.21.5 所示的“扫描”操控板。

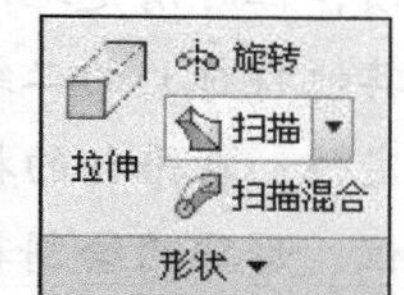

图 3.21.4 “扫描”命令

Step4. 定义扫描轨迹。

（1）在操控板中确认“实体”按钮 和“恒定轨迹”按钮 被按下。

（2）在图形区中选取图 3.21.3 所示的扫描轨迹曲线。

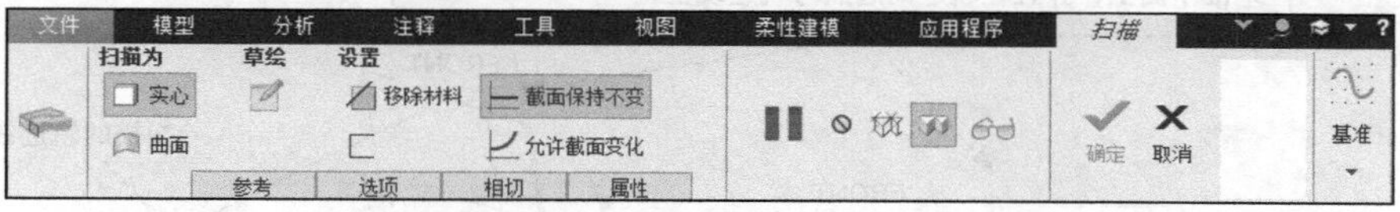

图 3.21.5 “扫描”操控板

（3）单击图 3.21.6 所示的箭头，切换扫描的起始点，切换后的扫描轨迹曲线如图 3.21.7 所示。

Step5. 创建扫描特征的截面。

（1）在操控板中单击“创建或编辑扫描截面”按钮 ，系统自动进入草绘环境。

（2）定义截面的参考。此时系统自动以 L1 和 L2 为参考，使截面完全放置。

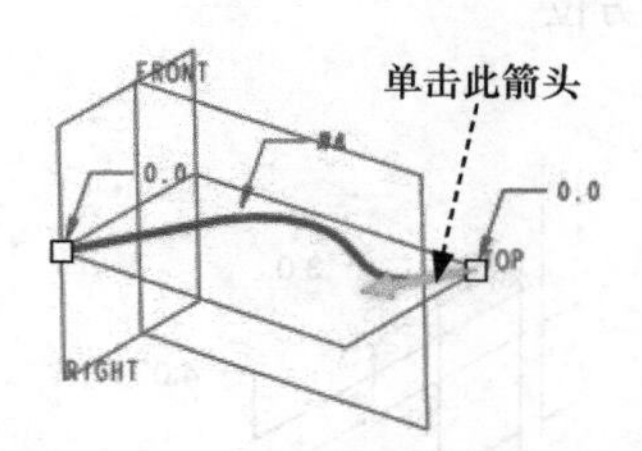

图 3.21.6 切换起点之前

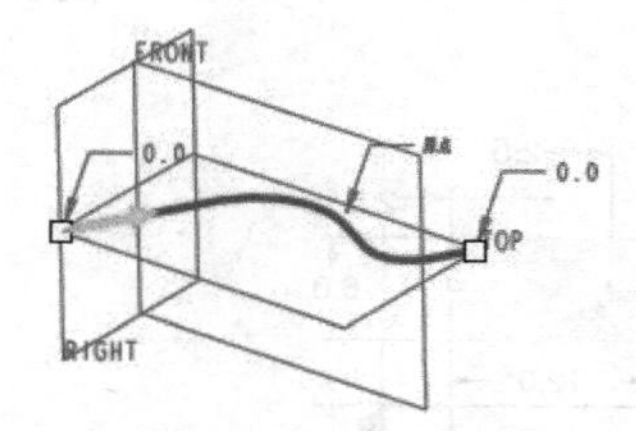

图 3.21.7 切换起点之后

注意： L1 和 L2 虽然不在对话框中的“参考”列表区显示，但它们实际上是截面的参考。

说明： 现在系统已经进入扫描截面的草绘环境。一般情况下，草绘区显示的情况如图 3.21.8 左边的部分所示，此时草绘平面与屏幕平行。前面在讲述拉伸（Extrude）特征和旋转（Revolve）特征时，都是建议在进入截面的草绘环境之前要定义截面的草绘平面，因此有的读者可能要问：“现在创建扫描特征怎么没有定义截面的草绘平面呢？”。其实，系统已自动为我们生成了一个草绘平面。现在请读者按住鼠标中键移动鼠标，把图形调整到图 3.21.8 右边部分所示的方位，此时草绘平面与屏幕不平行。请仔细阅读图 3.21.8 中的注释，便可明白系统是如何生成草绘平面的。如果想返回到草绘平面与屏幕平行的状态，请单击“视图控制”工具栏中的按钮 。

（3）绘制并标注扫描截面的草图。

说明： 在草绘平面与屏幕平行和不平行这两种视角状态下，都可创建截面草图，它们各有利弊，在图 3.21.9 所示的草绘平面与屏幕平行的状态下创建草图，符合用户在平面上进行绘图的习惯；在图 3.21.10 所示的草绘平面与屏幕不平行的状态下创建草图，一些用户虽不习惯，但可清楚地看到截面草图与轨迹间的相对位置关系。建议读者在创建扫描特征（也包括其他特征）的二维截面草图时，交替使用这两种视角显示状态，在非平行状态下进行草图的定位；在平行的状态下进行草图形状的绘制和大部分标注。但在绘制三维草图时，草图的定位、形状的绘制和相当一部分标注需在非平行状态下进行。

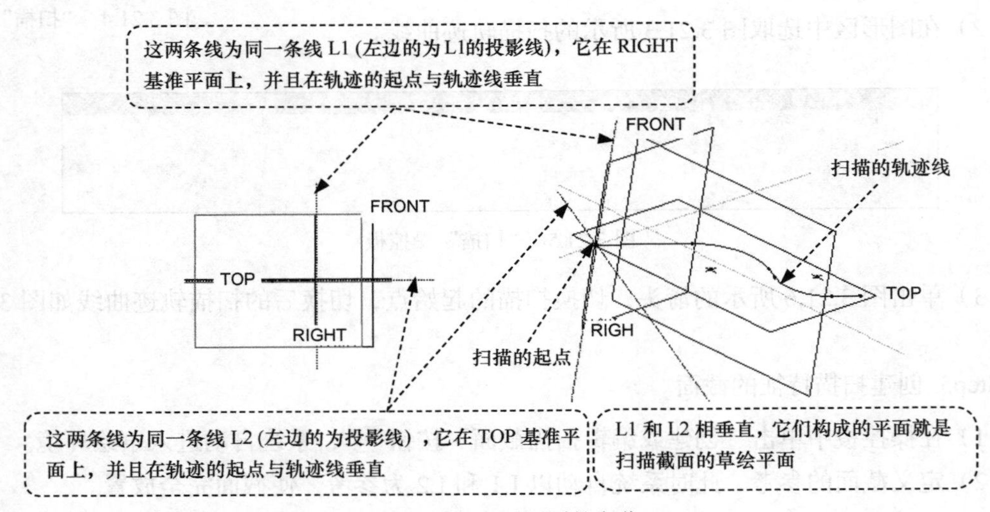

图 3.21.8 查看不同的方位

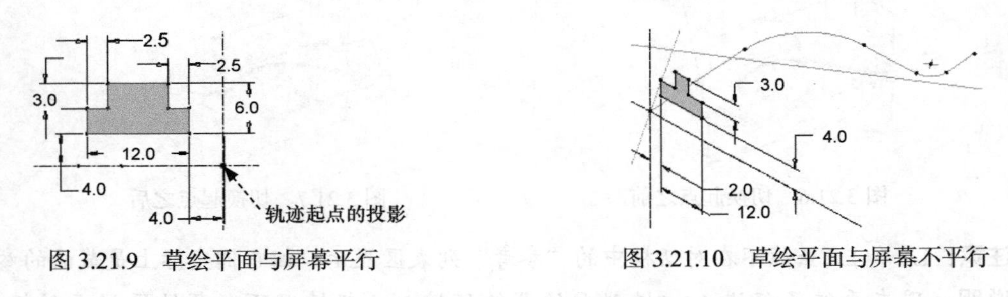

图 3.21.9 草绘平面与屏幕平行　　图 3.21.10 草绘平面与屏幕不平行

（4）完成截面的绘制和标注后，单击“确定”按钮 ✔。

Step6. 单击操控板中的 ✔ 按钮，此时系统弹出图 3.21.11 所示的“重新生成失败”对话框；单击 确定 按钮，特征失败的原因可从所定义的轨迹和截面两个方面来查找。

（1）查找轨迹方面的原因。检查是不是图 3.21.2 中的尺寸 R6.0 太小，将它改成 R9.0 试试看。操作步骤如下。

① 在模型树中右击 草绘 1，在弹出的快捷菜单中选择 命令，系统进入草绘环境。

② 在草绘环境中将图 3.21.2 中的圆角半径尺寸 R6.0 改成 R9.0，然后单击“确定”按钮 ✔。

③ 如果系统仍然出现错误信息，说明不是轨迹中的圆角半径太小的原因。

（2）查找特征截面方面的原因。检查是不是截面距轨迹起点太远，或截面尺寸太大（相对于轨迹尺寸）。操作步骤如下。

① 在模型树中右击出错的特征 扫描 1，在系统弹出的快捷菜单中选择 命令，系统返回“扫描”操控板；在操控板中单击 按钮，系统进入草绘环境。

② 在草绘环境中按图 3.21.12 所示修改截面尺寸。将所有尺寸修改完毕后，单击确定按钮 。

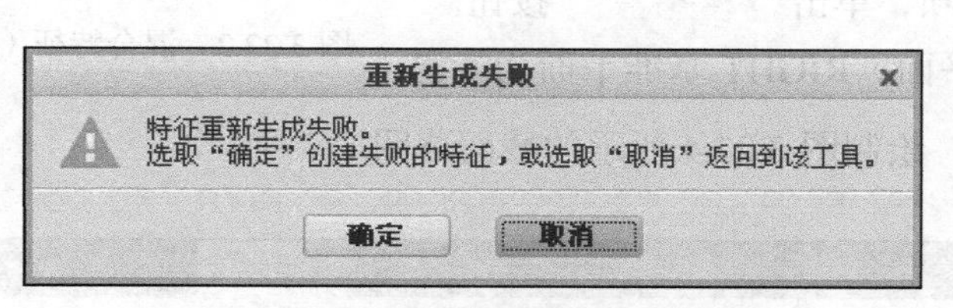

图 3.21.11 “重新生成失败”对话框

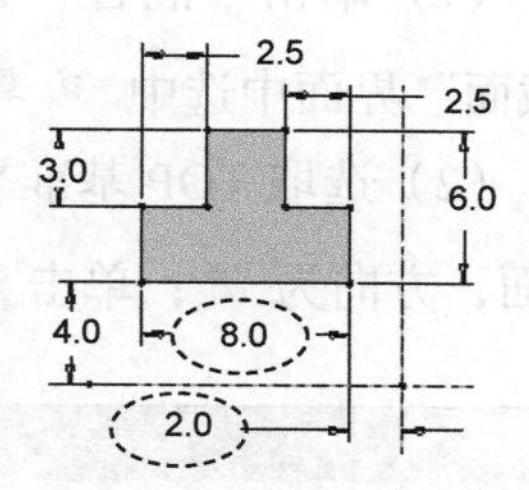

图 3.21.12 修改截面尺寸

Step7. 单击操控板中的 按钮，完成扫描特征的创建。

3.22 混合特征

3.22.1 关于混合特征

将一组截面沿其边线用过渡曲面连接形成一个连续的特征，就是混合（Blend）特征。混合特征至少需要两个截面。图 3.22.1 所示的混合特征是由三个截面混合而成的。

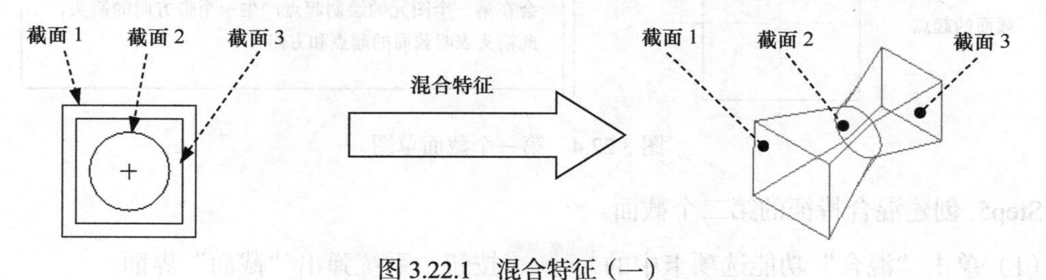

图 3.22.1 混合特征（一）

3.22.2 混合特征的一般创建过程

下面以图 3.22.2 所示的混合特征为例，说明创建混合特征的一般操作步骤。

Step1. 将工作目录设置至 D: \dbcreo8.1\work\ch03.22，新建文件，并将其命名为 blend_body.prt。

Step2. 单击 模型 功能选项卡中的 形状 ▾ 按钮，在系统弹出的菜单中选择 混合 命令，系统弹出图 3.22.3 所示的“混合”选项卡。

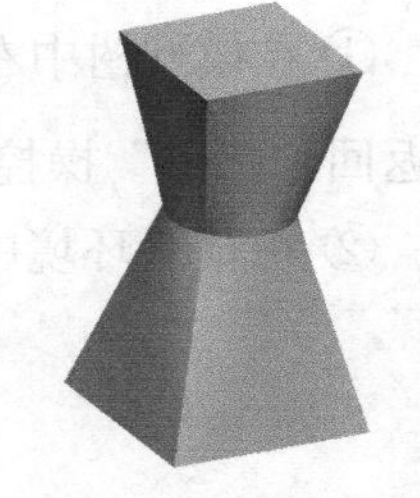

图 3.22.2　混合特征（二）

Step3. 定义混合类型。在操控板中确认“混合为实体”按钮 和“与草绘截面混合”按钮 被按下。

Step4. 创建混合特征的第一个截面。

（1）单击“混合”选项卡中的 截面 按钮，在系统弹出的“截面”界面中选中 ◉ 草绘截面 单选项，单击 定义... 按钮。

（2）选取 TOP 基准平面为草绘平面，RIGHT 基准平面为参考平面，方向为 右；单击 草绘 按钮，绘制图 3.22.4 所示的截面草图。

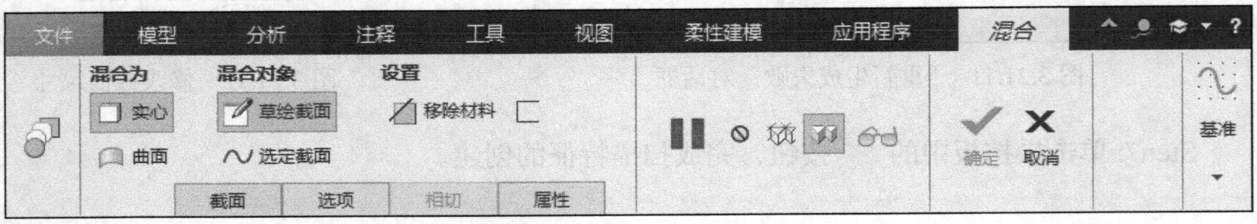

图 3.22.3　“混合”选项卡

（3）绘制完成后单击 ✔ 按钮，退出草绘环境。

提示：先绘制两条中心线，再单击 矩形 按钮绘制长方形，进行对称、相等约束，修改、调整尺寸后即得图 3.22.4 所示的正方形。

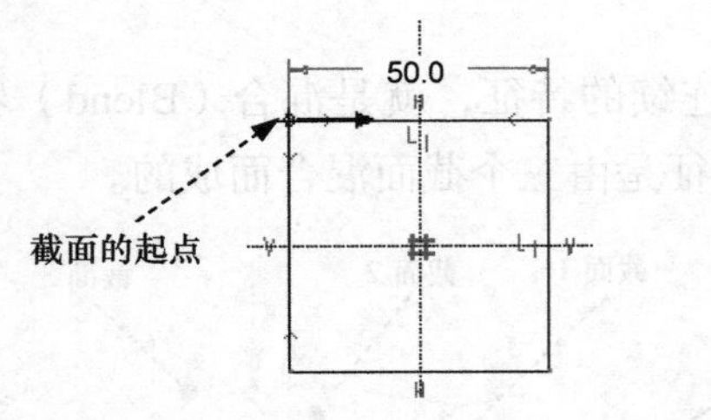

注意：草绘混合特征中的每一个截面时，Creo 8.0 系统会在第一个图元的绘制起点产生一个带方向的箭头，此箭头表明截面的起点和方向

图 3.22.4　第一个截面草图

Step5. 创建混合特征的第二个截面。

（1）单击“混合”功能选项卡中的 截面 按钮，系统弹出“截面”界面。

（2）在“截面”界面中定义“草绘平面位置定义方式”类型为 ◉ 偏移尺寸，偏移自“截面 1”的偏移距离值为 50.0，单击 草绘... 按钮。

（3）绘制图 3.22.5 所示的截面草图。

Step6. 将第二个截面（圆）切分成四个图元。

注意：在创建混合特征的多个截面时，Creo 8.0 要求各个截面的图元数（或顶点数）相同（当第一个截面或最后一个截面为一个单独的点时，不受此限制）。在本例中，前一个截面是长方形，它有四条线段（即四个图元），而第二个截面为一个圆，只是一个图元，没有顶点。所以这一步要做的是将第二个截面（圆）变成四个图元。

（1）绘制两条中心线使其经过圆心与矩形的顶点。

（2）单击 模型 功能选项卡 编辑 区域中的“分割”按钮 。

（3）分别在图 3.22.6 所示的四个位置选择四个点。

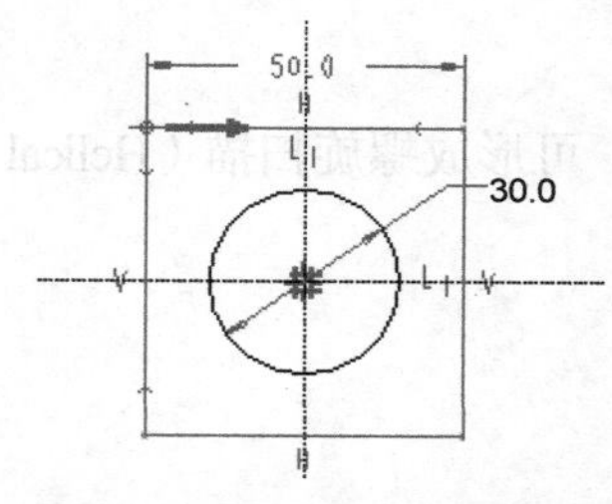

图 3.22.5 第二个截面草图

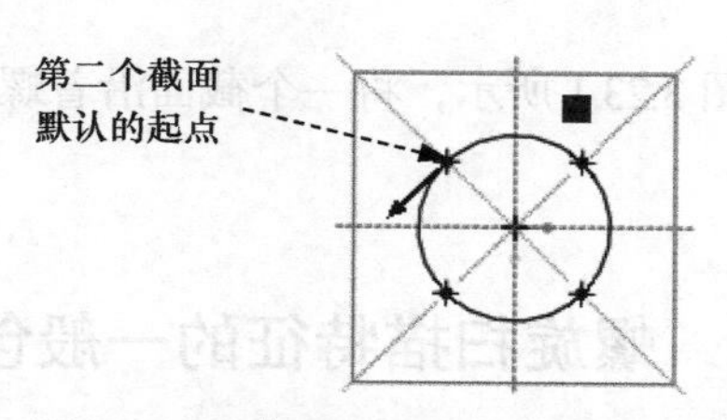

图 3.22.6 截面图形分成四个图元

Step7. 改变第二个截面的起点和起点的方向。

（1）选择图 3.22.7 所示的点，右击，从系统弹出的快捷菜单中选择 起点(S) 命令。

（2）如果想改变起点处的箭头方向，再右击，从系统弹出的快捷菜单中选择 起点(S) 命令。

（3）完成后单击 按钮，退出草绘环境。

注意：混合特征中的各个截面的起点应该靠近，且方向相同（同为顺时针或逆时针方向），否则会生成图 3.22.8 所示的扭曲形状。

Step8. 创建混合特征的第三个截面。

（1）单击“混合”功能选项卡中的 截面 按钮，系统弹出“截面”界面。

（2）单击界面中的 插入 按钮，定义“草绘平面位置定义方式”类型为 ◉ 偏移尺寸，偏移自“截面 2”的偏移距离值为 50.0，单击 草绘... 按钮。

（3）绘制图 3.22.9 所示的截面草图。单击 按钮，退出草绘环境。

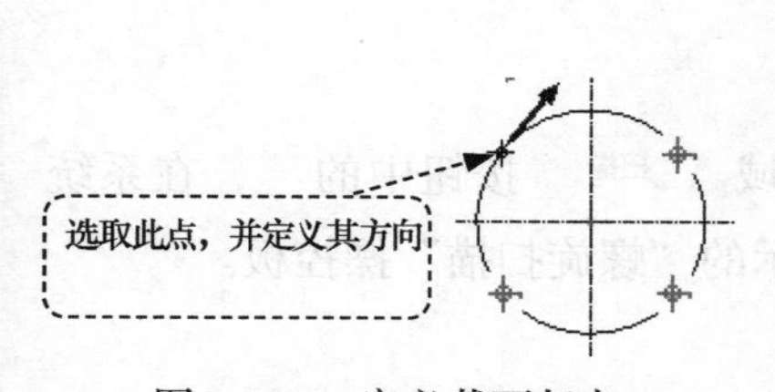

图 3.22.7 定义截面起点

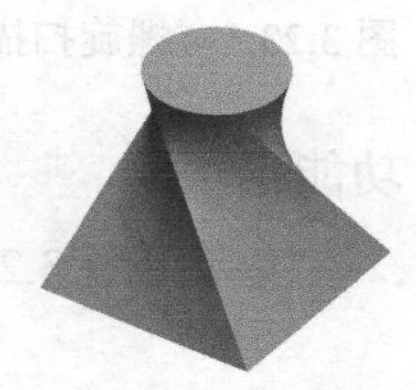

图 3.22.8 扭曲的混合特征

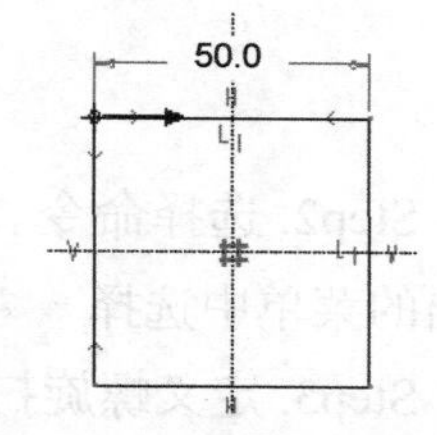

图 3.22.9 第三个截面图形

Step9. 在“混合”操控板 选项 选项卡 混合曲面 区域选中 ◉ 直 单选项。

Step10. 单击 按钮，完成特征的创建。

3.23　螺旋扫描特征

3.23.1　关于螺旋扫描特征

如图 3.23.1 所示，将一个截面沿着螺旋轨迹线进行扫描，可形成螺旋扫描（Helical Sweep）特征。

3.23.2　螺旋扫描特征的一般创建过程

这里以图 3.23.1 所示的螺旋扫描特征为例，说明创建这类特征的一般过程。

Step1. 新建一个零件模型，将其命名为 helix_sweep。

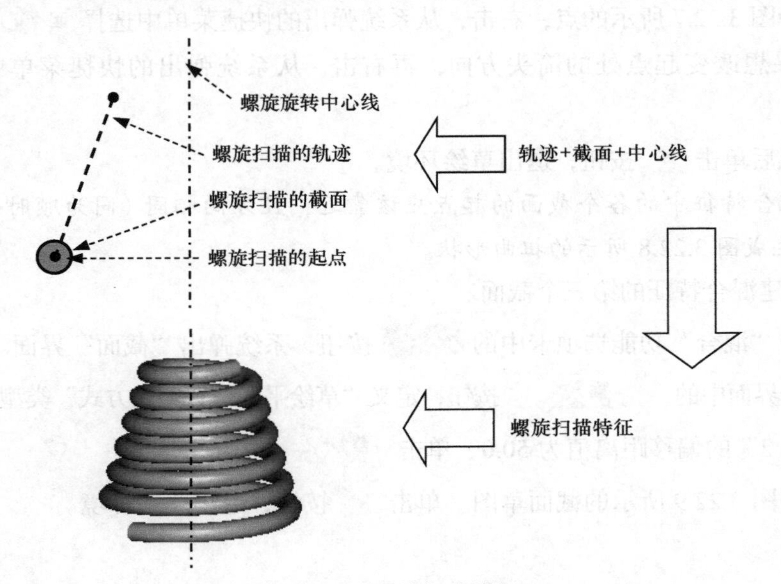

图 3.23.1　螺旋扫描特征

Step2. 选择命令。单击 模型 功能选项卡 形状 ▾ 区域 扫描 ▾ 按钮中的 ▾，在系统弹出的菜单中选择 螺旋扫描 命令，系统弹出图 3.23.2 所示的“螺旋扫描”操控板。

Step3. 定义螺旋扫描轨迹。

（1）在操控板中确认“实体”按钮 和“使用右手定则”按钮 被按下。

（2）单击操控板中的 参考 按钮，在系统弹出的界面中单击 定义... 按钮，系统弹出“草绘”对话框。

（3）选取 FRONT 基准平面作为草绘平面，选取 RIHGT 基准平面作为参考平面，方向向右，系统进入草绘环境，绘制图 3.23.3 所示的螺旋扫描轨迹草图。

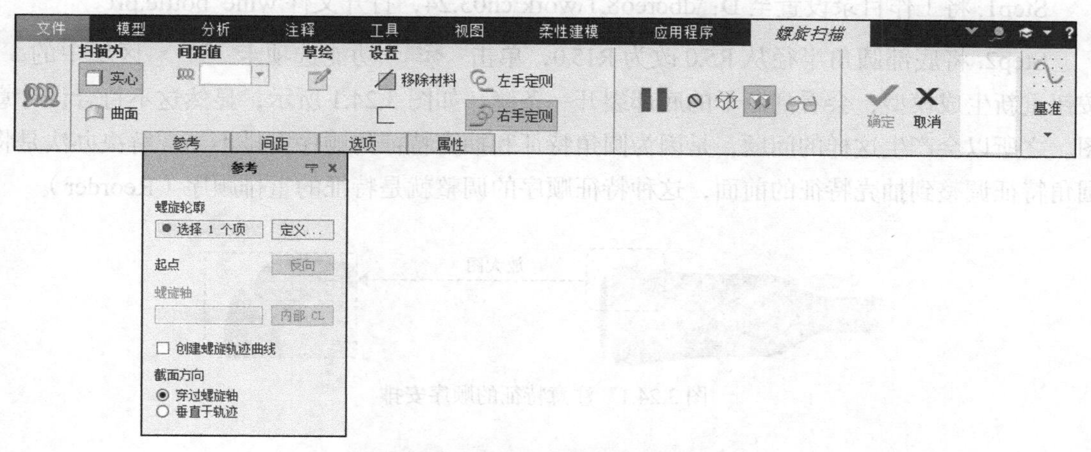

图 3.23.2 “螺旋扫描”操控板

（4）单击按钮，退出草绘环境。

Step4. 定义螺旋节距。在操控板的 8.0 文本框中输入节距值 8.0，并按 Enter 键。

Step5. 创建螺旋扫描特征的截面。在操控板中单击按钮，系统进入草绘环境，绘制和标注图 3.23.4 所示的截面图形——圆，然后单击草绘工具栏中的按钮。

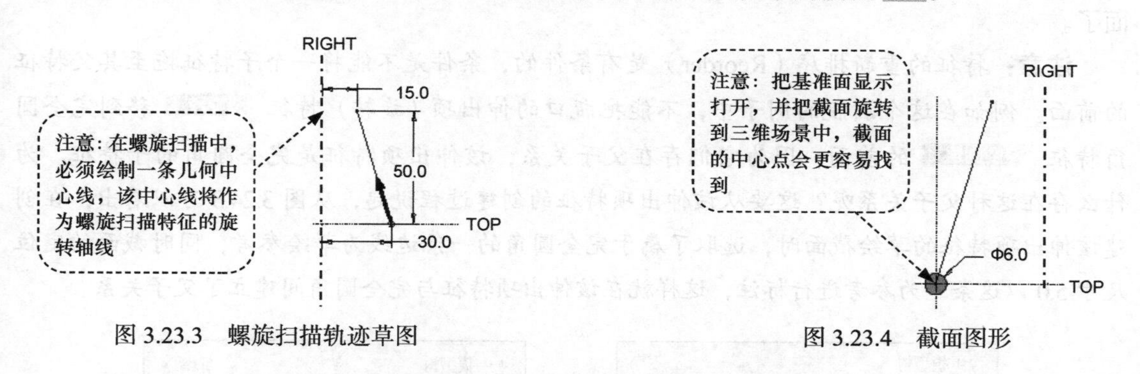

图 3.23.3 螺旋扫描轨迹草图

图 3.23.4 截面图形

Step6. 单击操控板中的按钮，完成螺旋扫描特征的创建。

3.24 特征的重新排序及插入操作

3.24.1 概述

在 3.14 节中，曾提到对一个零件进行抽壳时，零件中特征的创建顺序非常重要。如果各特征的顺序安排不当，抽壳特征会生成失败，有时即使能生成抽壳，但结果也不会符合设计的要求。读者可按下面的操作步骤进行验证。

Step1. 将工作目录设置至 D: \dbcreo8.1\work\ch03.24，打开文件 wine_bottle.prt。

Step2. 将底部圆角半径从 R5.0 改为 R15.0，单击 模型 功能选项卡 操作 ▾ 区域中的 按钮重新生成模型，会看到瓶子的底部裂开一条缝，如图 3.24.1 所示，显然这不符合设计意图。之所以会产生这样的问题，是因为圆角特征和抽壳特征的顺序安排不当。解决办法是将圆角特征调整到抽壳特征的前面，这种特征顺序的调整就是特征的重排顺序（Reorder）。

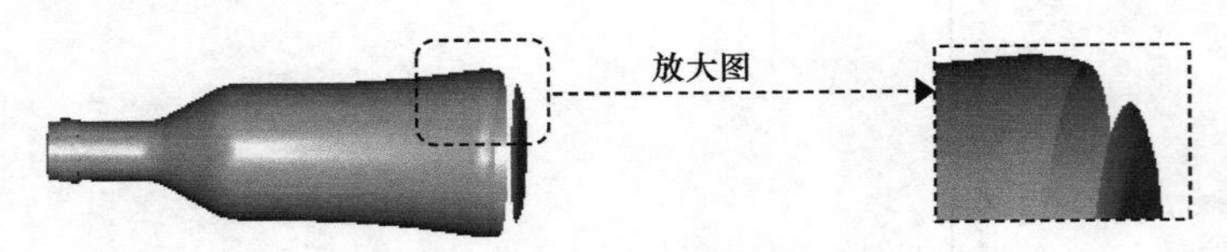

图 3.24.1　注意特征的顺序安排

3.24.2　重新排序的操作方法

这里以前面的酒瓶（wine_bottle）为例，说明特征重新排序（Reorder）的操作方法。

如图 3.24.2 所示，在零件的模型树中单击瓶底“倒圆角 2”特征，按住左键不放并拖动鼠标，拖至“壳”特征的上面，然后松开左键，这样瓶底倒圆角特征就调整到抽壳特征的前面了。

注意：特征的重新排序（Reorder）是有条件的，条件是不能将一个子特征拖至其父特征的前面。例如在这个酒瓶的例子中，不能把瓶口的伸出项（旋转）特征 旋转 2 移到完全圆角特征 倒圆角 1 的前面，因为它们存在父子关系，该伸出项特征是完全圆角的子特征。为什么存在这种父子关系呢？这要从该伸出项特征的创建过程说起，从图 3.24.3 可以看出，在创建该伸出项特征的草绘截面时，选取了属于完全圆角的一条边线为草绘参考，同时截面的定位尺寸 5.0 以这条边为参考进行标注，这样就在该伸出项特征与完全圆角间建立了父子关系。

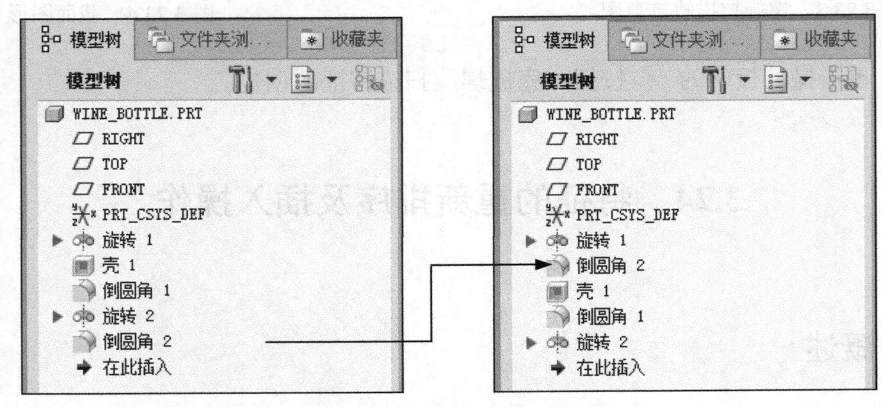

图 3.24.2　特征的重新排序

如果要调整有父子关系的特征的顺序，必须先解除特征间的父子关系。解除父子关系有两种办法：一是改变特征截面的标注参考基准或约束方式；二是特征的重新排序（Reroute），即改变特征的草绘平面和草绘平面的参考平面。

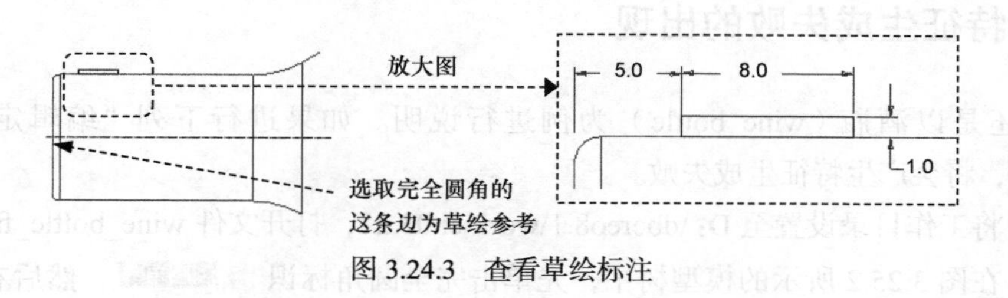

图 3.24.3 查看草绘标注

3.24.3 特征的插入操作

在 3.24.2 节的酒瓶的练习中，当所有的特征完成以后，假如还要添加一个图 3.24.4 所示的切削旋转特征，并要求该特征添加在模型的底部圆角特征的后面、抽壳特征的前面（图 3.24.4），则利用“特征的插入”功能可以满足这一要求。下面说明其操作过程。

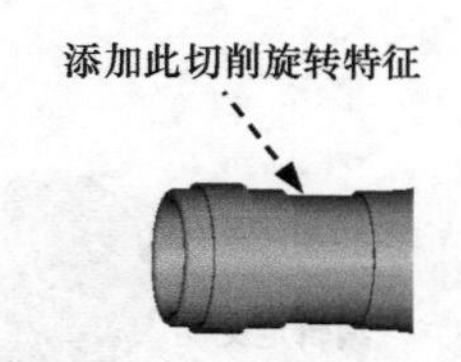

图 3.24.4 切削旋转特征

Step1. 在模型树中将特征插入符号 ➔在此插入 从末尾拖至抽壳特征的前面，如图 3.24.5 所示。

Step2. 单击 模型 功能选项卡 形状 ▾ 区域中的 旋转 按钮，创建槽特征，草图截面的尺寸如图 3.24.6 所示。

Step3. 完成槽的特征创建后，再将插入符号 ➔在此插入 拖至模型树的底部。

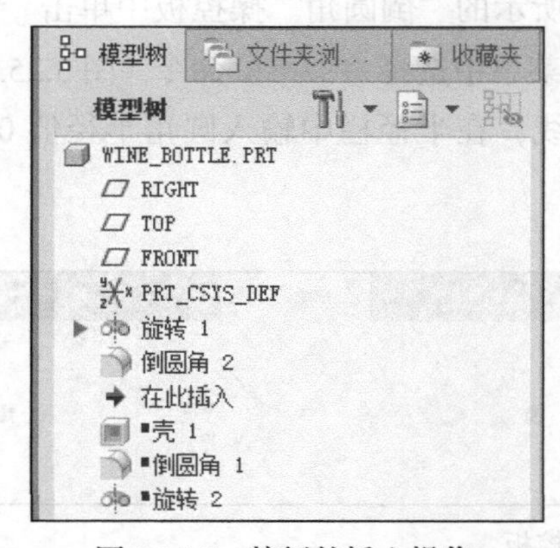

图 3.24.5 特征的插入操作

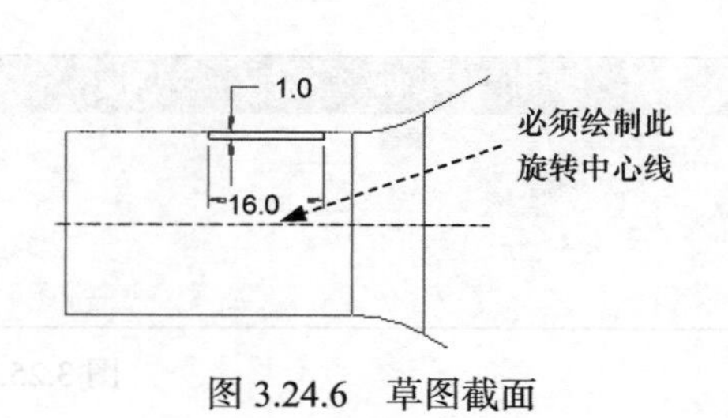

图 3.24.6 草图截面

3.25 特征生成失败及其解决方法

在创建或重定义特征时，由于给定的数据不当或参考的丢失，会出现特征生成失败。下面就特征失败的情况进行讲解。

3.25.1 特征生成失败的出现

这里还是以酒瓶（wine_bottle）为例进行说明。如果进行下列“编辑定义”操作(图 3.25.1)，将会产生特征生成失败。

Step1. 将工作目录设置至 D: \dbcreo8.1\work\ch03.21，打开文件 wine_bottle_fail.prt。

Step2. 在图 3.25.2 所示的模型树中，先单击完全圆角标识 倒圆角 1，然后右击，从系统弹出的快捷菜单中选择 命令。

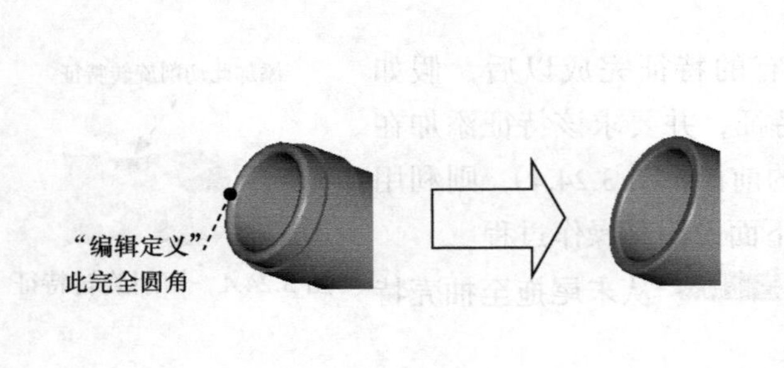

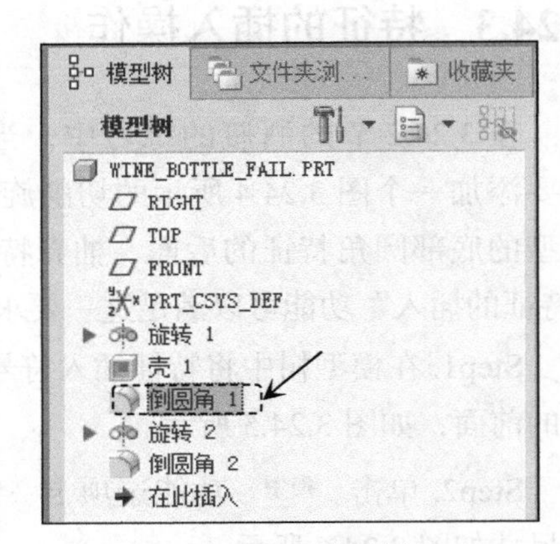

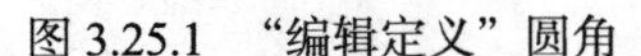

图 3.25.1 “编辑定义”圆角　　图 3.25.2 模型树

Step3. 重新选取圆角选项。在系统弹出的图 3.25.3 所示的“倒圆角”操控板中单击 集 按钮；在“集”界面的 参考 栏中右击，从弹出的快捷菜单中选择 全部移除 命令（图 3.25.4)；按住 Ctrl 键，依次选取图 3.25.5 所示的瓶口的两条边线；在半径栏中输入圆角半径值 0.6，按 Enter 键。

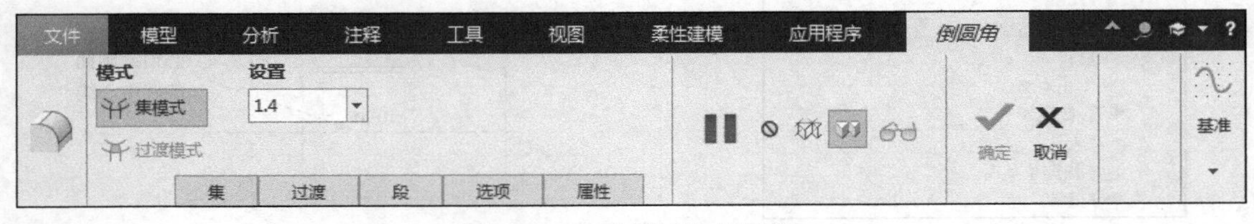

图 3.25.3 “倒圆角”操控板

Step4. 在操控板中单击“确定”按钮 后，系统弹出图 3.25.6 所示的“特征失败”提示对话框，此时模型树中“旋转 2”以红色高亮显示出来，如图 3.25.7 所示。前面曾讲到，该特征截面中的一个尺寸（5.0）的标注是以完全圆角的一条边线为参考的，重定义后，完全圆角不存在，瓶口旋转特征截面的参考便丢失，所以便出现特征生成失败。

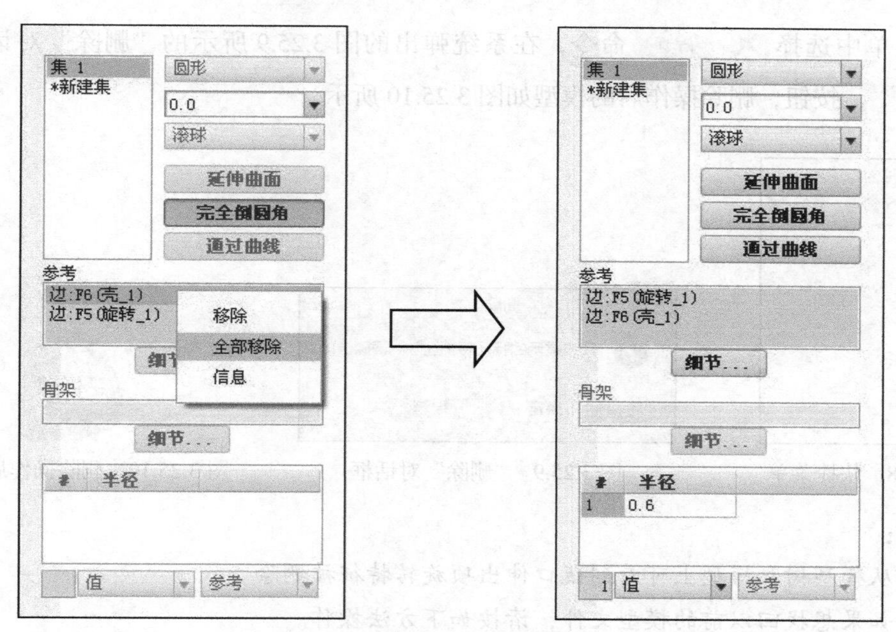

图 3.25.4 圆角的设置

3.25.2 特征生成失败的解决方法

1. 解决方法一：取消

在图 3.25.6 所示的“特征失败”提示对话框中单击 × 按钮。

2. 解决方法二：删除特征

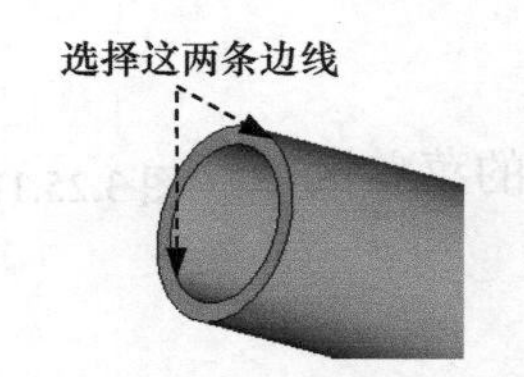

图 3.25.5 选择圆角边线

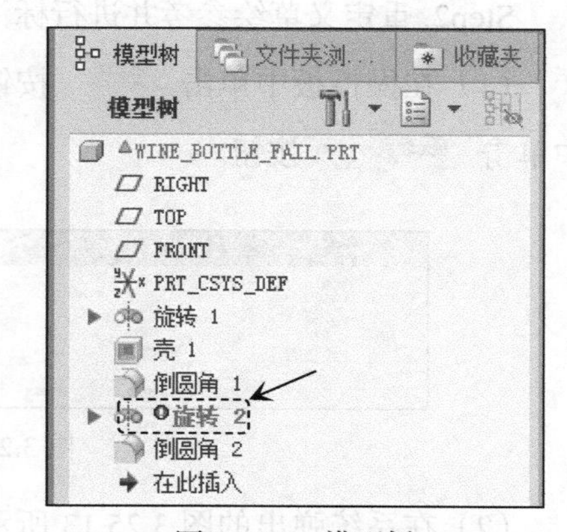

图 3.25.7 模型树

图 3.25.6 “特征失败”提示对话框

Step. 从图 3.25.7 所示的模型树中单击 旋转 2，右击，在系统弹出的图 3.25.8 所示

的快捷菜单中选择 删除(D) 命令，在系统弹出的图 3.25.9 所示的“删除”对话框中选择 确定 按钮，删除操作后的模型如图 3.25.10 所示。

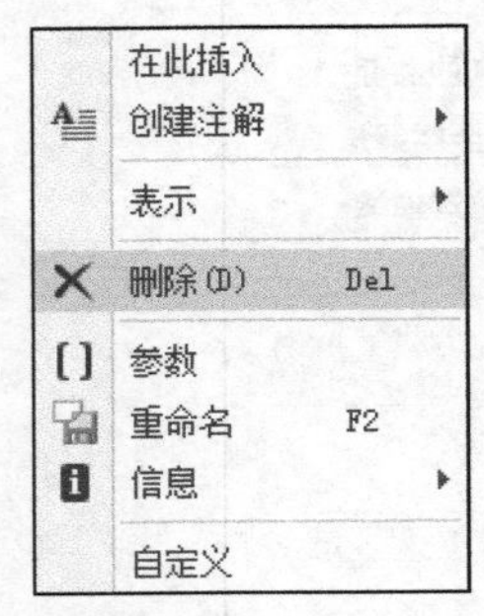

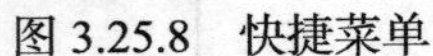
图 3.25.8 快捷菜单

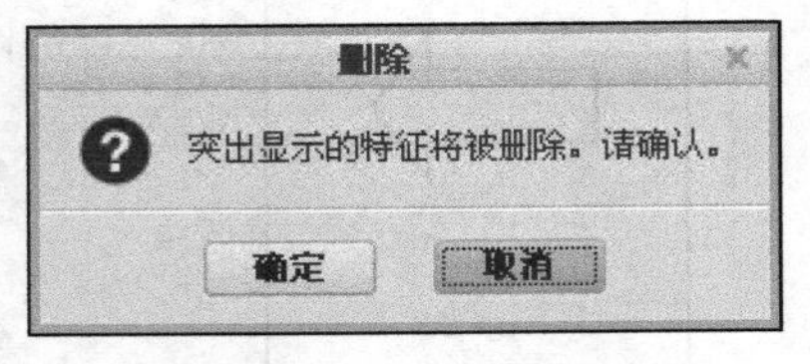

图 3.25.9 “删除”对话框

图 3.25.10 删除操作后的模型

注意：

（1）从模型树和模型上可看到瓶口伸出项旋转特征被删除。

（2）如果想找回以前的模型文件，请按如下方法操作。

① 选择下拉菜单 文件 → 关闭(C) 命令，关闭当前对话框。

② 选择下拉菜单 文件 → 管理会话(M) → 选择工作目录(W) 命令，删除不显示的内存中的文件。

③ 再次打开酒瓶模型文件 wine_bottle_fail.prt。

3. 解决方法三：重定义特征

Step1. 从图 3.25.7 所示的模型树中单击 旋转 2，右击，在系统弹出的图 3.25.11 所示的快捷菜单中选择 命令，系统会弹出图 3.25.12 所示的“旋转命令”操控板。

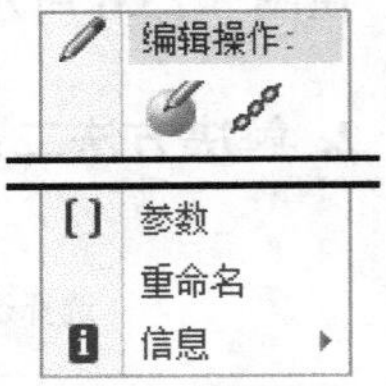

编辑操作：
参数
重命名
信息

图 3.25.11 快捷菜单

Step2. 重定义草绘参考并进行标注。

（1）在操控板中单击 放置 按钮，然后在系统弹出的菜单区域中单击 编辑... 按钮。

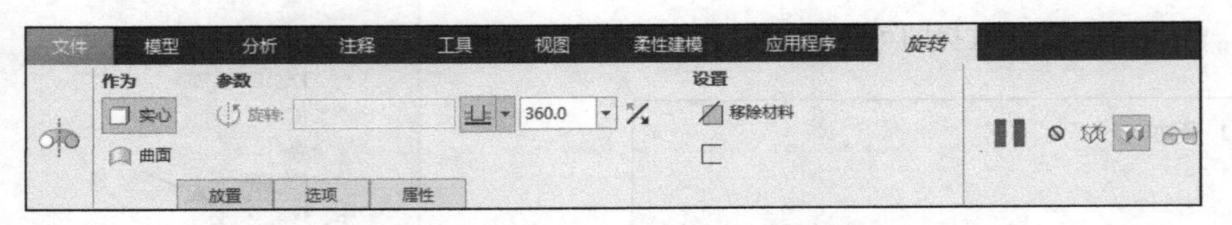

图 3.25.12 “旋转命令”操控板

（2）在系统弹出的图 3.25.13 所示的草图“参考”对话框中，先进行更新参考或删除丢失的参考，再选取新的参考 TOP 和 FRONT 基准平面，关闭“参考”对话框。

（3）在草绘环境中，相对新的参考进行尺寸标注（即标注 195.0 这个尺寸），如图 3.25.14

所示。完成后，单击操控板中的 ✓ 按钮。

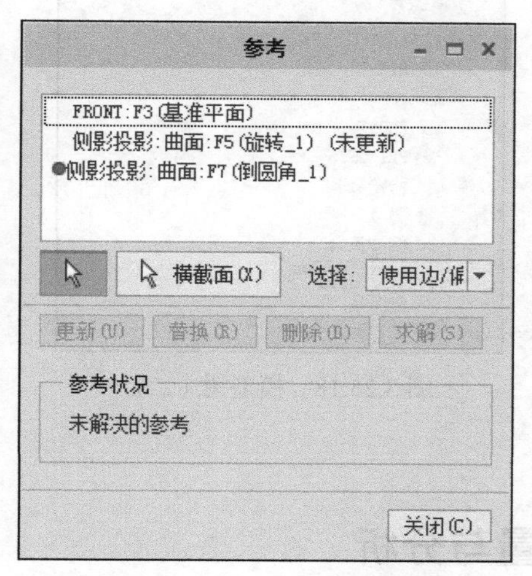

图 3.25.13 “参考”对话框

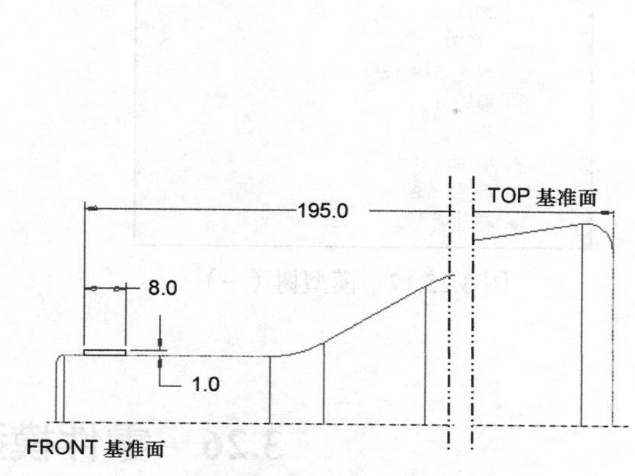

图 3.25.14 重定义特征

4. 解决方法四：隐含特征

Step1. 从图 3.25.7 所示的模型树中单击 旋转 2，右击，在系统弹出的图 3.25.15 所示的快捷菜单中选择 命令，然后在系统弹出的图 3.25.16 所示的“隐含”对话框中选择 确定 按钮。

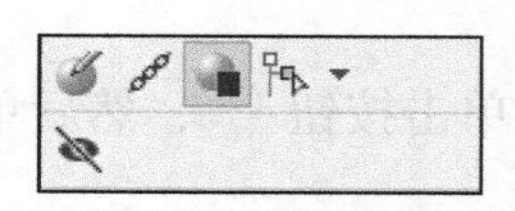

图 3.25.15 快捷菜单

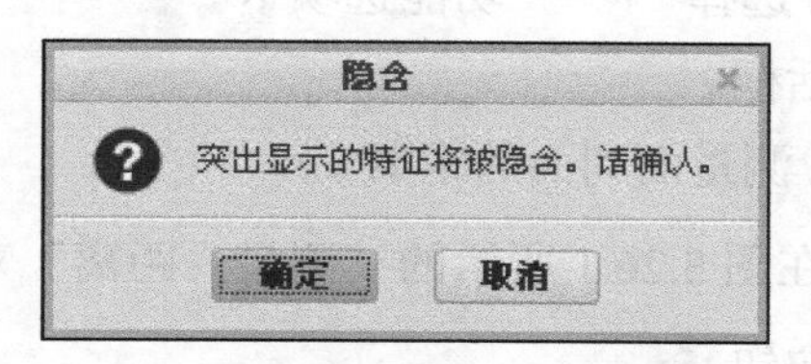

图 3.25.16 “隐含”对话框

至此，特征失败已经解决，如果想进一步解决被隐含的瓶口伸出项旋转特征，请继续下面的操作。

注意：

(1) 从模型树上看不到隐含的特征，如图 3.25.17 所示。

(2) 如果想在模型树上看到该特征，可进行下列的操作。

① 选取导航选项卡中的 → 树过滤器(F)... 命令。

② 在系统弹出的模型树项目对话框中选中 ☑隐含的对象 复选框，然后单击该对话框中的 确定 按钮，此时隐含的特征又会在模型树中显示，如图 3.25.18 所示。

Step2. 如果右击该隐含的伸出项标识，然后从系统弹出的快捷菜单中选择 命令，那么系统再次进入特征“失败模式”，可参考上节介绍的方法进行重定义。

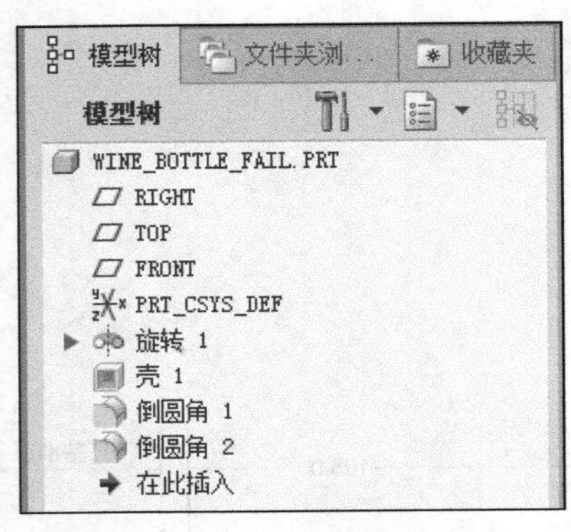

图 3.25.17 模型树（一）

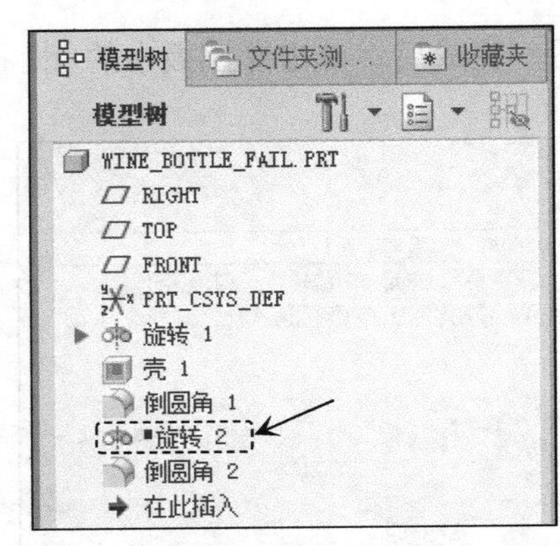

图 3.25.18 模型树（二）

3.26 零件模型的测量与分析

3.26.1 测量距离

下面以一个简单的模型为例，说明距离测量的一般操作过程和测量类型。

Step1. 将工作目录设置至 D: \dbcreo8.1\work\ch03.26，打开文件 distance.prt。

Step2. 选择 分析 功能选项卡 测量 ▾ 区域中的“测量”命令，系统弹出“测量：汇总”对话框。

Step3. 测量面到面的距离。

（1）在图 3.26.1 所示的“测量：距离”对话框（一）中单击按钮，然后单击“展开对话框”按钮。

（2）先选取图 3.26.2 所示的模型表面 1，按住 Ctrl 键，再选取图 3.26.2 所示的模型表面 2。

（3）在图 3.26.1 所示的“测量：距离”对话框（一）的结果区域中可以查看测量后的结果。

说明： 可以在“测量：距离”对话框的结果区域中查看测量结果，也可以在模型上直接显示测量或分析结果。

Step4. 测量点到面的距离，如图 3.26.3 所示。操作方法参见 Step3。

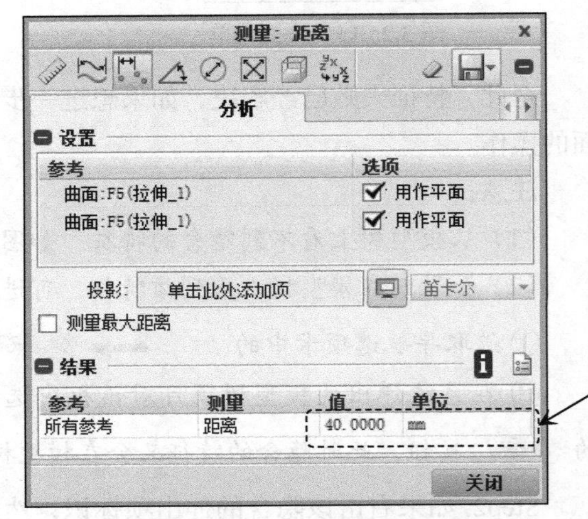

图 3.26.1 “测量：距离”对话框（一）

Step5. 测量点到线的距离，如图 3.26.4 所示。操作方法参见 Step3。

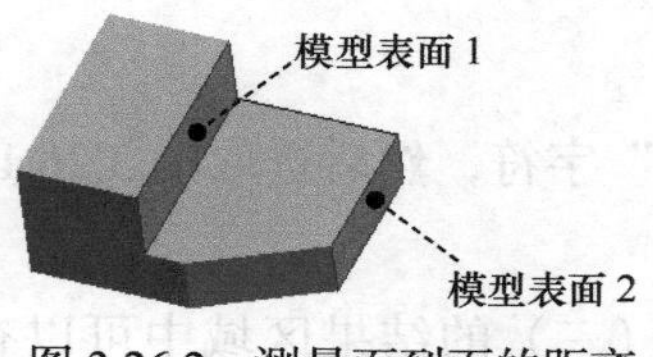

图 3.26.2 测量面到面的距离

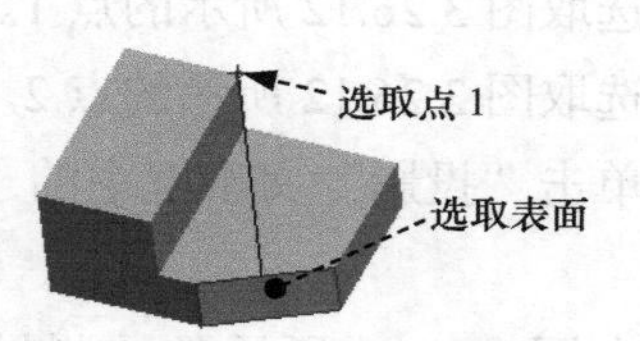

图 3.26.3 点到面的距离

Step6. 测量线到线的距离，如图 3.26.5 所示。操作方法参见 Step3。

Step7. 测量点到点的距离，如图 3.26.6 所示。操作方法参见 Step3。

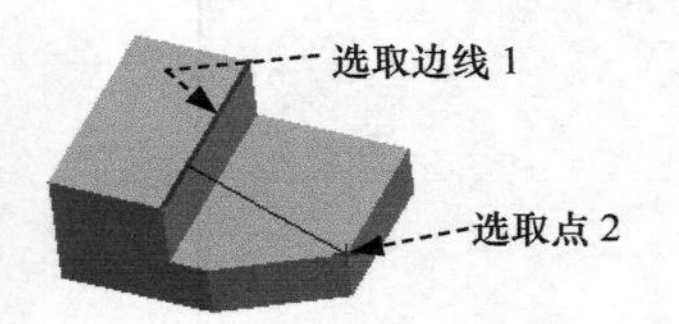

图 3.26.4 点到线的距离

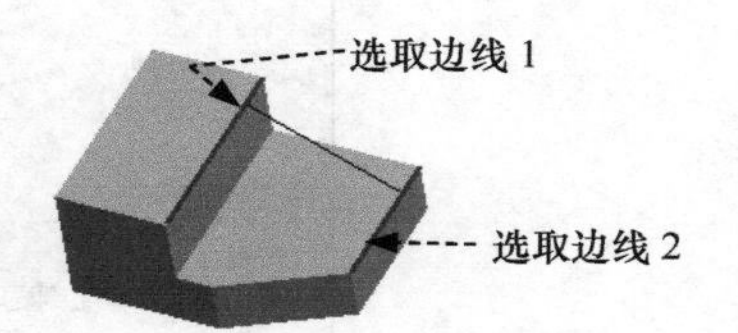

图 3.26.5 线到线的距离

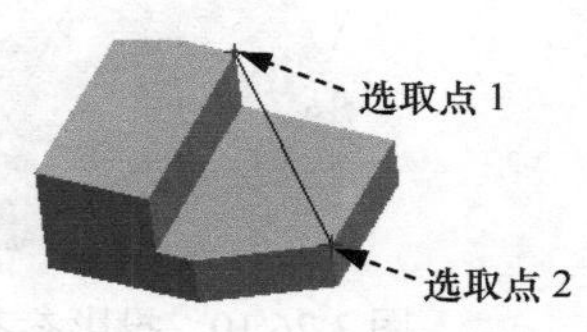

图 3.26.6 点到点的距离

Step8. 测量点到坐标系的距离，如图 3.26.7 所示。操作方法参见 Step3。

Step9. 测量点到曲线的距离，如图 3.26.8 所示。操作方法参见 Step3。

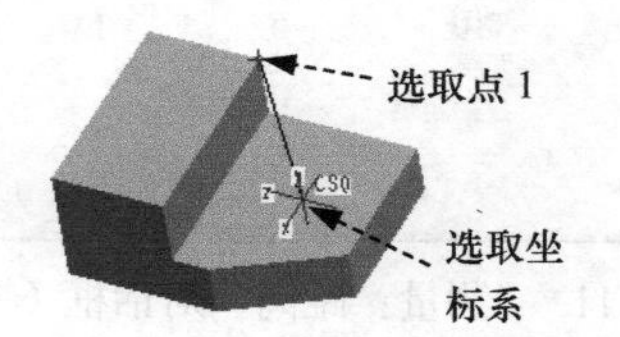

图 3.26.7 点到坐标系的距离

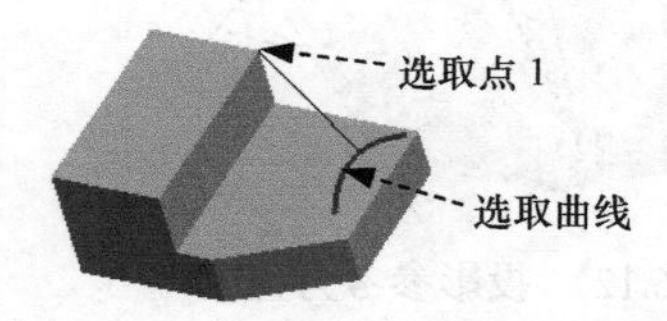

图 3.26.8 点到曲线的距离

Step10. 测量点与点间的投影距离，投影参考为平面。在图 3.26.9 所示的“测量：距离”对话框（二）中进行下列操作。

（1）选取图 3.26.10 所示的点 1。

（2）按住 Ctrl 键，选取图 3.26.10 所示的点 2。

（3）在“投影”文本框中的“单击此处添加项”字符上单击，然后选取图 3.26.10 中的模型表面 3。

（4）在图 3.26.9 所示的“测量：距离”对话框（二）的结果区域中可以查看测量的结果。

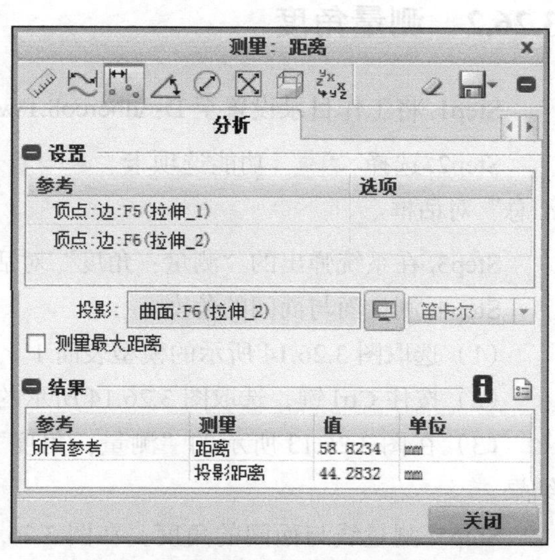

图 3.26.9 “测量：距离”对话框（二）

Step11. 测量点与点间的投影距离（投影

参考为直线)，在图 3.26.11 所示的“测量：距离”对话框（三）中进行下列操作。

（1）选取图 3.26.12 所示的点 1。

（2）选取图 3.26.12 所示的点 2。

（3）单击“投影”文本框中的“单击此处添加项”字符，然后选取图 3.26.12 中的模型边线 3。

（4）在图 3.26.11 所示的“测量：距离”对话框（三）的结果区域中可以查看测量的结果。

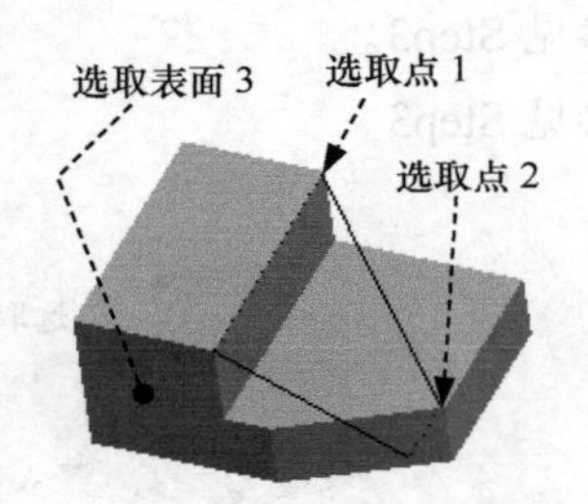

图 3.26.10　投影参考为平面

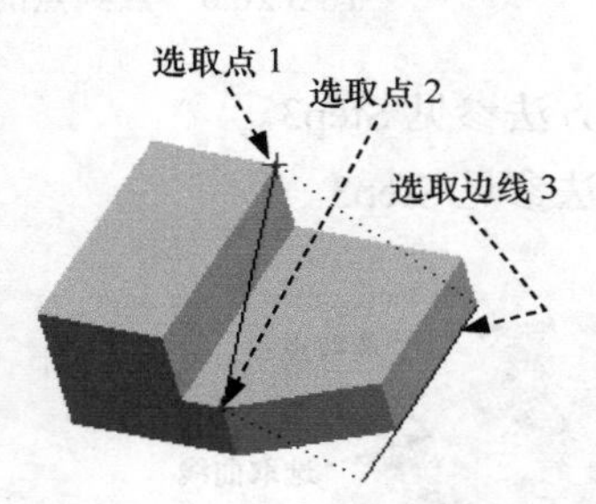

图 3.26.12　投影参考为直线

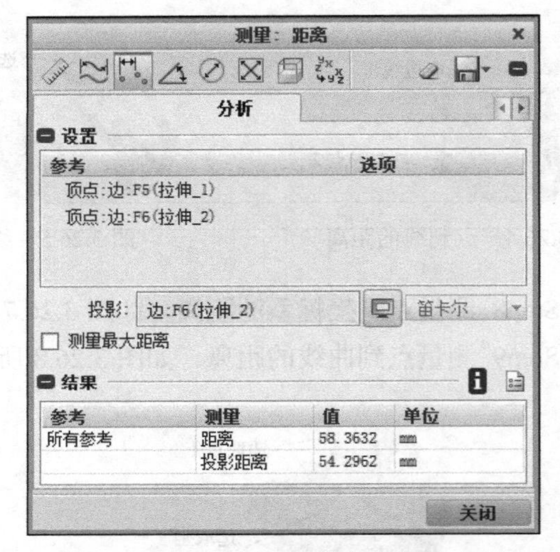

图 3.26.11　“测量：距离”对话框（三）

3.26.2　测量角度

Step1. 将工作目录设置至 D:\dbcreo8.1\work\ch03.26，打开文件 angle.prt。

Step2. 选择 分析 功能选项卡 测量 ▾ 区域中的“测量”命令，系统弹出“测量：汇总”对话框。

Step3. 在系统弹出的“测量：角度”对话框（一）中单击按钮，如图 3.26.13 所示。

Step4. 测量面与面间的角度。

（1）选取图 3.26.14 所示的模型表面 1。

（2）按住 Ctrl 键，选取图 3.26.14 所示的模型表面 2。

（3）在图 3.26.13 所示的“测量：角度”对话框（一）的结果区域中可以查看测量的结果。

Step5. 测量线与面间的角度。在图 3.26.15 所示的“测量：角度”对话框（二）中进行下列操作。

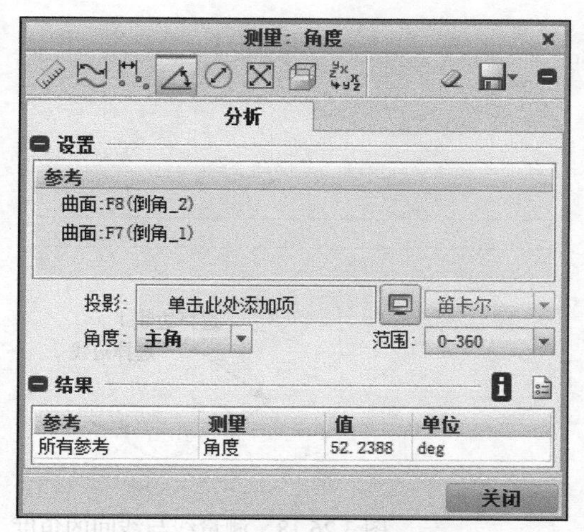

图 3.26.13 “测量：角度”对话框（一）

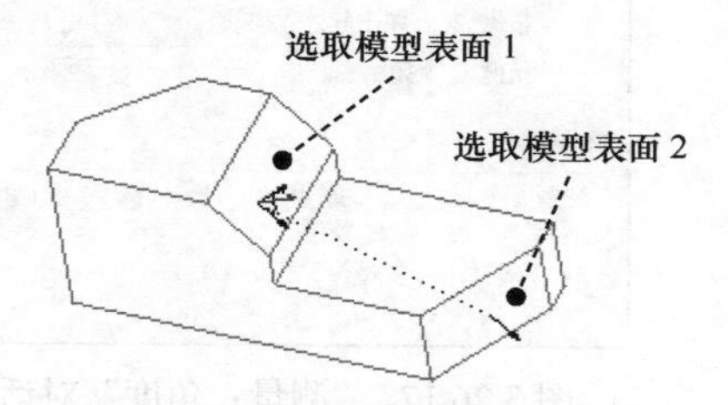

图 3.26.14 测量面与面间的角度

（1）选取图 3.26.16 所示的模型表面 1。

（2）按住 Ctrl 键，选取图 3.26.16 所示的边线 2。

（3）在图 3.26.15 所示的“测量：角度”对话框（二）的结果区域中可以查看测量的结果。

Step6. 测量线与线间的角度。在图 3.26.17 所示的“测量：角度”对话框（三）中进行下列操作。

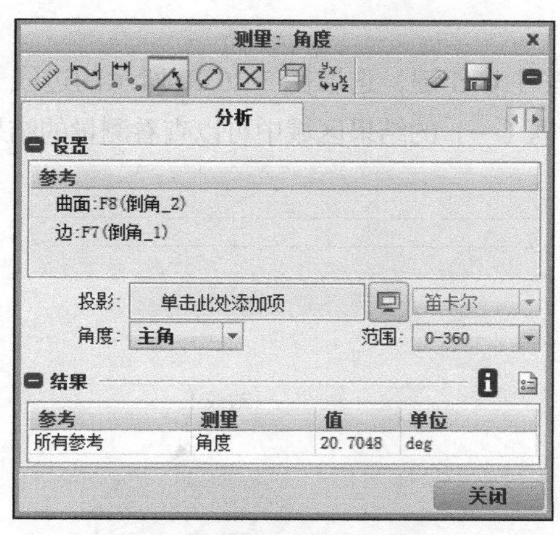

图 3.26.15 “测量：角度”对话框（二）

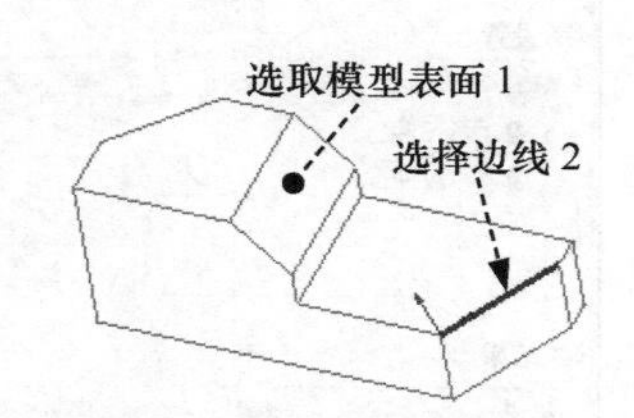

图 3.26.16 测量线与面间的角度

（1）选取图 3.26.18 所示的边线 1。

（2）按住 Ctrl 键，选取图 3.26.18 所示的边线 2。

（3）在图 3.26.17 所示的“测量：角度”对话框（三）的结果区域中可以查看测量的结果。

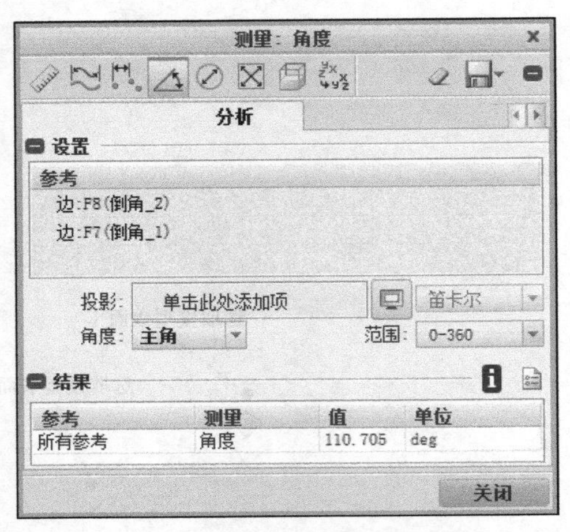

图 3.26.17 “测量：角度”对话框（三）

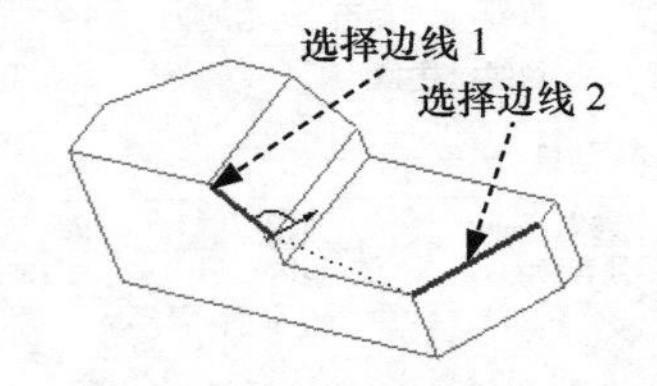

图 3.26.18 测量线与线间的角度

3.26.3 测量曲线长度

Step1. 将工作目录设置至 D: \dbcreo8.1\work\ch03.26，打开文件 curve_len.prt。

Step2. 选择 分析 功能选项卡 测量 ▾ 区域中的“测量”命令 ，系统弹出“测量：汇总”对话框。

Step3. 在系统弹出的“测量：长度”对话框（一）中单击按钮 ，如图 3.26.19 所示。

Step4. 测量多个相连的曲线的长度，在图 3.26.19 所示的“测量：长度”对话框中进行下列操作。

（1）首先选取图 3.26.20 所示的边线 1，再按住 Ctrl 键，选取图 3.26.20 所示的边线 2。

（2）在图 3.26.19 所示的“测量：长度”对话框（一）的结果区域中可以查看测量的结果。

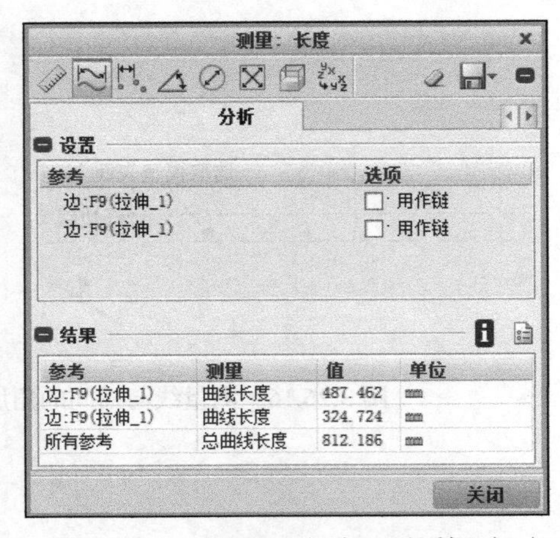

图 3.26.19 “测量：长度”对话框（一）

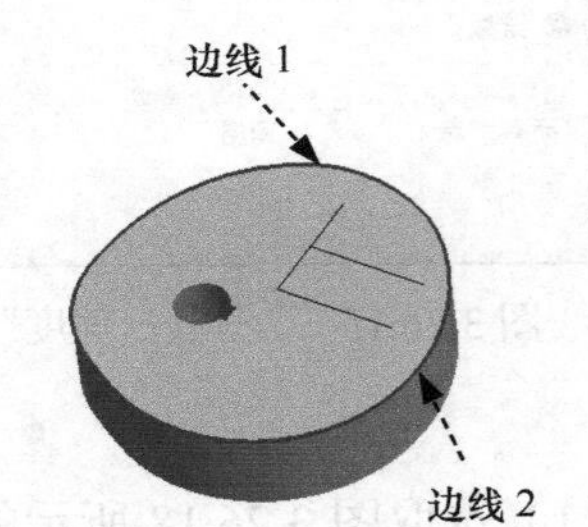

图 3.26.20 测量模型边线

Step5. 测量曲线特征的总长。在图 3.26.21 所示的“测量：长度”对话框（二）中进行下列操作。

（1）在模型树中选取图 3.26.22 所示的草绘曲线特征。

（2）在图 3.26.21 所示的“测量：长度”对话框（二）的结果区域中可以查看测量的结果。

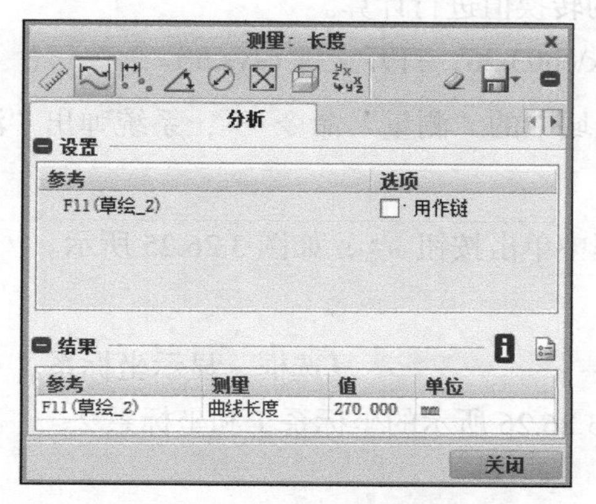

图 3.26.21 “测量：长度”对话框（二）

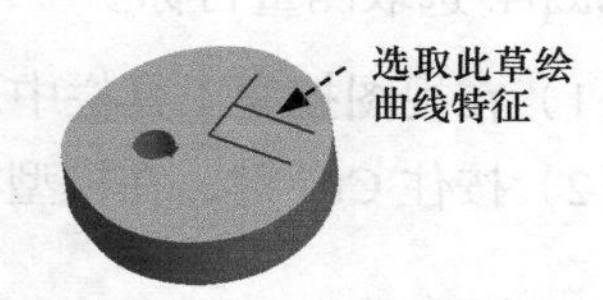

图 3.26.22 测量草绘曲线

3.26.4 测量面积

Step1. 将工作目录设置至 D:\dbcreo8.1\work\ch03.26，打开文件 area.prt。

Step2. 选择 分析 功能选项卡 测量 ▾ 区域中的“测量”命令，系统弹出“测量：汇总”对话框。

Step3. 在系统弹出的“测量：面积”对话框中单击按钮，如图 3.26.23 所示。

Step4. 测量曲面的面积。

（1）选取图 3.26.24 所示的模型表面。

（2）在图 3.26.23 所示的“测量：面积”对话框的结果区域中可以查看测量的结果。

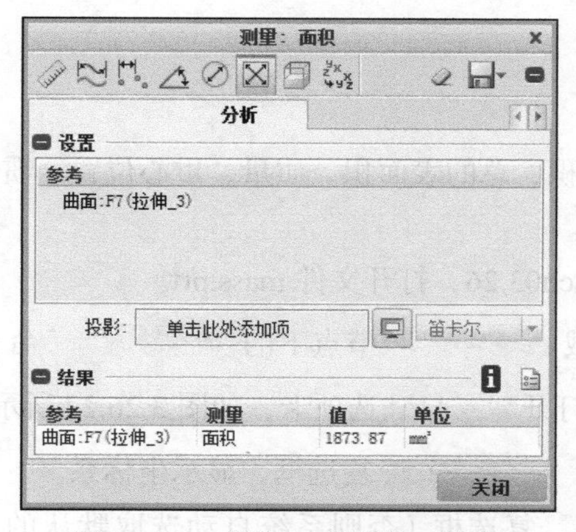

图 3.26.23 “测量：面积”对话框

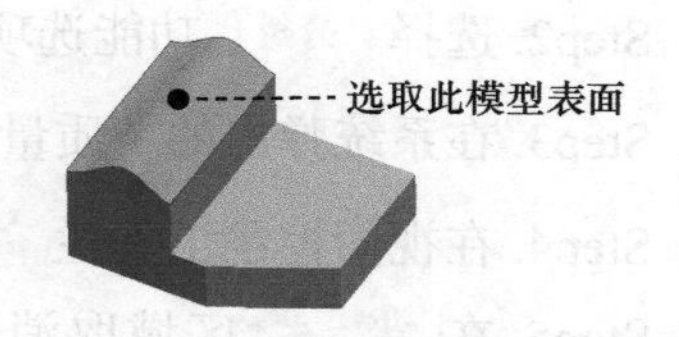

图 3.26.24 测量面积

3.26.5 计算两坐标系间的转换值

模型测量功能还可以对任意两个坐标系间的转换值进行计算。

Step1. 将工作目录设置至 D: \dbcreo8.1\work\ch03.26，打开文件 csys.prt。

Step2. 选择 分析 功能选项卡 测量 ▾ 区域中的“测量”命令，系统弹出“测量：汇总”对话框。

Step3. 在系统弹出的“测量：变换”对话框中单击按钮，如图 3.26.25 所示。

Step4. 选取测量目标。

（1）在视图控制工具栏中 节点下选中 ☑ 坐标系显示 复选框，显示坐标系。

（2）按住 Ctrl 键，在模型树中依次选取图 3.26.26 所示的坐标系 1 和坐标系 2。

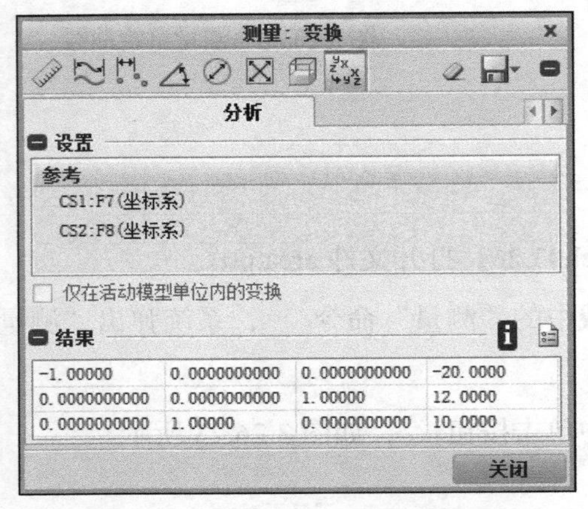

图 3.26.25 “测量：变换”对话框

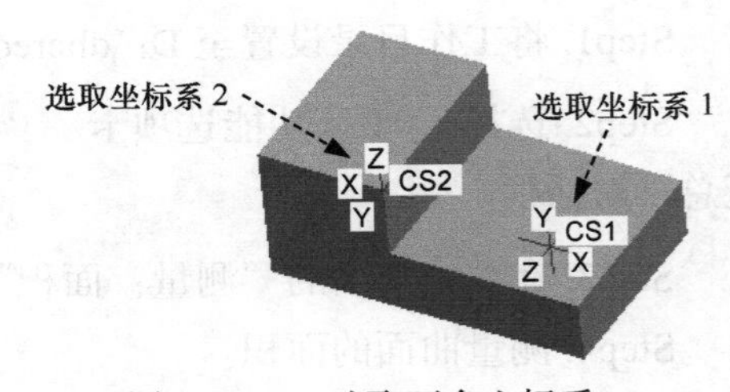

图 3.26.26 选取两个坐标系

（3）在图 3.26.25 所示的“测量：变换”对话框的结果区域中可以查看测量的结果。

3.26.6 质量属性分析

通过模型质量属性分析，可以获得模型的体积、总的表面积、质量、重心位置、惯性矩以及惯性张量等数据。下面简要说明其操作步骤。

Step1. 将工作目录设置至 D: \dbcreo8.1\work\ch03.26，打开文件 mass.prt。

Step2. 选择 分析 功能选项卡 模型报告 区域 质量属性 ▾ 节点下的 质量属性 命令。

Step3. 在系统弹出的“质量属性”对话框中打开 分析(A) 选项卡，如图 3.26.27 所示。

Step4. 在视图控制工具栏 节点下选中 ☑ 坐标系显示 复选框，显示坐标系。

Step5. 在 坐标系 区域取消选中 ☐ 使用默认设置 复选框（否则系统自动选取默认的坐标系），然后选取图 3.26.28 所示的坐标系。

Step6. 在图 3.26.27 所示的 分析 选项卡的结果区域中显示出分析后的各项数据。

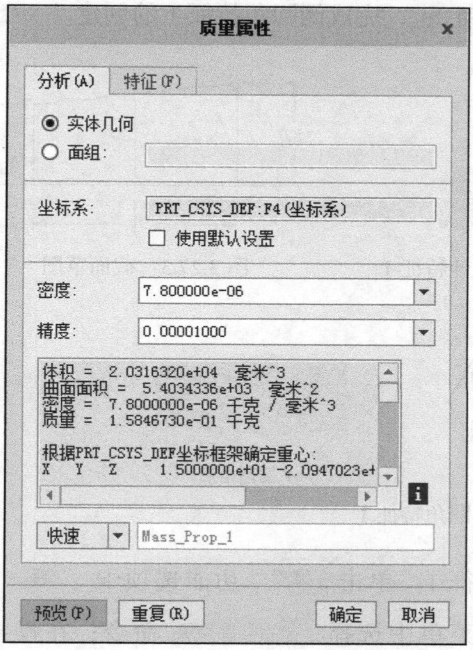

图 3.26.27 “质量属性”对话框

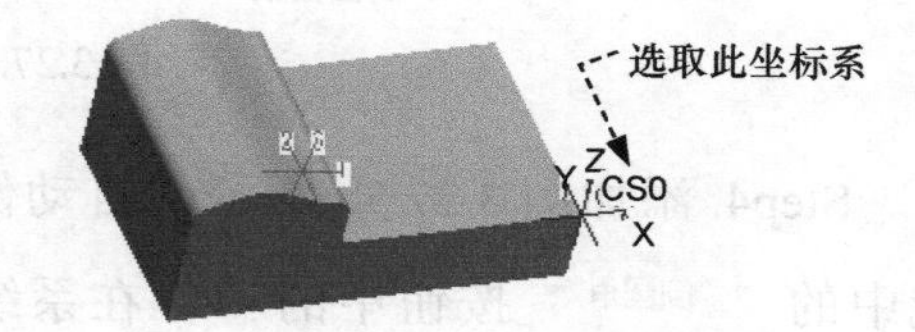

图 3.26.28 模型的质量属性分析

说明：这里模型质量的计算是采用默认的密度，如果要改变模型的密度，可选择下拉菜单 文件 → 准备(R) → 模型属性(I) 编辑模型属性 命令。

3.27 范例 1——手机护套

范例概述：

本范例介绍了一个手机护套的创建过程，此过程综合运用了拉伸、倒圆角、自动倒圆角、抽壳和扫描等命令。零件模型如图 3.27.1 所示。

Step1. 新建一个零件模型，将其命名为 plastic_sheath。

Step2. 创建图 3.27.2 所示的零件基础特征——实体切削拉伸特征 1，相关操作如下：单击 模型 功能选项卡 形状 ▾ 区域中的 拉伸 按钮；在图形区中空白处右击，从系统弹出的快捷菜单中选择 定义内部草绘... 命令，选取 TOP 基准平面为草绘平面，RIGHT 基准平面为参考平面，方向为 右，单击 草绘 按钮。进入截面草绘环境后，绘制图 3.27.3 所示的截面草图，完成后单击“确定”按钮 ✔；在操控板中选取深度类型 ⊥（即“定值”拉伸），深度值为 45.0；单击“确定”按钮 ✔，完成实体拉伸特征 1 的创建。

Step3. 添加图 3.27.4b 所示的倒圆角特征 1。单击 模型 功能选项卡 工程 ▾ 区域中的

倒圆角 按钮，在模型上选择图 3.27.4a 中的两条边线；在操控板中的“圆角半径”文本框中输入数值 8.0，并按 Enter 键；单击“确定”按钮 ✔，完成倒圆角特征 1 的创建。

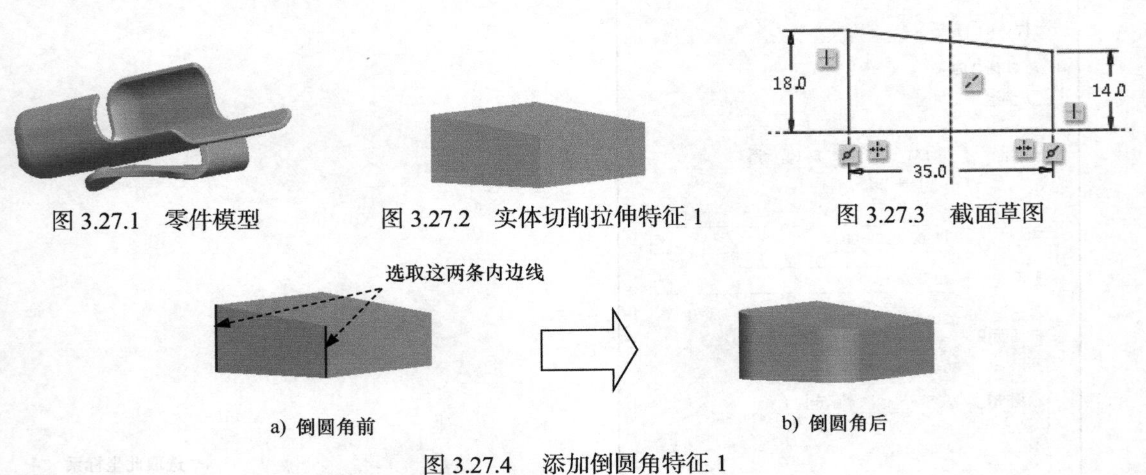

图 3.27.1　零件模型　　图 3.27.2　实体切削拉伸特征 1　　图 3.27.3　截面草图

图 3.27.4　添加倒圆角特征 1

Step4. 添加图 3.27.5b 所示的自动倒圆角特征 1。单击 模型 功能选项卡 工程 ▾ 区域中的 倒圆角 ▾ 按钮中的 ▾，在系统弹出的菜单中选择 自动倒圆角 命令；在操控板中单击 范围 按钮，在系统弹出的“范围”界面上选取 ◉ 实体几何 单选项、☑ 凸边 和 ☑ 凸边 复选框；在“自动倒圆角”操控板中单击 排除 按钮后，选取图 3.27.5a 所示的四条边；在凸边 文本框中输入凸边的半径值 6.0，默认凹边半径值；在操控板中单击“确定”按钮 ✔，完成自动倒圆角特征 1 的创建。

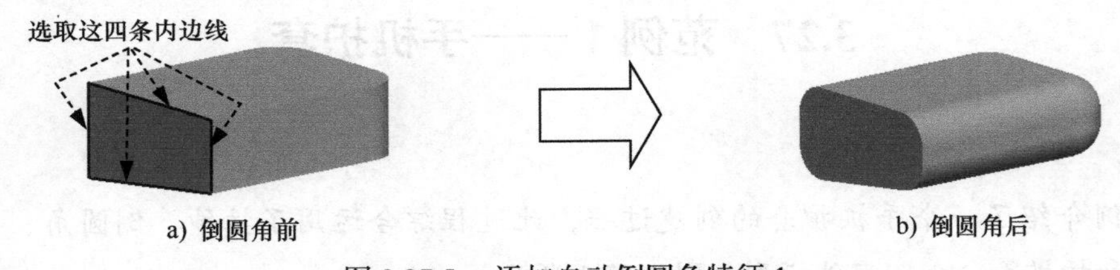

图 3.27.5　添加自动倒圆角特征 1

Step5. 添加抽壳特征。单击 模型 功能选项卡 工程 ▾ 区域中的 回 壳 按钮，选取图 3.27.6a 所示的面为“去除面”；在 厚度 文本框中输入壁厚值为 1.0，在操控板中单击“确定”按钮 ✔，完成“抽壳”特征的创建。

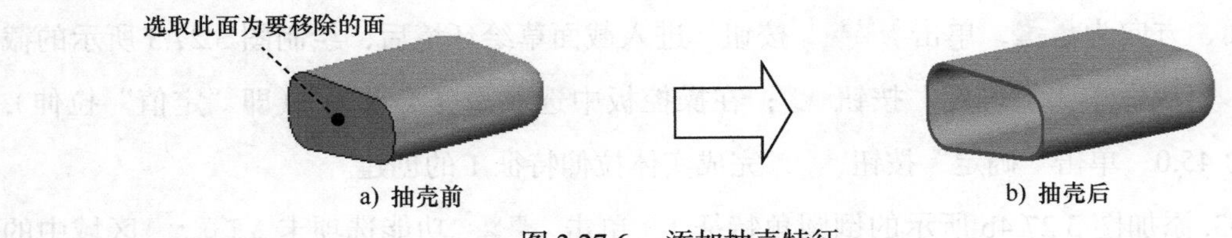

图 3.27.6　添加抽壳特征

Step6. 创建图 3.27.7 所示的实体切削拉伸特征 2。单击 模型 功能选项卡 形状▼ 区域中的 拉伸 按钮，按下操控板中的“移除材料”按钮；在图形区空白处右击，从系统弹出的快捷菜单中选择 定义内部草绘... 命令；选取 RIGHT 基准平面为草绘平面，TOP 基准平面为参考平面，方向为 左；单击 草绘 按钮。进入截面草绘环境后，绘制图 3.27.8 所示的截面草图，完成后单击“确定”按钮；在操控板上单击 选项 按钮，在弹出的 深度 面板的 侧 1 下拉列表中选取深度类型（即“穿透”拉伸），在 侧 2 下拉列表中也选取深度类型；单击“确定”按钮，完成实体切削拉伸特征 2 的创建。

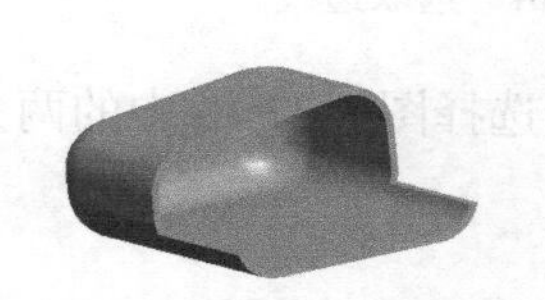

图 3.27.7 实体切削拉伸特征 2

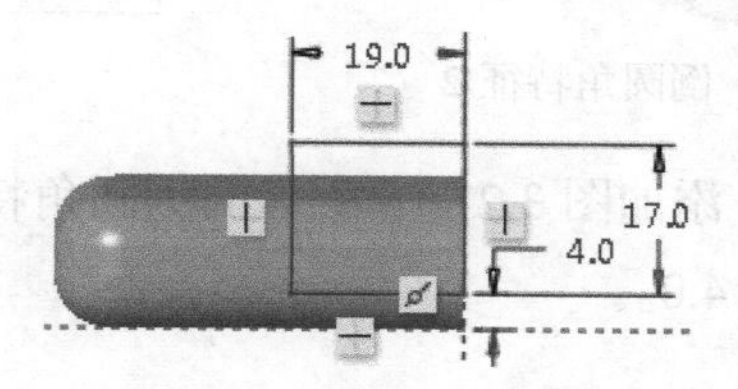

图 3.27.8 截面草图

Step7. 创建图 3.27.9 所示的实体切削拉伸特征 3。单击 拉伸 按钮，按下“移除材料”按钮；右击，从系统弹出的快捷菜单中选择 定义内部草绘... 命令；选取 TOP 基准平面为草绘平面，RIGHT 基准平面为参考平面，方向为 右；单击 草绘 按钮，进入截面草绘环境后，绘制图 3.27.10 所示的截面草图，完成后单击“确定”按钮；定义深度类型，在操控板上选取深度类型（即“穿透”拉伸），然后单击按钮，单击完成按钮，完成实体切削拉伸特征 3 的创建。

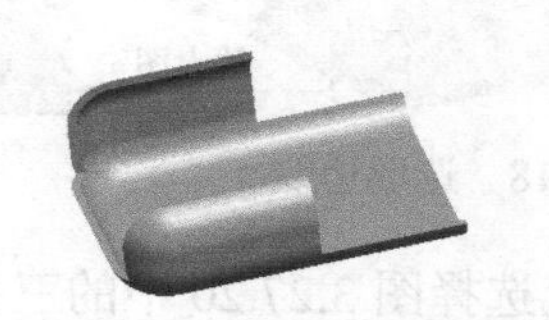

图 3.27.9 实体切削拉伸特征 3

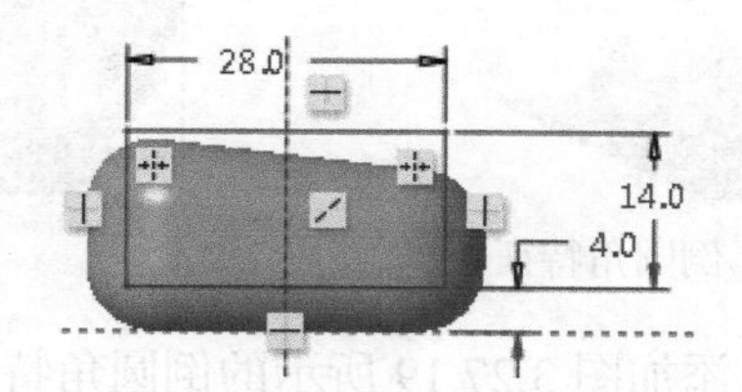

图 3.27.10 截面草图

Step8. 创建图 3.27.11 所示的实体切削拉伸特征 4。单击 拉伸 按钮，按下“移除材料”按钮；选取 RIGHT 基准平面为草绘平面，TOP 基准平面为参考平面，方向为 左；进入截面草绘环境后，绘制图 3.27.12 所示的截面草图；在操控板上选取深度类型（即“穿透”拉伸），然后单击按钮，单击“确定”按钮。

Step9. 添加图 3.27.13 所示的倒圆角特征 2。单击 模型 功能选项卡 工程▼ 区域中的 倒圆角▼ 按钮，在模型上选择图 3.27.14 中的两条边线；在操控板中的“圆角半径”文本框中输入值 2.0，并按 Enter 键；单击“确定”按钮，完成倒圆角特征 2 的创建。

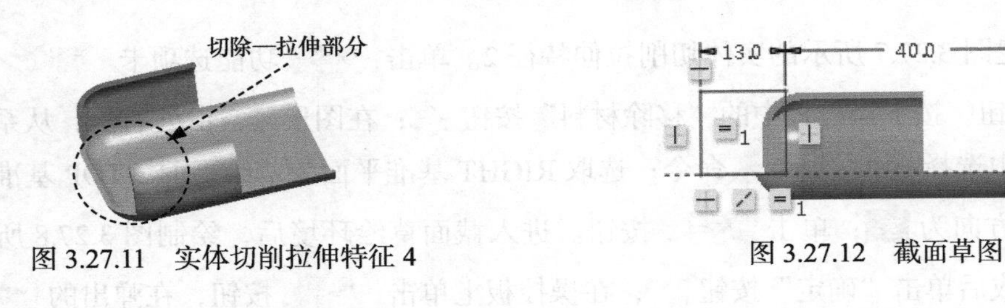

图 3.27.11　实体切削拉伸特征 4　　图 3.27.12　截面草图

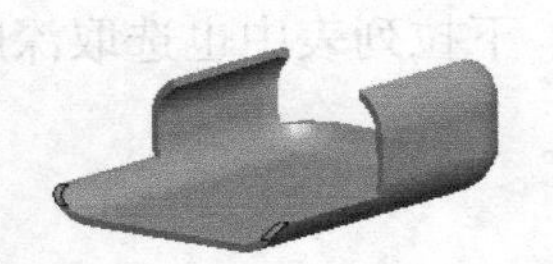

图 3.27.13　倒圆角特征 2

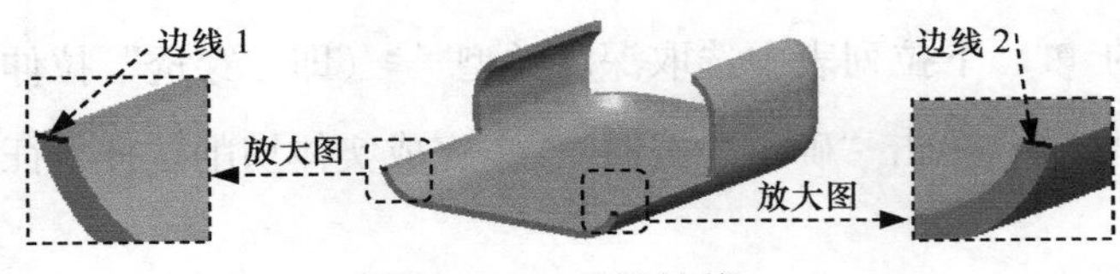

图 3.27.14　选取边线

Step10. 添加图 3.27.15 所示的倒圆角特征 3。在模型上选择图 3.27.16 中的两条边线，圆角半径值为 4.0。

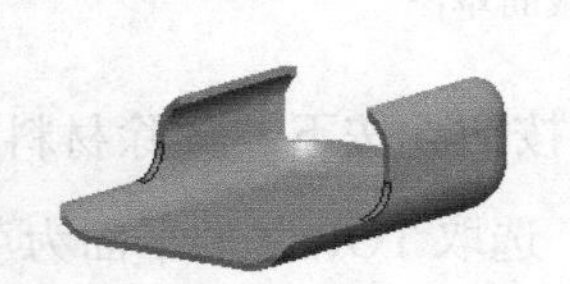

图 3.27.15　倒圆角特征 3

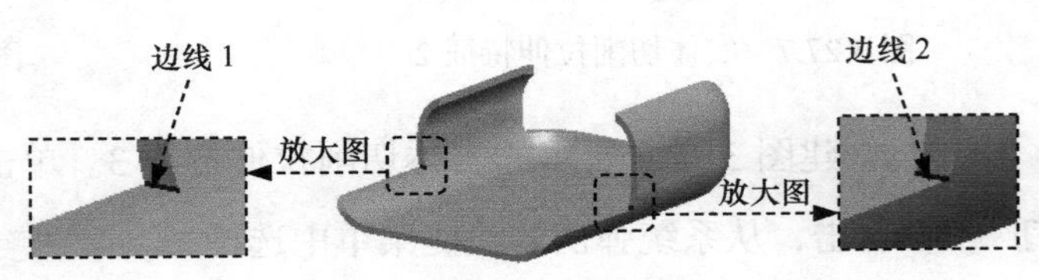

图 3.27.16　选取边线

Step11. 添加图 3.27.17 所示的倒圆角特征 4。在模型上选择图 3.27.18 中的两条边线，圆角半径值为 3.0。

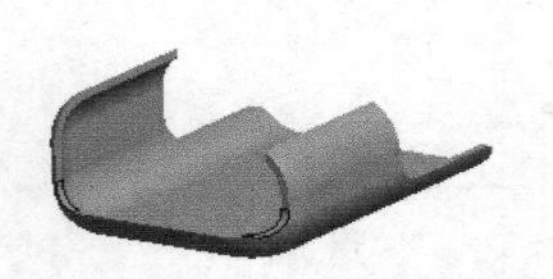

图 3.27.17　倒圆角特征 4

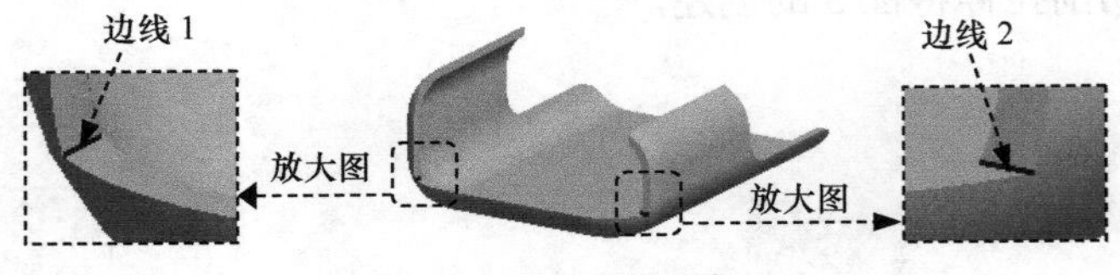

图 3.27.18　选取边线

Step12. 添加图 3.27.19 所示的倒圆角特征 5。在模型上选择图 3.27.20 中的三条边线，圆角半径值为 1.0。

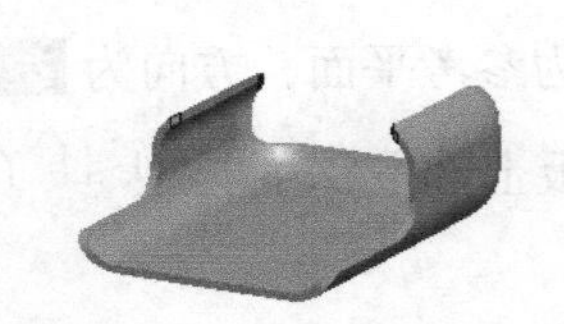

图 3.27.19　倒圆角特征 5

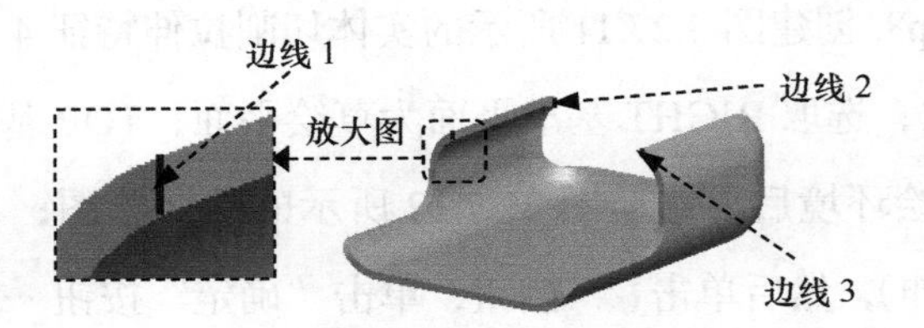

图 3.27.20　选取边线

Step13. 创建图 3.27.21 所示的实体切削拉伸特征 5。单击 拉伸 按钮，按下“移除材料”按钮 ；选取图 3.27.21 所示的表面为草绘平面，采用系统默认的参考平面和方向；进入截面草绘环境后，绘制图 3.27.22 所示的截面草图；在操控板上选取深度类型为 （定值），在“拉伸深度”文本框中输入深度值 0.5，单击“确定”按钮 。

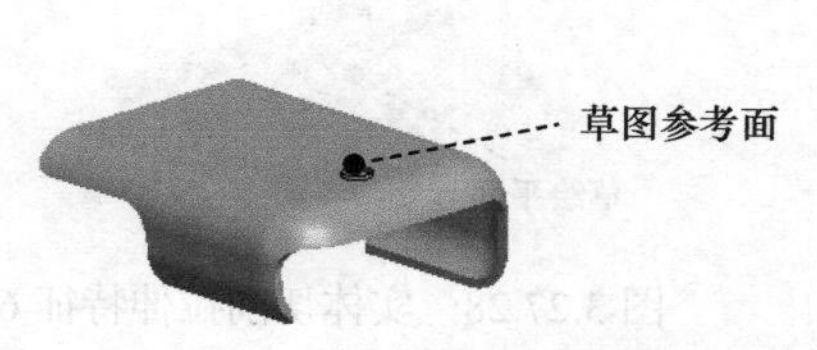

图 3.27.21 实体切削拉伸特征 5

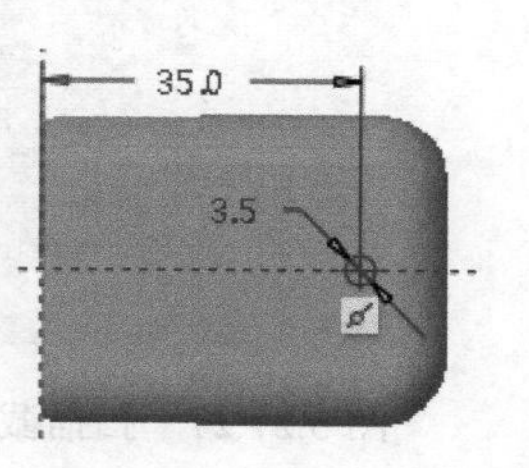

图 3.27.22 截面草图

Step14. 添加图 3.27.23 所示的特征——扫描特征。绘制图 3.27.24 所示的扫描轨迹曲线，单击 [模型] 功能选项卡 [基准] 区域中的“草绘”按钮 ；选取 RIGHT 基准平面作为草绘平面，选取 TOP 基准平面作为参考平面，方向为 [左]，单击 [草绘] 按钮，系统进入草绘环境；绘制并标注扫描轨迹，如图 3.27.25 所示；单击按钮 ，退出草绘环境；单击 [模型] 功能选项卡 [形状] 区域中的 [扫描] 按钮，系统弹出“扫描”操控板；在操控板中确认“实体”按钮 和“恒定轨迹”按钮 被按下；在图形区中选取图 3.27.24 所示的扫描轨迹曲线；单击箭头切换扫描的起始点，如图 3.27.26 所示；在操控板中单击“创建或编辑扫描截面”按钮 ，系统进入草绘环境；绘制并标注图 3.27.27 所示的截面草图，完成后，单击“草绘完成”按钮 ；单击操控板中的 按钮，完成扫描特征的创建。

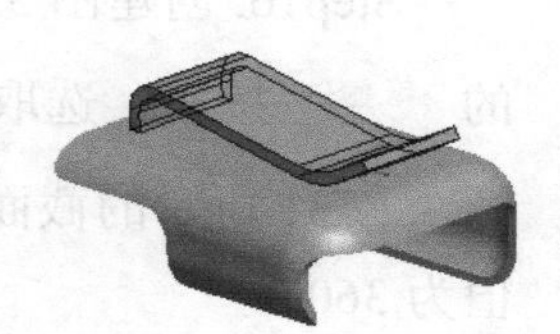

图 3.27.23 扫描特征

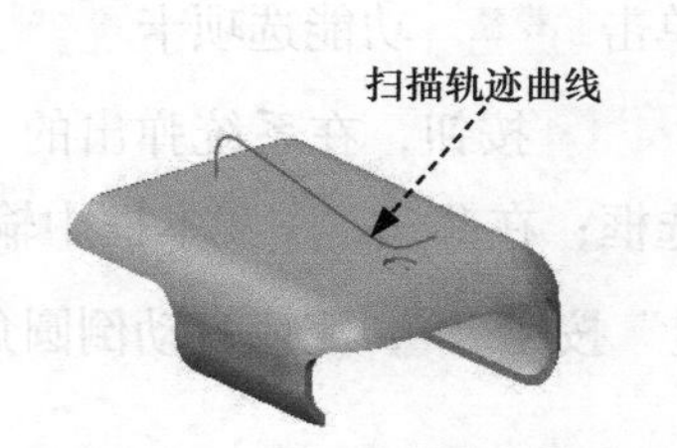

图 3.27.24 扫描轨迹（建模环境）

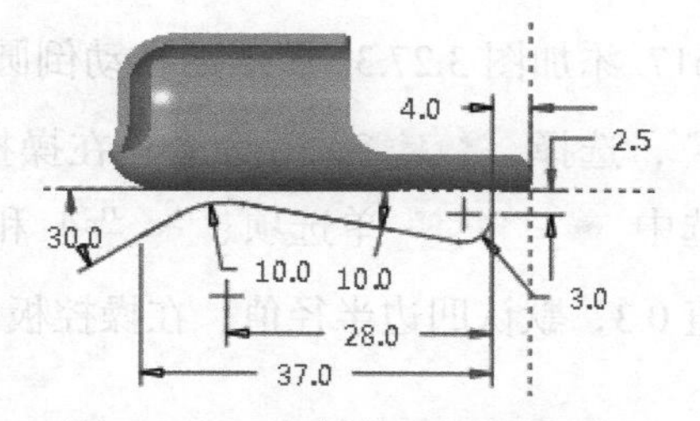

图 3.27.25 扫描轨迹（草绘环境）

Step15. 创建图 3.27.28 所示的实体切削拉伸特征 6。单击 [拉伸] 按钮，按下“移除材料”按钮 ，右击，从系统弹出的快捷菜单中选择 [定义内部草绘...] 命令；选取图 3.27.28 所示的表面为草绘平面，方向为 [右]；单击 [草绘] 按钮，进入截面草绘环境后，绘制图 3.27.29 所示的截面草图，完成后单击“确定”按钮 ；定义深度类型，在操控板上选取深度类型 （即“穿透”拉伸），然后

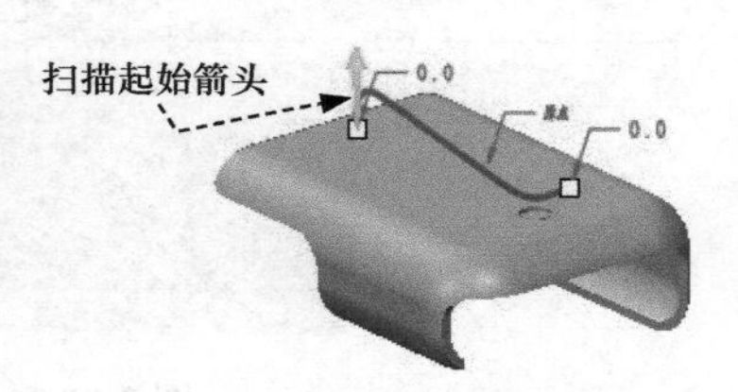

图 3.27.26 切换扫描起始点

单击 按钮。

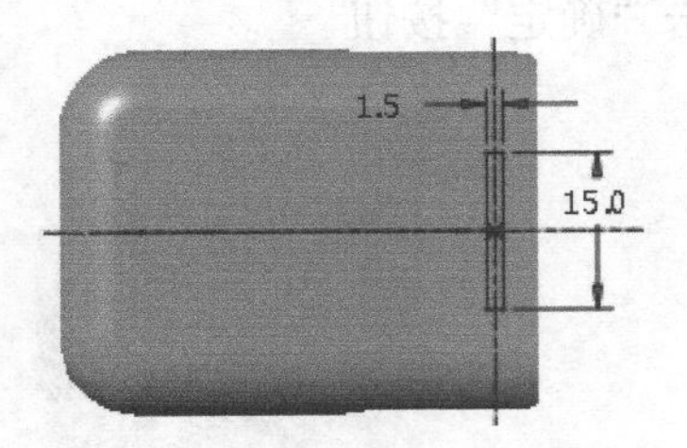

图 3.27.27　扫描截面草图

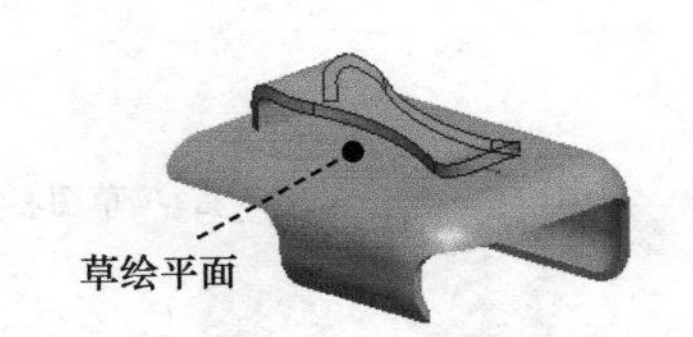

图 3.27.28　实体切削拉伸特征 6

Step16. 创建图 3.27.30 所示的实体旋转特征。单击 模型 功能选项卡 形状 区域中的 旋转 按钮；选取 RIGHT 基准平面为草绘平面，采用模型中默认的参考和方向；绘制图 3.27.31 所示的截面草图；旋转角度类型为 （即草绘平面以指定的角度值旋转），角度值为 360.0。

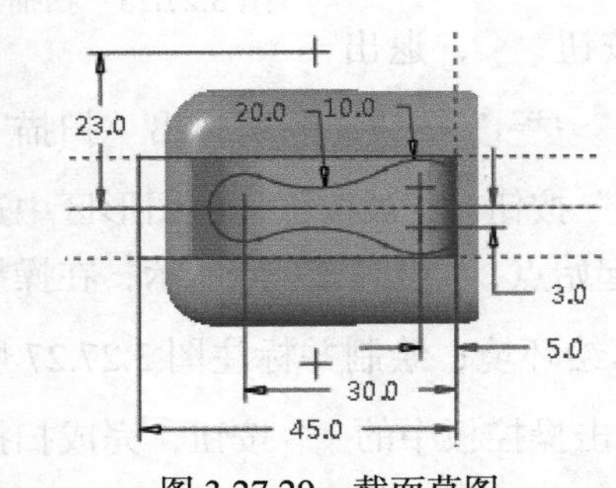

图 3.27.29　截面草图

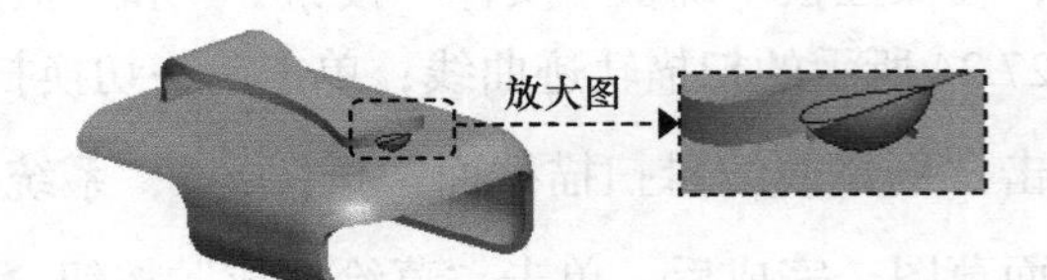

图 3.27.30　实体旋转特征

Step17. 添加图 3.27.32 所示的自动倒圆角特征 2。单击 模型 功能选项卡 倒圆角 按钮中的 ，选择 自动倒圆角 命令；在操控板中单击 范围 按钮，在系统弹出的“范围”界面上选中 实体几何 单选项、 凸边 和 凹边 复选框；在凸边 文本框中输入凸边的半径值 0.3，默认凹边半径值；在操控板中单击“确定”按钮 ，完成自动倒圆角特征 2 的创建。

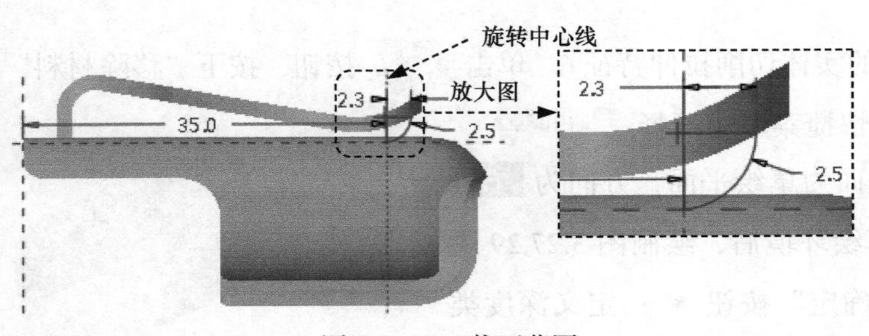

图 3.27.31　截面草图

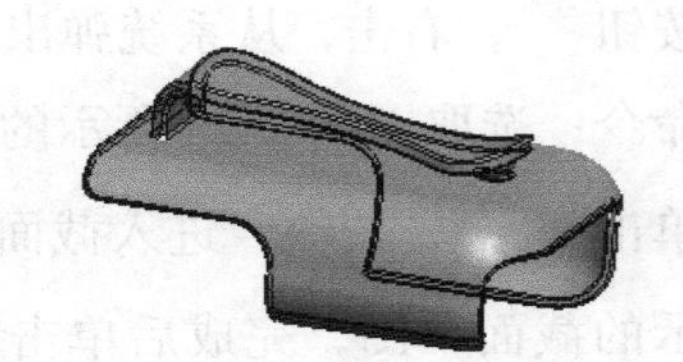

图 3.27.32　添加自动倒圆角特征 2

3.28 范例 2——盒子

范例概述：

本范例主要运用了拉伸、抽壳、阵列和孔等命令。在进行“阵列”特征时，读者要注意选择恰当的阵列方式，此外在绘制拉伸截面草图的过程中要选取合适的草绘参照，以便简化草图的绘制。零件模型及模型树如图 3.28.1 所示。

图 3.28.1 零件模型及模型树

Step1. 新建零件模型。新建一个零件模型，命名为 BOX，并选用 mmns_part_solid 零件模板。

Step2. 创建图 3.28.2 所示的拉伸特征 1。在操控板中单击“拉伸”按钮 拉伸，选取 FRONT 基准平面为草绘平面，选取 RIGHT 基准平面为参考平面，方向为 右；单击 草绘 按钮，绘制图 3.28.3 所示的截面草图；在操控板中选择拉伸类型为 ⊟，输入深度值 30.0；单击 ✓ 按钮，完成拉伸特征 1 的创建。

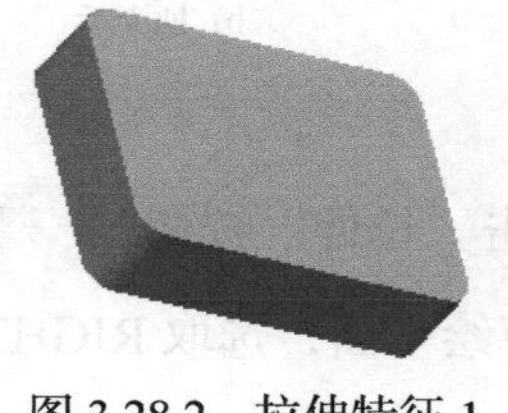

图 3.28.2 拉伸特征 1

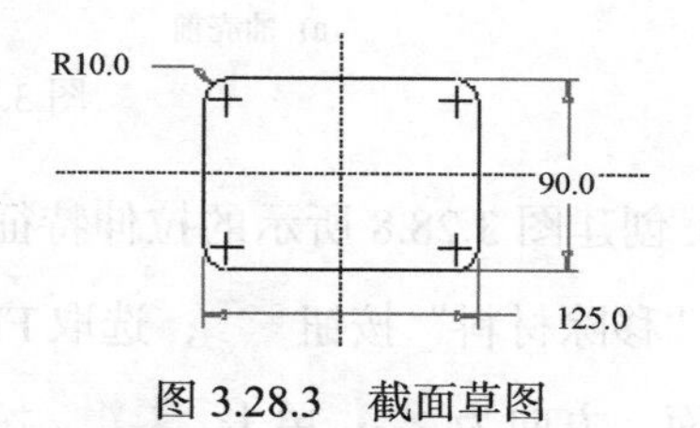

图 3.28.3 截面草图

Step3. 创建图 3.28.4b 所示的抽壳特征 1。单击 模型 功能选项卡 工程 ▾ 区域中的“壳”按钮 回壳，选取图 3.28.4a 所示的面为移除面，在 厚度 文本框中输入壁厚值 10.0，单击 ✓ 按钮，完成抽壳特征 1 的创建。

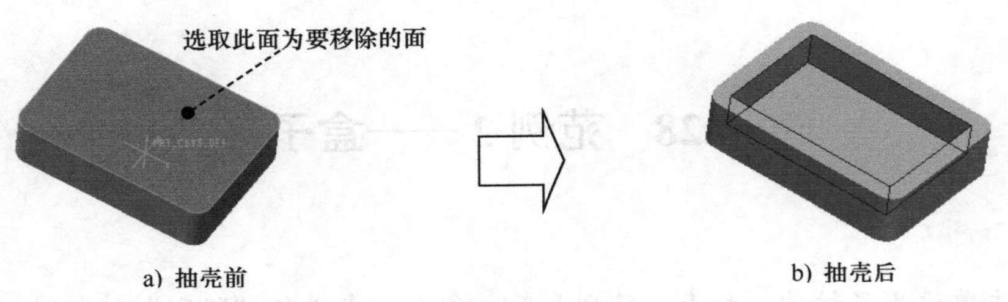

图 3.28.4　抽壳特征 1

Step4. 创建图 3.28.5b 所示的拉伸特征 2。在操控板中单击“拉伸”按钮 拉伸。在操控板中按下“移除材料”按钮；选取图 3.28.5a 所示的模型表面为草绘平面，RIGHT 基准面为参照平面，方向为 右；单击 草绘 按钮，绘制图 3.28.6 所示的截面草图；在操控板中选择拉伸类型为，输入深度值 27.0；单击 按钮，完成拉伸特征 2 的创建。

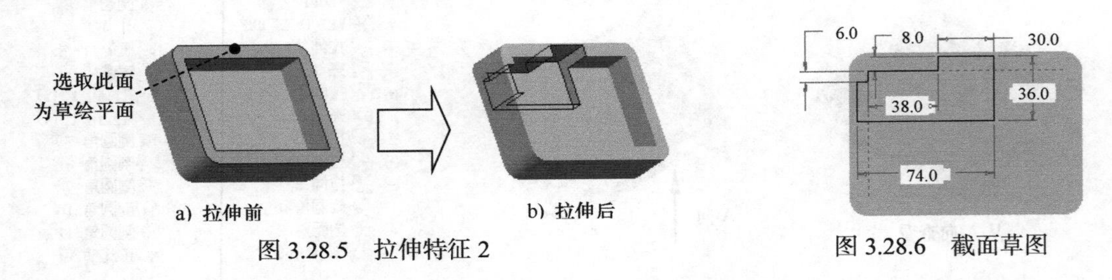

图 3.28.5　拉伸特征 2

图 3.28.6　截面草图

Step5. 创建图 3.28.7b 所示的抽壳特征 2。单击 模型 功能选项卡 工程 区域中的“壳”按钮 壳，选取图 3.28.7a 所示的面（如图所示的上表面及各侧面）为移除面，在 厚度 文本框中输入壁厚值 3.0，单击 按钮，完成抽壳特征 2 的创建。

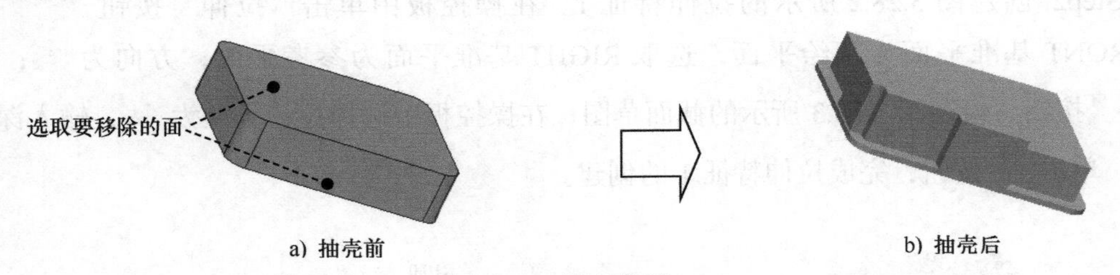

图 3.28.7　抽壳特征 2

Step6. 创建图 3.28.8 所示的拉伸特征 3。在操控板中单击“拉伸”按钮 拉伸，在操控板中按下“移除材料”按钮；选取 FRONT 基准平面为草绘平面，选取 RIGHT 基准平面为参考平面，方向为 右；单击 草绘 按钮，绘制图 3.28.9 所示的截面草图，在操控板中选择拉伸类型为；单击 按钮，单击 按钮，完成拉伸特征 3 的创建。

Step7. 创建图 3.28.10 所示的拉伸特征 4。在操控板中单击“拉伸”按钮 拉伸，在操控板中按下“移除材料”按钮，选取 FRONT 基准平面为草绘平面，选取 RIGHT 基准平面为参考平面，方向为 右；单击 草绘 按钮，绘制图 3.28.11 所示的截面草图；在操控板中选择拉伸类型为，输入深度值 29.0；单击按钮，单击按钮，完成拉伸特征 4 的创建。

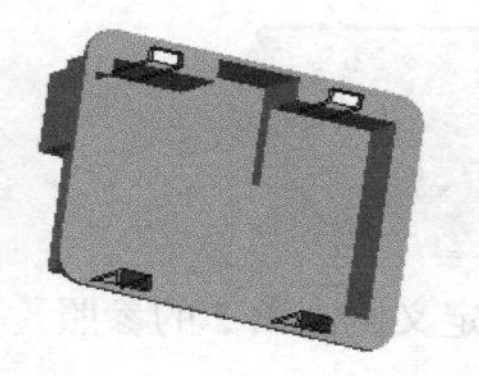

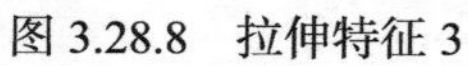

图 3.28.8 拉伸特征 3

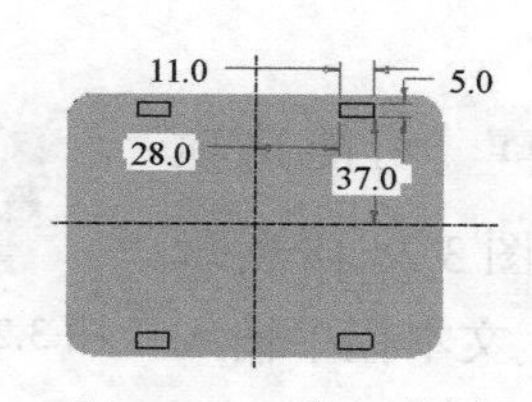

图 3.28.9 截面草图

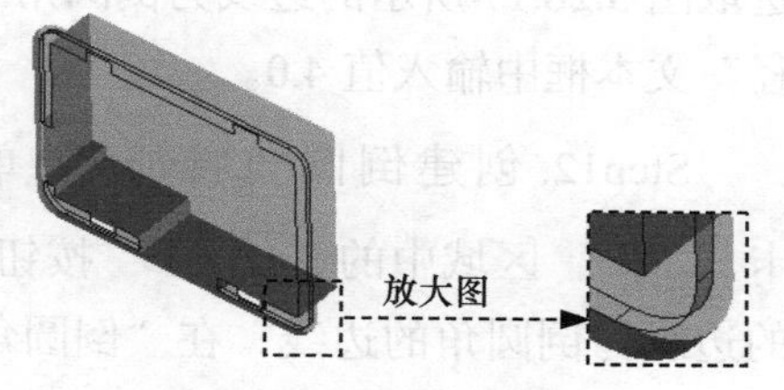

图 3.28.10 拉伸特征 4

Step8. 创建图 3.28.12 所示的拉伸特征 5。在操控板中单击“拉伸”按钮 拉伸，选取图 3.28.13 所示的模型表面为草绘平面；选取 RIGHT 基准平面为参考平面，方向为 右；单击 草绘 按钮，绘制图 3.28.14 所示的截面草图；在操控板中选择拉伸类型为，输入深度值 3.0；单击按钮调整拉伸方向，单击按钮，完成拉伸特征 5 的创建。

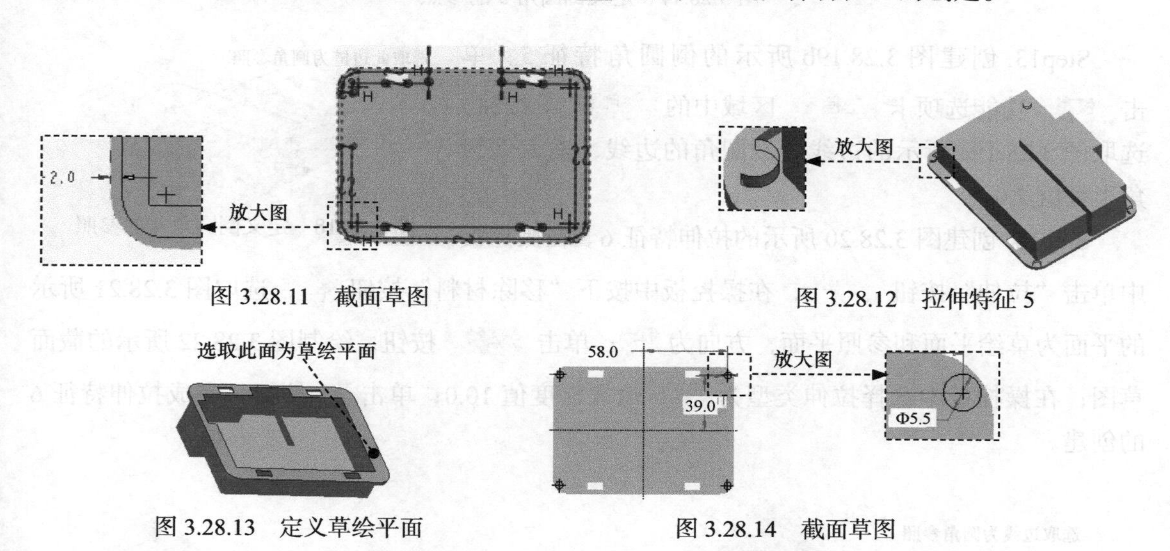

图 3.28.11 截面草图　　图 3.28.12 拉伸特征 5

图 3.28.13 定义草绘平面　　图 3.28.14 截面草图

Step9. 创建图 3.28.15b 所示的倒圆角特征 1。单击 模型 功能选项卡 工程 区域中的 倒圆角 按钮，选取图 3.28.15a 所示的边线为倒圆角的边线，输入倒圆角半径值 4.0。

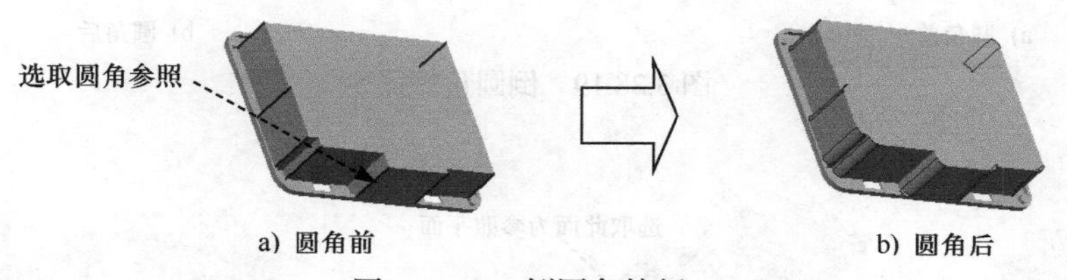

图 3.28.15 倒圆角特征 1

Step10. 创建倒圆角特征 2。单击 模型 功能选项卡 工程 区域中的 倒圆角 按钮，选取图 3.28.16 所示的边线为倒圆角的边线，在“倒圆角半径”文本框中输入值 4.0。

Step11. 创建倒圆角特征 3。单击 模型 功能选项卡 工程 ▾ 区域中的 倒圆角 ▾ 按钮，选取图 3.28.17 所示的边线为倒圆角的边线，在“倒圆角半径”文本框中输入值 4.0。

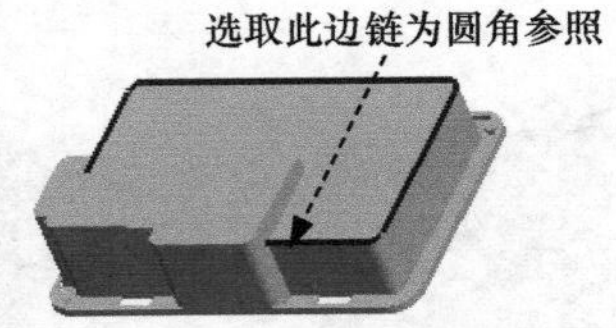

图 3.28.16　定义倒圆角 2 的参照

Step12. 创建倒圆角特征 4。单击 模型 功能选项卡 工程 ▾ 区域中的 倒圆角 ▾ 按钮，选取图 3.28.18 所示的边线为倒圆角的边线，在“倒圆角半径”文本框中输入值 4.0。

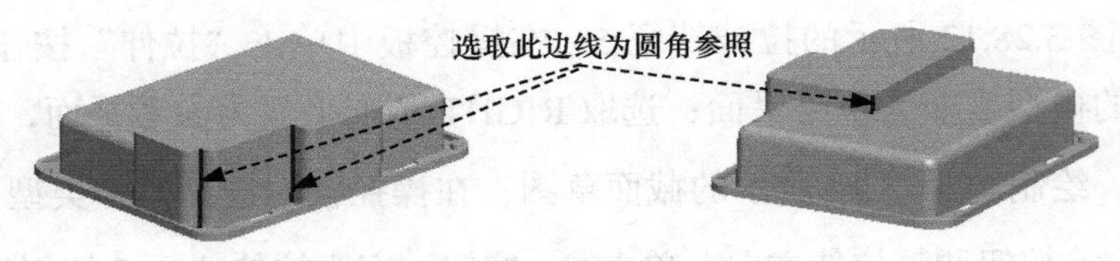

图 3.28.17　定义倒圆角 3 的参照

Step13. 创建图 3.28.19b 所示的倒圆角特征 5。单击 模型 功能选项卡 工程 ▾ 区域中的 倒圆角 ▾ 按钮，选取图 3.28.19a 所示的边线为倒圆角的边线，输入倒圆角半径值 2.0。

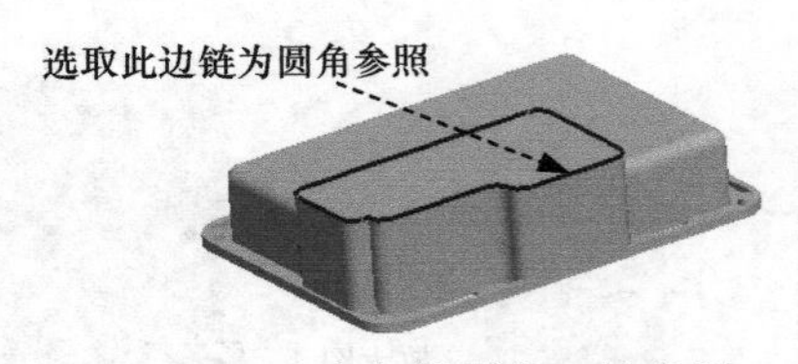

图 3.28.18　定义倒圆角 4 的参照

Step14. 创建图 3.28.20 所示的拉伸特征 6。在操控板中单击“拉伸”按钮 拉伸，在操控板中按下“移除材料”按钮，选取图 3.28.21 所示的平面为草绘平面和参照平面，方向为 上；单击 草绘 按钮，绘制图 3.28.22 所示的截面草图；在操控板中选择拉伸类型为，输入深度值 10.0；单击 ✔ 按钮，完成拉伸特征 6 的创建。

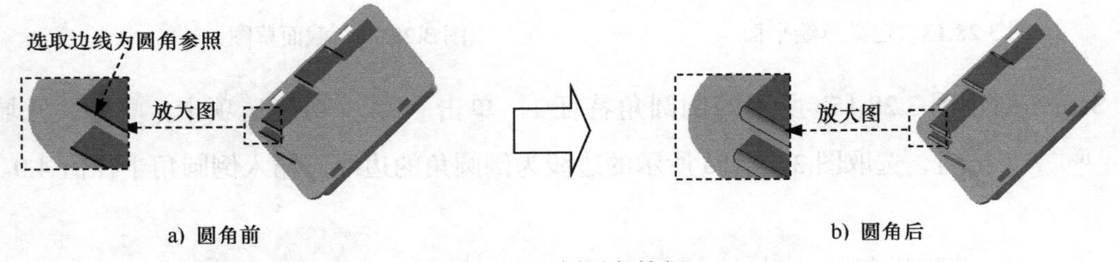

图 3.28.19　倒圆角特征 5

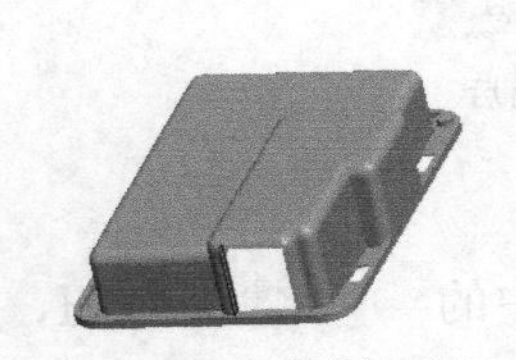

图 3.28.20　拉伸特征 6

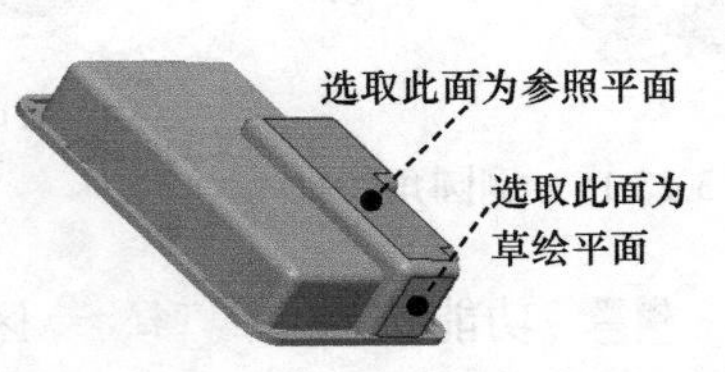

图 3.28.21　定义草绘和参照平面

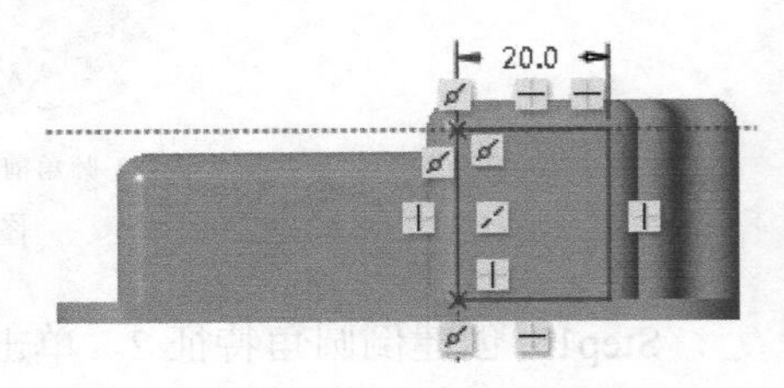

图 3.28.22　截面草图

Step15. 创建图 3.28.23b 所示的倒圆角特征 6。单击 模型 功能选项卡 工程 区域中的 倒圆角 按钮，选取图 3.28.23a 所示的边线为倒圆角的边线，输入倒圆角半径值 2.0。

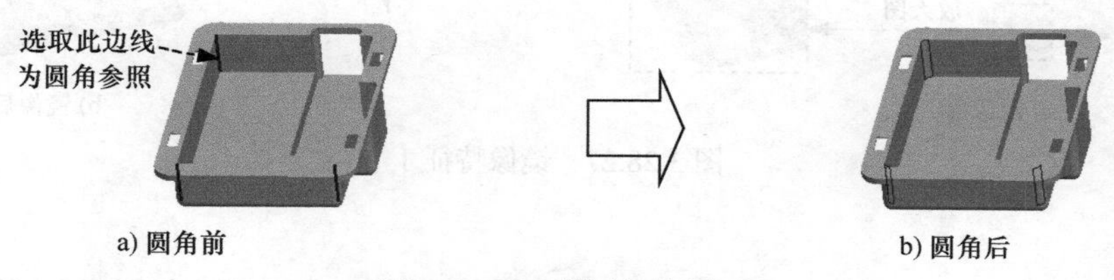

a) 圆角前　　b) 圆角后

图 3.28.23　倒圆角特征 6

Step16. 创建图 3.28.24 所示的孔特征。单击 模型 功能选项卡 工程 区域中的 孔 按钮，按住 Ctrl 键，选取图 3.28.25 所示的面和基准轴 A_3 为主参照；在操控板中单击 按钮，再单击“深加沉头孔” 按钮；单击 形状 按钮，按照图 3.28.26 所示的“形状”界面中的参数设置来定义孔的形状；在操控板的 ∅ 文本框中输入直径值 3.0；选取深度类型 ，输入深度值 10.0；在操控板中单击 按钮，完成孔特征的创建。

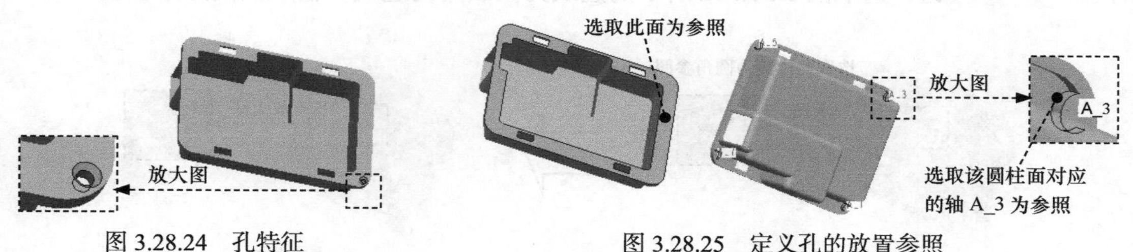

图 3.28.24　孔特征　　图 3.28.25　定义孔的放置参照

Step17. 创建图 3.28.27b 所示的镜像特征 1。在模型树中选取 Step16 创建的特征 孔 1，单击 模型 功能选项卡 编辑 区域中的“镜像”按钮 ，选取 RIGHT 基准平面为镜像平面，单击 按钮，完成镜像特征 1 的创建。

Step18. 创建图 3.28.28b 所示的镜像特征 2。在模型树中单击 孔 1 和 镜像 1，单击 模型 功能选项卡 编辑 区域中的“镜像”按钮 ，选取 TOP 基准平面为镜像平面，单击 按钮，完成镜像特征 2 的创建。

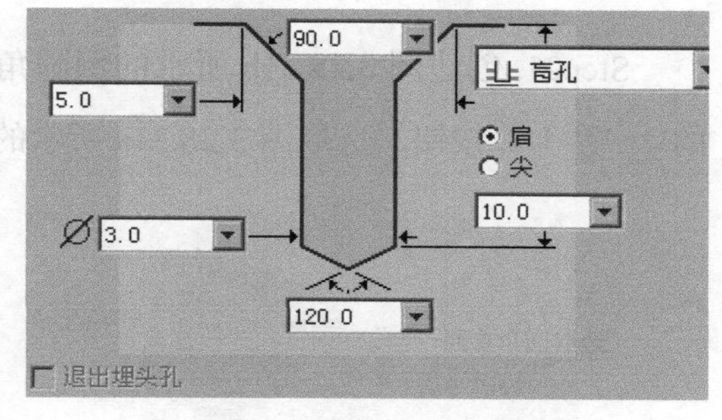

图 3.28.26　孔特征的参数设置

Step19. 创建倒圆角特征 7。单击 模型 功能选项卡 工程 区域中的 倒圆角 按钮，选取图 3.28.29 所示的边线为倒圆角的边线，在“倒圆角半径”文本框中输入值 1.5。

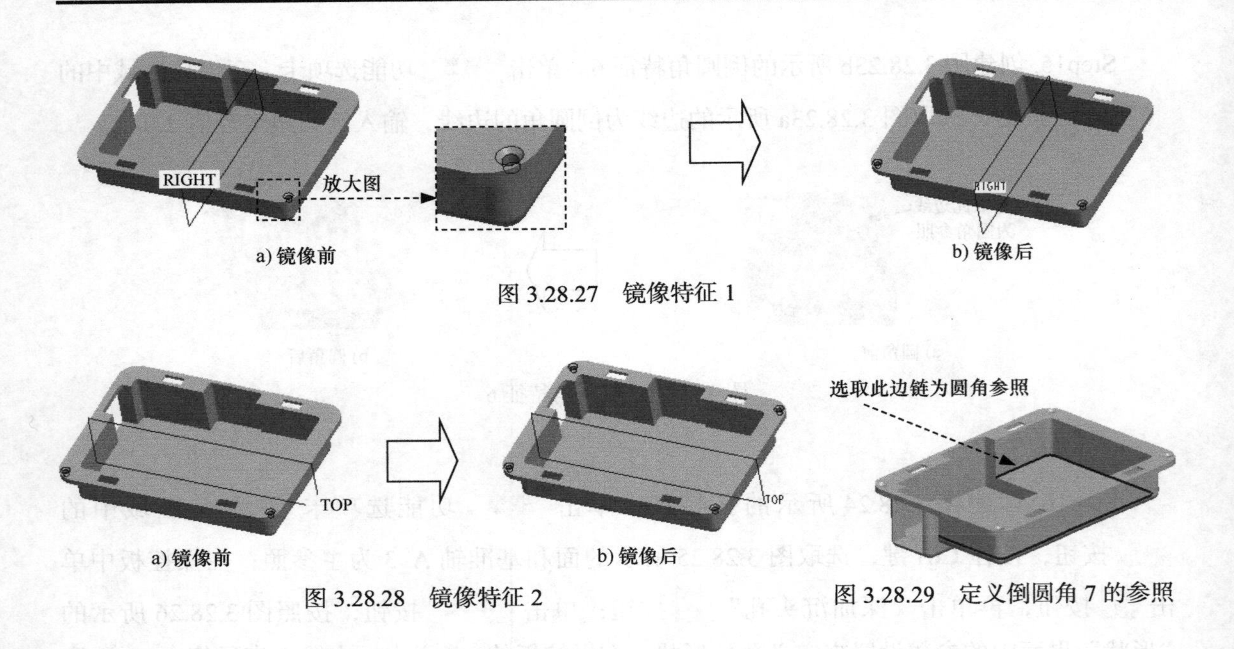

a) 镜像前　　b) 镜像后

图 3.28.27　镜像特征 1

a) 镜像前　　b) 镜像后

图 3.28.28　镜像特征 2

图 3.28.29　定义倒圆角 7 的参照

Step20. 创建图 3.28.30b 所示的倒圆角特征 8。单击 模型 功能选项卡 工程 ▾ 区域中的 倒圆角 ▾ 按钮，选取图 3.28.30a 所示的边线为倒圆角的边线，输入倒圆角半径值 1.0。

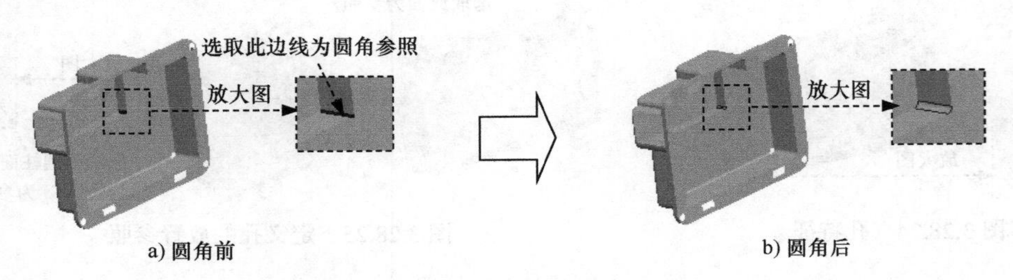

a) 圆角前　　b) 圆角后

图 3.28.30　倒圆角特征 8

Step21. 创建图 3.28.31b 所示的倒圆角特征 9。单击 模型 功能选项卡 工程 ▾ 区域中的 倒圆角 ▾ 按钮，选取图 3.28.31a 所示的边线为倒圆角的边线，输入倒圆角半径值 1.0。

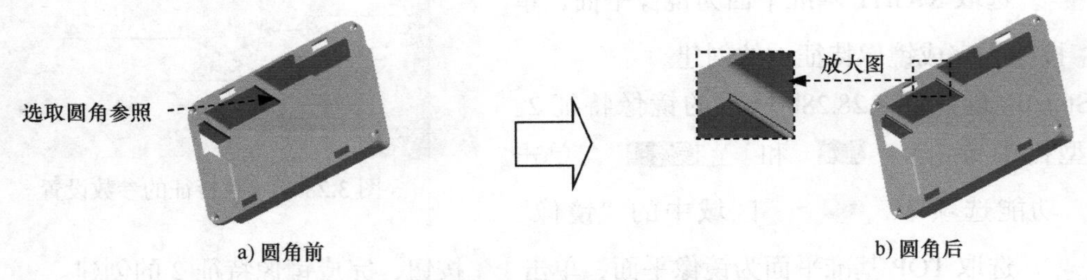

a) 圆角前　　b) 圆角后

图 3.28.31　倒圆角特征 9

Step22. 创建倒圆角特征 10。单击 模型 功能选项卡 工程 ▾ 区域中的 倒圆角 ▾ 按钮，选取图 3.28.32 所示的边线为倒圆角的边线，在“倒圆角半径”文本框中输入值 1.0。

Step23. 创建倒圆角特征 11。单击 模型 功能选项卡 工程 ▾ 区域中的 倒圆角 ▾ 按钮，选取图 3.28.33 所示的边线为倒圆角的边线，在“倒圆角半径”文本框中输入值 1.0。

图 3.28.32 定义倒圆角 10 的参照

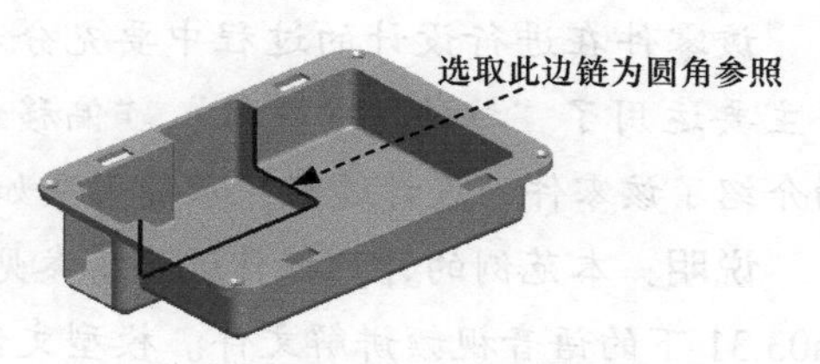

图 3.28.33 定义倒圆角 11 的参照

Step24. 保存零件模型文件。

3.29 范例 3——塑料凳

范例概述：

本范例详细讲解了一款塑料凳的设计过程，该设计过程运用了如下命令：实体拉伸、拔模、壳、阵列和倒圆角等。其中拔模的操作技巧性较强，需要读者用心体会。零件模型如图 3.29.1 所示。

说明： 本范例的详细操作过程请参见随书学习资源中 video\ch03.29 下的语音视频讲解文件。模型文件为 D: \dbcreo8.1\work\ch03.29\plastic_stool.prt。

图 3.29.1 零件模型

3.30 范例 4——塑料挂钩

范例概述：

本范例讲解了一个普通的塑料挂钩的设计过程，其中运用了简单建模的一些常用命令，如拉伸、镜像和筋等命令，其中筋特征运用很巧妙。零件模型如图 3.30.1 所示。

说明： 本范例的详细操作过程请参见随书学习资源中 video\ch03.30 下的语音视频讲解文件。模型文件为 D: \dbcreo8.1\work\ch03.30\top_dray.prt。

图 3.30.1 零件模型

3.31 范例 5——多头连接机座

范例概述：

该零件在进行设计的过程中要充分利用创建的曲面。该零件主要运用了“拉伸”“镜像”“偏移曲面”等特征命令。下面介绍了该零件的设计过程，零件模型如图 3.31.1 所示。

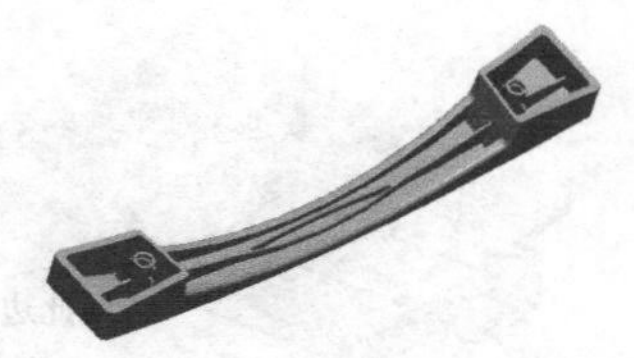

图 3.31.1 零件模型

说明：本范例的详细操作过程请参见随书学习资源中 video\ch03.31 下的语音视频讲解文件。模型文件为 D: \dbcreo8.1\work\ch03.31\handle.prt。

3.32 习 题

一、选择题

1. 下图的实体是由左侧的曲线通过“拉伸”命令完成的，请指出在拉伸的过程中没有使用的方法（ ）。

A. 给定深度 B. 添加锥度 C. 加厚草绘 D. 拉伸为实体

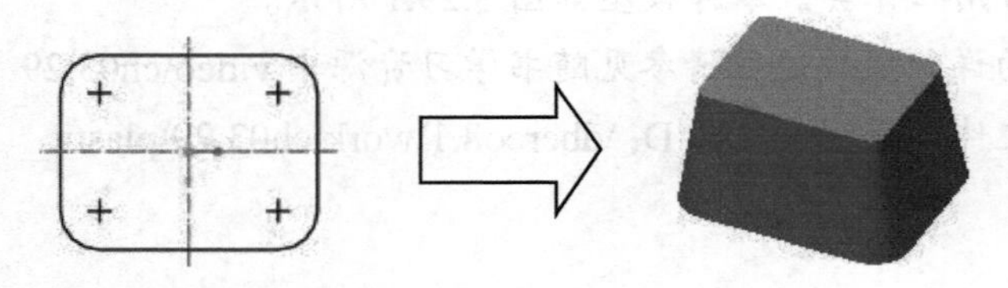

2. 下列选项中，对于拉伸特征的说法正确的是（ ）。

A. 对于拉伸特征，草绘截面必须是封闭的

B. 对于拉伸特征，草绘截面可以有交叉线串

C. 拉伸特征只可以产生实体特征，不能产生曲面特征

D. 对于拉伸特征，草绘截面可以是封闭的也可以是开放的

3. 下列选项中，不属于拉伸深度定义形式的一项是（ ）。

A. 定值 B. 对称 C. 成形到顶点 D. 到选定的

4. 在模型树中，默认的有几个基准面？（ ）

A. 2 个 B. 3 个 C. 4 个 D. 1 个

5. 在 Creo 建模过程中，最基础的是草图绘制。以下哪类平面上不能绘制草图？（ ）

A. 基准面 B. 实体平的表面

C. 曲面　　D. 以上都可以

6. 创建一个新的零件时应选取的模板是（　　）。

A. mmks_asm_design　　B. mmns_mfg_cast

C. mmns_part_solid　　D. mmns_part_sheetmetal

7. “拔模”命令中，拔模角度范围为（　　）。

A. 0°~10°　　B. 0°~30°　　C. −30°~0°　　D. −30°~+30°

8. 以下（　　）可以创建基准轴。

A. 选一个圆柱面　　B. 一个基准面

C. 一条曲线　　D. 一个点

9. 设计筋的要求正确的有（　　）。

A. 截面必须封闭　　B. 草绘平面可为曲面

C. 截面必须为开放　　D. 必须要局部坐标系

10. 编辑参考可以改变特征的（　　）。

A. 截面　　B. 定位参考

C. 定形尺寸　　D. 创建方式（如拉伸、旋转）

11. 阵列的方向最多可为（　　）。

A. 1 个方向　　B. 2 个方向　　C. 3 个方向　　D. 4 个方向

12. 关于特征的隐藏叙述，不正确的是（　　）。

A. 可以隐藏孔、倒圆角等特征，也可以隐藏基准面、基准点等

B. 隐藏的特征不从内存中消失，可以重新恢复

C. 隐藏零件中某些较为复杂的特征，以节省重新生成的时间

D. 隐藏的特征将永久删除

13. 清除内存命令，可以清除（　　）窗口。

A. 当前的或不显示的　　B. 不显示的

C. 当前的　　D. 所有的

14. 草绘旋转特征时，其旋转中心线可以有（　　）。

A. 一条　　B. 二条　　C. 三条　　D. 多条

15. 构建抽壳特征时，如果选取实体上有多个要去除的表面时，可按（　　）复选。

A. Ctrl+ 鼠标左键　　B. Ctrl 键

C. Shift 键　　D. Ctrl+ 鼠标右键

16. 下列关于草绘里的中心线描述正确的是（　　）。

A. 可以用来添加对称约束　　B. 不可以作为旋转轴

C. 可以作为尺寸参考　　D. 以上说法都正确

17. 在同一草图中，复制并粘贴一个或多个草图时，以下方法中哪种不能实现？（　　）

A. Ctrl+C，Ctrl+V

B. 选中草图单击“操作”区域中的复制—粘贴

C. 鼠标选中并拖动

D. 选中草图后单击右键，在系统弹出的快捷菜单中选择复制，然后右键粘贴

18. 如果您做了一个轮廓不封闭的草图，进行拉伸，会出现以下哪种情况？（ ）

A. 系统提示继续将会生成曲面　　B. 不能进行拉伸操作

C. 无反应　　D. 以上说法都不正确

19. 对实体进行抽壳时，下列说法正确的是（ ）。

A. 抽壳时其壁厚可以不相同　　B. 抽壳时可以去除一个或多个面

C. 抽壳时其壁厚系统默认为均匀　　D. 以上说法都正确

20. 有这样一个草图，是两个没有交集的圆，对其进行拉伸，会出现什么情况？（ ）

A. 提示不能生成不连续的实体　　B. 生成两个实体

C. 不能生成实体　　D. 以上说法都不正确

21. 下面几种情况中，哪个不能满足建立一个新基准面的条件？（ ）

A. 一个面和平移一个距离　　B. 一个面和一个轴线

C. 一段螺旋线　　D. 一个面和一个顶点

22. 打开软件后首先要做的是（ ）。

A. 命名　　B. 选择基准面

C. 创建一个米制的零件　　D. 设定工作目录

23. 建模基准不包括（ ）。

A. 基准坐标系　　B. 基准线　　C. 基准面　　D. 基准轴

24. 完成下图所示的操作最快捷有效的方法是（ ）。

A. 镜像　　B. 圆周阵列　　C. 线性阵列　　D. 填充阵列

25. 创建下图所示的壳体模型，需要进行抽壳、拔模和倒圆角，它的先后次序应该是（ ）。

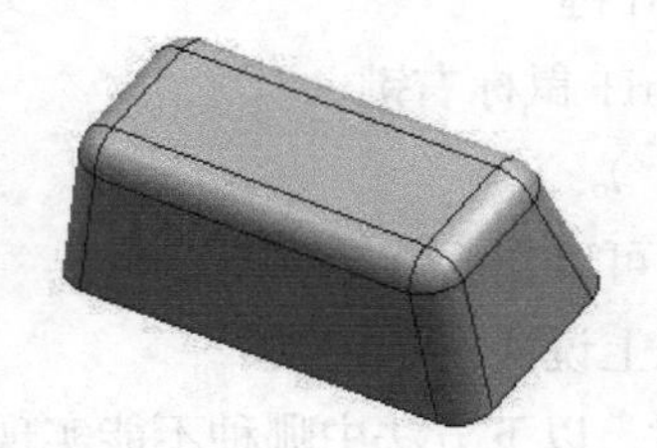
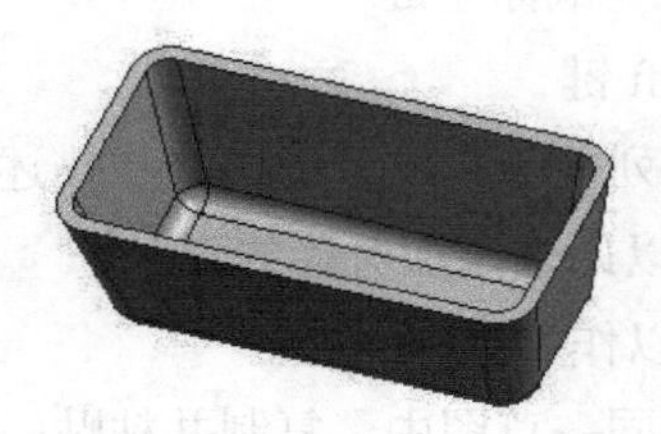

A. 倒圆角、拔模、抽壳　　B. 拔模、抽壳、倒圆角

C. 拔模、倒圆角、抽壳　　D. 不分先后

二、判断题

1. 拉伸方向总是垂直于草图基准面。(   )
2. 旋转特征的旋转轴必须是基准区域的中心线。(   )
3. 在 Creo 中，同一个草图能够被多个特征共享。(   )
4. 对实体进行抽壳时，可以在一次操作结果中，产生不同的壁厚。(   )
5. 在阵列中对原特征进行编辑，阵列生成的特征不会一起变化。(   )
6. 利用文件下拉菜单中的关闭窗口项可以关闭子窗口，但不能将模型从内存中删除。(   )
7. 在删除特征时必须先删除父特征，后删除子特征。(   )
8. 抽壳时，输入的厚度可以是正值，也可以是负值，但厚度必须相同。(   )
9. 在模型树中，所有的零部件都可被移动。(   )
10. 创建筋特征的要求是其截面必须封闭且与实体相交。(   )
11. 较大半径的圆角操作应该在抽壳之前进行。(   )

三、简答题

1. Creo 中的约束是什么，如何添加和去除约束?
2. 由草图创建实体有什么优势?

四、制作模型

1. 创建图 3.32.1 所示的六角螺母模型，操作提示如下。

Step1. 新建一个零件的三维模型，将零件模型命名为 fix_nut.prt。

Step2. 创建图 3.32.2 所示的实体拉伸特征，截面草图如图 3.32.3 所示，深度值为 5.0。

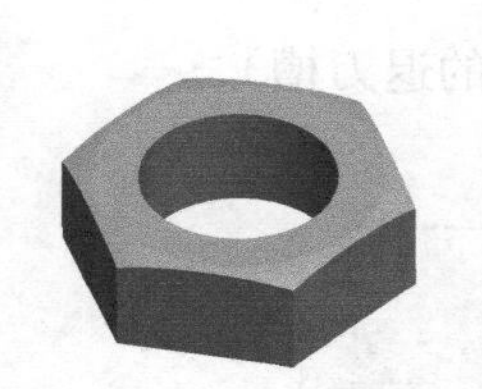
图 3.32.1　零件模型

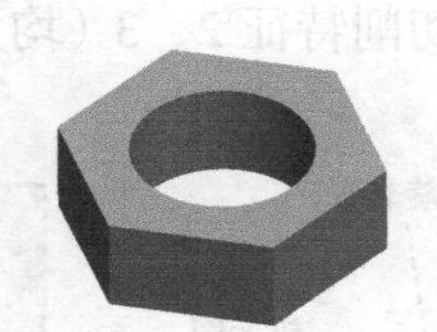
图 3.32.2　实体拉伸特征

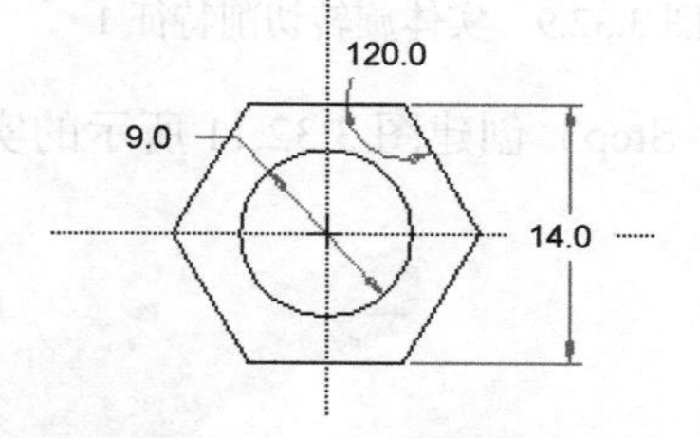

图 3.32.3　截面草图

Step3. 创建图 3.32.4 所示的旋转切削特征，截面草图如图 3.32.5 所示。

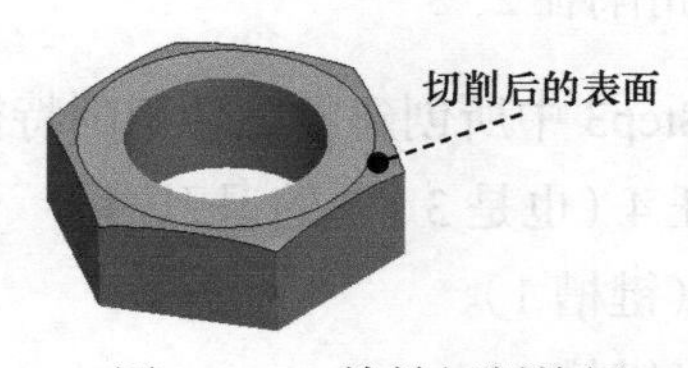

图 3.32.4　旋转切削特征

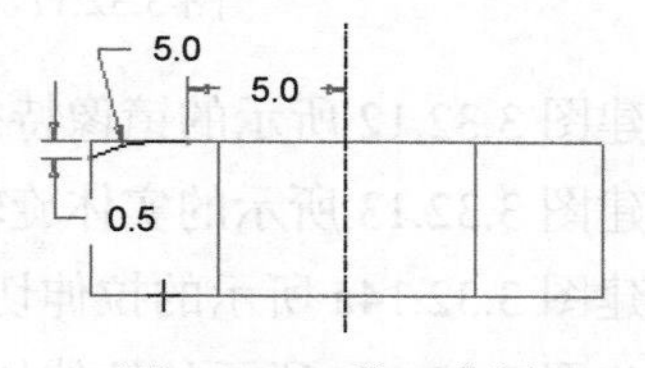

图 3.32.5　截面草图

Step4. 创建图 3.32.6 所示的倒角特征，倒角方案为 D × D，D 值为 0.5。

Step5. 创建图 3.32.7 所示的螺纹修饰特征，主直径值为 10.0。

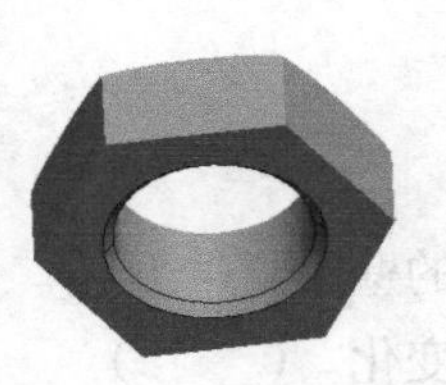

图 3.32.6　倒角特征

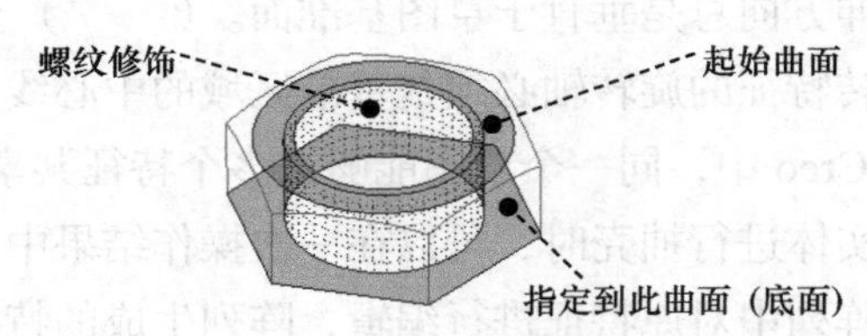

图 3.32.7　螺纹修饰特征

2. 创建图 3.32.8 所示的转轴模型，操作提示如下（所缺尺寸可自行确定）。

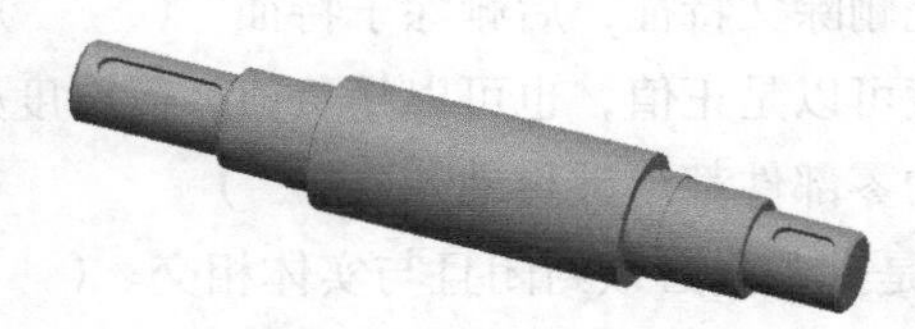

图 3.32.8　转轴模型

Step1. 新建一个零件的三维模型，将零件的模型命名为 shaft.prt。

Step2. 创建图 3.32.9 所示的实体旋转切削特征 1，截面草图如图 3.32.10 所示，旋转类型为 ，旋转角度值为 360.0。

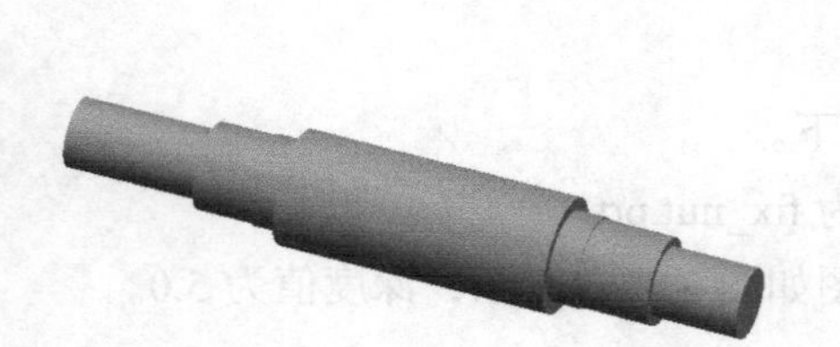

图 3.32.9　实体旋转切削特征 1

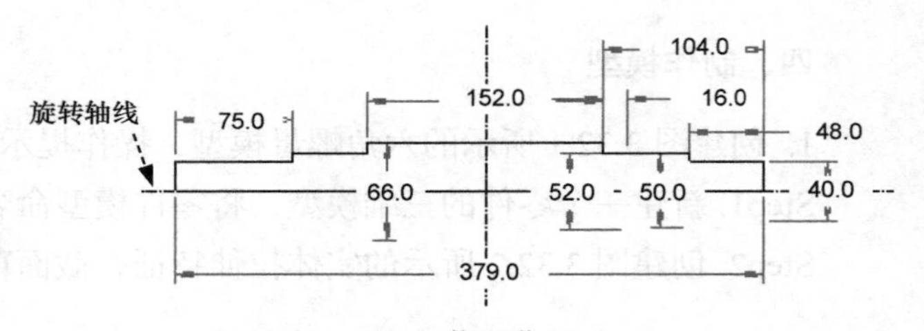

图 3.32.10　截面草图

Step3. 创建图 3.32.11 所示的实体旋转切削特征 2、3（均为 3 × 1 的退刀槽）。

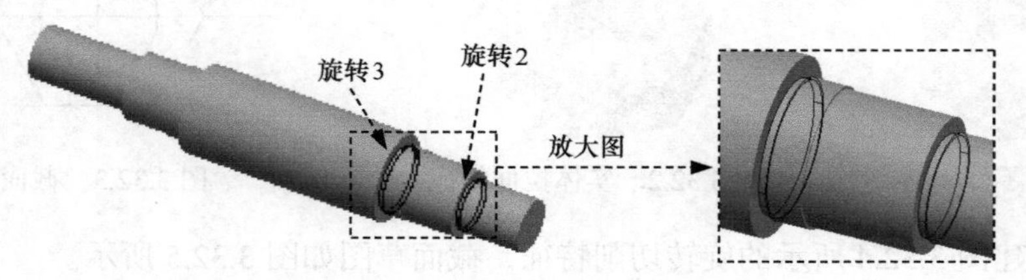

图 3.32.11　实体旋转切削特征 2、3

Step4. 创建图 3.32.12 所示的镜像特征，镜像 Step3 中所创建的旋转切削特征 3。

Step5. 创建图 3.32.13 所示的实体旋转切削特征 4（也是 3 × 1 的退刀槽）。

Step6. 创建图 3.32.14a 所示的拉伸切削特征 1（键槽 1）。

Step7. 创建图 3.32.15a 所示的拉伸切削特征 2（键槽 2）。

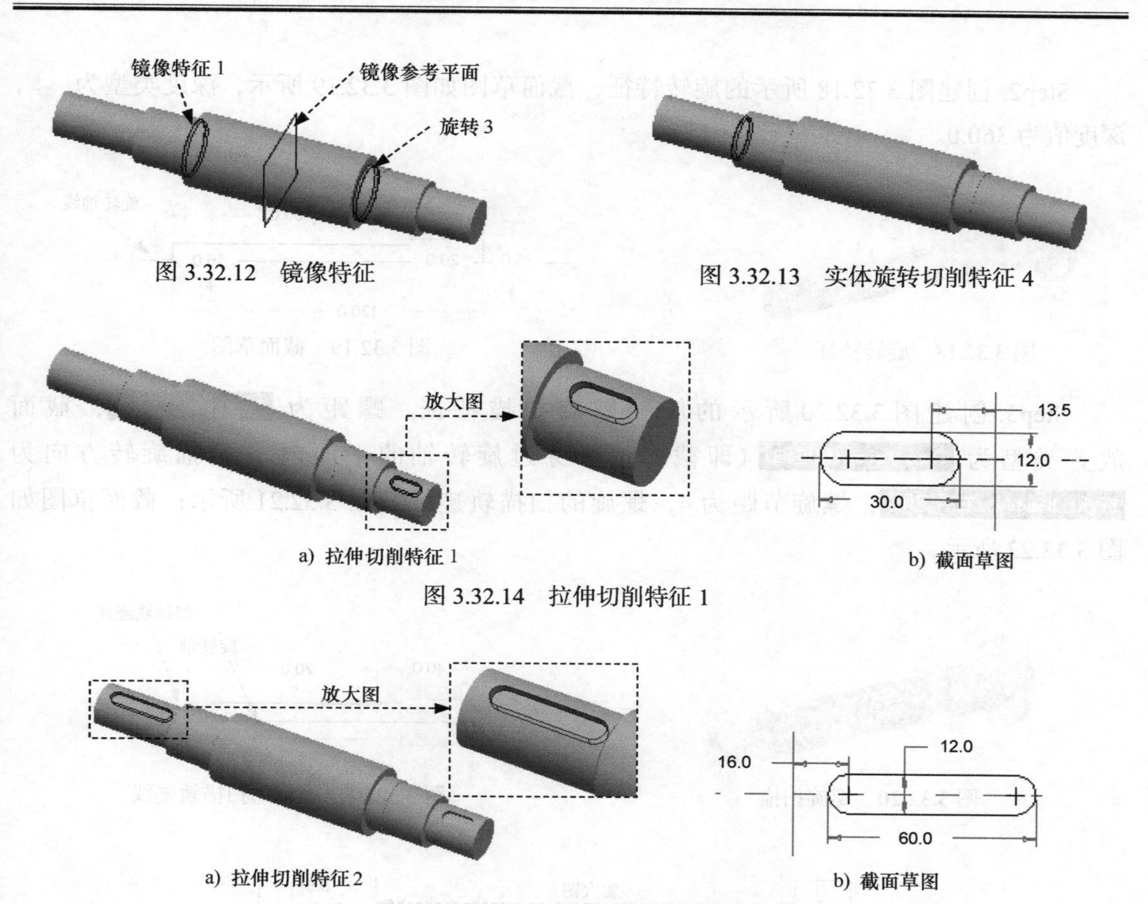

图 3.32.12 镜像特征

图 3.32.13 实体旋转切削特征 4

a) 拉伸切削特征 1

b) 截面草图

图 3.32.14 拉伸切削特征 1

a) 拉伸切削特征 2

b) 截面草图

图 3.32.15 拉伸切削特征 2

Step8. 创建图 3.32.16 所示的倒角特征（可以分步进行，也可以一次创建完成）。

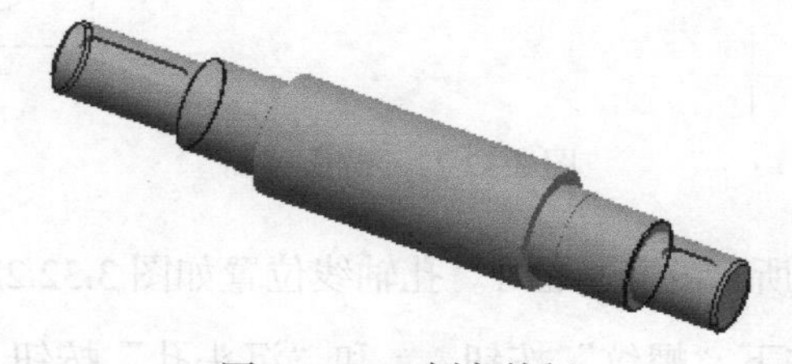

图 3.32.16 倒角特征

3. 创建图 3.32.17 所示的传动轴模型，操作提示如下。

Step1. 新建一个零件的三维模型，将零件模型命名为 transmisson_shaft.prt。

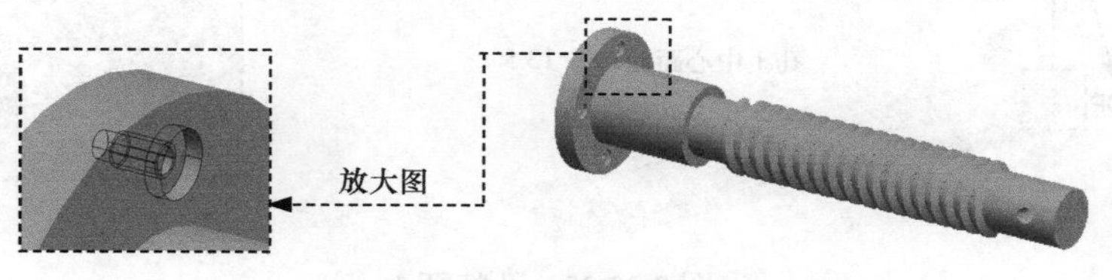

图 3.32.17 零件模型

Step2. 创建图 3.32.18 所示的旋转特征，截面草图如图 3.32.19 所示，深度类型为 ，深度值为 360.0。

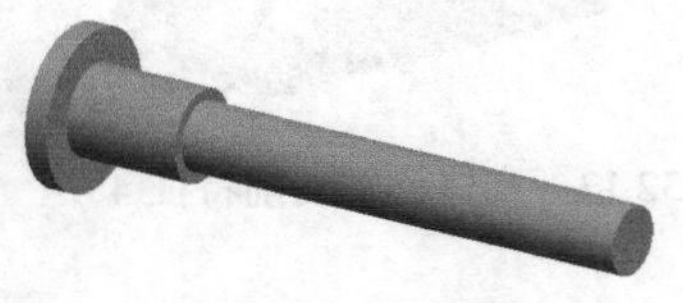

图 3.32.18　旋转特征

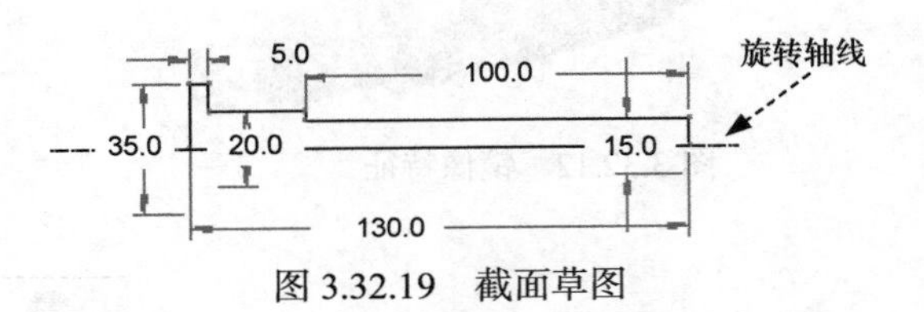

图 3.32.19　截面草图

Step3. 创建图 3.32.20 所示的旋转螺旋扫描特征。螺距为 Constant（常数），截面放置类型为 Thru Axis（穿过轴）（即截面位于穿过旋转轴的平面内），扫描旋转方向为 Right Handed（右手定则），螺旋节距为 4，螺旋的扫描轨迹线如图 3.32.21 所示；截面草图如图 3.32.22 所示。

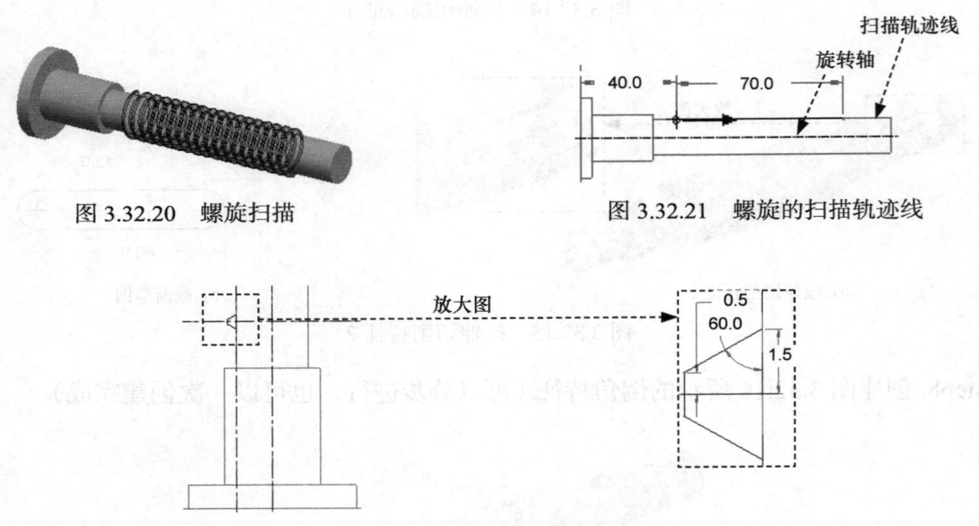

图 3.32.20　螺旋扫描

图 3.32.21　螺旋的扫描轨迹线

图 3.32.22　截面草图

Step4. 创建图 3.32.23 所示的孔特征 1。孔轴线位置如图 3.32.23 所示，孔类型为 ；孔为“ISO 螺孔标准”，并按下“螺纹”按钮 和“沉头孔”按钮 ，螺孔大小为 M2×4，深度类型为 。

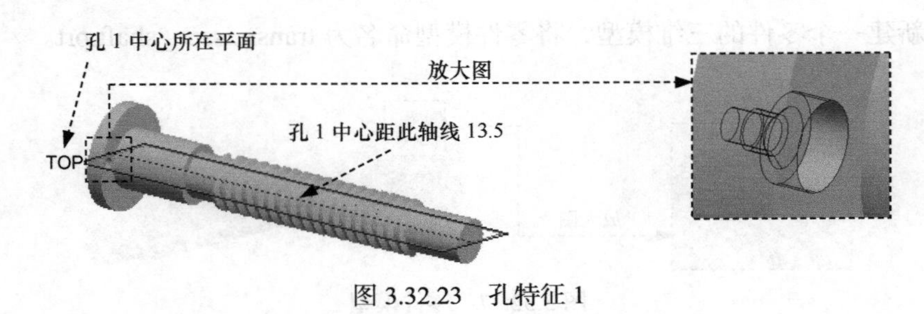

图 3.32.23　孔特征 1

Step5. 阵列 Step4 中所创建的孔特征 1，阵列类型为轴阵列，阵列后的特征（阵列特征）如图 3.32.24 所示。

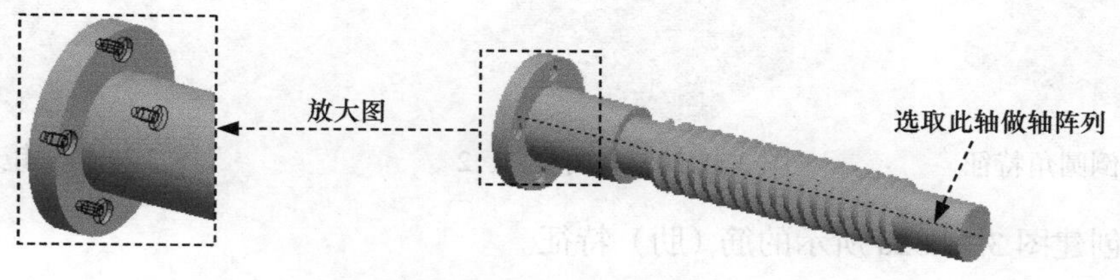

图 3.32.24 阵列特征

Step6. 创建图 3.32.25 所示的孔特征 2。孔轴线位置如图 3.32.25 所示，轴线所在平面为 TOP 基准平面，距次参考平面 2 的距离为 8.0；孔类型为直孔 ，直径为 4.0，深度类型为 。

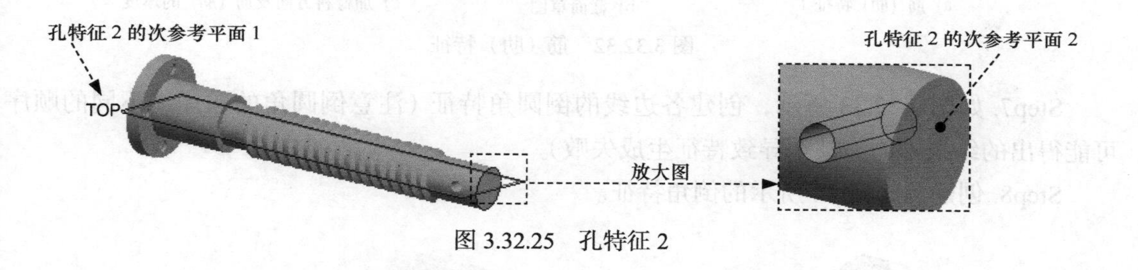

图 3.32.25 孔特征 2

4. 创建图 3.32.26 所示的连接板模型，操作提示如下（所缺尺寸可自行确定）。

Step1. 新建一个零件的三维模型，将零件模型命名为 connection_board.prt。

Step2. 创建图 3.32.27 所示的实体拉伸特征，截面草图如图 3.32.28 所示，拉伸类型为 ，拉伸厚度值为 300.0。

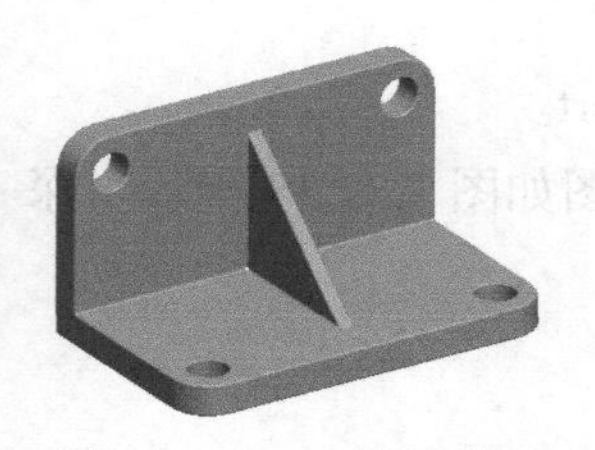

图 3.32.26 连接板模型

图 3.32.27 实体拉伸特征

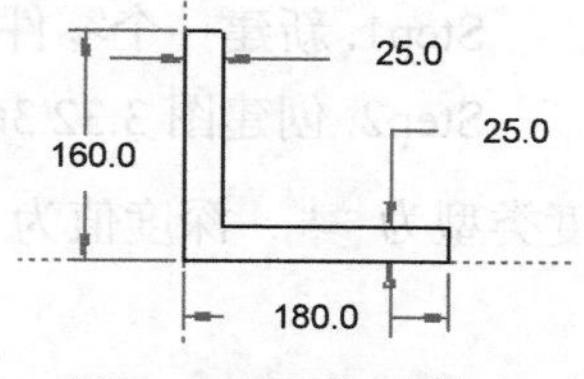

图 3.32.28 截面草图

Step3. 创建图 3.32.29 所示的倒圆角特征。

Step4. 创建图 3.32.30 所示的孔特征 1、2。

Step5. 创建图 3.32.31 所示的镜像特征。镜像 Step4 中创建的孔特征 1、2。

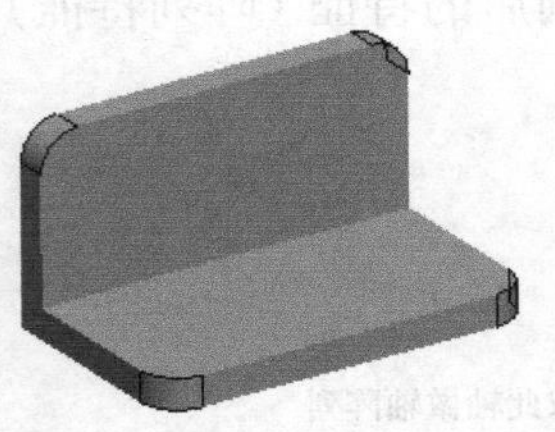

图 3.32.29　倒圆角特征

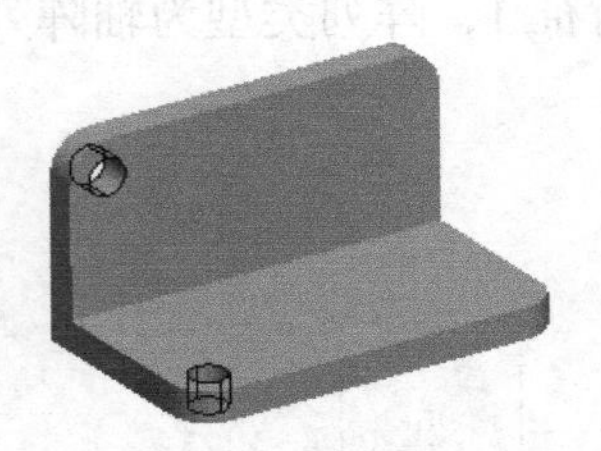

图 3.32.30　孔特征 1、2

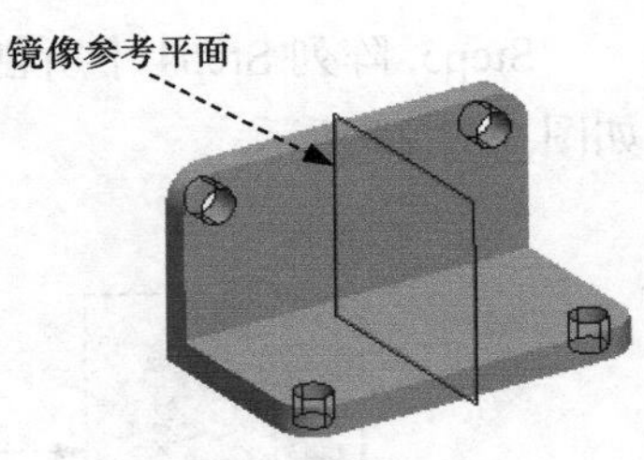

图 3.32.31　镜像特征

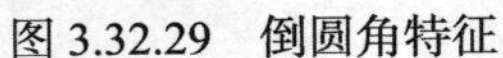

Step6. 创建图 3.32.32a 所示的筋（肋）特征。

a) 筋（肋）特征 1

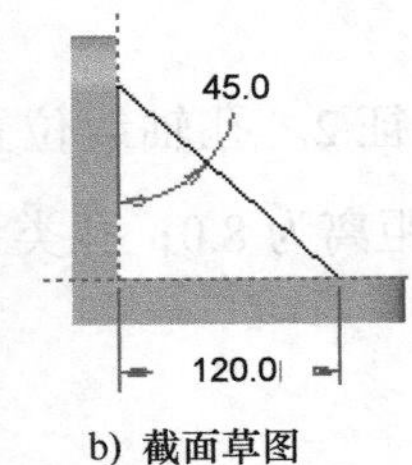

b) 截面草图

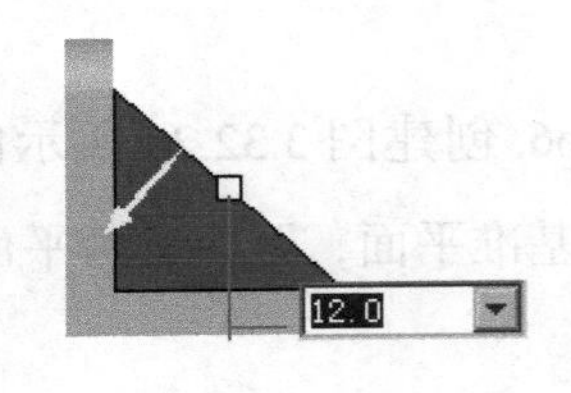

c) 加材料方向及筋（肋）的厚度

图 3.32.32　筋（肋）特征

Step7. 如图 3.32.33 所示，创建各边线的倒圆角特征（注意倒圆角的顺序，不同的顺序可能得出的结果不同，甚至导致特征生成失败）。

Step8. 创建图 3.32.34 所示的倒角特征。

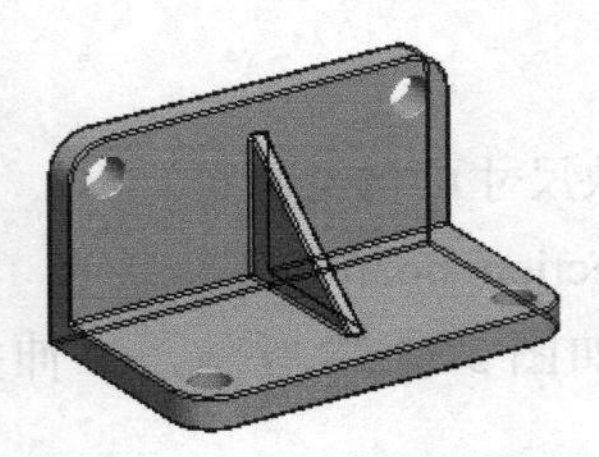

图 3.32.33　各个倒圆角特征

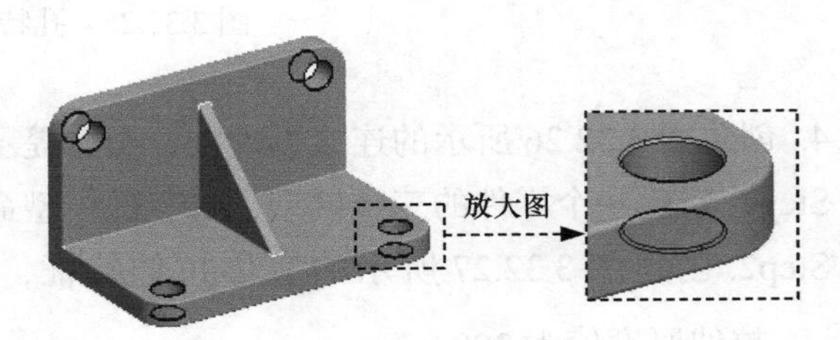

图 3.32.34　倒角特征

5. 创建图 3.32.35 所示的幸运星模型，操作提示如下。

Step1. 新建一个零件的三维模型，将零件模型命名为 lucky_star.prt。

Step2. 创建图 3.32.36 所示的实体拉伸特征 1（轴阵列），截面草图如图 3.32.37 所示。深度类型为 ⊞，深度值为 4.0。

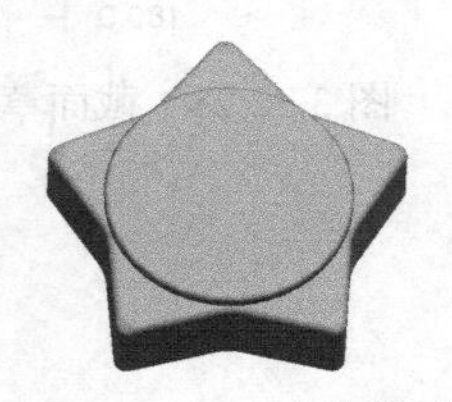

图 3.32.35　零件模型

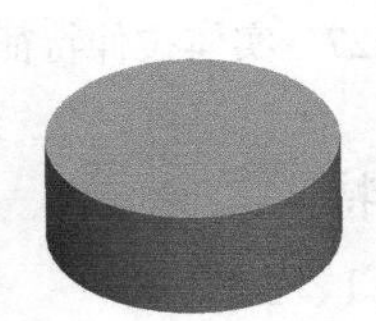

图 3.32.36　实体拉伸特征 1

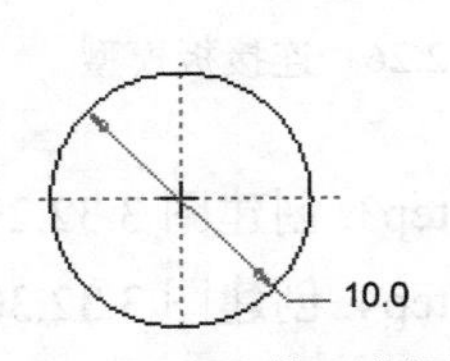

图 3.32.37　截面草图

Step3. 创建图 3.32.38a 所示的实体拉伸特征 2。深度类型为 ![icon]，深度值为 3.5。

Step4. 创建图 3.32.39 所示的阵列特征（轴阵列）。选择实体拉伸特征 2，选取图 3.32.39 中的轴线作为阵列的中心轴。

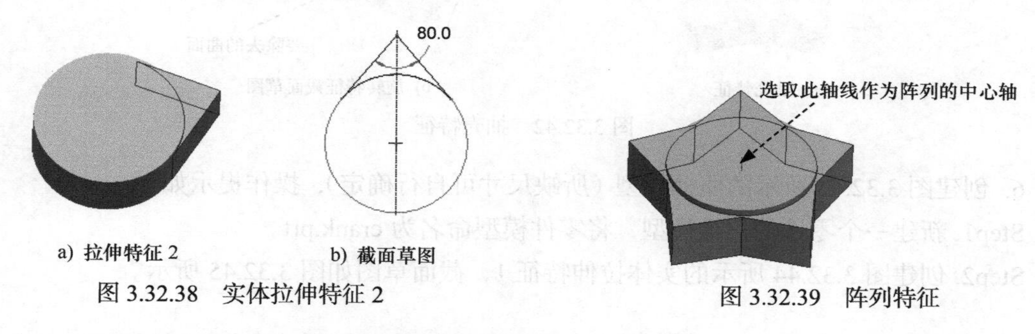

a) 拉伸特征 2　　b) 截面草图

图 3.32.38　实体拉伸特征 2　　图 3.32.39　阵列特征

Step5. 创建图 3.32.40a 所示的旋转切削特征。

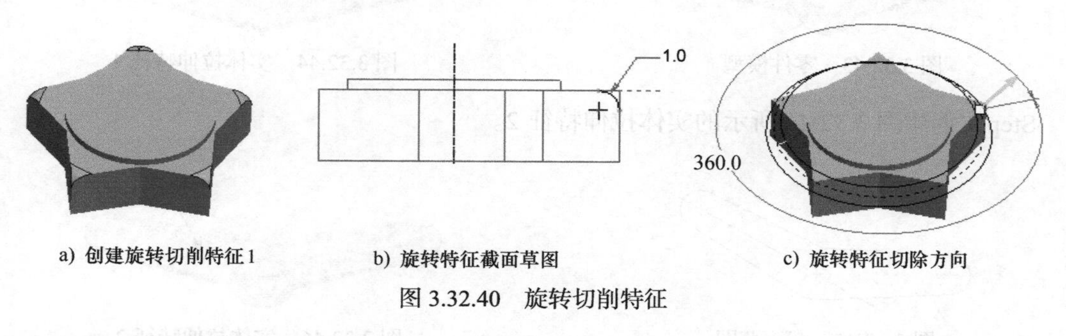

a) 创建旋转切削特征 1　　b) 旋转特征截面草图　　c) 旋转特征切除方向

图 3.32.40　旋转切削特征

Step6. 创建倒圆角特征。

（1）创建图 3.32.41a 所示的倒圆角特征 1。

（2）创建图 3.32.41b 所示的倒圆角特征 2。

（3）创建图 3.32.41c 所示的倒圆角特征 3。

（4）创建图 3.32.41d 所示的倒圆角特征 4。

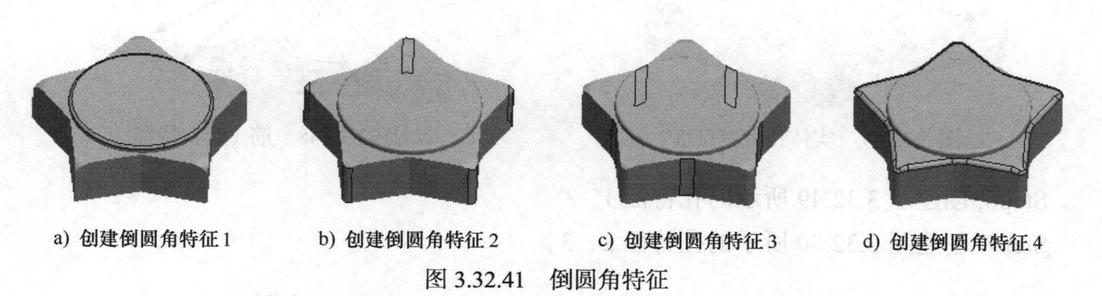

a) 创建倒圆角特征 1　　b) 创建倒圆角特征 2　　c) 创建倒圆角特征 3　　d) 创建倒圆角特征 4

图 3.32.41　倒圆角特征

Step7. 创建图 3.32.42a 所示的抽壳特征。要除去的曲面如图 3.32.42b 所示，抽壳厚度值为 0.08。

注意：抽壳的厚度过大可能导致特征生成失败。

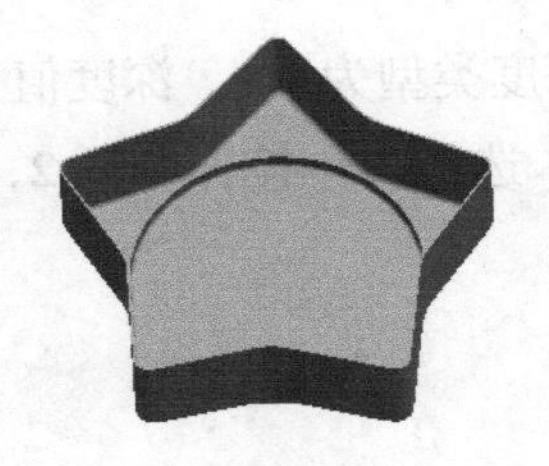

a) 抽壳特征

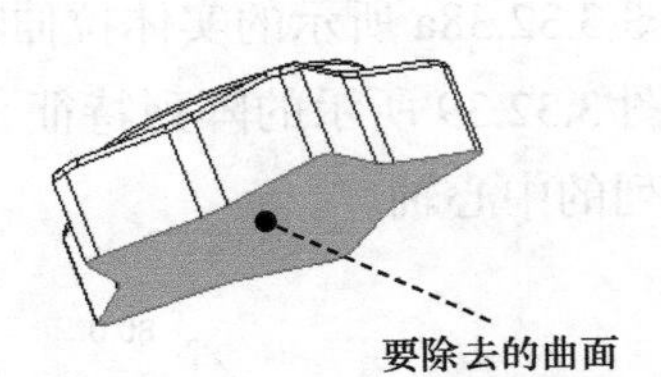

b) 旋转特征截面草图

图 3.32.42　抽壳特征

6. 创建图 3.32.43 所示的曲柄模型（所缺尺寸可自行确定），操作提示如下。

Step1. 新建一个零件的三维模型，将零件模型命名为 crank.prt。

Step2. 创建图 3.32.44 所示的实体拉伸特征 1，截面草图如图 3.32.45 所示。

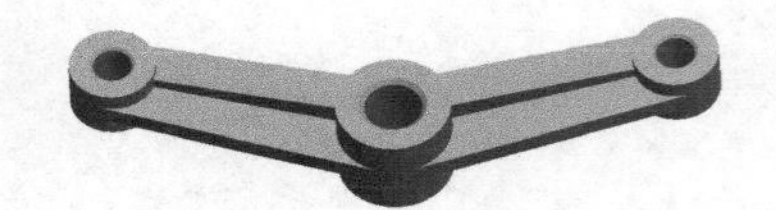

图 3.32.43　零件模型

图 3.32.44　实体拉伸特征 1

Step3. 创建图 3.32.46 所示的实体拉伸特征 2。

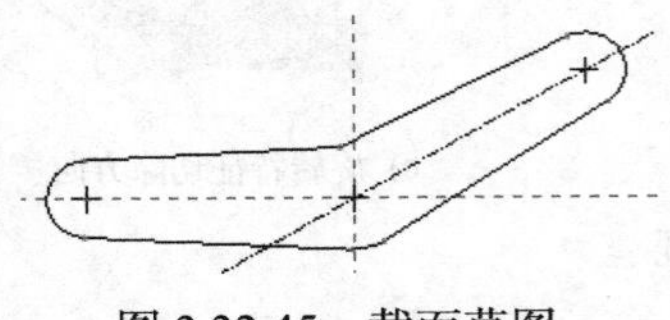

图 3.32.45　截面草图

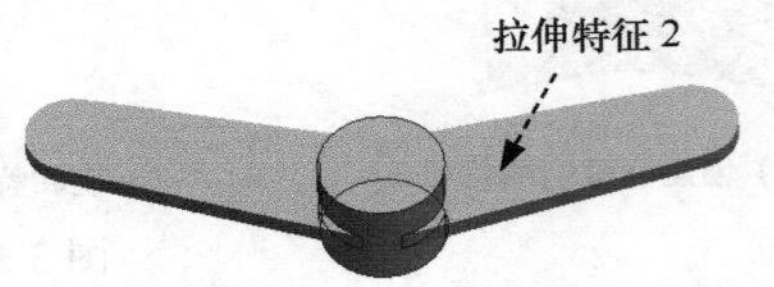

图 3.32.46　实体拉伸特征 2

Step4. 创建图 3.32.47 所示的实体拉伸特征 3。

Step5. 创建图 3.32.48 所示的四个筋（肋）特征（可使用复制、镜像等操作）。

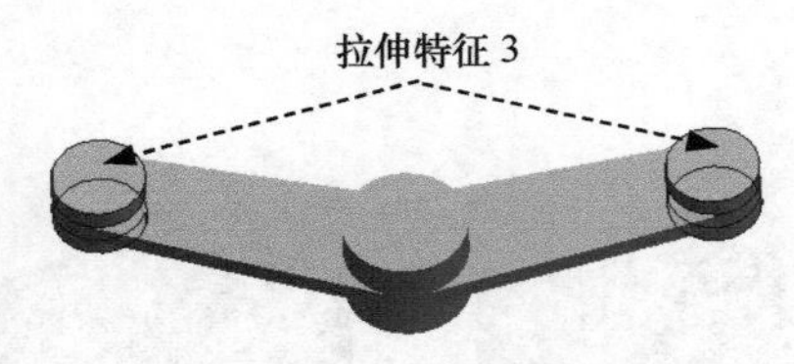

图 3.32.47　实体拉伸特征 3

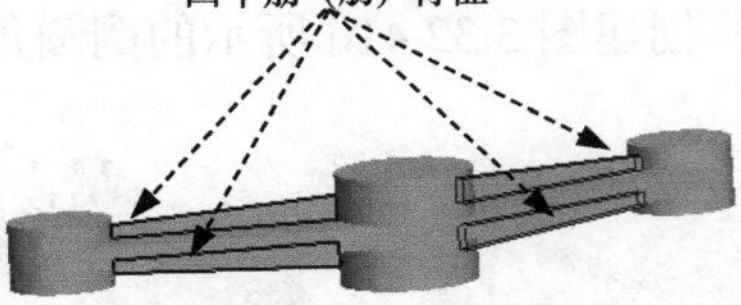

四个筋（肋）特征

图 3.32.48　筋（肋）特征

Step6. 创建图 3.32.49 所示的孔特征 1。

Step7. 创建图 3.32.50 所示的孔特征 2、3。

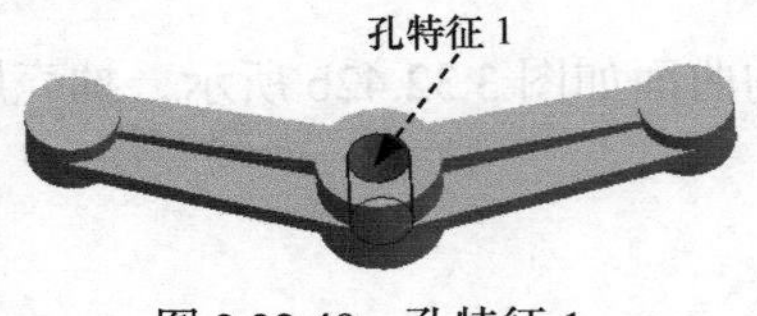

图 3.32.49　孔特征 1

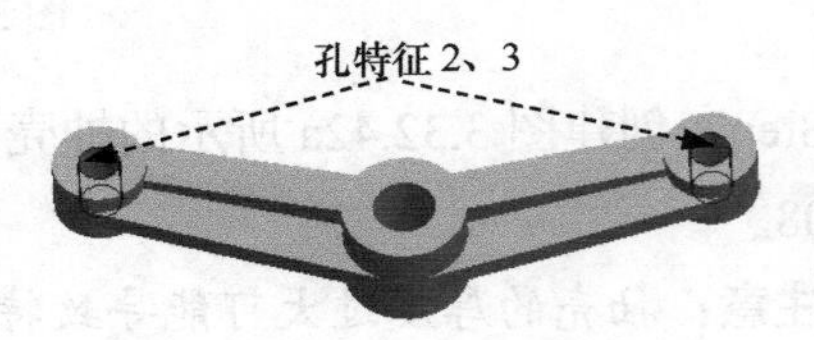

图 3.32.50　孔特征 2、3

Step8. 创建图 3.32.51 所示的倒角特征 1。

Step9. 创建图 3.32.52 所示的倒角特征 2。

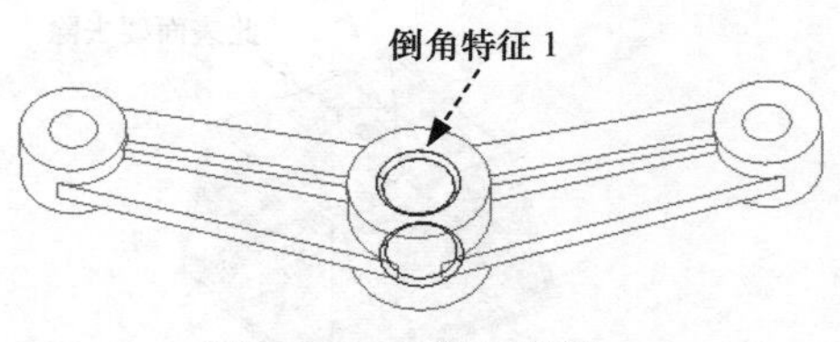

图 3.32.51 倒角特征 1

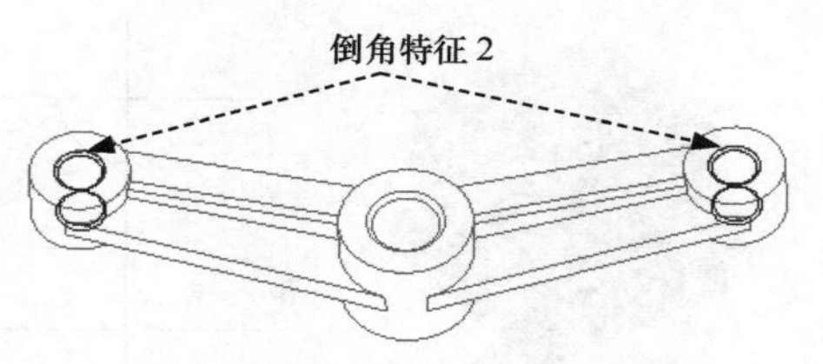

图 3.32.52 倒角特征 2

7. 创建图 3.32.53 所示的“热得快”模型（所缺尺寸可自行确定），操作提示如下。

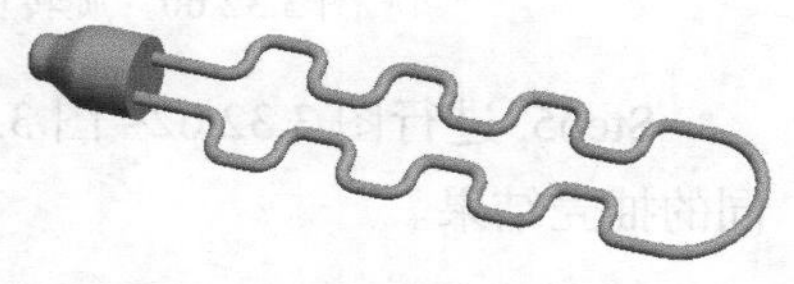

图 3.32.53 “热得快”模型

Step1. 新建一个零件的三维模型，将零件模型命名为 liquids_electric_heater.prt。

Step2. 创建图 3.32.54 所示的旋转特征。

Step3. 创建扫描特征。扫描轨迹如图 3.32.55 所示，扫描截面如图 3.32.56 所示。

图 3.32.54 旋转特征

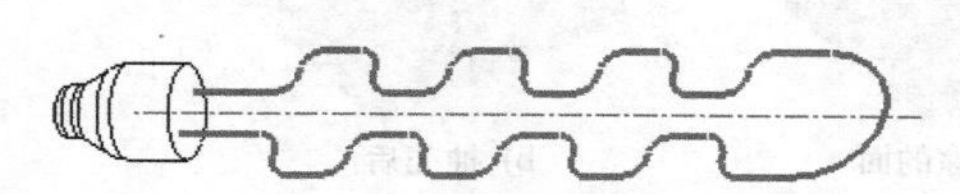

图 3.32.55 草绘扫描轨迹

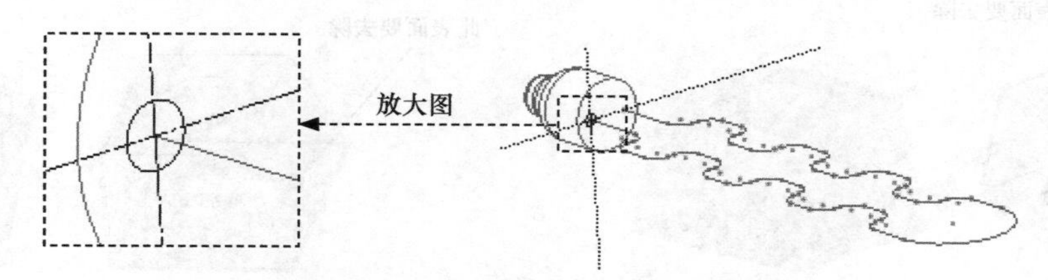

图 3.32.56 扫描截面（从空间位置看）

8. 创建图 3.32.57 所示的 shell.prt 模型，并进行抽壳练习。操作提示如下。

Step1. 新建一个零件的三维模型，将零件模型命名为 shell.prt。

Step2. 创建图 3.32.58 所示的混合特征，两截面草图如图 3.32.59 所示，两截面深度值为 70.0。

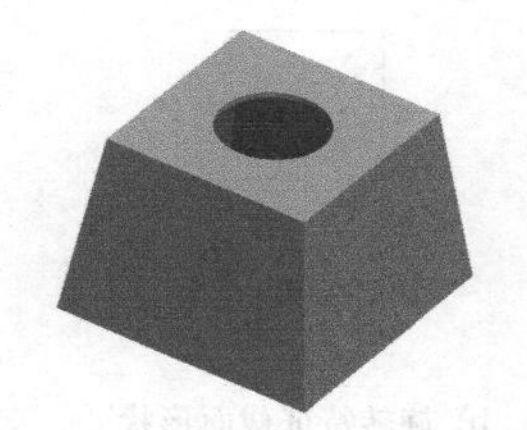

图 3.32.57 shell.prt 模型

图 3.32.58 混合特征

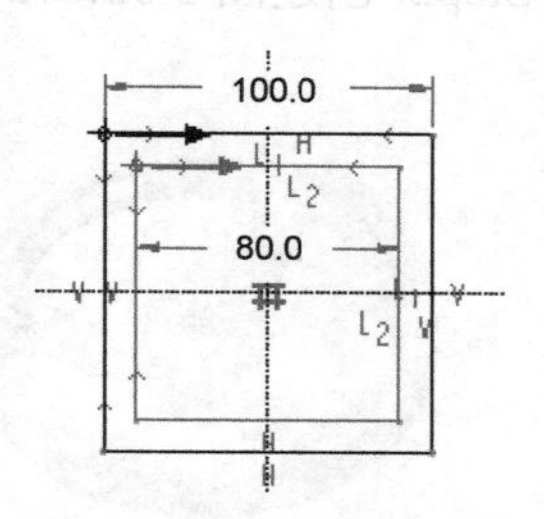

图 3.32.59 截面草图

Step3. 创建图 3.32.60a 所示的旋转切削特征，截面草图如图 3.32.60b 所示。

Step4. 对 shell 进行抽壳。选取图 3.32.61 所示的面为抽壳要去除的面，抽壳厚度值为 2.0。

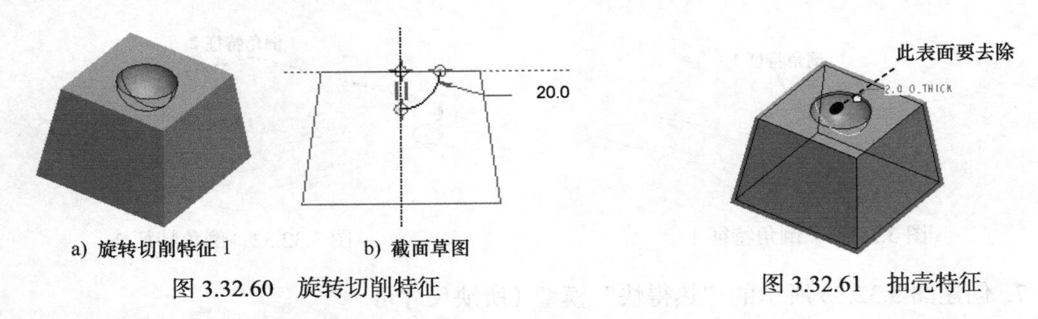

a) 旋转切削特征 1　　b) 截面草图

图 3.32.60　旋转切削特征

图 3.32.61　抽壳特征

Step5. 进行图 3.32.62~ 图 3.32.65 所示的抽壳练习，选取不同的要去除的面，会得到不同的抽壳结果。

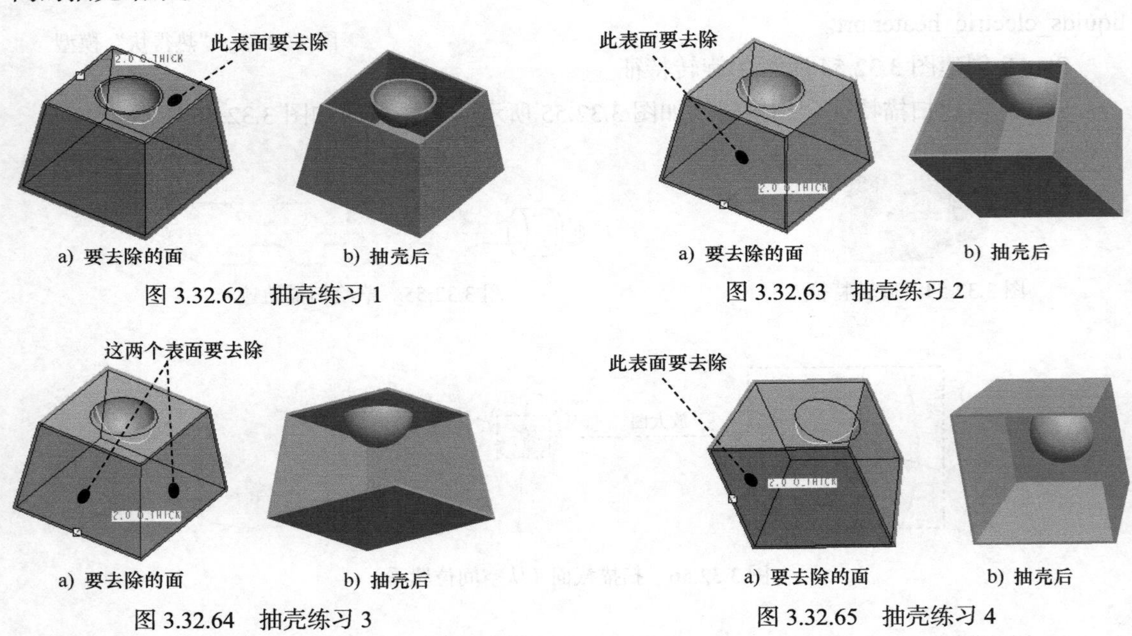

a) 要去除的面　　b) 抽壳后

图 3.32.62　抽壳练习 1

a) 要去除的面　　b) 抽壳后

图 3.32.63　抽壳练习 2

a) 要去除的面　　b) 抽壳后

图 3.32.64　抽壳练习 3

a) 要去除的面　　b) 抽壳后

图 3.32.65　抽壳练习 4

9. 创建图 3.32.66 所示的手轮模型（所缺尺寸可自行确定），操作提示如下。

Step1. 新建一个零件的三维模型，将零件模型命名为 handwheel.prt。

Step2. 创建图 3.32.67a 所示的旋转特征，旋转特征截面形状如图 3.32.67b 所示。

图 3.32.66　手轮模型

a) 旋转特征　　b) 旋转特征截面形状

图 3.32.67　旋转特征

Step3. 创建图 3.32.68 所示的拉伸特征 1。

Step4. 创建图 3.32.69a 所示的扫描特征，其扫描轨迹如图 3.32.69b 所示。

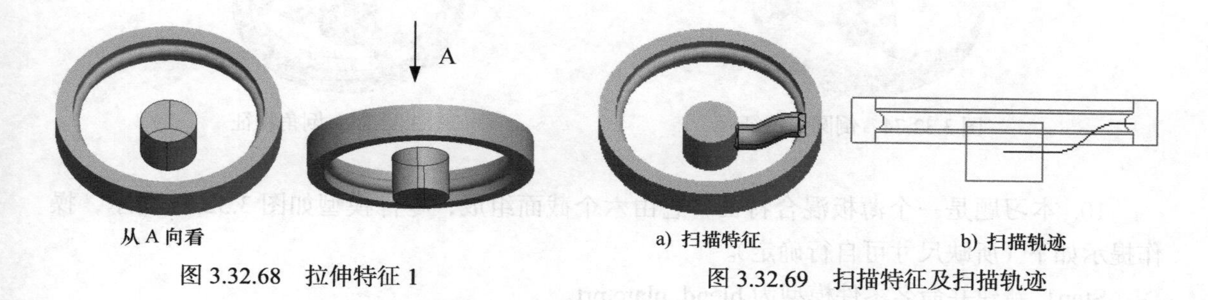

从 A 向看

图 3.32.68 拉伸特征 1

a) 扫描特征　　b) 扫描轨迹

图 3.32.69 扫描特征及扫描轨迹

Step5. 添加阵列特征，阵列 Step4 中所创建的扫描特征，如图 3.32.70 所示。

Step6. 创建图 3.32.71a 所示的拉伸特征 2，截面形状如图 3.32.71b 所示。

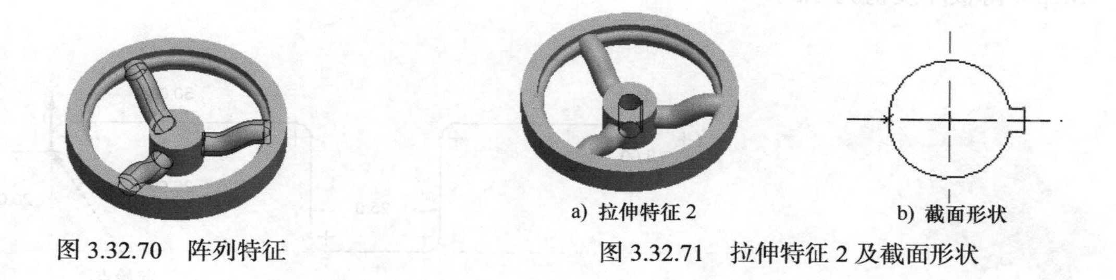

图 3.32.70 阵列特征

a) 拉伸特征 2　　b) 截面形状

图 3.32.71 拉伸特征 2 及截面形状

Step7. 创建图 3.32.72 所示的拉伸特征 3。

Step8. 创建图 3.32.73 所示的螺纹孔。

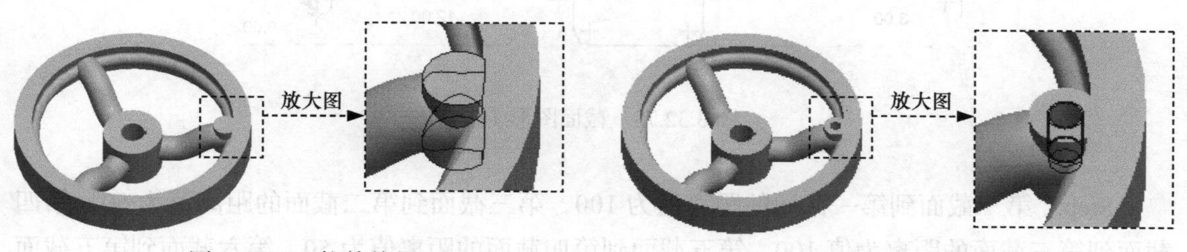

图 3.32.72 拉伸特征 3

图 3.32.73 螺纹孔

Step9. 创建图 3.32.74 所示的倒圆角特征。

Step10. 创建图 3.32.75 所示的倒角特征。

注意： 倒圆角的顺序若安排不当，则可能导致特征生成失败，或者生成的倒圆角凌乱、不圆滑。

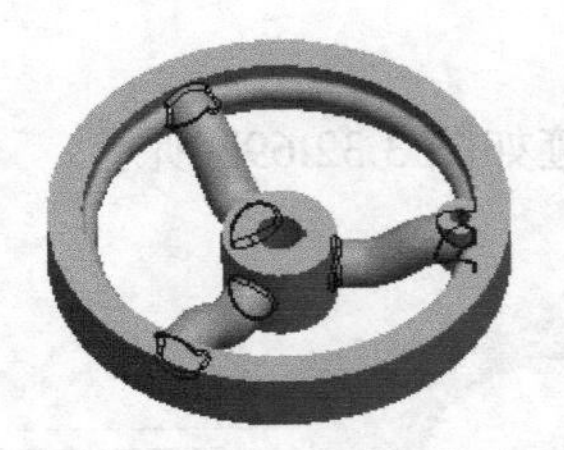

图 3.32.74 倒圆角特征

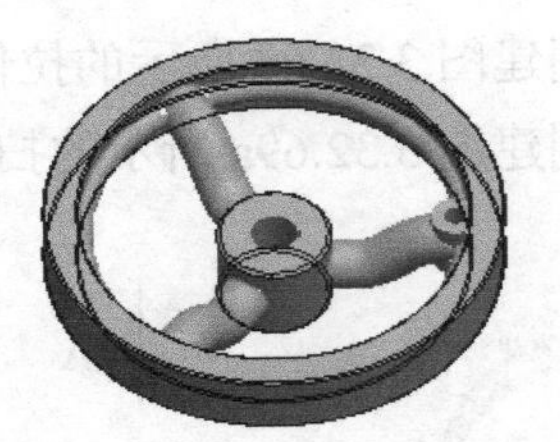

图 3.32.75 倒角特征

10. 本习题是一个薄板混合特征，它由六个截面组成，零件模型如图 3.32.76 所示，操作提示如下（所缺尺寸可自行确定）。

Step1. 新建并命名零件模型为 blend_plate.prt。

Step2. 选择 模型 → 形状 ▾ → 混合 命令。

Step3. 第一、第二截面如图 3.32.77 所示，第三、第四截面如图 3.32.78 所示，第五、第六截面如图 3.32.77 所示。

Step4. 薄板厚度值为 1.5。

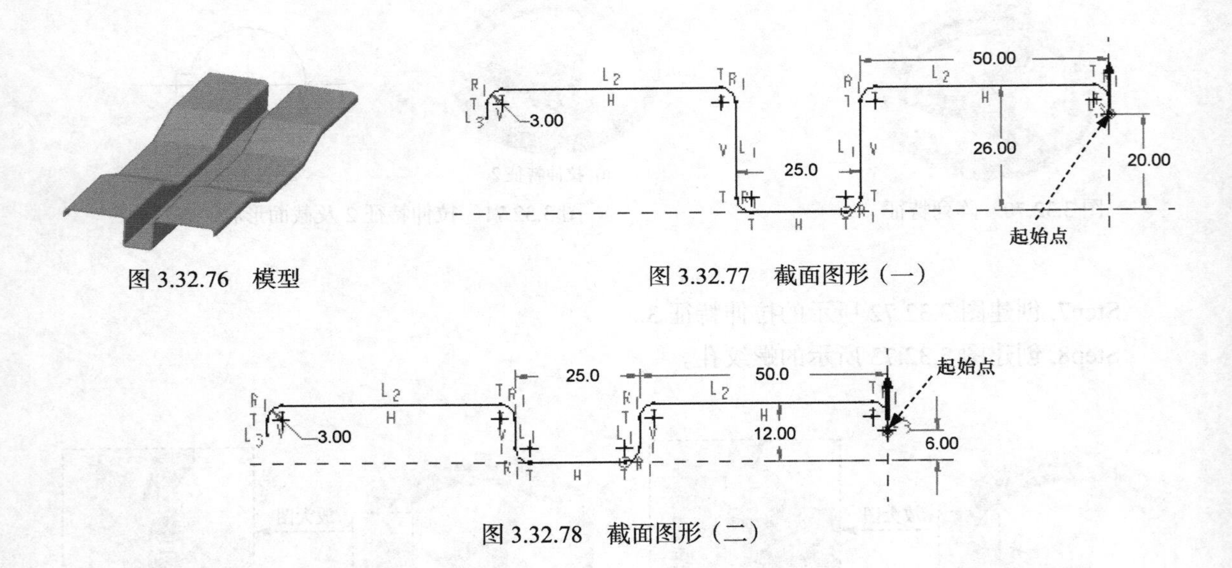

图 3.32.76 模型

图 3.32.77 截面图形（一）

图 3.32.78 截面图形（二）

Step5. 第二截面到第一截面的距离值为 100，第三截面到第二截面的距离值为 50，第四截面到第三截面的距离为值 100，第五截面到第四截面的距离值为 50，第六截面到第五截面的距离值为 100。

11. 本习题主要运用了实体拉伸、扫描、倒圆角和抽壳等命令，零件模型如图 3.32.79 所示（所缺尺寸可自行确定）。操作提示如下。

Step1. 新建一个零件的三维模型，将零件模型命名为 up_cover.prt。

Step2. 创建图 3.32.80 所示的零件基础特征——实体拉伸特征 1。截面草图如图 3.32.81 所示，深度值为 200.0。

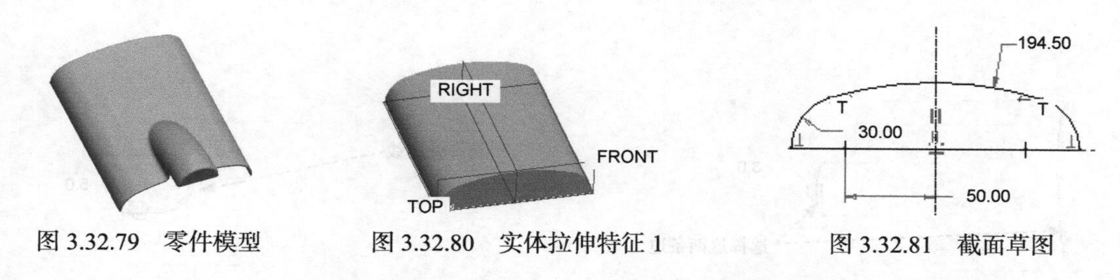

图 3.32.79　零件模型　　图 3.32.80　实体拉伸特征 1　　图 3.32.81　截面草图

Step3. 创建图 3.32.82 所示的伸出项扫描特征。轨迹草图及标注如图 3.32.83 所示，扫描截面草图如图 3.32.84 所示。

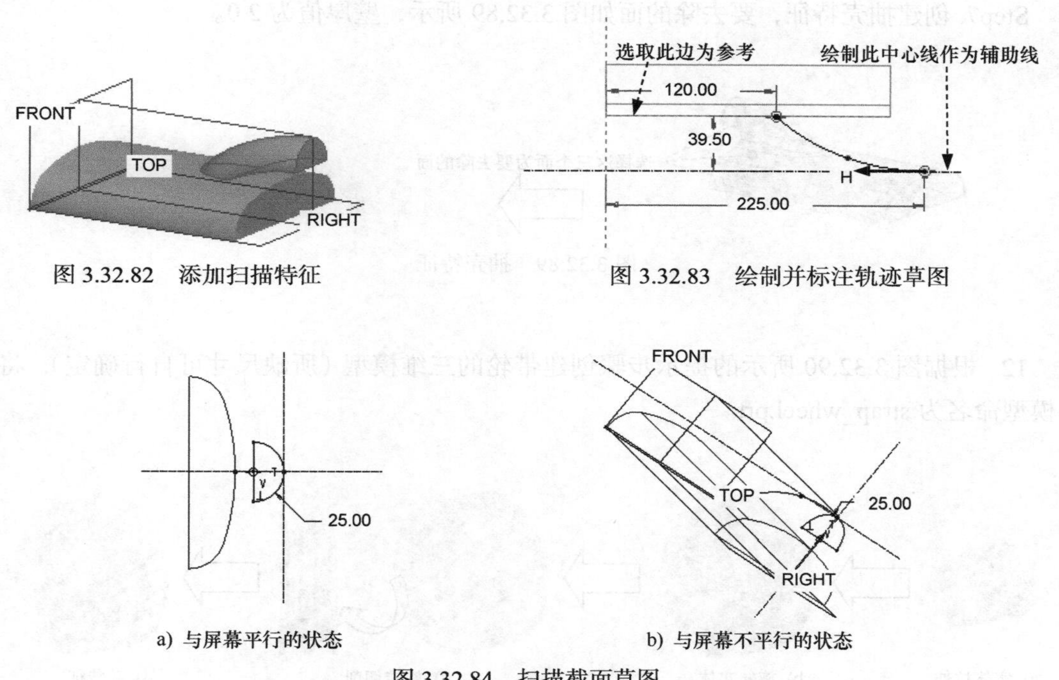

图 3.32.82　添加扫描特征　　图 3.32.83　绘制并标注轨迹草图

图 3.32.84　扫描截面草图

Step4. 创建图 3.32.85 所示零件的实体拉伸特征 2。特征的截面草图如图 3.32.86 所示（四条边线均为“使用边”）；拉伸方式为 ![至曲面]（至曲面），然后选取图 3.32.85 所示的曲面。

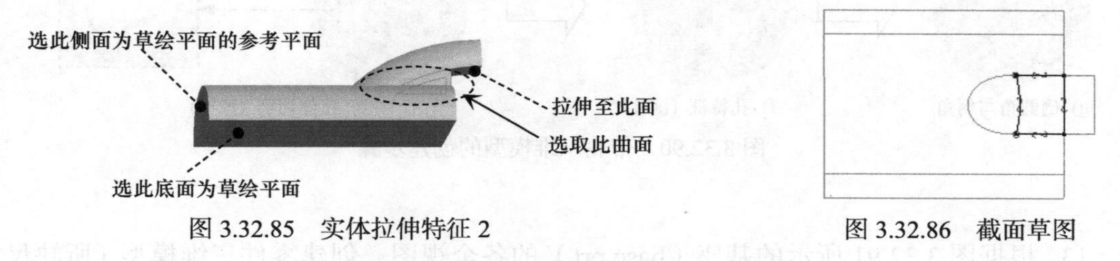

图 3.32.85　实体拉伸特征 2　　图 3.32.86　截面草图

Step5. 创建图 3.32.87 所示的圆角特征 1，圆角半径值为 3.0。

Step6. 创建图 3.32.88 所示的圆角特征 2，圆角半径值为 5.0。

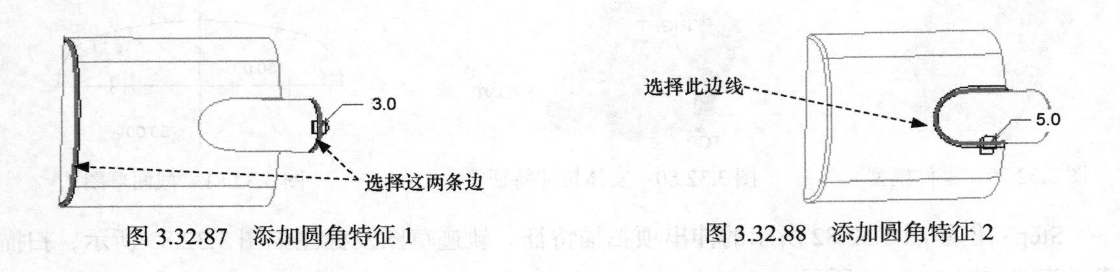

图 3.32.87 添加圆角特征 1　　图 3.32.88 添加圆角特征 2

Step7. 创建抽壳特征，要去除的面如图 3.32.89 所示，壁厚值为 2.0。

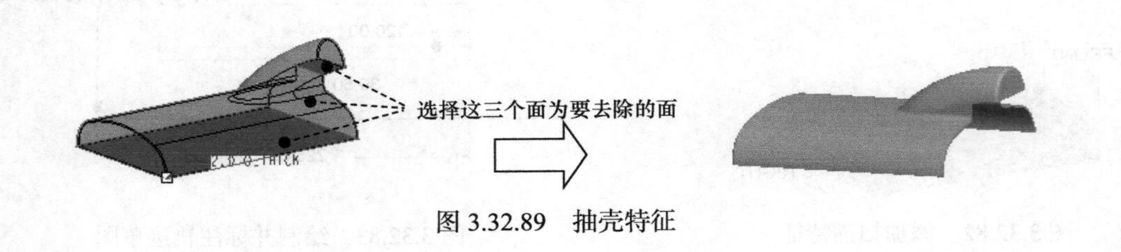

图 3.32.89 抽壳特征

12. 根据图 3.32.90 所示的提示步骤创建带轮的三维模型（所缺尺寸可自行确定），将零件模型命名为 strap_wheel.prt。

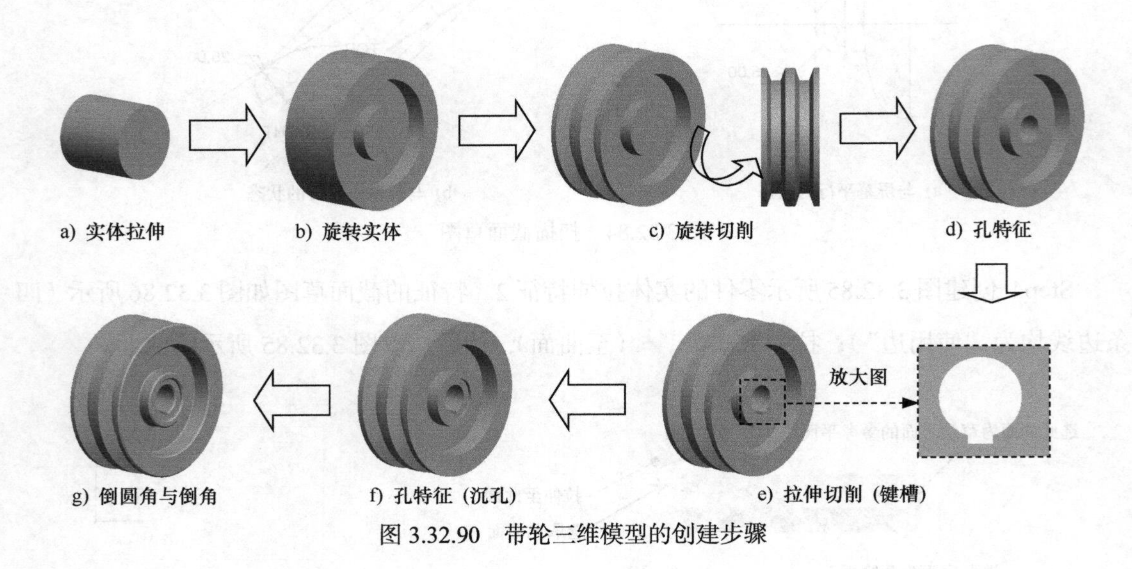

图 3.32.90 带轮三维模型的创建步骤

13. 根据图 3.32.91 所示的基座（base.prt）的各个视图，创建零件三维模型（所缺尺寸可自行确定）。

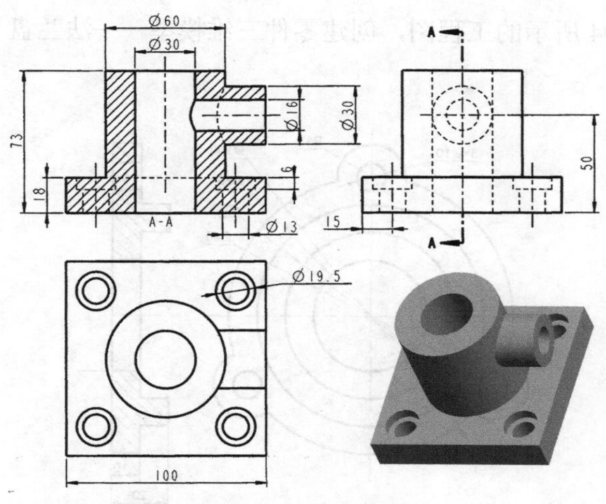

图 3.32.91 基座的视图及尺寸

14. 根据图 3.32.92 所示的轴承座（bearing_best）的各个视图，创建零件三维模型（所缺尺寸可自行确定）。

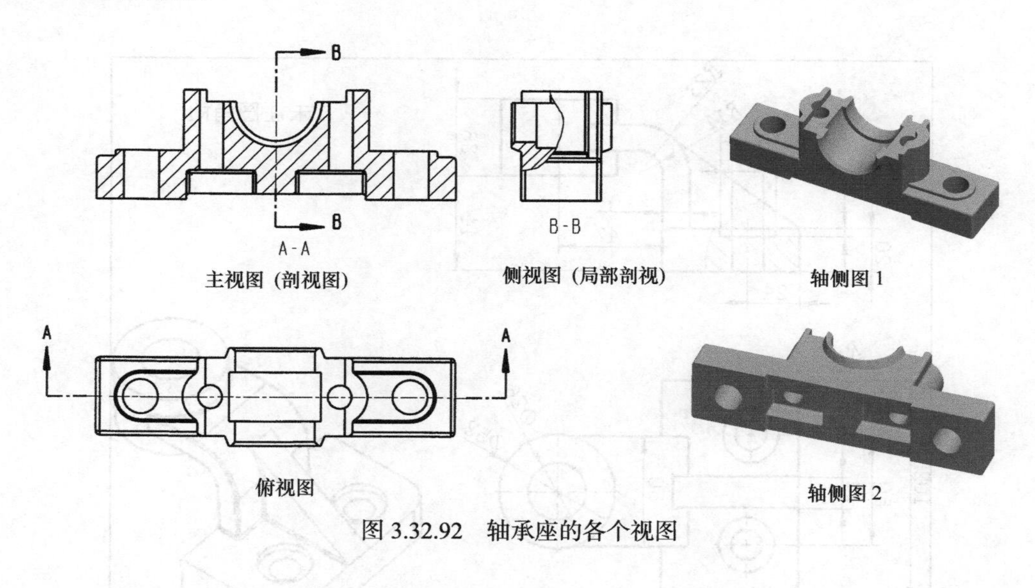

图 3.32.92 轴承座的各个视图

15. 根据图 3.32.93 所示的工程图，创建零件三维模型——螺钉（bolt.prt）。

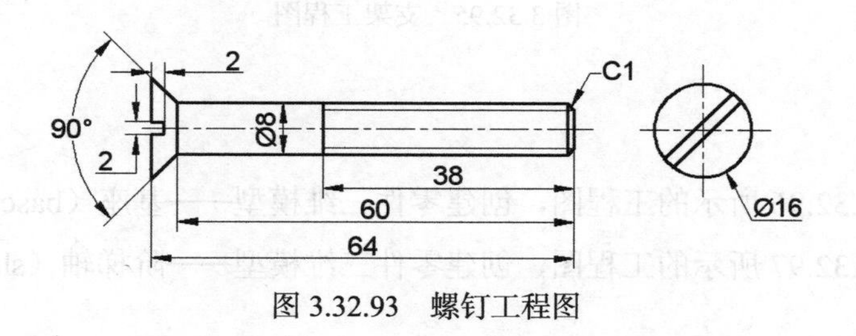

图 3.32.93 螺钉工程图

16. 根据图 3.32.94 所示的工程图，创建零件三维模型——法兰盘（flange_plate.prt）。

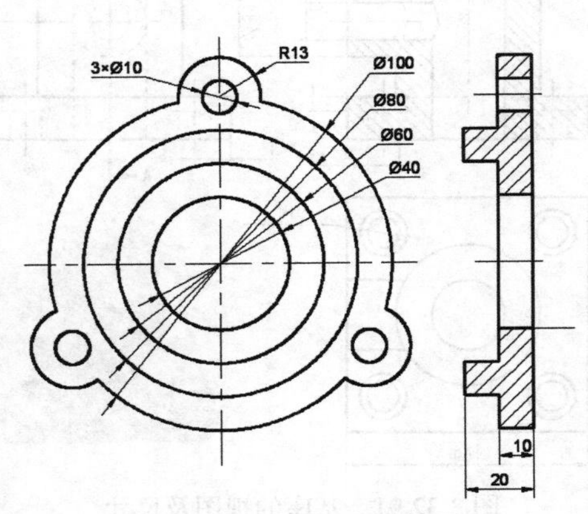

图 3.32.94 法兰盘工程图

17. 根据图 3.32.95 所示的工程图，创建零件三维模型——支架（bracket.prt）。

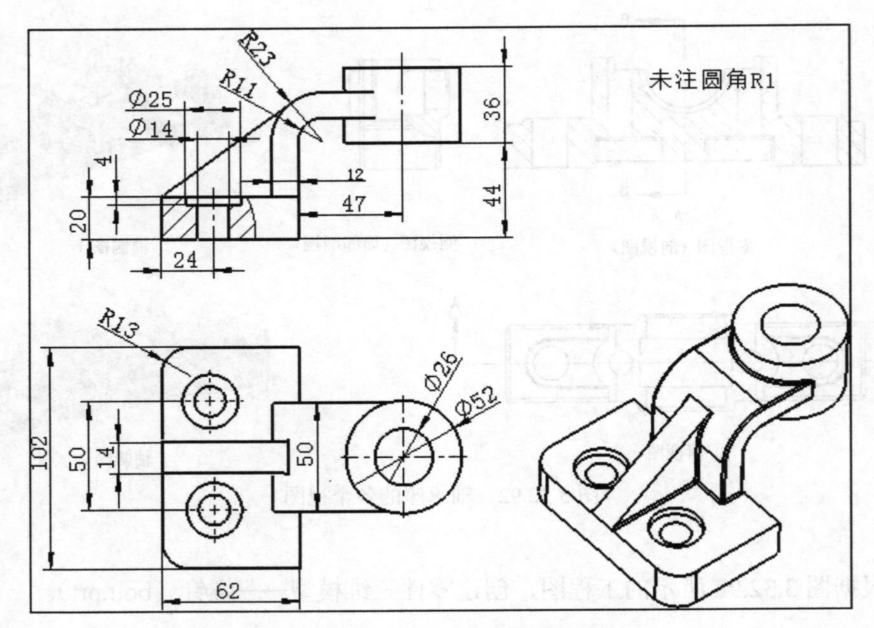

图 3.32.95 支架工程图

18. 根据图 3.32.96 所示的工程图，创建零件三维模型——基座（base.prt）。

19. 根据图 3.32.97 所示的工程图，创建零件三维模型——阶梯轴（shaft.prt）。

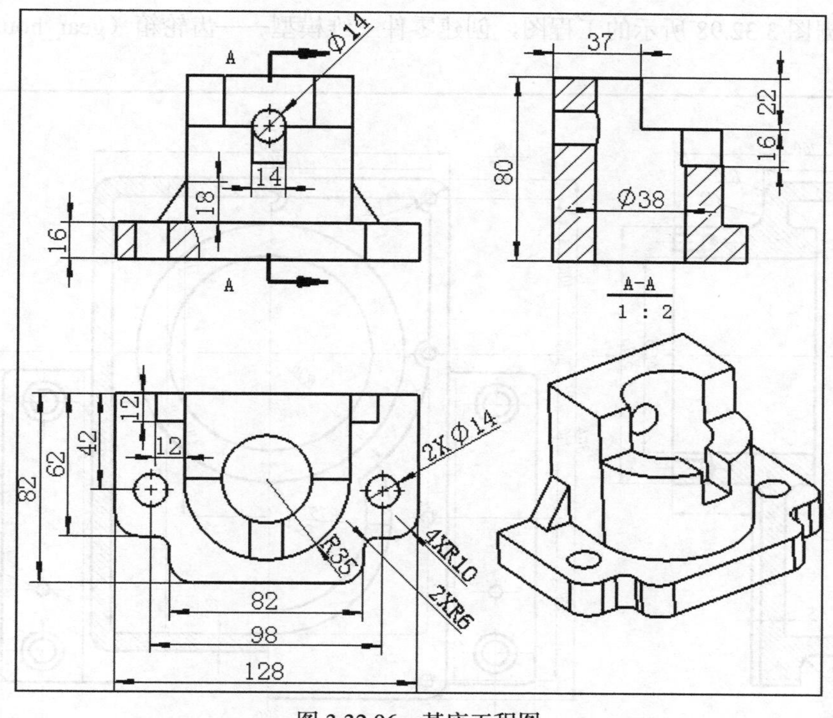

图 3.32.96 基座工程图

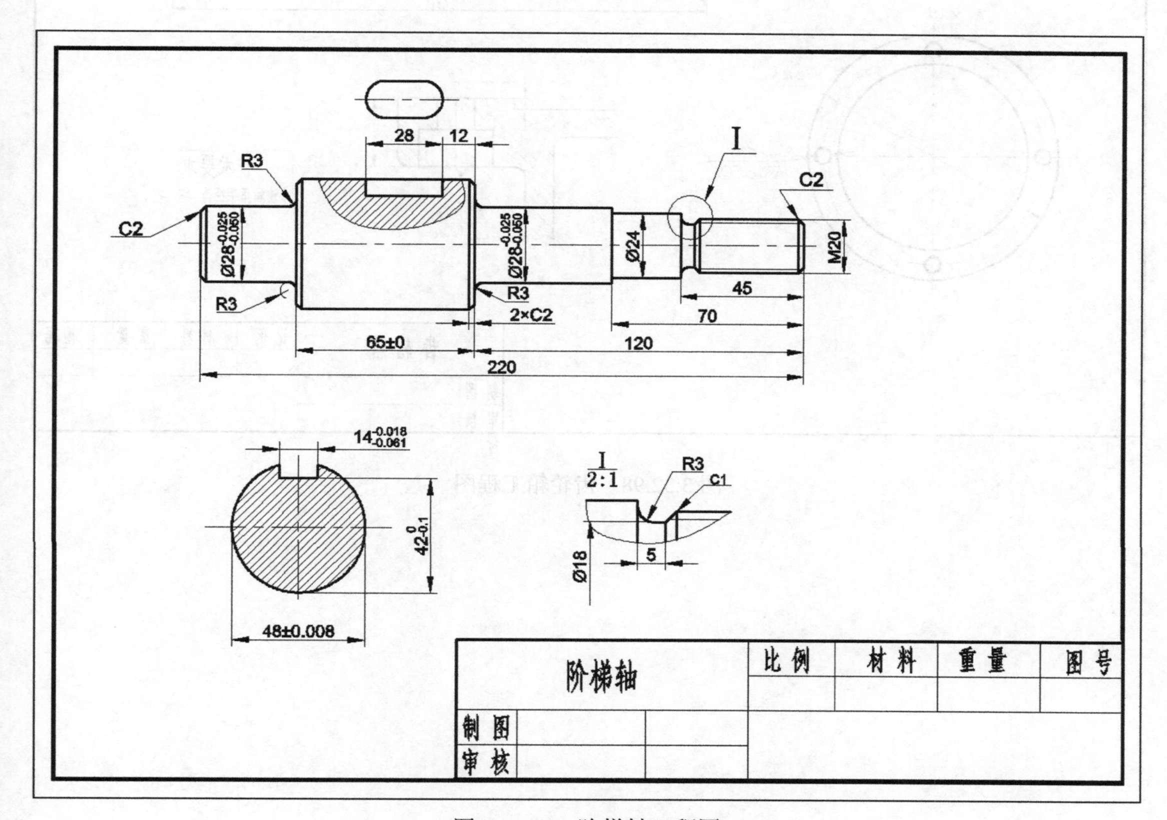

图 3.32.97 阶梯轴工程图

20. 根据图 3.32.98 所示的工程图，创建零件三维模型——齿轮箱（gear_housing.prt）。

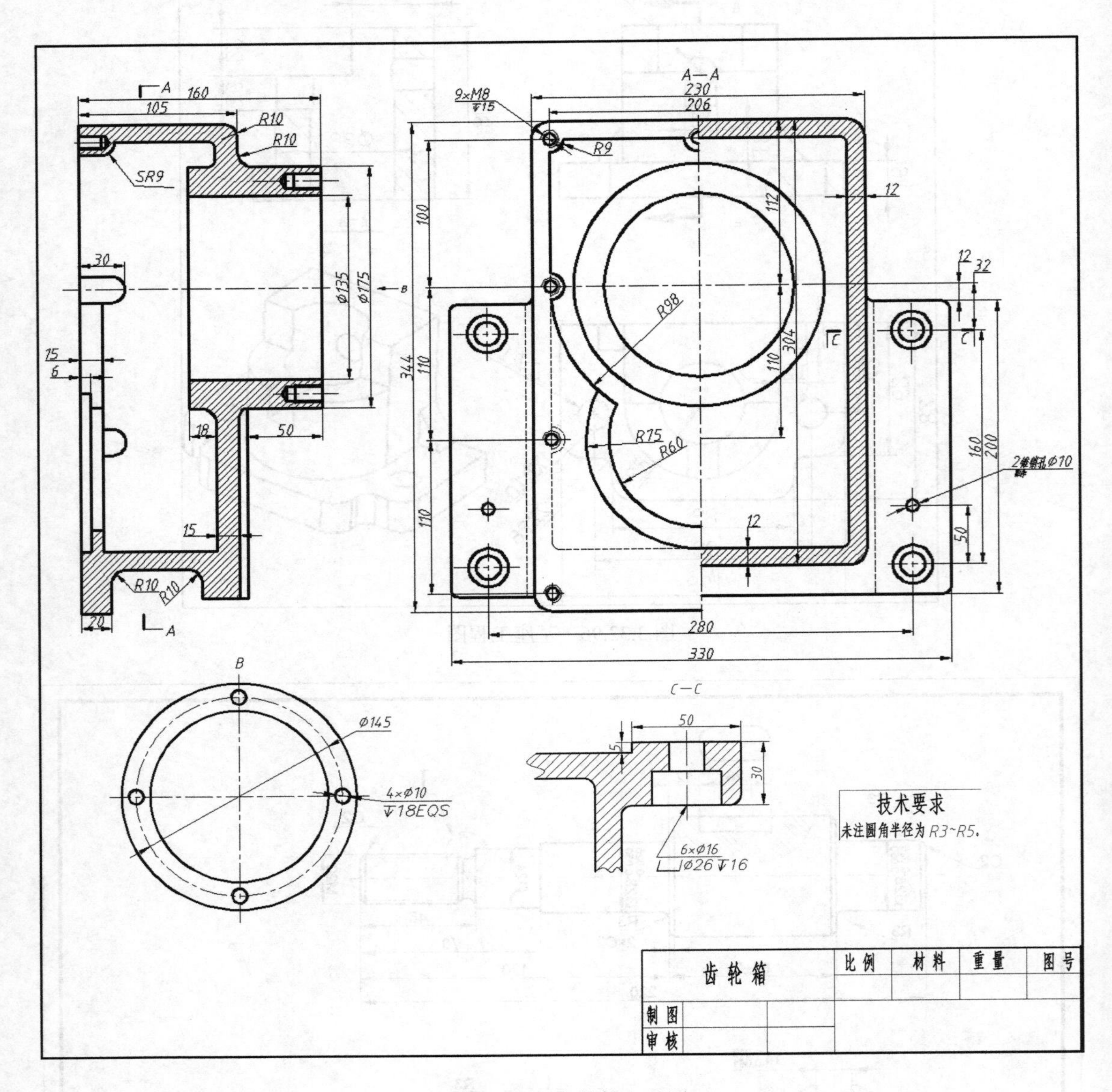

图 3.32.98 齿轮箱工程图

第4章 装配设计

本章提要

一个产品往往是由多个零件组合（装配）而成的，零件的组合是在装配模块中完成的。在实际装配设计中，为了进一步提高工作效率以及更加方便、更加清晰地了解装配模型的结构等，可以建立各种模型的视图并加以管理。在 Creo 8.0 中，管理视图的功能在“视图管理器”中完成，它可以管理“简化表示”视图、“样式”视图、“分解”视图、“定向”视图，以及这些视图的组合视图。通过本章内容的学习，学员可以了解产品装配的一般过程，掌握一些基本的装配技能。本章主要内容包括：

- 在装配体中复制和阵列元件
- 修改装配体中的元件
- 装配体中的层操作
- 装配约束的编辑定义
- 基本装配约束
- 模型的视图管理

4.1 基本装配约束

在 Creo 8.0 装配环境中，通过定义装配约束，可以指定一个元件相对于装配体（组件）中其他元件（或特征）的放置方式和位置。装配约束的类型包括“重合”“角度偏移”和“距离”等约束。一个元件通过装配约束添加到装配体中后，它的位置会随着与其有约束关系的元件的改变而相应改变，而且约束设置值作为参数可随时修改，并可与其他参数建立关系方程，这样整个装配体实际上是一个参数化的装配体。

关于装配约束，请注意以下几点。

- 一般来说，建立一个装配约束时，应选取元件参考和组件参考。元件参考和组件参考是元件和装配体中用于约束定位和定向的点、线、面。例如，通过“重合”约束将一根轴放入装配体的一个孔中，轴的中心线就是元件参考，而孔的中心线就是组件参考。
- 系统一次只添加一个约束。例如，不能用一个“重合”约束将一个零件上两个不同的孔与装配体中的另一个零件上两个不同的孔中心重合，必须定义两个不同的“重合”约束。
- Creo 8.0 装配中，有些不同的约束可以达到同样的效果，如选择两平面“重合”与定义两平面的“距离”为 0，均能达到同样的约束目的，此时应根据设计意图和产品的实际安装位置选择合理的约束。

- 要对一个元件在装配体中完整地指定放置和定向（即完整约束），往往需要定义数个装配约束。

4.1.1 “距离”约束

使用“距离”约束定义两个装配元件中的点、线和平面之间的距离值。约束对象可以是元件中的平整表面、边线、顶点、基准点、基准平面和基准轴线，所选对象不必是同一种类型，如可以定义一条直线与一个平面之间的距离。当约束对象是两平面时，两平面平行（图 4.1.1）；当约束对象是两直线时，两直线平行；当约束对象是一直线与一平面时，直线与平面平行。当距离值为 0 时，所选对象将重合、共线或共面。

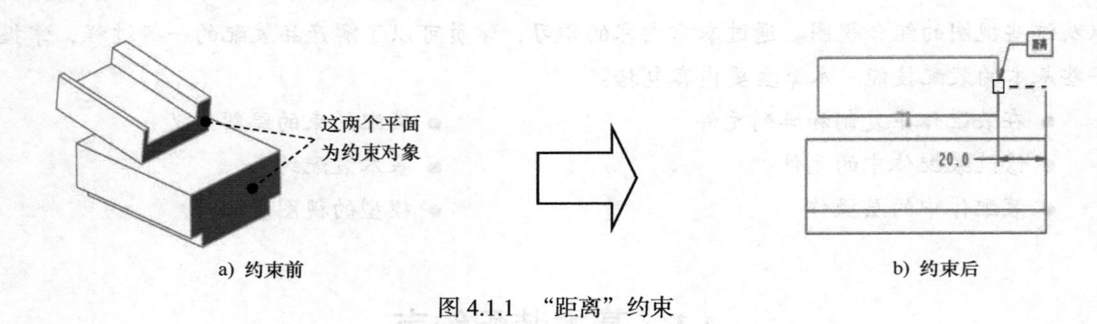

图 4.1.1 “距离”约束

4.1.2 “角度偏移”约束

用“角度偏移”约束可以定义两个装配元件中的平面之间的角度，也可以约束线与线、线与面之间的角度。该约束通常需要与其他约束配合使用，才能准确地定位角度（图 4.1.2）。

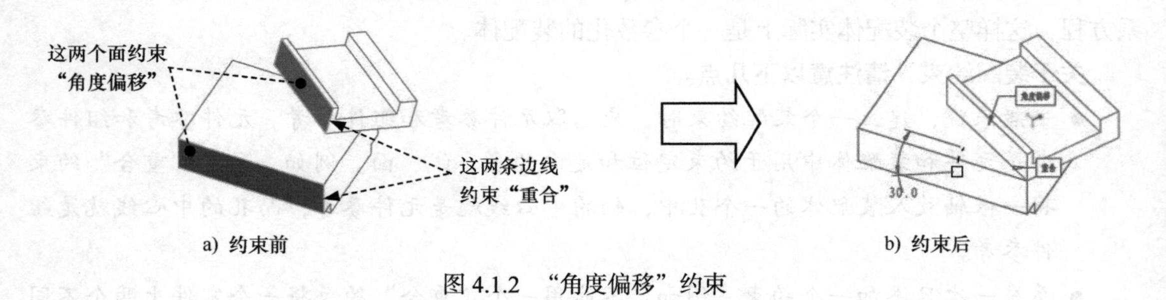

图 4.1.2 “角度偏移”约束

4.1.3 “平行”约束

用“平行”约束可以定义两个装配元件中的平面平行，如图 4.1.3b 所示。也可以约束线与线及线与面平行。

图 4.1.3 "平行"约束

4.1.4 "重合"约束

"重合"约束是 Creo 8.0 装配中应用最多的一种约束，该约束可以定义两个装配元件中的点、线和面重合，约束的对象可以是实体的顶点、边线和平面，可以是基准特征，还可以是具有中心轴线的旋转面（柱面、锥面和球面等）。

下面根据约束对象的不同，列出几种常见的"重合"约束的应用情况。

1. "面与面"重合

用"面与面"约束可使装配体中的两个平面（表面或基准平面）重合并且朝向相同方向，如图 4.1.4b 所示；也可输入偏距值，使两个平面离开一定的距离，如图 4.1.4c 所示。"重合"约束也可使圆柱面的轴线重合，如图 4.1.5b 所示，或者使两个点重合。另外，"重合"约束还能使两条边或两个旋转曲面重合。

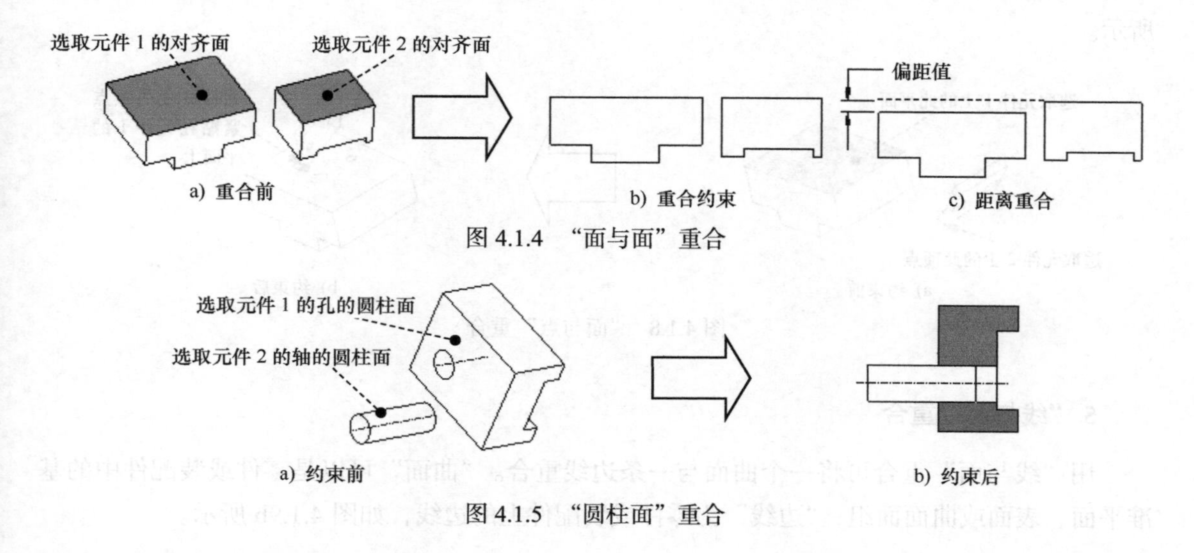

图 4.1.4 "面与面"重合

图 4.1.5 "圆柱面"重合

2. "线与线"重合

当约束对象是直线或基准轴时，直线或基准轴相重合，如图 4.1.6b 所示。

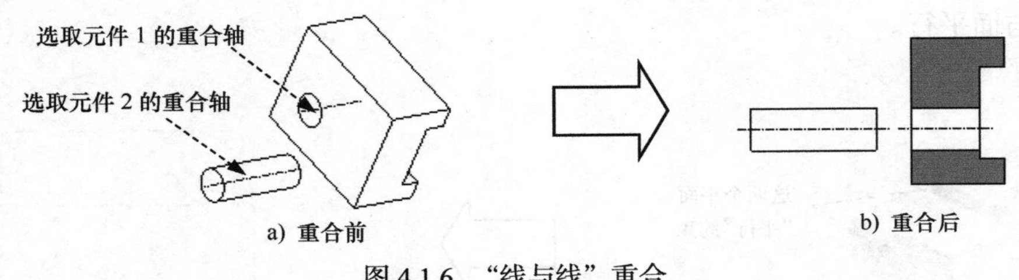

图 4.1.6 “线与线”重合

3.“线与点”重合

用“线与点”重合可将一条线与一个点重合。“线”可以是零件或装配件上的边线、轴线或基准曲线；“点”可以是顶点或基准点，如图 4.1.7b 所示。

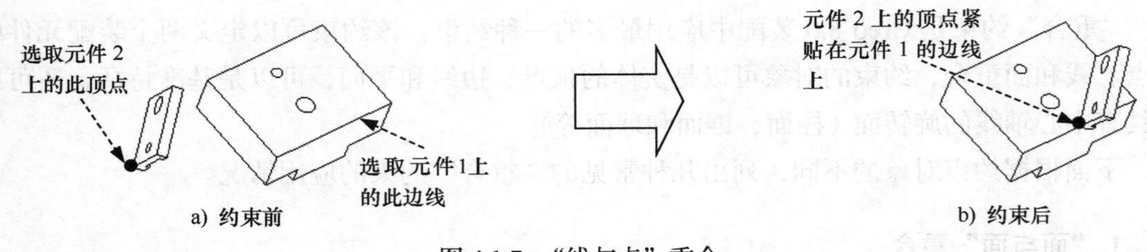

图 4.1.7 “线与点”重合

4.“面与点”重合

用“面与点”重合可使一个曲面和一个点重合。“曲面”可以是零件或装配件上的基准平面、曲面特征或零件的表面；“点”可以是零件或装配件上的顶点或基准点，如图 4.1.8b 所示。

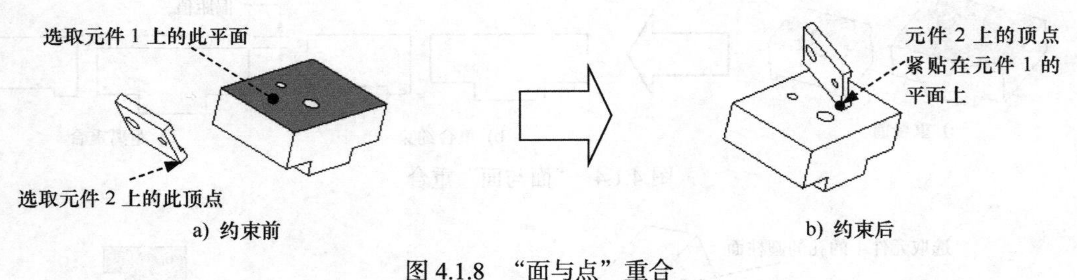

图 4.1.8 “面与点”重合

5.“线与面”重合

用“线与面”重合可将一个曲面与一条边线重合。“曲面”可以是零件或装配件中的基准平面、表面或曲面面组；“边线”为零件或装配件上的边线，如图 4.1.9b 所示。

6.“坐标系”重合

用“坐标系”重合可将两个元件的坐标系重合，或者将元件的坐标系与装配件的坐标系重合，即一个坐标系中的X轴、Y轴和Z轴与另一个坐标系中的X轴、Y轴和Z轴分别重合，如图 4.1.10b 所示。

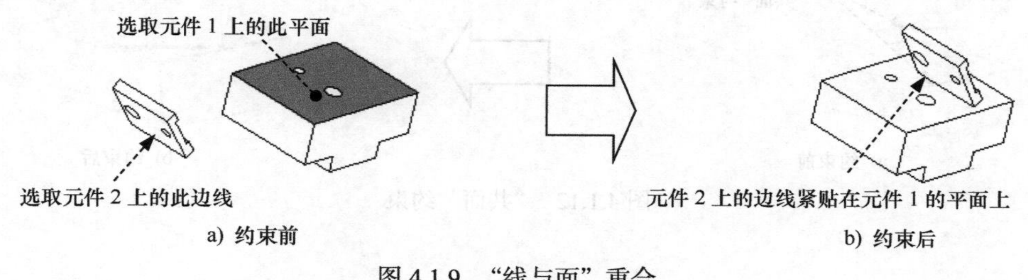

图 4.1.9 “线与面”重合

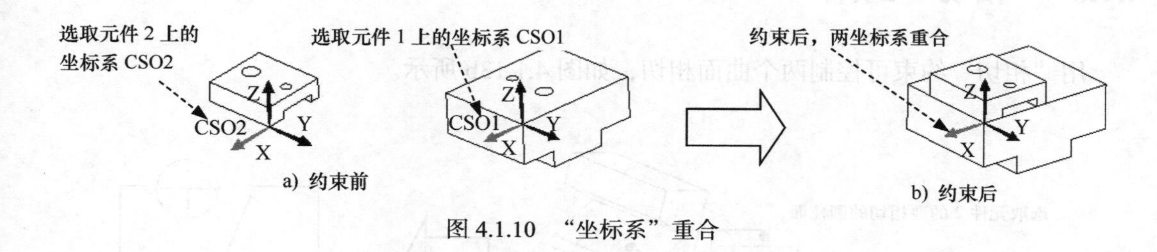

图 4.1.10 “坐标系”重合

4.1.5 “法向”约束

“法向”约束可以定义两元件中的直线或平面垂直，如图 4.1.11b 所示。

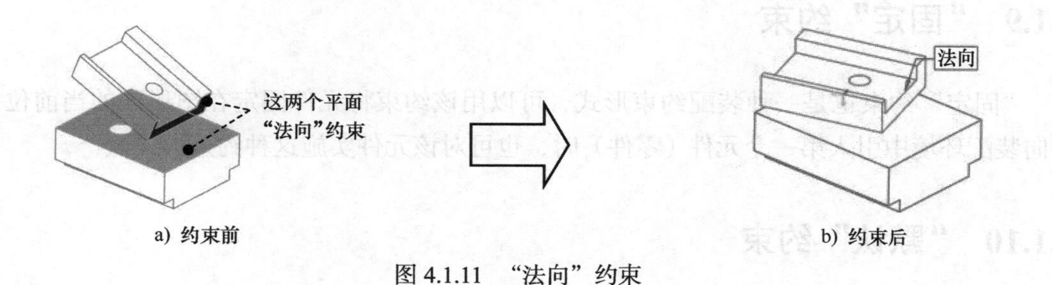

图 4.1.11 “法向”约束

4.1.6 “共面”约束

“共面”约束可以使两元件中的两条直线或基准轴处于同一平面，如图 4.1.12b 所示。

4.1.7 “居中”约束

用“居中”约束可以控制两坐标系的原点相重合，但各坐标轴不重合，因此两零件可以绕重合的原点进行旋转。当选择两圆柱面“居中”时，两圆柱面的中心轴将重合（图 4.1.5）。

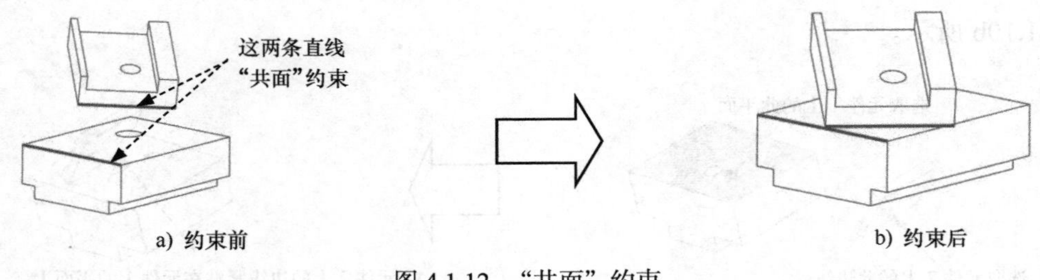

图 4.1.12 “共面”约束

4.1.8 “相切”约束

用“相切”约束可控制两个曲面相切，如图 4.1.13b 所示。

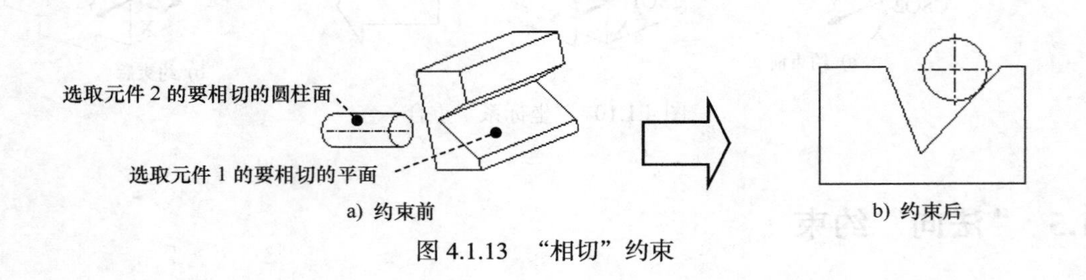

图 4.1.13 “相切”约束

4.1.9 “固定”约束

“固定”约束也是一种装配约束形式，可以用该约束将元件固定在图形区的当前位置。当向装配环境中引入第一个元件（零件）时，也可对该元件实施这种约束形式。

4.1.10 “默认”约束

“默认”约束也称为“缺省”约束，可以用该约束将元件上的默认坐标系与装配环境的默认坐标系重合。当向装配环境中引入第一个元件（零件）时，常常对该元件实施这种约束形式。

4.2 装配模型的一般过程

下面以瓶塞开启器产品中的一个装配体模型——驱动杆装配（actuating_rod_asm）为例（图 4.2.1），说明装配体创建的一般过程。

4.2.1 新建装配文件

选择下拉菜单 文件 ➡ 管理会话(M) ➡ 选择工作目录(W) 命令（或单击 主页 选项卡中的 按钮），将工作目录设置至 D: \dbcreo8.1\work\ch04.02。

Step1. 单击“新建”按钮，在系统弹出的文件“新建”对话框中进行下列操作。

（1）选中 类型 选项组下的 ◉ 装配 单选按钮。

（2）选中 子类型 选项组下的 ◉ 设计 单选按钮。

（3）在 名称 文本框中输入文件名 actuating_rod_asm。

（4）通过取消 ☐ 使用默认模板 复选框中的“√”号来取消“使用默认模板”，后面将介绍如何定制和使用装配默认模板。

（5）单击该对话框中的 确定 按钮。

Step2. 选取适当的装配模板。在系统弹出的“新文件选项”对话框（图 4.2.2）中进行下列操作。

（1）在模板选项组中选取“mmns_asm_design_abs”模板。

（2）对话框中的两个参数 DESCRIPTION 和 MODELED_BY 与 PDM 有关，一般不对此进行操作。

（3）☐ 复制关联绘图 复选框一般不用进行操作。

（4）单击该对话框中的 确定 按钮。

完成这一步操作后，系统进入装配模式（环境），此时在图形区可看到三个正交的装配基准平面（图 4.2.3）。如果没有显示，可单击“视图控制”工具栏中的 按钮，然后在系统弹出的菜单中选中 ☑ 平面显示 复选框，将基准平面显示出来。

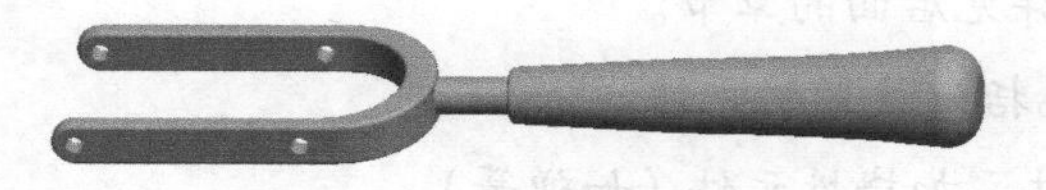

图 4.2.1 驱动杆装配

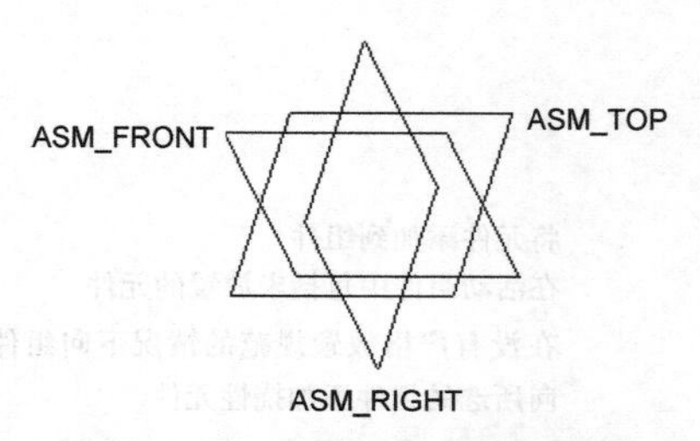

图 4.2.3 三个默认的装配基准平面

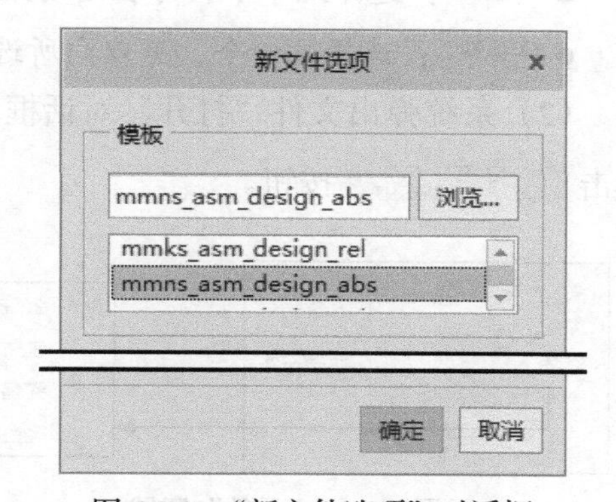

图 4.2.2 “新文件选项”对话框

4.2.2　装配第一个零件

在装配模式下，要创建一个新的装配件，首先必须创建三个正交的装配基准平面，然后才可把其他元件添加到装配环境中。

创建三个正交的装配基准平面的方法：进入装配模式后，单击 模型 功能选项卡 基准 ▾ 区域中的“平面”按钮 。

如果不创建三个正交的装配基准平面，那么基础元件就是放置到装配环境中的第一个零件、子组件或骨架模型，此时无需定义位置约束，元件只按默认放置。如果用互换元件来替换基础元件，则替换元件也总是按默认放置。

说明：本例中，由于选取了 mmns_asm_design 模板命令，系统便自动创建三个正交的装配基准平面，所以无需再创建装配基准平面。

Step1. 引入第一个零件。

（1）单击 模型 功能选项卡 元件 ▾ 区域（图 4.2.4）中的“组装”子菜单的按钮 （或单击 组装 ▾ 按钮，然后在系统弹出的菜单中选择 组装 选项，如图 4.2.5 所示）。

元件 ▾ 区域及 组装 ▾ 子菜单下的几个命令的说明如下。

- 组装：将已有的元件（零件、子装配件或骨架模型）装配到装配环境中，用“元件放置”对话框可将元件完整地约束在装配件中。
- （创建）：选择此命令，可在装配环境中创建不同类型的元件，如零件、子装配件、骨架模型及主体项目，也可创建一个空元件。
- （重复）：使用现有的约束信息在装配中添加一个当前选中零件的新实例，但是当选中零件以“默认”或“固定”约束定位时，无法使用此功能。
- 封装：选择此命令，可将元件不加装配约束地放置在装配环境中，它是一种非参数形式的元件装配。关于元件的“封装”详见后面的章节。
- 包括：选择此命令，可在活动组件中包括未放置的元件。
- 挠性：选择此命令，可以向所选的组件添加挠性元件（如弹簧）。

（2）系统弹出文件“打开”对话框，选择驱动杆零件模型文件 actuating_rod.prt，然后单击 打开 ▾ 按钮。

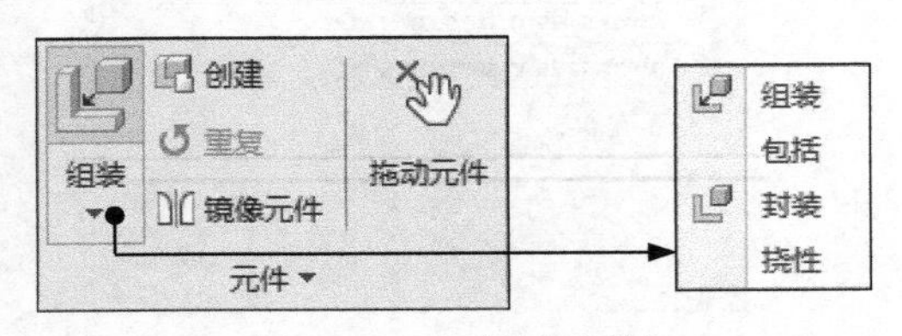

图 4.2.4　“元件”区域

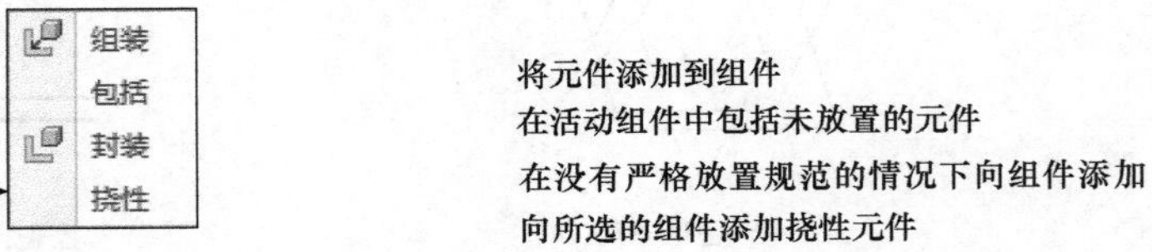

组装
包括
封装
挠性

将元件添加到组件
在活动组件中包括未放置的元件
在没有严格放置规范的情况下向组件添加
向所选的组件添加挠性元件

图 4.2.5　“组装”子菜单

Step2. 完全约束放置第一个零件。完成上步操作后，系统弹出图 4.2.6 所示的“元件放置”操控板；在该操控板中单击 放置 按钮，在“放置”界面的 约束类型 下拉列表中选择 默认 选项（图 4.2.7），将元件按默认放置，此时操控板中显示的信息为 状况:完全约束，说明零件已经完全约束放置；单击操控板中的 ✔ 按钮。

注意：还有如下两种完全约束放置第一个零件的方法。

- 选择 固定 选项，将其固定，完全约束放置在当前的位置。
- 也可以让第一个零件中的某三个正交的平面与装配环境中的三个正交的基准平面（ASM_TOP、ASM_FRONT、ASM_RIGHT）重合，以实现完全约束放置。

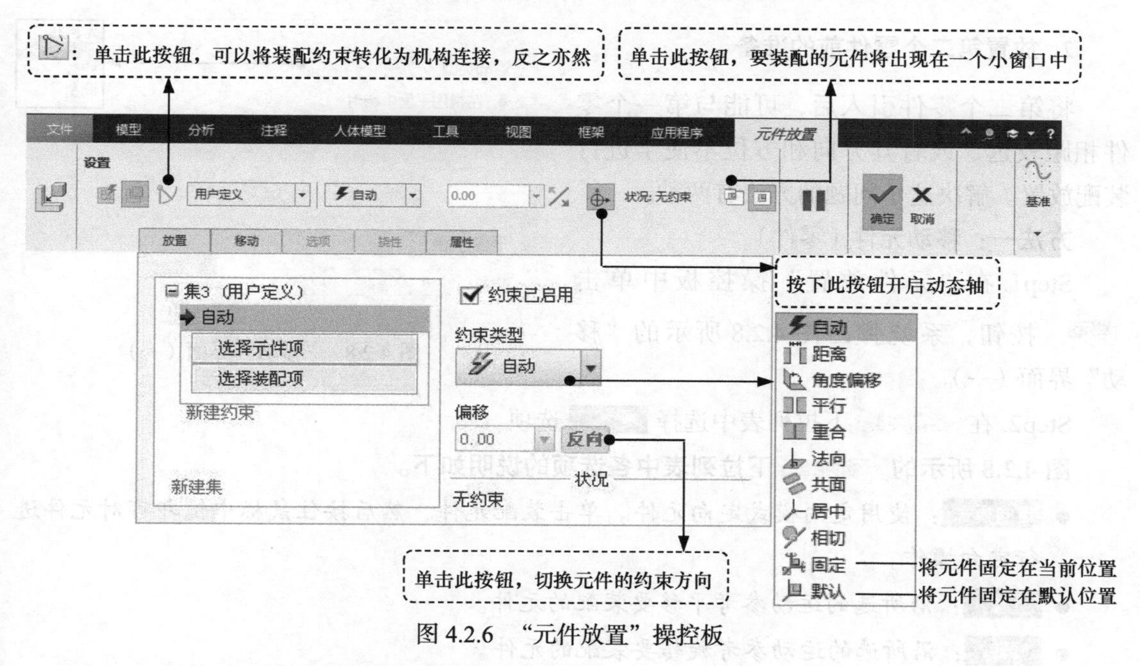

图 4.2.6 “元件放置”操控板

“放置”界面中各按钮的说明如图 4.2.7 所示。

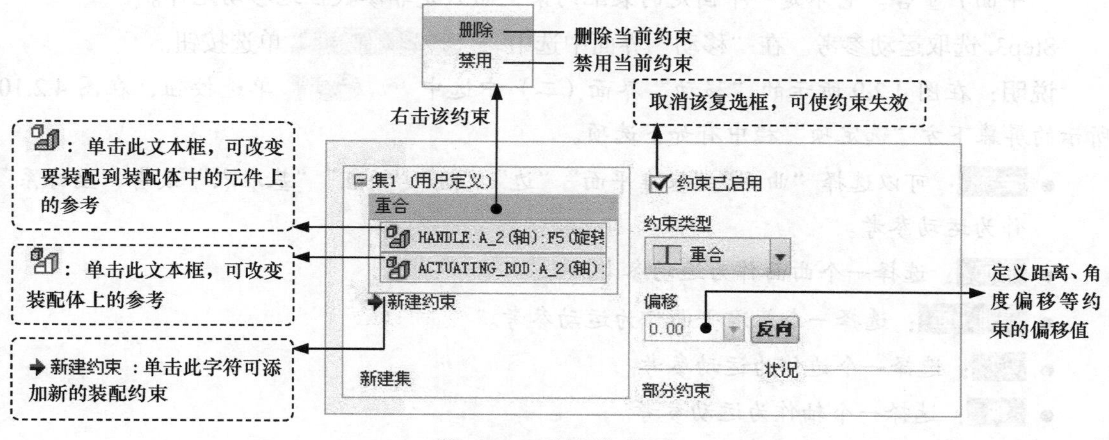

图 4.2.7 “放置”界面

4.2.3　装配第二个零件

1. 引入第二个零件

单击 模型 功能选项卡 元件▼ 区域（图 4.2.4）中的“组装”子菜单的按钮，然后在系统弹出的文件“打开”对话框中选取手柄零件模型文件 handle.prt，单击 打开 按钮。

2. 放置第二个零件前的准备

将第二个零件引入后，可能与第一个零件相距较远，或者其方向和方位不便于进行装配放置。解决这个问题的方法有两种。

方法一：移动元件（零件）

Step1. 在“元件放置”操控板中单击 移动 按钮，系统弹出图 4.2.8 所示的“移动”界面（一）。

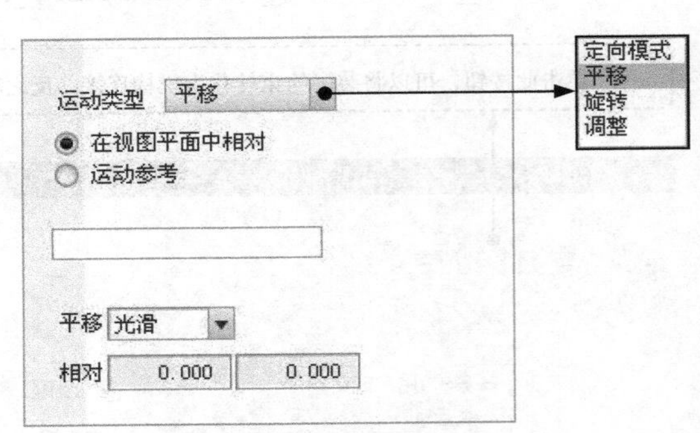

图 4.2.8　“移动”界面（一）

Step2. 在 运动类型 下拉列表中选择 平移 选项。

图 4.2.8 所示的 运动类型 下拉列表中各选项的说明如下。

- 定向模式：使用定向模式定向元件。单击装配元件，然后按住鼠标中键即可对元件进行定向操作。
- 平移：沿所选的运动参考平移要装配的元件。
- 旋转：沿所选的运动参考旋转要装配的元件。
- 调整：将要装配元件的某个参考图元（例如平面）与装配体的某个参考图元（例如平面）重合。它不是一个固定的装配约束，而只是非参数性地移动元件。

Step3. 选取运动参考。在“移动”界面中选中 在视图平面中相对 单选按钮。

说明：在图 4.2.9 所示的“移动”界面（二）中选中 运动参考 单选按钮，在图 4.2.10 所示的屏幕下方“选定项”栏中有如下选项。

- 全部：可以选择“曲面”“基准平面”“边”“轴”“顶点”“基准点”或者“坐标系”作为运动参考。
- 曲面：选择一个曲面作为运动参考。
- 基准平面：选择一个基准平面作为运动参考。
- 边：选择一个边作为运动参考。
- 轴：选择一个轴作为运动参考。
- 顶点：选择一个顶点作为运动参考。

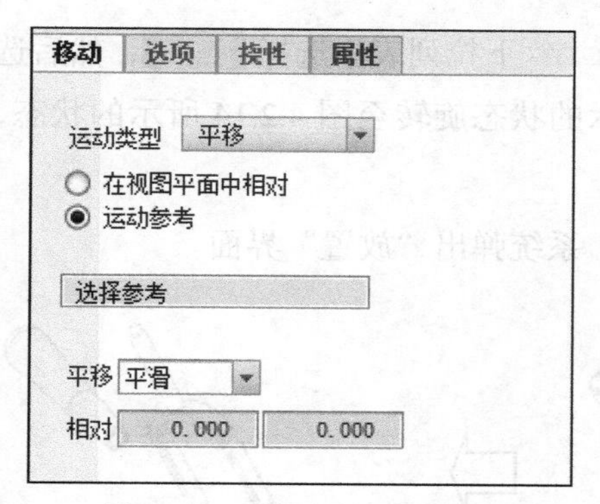

图 4.2.9 “移动”界面（二）

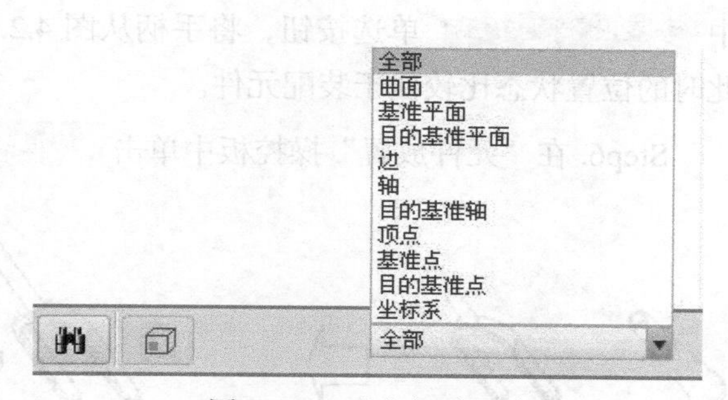

图 4.2.10 “选定项”栏

● 基准点：选择一个基准点作为运动参考。

● 坐标系：选择一个坐标系的某个坐标轴作为运动方向，即要装配的元件可沿着 X、Y、Z 轴移动，或绕其转动（该选项是旋转装配元件较好的方法之一）。

图 4.2.11 所示的“移动”界面（三）中各选项和按钮的说明如下。

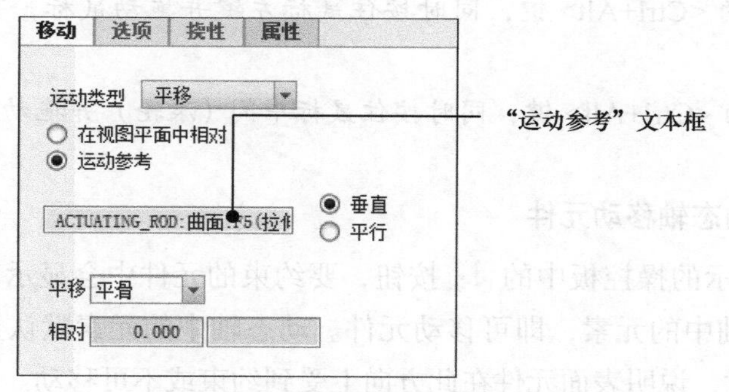

图 4.2.11 “移动”界面（三）

● 在视图平面中相对 单选项：相对于视图平面（即显示器屏幕平面）移动元件。

● 运动参考 单选项：相对于元件或参考移动元件。选中此单选按钮激活“参考”文本框。

● “运动参考”文本框：搜集元件移动的参考。运动与所选参考相关。最多可收集两个参考。选取一个参考后，便激活 垂直 和 平行 单选项。

☑ 垂直：垂直于选定参考移动元件。

☑ 平行：平行于选定参考移动元件。

● 运动类型 选项：包括“平移”（Translation）、“旋转”（Rotation）和“调整参考”（Adjust Reference）三种主要运动类型。

● 相对 区域：显示元件相对于移动操作前位置的当前位置。

Step4. 在绘图区按住鼠标左键，并移动鼠标，可看到装配元件（如手柄零件模型）随着鼠标的移动而平移，将其从图 4.2.12 中的位置平移到图 4.2.13 中的位置。

Step5. 与前面的操作相似，在“移动”界面的 运动类型 下拉列表中选择 旋转 ，然后选中 ◉ 在视图平面中相对 单选按钮，将手柄从图 4.2.13 所示的状态旋转至图 4.2.14 所示的状态，此时的位置状态比较便于装配元件。

Step6. 在“元件放置”操控板中单击 放置 按钮，系统弹出“放置”界面。

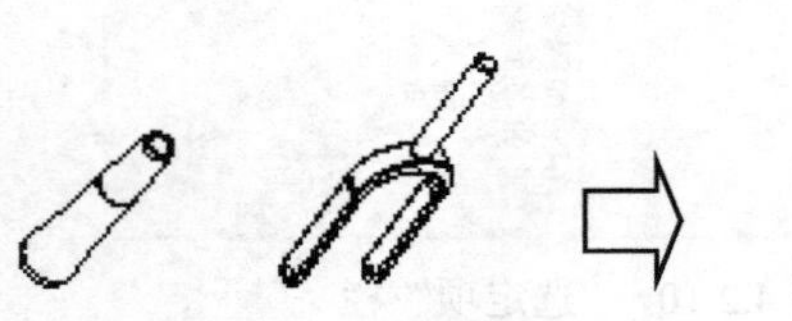

图 4.2.12 位置 1

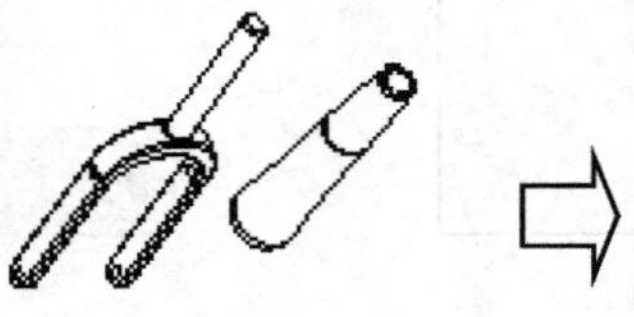

图 4.2.13 位置 2

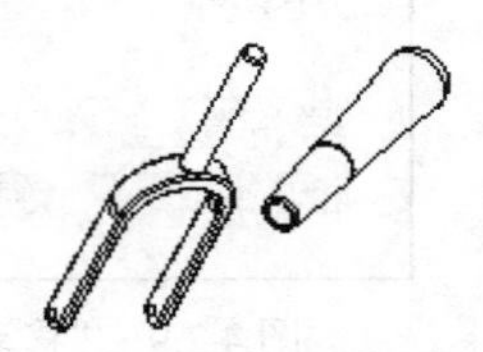

图 4.2.14 位置 3

方法二：使用键盘快捷键移动元件

在添加元件约束时，可以采用如下方法快速移动零件。

- 按住键盘上的 <Ctrl+Alt> 键，同时按住鼠标右键并拖动鼠标，可以在视图平面内平移元件。
- 按住键盘上的 <Ctrl+Alt> 键，同时按住鼠标左键并拖动鼠标，可以在视图平面内旋转元件。
- 按住键盘上的 <Ctrl+Alt> 键，同时按住鼠标中间（滚轮）并拖动鼠标，可以全方位旋转元件。

方法三：使用动态轴移动元件

按下图 4.2.6 所示的操控板中的 按钮，要约束的元件中会显示图 4.2.15 所示的动态轴系统，拖动动态轴中的元素，即可移动元件。动态轴中的元素默认显示为红、蓝、绿三色，当显示为灰色时，说明表面元件在此方向上受到约束或不可移动。

方法四：打开辅助窗口

在图 4.2.6 所示的元件放置操控板中单击按钮 即可打开一个包含要装配元件的辅助窗口，如图 4.2.16 所示。在此窗口中可单独对要装入的元件（如手柄零件模型）进行缩放（中键滚轮）、旋转（中键）和平移（Shift ＋中键）。这样就可以将要装配的元件调整到方便选取装配约束参考的位置。

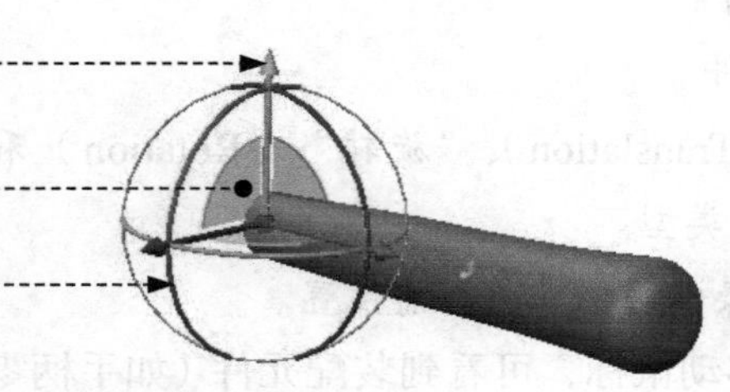

图 4.2.15 动态轴系统

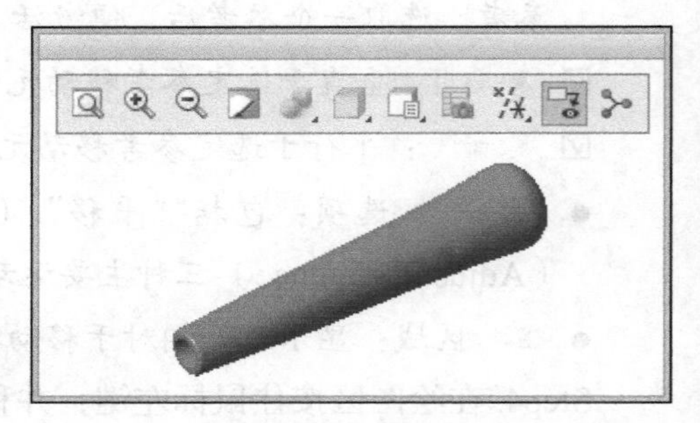

图 4.2.16 辅助窗口

3. 完全约束放置第二个零件

当引入元件到装配件中时，系统将选择“自动”放置，如图 4.2.6 所示。从装配体和元件中选择一对有效参考后，系统将自动选择适合指定参考的约束类型。约束类型的自动选择可省去手动从约束列表中选择约束的操作步骤，从而有效地提高工作效率。但某些情况下，系统自动指定的约束不一定符合设计意图，需要重新进行选取。这里需要说明一下，本书中的例子，都是采用手动选择装配的约束类型，这主要是为了方便讲解，使讲解内容条理清楚。

Step1. 定义第一个装配约束。在“放置”界面的 约束类型 下拉列表中选择 重合 选项，分别选取两个元件上要重合的面（图 4.2.17）。

注意：

- 为了保证参考选择的准确性，建议采用列表选取的方法选取参考。
- 此时“放置”界面中的显示的信息为 部分约束，所以还得继续添加装配约束，直至显示 完全约束。

Step2. 定义第二个装配约束。在图 4.2.18 所示的“放置”界面中单击“新建约束”字符，在 约束类型 下拉列表中选择 重合 约束类型，分别选取两个元件上要重合的轴线（图 4.2.17），此时界面中显示的信息为 完全约束。

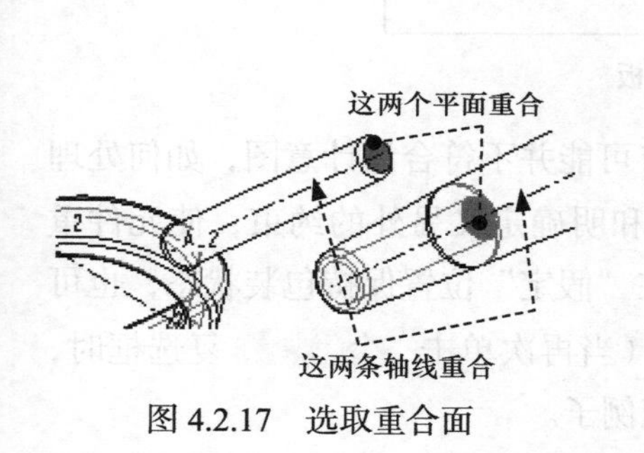

图 4.2.17 选取重合面

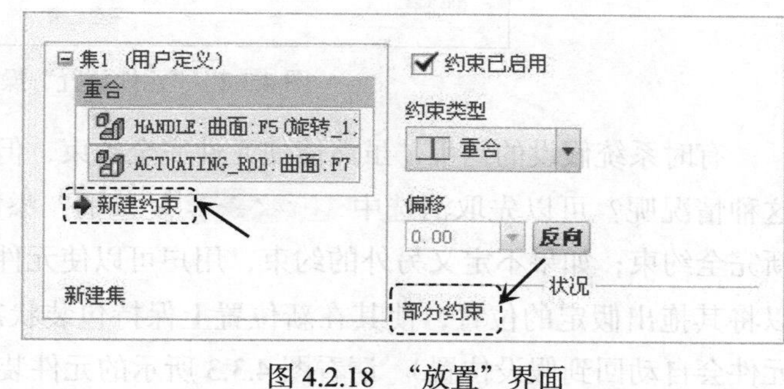

图 4.2.18 “放置”界面

Step3. 单击“元件放置”操控板中的 ✓ 按钮，完成所创建的装配体。

4.3 使用允许假设

在装配过程中，Creo 会自动启用“允许假设”功能，通过假设存在某个装配约束，使元件自动地被完全约束，从而帮助用户高效率地装配元件。☑允许假设 复选框位于操控板中“放置”界面的 状况 选项组，用以切换系统的约束定向假设开关。在装配时，只要能够做出假设，系统将自动选中 ☑允许假设 复选框（即使之有效）。“允许假设”的设置是针对具体元件的，并与该元件一起保存。

例如：在图 4.3.1 所示的例子中，现要将图中的一个螺钉装配到板上的一个孔里，在分别添加一个平面重合约束和一个线重合约束后，“元件放置”操控板中的 状况 选项组就显示 完全约束，如图 4.3.2 所示，这是因为系统自动启用了“允许假设”。假设存在第三个约束，该约束限制螺钉在孔中的径向位置，这样就完全约束了该螺钉，完成了螺钉装配。

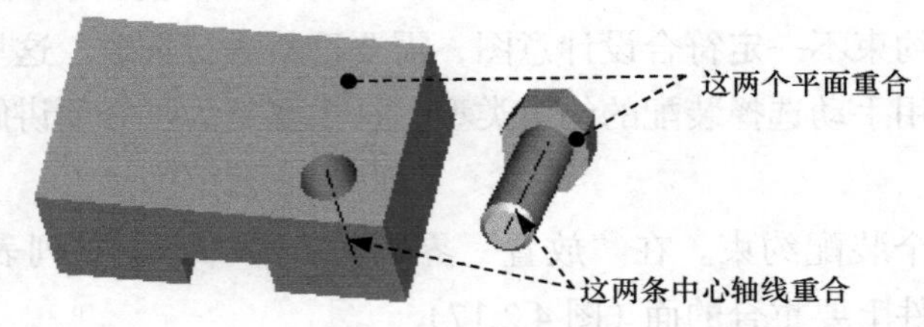

图 4.3.1 元件装配

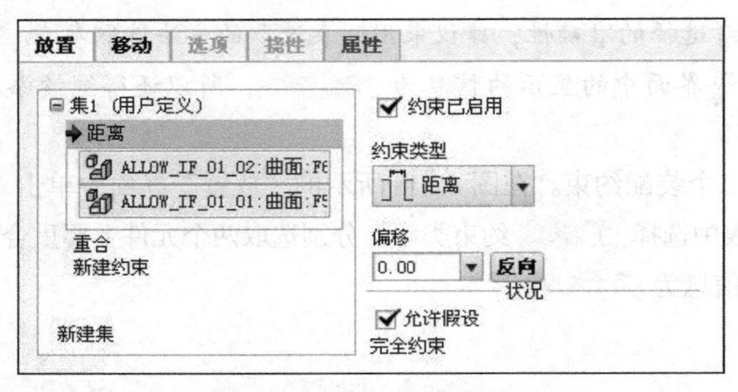

图 4.3.2 “元件放置”操控板

有时系统假设的约束，虽然能使元件完全约束，但有可能并不符合设计意图，如何处理这种情况呢？可以先取消选中 □允许假设 复选框，添加和明确定义另外的约束，使元件重新完全约束；如果不定义另外的约束，用户可以使元件在“假定”位置保持包装状态，也可以将其拖出假定的位置，使其在新位置上保持包装状态（当再次单击 ☑允许假设 复选框时，元件会自动回到假设位置）。请看图 4.3.3 所示的元件装配例子。

先将元件 1 引入装配环境中，并使其完全约束，然后引入元件 2，并分别添加“面重合”约束和“线重合”约束，此时 状况 选项组下的 ☑允许假设 复选框被自动选中，并且系统在对话框中显示 完全约束 信息，两个元件的装配效果如图 4.3.4 所示，而我们的设计意图如图 4.3.5 所示。

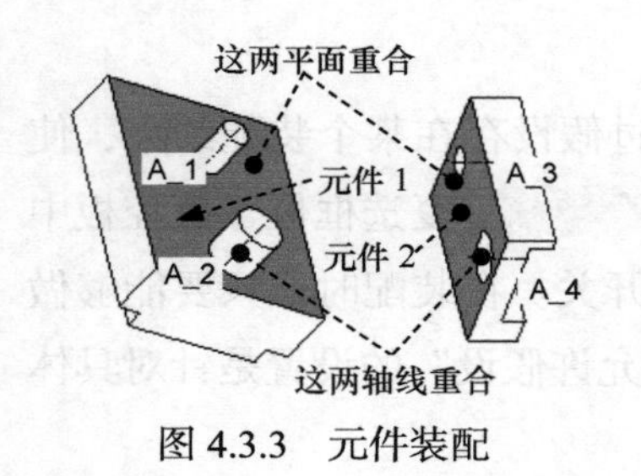

图 4.3.3 元件装配

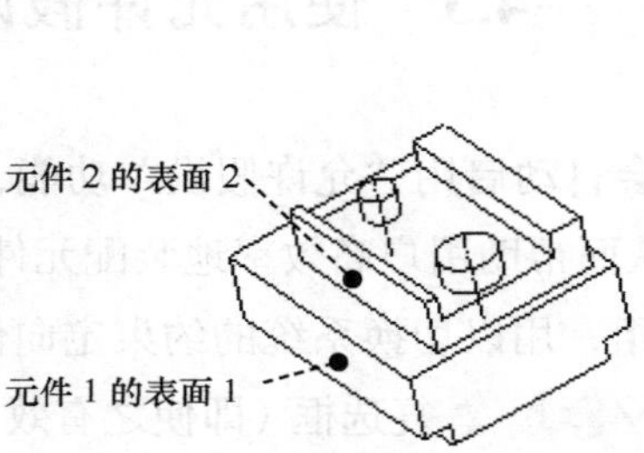

元件 2 的表面 2

元件 1 的表面 1

图 4.3.4 操作前

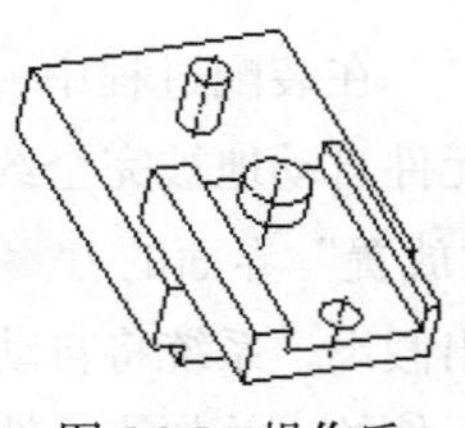

图 4.3.5 操作后

请按下面的操作方法进行练习。

Step1. 设置工作目录和打开文件。将工作目录设置至 D: \dbcreo8.1\work\ch04.03，打开文件 ALLOW_IF_02.ASM。

Step2. 编辑定义元件 ALLOW_IF_02_02.PRT。在“元件放置”操控板中进行如下操作：在“元件放置”操控板中单击 放置 按钮，在系统弹出的“放置”界面中取消选中 □允许假设 复选框；在“放置”界面中单击“新建约束”字符，选择 约束类型 为 平行，分别选取元件 1 上的表面 1 以及元件 2 上的表面 2，如图 4.3.4 所示；单击 反向 按钮，在“元件放置”操控板中单击 ✓ 按钮。

4.4 装配体中元件的复制

元件的复制一般采用的是“复制”“粘贴”或“复制”“选择性粘贴”命令，使用该方法可以对装配后的元件进行复制，而不必重复引入元件。例如：现需要对图 4.4.1 中的螺钉元件进行复制，复制后如图 4.4.2 所示，下面说明其一般操作过程。

Step1. 将工作目录设置至 D: \dbcreo8.1\work\ch04.04，打开 asm_component_copy.asm。

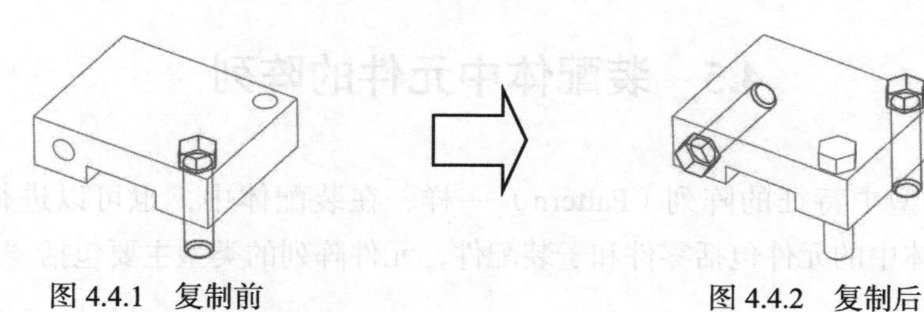

图 4.4.1 复制前　　图 4.4.2 复制后

Step2. 在模型树中选中螺钉元件“PART_02_COMPOENT_COPY.PRT”。

Step3. 单击 模型 功能选项卡 操作▾ 区域中的“复制”按钮 ，再单击“粘贴”按钮 ，系统弹出“元件放置”操控板。

Step4. 在组件中依次选取图 4.4.3 所示平面和基准轴。

Step5. 在“元件放置”操控板中单击 ✓ 按钮，完成第一次复制，结果如图 4.4.4 所示。

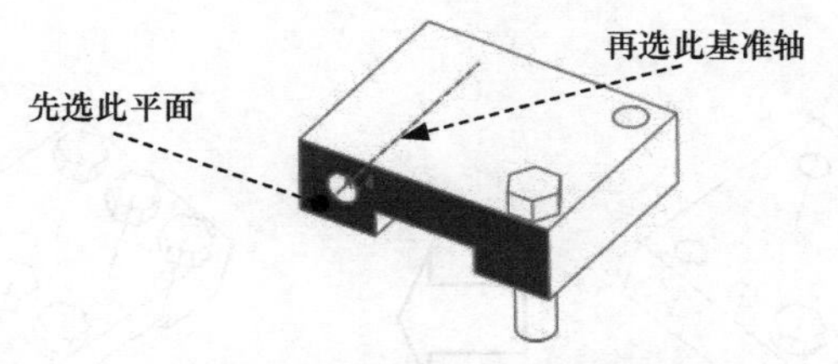

图 4.4.3 选取平面和基准轴

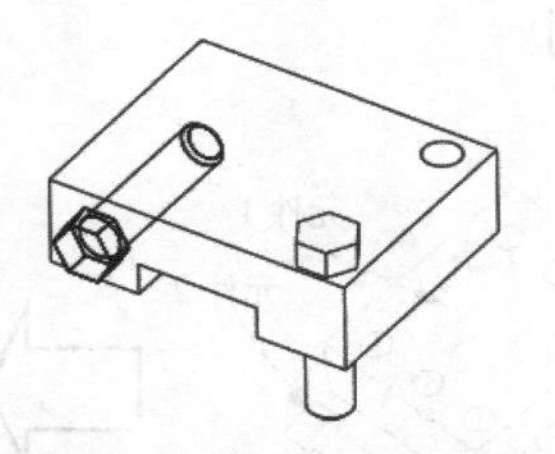

图 4.4.4 第一次元件复制

Step6. 单击 模型 功能选项卡 操作 ▾ 区域 按钮中的 ▾，在系统弹出的菜单中选择 选择性粘贴 命令，系统弹出“选择性粘贴”对话框。

Step7. 在“选择性粘贴”对话框中进行图 4.4.5 所示的设置，单击 确定 (0) 按钮，系统弹出“移动（复制）”操控板。

Step8. 选取图 4.4.3 所示的基准轴为方向参考，输入移动距离值 60.0，如果方向相反，则输入负值。

Step9. 单击操控板中的 ✓ 按钮，完成第二次复制，结果如图 4.4.6 所示。

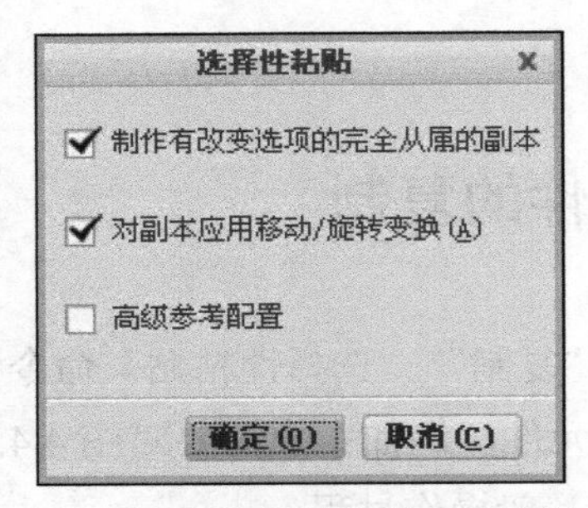

图 4.4.5 “选择性粘贴”对话框

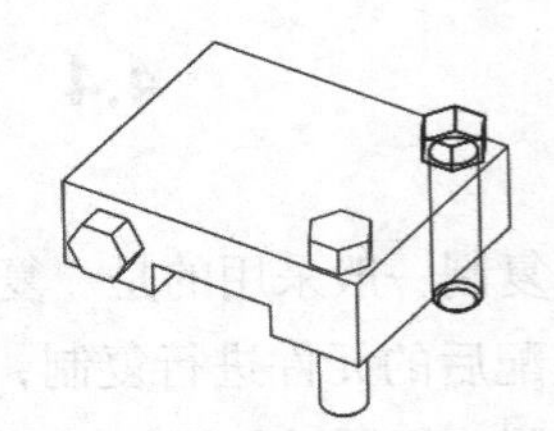

图 4.4.6 第二次元件复制

4.5 装配体中元件的阵列

与在零件模型中特征的阵列（Pattern）一样，在装配体中，也可以进行元件的阵列（Pattern）。装配体中的元件包括零件和子装配件，元件阵列的类型主要包括“参考阵列”和“尺寸阵列”。

4.5.1 参考阵列

如图 4.5.1、图 4.5.2 所示，元件“参考阵列”是以装配体中某一零件中的特征阵列为参考来进行元件的阵列。图 4.5.3 中的六个阵列螺钉，是参考装配体中元件 1 上的六个阵列孔来进行创建的，所以在创建“参考阵列”之前，应提前在装配体的某一零件中创建参考特征的阵列。

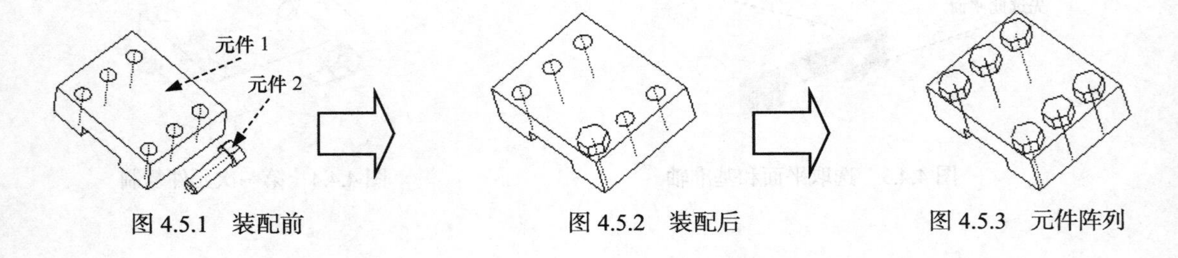

图 4.5.1 装配前　　图 4.5.2 装配后　　图 4.5.3 元件阵列

在 Creo 中，用户还可以用参考阵列后的元件为另一元件创建“参考阵列”。

例如：在图 4.5.3 所示的例子中，如果已使用“参考阵列”选项创建了六个螺钉阵列，则可以再一次使用“参考阵列”命令将螺母阵列装配到螺钉上。

下面介绍创建元件 2 的“参考阵列”的操作过程。

Step1. 将工作目录设置至 D:\dbcreo8.1\work\ch04.05，打开文件 asm_pattern_ref.asm。

Step2. 在图 4.5.4 所示的模型树中单击 BOLT.PRT（元件 2），右击，从系统弹出的图 4.5.5 所示的快捷菜单中选择 命令。

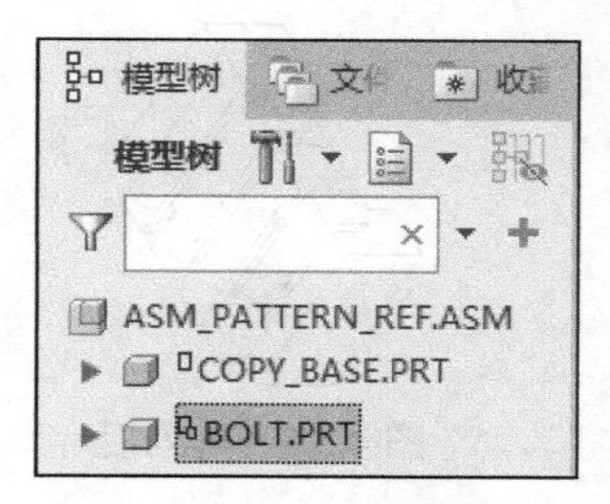

图 4.5.4 模型树

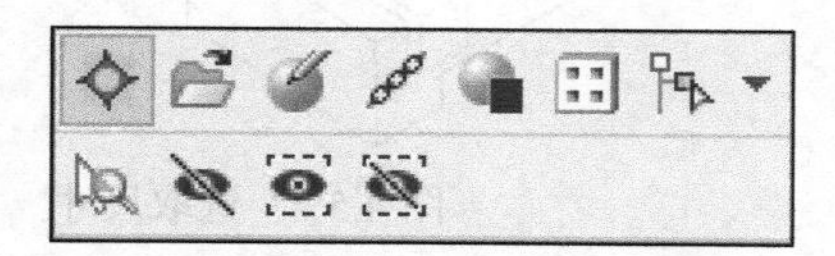

图 4.5.5 快捷菜单

Step3. 在“阵列”操控板的阵列类型框中选取 参考，单击“确定”按钮 。此时，系统便自动参考元件 1 中的孔的阵列，创建图 4.5.3 所示的元件阵列。如果修改阵列中的某一个元件，则系统就会像在特征阵列中一样修改每一个元件。

4.5.2 尺寸阵列

如图 4.5.6 所示，元件的“尺寸阵列”是使用装配中的约束尺寸创建阵列，所以只有使用诸如“距离”或“角度偏移”这样的约束类型才能创建元件的“尺寸阵列”。创建元件的“尺寸阵列”，遵循在“零件”模式中阵列特征的同样规则。这里请注意：如果要重定义阵列化的元件，必须在重定义元件放置后再重新创建阵列。

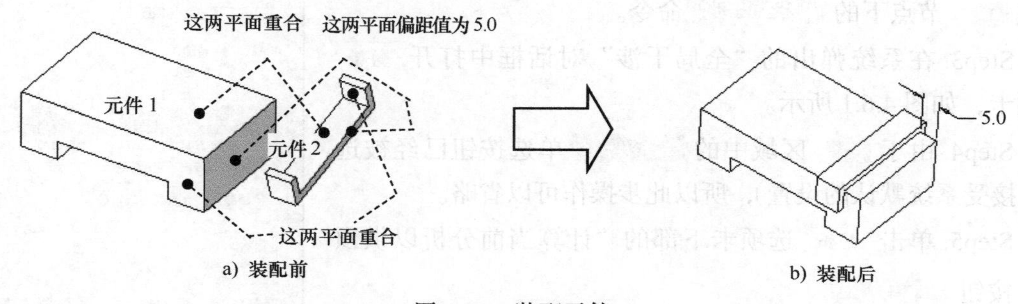

图 4.5.6 装配元件

下面开始创建元件 2 的尺寸阵列，操作步骤如下。

Step1. 将工作目录设置至 D:\dbcreo8.1\work\ch04.05，打开 component_pattern.asm。

Step2. 在模型树中选取元件 2，右击，从系统弹出的快捷菜单中选择 命令。

Step3. 系统提示 选择要在第一方向上改变的尺寸。，选取图 4.5.7 中的尺寸 5.0。

Step4. 在出现的“增量尺寸”文本框中输入值 10.0，并按 Enter 键。

Step5. 在“阵列”操控板中输入实例总数 4。

Step6. 单击“阵列”操控板中的“确定”按钮 ，此时即得到图 4.5.8 所示的元件 2 的阵列。

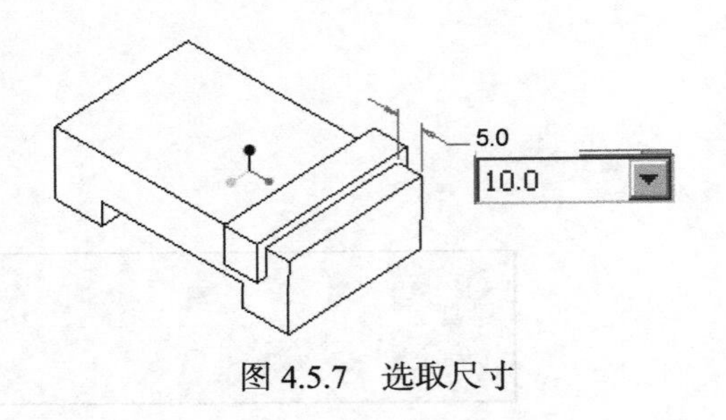

图 4.5.7 选取尺寸

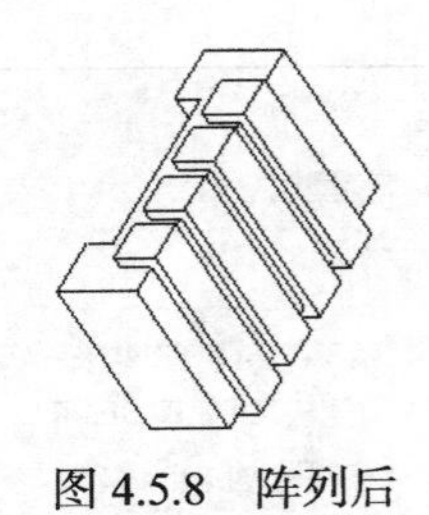

图 4.5.8 阵列后

4.6 装配干涉检查

在实际的产品设计中，当产品中的各个零部件组装完成后，设计人员往往比较关心产品中各个零部件间的干涉情况：有没有干涉？哪些零件间有干涉？干涉量是多大？而通过 检查几何 ▾ 子菜单中的 全局干涉 命令可以解决这些问题。下面以一个简单的装配体模型为例，说明干涉分析的一般操作过程。

Step1. 将工作目录设置至 D:\dbcreo8.1\work\ch04.06，打开文件 interference.asm。

Step2. 在装配模块中，选择 分析 功能选项卡 检查几何 ▾ 区域 节点下的 全局干涉 命令。

Step3. 在系统弹出的“全局干涉”对话框中打开 分析 选项卡，如图 4.6.1 所示。

Step4. 由于 设置 区域中的 仅零件 单选按钮已经被选中（接受系统默认的设置），所以此步操作可以省略。

Step5. 单击 分析 选项卡下部的“计算当前分析以供预览”按钮 预览(P)。

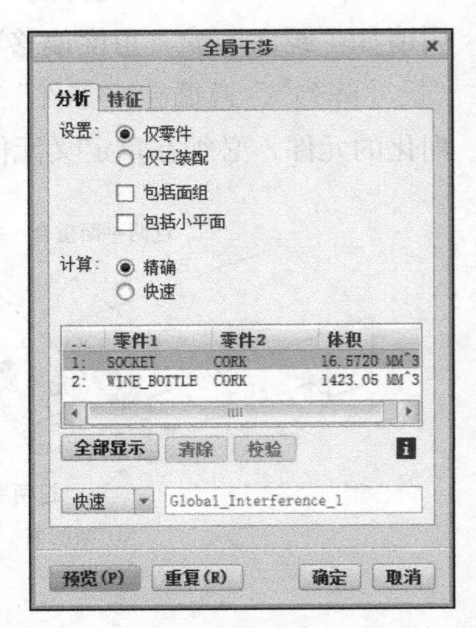

图 4.6.1 “全局干涉”对话框

Step6. 在图 4.6.1 所示的 分析 选项卡的结果区域中可看到干涉分析的结果：干涉的零件名称、干涉的体积大小，同时在图 4.6.2 所示的模型上可看到干涉的部位以红色加亮的方式显示。如果装配体中没有干涉的元件，则系统在信息区显示 没有干涉零件。。

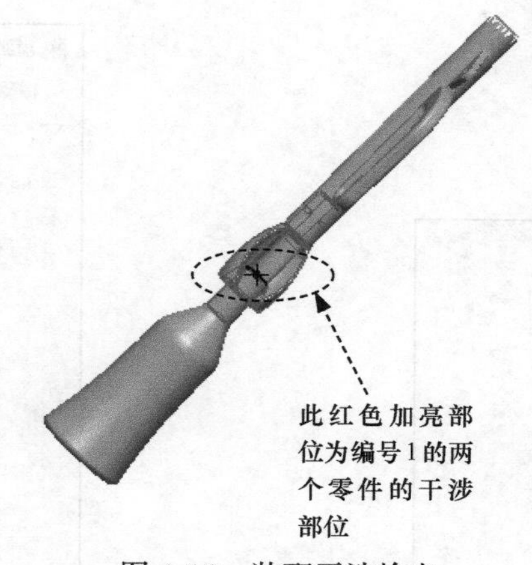

图 4.6.2 装配干涉检查

4.7 修改装配体中的元件

4.7.1 概述

完成一个装配体后，可以对该装配体中的任何元件（包括零件和子装配件）进行下面的操作：元件的打开与删除、元件尺寸的修改、元件装配约束偏距值的修改、元件装配约束的重定义等。这些操作命令一般从模型树中获取。

下面以修改装配体 asm_exercise2.asm 中的 body_cap.prt 零件为例，说明其操作方法。

Step1. 将工作目录设置至 D: \dbcreo8.1\work\ch04.07，打开文件 asm_exercise2.asm。

Step2. 在图 4.7.1 所示的装配模型树界面中选择 → 树过滤器(F)... 命令，然后选中“显示”选项组下的 特征 复选框。这样每个零件中的特征都将在模型树中显示。

Step3. 单击模型树中 ▶ BODY_CAP.PRT 前面的 ▶ 符号。

Step4. 在模型树中右击要修改的特征（比如 旋转 1），如图 4.7.2 所示，从系统弹出的菜单中即可选取所需的编辑、编辑定义等命令，对所选取的特征进行相应操作。

4.7.2 修改装配体中零件的尺寸

在装配体 asm_exercise2.asm 中，如果要将零件 body_cap 中的尺寸 13.5 改成 13.0，如图 4.7.3 所示，操作方法如下。

Step1. 显示要修改的尺寸。在图 4.7.2 所示的模型树中，单击零件 BODY_CAP.PRT 中

的 旋转 1 特征，然后右击，选择 命令，系统即显示图 4.7.3 所示的该特征的尺寸。

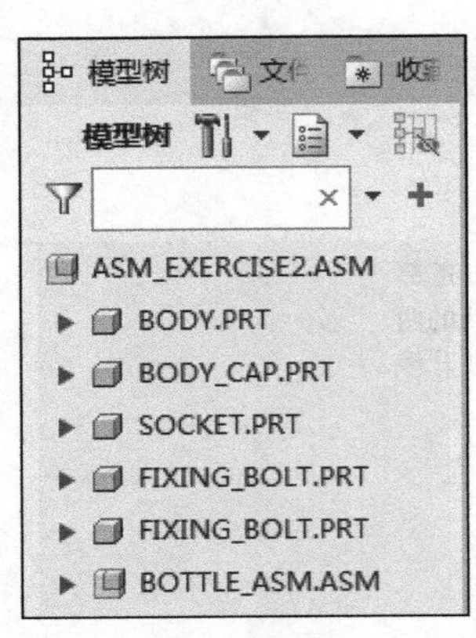

图 4.7.1 模型树（一）

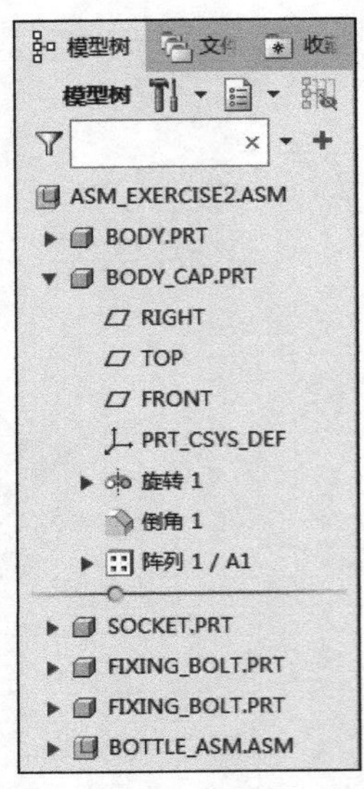

图 4.7.2 模型树（二）

Step2. 双击要修改的尺寸 13.5，输入新尺寸 13.0，然后按 Enter 键。

Step3. 装配模型的再生。单击 模型 功能选项卡 操作 ▾ 区域中的 按钮。

说明： 装配模型修改后，必须进行“重新生成”操作，否则模型不能按修改的要求更新。

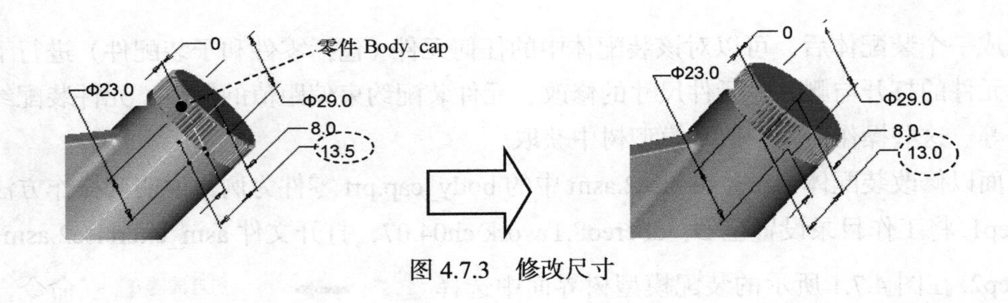

图 4.7.3 修改尺寸

4.8 装配体中的层操作

当向装配体中引入更多的元件时，屏幕中的基准面、基准轴等太多，这就要用“层”的功能，将暂时不用的基准元素遮蔽起来。

可以对装配体中的各元件分别进行层的操作，下面以装配体 asm_exercise2.asm 为例，说明对装配体中的元件进行层操作的方法。

Step1. 先将工作目录设置至 D:\dbcreo8.1\work\ch04.08，然后打开装配文件 asm_exercise2.asm。

Step2. 在导航选项卡中选择 ▾ → 层树(L) 命令，此时在导航区显示图 4.8.1 所示的装配层树。

Step3. 选取对象。从装配模型下拉列表（图 4.8.2）中选取零件 BODY.PRT。此时 body 零件所有的层显示在零件层树中，如图 4.8.3 所示。

Step4. 对 body 零件中的层进行诸如隐藏、新建层以及设置层的属性等操作。

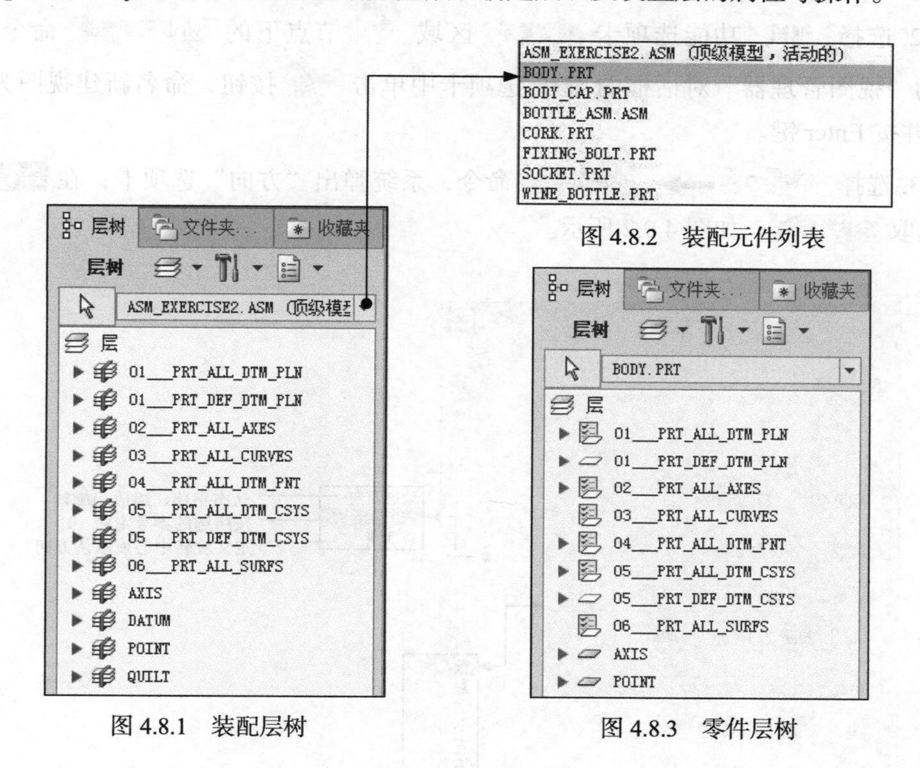

图 4.8.2 装配元件列表

图 4.8.1 装配层树

图 4.8.3 零件层树

4.9 模型的视图管理

4.9.1 定向视图

定向（Orient）视图功能可以将组件以指定的方位进行摆放，以便观察模型或为将来生成工程图做准备。图 4.9.1 是装配体 asm_exercise2.asm 定向视图的例子，下面说明创建定向视图的操作方法。

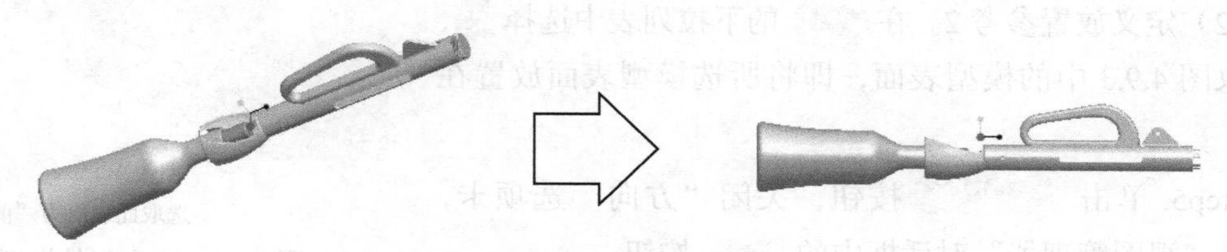

图 4.9.1 定向视图

1. 创建定向视图

Step1. 将工作目录设置至 D: \dbcreo8.1\work\ch04.09.01，打开文件 asm_exercise2.asm。

Step2. 选择 视图 功能选项卡 模型显示 区域 管理视图 节点下的 视图管理器 命令，在系统弹出的“视图管理器”对话框的 定向 选项卡中单击 新建 按钮，命名新建视图为 view_course，并按 Enter 键。

Step3. 选择 编辑 → 重新定义 命令，系统弹出“方向”选项卡；在 类型 下拉列表中选取 按参考定向，如图 4.9.2 所示。

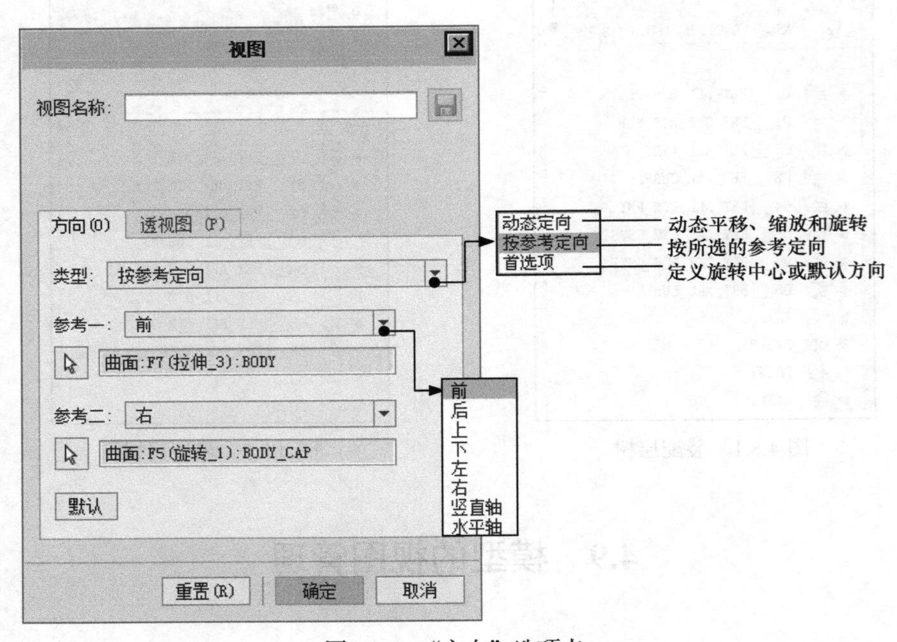

图 4.9.2 “方向”选项卡

Step4. 定向组件模型。

（1）定义放置参考 1。在 参考1 的下拉列表中选择 前，再选取图 4.9.3 中的模型表面。该步操作的意义是使所选模型表面朝前，即与屏幕平行且面向操作者。

（2）定义放置参考 2。在 参考2 的下拉列表中选择 右，再选取图 4.9.3 中的模型表面，即将所选模型表面放置在右边。

Step5. 单击 确定 按钮，关闭“方向”选项卡，再单击“视图管理器”对话框中的 关闭 按钮。

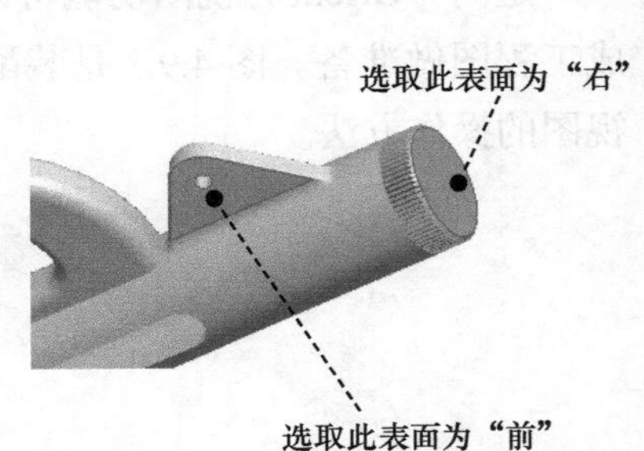

图 4.9.3 定向组件模型

2. 设置不同的定向视图

用户可以为装配体创建多个定向视图，每一个都对应于装配体的某个局部或层，在进行不同局部的设计时，可将相应的定向视图设置到当前工作区中。操作方法是在“视图管理器”对话框的 定向 选项卡中选择相应的视图名称，然后双击；或选中视图名称后，选择 选项 ➡ 激活 命令。

4.9.2 样式视图

样式（Style）视图可以将指定的零部件遮蔽起来，或以线框和隐藏线等样式显示。

图 4.9.4 是装配体 asm_exercise2.asm 样式视图的例子，下面说明创建样式视图的操作方法。

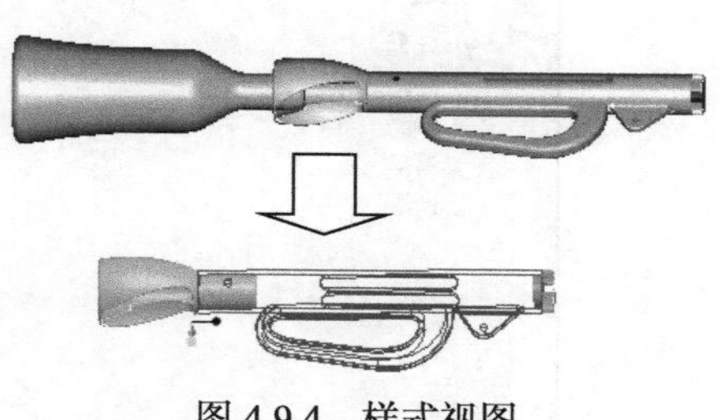

图 4.9.4 样式视图

1. 创建样式视图

Step1. 将工作目录设置至 D: \dbcreo8.1\work\ch04.09.02，打开文件 asm_exercise2.asm。

Step2. 选择 视图 功能选项卡 模型显示 区域 管理视图 节点下的 视图管理器 命令，在“视图管理器”对话框的 样式 选项卡中单击 新建 按钮，输入样式视图的名称 style_course，并按 Enter 键。

Step3. 系统弹出图 4.9.5 所示的“编辑：STYLE_COURSE”对话框，此时 遮蔽 选项卡中提示“选取要遮蔽的元件”，在模型树中选取 bottle_asm。

Step4. 在“编辑：STYLE_COURSE”对话框中打开 显示 选项卡，在 方法 选项组中选中 ◉ 线框 单选项，如图 4.9.6 所示；然后在模型树中选取元件 body，此时模型树的显示如图 4.9.7 所示。

图 4.9.5 “编辑：STYLE_COURSE”对话框

图 4.9.6 所示的“显示”选项卡的 方法 区域中各选项的说明如下。

- ◉ 线框 单选项：将所选元件以“线条框架”的形式显示，显示其所有的线，对线的前后位置关系不加以区分，如图 4.9.4 所示。
- ◉ 隐藏线 单选项：与“线框”方式的区别在于它区别线的前后位置关系，将被遮挡的线以“灰色”线表示。

- 消隐 单选项：将所选元件以“线条框架”的形式显示，但不显示被遮挡的线。
- 着色 单选项：以“着色”方式显示所选元件。
- 透明 单选项：以“透明”方式显示所选元件。

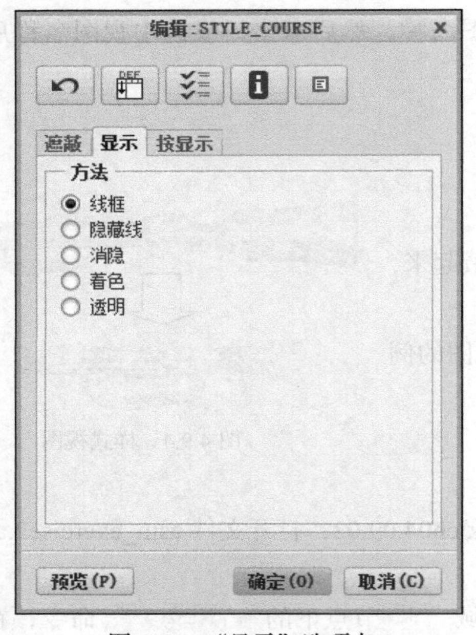

图 4.9.6 “显示”选项卡

图 4.9.7 模型树

Step5. 单击“编辑”对话框中的 确定(O) 按钮，完成视图的编辑，再单击“视图管理器”对话框中的 关闭 按钮。

2. 设置不同的样式视图

用户可以为装配体创建多个样式视图，每一个都对应于装配体的某个局部，在进行不同局部的设计时，可将相应的样式视图设置到当前工作区中。操作方法：在“视图管理器”对话框的 样式 选项卡中选择相应的视图名称，然后双击，或选中视图名称后，选择 选项 → 激活 命令，此时在当前视图名称前有一个绿色箭头指示。

4.9.3 横截面

1. 横截面概述

横截面也称剖截面，它的主要作用是查看模型剖切的内部形状和结构。在零件模块或装配模块中创建的横截面，可用于在工程图模块中生成剖视图。

在 Creo 中，横截面分两种类型。

- "平面"横截面：用单个平面对模型进行剖切，如图 4.9.8 所示。
- "偏距"横截面：用草绘的曲面对模型进行剖切，如图 4.9.9 所示。

图 4.9.8 "平面"横截面

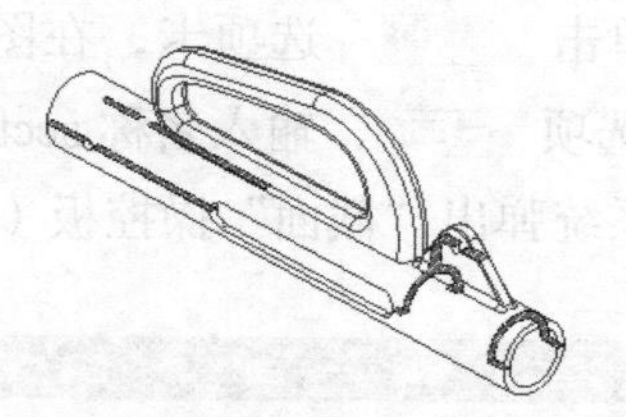
图 4.9.9 "偏距"横截面

选择 视图 功能选项卡 模型显示 区域 管理视图 节点下的 视图管理器 命令，在系统弹出的对话框中单击 截面 选项卡，即可进入横截面操作界面。操作界面中各命令的说明如图 4.9.10 所示。

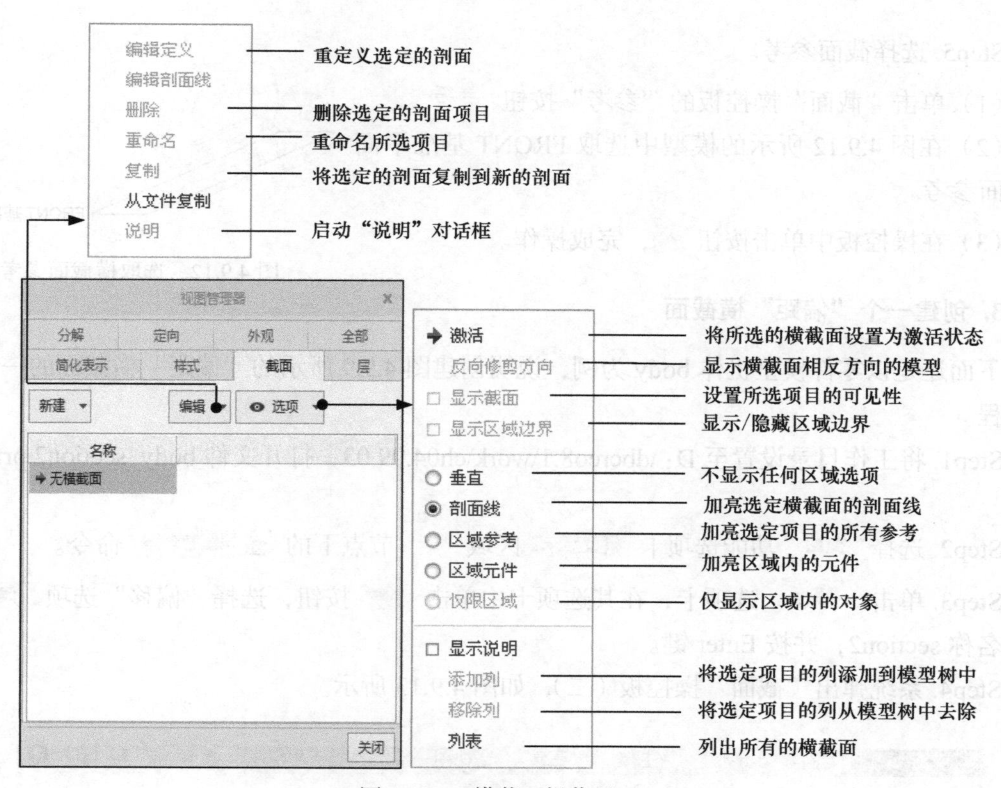

图 4.9.10 横截面操作界面

2. 创建一个"平面"横截面

下面以零件模型机体 body 为例，说明创建图 4.9.8 所示的"平面"横截面的一般操作过程。

Step1. 将工作目录设置至 D:\dbcreo8.1\work\ch04.09.03，打开文件 body_section1.prt。

Step2. 选择 视图 功能选项卡 模型显示 区域 管理视图 节点下的 视图管理器 命令。

Step3. 单击 截面 选项卡，在图 4.9.10 所示的横截面操作界面中单击 新建 按钮，选择“平面”选项 平面，输入名称 section1，并按 Enter 键。

Step4. 系统弹出“截面”操控板（一），如图 4.9.11 所示。

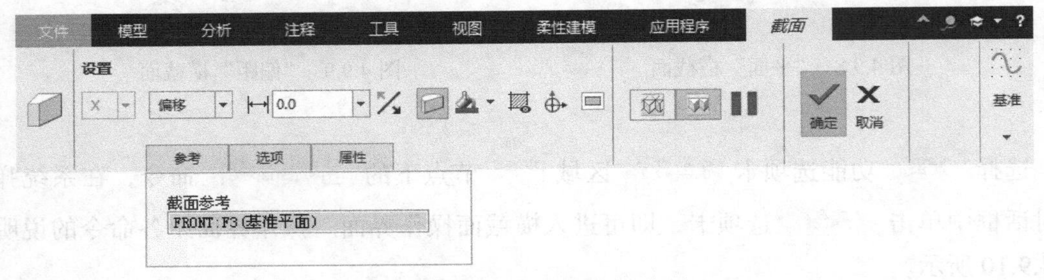

图 4.9.11 “截面”操控板（一）

Step5. 选择截面参考。

（1）单击“截面”操控板的“参考”按钮 参考。

（2）在图 4.9.12 所示的模型中选取 FRONT 基准平面为截面参考。

（3）在操控板中单击按钮 ✓，完成操作。

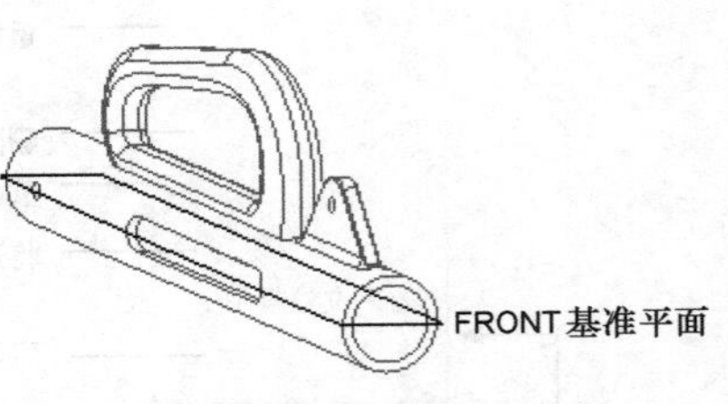

图 4.9.12 选取横截面参考

3. 创建一个“偏距”横截面

下面还是以零件模型机体 body 为例，说明创建图 4.9.9 所示的“偏距”横截面的一般操作过程。

Step1. 将工作目录设置至 D:\dbcreo8.1\work\ch04.09.03，打开文件 body_section2.prt。

Step2. 选择 视图 功能选项卡 模型显示 区域 管理视图 节点下的 视图管理器 命令。

Step3. 单击 截面 选项卡，在其选项卡中单击 新建 按钮，选择“偏移”选项 偏移，输入名称 section2，并按 Enter 键。

Step4. 系统弹出“截面”操控板（二），如图 4.9.13 所示。

图 4.9.13 “截面”操控板（二）

Step5. 绘制偏距横截面草图。

（1）定义草绘平面。在图 4.9.13 所示的“截面”操控板的 草绘 界面中单击 定义... 按钮，选取模型中的CENTER基准平面为草绘平面，然后以 TOP 基准平面为参考，如图 4.9.14 所示。

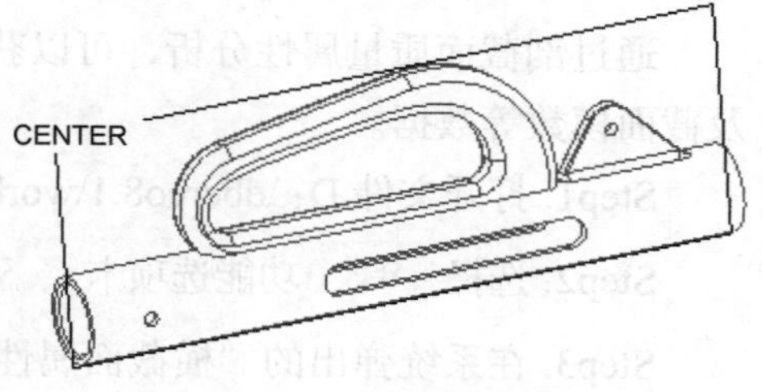

图 4.9.14 选取草绘平面

（2）指定参考平面的方向。单击对话框中 方向 文本框后的 ▾ 按钮，在系统弹出的列表中选择 右 选项，单击“草绘”按钮 草绘 。

（3）绘制图 4.9.15 所示的偏距横截面草图，完成后单击“确定”按钮 ✓。

Step6. 在“截面”操控板中单击“确定”按钮 ✓，在“视图管理器”操作界面中单击 关闭 按钮。

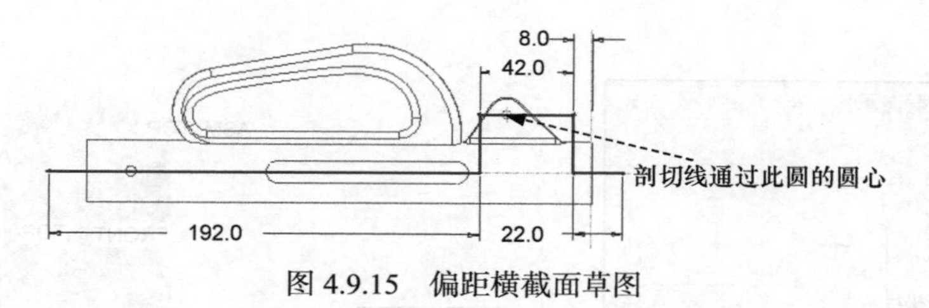

图 4.9.15 偏距横截面草图

4. 创建装配件的横截面

下面以图 4.9.16 为例，说明创建装配件横截面的一般操作过程。

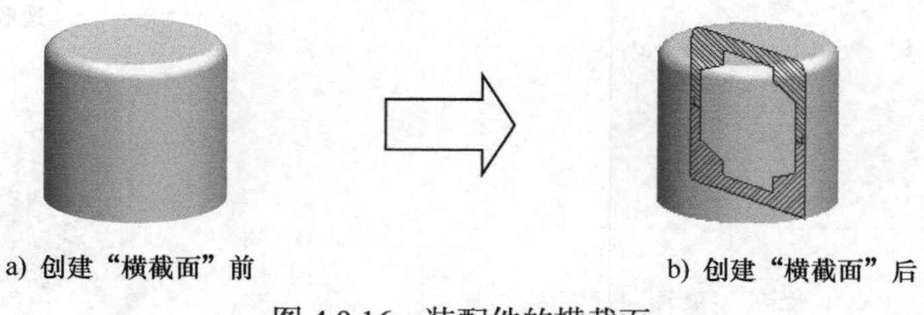

图 4.9.16 装配件的横截面

Step1. 将工作目录设置至 D:\dbcreo8.1\work\ch04.09.03，打开文件 lip_asm.asm。

Step2. 选择 视图 功能选项卡 模型显示 区域 管理视图 节点下的 视图管理器 命令。

Step3. 在 截面 选项卡中单击 新建 按钮，选择“平面”选项 平面 ，接受系统默认的名称，并按 Enter 键，系统弹出“截面”操控板。

Step4. 选取装配基准平面。

（1）在“截面”操控板中单击 参考 按钮，选取图 4.9.17 所示模型中的 ASM_RIGHT 基准平面为草绘平面。

（2）在“截面”操控板中单击“确定”按钮 ✔。

5. 剖截面质量属性分析

通过剖截面质量属性分析，可以获得模型上某个剖截面的面积、重心位置、惯性张量以及截面模数等数据。

Step1. 打开文件 D:\dbcreo8.1\work\ch04\ch04.09.03\x_section.prt。

Step2. 选择 分析 功能选项卡 模型报告 区域 质量属性 节点下的 横截面质量属性 命令。

Step3. 在系统弹出的“横截面属性”对话框中单击 分析 选项卡，如图 4.9.18 所示。

Step4. 选中 按钮下的 ☑ 坐标系显示 复选框，显示坐标系；并选中 ☑ 平面显示 复选框，显示基准平面。

Step5. 在 坐标系 区域中取消选中 ☐ 使用默认设置 复选框，然后选取图 4.9.19 所示的坐标系。

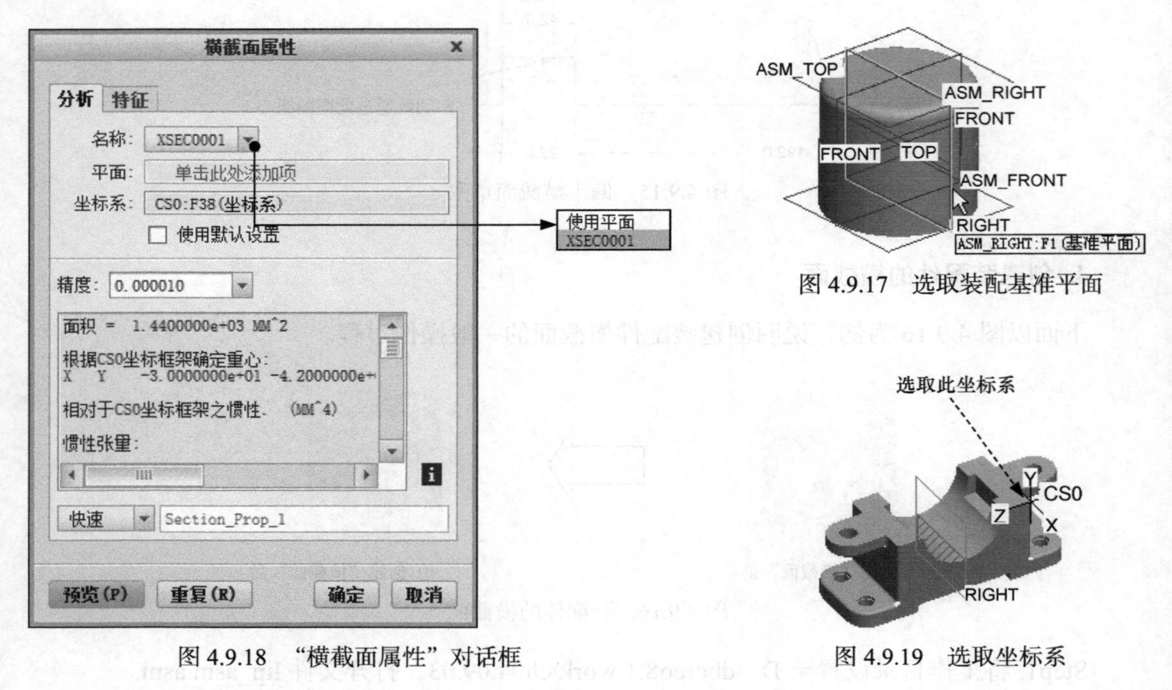

图 4.9.18 “横截面属性”对话框

图 4.9.17 选取装配基准平面

图 4.9.19 选取坐标系

Step6. 在 分析 选项卡的 名称 下拉列表中选择 XSEC0001 剖截面。

说明： XSEC0001 是提前创建的一个剖截面。

Step7. 在图 4.9.18 所示的 分析 选项卡的结果区域中显示出分析后的各项数据。

4.9.4 简化表示

复杂的装配体设计，存在下列问题。

（1）重绘、再生和检索的时间太长。

（2）在设计局部结构时，感觉图面太复杂、太乱，不利于局部零部件的设计。

为了解决这些问题，可以利用简化表示（Simplified Rep）功能，将设计中暂时不需要的零部件从装配体的工作区中移除，从而可以减少装配体的重绘、再生和检索的时间，并且简化装配体。例如，在设计轿车的过程中，设计小组在设计车厢里的座椅时，并不需要发动机、油路系统和电气系统，这时就可以用简化表示的方法将这些暂时不需要的零部件从工作区中移除。

图 4.9.20 是装配体 asm_exercise2.asm 简化表示的例子，下面说明创建简化表示的操作方法。

Step1. 将工作目录设置至 D：\dbcreo8.1\work\ch09.04，打开文件 asm_exercise2.asm。

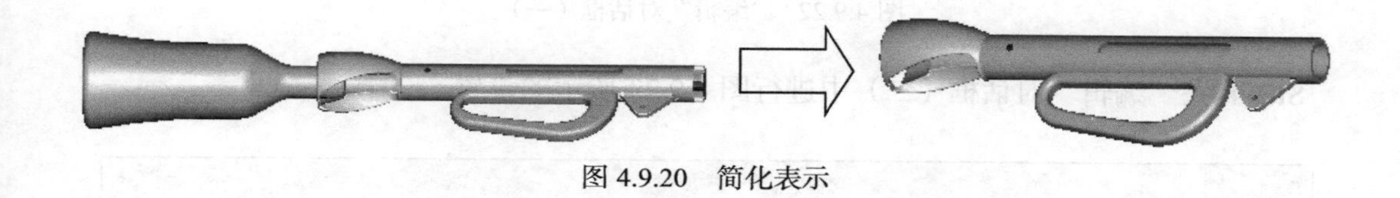

图 4.9.20 简化表示

Step2. 选择 视图 功能选项卡 模型显示 区域 管理视图 节点下的 视图管理器 命令，在“视图管理器”对话框（图 4.9.21）的 简化表示 选项卡中单击 新建 按钮，输入简化表示的名称 Rep_Course，并按 Enter 键。

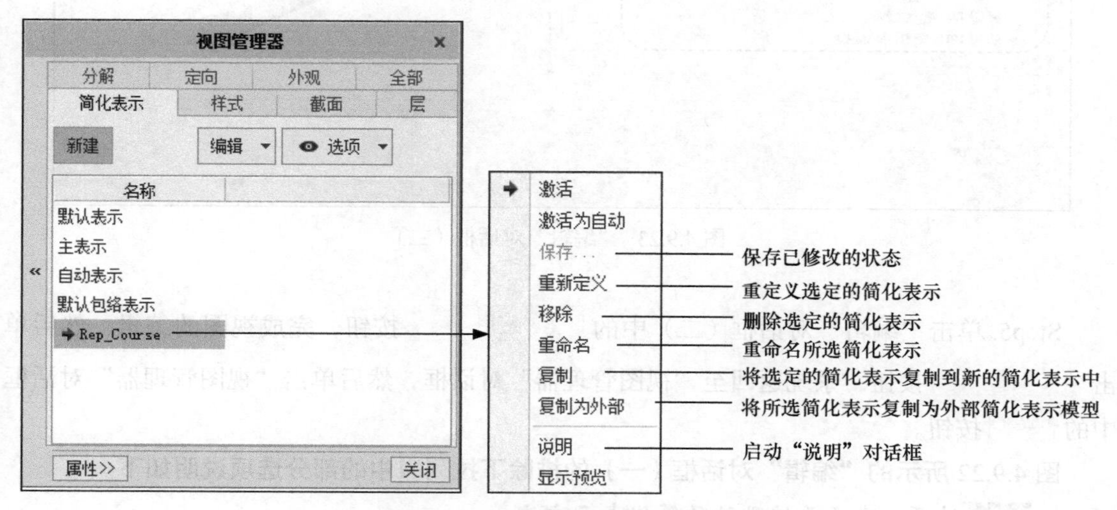

图 4.9.21 “视图管理器”对话框

Step3. 完成上步操作后，系统弹出图 4.9.22 所示的“编辑”对话框（一），单击图 4.9.22 所示的位置，系统弹出图 4.9.22 所示的下拉列表。

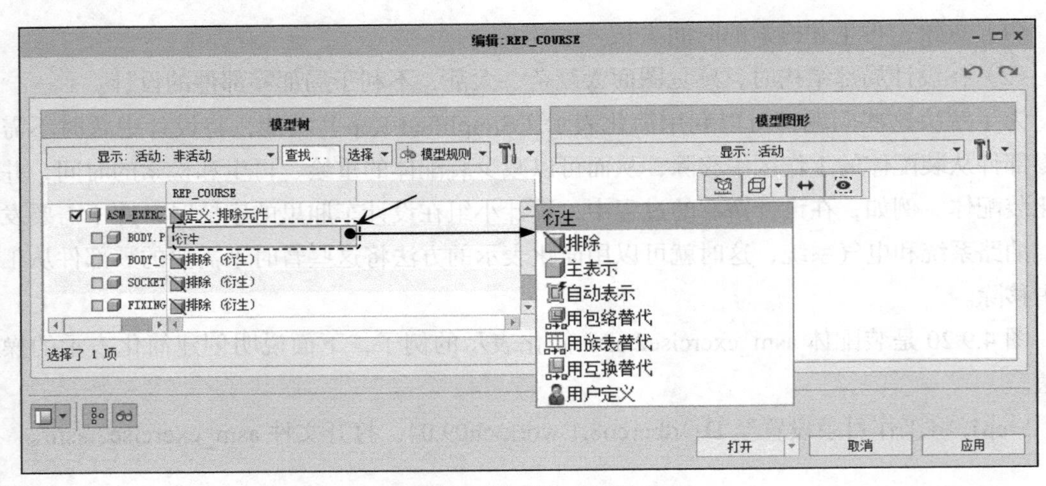

图 4.9.22　“编辑”对话框（一）

Step4. 在“编辑”对话框（二）中进行图 4.9.23 所示的设置。

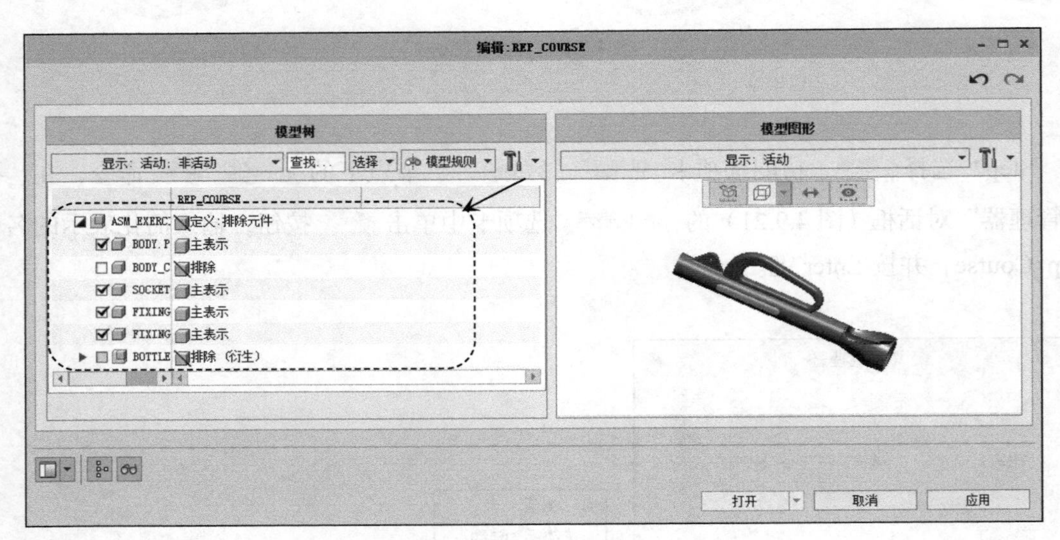

图 4.9.23　“编辑”对话框（二）

Step5. 单击“编辑”对话框（二）中的 应用 按钮，完成视图的编辑，然后单击 打开 按钮，系统返回至“视图管理器”对话框，然后单击“视图管理器”对话框中的 关闭 按钮。

图 4.9.22 所示的“编辑”对话框（一）的排除下拉列表中的部分选项说明如下。

- 衍生 选项：表示系统默认的简化表示方法。
- 排除 选项：从装配体中排除所选元件，接受排除的元件将从工作区中移除，但是在模型树上还保留它们。
- 主表示 选项：“主表示”的元件与正常元件一样，可以对其进行各种正常的操作。

- 自动表示 选项：将所选取的元件按照软件默认的方式表示。
- 用包络替代 选项：将所选取的元件用包络替代。包络是一种特殊的零件，它通常由简单几何创建，与所表示的元件相比，它占用的内存更少。包络零件不出现在材料清单中。
- 用族表替代 选项：将所选取的元件用族表替代。
- 用互换替代 选项：将所选取的元件用互换性替代。
- 用户定义 选项：通过用户自定义的方式来定义简化表示。

用户可以为装配体创建多个简化表示，每一个都对应于装配体的某个局部，在进行不同局部的设计时，可将相应的简化表示设置到当前工作区中。操作方法：在“视图管理器”对话框中选择相应的视图名称，然后双击（或选中视图名称后，选择 选项 ➡ 激活 命令）。此时在当前视图名称前有一个绿色箭头指示，如图 4.9.21 所示。

4.9.5 创建装配模型的分解视图

装配体的分解（Explode）视图也叫爆炸视图，就是将装配体中的各零部件沿着直线或坐标轴移动或旋转，使各个零件从装配体中分解出来，如图 4.9.24 所示。分解视图对于表达各元件的相对位置十分有帮助，因而常常用于表达装配体的装配过程以及装配体的构成。

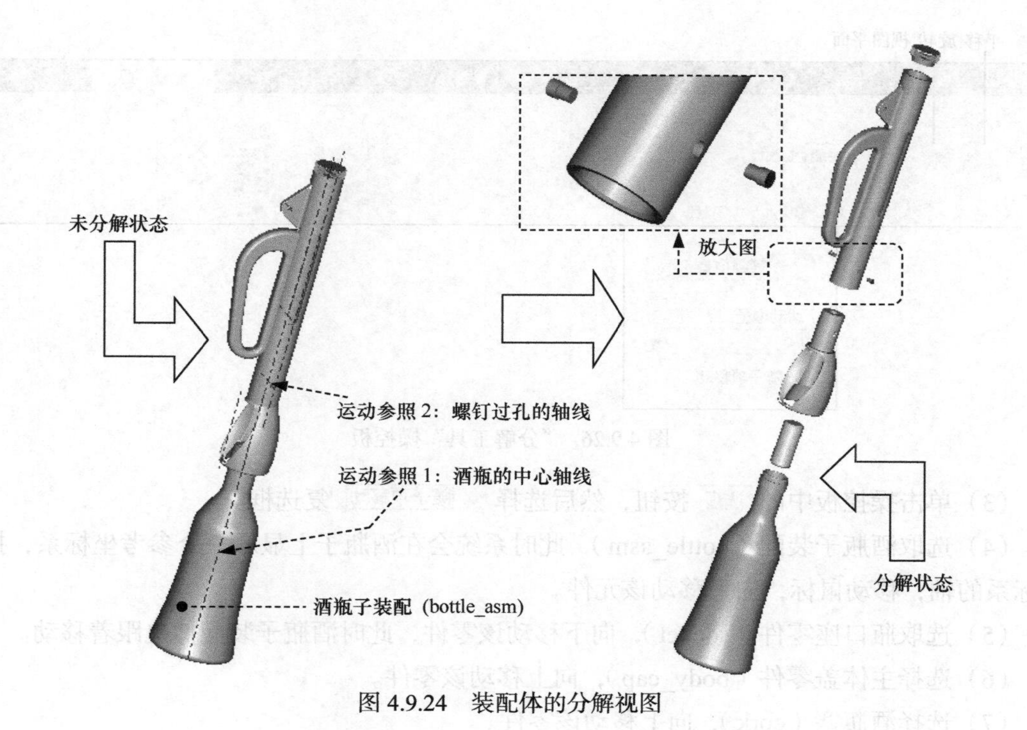

图 4.9.24 装配体的分解视图

1. 创建分解视图

下面以装配体 asm_exercise2.asm 为例，说明创建装配体的分解状态的一般操作过程。

Step1. 将工作目录设置至 D:\dbcreo8.1\work\ch04.09.05，打开文件 asm_exercise2.asm。

Step2. 选择 视图 功能选项卡 模型显示 区域 管理视图 节点下的 视图管理器 命令，在“视图管理器”对话框的 分解 选项卡中单击 新建 按钮，输入分解的名称 asm_exp1，并按 Enter 键。

Step3. 单击“视图管理器”对话框中的 属性>> 按钮，在图 4.9.25 所示的“视图管理器”对话框（一）中单击 按钮，系统弹出图 4.9.26 所示的“分解工具”操控板。

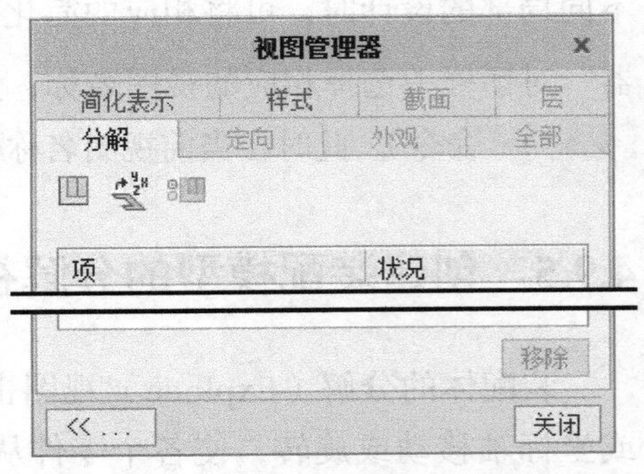

图 4.9.25 “视图管理器”对话框（一）

Step4. 定义沿运动参考 1 的平移运动。

（1）在“分解工具”操控板中单击“平移”按钮 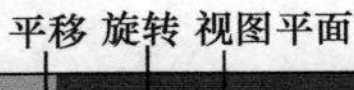。

（2）在图 4.9.26 所示的“分解工具”操控板中激活“单击此处添加项”，再选取图 4.9.24 中的酒瓶的中心轴线作为运动参考，即各零件将沿该中心线平移。

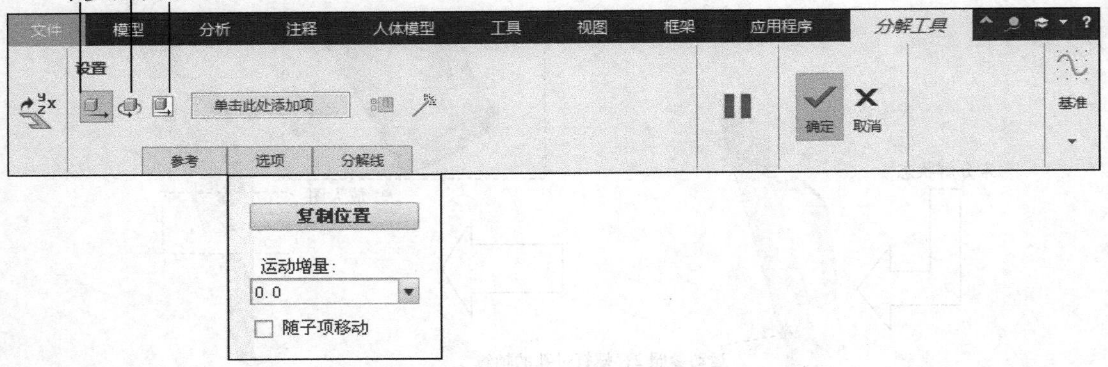

图 4.9.26 “分解工具”操控板

（3）单击操控板中的 选项 按钮，然后选择 随子项移动 复选框。

（4）选取酒瓶子装配（bottle_asm），此时系统会在酒瓶子上显示一个参考坐标系，拖动坐标系的轴，移动鼠标，向下移动该元件。

（5）选取瓶口座零件（socket），向下移动该零件，此时酒瓶子装配件也跟着移动。

（6）选择主体盖零件（body_cap），向上移动该零件。

（7）选择酒瓶塞（cork），向上移动该零件。

Step5. 定义沿运动参考 2 的平移运动。

（1）在“分解工具”操控板中单击“平移”按钮（由于前面运动也是平移运动，可省略本步操作），将原有的中心轴线移除（在操控板中右击 1个项，然后选择 移除 命令即可）。

（2）选择图 4.9.24 中的螺钉过孔的轴线作为运动参考，即两个固定螺钉将沿该轴线平移。

（3）单击操控板中的 选项 按钮，取消选中 □随子项移动 复选框。

（4）分别移动两个紧固螺钉。

（5）完成以上分解移动后，单击“分解工具”操控板中的 ✓ 按钮。

Step6. 保存分解状态。

（1）在图 4.9.27 所示的“视图管理器”对话框（二）中单击 << ... 按钮。

（2）在图 4.9.28 所示的“视图管理器”对话框（三）中依次单击 编辑 ▾ ➡ 保存... 按钮。

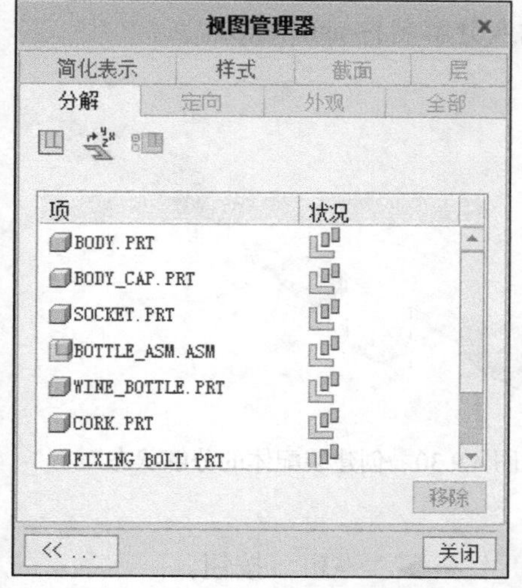

图 4.9.27 “视图管理器”对话框（二）

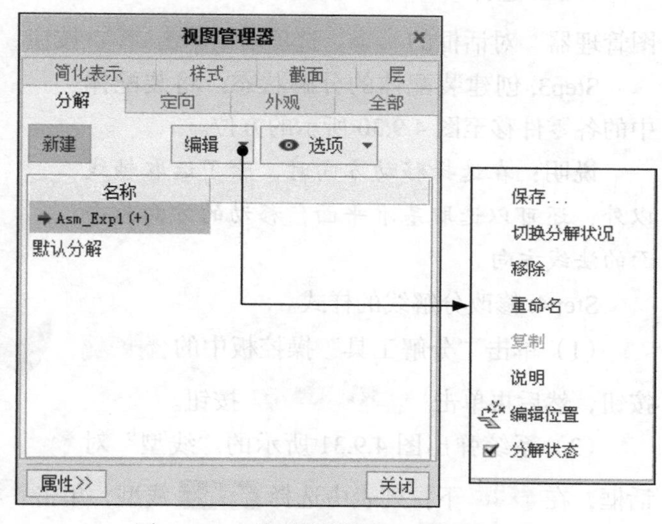

图 4.9.28 “视图管理器”对话框（三）

（3）在图 4.9.29 所示的“保存显示元素”对话框中单击 确定(O) 按钮。

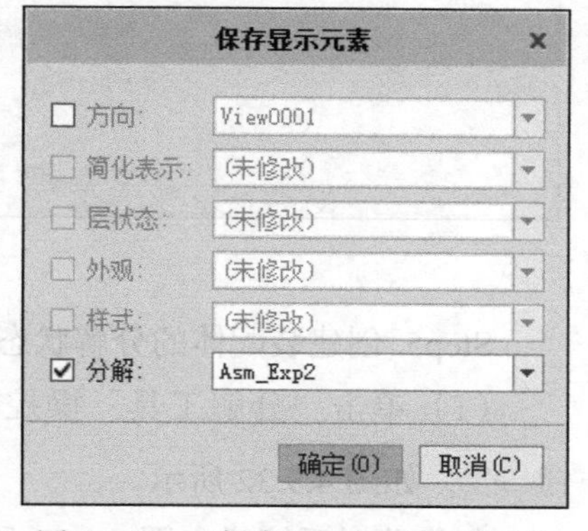

图 4.9.29 “保存显示元素”对话框

Step7. 单击“视图管理器”对话框中的 关闭 按钮。

2. 设定当前状态

用户可以为装配体创建多个分解状态，根据需要，可以将某个分解状态设置到当前工作区中。操作方法：在“视图管理器”对话框的 分解 选项卡中选择相应的视图名称，然后双击，或选中视图名称后，选择 选项 ▾ ➡ ➔激活 命令。此时在当前视图位置有一个红色箭头指示。

3. 取消分解视图的分解状态

选择 视图 功能选项卡 模型显示 区域中的 分解图 命令，可以取消分解视图的分解状态，从而回到正常状态。

4.9.6　创建分解状态的偏距线

下面以图 4.9.30 为例，说明创建偏移线的一般操作过程。

Step1. 将工作目录设置至 D:\dbcreo8.1\work\ch04.09.06，打开文件 asm_exercise2.asm。

Step2. 选择 视图 功能选项卡 模型显示 区域 管理视图 节点下的 视图管理器 命令，在“视图管理器”对话框的 分解 选项卡中单击 新建 按钮，输入分解名称 asm_exp2。

Step3. 创建装配体的分解状态。将装配体中的各零件移至图 4.9.30 所示的方位。

说明： *在选择移动方向时，除了选取轴线以外，还可以选取基准平面，移动的方向为平面的法线方向。*

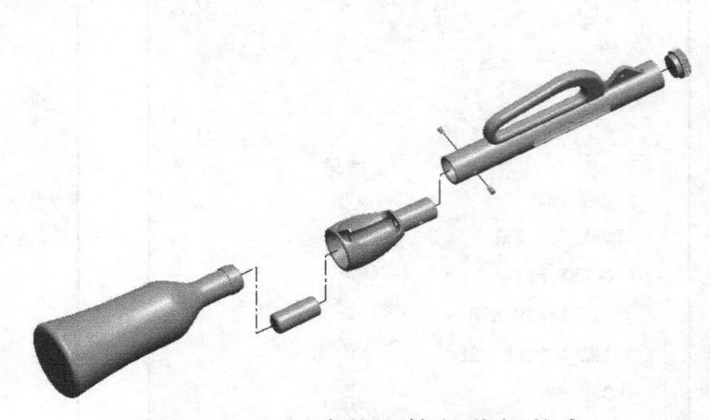

图 4.9.30　创建装配体的分解状态

Step4. 修改分解线的样式。

（1）单击“分解工具”操控板中的 分解线 按钮，然后再单击 默认线型 按钮。

（2）系统弹出图 4.9.31 所示的“线型”对话框，在 线型 下拉列表中选择 短划线 线型，单击 应用 → 关闭 按钮。

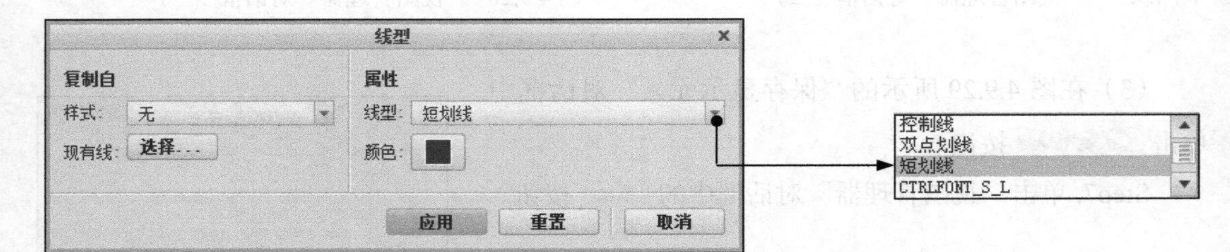

图 4.9.31　“线型”对话框

Step5. 创建装配体的分解状态的偏移线。

（1）单击“分解工具”操控板中的 分解线 按钮，然后再单击“创建修饰偏移线”按钮 ，如图 4.9.32 所示。

（2）此时系统弹出图 4.9.33 所示的“修饰偏移线”对话框，在智能选取栏中选择 轴。

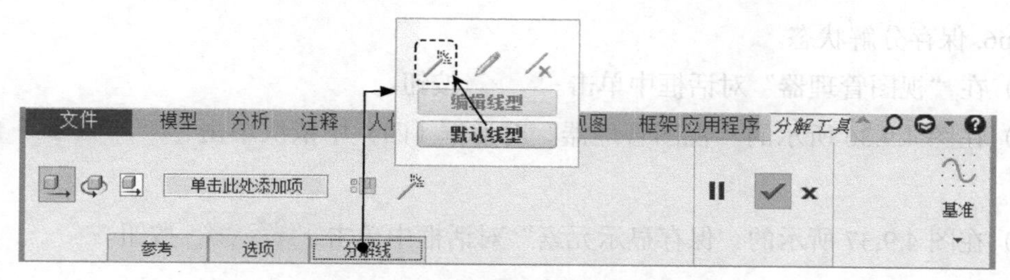

图 4.9.32 “分解工具”操控板

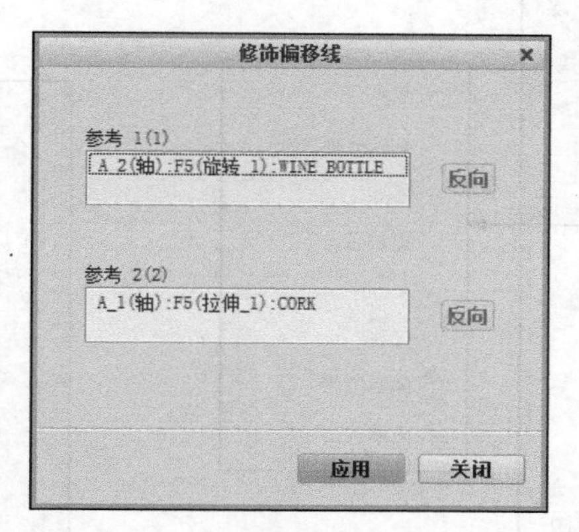

图 4.9.33 “修饰偏移线”对话框

（3）分别选择图 4.9.34 所示的两条轴线，单击 应用 按钮。

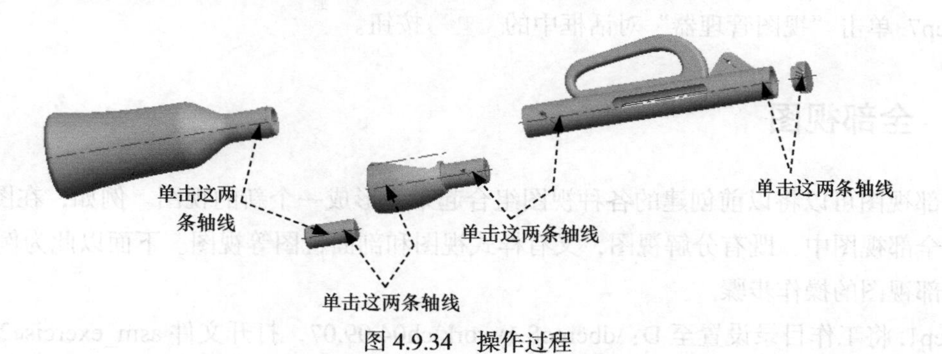

图 4.9.34 操作过程

（4）完成同样的四次操作后，单击 关闭 按钮。

（5）完成以上分解状态后，单击“分解工具”操控板中的 ✓ 按钮。

注意：选取轴线时，在轴线上单击的位置不同，会出现不同的结果，如图 4.9.35 所示。

图 4.9.35 不同的结果对比

Step6. 保存分解状态。

（1）在“视图管理器”对话框中单击 << ... 按钮。

（2）在图 4.9.36 所示的“视图管理器”对话框（四）中依次单击 编辑 ▾ ➡ 保存... 按钮。

（3）在图 4.9.37 所示的“保存显示元素”对话框中单击 确定(O) 按钮。

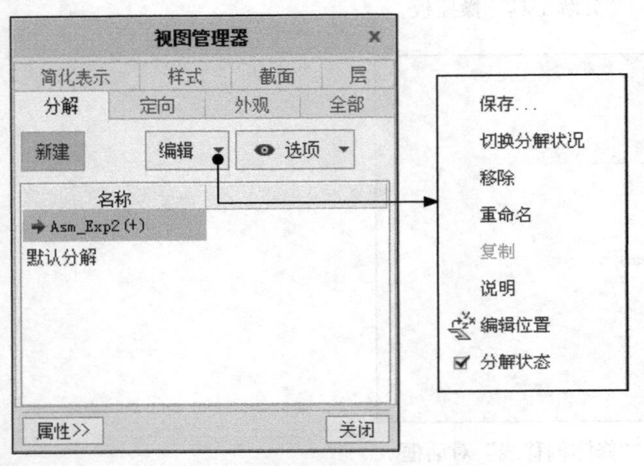

图 4.9.36 “视图管理器”对话框（四）

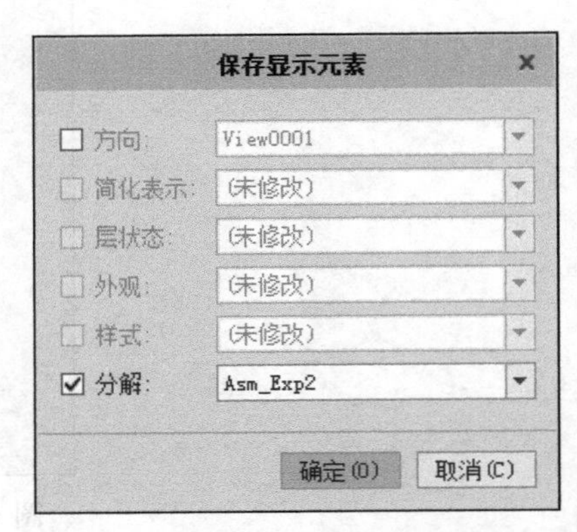

图 4.9.37 “保存显示元素”对话框

Step7. 单击“视图管理器”对话框中的 关闭 按钮。

4.9.7 全部视图

全部视图可以将以前创建的各种视图组合起来，形成一个新的视图。例如，在图 4.9.38 所示的全部视图中，既有分解视图，又有样式视图和剖面视图等视图。下面以此为例，说明创建全部视图的操作步骤。

Step1. 将工作目录设置至 D:\dbcreo8.1\work\ch04.09.07，打开文件 asm_exercise2.asm。

Step2. 选择 视图 功能选项卡 模型显示 区域 管理视图 节点下的 视图管理器 命令，在“视图管理器”对话框的 全部 选项卡中单击 新建 按钮，组合视图名称为默认的 Comb0001，并按 Enter 键。

Step3. 如果系统弹出图 4.9.39 所示的“新建显示状态”对话框，则单击 参考原件 按钮。

Step4. 在“视图管理器”对话框中选择 编辑 ▾ ➡ 重新定义 命令。

Step5. 在“组合视图”对话框中，分别在定向视图、简化视图和样式视图等列表中选择要组合的视图，各视图名称和设置如图 4.9.40 所示。

Step6. 单击 确定 按钮，在“视图管理器”对话框中单击 关闭 按钮。

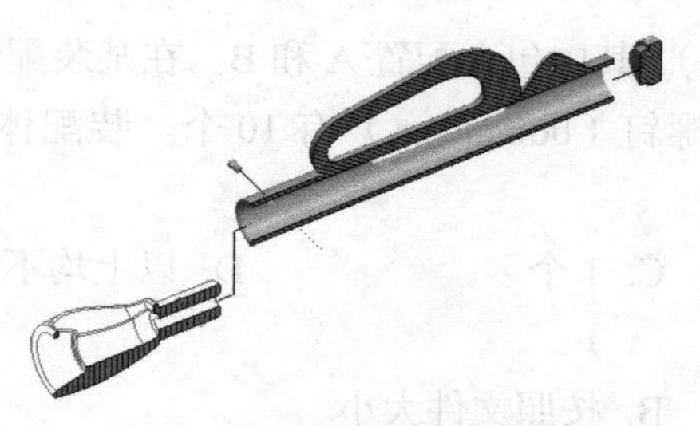

图 4.9.38 模型的组合视图

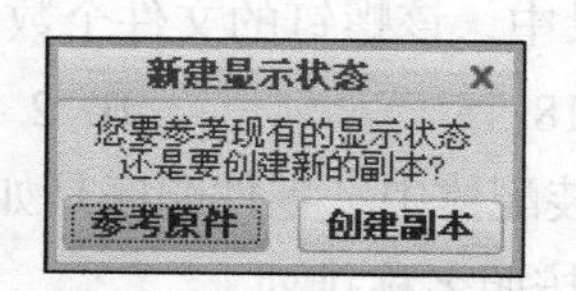

图 4.9.39 “新建显示状态”对话框

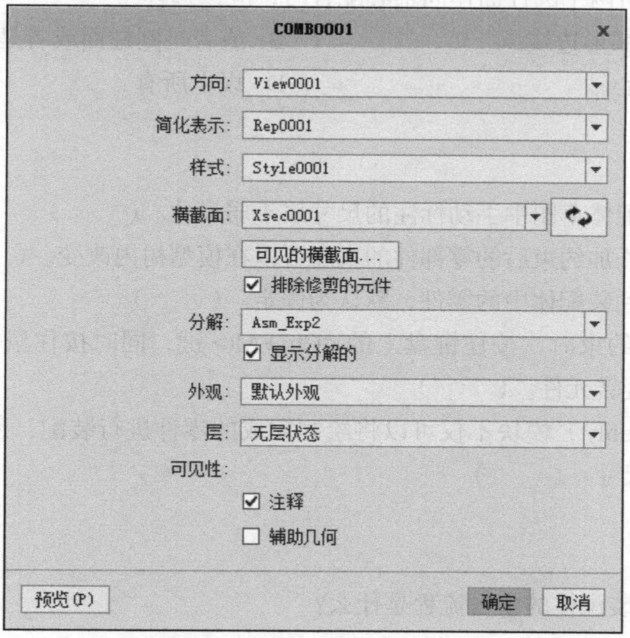

COMBO0001
方向: View0001
简化表示: Rep0001
样式: Style0001
横截面: Xsec0001
可见的横截面...
☑ 排除修剪的元件
分解: Asm_Exp2
☑ 显示分解的
外观: 默认外观
层: 无层状态
可见性:
☑ 注释
☐ 辅助几何
预览(P) 确定 取消

图 4.9.40 “组合视图”对话框

4.10 习 题

一、选择题

1. 识别约束类型图标 [图标] (   )。

A. 距离　　B. 重合　　C. 共面　　D. 平行

2. 在装入零件到装配体中时，第一个装入的零件会默认为固定。回答以下两个问题：这个固定零件可以改为可移动吗？其他的零件也可以设定为固定吗？（   ）

A. 可以，可以　　B. 可以，不可以

C. 不可以，不可以　　D. 以上说法均不正确

3. 螺钉（bolt.sldprt）有若干个配置（规格），其中包含配置 A 和 B。在某装配体中，配置 A 的螺钉（bolt.sldprt）有 8 个，配置 B 的螺钉（bolt.sldprt）有 10 个。装配体保存后，在其目录中，该螺钉的文件个数是（ ）。

A. 18 个 B. 2 个 C. 1 个 D. 以上均不正确

4. 装配体中，零件顺序是如何确定的？（ ）

A. 按照名称排列 B. 按照文件大小

C. 按照装配顺序 D. 以上均不正确

5. 在装配体中对两个圆柱面作同轴心配合时，应该选择（ ）。

A. 圆柱端面的圆形边线 B. 或者是圆柱面或者是圆形边线

C. 通过圆柱中心轴 D. 以上所有

二、判断题

1. 在零件和装配体草图中手动标注的尺寸属于弱尺寸。（ ）

2. 在装配体中添加约束后的零部件的次序可以在模型树内改变。（ ）

3. 第一个放入到装配体中的零件，默认为固定。（ ）

4. 在添加元件约束时，按住键盘上的 <Ctrl+Alt> 键，同时按住鼠标右键并拖动鼠标，可以在视图平面内旋转元件。（ ）

5. 装配（Assembly）模块不仅可以将绘制完成的零件进行装配，还可以直接建立新的特征或修改零件的尺寸。（ ）

三、简答题

使用 Creo 建立装配体的主要流程是什么？

四、装配题

1. 轴与轴套的装配

将工作目录设置至 D: \dbcreo8.1\work\ch04.10.01。将零件 bush.prt 和 shaft.prt 装配起来，如图 4.10.1b 所示。

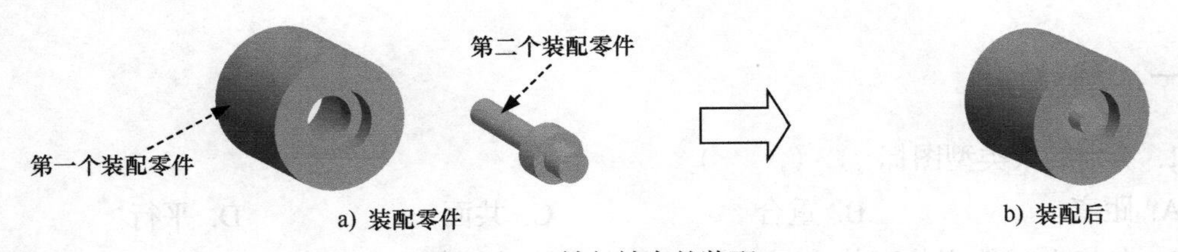

图 4.10.1 轴与轴套的装配

2. 螺栓与垫圈的装配

将工作目录设置至 D: \dbcreo8.1\work\ch04.10.02。将零件 bolt.prt 和 washer.prt 装配起来，如图 4.10.2b 所示。

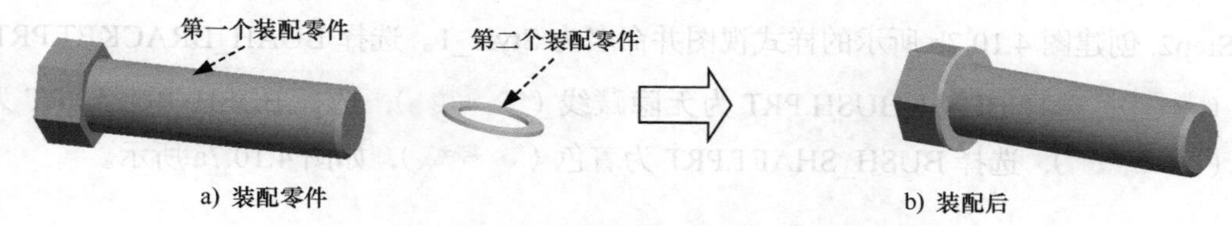

图 4.10.2 螺栓与垫圈的装配

3. 机座与轴套的装配

Step1. 将工作目录设置至 D: \dbcreo8.1\work\ch04.10.03。如图 4.10.3a 所示，要求将零件 bush_bracket.prt 和 bush_bush.prt 装配起来，装配结果如图 4.10.3b 所示。

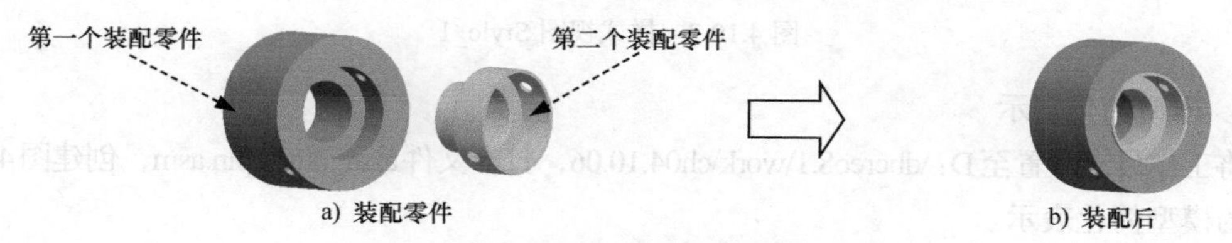

图 4.10.3 机座与轴套的装配

Step2. 建立第一个和第二个装配约束，如图 4.10.4 所示；在操控板中单击“放置”按钮，系统弹出“放置”界面，取消选中 ▢允许假设 复选框，并建立图 4.10.5 所示的两条轴线“重合”约束。

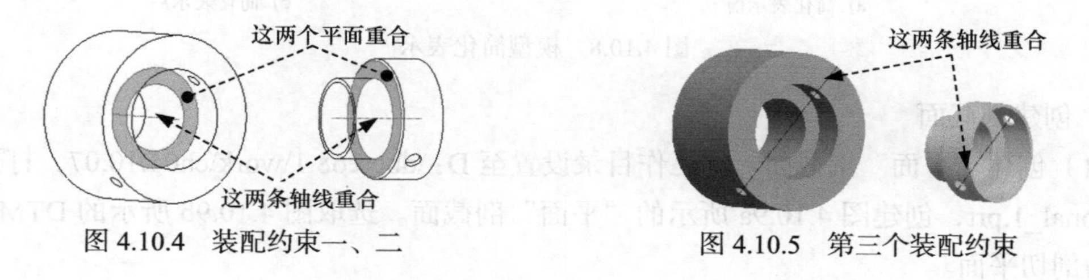

图 4.10.4 装配约束一、二　　图 4.10.5 第三个装配约束

4. 创建定向视图

将工作目录设置至 D: \dbcreo8.1\work\ch04.10.04，打开文件 asm_bush_pin.asm。创建图 4.10.6b 所示的定向视图，并命名为 View_1。

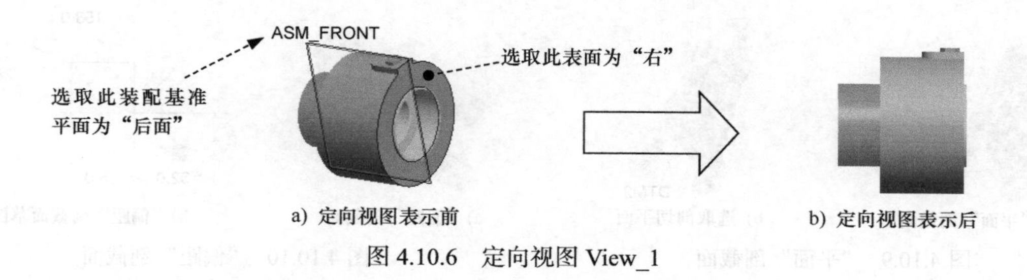

图 4.10.6 定向视图 View_1

5. 创建样式视图

Step1. 将工作目录设置至 D: \dbcreo8.1\work\ch04.10.05，打开文件 asm_bush_pin.asm。

Step2. 创建图 4.10.7b 所示的样式视图并命名为 Style_1。选择 BUAH_BRACKET.PRT 为遮蔽（遮蔽），选择 BUSH_BUSH.PRT 为无隐藏线（消隐），选择 BUSH_BOLT.PRT 为隐藏线（隐藏线），选择 BUSH_SHAFT.PRT 为着色（着色），如图 4.10.7a 所示。

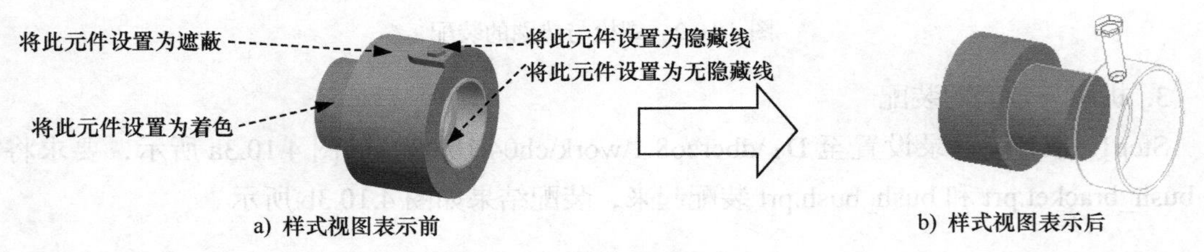

a）样式视图表示前　　b）样式视图表示后

图 4.10.7　样式视图 Style_1

6. 模型简化表示

将工作目录设置至 D:\dbcreo8.1\work\ch04.10.06，打开文件 asm_bush_pin.asm，创建图 4.10.8b 所示的模型简化表示。

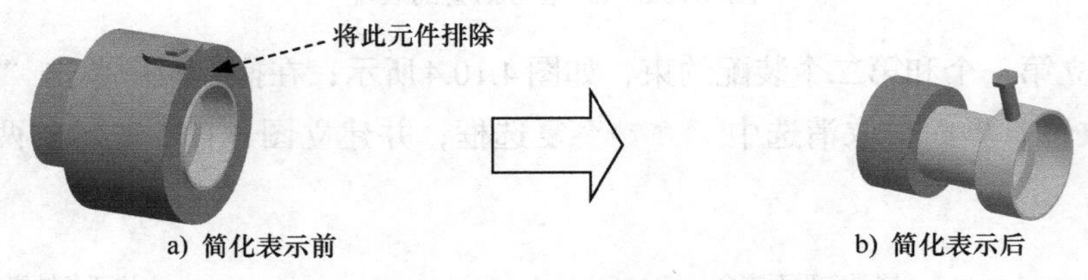

a）简化表示前　　b）简化表示后

图 4.10.8　模型简化表示

7. 创建剖截面

（1）创建“平面”剖截面。将工作目录设置至 D:\dbcreo8.1\work\ch04.10.07，打开文件 directional_1.prt，创建图 4.10.9a 所示的“平面”剖截面。选取图 4.10.9b 所示的 DTM2 基准平面为剖切平面。

（2）创建“偏距”剖截面。将工作目录设置至 D:\dbcreo8.1\work\ch04.10.07，打开文件 directional_2.prt，创建图 4.10.10a 所示的“偏距”剖截面。偏距剖截面草图如图 4.10.10b 所示。

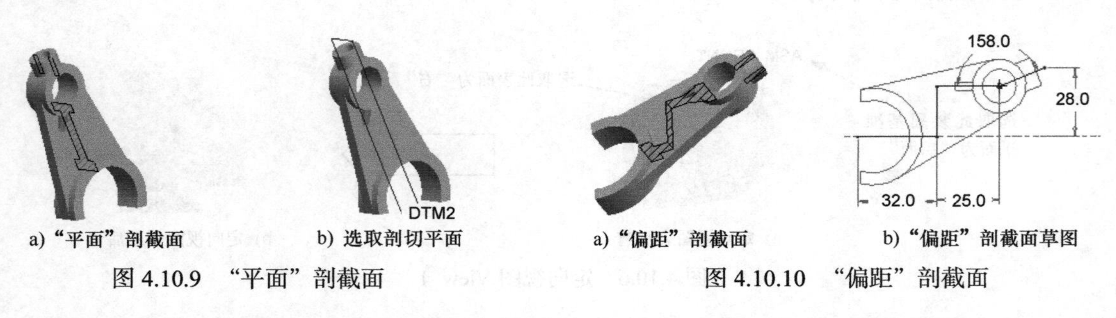

a）“平面”剖截面　　b）选取剖切平面　　a）“偏距”剖截面　　b）“偏距”剖截面草图

图 4.10.9　“平面”剖截面　　图 4.10.10　“偏距”剖截面

（3）创建装配剖截面。将工作目录设置至 D:\dbcreo8.1\work\ch04.10.07，打开文件 asm_bush_pin.asm，创建图 4.10.11a 所示的装配剖截面，选取图 4.10.11b 所示的 ASM_

RIGHT 基准平面为剖切平面。

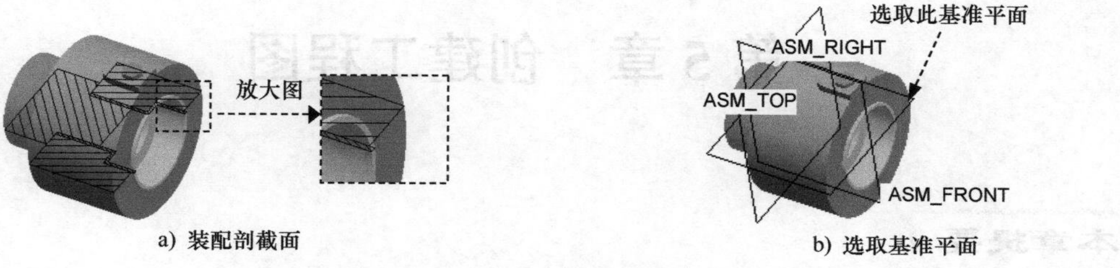

a) 装配剖截面　　b) 选取基准平面

图 4.10.11　装配剖截面

8. 装配模型的分解

将工作目录设置至 D:\dbcreo8.1\work\ch04.10.08，打开文件 asm_bush_pin.asm，创建图 4.10.12a 所示的装配体的分解状态，选取的运动参照如图 4.10.12b 所示。

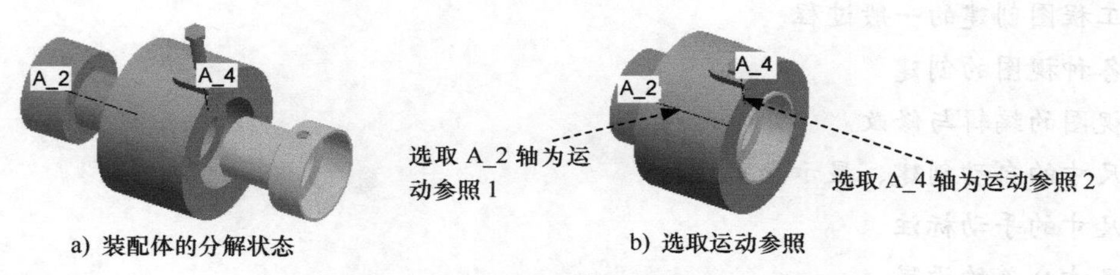

a) 装配体的分解状态　　b) 选取运动参照

图 4.10.12　装配模型的分解

第 5 章　创建工程图

本章提要

在产品的研发、设计、制造等过程中，各类参与者需要经常进行交流和沟通，工程图则是常用的交流工具，因而工程图制作是产品设计过程中的重要环节。本章将介绍工程图模块的基本知识，包括以下内容：

- 工程图环境中的菜单命令简介
- 工程图创建的一般过程
- 各种视图的创建
- 视图的编辑与修改
- 尺寸的自动创建、显示和拭除
- 尺寸的手动标注
- 尺寸公差的设置
- 基准的创建，几何公差的标注
- 表面粗糙度的标注
- 在工程图里建立注释，书写技术要求

5.1　Creo 8.0 工程图概述

使用 Creo 的工程图模块，可创建 Creo 三维模型的工程图，可以用注解来注释工程图、处理尺寸，以及使用层来管理不同项目的显示。工程图中的所有视图都是相关的，如改变一个视图中的尺寸值，系统就相应地更新其他工程图视图。

工程图模块还支持多个页面，允许定制带有草绘几何的工程图、定制工程图格式等。另外，还可以利用有关接口命令，将工程图文件输出到其他系统，或将文件从其他系统输入到工程图模块中。

工程图环境中的菜单简介。

（1）“布局”选项区域中的命令主要是用来设置绘图模型、模型视图的放置以及视图的线型显示等，如图 5.1.1 所示。

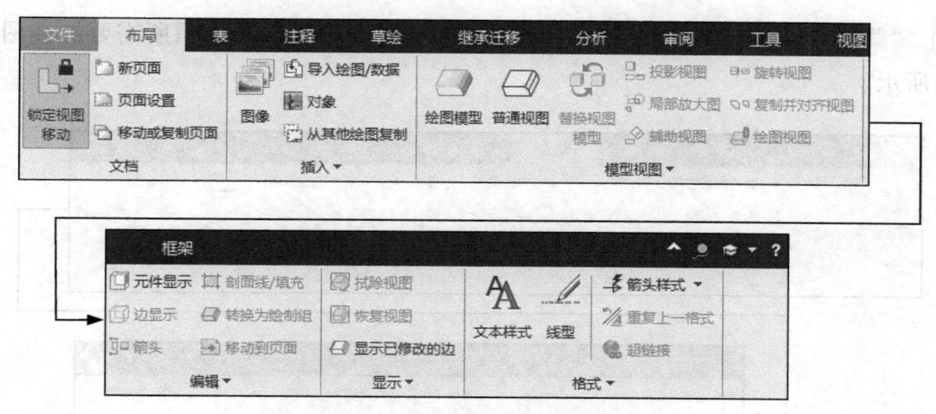

图 5.1.1　“布局”选项区域

（2）“表”选项区域中的命令主要是用来创建、编辑表格等，如图 5.1.2 所示。

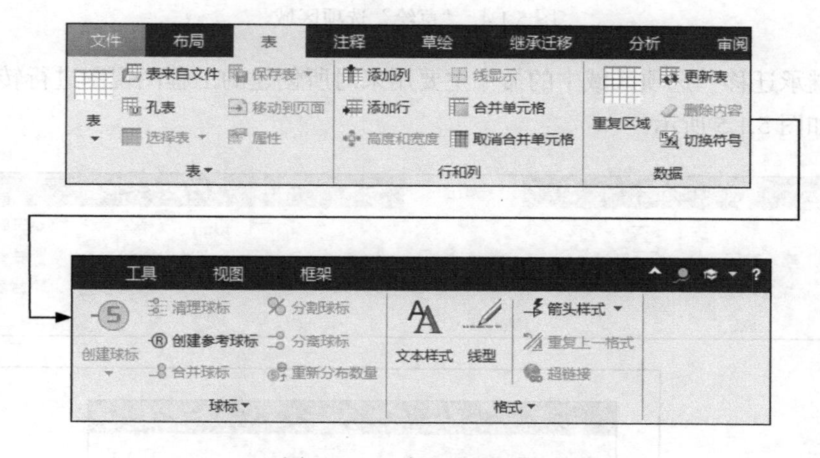

图 5.1.2　“表”选项区域

（3）“注释”选项区域中的命令主要是用来添加尺寸及文本注释等，如图 5.1.3 所示。

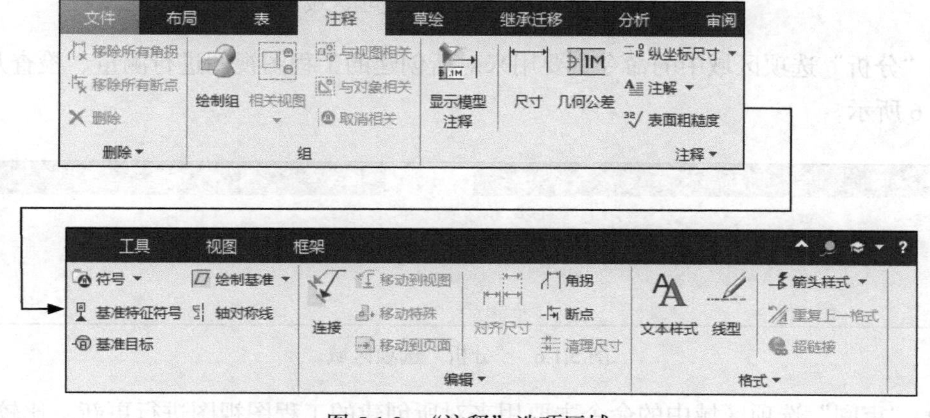

图 5.1.3　“注释”选项区域

（4）“草绘”选项区域中的命令主要用来在工程图中绘制及编辑所需要的视图等，如图 5.1.4 所示。

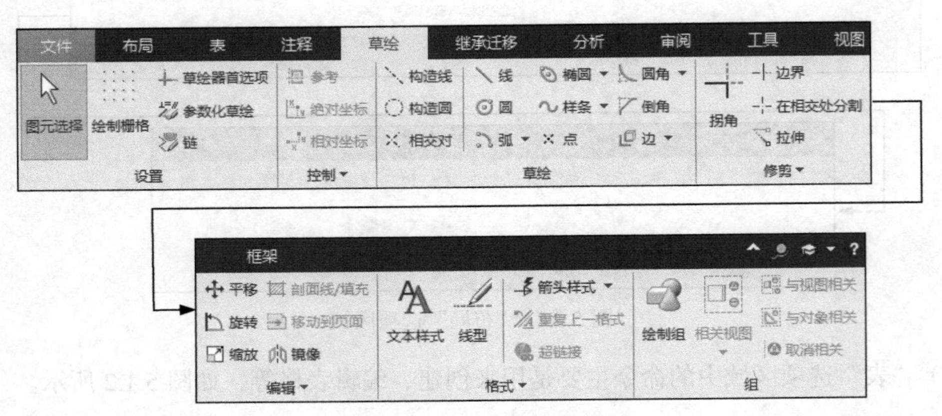

图 5.1.4　“草绘”选项区域

（5）“继承迁移”选项区域中的命令主要用来对所创建的工程图视图进行转换、创建匹配符号等，如图 5.1.5 所示。

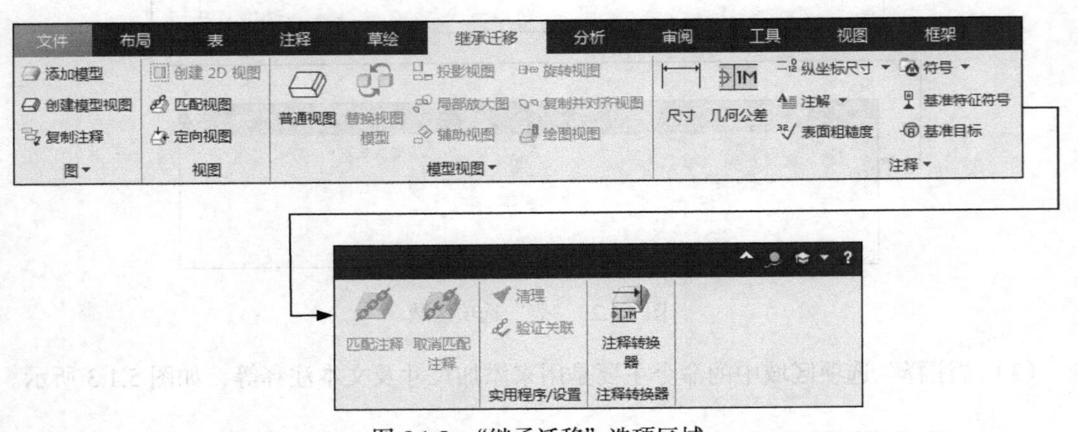

图 5.1.5　“继承迁移”选项区域

（6）“分析”选项区域中的命令主要用来对所创建的工程图视图进行测量、检查几何等，如图 5.1.6 所示。

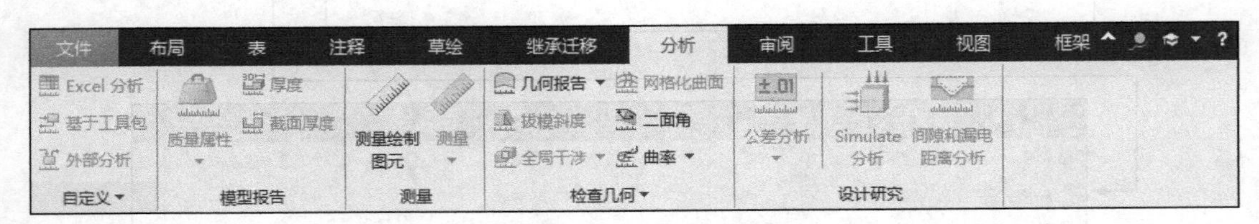

图 5.1.6　“分析”选项区域

（7）“审阅”选项区域中的命令主要用来对所创建的工程图视图进行更新、比较等，如图 5.1.7 所示。

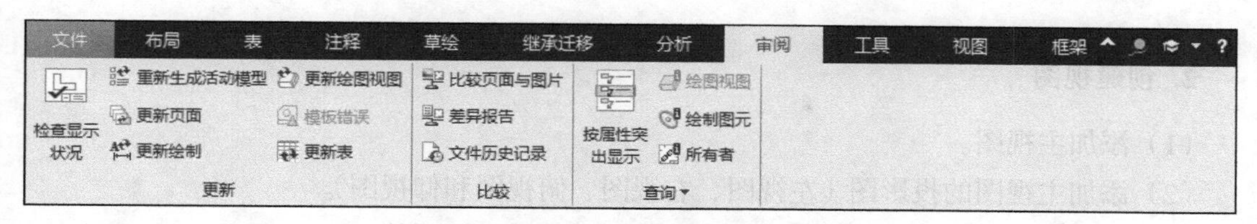

图 5.1.7　“审阅”选项区域

（8）“工具”选项区域中的命令主要是用来对工程图进行调查、参数化设置等操作，如图 5.1.8 所示。

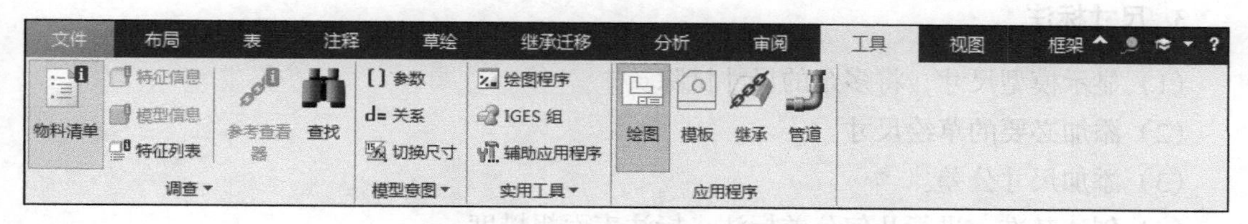

图 5.1.8　“工具”选项区域

（9）“视图”选项区域中的命令主要是用来对创建的工程图进行可见性、模型显示等操作，如图 5.1.9 所示。

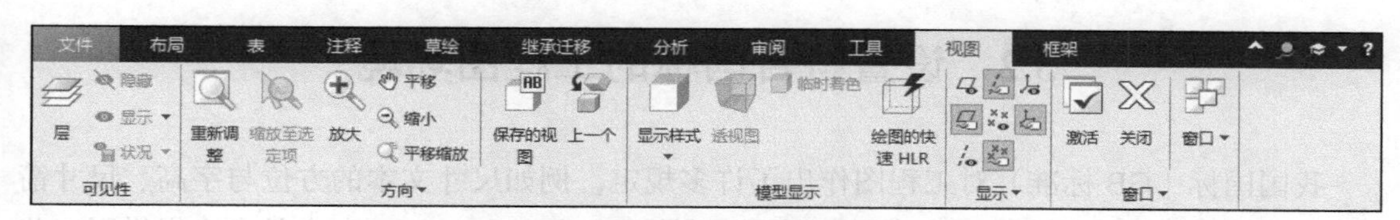

图 5.1.9　“视图”选项区域

（10）“框架”选项区域中的命令主要是用来辅助创建视图、尺寸和表格等，如图 5.1.10 所示。

图 5.1.10　“框架”选项区域

创建工程图的一般过程如下。

1. 通过新建一个工程图文件，进入工程图模块环境

（1）选择“新建”命令或按钮。

（2）选择“绘图”（即工程图）文件类型。

（3）输入文件名称，选择工程图模型及工程图图框格式或模板。

2. 创建视图

（1）添加主视图。

（2）添加主视图的投影图（左视图、右视图、俯视图和仰视图）。

（3）如有必要，可添加详细视图（即放大图）和辅助视图等。

（4）利用“视图移动”命令，调整视图的位置。

（5）设置视图的显示模式，如视图中不可见的孔，可进行消隐或用虚线显示。

3. 尺寸标注

（1）显示模型尺寸，将多余的尺寸拭除。

（2）添加必要的草绘尺寸。

（3）添加尺寸公差。

（4）创建基准，进行几何公差标注，标注表面粗糙度。

注意：Creo 软件的中文简化汉字版和有些参考书中将 Drawing 翻译成“绘图”，本书则一概翻译成“工程图”。

5.2　设置符合国标的工程图环境

我国国标（GB 标准）对工程图作出了许多规定，例如尺寸文本的方位与字高、尺寸箭头的大小等都有明确的规定。本书随书学习资源的 Creo 8.0_system_file 文件夹中提供了一些支持 Creo 软件的系统文件，这些系统文件中的配置可以使创建的工程图基本符合我国国标。请读者按下面的方法将这些文件复制到指定目录，并对其进行有关设置。

Step1. 将随书学习资源中的 Creo 8.0_system_file 文件夹复制到 C 盘中。

Step2. 假设 Creo 8.0 软件被安装在 C：\Program Files 目录中，将随书学习资源 Creo 8.0_system_file 文件夹中的 config.pro 文件复制到 Creo 安装目录中的 \text 文件夹下面，即 C：\Program Files\Creo 8.0\text 中。

Step3. 启动 Creo 8.0。注意如果在进行上述操作前已经启动了 Creo，应先退出 Creo，然后再次启动 Creo。

Step4. 选择“文件”下拉菜中的 文件 → 选项 命令，在系统弹出的“Creo Parametric 选项”对话框中选择 配置编辑器 选项，即可进入软件环境设置界面，如图 5.2.1 所示。

Step5. 设置配置文件 config.pro 中的相关选项的值，如图 5.2.1 所示。

（1）drawing_setup_file 的值设置为 C：\Creo 8.0_system_file\drawing.dtl。

（2）format_setup_file 的值设置为 C：\Creo 8.0_system_file\format.dtl。

（3）pro_format_dir 的值设置为 C：\Creo 8.0_system_file\GB_format。

（4）template_designasm 的值设置为 C：\Creo 8.0_system_file\temeplate\asm_start.asm。

（5）template_drawing 的值设置为 C：\Creo 8.0_system_file\temeplate\draw.drw。

（6）template_sheetmetalpart 的值设置为 C：\Creo 8.0_system_file\temeplate\sheetstart.prt。

（7）template_solidpart 的值设置为 C：\Creo 8.0_system_file\temeplate\start.prt。

Step6. 把设置加到工作环境中。在图 5.2.1 所示的“配置编辑器”设置界面中单击 确定 按钮。

Step7. 退出 Creo，再次启动 Creo，系统新的配置即可生效。

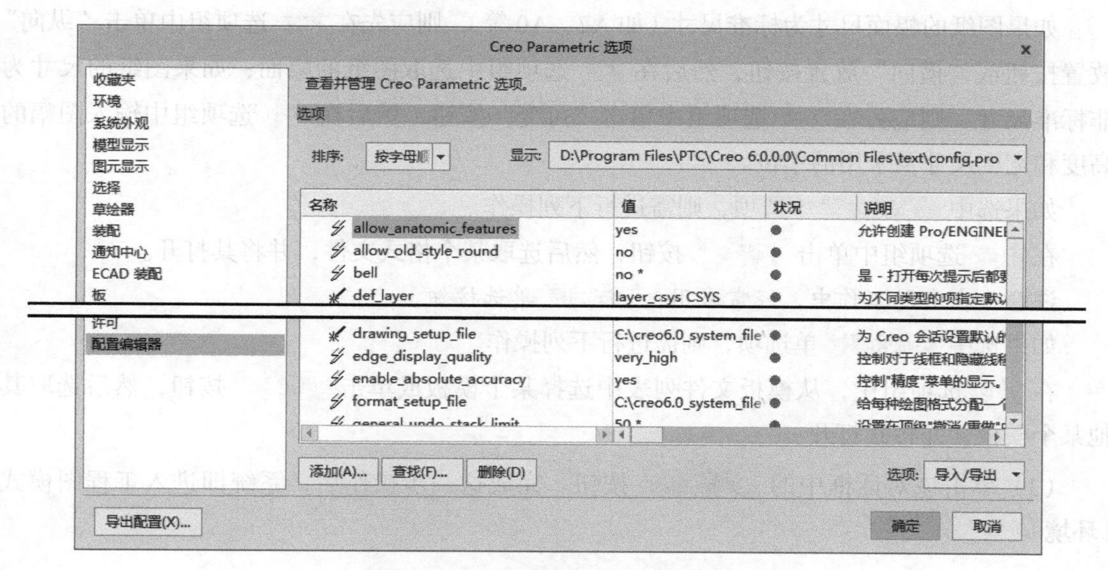

图 5.2.1　“配置编辑器”设置界面

5.3　新建工程图

Step1. 在工具栏中单击“新建”按钮 。

Step2. 选取文件类型，输入文件名，取消选中 使用默认模板 复选框，在系统弹出的文件“新建”对话框中进行下列操作。

（1）选择 类型 选项组中的 绘图 单选项。

注意：在这里不要将“草绘”和“绘图”两个概念相混淆。

（2）在 名称 文本框中输入工程图的文件名，例如 body_drw。

（3）取消 使用默认模板 中的“√”号，不使用默认的模板。

（4）单击该对话框中的 确定 按钮。

Step3. 选取适当的工程图模板或图框格式。在系统弹出的“新建绘图”对话框中进行下列操作。

（1）在“默认模型”选项组中选取要对其生成工程图的零件或装配模型。一般系统会自动选取当前活动的模型，如果要选取活动模型以外的模型，请单击 浏览... 按钮，然后选取模型文件，并将其打开。

（2）在 指定模板 选项组中选取工程图模板。该区域下有三个选项。

- 使用模板：创建工程图时，使用某个工程图模板。
- 格式为空：不使用模板，但使用某个图框格式。
- 空：既不使用模板，也不使用图框格式。

如果图纸的幅面尺寸为标准尺寸（如 A2、A0 等），则应先在 方向 选项组中单击“纵向”放置按钮或“横向”放置按钮，然后在 大小 选项组中选取图纸的幅面；如果图纸的尺寸为非标准尺寸，则应先在 方向 选项组中单击“可变”按钮，然后在 大小 选项组中输入图幅的高度和宽度尺寸及采用的单位。

如果选中 格式为空 单选项，则需进行下列操作。

在 格式 选项组中单击 浏览... 按钮，然后选取某个格式文件，并将其打开。

注意：在实际工作中，经常采用 格式为空 单选按钮。

如果选中 使用模板 单选项，则需进行下列操作。

在 模板 选项组中，从模板文件列表中选择某个模板或单击 浏览... 按钮，然后选取其他某个模板，并将其打开。

（3）单击该对话框中的 确定(O) 按钮。完成这一步操作后，系统即进入工程图模式（环境）。

5.4 视图创建与编辑

5.4.1 创建基本视图

图 5.4.1 所示为 body.prt 零件模型的工程图，本节先介绍其中的两个基本视图——主视图和投影侧视图的一般创建过程。

1. 创建主视图

下面介绍如何创建 body.prt 零件模型主视图，如图 5.4.2 所示，操作步骤如下。

Step1. 设置工作目录。选择下拉菜单 文件 → 管理会话(M) → 选择工作目录(W) 命令，将工作目录设置至 D:\dbcreo8.1\work\ch05.04。

Step2. 在工具栏中单击“新建”按钮；按照 5.3 节“新建工程图”中的操作步骤，选择三维模型 down_base.prt 为绘图模型，本例选用“空”模板，图纸大小选用 A3，单击“新建绘图”对话框中的 确定(0) 按钮，进入工程图模块。

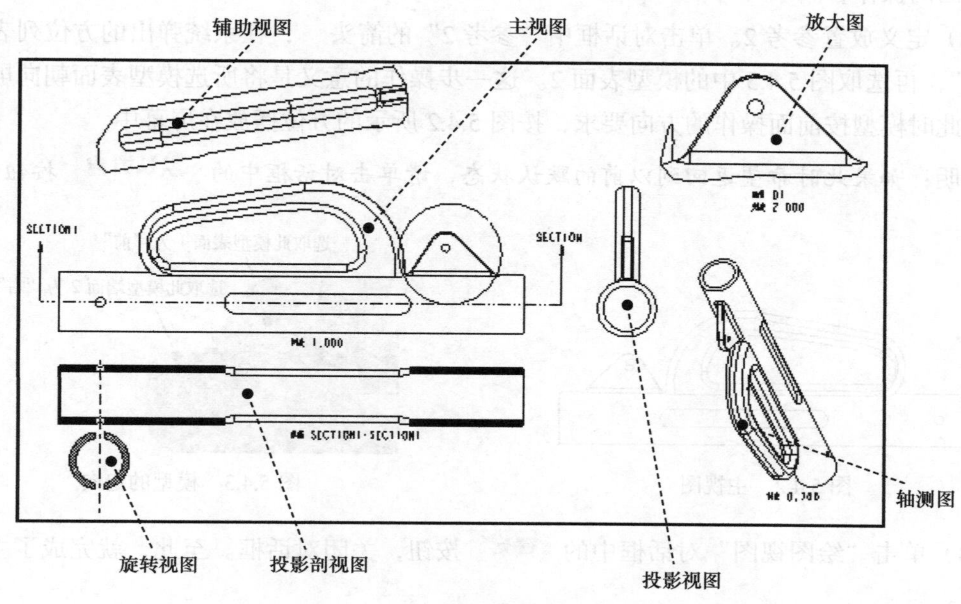

图 5.4.1 各种视图

Step3. 使用命令。在绘图区中右击，在系统弹出的快捷菜单中选择 普通视图(E) 命令。

注意： 在选择 普通视图(E) 命令后，系统会弹出“选择组合状态”对话框，直接单击 确定(0) 按钮即可，不影响后序的操作。

说明：

(1) 还有一种进入“普通视图”命令的方法，就是在工具栏区选择 布局 ➡ 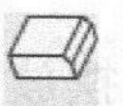 普通视图 命令。

(2) 如果在“新建绘图”对话框中没有默认模型，也没有选取模型，那么在执行 普通视图(E) 命令后，系统会弹出一个“打开”文件对话框，让用户选择一个三维模型来创建其工程图。

Step4. 在系统 ➪选择绘图视图的中心点. 的提示下，在屏幕图形区选取一点。此时绘图区会出现系统默认方向的零件斜轴测图，并弹出“绘图视图”对话框。

Step5. 定向视图。视图的定向一般采用下面两种方法。

方法一：采用参考进行定向

(1) 定义放置参考 1。

① 在“绘图视图”对话框中单击“类别”下的“视图类型”标签，在其选项卡界面的 视图方向 选项组中选中 选择定向方法 中的 ◉ 几何参考 。

② 单击对话框中“参考 1”旁的箭头 ▾，在系统弹出的方位列表中选择“前”选项，

再选择图 5.4.3 中的模型表面 1。这一步操作的意义是使所选模型表面朝向前面，即与屏幕平行且面向操作者。

（2）定义放置参考 2。单击对话框中“参考 2”的箭头 ▾，在系统弹出的方位列表中选择“右”，再选取图 5.4.3 中的模型表面 2。这一步操作的意义是将所选模型表面朝向屏幕的右部。此时模型按前面操作的方向要求，按图 5.4.2 所示的方位摆放在屏幕中。

说明： 如果此时希望返回到以前的默认状态，请单击对话框中的 默认方向 按钮。

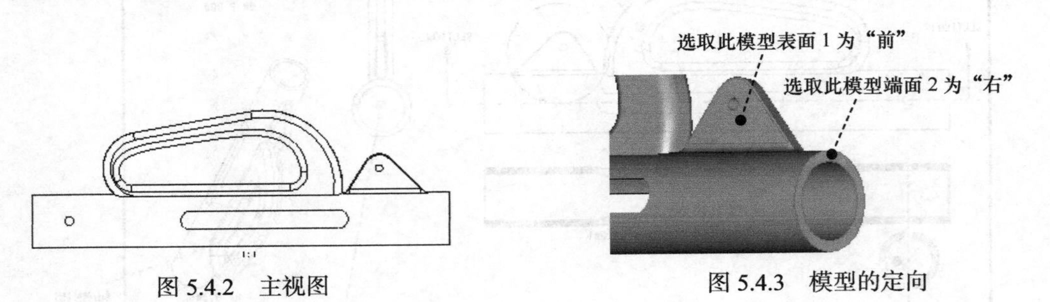

图 5.4.2　主视图　　图 5.4.3　模型的定向

（3）单击“绘图视图”对话框中的 确定 按钮，关闭对话框。至此，就完成了主视图的创建。

方法二：采用已保存的视图方位进行定向

先介绍以下预备知识。

在模型的零件或装配环境中，可以很容易地将模型摆放在工程图视图所需要的方位。

（1）选择 视图 功能选项卡 模型显示 区域 管理视图 节点下的 视图管理器 命令，系统弹出“视图管理器“对话框，在 定向 选项卡中单击 新建 按钮，并命名新建视图为”V1”，然后选择 编辑 ▾ ➡ 重新定义 命令。

（2）系统弹出“视图”对话框，可以按照方法一中同样的操作步骤将模型在空间摆放好，然后单击 确定 ➡ 关闭 按钮。

（3）在模型的零件或装配环境中保存了视图 V1 后，就可以在工程图环境中用第二种方法定向视图。操作方法：在“绘图视图”对话框中找到视图名称 V1，则系统即按 V1 的方位定向视图，单击 应用 按钮。

（4）在“绘图视图”对话框中选择 类别 选项组中的 比例 选项卡，选中 ◉ 自定义比例 单选项，并输入比例值 1.0。

（5）单击“绘图视图”对话框中的 确定 按钮，关闭对话框。至此，就完成了主视图的创建。

2. 创建投影图

在 Creo 8.0 中，可以创建投影视图，投影视图包括右视图、左视图、俯视图和仰视图。下面以创建左视图为例，说明创建这类视图的一般操作步骤。

Step1. 选择图 5.4.4 所示的主视图，然后右击，在系统弹出的快捷菜单中选择 投影视图(P) 命令。

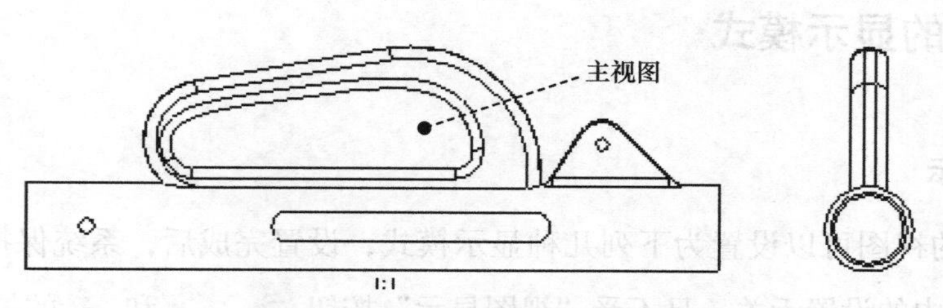

图 5.4.4　创建投影视图

说明：还有一种进入“投影视图”命令的方法，就是在工具栏区选择 布局 ➡ 投影 命令。利用这种方法创建投影视图，必须先单击选中其父视图。

Step2. 在系统 选择绘图视图的中心点. 的提示下，在图形区的主视图的右部任意选择一点，系统自动创建左视图，如图 5.4.4 所示。如果在主视图的左边任意选择一点，则会产生右视图（本例视图为按下 按钮显示的状态）。

5.4.2　移动视图与锁定视图移动

在创建完主视图和左视图后，如果它们在图样上的位置不合适、视图间距太紧或太松，用户可以移动视图，操作方法如图 5.4.5 所示（如果移动的视图有子视图，则子视图也随着移动）。如果视图被锁定了，就不能移动视图，只有取消锁定后才能移动。

如果视图位置已经调整好，可启动“锁定视图移动”功能，禁止视图的移动。操作方法：在绘图区的空白处右击，在系统弹出的快捷菜单中选择 锁定视图移动 命令。如果要取消“锁定视图移动”，可再次选择该命令，将视图移动功能解除锁定。

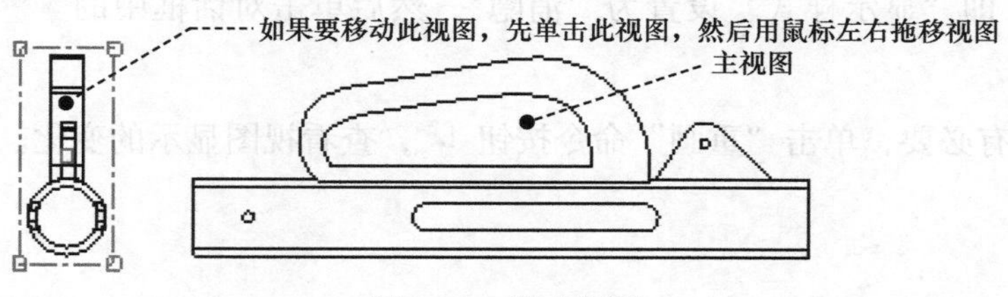

图 5.4.5　移动视图

5.4.3　删除视图

要将某个视图删除，可先选择该视图，然后右击，在系统弹出的快捷菜单中选择 删除(D) 命令。注意：当要删除一个带有子视图的视图时，系统会弹出提示窗口，要求确认是否删除该视图，此时若选择“是”，就会将该视图的所有子视图连同该视图一并删除，因此在删除带有子视图的视图时，务必注意这一点。

5.4.4 视图的显示模式

1. 视图显示

工程图中的视图可以设置为下列几种显示模式，设置完成后，系统保持这种设置而与“环境”对话框中的设置无关，且不受“视图显示”按钮 、 和 的控制。

- 隐藏线：视图中的不可见边线以虚线显示。
- 线框：视图中的不可见边线以实线显示。
- 消隐：视图中的不可见边线不显示。

配置文件 config.pro 中的选项 hlr_for_quilts 控制隐藏线的删除是否包括面组。如果将其设置为 yes，则隐藏线的删除中包括面组；如果设置为 no，则隐藏线的删除中不包括面组。

下面以图 5.4.6 所示的模型 down_base 的主视图为例，说明如何通过“视图显示”操作将左视图设置为消隐显示状态。

Step1. 先选择图 5.4.6a 所示的视图，然后双击。

说明： 还有一种方法，选择图 5.4.6a 所示的视图，然后右击，从系统弹出的快捷菜单中选择 属性(R) 命令。

Step2. 系统弹出图 5.4.7 所示的“绘图视图”对话框，在该对话框中选择 类别 选项组中的 视图显示 选项卡。

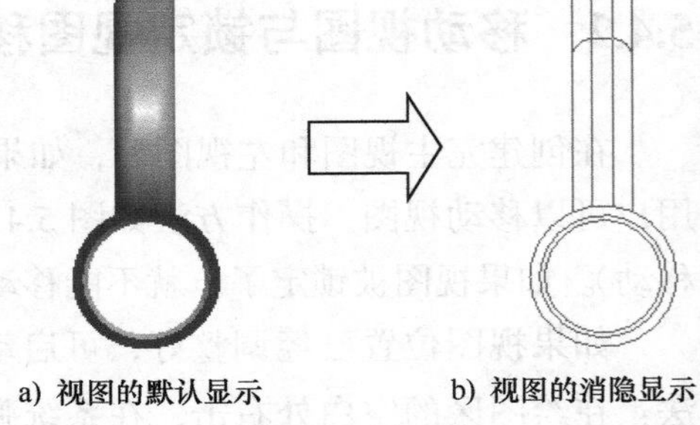

图 5.4.6 显示

Step3. 按照图 5.4.7 所示的“绘图视图”对话框进行参数设置，即“显示样式”设置为“消隐”，然后单击对话框中的 确定 按钮，关闭对话框。

Step4. 如果有必要，单击“重画”命令按钮 ，查看视图显示的变化。

2. 边显示

可以设置视图中个别边线的显示方式。例如，在图 5.4.8 所示的三维模型中，箭头所指的边线有隐藏线、拭除直线、消隐和隐藏方式等几种显示方式，分别如图 5.4.9~ 图 5.4.12 所示。

配置文件 config.pro 中的命令 select_hidden_edges_in_dwg，用于控制工程图中的不可见边线能否被选取。

下面以此模型为例，说明边显示的操作步骤。

Step1. 在工程图环境的功能区中选择 布局 ➡ 边显示... 命令。

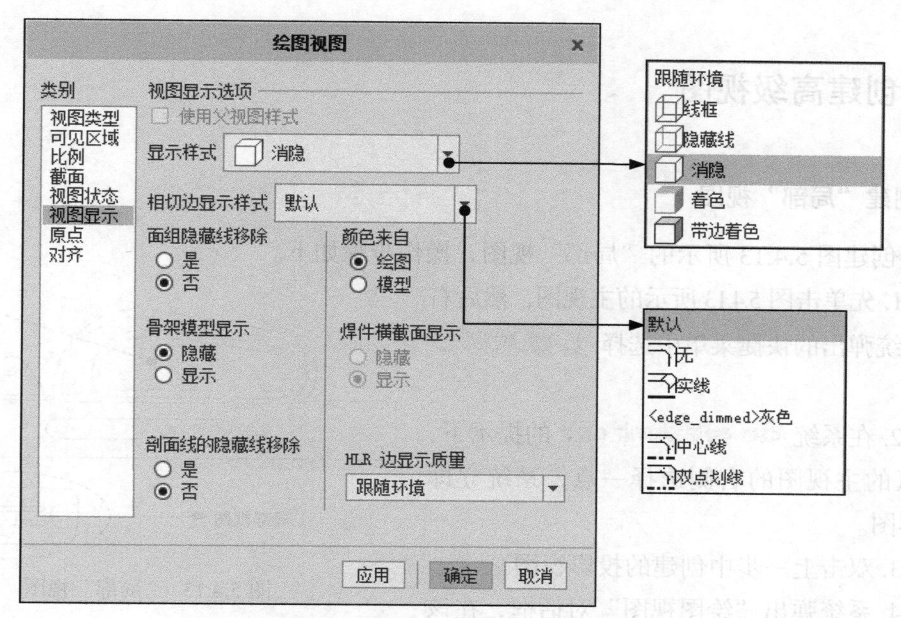

图 5.4.7　“绘图视图”对话框

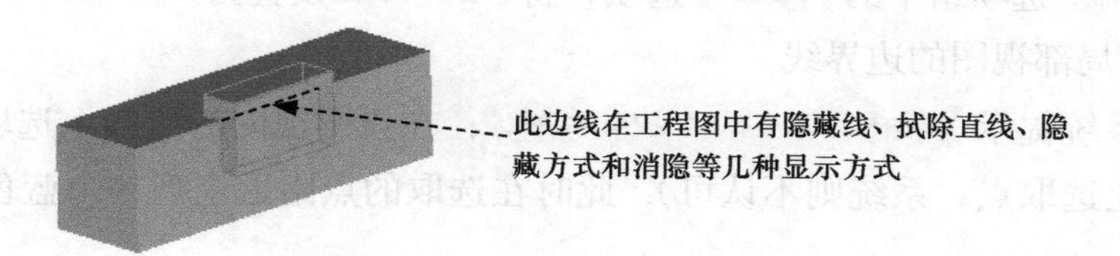

图 5.4.8　三维模型

Step2. 系统此时弹出“选择”对话框以及菜单管理器，选取要设置的边线，然后在菜单管理器中分别选取 Hidden Line (隐藏线)、Erase Line (拭除直线)、No Hidden (消隐) 或 Hidden Style (隐藏方式) 命令，以达到图 5.4.9~图 5.4.12 所示的效果；选择 Done (完成) 命令。

Step3. 如果有必要，单击“重画”命令按钮，查看视图显示的变化。

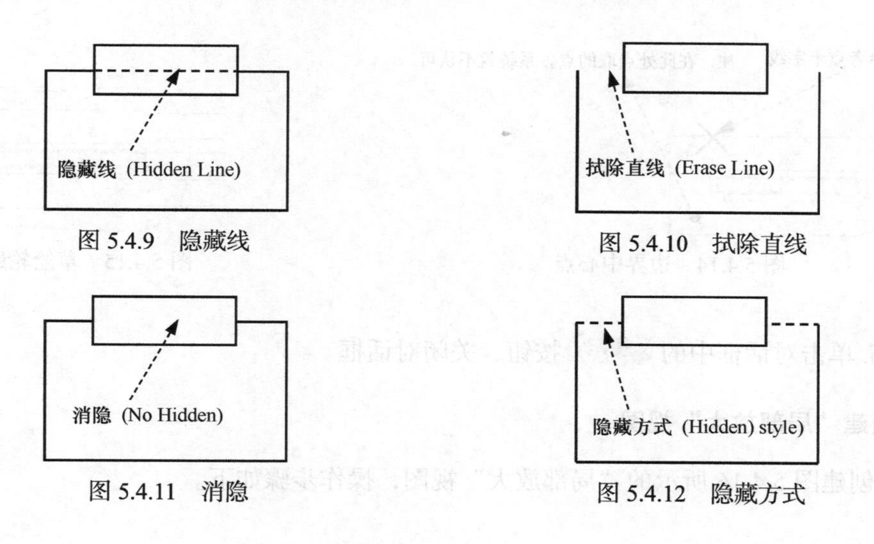

图 5.4.9　隐藏线

图 5.4.10　拭除直线

图 5.4.11　消隐

图 5.4.12　隐藏方式

5.4.5 创建高级视图

1. 创建“局部”视图

下面创建图 5.4.13 所示的“局部”视图，操作步骤如下。

Step1. 先单击图 5.4.13 所示的主视图，然后右击，从系统弹出的快捷菜单中选择 投影视图(P) 命令。

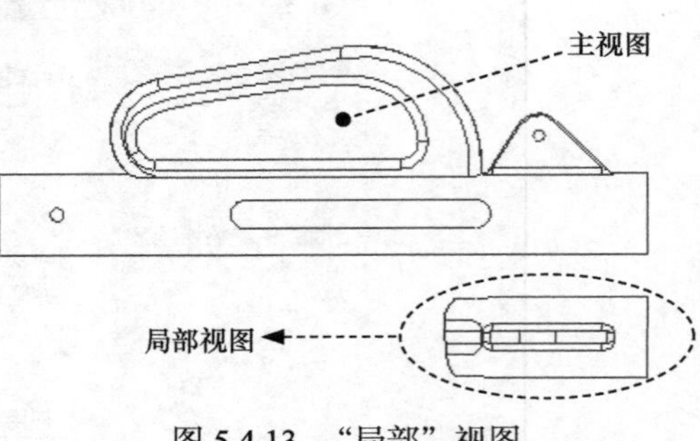

图 5.4.13 “局部”视图

Step2. 在系统 选择绘图视图的中心点。 的提示下，在图形区的主视图的右侧选择一点，系统立即产生投影图。

Step3. 双击上一步中创建的投影视图。

Step4. 系统弹出“绘图视图”对话框，在该对话框中选择 类别 选项组中的 可见区域 选项，将 视图可见性 设置为 局部视图。

Step5. 绘制局部视图的边界线。

（1）此时系统提示 选择新的参考点。单击"确定"完成。，在投影视图的边线上选取一点（如果不在模型的边线上选取点，系统则不认可），此时在选取的点附近出现一个蓝色的十字线，如图 5.4.14 所示。

注意： 在视图较小的情况下，此十字线不易看见，可通过放大视图来观察。十字线是否可见，并不妨碍操作的进行。

（2）在系统 在当前视图上草绘样条来定义外部边界。 的提示下，直接绘制图 5.4.15 所示的样条线来定义部分视图的边界，当绘制到封合时，单击鼠标中键结束绘制（在绘制边界线前，不要选择样条线的绘制命令，而是直接单击进行绘制）。

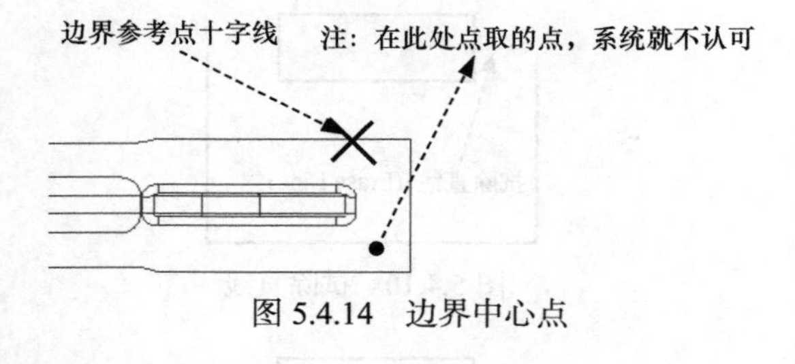

图 5.4.14 边界中心点

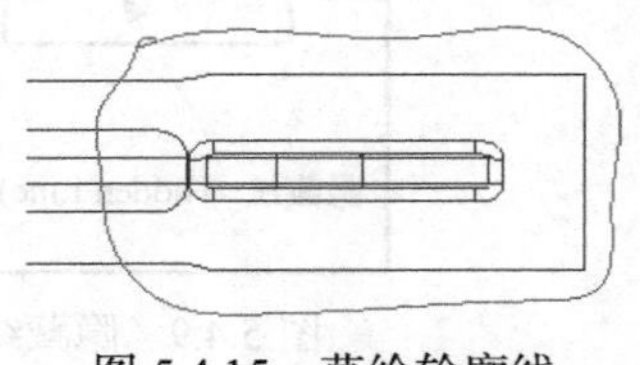
图 5.4.15 草绘轮廓线

Step6. 单击对话框中的 确定 按钮，关闭对话框。

2. 创建“局部放大”视图

下面创建图 5.4.16 所示的“局部放大”视图，操作步骤如下。

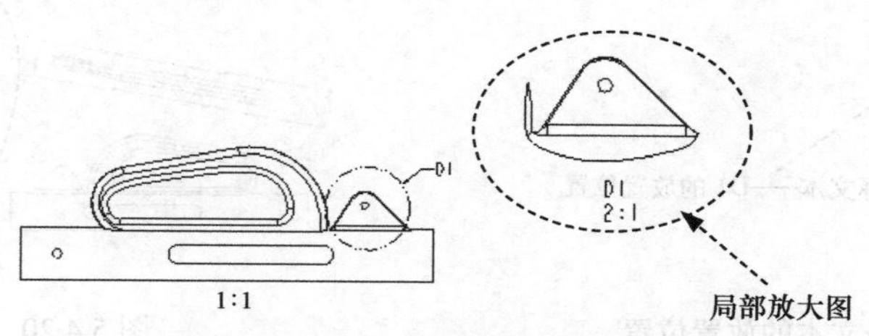

图 5.4.16 “局部放大”视图

Step1. 在功能区中选择 布局 ➡ 局部放大图 命令。

注意：若视图为被选中状态，则“详细”命令可能为未激活状态。所以，在创建局部放大图之前，应确认没有视图被选中。

Step2. 在系统 在一现有视图上选择要查看细节的中心点. 的提示下，在图 5.4.17 所示的槽的边线上选取一点（在主视图的非边线的地方选取的点，系统不认可），此时在选取的点附近出现一个红色的十字线。

Step3. 绘制放大视图的轮廓线。在系统 草绘样条，不相交其他样条，来定义一轮廓线. 的提示下，绘制图 5.4.18 所示的样条线以定义放大视图的轮廓。当绘制到闭合时，单击鼠标中键结束绘制（在绘制边界线前，不要选择样条线的绘制命令，而是直接单击进行绘制）。

Step4. 在系统 选择绘图视图的中心点. 的提示下，在图形区中选取一点来放置放大图。

Step5. 设置轮廓线的边界类型。

（1）在创建的局部放大视图上双击，系统弹出“绘图视图”对话框。

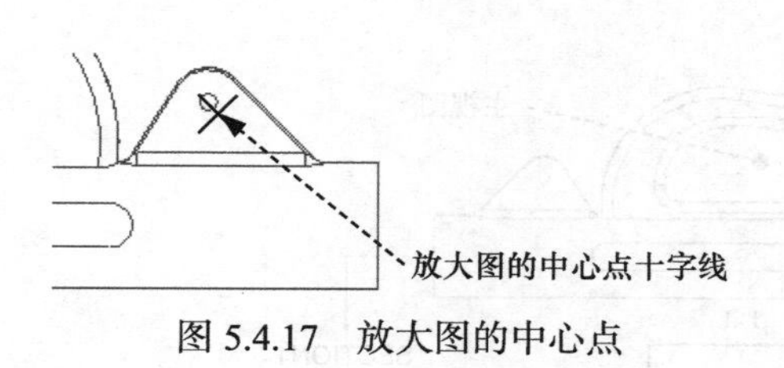

图 5.4.17 放大图的中心点

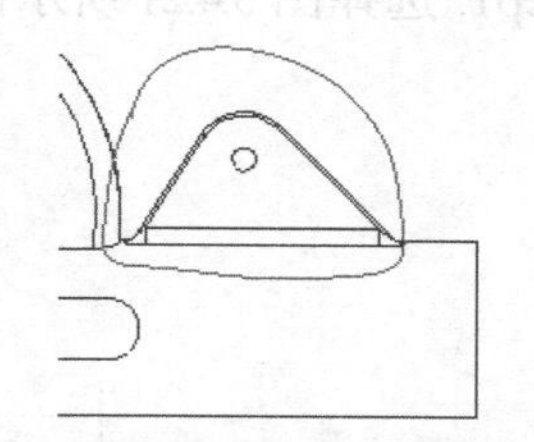

图 5.4.18 放大图的轮廓线

（2）在 视图名称 文本框中输入放大图的名称 A；在 父项视图上的边界类型 下拉列表中选择“圆”选项，单击对话框中的 确定 按钮，关闭对话框。此时轮廓线变成一个双点画线的圆，如图 5.4.19 所示。

3. 创建轴测图

在工程图中创建图 5.4.20 所示的轴测图的目的主要是为方便读图，其创建方法与主视图基本相同，它也是作为“常规”视图来创建。通常轴测图是作为最后一个视图添加到图样上的。下面说明其操作步骤。

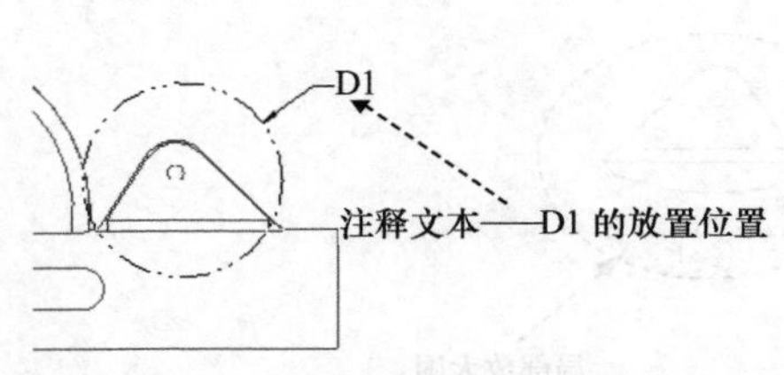

图 5.4.19 注释文本的放置位置

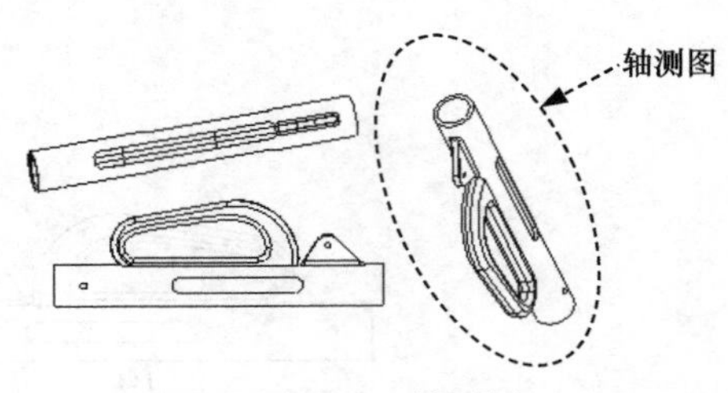

图 5.4.20 轴测图

Step1. 在绘图区中右击，从系统弹出的快捷菜单中选择 常规 命令。

Step2. 在系统 ➡选择绘图视图的中心点. 的提示下，在图形区选取一点作为轴测图位置点。

Step3. 系统弹出“绘图视图”对话框，选择合适的查看方位（可以选择 默认方向），本例中选择 3D 模型中已创建的 V1 视图，单击 应用 按钮。

注意： 轴测图的定位方法一般是先在零件或装配模块中，将模型在空间摆放到合适的视角方位，再将这个方位存成一个视图名称（如 V1）；然后在工程图中，在添加轴测图时，选取已保存的视图方位名称（如 V1），即可进行视图定位。

Step4. 定制比例。在“绘图视图”对话框中选择 类别 选项组中的 比例 选项，选中 ◉ 自定义比例 单选项，并输入比例值 1.0。

Step5. 单击该对话框中的 确定 按钮，关闭对话框。

4. 创建“全剖”视图

“全剖”视图如图 5.4.21 所示，其操作步骤如下。

Step1. 选择图 5.4.21 所示的主视图，右击，从系统弹出的快捷菜单中选择 投影视图(P) 命令。

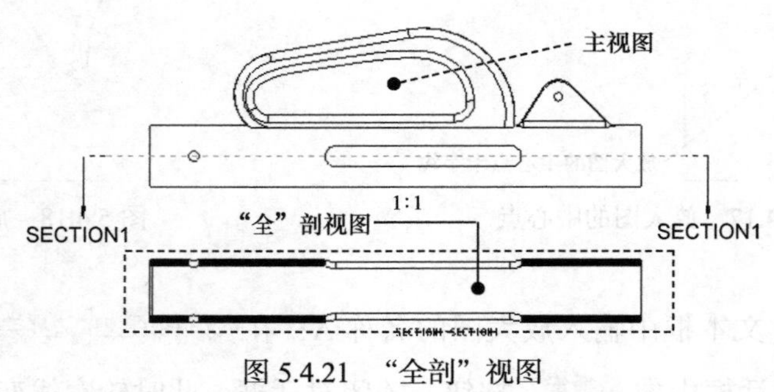

图 5.4.21 “全剖”视图

Step2. 在系统 ➡选择绘图视图的中心点. 的提示下，在图形区的主视图的下部选择一点。

Step3. 双击上一步创建的投影视图，系统弹出“绘图视图”对话框。

Step4. 设置剖视图选项。在“绘图视图”对话框中选择 类别 选项组中的 截面 选项；将 截面选项 设置为 ◉ 2D 横截面 选项，然后单击 + 按钮；在 名称 下拉列表中选择横截面 A（A 剖截面在零件模块中已提前创建），将 模型边可见性 设置为 ◉ 总计；在 剖切区域 下拉列表中选择 完整 选项，单击对话框中的 确定 按钮，关闭对话框。

注意： 如果在 Step4 中，在“绘图视图”对话框中选择 模型边可见性 中的 ◎区域 单选项，则产生的“区域剖截面”视图如图 5.4.22 所示，一般将这样的视图称为“断面图”。

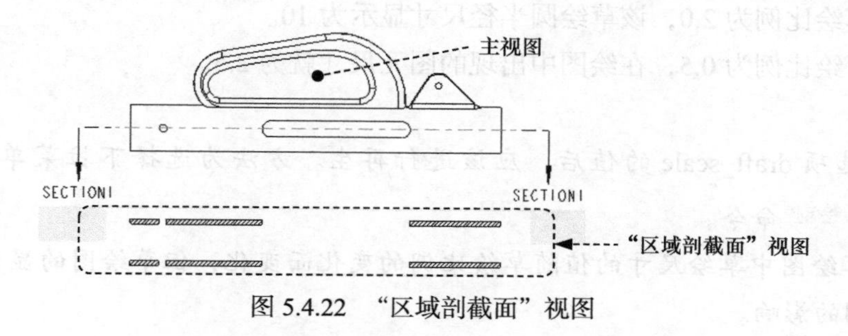

图 5.4.22 “区域剖截面”视图

5.5 尺寸的创建与编辑

5.5.1 概述

在工程图模式下，可以创建下列几种类型的尺寸。

1. 被驱动尺寸

被驱动尺寸来源于零件模块中三维模型的尺寸，它们源于统一的内部数据库。在工程图模式下，可以利用 注释 下拉菜单中的“显示模型注释”命令将被驱动尺寸在工程图中自动地显现出来或拭除（即隐藏），而且可以被删除。在三维模型上修改模型的尺寸时，在工程图中这些尺寸也随着变化，反之亦然。这里有一点需要注意：在工程图中可以修改被驱动尺寸值的小数位数，但是舍入之后的尺寸值不驱动模型几何。

2. 草绘尺寸

在工程图模式下利用 注释 工具栏下的 尺寸 命令，可以手动标注草绘图元之间、草绘图元与模型对象之间，以及模型对象本身的尺寸，这类尺寸称为“草绘尺寸”，可以被删除。还要注意：在模型对象上创建的“草绘尺寸”不能驱动模型。也就是说，在工程图中改变“草绘尺寸”的大小，不会引起零件模块中相应模型的变化，这一点与“被驱动尺寸”有根本的区别。所以，如果在工程图环境中发现模型尺寸标注不符合设计的意图（如标注的基准不对），最佳的方法是进入零件模块环境，重定义截面草绘图的标注，而不是简单地在工程图中创建“草绘尺寸”来满足设计意图。

由于草绘图可以与某个视图相关，也可以不与任何视图相关，因此“草绘尺寸”的值有两种情况。

（1）当草绘图元不与任何视图相关时，草绘尺寸的值与草绘比例（由绘图设置文件

drawing.dtl 中的选项 draft_scale 指定）有关，如假设某个草绘圆的半径为 5：

- 如果草绘比例为 1.0，该草绘圆半径尺寸显示为 5。
- 如果草绘比例为 2.0，该草绘圆半径尺寸显示为 10。
- 如果草绘比例为 0.5，在绘图中出现的图元尺寸就为 2.5。

注意：

- 改变选项 draft_scale 的值后，应该进行再生。方法为选择下拉菜单 **审阅** ➡ 更新绘制 命令。
- 虽然草绘图中草绘尺寸的值随草绘比例的变化而变化，但草绘图的显示大小不受草绘比例的影响。
- 配置文件 config.pro 中的选项 create_drawing_dims_only 用于控制系统如何保存被驱动尺寸和草绘尺寸。该选项设置为 no（默认）时，系统将被驱动尺寸保存在相关的零件模型（或装配模型）中；设置为 yes 时，仅将草绘尺寸保存在绘图中。所以用户正在使用 Intralink 时，如果尺寸被存储在模型中，则在修改时要对此模型进行标记，并且必须将其重新提交给 intralink。为避免绘图中每次参考模型时都进行此操作，可将选项设置为 yes。

（2）当草绘图元与某个视图相关时，草绘图中草绘尺寸的值不随草绘比例的变化而变化，草绘图的显示大小也不受草绘比例的影响，但草绘图的显示大小随着与其相关的视图的比例变化而变化。

3. 草绘参考尺寸

在工程图模式下，在功能区中选择 **注释** ➡ 参考尺寸 命令，可以将草绘图元之间、草绘图元与模型对象之间，以及模型对象本身的尺寸标注成参考尺寸。参考尺寸是草绘尺寸中的一个分支。所有的草绘参考尺寸一般都带有符号 REF，从而与其他尺寸相区别；如果配置文件选项 parenthesize_ref_dim 设置为 yes，则系统将参考尺寸放置在括号中。

注意：当标注草绘图元与模型对象之间的参考尺寸时，应提前将它们关联起来。

5.5.2 创建被驱动尺寸

下面以图 5.5.1 所示的零件 body 为例，说明创建被驱动尺寸的一般操作步骤。

Step1. 在功能区中选择 **注释** ➡ 显示模型注释 命令，系统弹出图 5.5.2 所示的“显示模型注释”对话框；按住 Ctrl 键，在图形区选择图 5.5.1 所示的主视图和投影视图。

Step2. 在系统弹出的图 5.5.2 所示的“显示模型注释”对话框中进行下列操作。

（1）单击对话框顶部的 ⊢⊣ 选项卡。

（2）选取显示类型。在对话框的 类型 下拉列表中选择 全部 选项，然后单击 ☑ 按钮，如果还想显示轴线，则在对话框中单击 选项卡，然后单击 按钮。

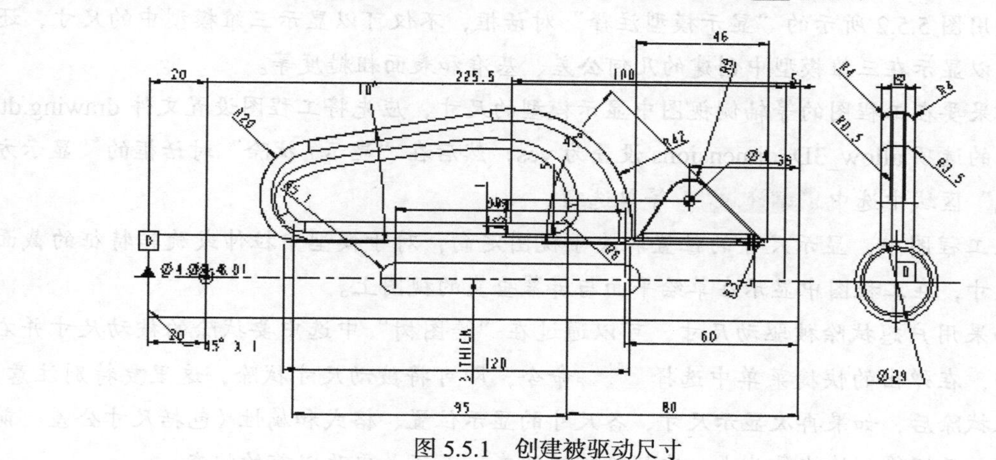

图 5.5.1　创建被驱动尺寸

（3）单击对话框底部的 确定 按钮。

图 5.5.2 所示的“显示模型注释”对话框中各选项卡说明如下。

：显示模型尺寸。

：显示模型几何公差。

：显示模型注解。

：显示模型表面粗糙度。

：显示模型符号。

：显示模型基准。

：全部选取。

：全部取消选取。

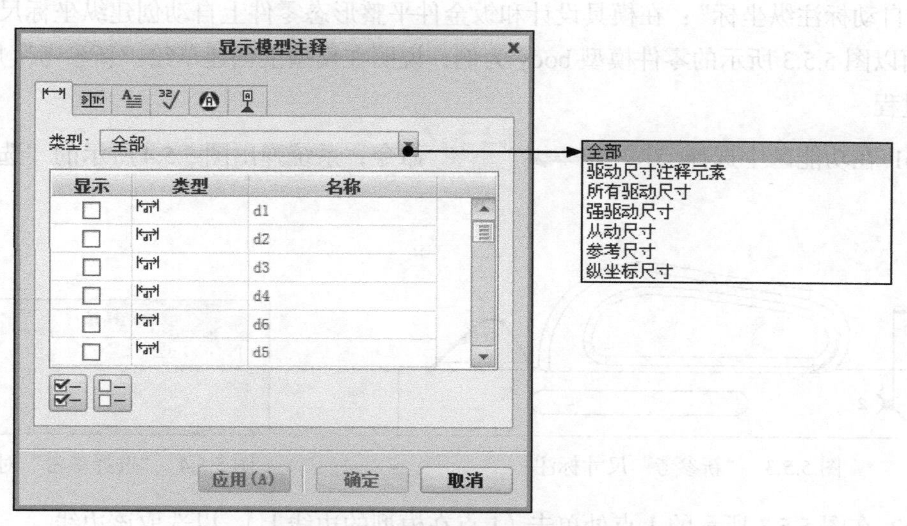

图 5.5.2　“显示模型注释”对话框

在进行被驱动尺寸显示操作时，请注意下面几点。

- 使用图 5.5.2 所示的“显示模型注释”对话框，不仅可以显示三维模型中的尺寸，还可以显示在三维模型中创建的几何公差、基准和表面粗糙度等。
- 如果要在工程图的等轴侧视图中显示模型的尺寸，应先将工程图设置文件 drawing.dtl 中的选项 allow_3D_dimensions 设置为 yes，然后在“显示 / 拭除”对话框的“显示方式”区域中选中 零件和视图 等单选项。
- 在工程图中，显示尺寸的位置取决于视图定向，对于模型中拉伸或旋转特征的截面尺寸，在工程图中显示在草绘平面与屏幕垂直的视图上。
- 如果用户想拭除被驱动尺寸，可以通过在“绘图树”中选中要拭除的被动尺寸并右击，在弹出的快捷菜单中选择 拭除 命令，即可将被动尺寸拭除，这里要特别注意：在拭除后，如果再次显示尺寸，各尺寸的显示位置、格式和属性（包括尺寸公差、前缀、后缀等）均恢复为上一次拭除前的状态，而不是更改以前的状态。
- 如果用户想删除被驱动尺寸，可以通过在“绘图树”中选中要拭除的被动尺寸并右击，在系统弹出的快捷菜单中选择 删除(D) 命令，即可将被动尺寸删除。

5.5.3 创建草绘尺寸

在 Creo 8.0 中，草绘尺寸分为一般的草绘尺寸、草绘参考尺寸和草绘坐标尺寸三种类型，它们主要用于手动标注工程图中两个草绘图元之间、草绘图元与模型对象之间以及模型对象本身的尺寸，坐标尺寸是一般草绘尺寸的坐标表达形式。

在 注释 选项板中，“尺寸”和“参考尺寸”菜单中都有如下几个选项。

- “新参考”：每次选取新的参考进行标注。
- “纵坐标尺寸”：创建单一方向的坐标表示的尺寸标注。
- “自动标注纵坐标”：在模具设计和钣金件平整形态零件上自动创建纵坐标尺寸。

下面以图 5.5.3 所示的零件模型 body 为例，说明在模型上创建草绘“新参考”尺寸的一般操作过程。

Step1. 在功能区中选择 注释 ➡ 尺寸 命令，系统弹出图 5.5.4 所示的“选择参考”对话框。

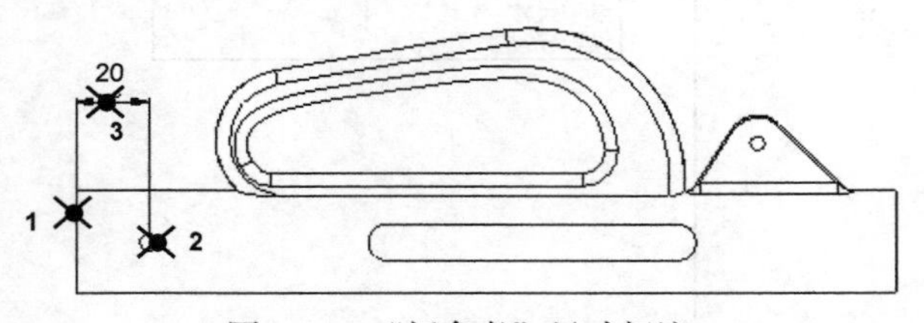

图 5.5.3 “新参考”尺寸标注

图 5.5.4 “选择参考”对话框

Step2. 在图 5.5.3 所示的 1 点处单击（1 点在模型的边线上），以选取该边线。

Step3. 按住 Ctrl 键，在图 5.5.3 所示的 2 点处单击（2 点在圆的弧线上），系统自动选取该圆的圆心。

Step4. 在图 5.5.3 所示的 3 点处单击鼠标中键，确定尺寸文本的位置。

Step5. 如果要继续标注，重复步骤 Step2、Step3 及 Step4；如果要结束标注，在“选择参考”对话框中选择 取消 命令。

5.5.4　尺寸的操作

从 5.5.2 节创建被驱动尺寸的操作中，我们注意到，由系统自动显示的尺寸在工程图上有时会显得杂乱无章，尺寸相互遮盖，尺寸间距过松或过密，某个视图上的尺寸太多，出现重复尺寸（如两个半径相同的圆标注两次），这些问题通过尺寸的操作工具都可以解决，尺寸的操作包括尺寸（包括尺寸文本）的移动、拭除和删除（仅对草绘尺寸），尺寸的切换视图，修改尺寸的数值和属性（包括尺寸公差、尺寸文本字高和尺寸文本字体）等。下面分别对它们进行介绍。

1. 移动尺寸及其尺寸文本

移动尺寸及其尺寸文本的方法：选择要移动的尺寸，当尺寸加亮变红后，再将鼠标指针放到要移动的尺寸文本上，按住鼠标的左键，此时要移动的尺寸处会出现中心线，移动鼠标，尺寸及尺寸文本会随着鼠标移动，移到所需的位置后，松开鼠标的左键。

2. 尺寸编辑的快捷菜单

如果要对尺寸进行其他的编辑，可以这样操作：单击要编辑的尺寸，当尺寸加亮后，右击，此时系统会依照右击位置的不同弹出不同的快捷菜单，具体有以下几种情况。

第一种情况：如果选中某尺寸后，在尺寸标注位置线或尺寸文本上右击，则系统弹出图 5.5.5 所示的快捷菜单（一），其各主要选项的说明如下。

➢ 拭除

选择该选项后，系统会拭除选取的尺寸（包括尺寸文本和尺寸界线），也就是使该尺寸在工程图中不显示。

尺寸“拭除”操作完成后，如果要恢复它的显示，操作方法如下。

Step1. 在绘图区树中单击 ▸ 注释 前的节点。

Step2. 选择被拭除的尺寸并右击，在系统弹出的快捷菜单中选择 取消拭除 命令。

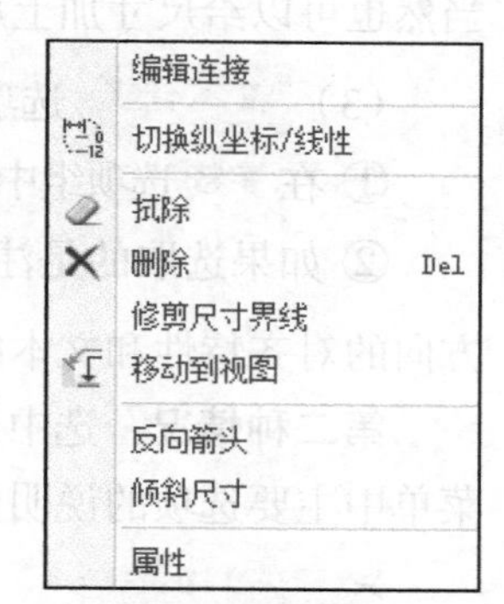

图 5.5.5　快捷菜单（一）

➢ 编辑连接

该选项的功能是修改对象的附件（修改附件）。

➢ 修剪尺寸界线

该选项的功能是修剪尺寸界线。

➢ 移动到视图

该选项的功能是将尺寸从一个视图移动到另一个视图，操作方法是：首先选中需要移动的尺寸，然后右击选择 移动到视图 命令，接着选择要移动到的目的视图。

➢ 切换纵坐标/线性(L)

该选项的功能是将线性尺寸转换为纵坐标尺寸或将纵坐标尺寸转换为线性尺寸。在由线性尺寸转换为纵坐标尺寸时，需选取纵坐标基线尺寸。

➢ 反向箭头

选择该选项即可切换所选尺寸的箭头方向，如图 5.5.6 所示。

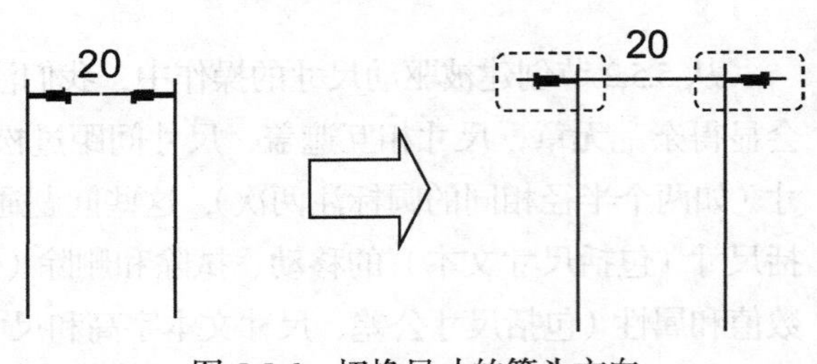

图 5.5.6　切换尺寸的箭头方向

➢ 属性(R)

选择该选项后，系统弹出“尺寸属性”对话框，该对话框有三个选项卡，即 属性、显示 和 文本样式 选项卡，下面对其中各功能进行简要介绍。

（1）属性 选项卡。

① 在 公差 选项组中，可单独设置所选尺寸的公差，设置项目包括公差显示模式，尺寸的公称值和尺寸的上、下公差值。

② 在 格式 选项组中，可选择尺寸显示的格式，即尺寸是以小数形式显示还是以分数形式显示，保留几位小数位数，角度单位是度还是弧度。

③ 在 值和显示 选项组中，用户可以将工程图中零件的外形轮廓等基础尺寸按 ◉ 公称值 的形式显示，将零件中重要的、需检验的尺寸按 ◉ 覆盖值 形式显示。另外，在该区域中还可以设置尺寸箭头的反向。

④ 在对话框下部的区域中，可单击相应的按钮来移动尺寸及其文本或修改尺寸的附件。

（2）显示 选项卡。

可在“前缀”文本栏内输入尺寸的前缀，如可将尺寸 Φ4 加上前缀 2–，变成 2–Φ4。当然也可以给尺寸加上后缀，同时还可以通过单击 反向箭头 来改变箭头的方向。

（3）文本样式 选项卡。

① 在 字符 选项组中，可选择尺寸和文本的字体，取消“默认”复选框可修改文本的字高等。

② 如果选取的是注释文本，在 注解/尺寸 选项组中，可调整注释文本的水平和竖直两个方向的对齐特性和文本的行间距，单击 预览 按钮，可立即查看显示效果。

第二种情况：选中某尺寸后，在尺寸界线上右击，系统弹出图 5.5.7 所示的快捷菜单（二），菜单中主要选项的说明如下。

➢ 拭除尺寸界线

拭除尺寸界线命令的作用是将尺寸界线拭除（即不显示），如图 5.5.8 所示；如果要将拭除的尺寸界线恢复为显示状态，则要先选取尺寸，然后右击，并在弹出的快捷菜单中选取 显示尺寸界线 命令。

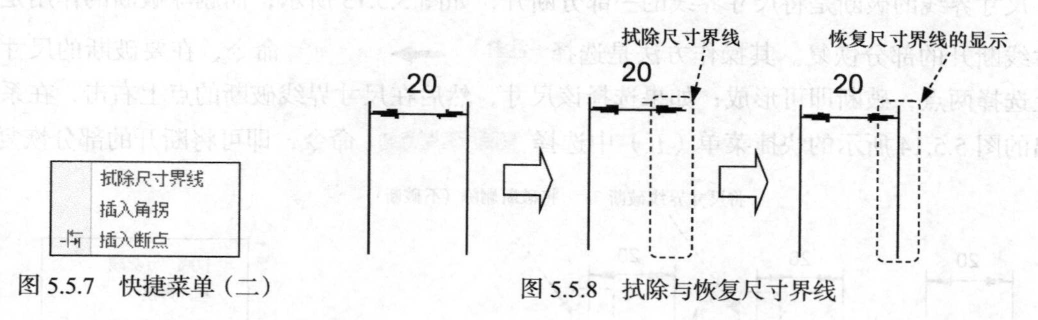

图 5.5.7 快捷菜单（二） 图 5.5.8 拭除与恢复尺寸界线

➢ 插入角拐

该选项的功能是创建尺寸边线的角拐，如图 5.5.9 所示。操作方法：选择该选项后，接着选择尺寸边线上的一点作为角拐点，移动鼠标，直到该点移动到所希望的位置，然后再次单击，最后单击中键结束操作。

选取尺寸后，右击角拐点的位置，在系统弹出的快捷菜单中选择 移除所有角拐(J) 命令，即可删除角拐。

第三种情况：选中某尺寸后，在尺寸标注线的箭头上右击，系统弹出图 5.5.10 所示的快捷菜单（三），其各主要选项的说明如下。

➢ 箭头样式

该选项的功能是修改尺寸箭头的样式，箭头的样式可以是箭头、实心点和斜杠等，如图 5.5.11 所示，可以将尺寸箭头改成实心点，其操作步骤如下。

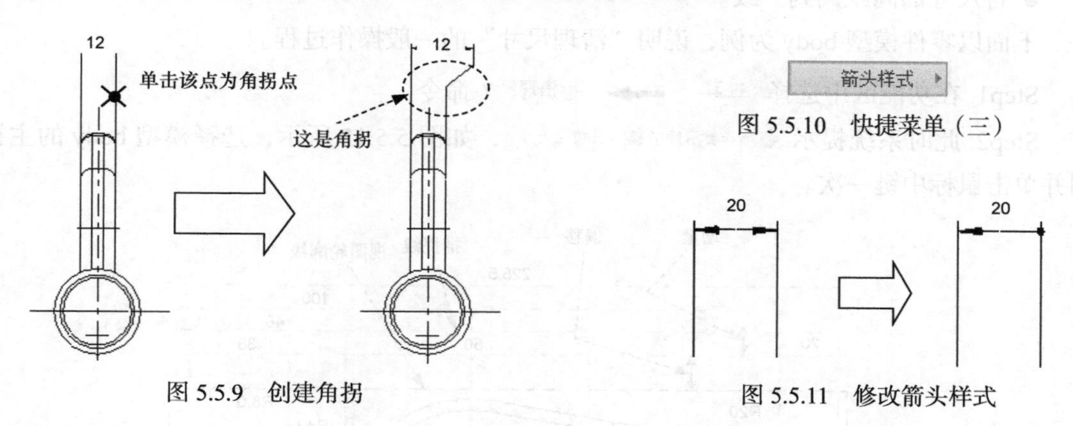

图 5.5.9 创建角拐 图 5.5.10 快捷菜单（三） 图 5.5.11 修改箭头样式

选中图 5.5.11 所示的尺寸，然后在尺寸标注线右侧的箭头上右击，选择 箭头样式 命令，再选择 <circle_filled> 实心点 命令。

第四种情况：如果不先选择某尺寸，再单击该尺寸的尺寸文本，然后右击，则系统弹出图 5.5.12 所示的快捷菜单（四）。

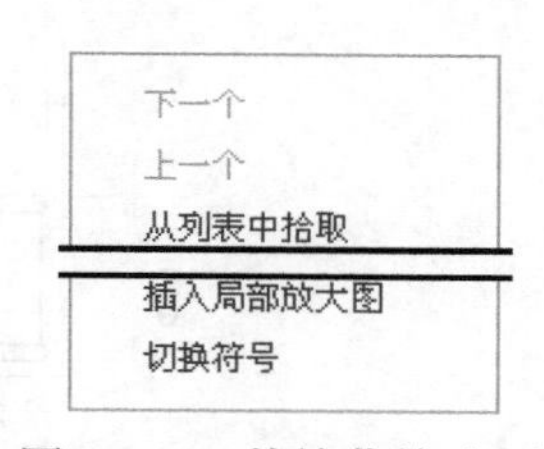

图 5.5.12 快捷菜单（四）

3. 尺寸界线的破断

尺寸界线的破断是将尺寸界线的一部分断开，如图 5.5.13 所示；而删除破断的作用是将尺寸线断开的部分恢复。其操作方法是选择 注释 ➡ 断点 命令，在要破断的尺寸界线上选择两点，破断即可形成；如果选择该尺寸，然后在尺寸界线破断的点上右击，在系统弹出的图 5.5.14 所示的快捷菜单（五）中选择 移除所有断点(B) 命令，即可将断开的部分恢复。

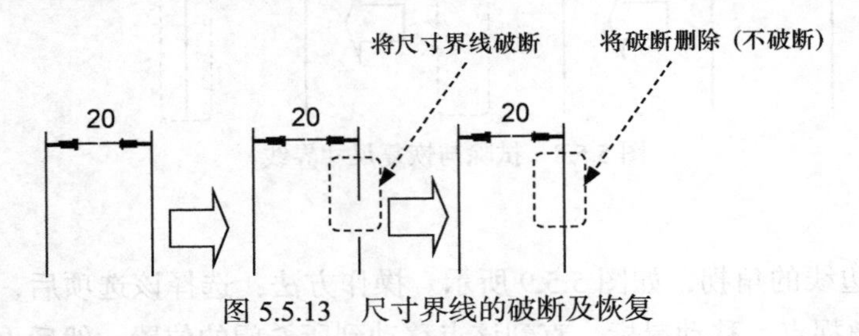

图 5.5.13　尺寸界线的破断及恢复

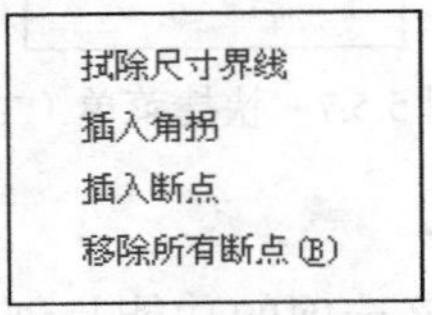

拭除尺寸界线
插入角拐
插入断点
移除所有断点(B)

图 5.5.14　快捷菜单（五）

4. 清理尺寸（Clean Dims）

对于杂乱无章的尺寸，Creo 8.0 系统提供了一个强有力的整理工具，这就是“清除尺寸（clean Dims）”。通过该工具，系统可以：

- 在尺寸界线之间居中尺寸（包括带有螺纹、直径、符号和公差等的整个文本）。
- 在尺寸界线间或尺寸界线与草绘图元交接处，创建断点。
- 向模型边、视图边、轴或捕捉线的一侧，放置所有尺寸。
- 反向箭头。
- 将尺寸的间距调到一致。

下面以零件模型 body 为例，说明“清理尺寸”的一般操作过程。

Step1. 在功能区中选择 注释 ➡ 清理尺寸 命令。

Step2. 此时系统提示 ➪选择要清除的视图或独立尺寸。，如图 5.5.15 所示，选择模型 body 的主视图并单击鼠标中键一次。

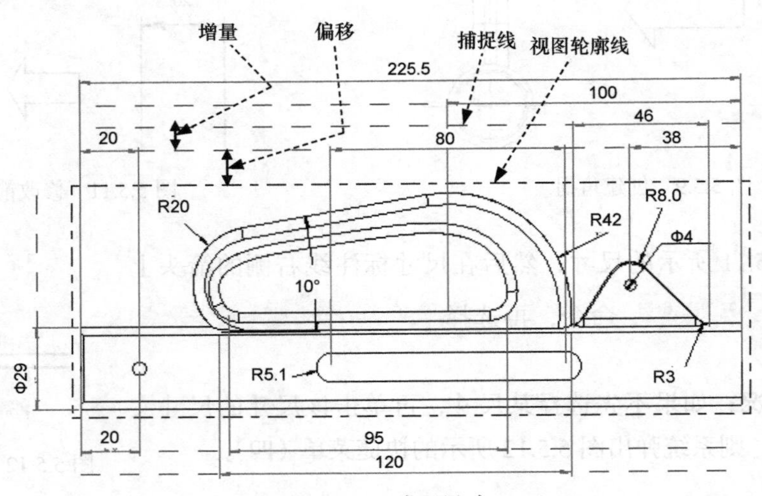

图 5.5.15　清理尺寸

Step3. 完成上步操作后，“清理尺寸”对话框被激活，该对话框有 放置(P) 选项卡和 修饰(C) 选项卡，现对其中各选项的操作进行简要介绍。

➢ 放置(P) 选项卡

● 选中“分隔尺寸”复选框后，可调整尺寸线的偏距值和增量值。
● “偏移”是视图轮廓线（或所选基准线）与视图中最靠近它们的某个尺寸间的距离（图 5.5.15）。输入偏移值，并按下 Enter 键，然后单击对话框中的 应用 按钮，可将输入的偏移值立即施加到视图中，并可看到效果。
● “增量”是两相邻尺寸的间距（图 5.5.15）。输入增量值，并按下 Enter 键，然后单击对话框中的 应用 按钮，可将输入的增量值立即施加到视图中，并可看到效果。
● 一般以各“视图的轮廓”（注意图 5.5.15 中所示的“视图轮廓线”与“视图轮廓”的区别）为“偏移参考”，也可以选取某个基准线为参考。
● 选中“创建捕捉线”复选框后，工程图中便显示捕捉线，捕捉线是表示水平或垂直尺寸位置的一组虚线。单击对话框中的 应用 按钮，可看到屏幕中立即显示这些虚线。
● 选中“破断尺寸界线”复选框后，在尺寸界线与其他草绘图元相交的位置处，尺寸界线会自动产生破断。

➢ 修饰(C) 选项卡

● 选中“反向箭头”复选框后，如果视图中某个尺寸的尺寸界线内放不下箭头，该尺寸的箭头会自动反向到外面。
● 选中“居中文本”复选框后，每个尺寸的文本自动居中。
● 当视图中某个尺寸的文本太长，在尺寸界线间放不下时，系统可自动将它们放到尺寸线的外部，不过应该预先在“水平”和“垂直”区域单击相应的方位按钮，以确定将尺寸文本移出后放在什么方位。

5.5.5　显示尺寸公差

配置文件 drawing.dtl 中的选项 tol_display 和配置文件 config.pro 中的选项 tol_mode 与工程图中的尺寸公差有关，如果要在工程图中显示和处理尺寸公差，必须先配置这两个选项。

（1）tol_display 选项。

该选项控制尺寸公差的显示。

如果设置为 yes，则尺寸标注显示公差。

如果设置为 no，则尺寸标注不显示公差。

（2）tol_mode 选项。

该选项控制尺寸公差的显示形式。

如果设置为 nominal，则尺寸只显示名义值，不显示公差。

如果设置为 limits，则公差尺寸显示为上限和下限。

如果设置为 plusminus，则公差值为正负值，正值和负值是独立的。

如果设置为 plusminussym，则公差值为正负值，正负公差的值用一个值表示。

5.6 创建注解文本

5.6.1 注解简介

在功能区中选择 注释 ➡ 注解 命令，系统弹出图 5.6.1 所示的“注解类型”菜单。在该菜单下，可以创建用户所要求的属性的注释。注释可连接到模型的一个或多个边上，也可以是“独立”。

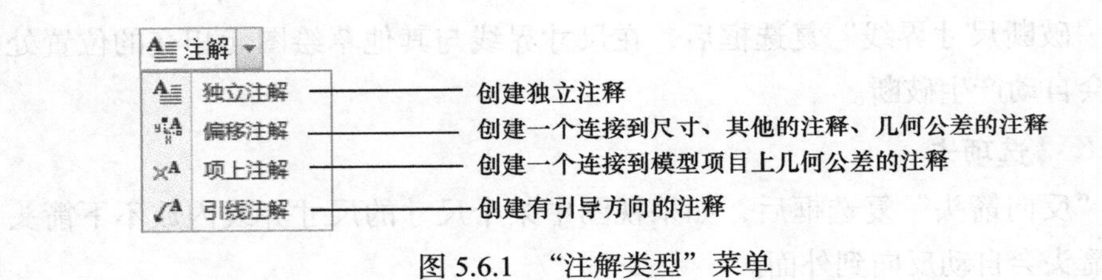

图 5.6.1 “注解类型”菜单

5.6.2 创建无引线注解

下面以图 5.6.2 中所示的注释为例，说明创建无引线注解的一般操作步骤。

Step1. 将工作目录设置至 D:\dbcreo8.1\work\ch05.06，打开文件 drw_datum.drw。

Step2. 在功能区中选择 注释 ➡ 注解 ➡ 独立注解 命令。

Step3. 在系统弹出的图 5.6.3 所示的“选择点”对话框中选取 命令，并在屏幕选择一点作为注释的放置点。

Step4. 输入“技术要求”，在图纸的空白处单击两次，退出注释的输入。

Step5. 在功能区中选择 注释 ➡ 注解 ➡ 独立注解 命令，在注释“技术要求”下面选择一点。

Step6. 输入“1. 未注圆角 R3”，按 Enter 键，然后输入“2. 未注倒角 1 × 45°”，在图纸的空白处单击两次，退出注释的输入。

Step7. 调整注释中的文本——“技术要求”的位置和大小。

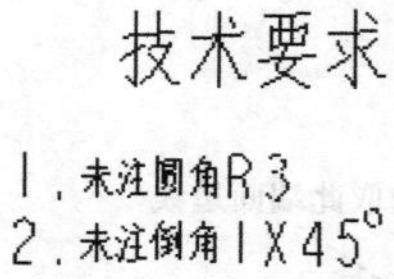

技术要求

1.未注圆角R3

2.未注倒角1X45°

图 5.6.2　无方向指引的注释

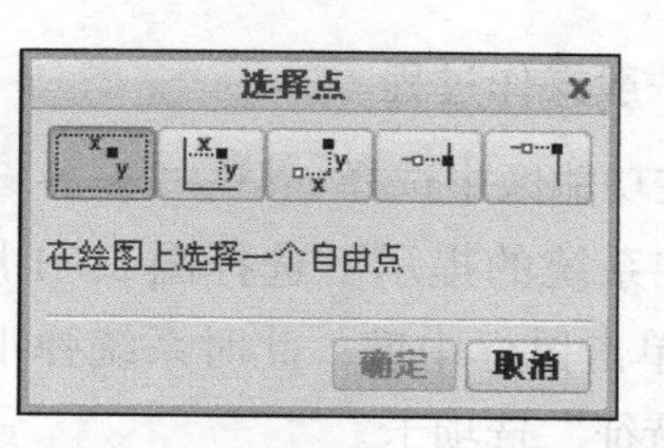

图 5.6.3　“选择点”对话框

5.6.3　创建带引线注解

下面以图 5.6.4 中的注释为例，说明创建带引线注解的一般操作步骤。

Step1. 在功能区中选择 注释 → 注解 → 引线注解 命令。

Step2. 定义注释导引线的起始点。选择注释导引线的起始点，如图 5.6.4 所示。

Step3. 定义注释文本的位置。在屏幕中将注释移至合适的位置，如图 5.6.4 所示，然后单击鼠标中键确定位置。

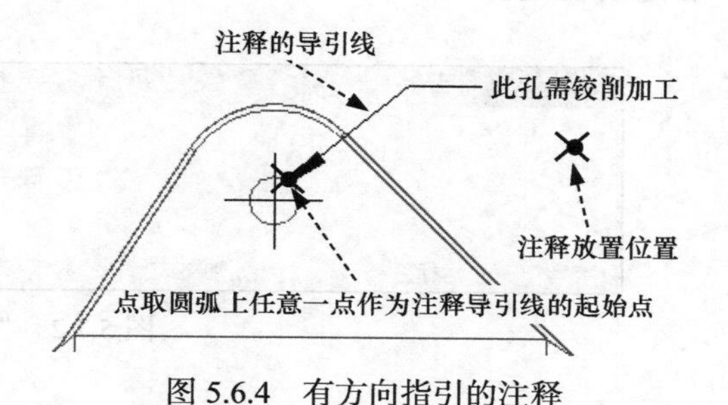

图 5.6.4　有方向指引的注释

Step4. 输入“此孔需铰削加工”，在图样的空白处单击两次，退出注释的输入。

5.6.4　注解的编辑

双击要编辑的注释，此时系统弹出图 5.6.5 所示的“格式”选项卡，在该选项卡中可以修改注释样式，文本样式及格式样式。

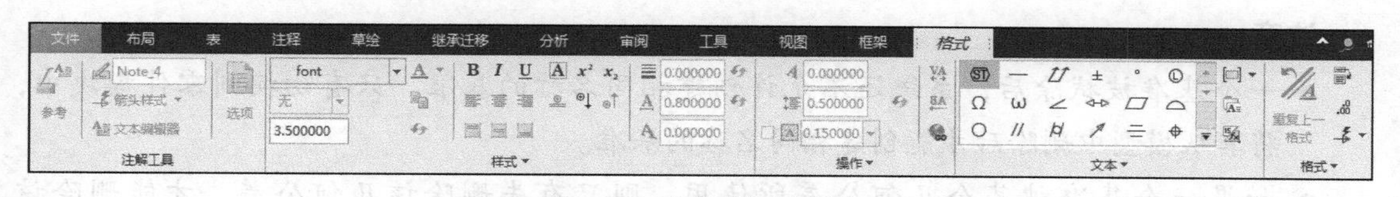

图 5.6.5　“格式”选项卡

5.7　工程图基准

5.7.1　创建基准

下面将在模型 body 的工程图中创建图 5.7.1 所示的基准 P，以此说明在工程图模块中创建基准面的一般操作过程。

Step1. 在功能区中选择 **注释** ➡ 基准特征符号 命令。

Step2. 在系统的提示下选择图 5.7.1 所示的端面边线，然后单击鼠标中键；此时系统弹出图 5.7.2 所示的“基准特征”选项卡。

Step3. 在“基准特征”选项卡的“标签”文本栏中输入基准名 P，然后按 Enter 键。

Step4. 在图纸空白处单击，然后将基准符号移至合适的位置。

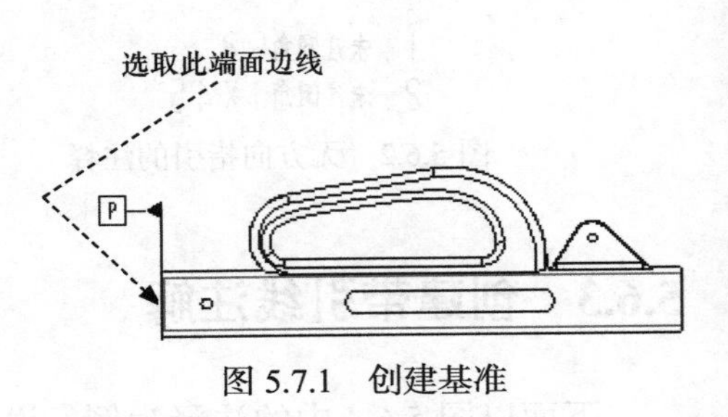

图 5.7.1 创建基准

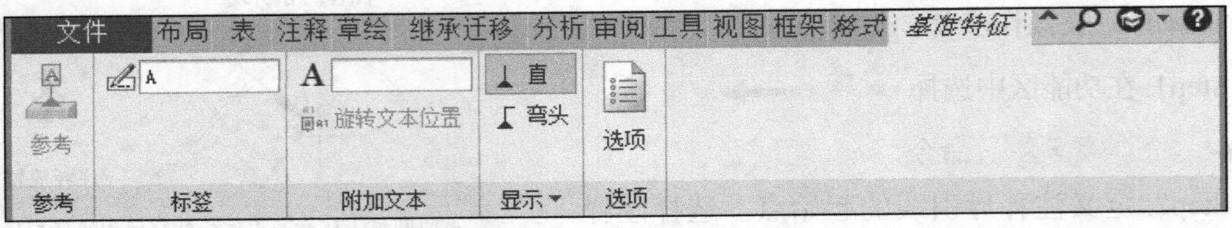

图 5.7.2 “基准特征”选项卡

5.7.2 基准的拭除与删除

拭除基准的真正含义是在工程图环境中不显示基准符号，同尺寸的拭除一样；而基准的删除是将其从模型中真正完全地去除。所以，基准的删除要切换到零件模型树中进行，其操作步骤如下。

（1）切换到模型窗口。

（2）从模型树中找到基准名称，并单击该名称，再右击，从系统弹出的菜单中选择“删除”命令。

注意：

- 一个基准被拭除后，系统还不允许创建相同名称的基准，只有切换到零件模块中，将其从模型中删除后才能创建相同名称的基准。
- 如果一个基准被某个几何公差所使用，则只有先删除该几何公差，才能删除该基准。

5.8 标注几何公差

下面将在模型 down_base 的工程图中创建几何公差，以此说明在工程图模块中创建几何公差的一般操作过程，如图 5.8.1 所示。

Step1. 首先将工作目录设置至 D: \dbcreo8.1\work\ch05.08，打开文件 down_base.drw。

Step2. 在功能区中选择 注释 → 几何公差 命令。

Step3. 选取图 5.8.1 所示的边线。

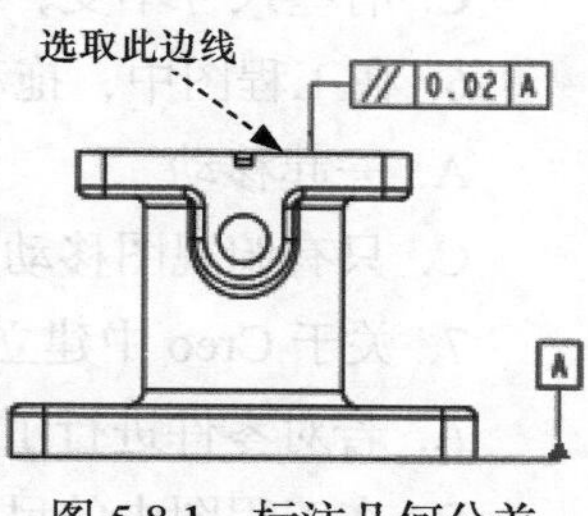

图 5.8.1 标注几何公差

Step4. 定义放置位置。调整合适的放置位置并单击鼠标中键，系统弹出图 5.8.2 所示的“几何公差”选项卡。

Step5. 定义公差类型。在“几何公差”选项卡 符号 区域 几何特性 的下拉列表中选择 // 平行度 选项。

图 5.8.2 “几何公差”选项卡

Step6. 设置公差值。在 公差和基准 区域的 文本框中输入公差数值 0.02。

Step7. 定义参考。在 公差和基准 区域的 文本框中输入基准字母 A，并按 Enter 键。

Step8. 在图纸空白处单击，完成几何公差的标注，结果如图 5.8.1 所示。

5.9 习 题

一、选择题

1. 工程图是计算机辅助设计的重要内容，“绘图”模块和“零件”模块默认是（ ）。

A. 不相关联的　　B. 完全相关联的
C. 可关联可不关联　　D. 三维模型修改后，工程制图需手动更新

2. 机械零件的真实大小是以图样上的（ ）为依据。

A. 图形大小　　B. 公差范围　　C. 技术要求　　D. 尺寸数值

3. 在某个图纸文件中，由于要表达的视图信息很多，而图纸的图幅又是固定的，下面哪种处理方法不可取？（ ）

A. 把视图摆放的挤一点　　B. 把视图的比例定义小一点
C. 在文件中添加一张新图纸　　D. A 和 C

4. 要快速生成一个零件的标准三视图，在 Creo 中采用的方法是（ ）。

A. 生成定向视图，再投影　　B. 选中零件的名称，拖到图纸区域内
C. 用线条画出各个视图的轮廓线　　D. 用线条画出各个视图的边界线

5. 在工程图纸中，将一个视图的比例改小为原来的一半，该视图上的尺寸数值会（ ）。

A. 不变　　B. 变为原来的一半

C. 有些尺寸不变，有些尺寸会变小　　D. 以上说法均不正确

6. 在工程图中，拖动主视图上下移动时，其他视图会（　　）。

A. 一起移动　　B. 只有左视图移动

C. 只有俯视图移动　　D. 所有视图都不移动

7. 关于 Creo 中建立工程图的描述正确的有（　）。

A. 若对零件进行了修改，会自动反映到相关工程图中

B. 在工程图中的尺寸不可以进行修改

C. 必须先建立主视图再建立其他视图，删除时没有顺序限制

D. 以上说法均不正确

8. 尺寸标注的三要素是（　　）。

A. 尺寸界线、尺寸线和单位

B. 尺寸界线、尺寸线和箭头

C. 尺寸界线、尺寸箭头单位和尺寸数字

D. 尺寸界线、尺寸线和箭头、尺寸数字

9. 识别工程视图图标（　　）。

A. 辅助视图　　B. 详细视图　　C. 投影视图　　D. 绘图视图

10. 识别工程视图图标（　　）。

A. 恢复视图　　B. 绘图视图　　C. 辅助视图　　D. 投影视图

11. 在下方左侧视图请问采用何种命令产生右侧图所示的效果？（　　）

A. 投影命令　　B. 绘图视图　　C. 详细命令　　D. 旋转命令

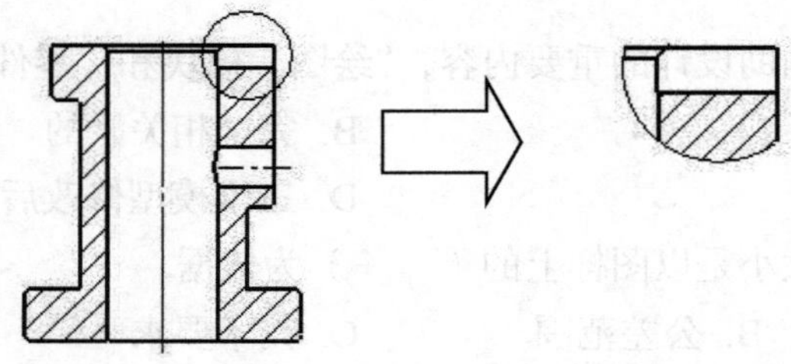

12. 在下方视图采用何种命令产生右侧图所示的效果？（　　）

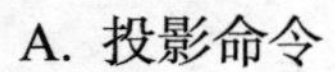

A. 投影命令　　B. 绘图视图　　C. 详细命令　　D. 旋转命令

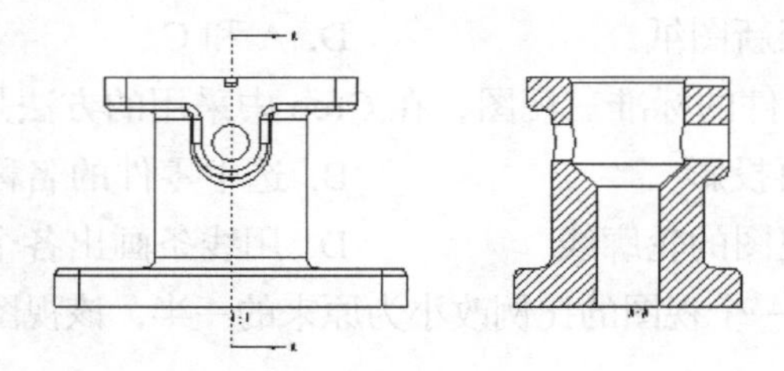

13. 按所给定的主、俯视图，想象形体，找出相应的左视图。(　　)

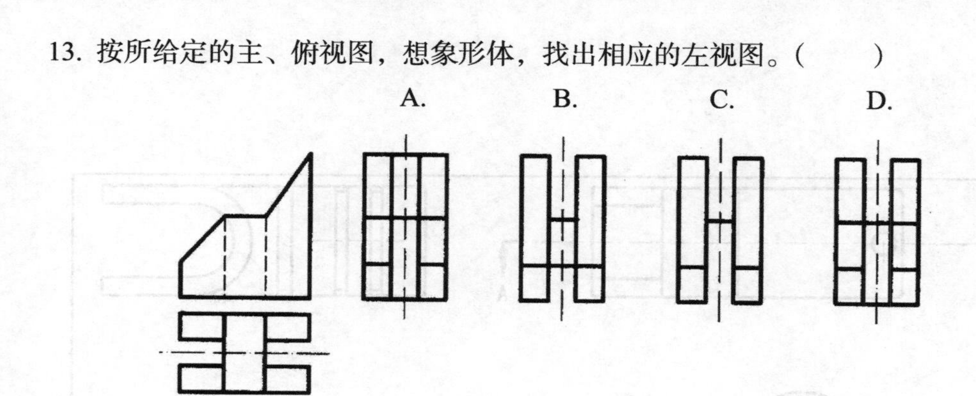

二、制作工程图

1. 将工作目录设置至 D: \dbcreo8.1\work\ch05.10\ex01，打开零件模型文件 ex01_shaft.prt，然后创建图 5.9.1 所示的工程视图。

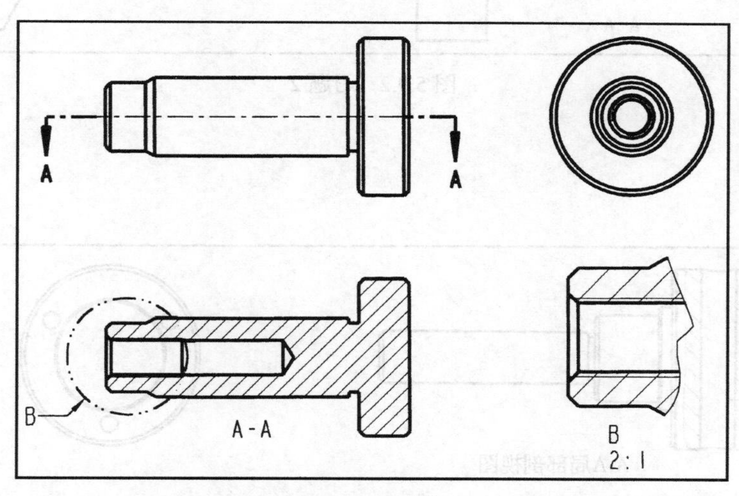

图 5.9.1　习题 1

2. 将工作目录设置至 D: \dbcreo8.1\work\ch05.10\ex02，打开零件模型文件 ex02_fork.prt，然后创建图 5.9.2 所示的工程图视图。

3. 将工作目录设置至 D: \dbcreo8.1\work\ch05.10\ex03，打开零件模型文件 ex03_shaft.prt，然后创建图 5.9.3 所示的工程图视图（提示：在主视图中创建局部剖视图时，应在图 5.4.7 所示的“绘图视图”对话框的剖切区域下拉菜单中选取“局部”，然后绘出“局部剖”视图区域）。

4. 将工作目录设置至 D: \dbcreo8.1\work\ch05.10\ex04，打开零件模型文件 ex04_disc.prt，然后创建图 5.9.4 所示的工程图（标注尺寸）。

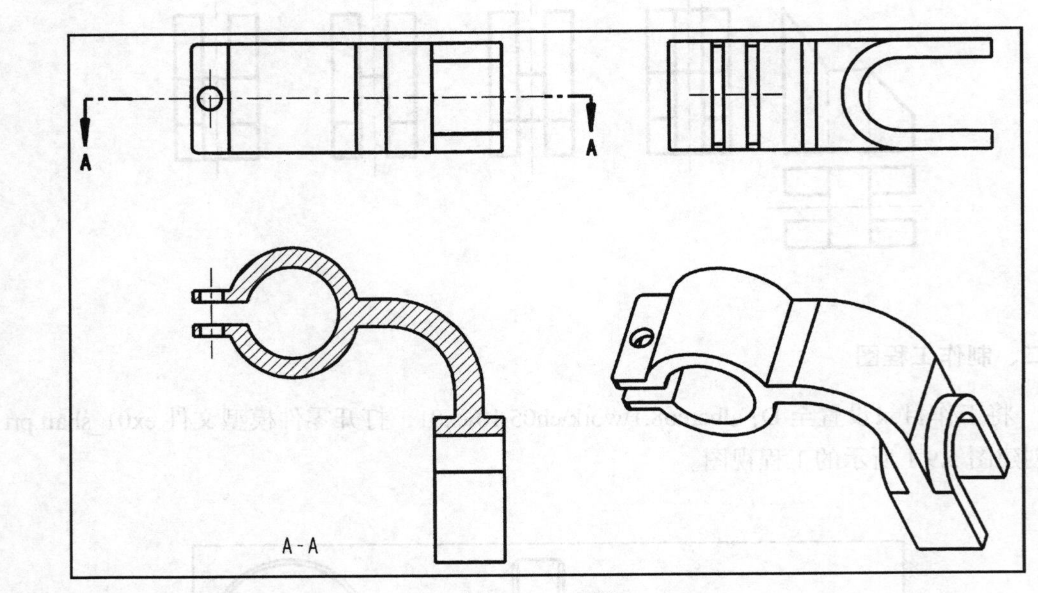

图 5.9.2 习题 2

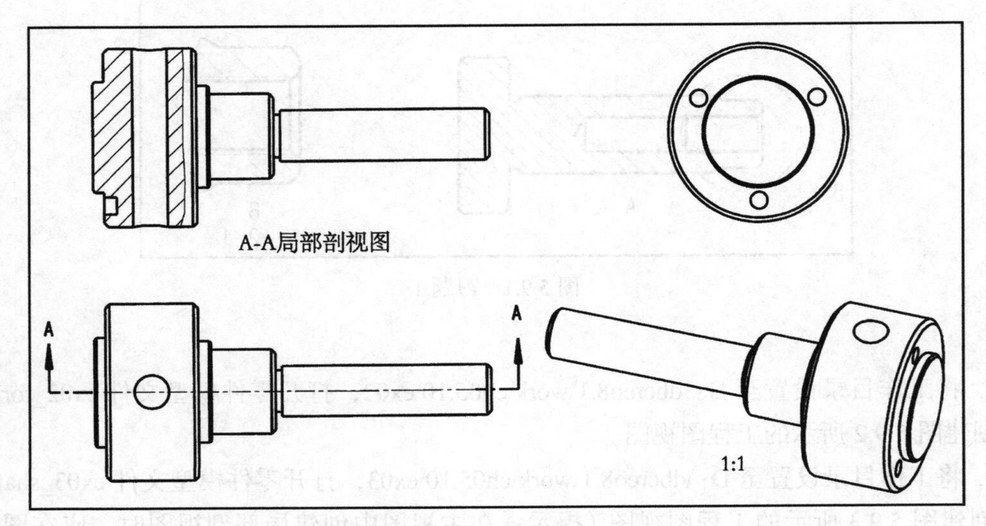

图 5.9.3 习题 3

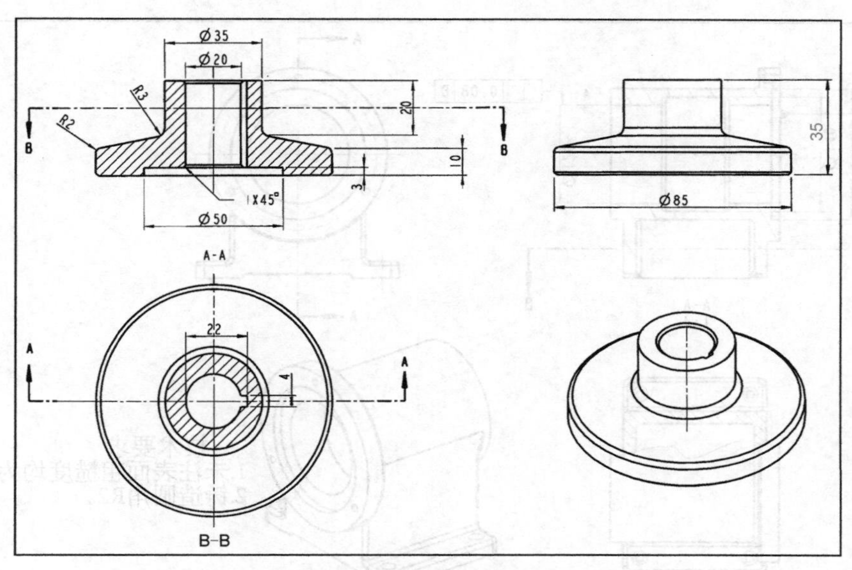

图 5.9.4 习题 4

5. 将工作目录设置至 D: \dbcreo8.1\work\ch05.10\ex05，打开零件模型文件 ex05_shaft.prt，然后创建图 5.9.5 所示的工程图。

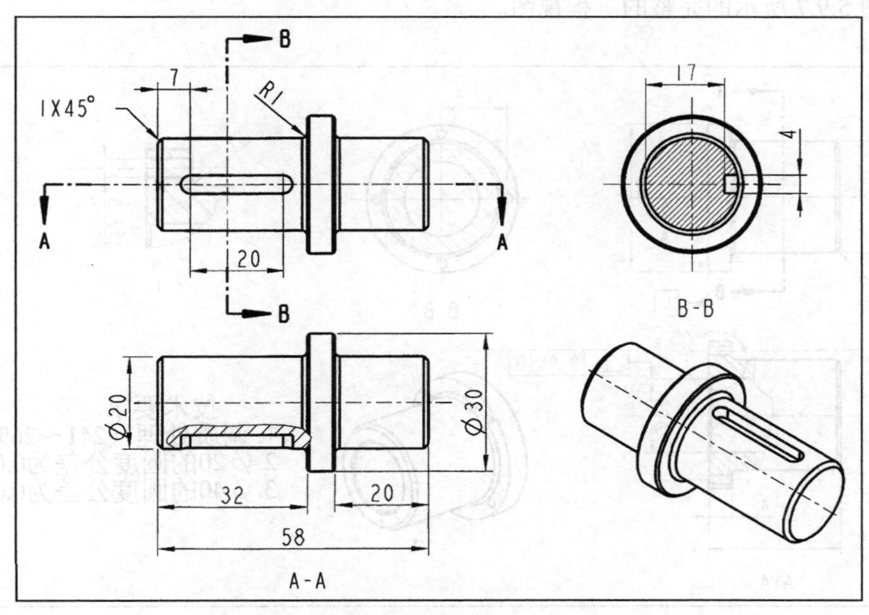

图 5.9.5 习题 5

6. 将工作目录设置至 D: \dbcreo8.1\work\ch05.10\ex06，打开工程视图文件 ex06_bearing_seat.drw，然后创建图 5.9.6 所示的工程图（添加尺寸、基准、几何公差、表面粗糙度和技术要求）。

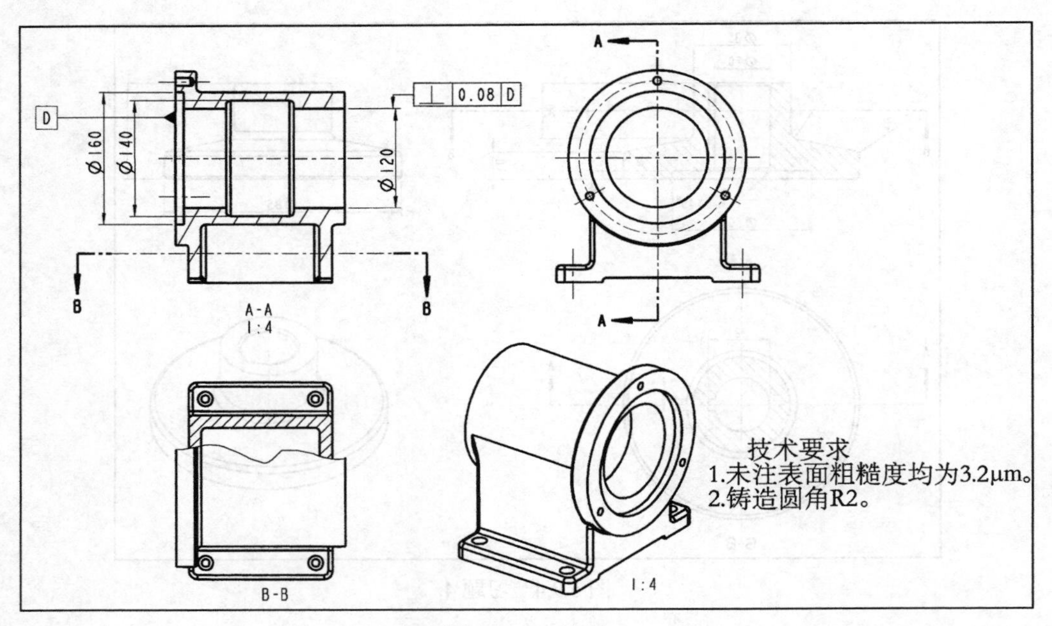

图 5.9.6　习题 6

7. 将工作目录设置至 D:\dbcreo8.1\work\ch05.10\ex07，打开零件模型文件 ex07_bush.prt，然后创建图 5.9.7 所示的完整的工程视图。

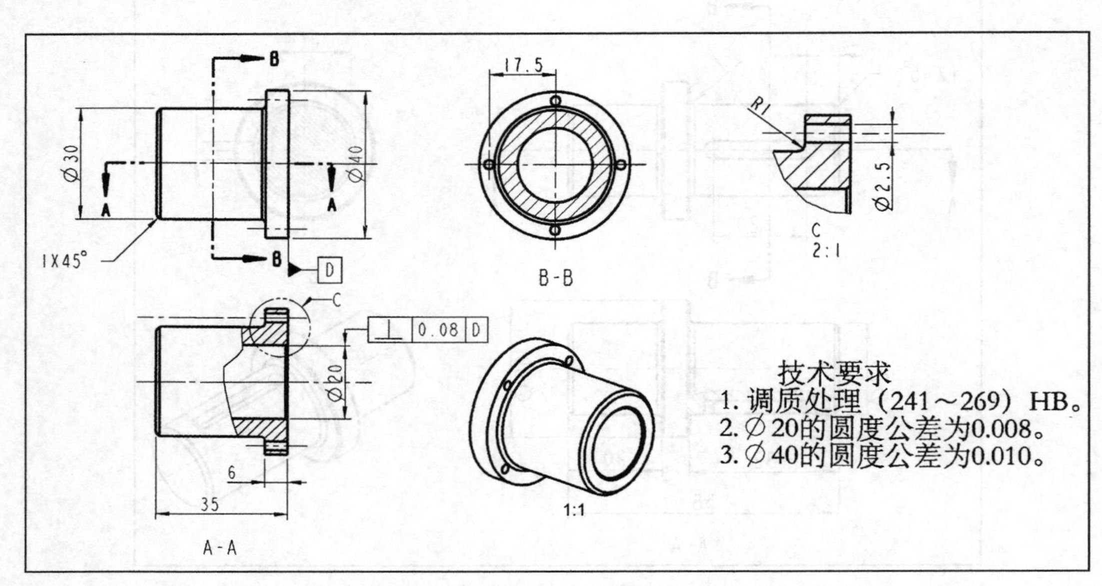

图 5.9.7　习题 7

第6章 曲 面 设 计

本章提要

Creo 8.0 的曲面功能对于创建复杂曲面零件非常有用。与一般实体零件的创建相比，曲面零件的创建过程和方法比较特殊，技巧性也很强，掌握起来不太容易。本章将介绍曲面造型的基本知识，以及曲面造型的多种方法和技巧。本章的最后配备了若干范例，能使读者对曲面的设计过程和操作要点有一个全面的认识。本章主要内容包括：

- 曲面设计概述
- 一般曲面的创建
- 曲面的修剪
- 曲面的合并与延伸
- 曲面的实体化
- 曲面设计综合范例

6.1 曲面设计概述

Creo 8.0 的曲面（Surface）设计模块主要用于设计形状复杂的零件。在 Creo 8.0 中，曲面是一种没有厚度的几何特征。不要将曲面与实体里的薄壁特征相混淆，薄壁特征有一个壁的厚度值，其本质上是实体，只不过它的壁很薄。

在 Creo 8.0 中，通常将一个曲面和几个曲面的组合称为面组（Quilt）。

用曲面创建形状复杂的零件的主要操作步骤如下。

（1）创建数个单独的曲面。

（2）对曲面进行修剪（Trim）和偏移（Offset）等操作。

（3）将单独的各个曲面合并（Merge）为一个整体的面组。

（4）将曲面（面组）变成实体零件。

6.2 一般曲面的创建

6.2.1 Creo 8.0 曲面创建工具简介

Creo 8.0 的曲面创建命令主要分布在 模型 功能选项卡的 形状▾ 区域与 曲面▾ 区

域。单击 形状▾ 区域中的某个命令按钮，在特征操控板中按下“曲面类型”按钮，即可采用该命令创建曲面，创建方法与创建实体的方法基本相同。曲面▾ 区域主要包括各种高级曲面的创建方法及 Creo 8.0 专业曲面造型模块，如边界混合曲面、填充曲面、交互式曲面（ISDX）和细分曲面算法的自由曲面等。

6.2.2 创建拉伸曲面和旋转曲面

拉伸、旋转、扫描以及混合等曲面的创建方法与对应类型的实体特征基本相同。下面仅以拉伸曲面和旋转曲面为例进行介绍。

1. 创建拉伸曲面

图 6.2.1 所示的两种拉伸曲面特征的创建操作步骤如下。

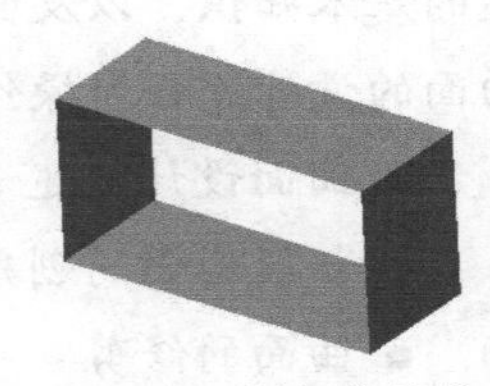

图 6.2.1 不封闭拉伸曲面

Step1. 新建一个零件模型，将其命名为 surface_extrude。

Step2. 单击 模型 功能选项卡 形状▾ 区域中的按钮 拉伸，此时系统弹出图 6.2.2 所示的“拉伸”操控板。

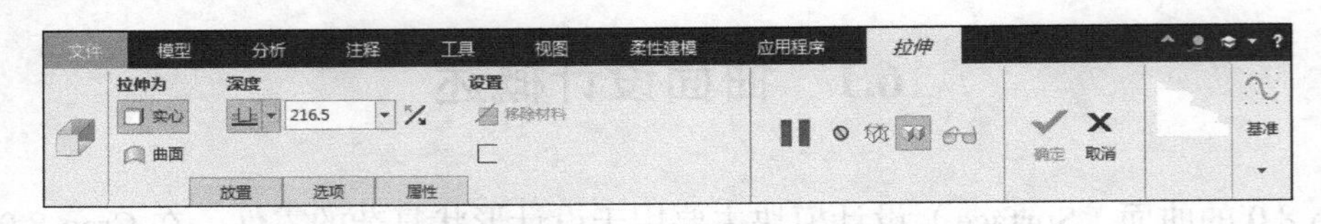

图 6.2.2 “拉伸”操控板

Step3. 按下操控板中的“曲面类型”按钮。

Step4. 定义草绘截面放置属性。单击操控板中的 参考，选择 定义...；指定 FRONT 基准平面为草绘面，采用模型中默认的草绘视图方向，指定 RIGHT 基准平面为参考面，方向为 右。

Step5. 创建特征截面。进入草绘环境后，首先接受默认参考，然后绘制图 6.2.3 所示的截面草图，完成后单击按钮 ✓。

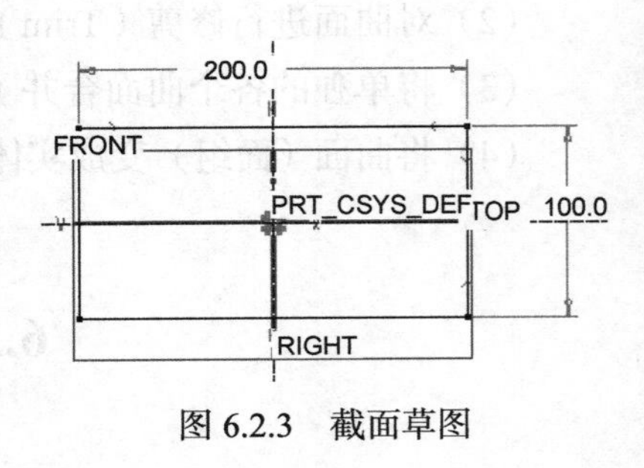

图 6.2.3 截面草图

Step6. 定义曲面特征的“开放”或“闭合”。单击操控板中的 选项 按钮，在其界面中：

- 选中 ☑ 封闭端 复选框，使曲面特征的两端部封闭（图 6.2.4）。

注意：对于封闭的截面草图，才可选择该项。

- 取消选中 ☐ 封闭端 复选框，可以使曲面特征的两端部开放（图 6.2.1）。
- 当使用封闭的截面草图时，选中 ☑ 添加锥度 复选框可以使曲面特征带有一定的拔模斜度（图 6.2.5），该选项对于实体特征同样适用。

图 6.2.4 两端封闭的拉伸曲面

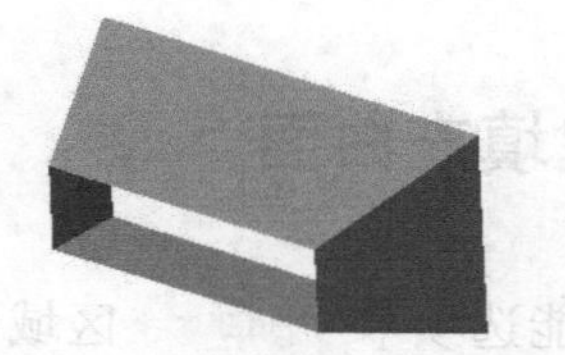

图 6.2.5 带拔模斜度的拉伸曲面

Step7. 选取深度类型及其深度。选取深度类型 [icon]，输入深度值 80.0 并按 Enter 键。

Step8. 在操控板中单击“确定”按钮 [icon]，完成曲面特征的创建。

2. 创建旋转曲面

图 6.2.6 所示的曲面特征为旋转曲面，创建的操作步骤如下。

Step1. 新建一个零件模型，将其命名为 surface_revolve。

Step2. 单击 模型 功能选项卡 形状▼ 区域中的 旋转 按钮，按下操控板中的“曲面类型”按钮 [icon]。

Step3. 定义草绘截面放置属性。指定 FRONT 基准平面为草绘面，RIGHT 基准平面为参考面，方向为 右。

Step4. 创建特征截面，接受默认参考；绘制图 6.2.7 所示的特征截面（截面可以不封闭），注意必须有一条几何中心线作为旋转轴，完成后单击按钮 [icon]。

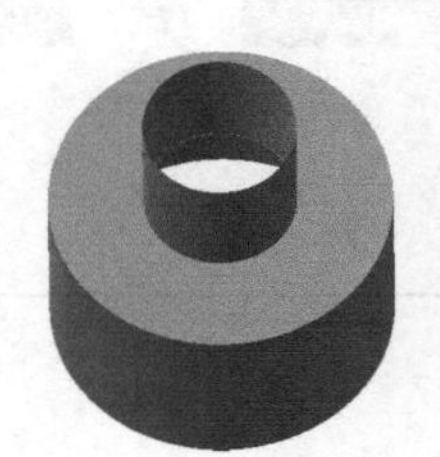

图 6.2.6 旋转曲面

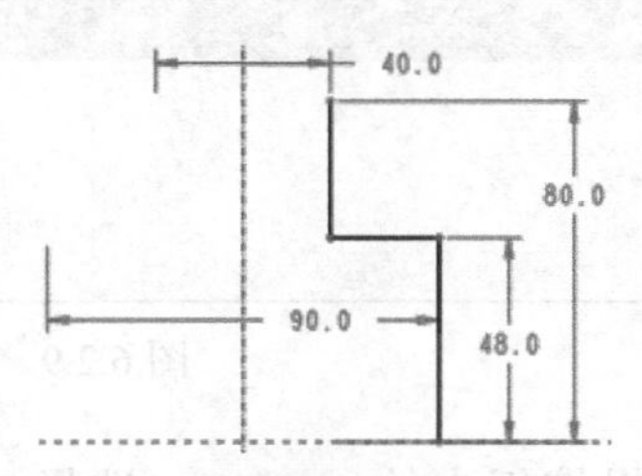

图 6.2.7 截面图形

说明：用户在创建旋转曲面截面草图的时候，必须利用“几何中心线”命令（单击 草绘 选项卡 基准 区域中的 中心线 按钮）手动绘制旋转轴；如果用户在绘制截面草图的时候绘制一条几何中心线，系统会默认为此几何中心线就是所创建的旋转曲面的旋转轴；如果用户在绘制截面草图的时候绘制两条及两条以上的几何中心线，这时系统会将用户绘制的第一条几何中心线作为旋转轴，用户也可以用手动来指定（右击要指定为旋转轴的几何中心线，然后选择“旋转轴”命令）所创建曲面的旋转轴。

Step5. 定义旋转类型及角度。选取旋转类型 [icon]（即草绘平面以指定角度值旋转），角度值为 360.0。

Step6. 在操控板中单击“确定”按钮 [icon]，完成曲面特征的创建。

6.2.3 创建填充曲面

模型 功能选项卡 曲面 ▾ 区域中的 填充 命令是用于创建平整曲面——填充特征，它创建的是一个二维平面特征。利用 拉伸 命令也可创建某些平整曲面，不过 拉伸 是有深度参数而 填充 是无深度参数（图 6.2.8）。

注意： 填充特征的截面草图必须是封闭的。

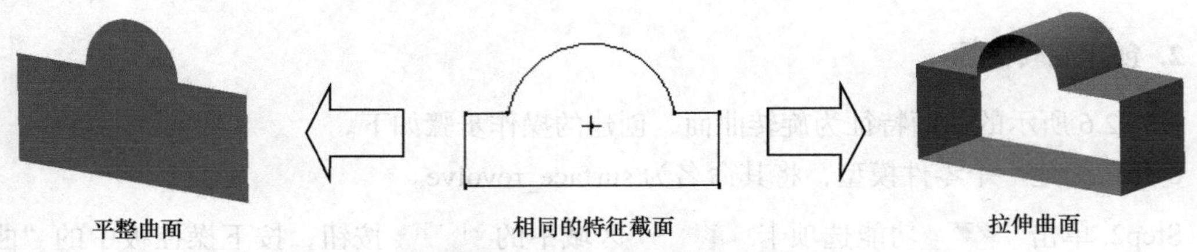

图 6.2.8 平整曲面与拉伸曲面

创建平整曲面的一般操作步骤如下。

Step1. 新建一个零件模型，将其命名为 surface_fill。

Step2. 单击 模型 功能选项卡 曲面 ▾ 区域中的按钮 填充，此时屏幕上方出现图 6.2.9 所示的“填充”操控板。

图 6.2.9 “填充”操控板

Step3. 单击操控板中的 参考，选择 定义...；进入草绘环境后，创建一个封闭的截面草图，完成后单击按钮 ✔。

Step4. 在操控板中单击“确定”按钮 ✔，完成平整曲面特征的创建。

6.2.4 创建边界混合曲面

边界混合曲面，即创建经过所选参考图元（它们在一个或两个方向上定义曲面）的混合曲面，是在每个方向上选定的第一个和最后一个图元定义曲面的边界。如果添加更多的参考图元（如控制点和边界），则能更精确、更完整地定义曲面形状。

选取参考图元的规则如下。

- 曲线、模型边、基准点、曲线或边的端点可作为参考图元使用。

- 在每个方向上，都必须按连续的顺序选择参考图元。
- 对于在两个方向上定义的混合曲面来说，其外部边界必须形成一个封闭的环，这意味着外部边界必须相交。

1. 创建边界混合曲面的一般过程

下面以图 6.2.10 为例介绍创建边界混合曲面的一般过程。

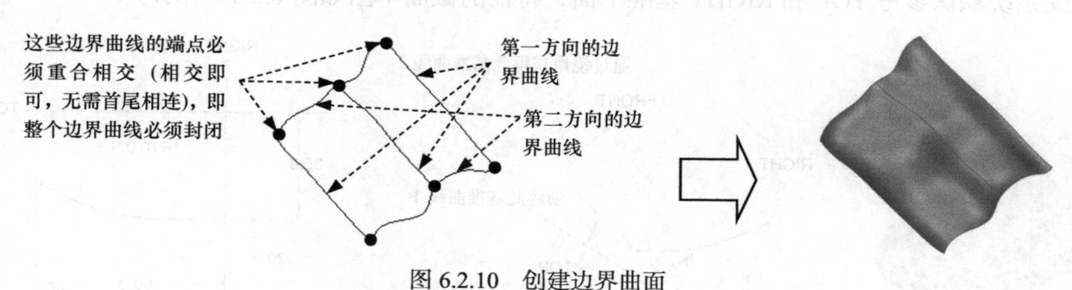

图 6.2.10 创建边界曲面

Step1. 设置工作目录和打开文件。

（1）选择下拉菜单 文件 → 管理会话(M) → 选择工作目录(W) 命令（或单击 主页 选项卡中的 按钮），将工作目录设置至 D:\dbcreo8.1\work\ch06.02。

（2）选择下拉菜单 文件 → 打开(O) 命令，打开文件 surface_boundary_blended.prt。

Step2. 单击 模型 功能选项卡 曲面 区域中的“边界混合”按钮，屏幕上方出现图 6.2.11 所示的“边界混合”操控板（一）。

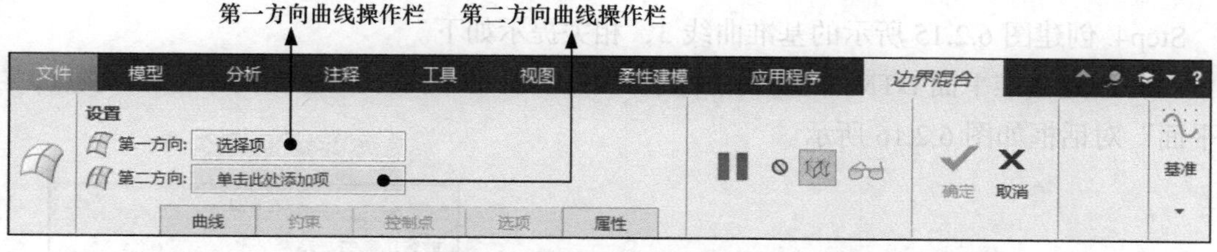

图 6.2.11 “边界混合”操控板（一）

Step3. 定义第一方向的边界曲线。按住 Ctrl 键，分别选取图 6.2.10 所示的第一方向的三条边界曲线。

Step4. 定义第二方向的边界曲线。在操控板中单击 图标后面的第二方向曲线操作栏中的“单击此处添加项”字符，按住 Ctrl 键，分别选取第二方向的两条边界曲线。

Step5. 在操控板中单击“确定”按钮，完成边界曲面的创建。

2. 边界曲面的练习

本练习将介绍用“边界混合曲面”的方法，创建图 6.2.12 所示的鼠标盖曲面的详细操作流程。

Stage1. 创建基准曲线

Step1. 新建一个零件的三维模型，将其命名为 mouse_cover。

Step2. 创建图 6.2.13 所示的基准曲线 1，相关提示如下。

（1）单击 模型 功能选项卡 基准 ▼ 区域中的“草绘”按钮。

（2）设置 FRONT 基准平面为草绘平面，RIGHT 基准平面为参考平面，方向为 右；接受系统默认参考 TOP 和 RIGHT 基准平面；特征的截面草图如图 6.2.14 所示。

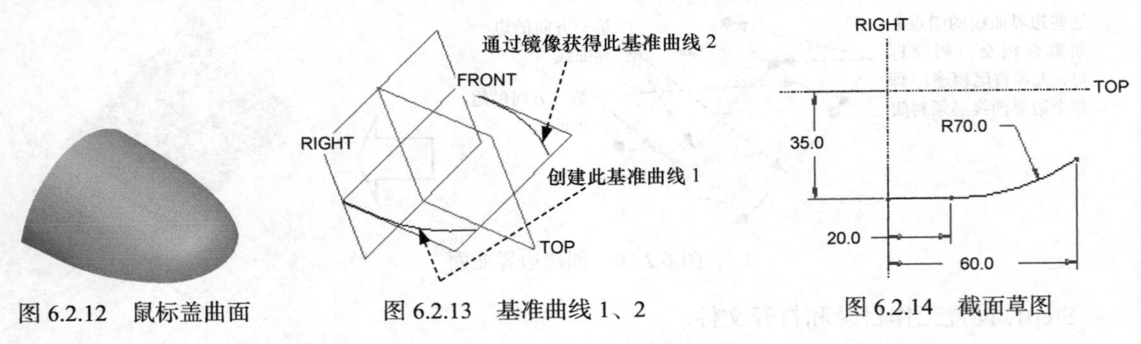

图 6.2.12 鼠标盖曲面 图 6.2.13 基准曲线 1、2 图 6.2.14 截面草图

Step3. 将图 6.2.13 中的基准曲线 1 进行镜像，获得基准曲线 2，相关提示如下。

（1）选取要镜像的特征。在图形区中选取要镜像复制的基准曲线 1（或在模型树中选择“草绘 1”）。

（2）选择“镜像”命令。单击 模型 功能选项卡 编辑 ▼ 区域中的“镜像”按钮。

（3）定义镜像中心平面。选取 TOP 基准平面为镜像中心平面。

（4）单击“镜像”操控板中的 ✓ 按钮，完成镜像操作。

Step4. 创建图 6.2.15 所示的基准曲线 3，相关提示如下。

（1）创建基准平面 DTM1，使其平行于 RIGHT 基准平面并且过基准曲线 1 的顶点，“基准平面”对话框如图 6.2.16 所示。

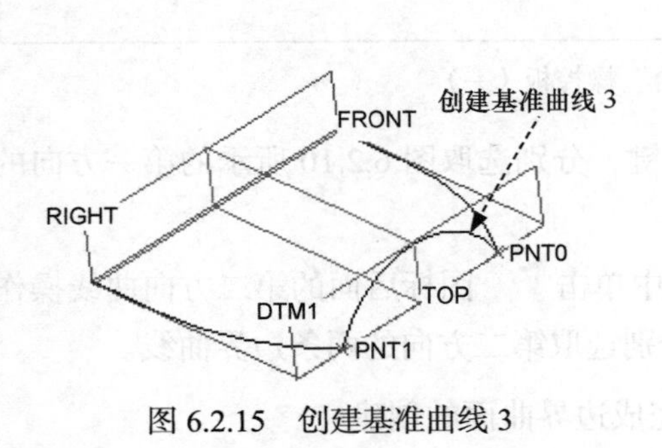

图 6.2.15 创建基准曲线 3

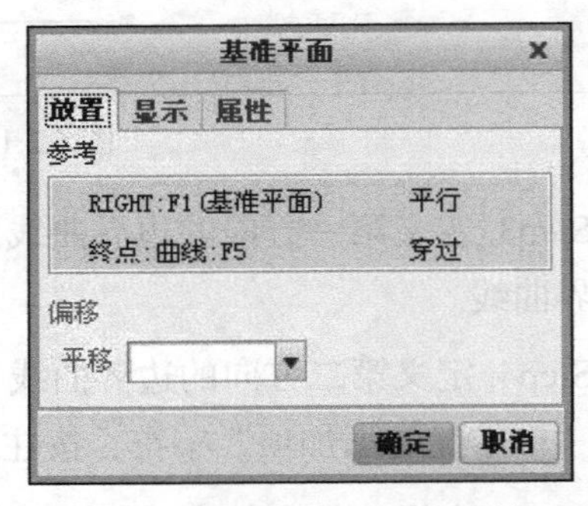

图 6.2.16 “基准平面”对话框

（2）单击“草绘”命令按钮。设置 DTM1 基准平面为草绘平面，TOP 基准平面为参考平面，方向为 右；接受系统给出的默认参考；特征的截面草图如图 6.2.17 所示。

注意： 草绘时，为了绘制方便，将草绘平面旋转、调整到图 6.2.17 所示的空间状态。另外要将基准曲线 3 的顶点与基准曲线 1、2 的顶点对齐。为了确保对齐，应该创建基准点 PNT1 和 PNT0，它们分别过基准曲线 1、2 的顶点，如图 6.2.17 所示，然后选取这两个基准点作为草绘参考，创建这两个基准点的操作提示如下。

① 创建基准点时，无需退出草绘环境，直接单击 模型 功能选项卡 基准▾ 区域中的 点▾ 按钮。

② 选择基准曲线 1 或 2 的顶点；单击“基准点”对话框（图 6.2.18）中的 确定 按钮。

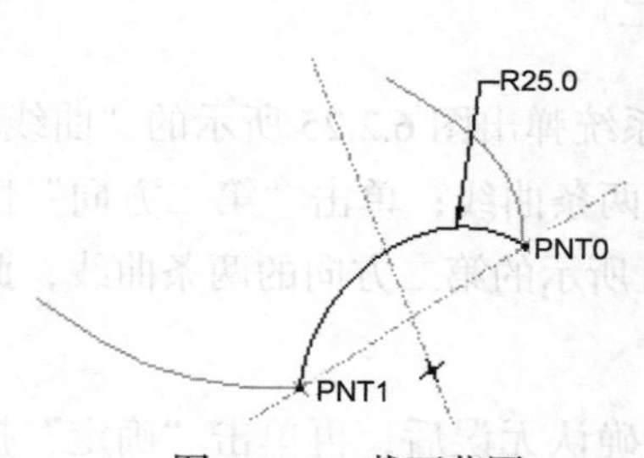

图 6.2.17　截面草图

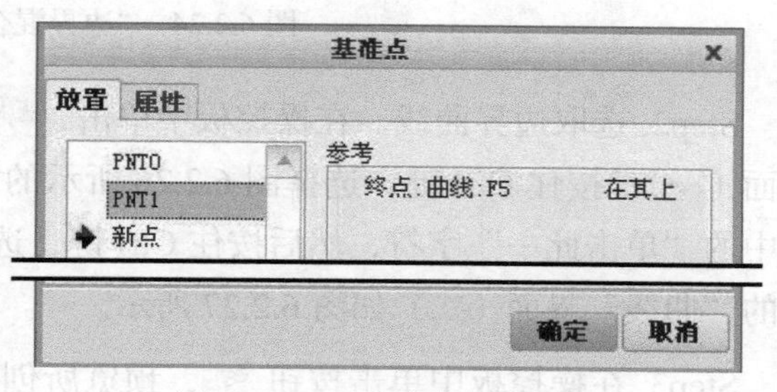

图 6.2.18　“基准点”对话框

Step5. 创建图 6.2.19 所示的基准曲线 4，相关提示如下：单击“草绘”命令按钮；设置 FRONT 基准平面为草绘平面，RIGHT 基准平面为参考平面，方向为 右；特征的截面草图如图 6.2.20 所示（为了便于将基准曲线 4 的顶点与基准曲线 1、2 的顶点对齐并且相切，有必要选取基准曲线 1、2 为草绘参考）。

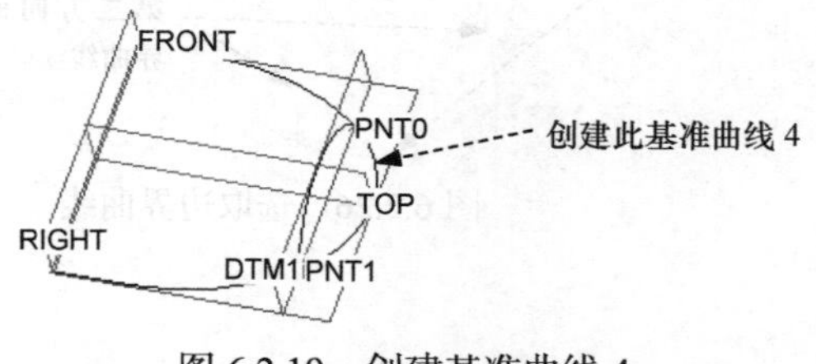

图 6.2.19　创建基准曲线 4

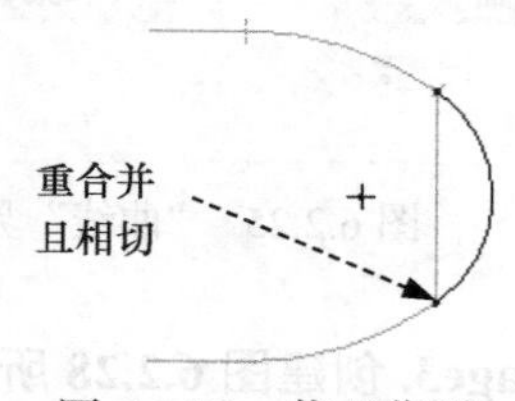

图 6.2.20　截面草图

Step6. 创建图 6.2.21 所示的基准曲线 5。

相关提示：此操作的草绘平面为 RIGHT 基准平面，截面草图如图 6.2.22 所示。

Stage2. 创建边界曲面 1

如图 6.2.23 所示，该鼠标盖零件模型包括两个边界曲面，下面是创建边界曲面 1 的操作步骤。

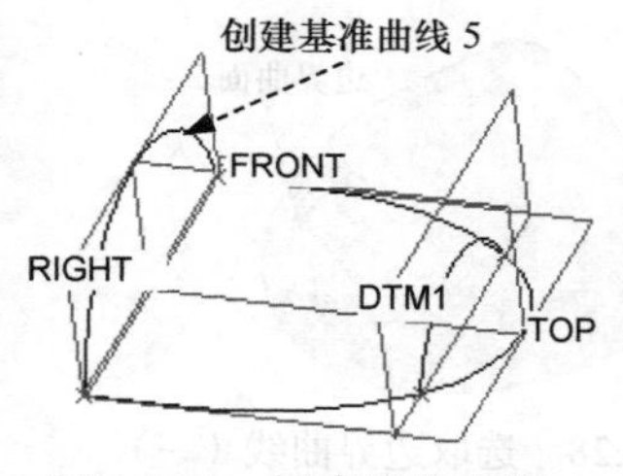

图 6.2.21　创建基准曲线 5

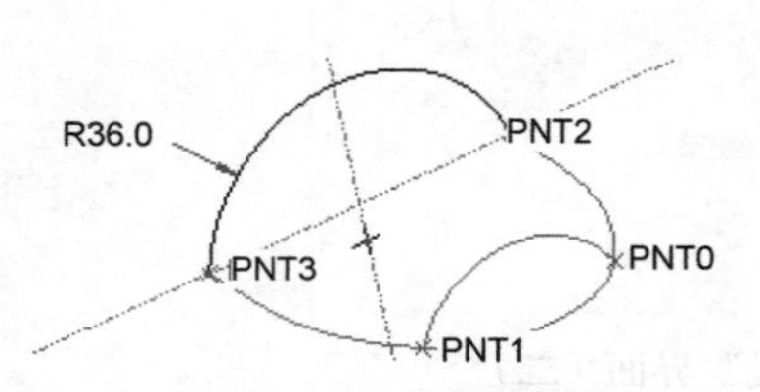

图 6.2.22　截面草图

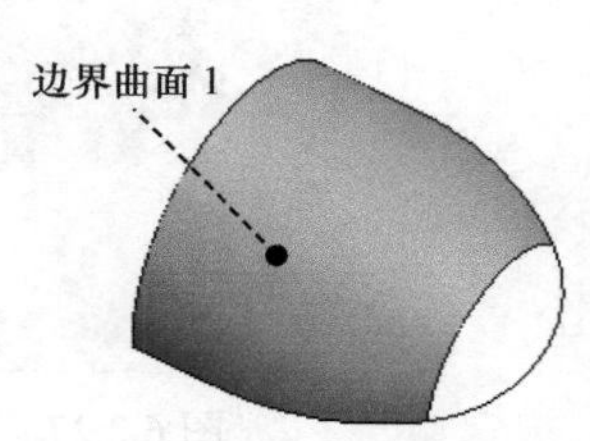

图 6.2.23　两个边界曲面

Step1. 单击 模型 功能选项卡 曲面▼ 区域中的“边界混合”按钮，此时在屏幕上方出现图 6.2.24 所示的“边界混合”操控板（二）。

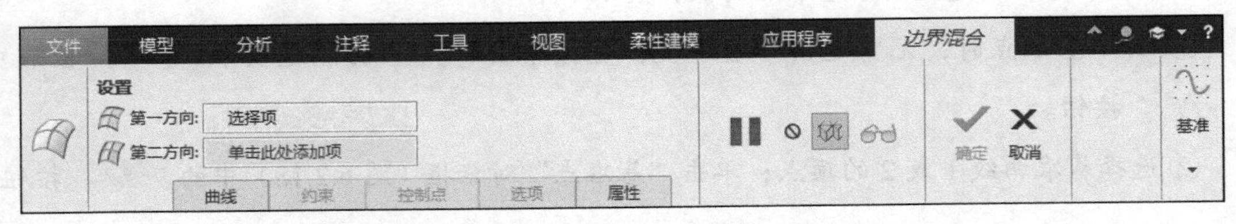

图 6.2.24 “边界混合”操控板（二）

Step2. 选取边界曲线。在操控板中单击 曲线 按钮，系统弹出图 6.2.25 所示的“曲线”界面（一）；按住 Ctrl 键，选择图 6.2.26 所示的第一方向的两条曲线；单击“第二方向”区域中的“单击此…”字符，然后按住 Ctrl 键，选择图 6.2.26 所示的第二方向的两条曲线，此时的“曲线”界面（二）如图 6.2.27 所示。

Step3. 在操控板中单击按钮，预览所创建的曲面，确认无误后，再单击“确定”按钮。

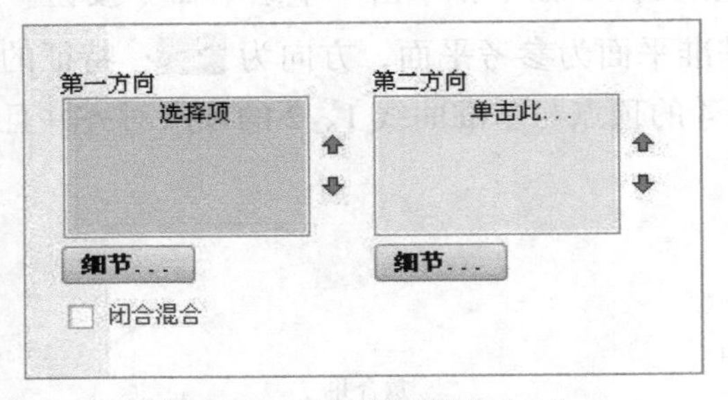

图 6.2.25 “曲线”界面（一）

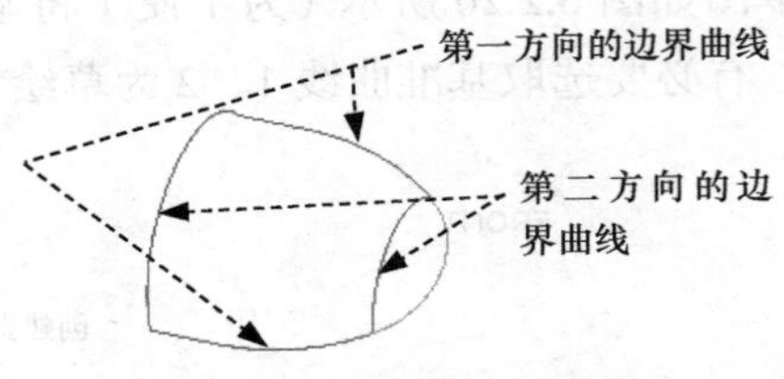

图 6.2.26 选取边界曲线

Stage3. 创建图 6.2.28 所示的边界曲面 2

Step1. 单击“边界混合”按钮。

Step2. 按住 Ctrl 键，依次选择图 6.2.29 所示的基准曲线 4 和基准曲线 3 为方向 1 的边界曲线。

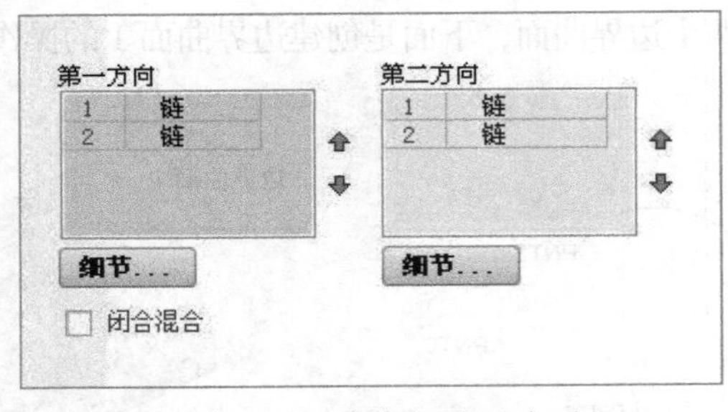

图 6.2.27 “曲线”界面（二）

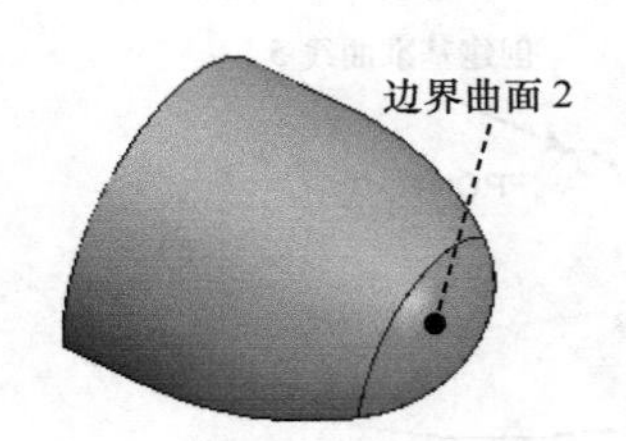

图 6.2.28 选取边界曲线（一）

Step3. 设置边界条件。在操控板中单击 约束 按钮，在图 6.2.30 所示的“约束”界面中将“方向 1”的“最后一条链”的“条件”设置为 相切，然后单击图 6.2.30 所示的区域，在系统 选择位于加亮边界元件上的曲面。的提示下，选取图 6.2.29 所示的边界曲面 1。

Step4. 单击操控板中的“确定”按钮 ✓。

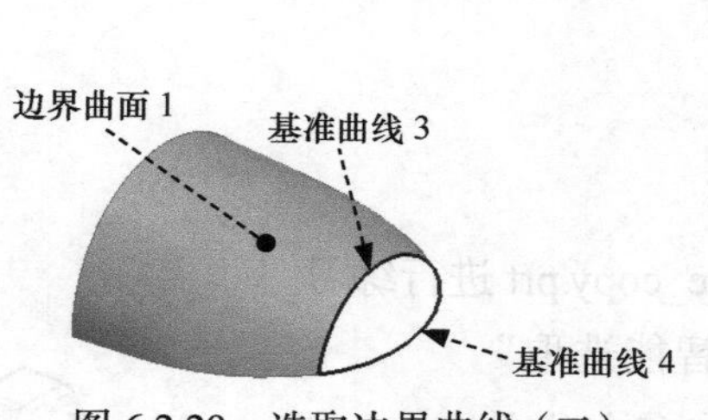

图 6.2.29 选取边界曲线（二）

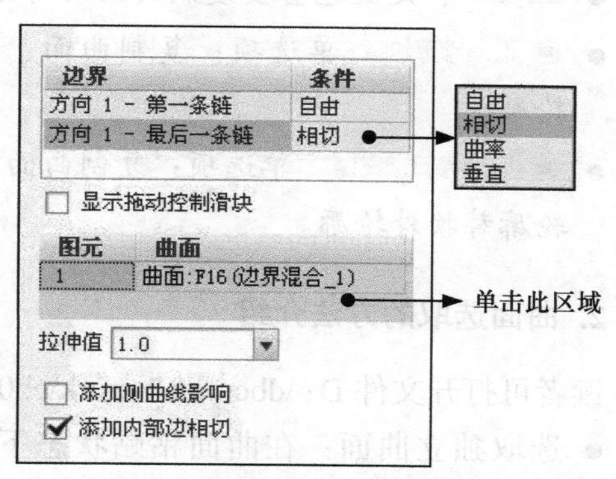

图 6.2.30 “约束”界面

6.2.5 曲面的复制

模型 功能选项卡 操作 ▾ 区域中的“复制”按钮 和“粘贴”按钮 ▾ 可以用于曲面的复制，复制的曲面与源曲面的形状和大小相同。曲面的复制功能在模具设计中定义分型面时特别有用。注意要激活 工具，首先必须选取一个曲面。

1. 一般曲面复制

曲面复制的一般操作步骤如下。

Step1. 在屏幕右上方的“智能选取”栏中选择“几何”或“面组”选项，然后在模型中选取某个要复制的曲面。

Step2. 单击 模型 功能选项卡 操作 ▾ 区域中的“复制”按钮 。

Step3. 单击 模型 功能选项卡 操作 ▾ 区域中的“粘贴”按钮 ▾，系统弹出“复制”操控板，在该操控板中进行设置（按住 Ctrl 键，可选取其他要复制的曲面）。

Step4. 在操控板中单击“确定”按钮 ✓，完成曲面的复制。

“复制”操控板的说明如下。

参考 按钮：指定复制参考。

选项 按钮：指定复制选项。

- ◉ 按原样复制所有曲面 单选项：不改变曲面的形状和数量，直接复制选中的曲面。
- ◉ 排除曲面并填充孔 单选项：复制曲面时，可以在选中曲面内排除不复制的曲面或填充曲面内的孔。

☑ 排除轮廓：选取要从当前复制特征中排除的曲面。

☑ 填充孔/曲面：在选定曲面上选取要填充的孔。

- ◉ 复制内部边界 单选项：仅复制边界内的曲面。
- 边界曲线：定义包含要复制的曲面的边界。
- ◉ 取消修剪包络 单选项：复制曲面、移除所有内轮廓，并用当前轮廓的包络替换外轮廓。
- ◉ 取消修剪定义域 单选项：复制曲面、移除所有内轮廓，并用与曲面定义域相对应的轮廓替换外轮廓。

2. 曲面选取的方法介绍

读者可打开文件 D:\dbcreo8.1\work\ch06.02\surface_copy.prt 进行练习。

- 选取独立曲面：在曲面粘贴状态下，选择“智能选取”栏中的 曲面 选项，再选取要复制的曲面。选取多个独立曲面须按 Ctrl 键；要去除已选的曲面，需按住 Ctrl 键再单击要去除的面，如图 6.2.31 所示。

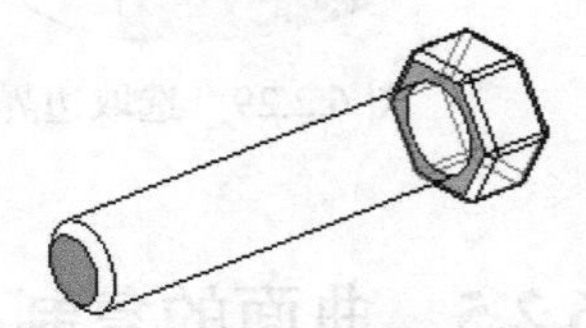

图 6.2.31 选取要去除的曲面

- 通过定义种子曲面和边界曲面来选择曲面：这种方法将选取从种子曲面开始向四周延伸直到边界曲面的所有曲面（其中包括种子曲面，但不包括边界曲面）。如图 6.2.32 所示，左键单击选取螺钉的底部平面，使该曲面成为“种子”曲面。然后按住键盘上的 Shift 键，同时左键单击螺钉头的顶部平面，使该曲面成为边界曲面。完成这两个操作后，则从螺钉的底部平面到螺钉头的顶部平面间的所有曲面都将被选取（不包括螺钉头的顶部平面），如图 6.2.33 所示。

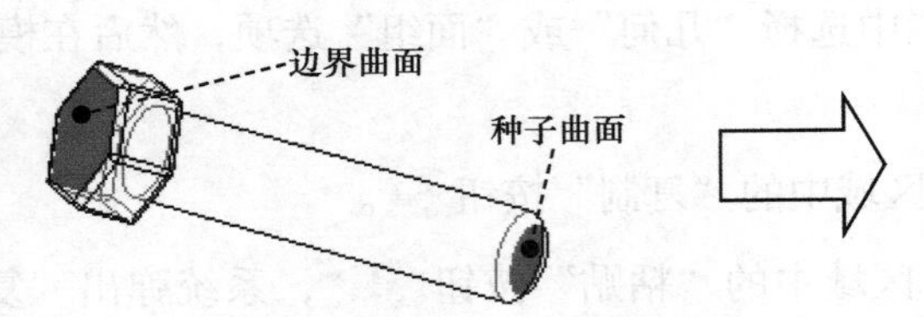

图 6.2.32 定义“种子”曲面

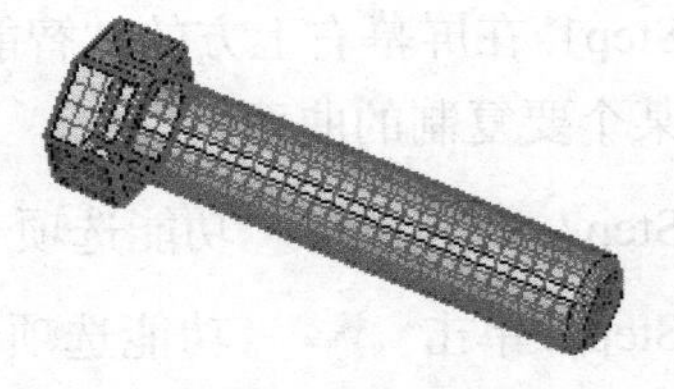

图 6.2.33 完成曲面的选取

- 选取实体曲面：在模型表面任意位置右击，在系统弹出的快捷菜单中选择 实体曲面 命令，实体中的所有曲面都将被选取。
- 选取目的曲面：由模型中多个相关联的曲面组成目的曲面。首先选取“选定项”栏中的“目的曲面”，然后再选取某一曲面。如果选取图 6.2.34 所示的曲面，则可形成图 6.2.35 所示的目的曲面；如果选取图 6.2.36 所示的曲面，则可形成图 6.2.37 所示的目的曲面。

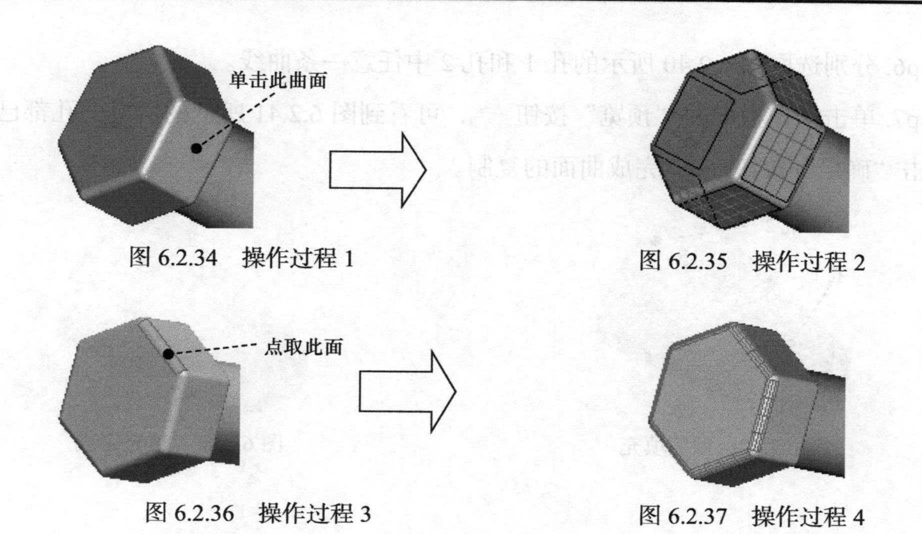

图 6.2.34 操作过程 1　　图 6.2.35 操作过程 2

图 6.2.36 操作过程 3　　图 6.2.37 操作过程 4

3. 填充孔

"填充孔"选项用于在要复制的曲面中填充内部孔，这个选项操作在模具设计的填补分型面的内部孔时，会经常用到。

下面以图 6.2.38 所示的曲面中的内部孔为例，说明填充孔的操作步骤。

Step1. 将工作目录设置至 D:\dbcreo8.1\work\ch06.02，打开文件 surface_copy02.prt。

Step2. 按住 Ctrl 键，选取曲面 1、曲面 2 和曲面 3，单击 模型 功能选项卡 操作 区域中的"复制"按钮。

Step3. 单击 模型 功能选项卡 操作 区域中的"粘贴"按钮，系统弹出"复制"操控板，在该操控板中单击"选项"按钮，在出现的操作界面中选择 排除曲面并填充孔 单选项，如图 6.2.39 所示。

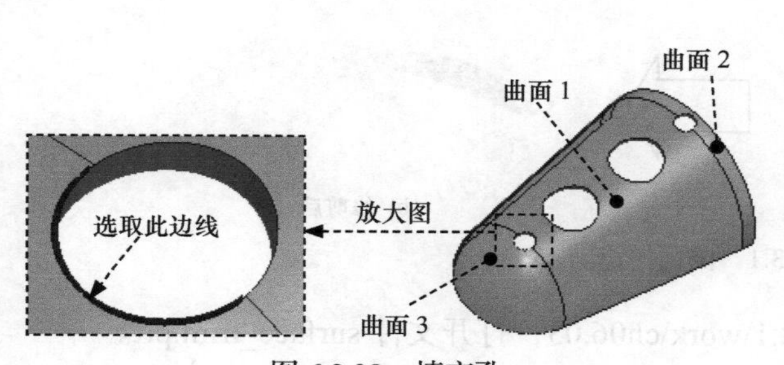

图 6.2.38 填充孔

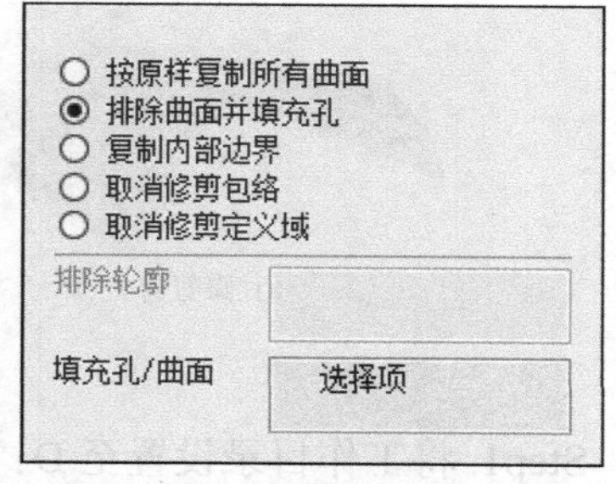

图 6.2.39 "排除曲面并填充孔"单选项

Step4. 选择图 6.2.38 所示曲面 1。

Step5. 在操控板中单击"预览"按钮，此时可看到图 6.2.40 所示的孔 1 和孔 2 没有被填充，而其他孔则已被填充。孔 1 和孔 2 没有被填充的原因是，这两个孔不完全在曲面 1 到曲面 3 的某一个曲面上，而是在这些曲面的两两之间。

Step6. 分别选取图 6.2.40 所示的孔 1 和孔 2 中任意一条曲线。

Step7. 单击操控板中的“预览”按钮 ，可看到图 6.2.41 所示的所有的孔都已被填充。然后单击“确定”按钮 ，完成曲面的复制。

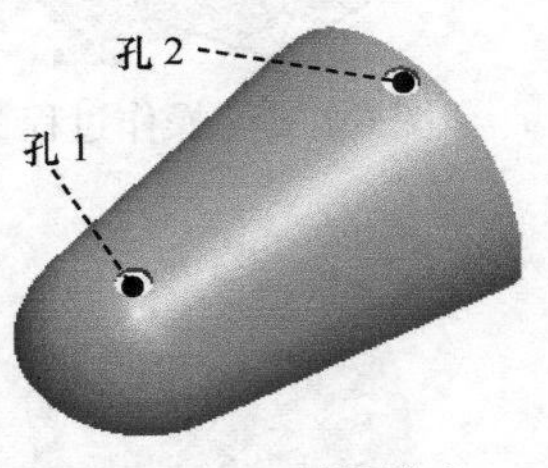

图 6.2.40 预览填充

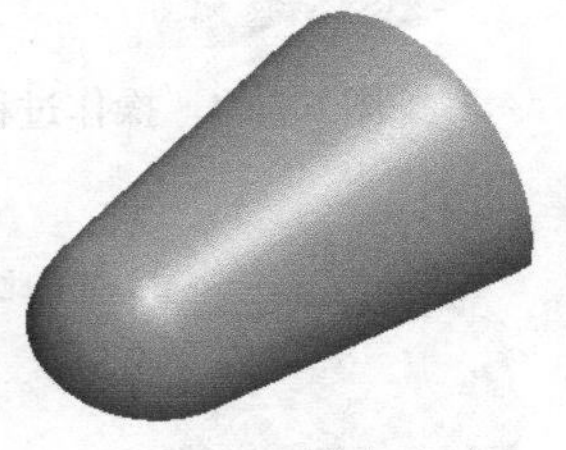

图 6.2.41 填充完成

6.3 曲面的修剪

曲面的修剪（Trim）就是将选定曲面上的某一部分剪除掉，它类似于实体的切削（Cut）功能。曲面的修剪有许多方法，下面将分别介绍。

6.3.1 基本形式的曲面修剪

在 模型 功能选项卡 形状 ▾ 区域中各命令特征的操控板中按下“曲面类型”按钮 及“切削特征”按钮 ，可产生一个“修剪”曲面，用这个“修剪”曲面可将选定曲面上的某一部分剪除掉。

注意：产生的“修剪”曲面只用于修剪，而不会出现在模型中。

下面以对图 6.3.1a 中的曲面进行修剪为例，说明基本形式的曲面修剪的一般操作步骤。

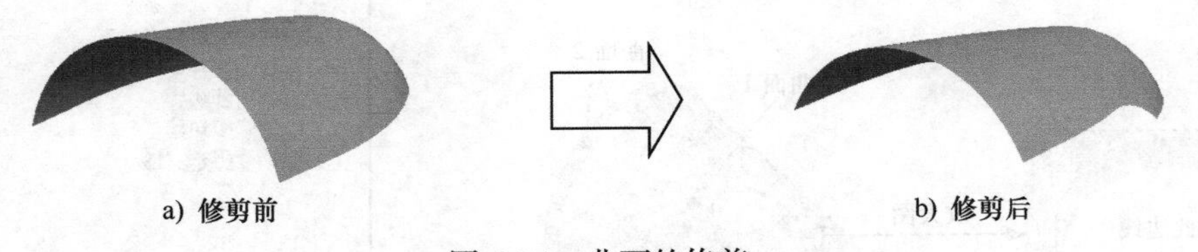

图 6.3.1 曲面的修剪

Step1. 将工作目录设置至 D:\dbcreo8.1\work\ch06.03，打开文件 surface_trim.prt。

Step2. 单击 模型 功能选项卡 形状 ▾ 区域中的 拉伸 按钮，此时系统弹出“拉伸特征”操控板。

Step3. 按下操控板中的“曲面类型”按钮 及“移除材料”按钮 。

Step4. 选择要修剪的曲面，如图 6.3.2 所示。

Step5. 定义修剪曲面特征的截面要素。设置 TOP 基准平面为草绘平面，RIGHT 基准平面为参考平面，方向为 左 ；特征截面如图 6.3.3 所示。

Step6. 在操控板中选取两侧深度类型均为 ⫼（穿过所有），切削方向如图 6.3.4 所示。

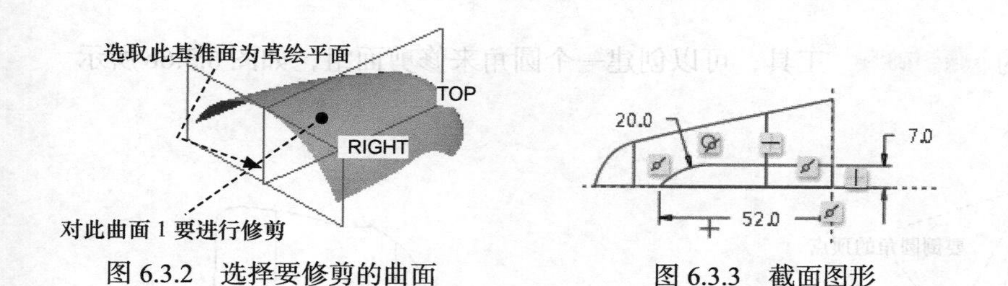

图 6.3.2　选择要修剪的曲面　　图 6.3.3　截面图形

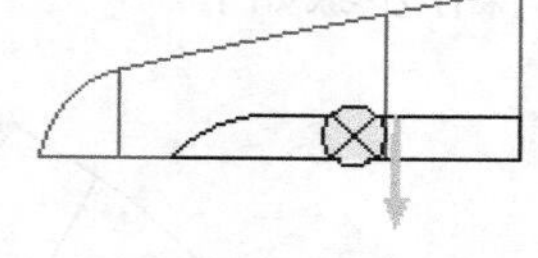

图 6.3.4　切削方向

Step7. 在操控板中单击“预览”按钮 查看所创建的特征，然后单击按钮 ✔，完成操作。

6.3.2　用面组或曲线修剪面组

通过 模型 功能选项卡 编辑 ▾ 区域中的 修剪 命令按钮，可以用另一个面组、基准平面或曲面上的曲线链来修剪面组。下面以图 6.3.5 为例，说明用面组修剪面组的操作步骤。

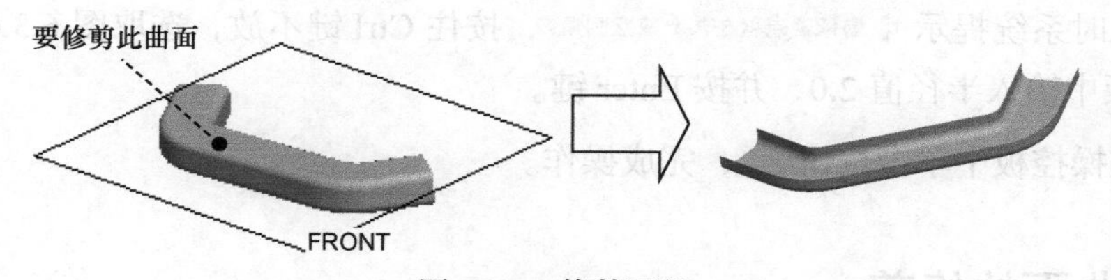

图 6.3.5　修剪面组

Step1. 将工作目录设置至 D:\dbcreo8.1\work\ch06.03，打开文件 surface_sweep_trim.prt。

Step2. 选取要修剪的曲面，如图 6.3.5 所示。

Step3. 单击 模型 功能选项卡 编辑 ▾ 区域中的 修剪 按钮，系统弹出“修剪”操控板。

Step4. 在系统 ➡选择任意平面、曲线链或曲面以用作修剪对象。的提示下选取修剪对象，此例中选取 FRONT 基准平面作为修剪对象。

Step5. 确定要保留的部分。一般采用默认的箭头方向。

Step6. 在操控板中单击按钮 ，预览修剪的结果；单击按钮 ✔，则完成修剪。

如果用曲线进行曲面的修剪，要注意如下几点。

- 修剪面组的曲线可以是基准曲线，或者是模型内部曲面的边线，或者是实体模型边的连续链。
- 用于修剪的基准曲线应该位于要修剪的面组上。
- 如果曲线未延伸到面组的边界，系统将计算它到面组边界的最短距离，并在该最短距离方向继续修剪。

6.3.3 用“顶点倒圆角”命令修剪面组

曲面 ▼ 按钮中的 顶点倒圆角 工具，可以创建一个圆角来修剪面组，如图 6.3.6b 所示。操作步骤如下。

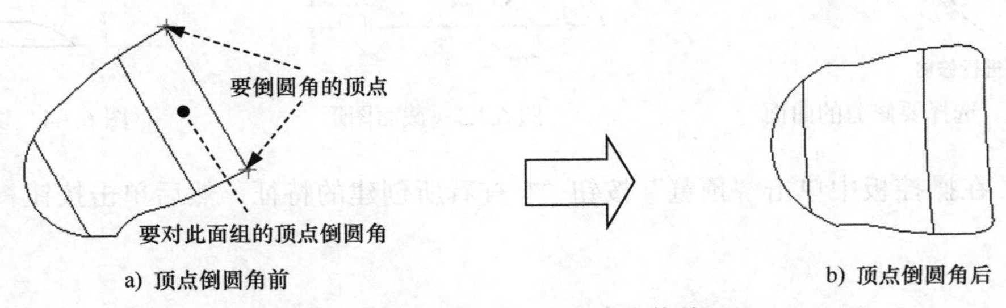

a) 顶点倒圆角前　　b) 顶点倒圆角后

图 6.3.6　用“顶点倒圆角”命令修剪面组

Step1. 先将工作目录设置至 D: \dbcreo8.1\work\ch06.03，然后打开文件 surface_trim_adv.prt。

Step2. 单击 模型 功能选项卡中的 曲面 ▼ 按钮，在系统弹出的菜单中选择 顶点倒圆角 命令，系统弹出“顶点倒圆角”操控板。

Step3. 此时系统提示 ➡选择顶点以在其上放置圆角.，按住 Ctrl 键不放，选取图 6.3.6 中的两个顶点；在操控板中输入半径值 2.0，并按 Enter 键。

Step4. 在操控板中单击按钮 ✔，完成操作。

6.3.4 薄曲面的修剪

薄曲面的修剪（Thin Trim）也是一种曲面的修剪方式，它类似于实体的薄壁切削功能。

在 模型 功能选项卡 形状 ▼ 区域中各命令特征的操控板中按下“曲面类型”按钮 、“移除材料”按钮 及“薄壁”按钮 ，可产生一个“薄壁”曲面，用这个“薄壁”曲面将选定曲面上的某一部分剪除掉。产生的“薄壁”曲面只用于修剪，而不会出现在模型中。读者可打开文件 D: \dbcreo8.1\work\ch06.03\surface_trim_ok.prt 进行练习。修剪前和修剪后的效果如图 6.3.7 所示。

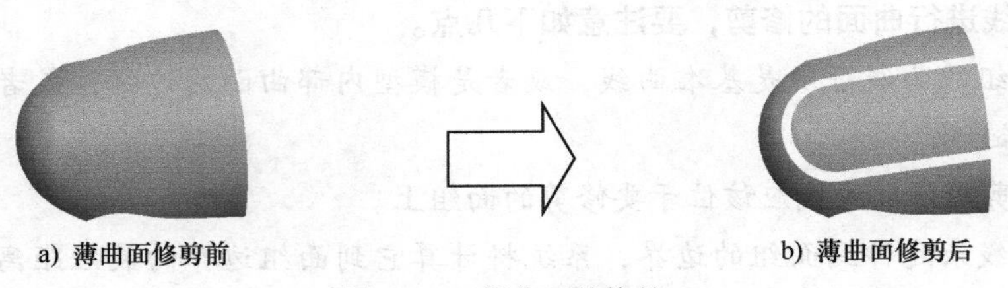

a) 薄曲面修剪前　　b) 薄曲面修剪后

图 6.3.7　薄曲面的修剪

6.4 曲面的合并与延伸

6.4.1 曲面的合并

使用 模型 功能选项卡 编辑▼ 区域中的 合并 命令按钮，可以对两个相邻或相交的曲面（或者面组）进行合并（Merge）。

合并后的面组是一个单独的特征，“主面组”将变成合并特征的父项。如果删除合并特征，则原始面组仍保留。在“组件”模式中，只有属于相同元件的曲面，才可用曲面合并。曲面合并的操作步骤如下。

Step1. 先将工作目录设置至 D：\dbcreo8.1\work\ch06.04，然后打开文件 surface_merge_01.prt。

Step2. 按住 Ctrl 键，选取要合并的两个面组（曲面）。

Step3. 单击 模型 功能选项卡 编辑▼ 区域中的 合并 按钮，系统弹出“合并”操控板，如图 6.4.1 所示。

图 6.4.1 所示的“合并”操控板中各命令按钮的说明如下。

A：合并两个相交的面组，可有选择性地保留原始面组的各部分。

B：合并两个相邻的面组，一个面组的一侧边必须在另一个面组上。

C：改变要保留的第一面组的侧。

D：改变要保留的第二面组的侧。

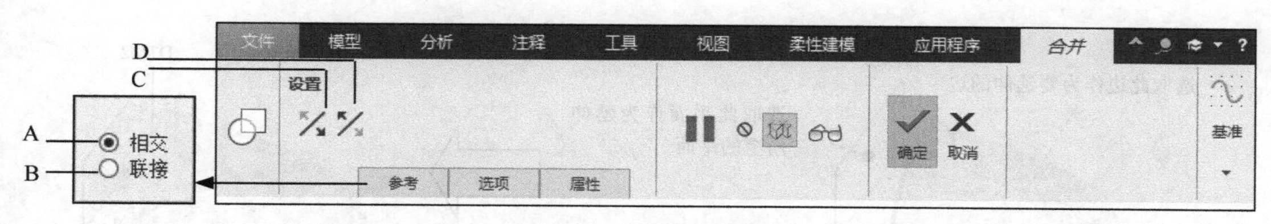

图 6.4.1 “合并”操控板

Step4. 选择合适的按钮，定义合并类型。默认时，系统使用 相交 合并类型。

- 相交 单选按钮：即相交类型，合并两个相交的面组。通过单击图 6.4.1 中的 C 按钮或 D 按钮，可指定面组的相应的部分包括在合并特征中，如图 6.4.2 所示。
- 联接 单选按钮：即连接类型，合并两个相邻面组，其中一个面组的边完全落在另一个面组上。如果一个面组超出另一个，通过单击图 6.4.1 中的 C 按钮或 D 按钮，可指定面组的哪一部分包括在合并特征中，如图 6.4.3 所示。

Step5. 单击 按钮，预览合并后的面组，确认无误后，单击“确定”按钮 。

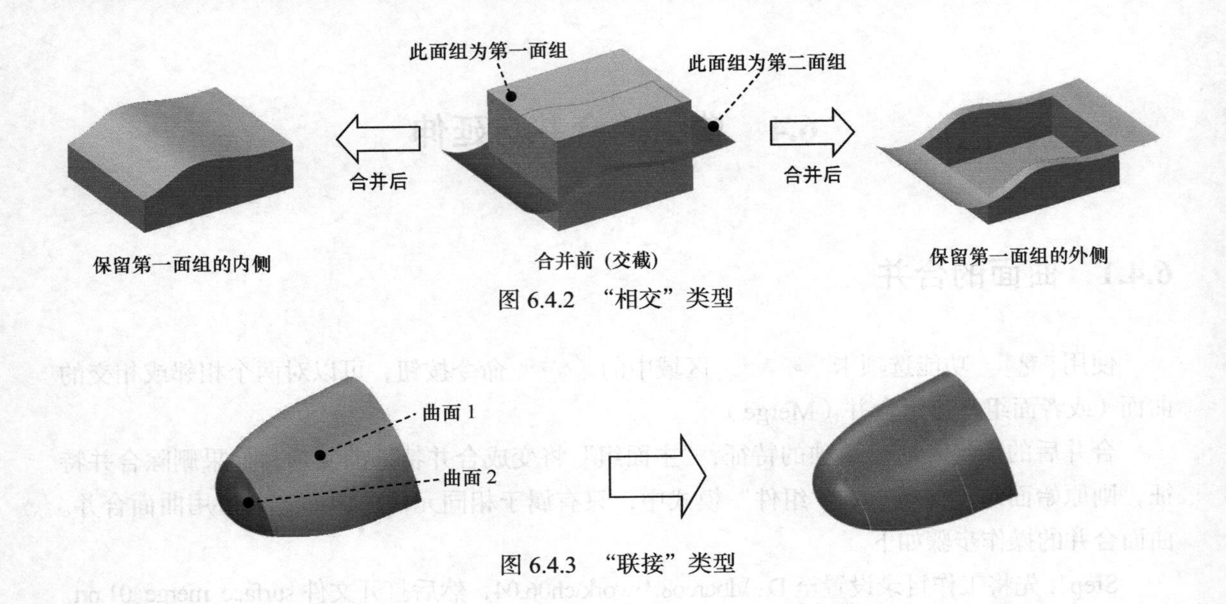

图 6.4.2 “相交”类型

图 6.4.3 “联接”类型

6.4.2 曲面的延伸

曲面的延伸（Extend）就是将曲面延长某一距离或延伸到某一平面，延伸部分曲面与原始曲面类型可以相同，也可以不同。下面以图 6.4.4 为例，说明曲面延伸的操作步骤。

Step1. 将工作目录设置至 D: \dbcreo8.1\work\ch06.04，打开文件 surface_extend.prt。

Step2. 在“智能选取”栏中选择 几何 选项，然后选取图 6.4.4 中的边作为要延伸的边。

Step3. 单击 模型 功能选项卡 编辑 ▾ 区域中的 延伸 按钮，此时出现图 6.4.5 所示的“延伸”操控板。

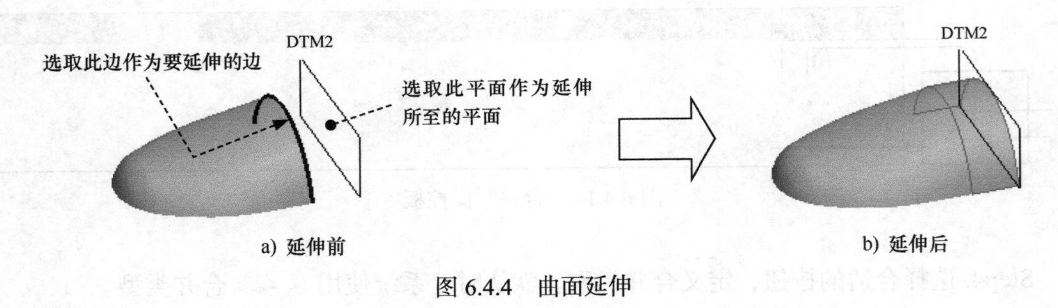

a) 延伸前　　b) 延伸后

图 6.4.4 曲面延伸

Step4. 在操控板中按下 按钮（延伸类型为至平面）。

Step5. 选取延伸中止面，如图 6.4.4b 所示。

延伸类型说明如下。

- ：将曲面边延伸到一个指定的终止平面。
- ：沿原始曲面延伸曲面，包括下列三种方式，如图 6.4.5 所示。

☑ 相同：创建与原始曲面相同类型的延伸曲面（如平面、圆柱、圆锥或样条曲面）。将按指定距离并经过其选定的原始边界延伸原始曲面。

☑ 相切：创建与原始曲面相切的延伸曲面。

☑ 逼近：延伸曲面与原始曲面形状逼近。

Step6. 单击 按钮，预览延伸后的面组，确认无误后，单击“确定”按钮 。

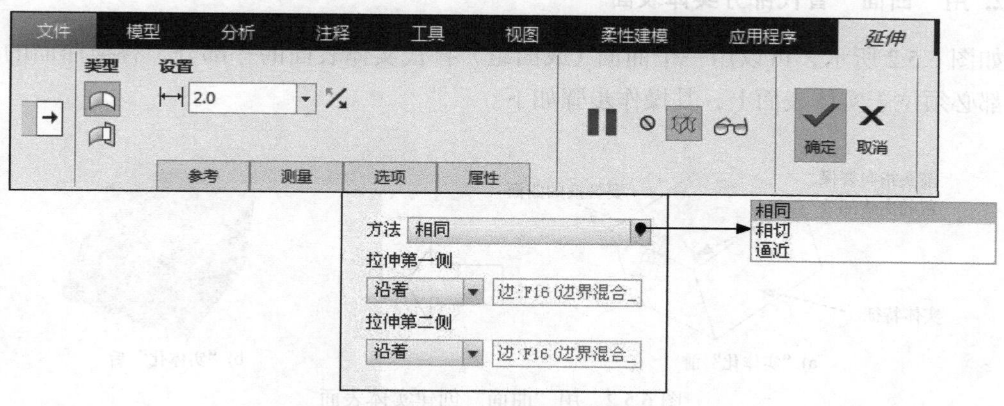

图 6.4.5　“延伸”操控板

6.5　曲面的实体化

6.5.1　“实体化”命令

使用 模型 功能选项卡 编辑 ▾ 区域中的 实体化 按钮命令，可将面组用作实体边界来实体化曲面。

1. 封闭面组的实体化

如图 6.5.1 所示，把一个封闭的面组转化为实体特征，操作步骤如下。

Step1. 将工作目录设置至 D:\dbcreo8.1\work\ch06.05，打开文件 surface_solid-1.prt。

Step2. 选取要将其变成实体的面组。

Step3. 单击 模型 功能选项卡 编辑 ▾ 区域中的 实体化 按钮，系统弹出“实体化”操控板。

Step4. 单击 按钮，完成实体化操作。

注意：使用该命令前，需将模型中所有分离的曲面“合并”成一个封闭的整体面组。

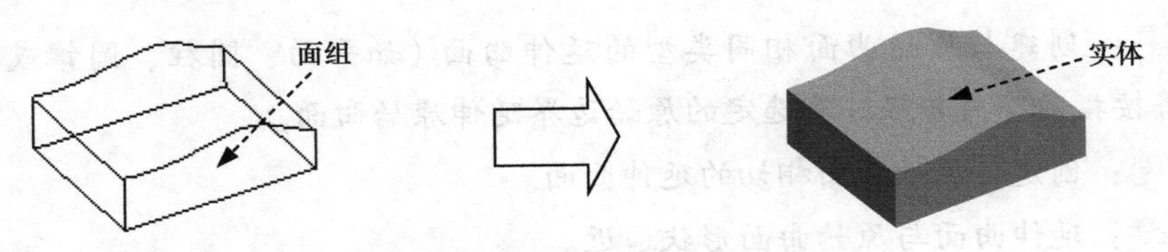

图 6.5.1 用封闭的面组创建实体

2. 用“曲面”替代部分实体表面

如图 6.5.2 所示，可以用一个曲面（或面组）替代实体表面的一部分，替换曲面的所有边界都必须位于实体表面上，其操作步骤如下。

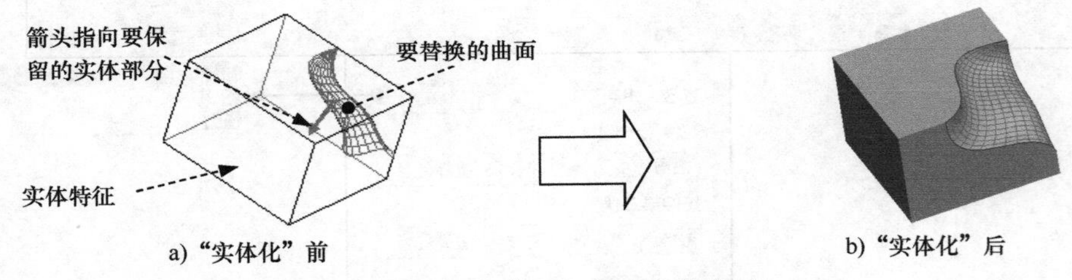

图 6.5.2 用“曲面”创建实体表面

Step1. 将工作目录设置至 D:\dbcreo8.1\work\ch06.05，打开文件 surface_solid_replace.prt。

Step2. 选取替换曲面，如图 6.5.2a 所示。

Step3. 单击 模型 功能选项卡 编辑 ▾ 区域中的 实体化 按钮，系统弹出图 6.5.3 所示的“实体化”操控板。

图 6.5.3 “实体化”操控板

Step4. 确认实体保留部分的方向，如图 6.5.2a 所示。

Step5. 单击“确定”按钮 ✓。

6.5.2 “加厚”命令

Creo 8.0 软件可以将开放的曲面（或面组）转化为薄板实体特征，图 6.5.4 所示即为一个转化的例子，其操作步骤如下。

Step1. 将工作目录设置至 D:\dbcreo8.1\work\ch06.05，打开文件 surface_mouse_solid.prt。

Step2. 选取要将其变成实体的面组。

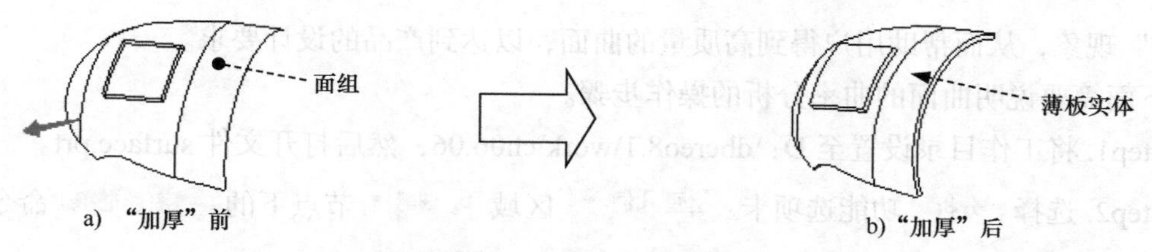

图 6.5.4 用“加厚”创建实体

Step3. 单击 模型 功能选项卡 编辑 ▾ 区域中的 加厚 按钮，系统弹出“加厚”操控板。

Step4. 选取加材料的侧，输入薄板实体的厚度值 1.1，选取偏距类型为 垂直于曲面。

Step5. 单击 ✔ 按钮，完成加厚操作。

6.6 曲线与曲面的曲率分析

6.6.1 曲线的曲率分析

曲线的曲率分析是指在使用曲线创建曲面之前，先检查曲线的质量，从曲率图中观察是否有不规则的“回折”和“尖峰”现象。这对以后创建高质量的曲面有很大的帮助，同时也有助于验证曲线间的连续性。

下面简要说明曲线曲率分析的操作步骤。

Step1. 将工作目录设置至 D:\dbcreo8.1\work\ch06.06，打开文件 curve.prt。

Step2. 选择 分析 功能选项卡 检查几何 ▾ 区域 曲率 ▾ 节点下的 曲率 命令。

Step3. 在图 6.6.1 所示的“曲率分析”对话框的 分析 选项卡中进行下列操作。

（1）单击 几何 文本框中的“选择项”字符，然后选取要分析的曲线。

（2）在 质量 文本框中输入质量值 9.00。

（3）在 比例 文本框中输入比例值 50.00。

（4）其余均按默认设置，此时在绘图区中显示图 6.6.2 所示的曲率图，通过显示的曲率图可以查看该曲线的曲率走向。

Step4. 在 分析 选项卡的结果区域中可查看曲线的最大曲率和最小曲率，如图 6.6.1 所示。

6.6.2 曲面的曲率分析

曲面的曲率分析是从曲面的着色曲率图中观察曲面曲率的变化，观察有没有“尖点”和

“褶皱”现象，从而帮助用户得到高质量的曲面，以达到产品的设计要求。

下面简要说明曲面的曲率分析的操作步骤。

Step1. 将工作目录设置至 D：\dbcreo8.1\work\ch06.06，然后打开文件 surface.prt。

Step2. 选择 分析 功能选项卡 检查几何 ▾ 区域 曲率 ▾ 节点下的 着色曲率 命令。

图 6.6.1 “曲率分析”对话框

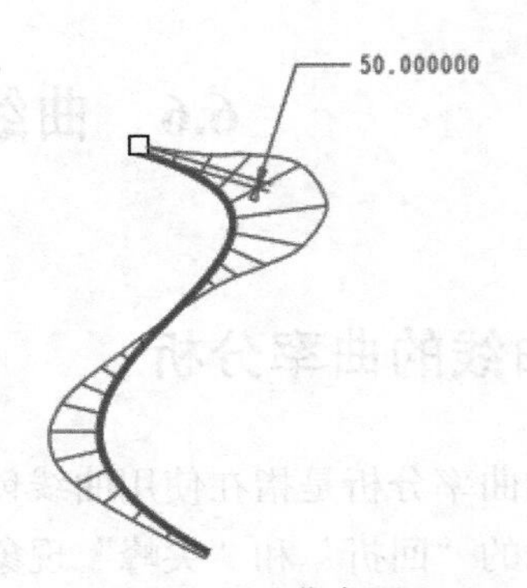

图 6.6.2 曲率图

Step3. 在“着色曲率分析”对话框中打开 分析 选项卡，单击 曲面 文本框中的“选择项”字符，然后选取要分析的曲面，此时曲面上呈现出一个彩色分布图，同时系统弹出“颜色比例”对话框。彩色分布图中的不同颜色代表不同的曲率大小，颜色与曲率大小的对应关系可以从“颜色比例”对话框中查阅。

Step4. 在 分析 选项卡的结果区域中可查看曲面的最大高斯曲率和最小高斯曲率。

6.7 曲面设计综合范例 1——排水旋钮

范例概述

本范例讲解了日常生活中常见的洗衣机排水旋钮的设计过程。本实例中运用了简单的曲面建模命令，如边界混合、实体化等，对于曲面的建模方法需要读者仔细体会。零件模型如图 6.7.1 所示。

Step1. 新建零件模型。新建一个零件模型，命名为 KNOB。

Step2. 创建图 6.7.2 所示的旋转特征。在操控板中单击“旋转”按钮 旋转；选取

RIGHT 基准平面为草绘平面，TOP 基准平面为参考平面，方向为 左；单击 草绘 按钮，绘制图 6.7.3 所示的截面草图（包括中心线）；在操控板中选择旋转类型为 ⊒，在“角度”文本框中输入角度值 360.0；单击 ✓ 按钮，完成旋转特征的创建。

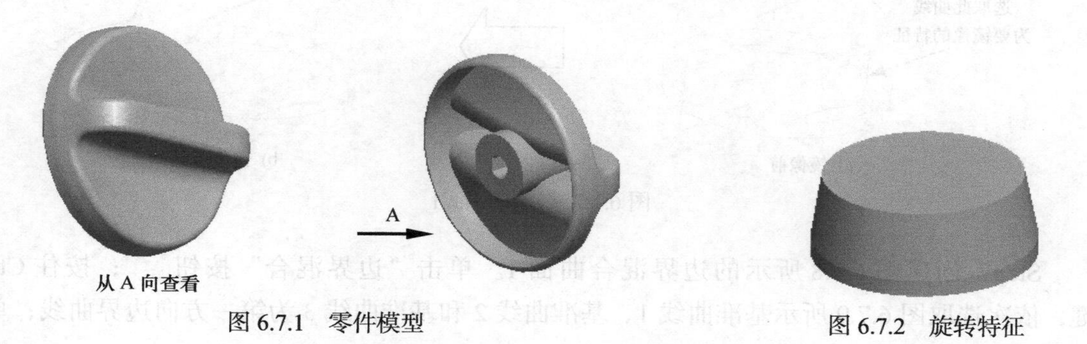

图 6.7.1 零件模型　　图 6.7.2 旋转特征

Step3. 创建图 6.7.4 所示的基准平面特征。单击 模型 功能选项卡 基准 ▾ 区域中的“平面”按钮 ▱，在模型树中选取 RIGHT 基准平面为偏距参考面，在对话框中输入偏移距离值为 35.0，单击对话框中的 确定 按钮。

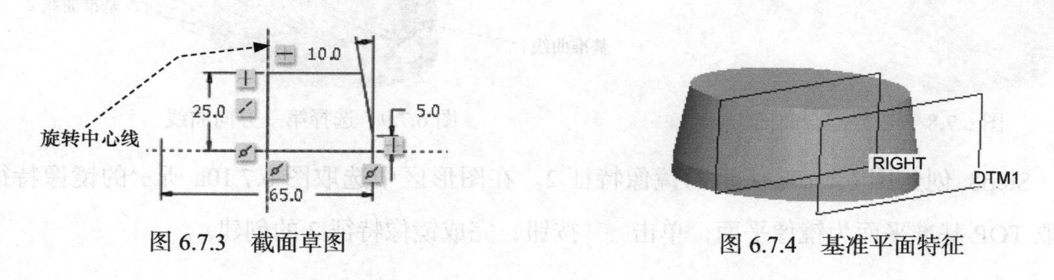

图 6.7.3 截面草图　　图 6.7.4 基准平面特征

Step4. 创建图 6.7.5 所示的草图 1。在操控板中单击“草绘”按钮 ；选取 RIGHT 基准平面作为草绘平面，选取 TOP 基准平面为参考平面，方向为 左；单击 草绘 按钮，绘制图 6.7.5 所示的草图。

Step5. 创建图 6.7.6 所示的草图 2。在操控板中单击“草绘”按钮 ；选取 DTM1 基准平面作为草绘平面，选取 TOP 基准平面为参考平面，方向为 左；单击 草绘 按钮，绘制图 6.7.6 所示的草图。

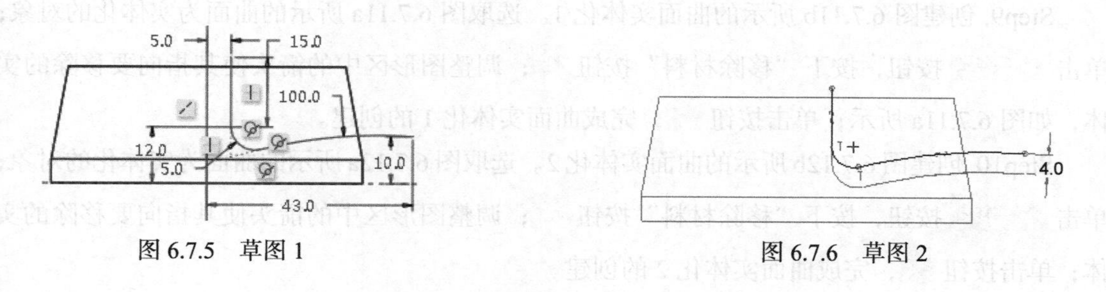

图 6.7.5 草图 1　　图 6.7.6 草图 2

Step6. 创建图 6.7.7b 所示的镜像特征 1。在图形区中选取图 6.7.7a 所示的镜像特征，选取 RIGHT 基准平面为镜像平面；单击 ✔ 按钮，完成镜像特征 1 的创建。

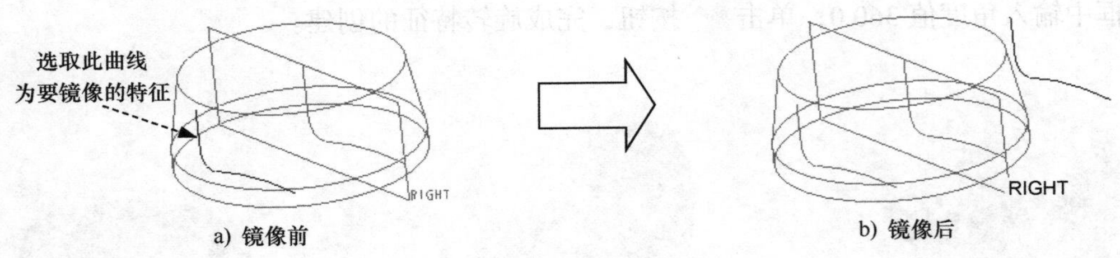

a) 镜像前　　b) 镜像后

图 6.7.7　镜像特征 1

Step7. 创建图 6.7.8 所示的边界混合曲面 1。单击“边界混合”按钮；按住 Ctrl 键，依次选取图 6.7.9 所示基准曲线 1、基准曲线 2 和基准曲线 3 为第一方向边界曲线；单击 ✔ 按钮，完成边界混合曲面的创建。

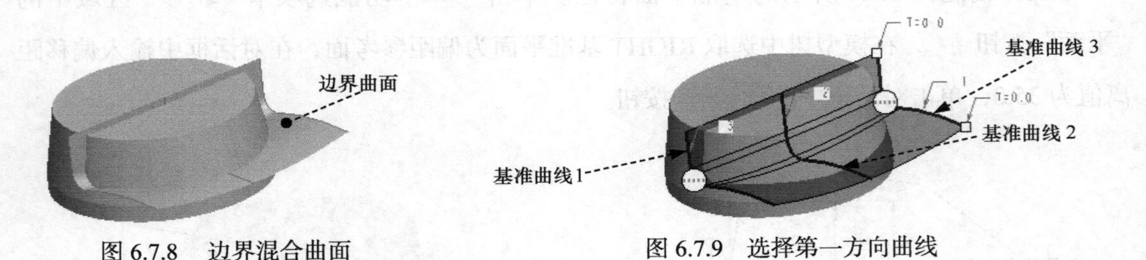

图 6.7.8　边界混合曲面　　图 6.7.9　选择第一方向曲线

Step8. 创建图 6.7.10b 所示的镜像特征 2。在图形区中选取图 6.7.10a 所示的镜像特征，选取 TOP 基准平面为镜像平面，单击 ✔ 按钮，完成镜像特征 2 的创建。

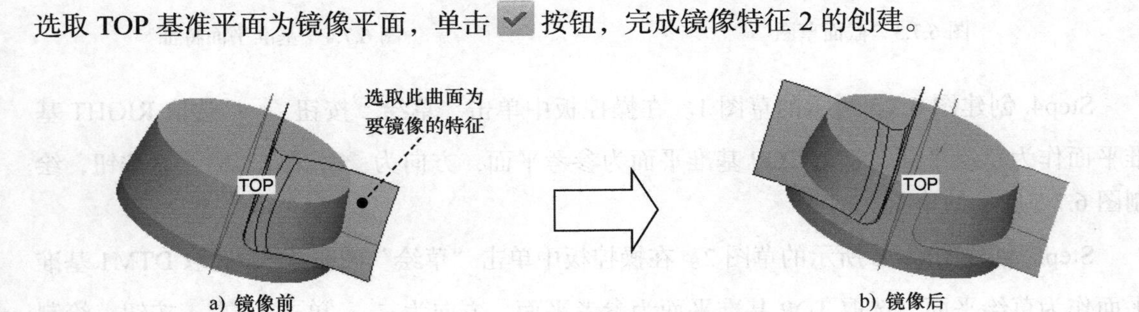

a) 镜像前　　b) 镜像后

图 6.7.10　镜像特征 2

Step9. 创建图 6.7.11b 所示的曲面实体化 1。选取图 6.7.11a 所示的曲面为实体化的对象；单击 实体化 按钮，按下“移除材料”按钮；调整图形区中的箭头使其指向要移除的实体，如图 6.7.11a 所示；单击按钮 ✔，完成曲面实体化 1 的创建。

Step10. 创建图 6.7.12b 所示的曲面实体化 2。选取图 6.7.12a 所示的曲面为实体化的对象；单击 实体化 按钮，按下“移除材料”按钮；调整图形区中的箭头使其指向要移除的实体；单击按钮 ✔，完成曲面实体化 2 的创建。

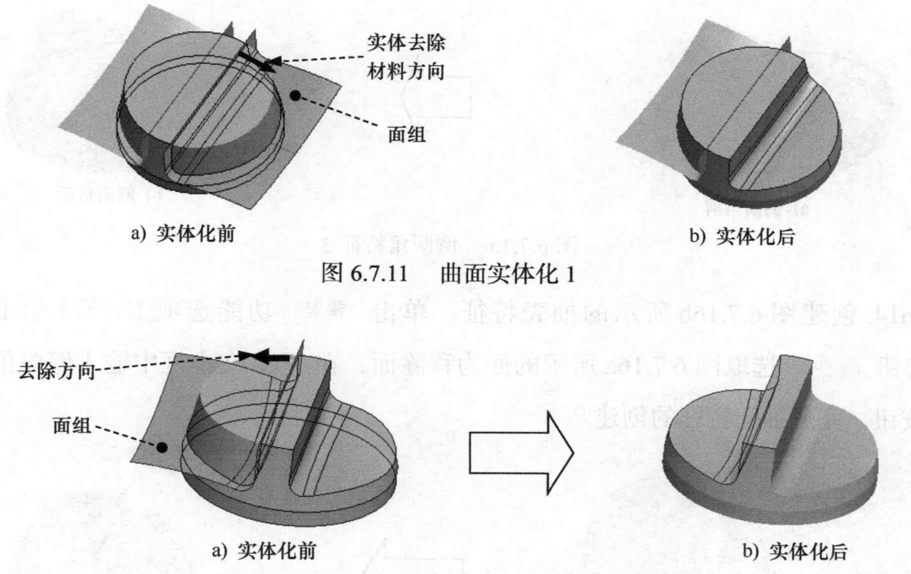

图 6.7.11 曲面实体化 1

图 6.7.12 曲面实体化 2

Step11. 创建图 6.7.13b 所示的倒圆角特征 1。单击 模型 功能选项卡 工程▾ 区域中的 倒圆角▾ 按钮，选取图 6.7.13a 所示的边线为倒圆角的边线；输入倒圆角半径值 12.0。

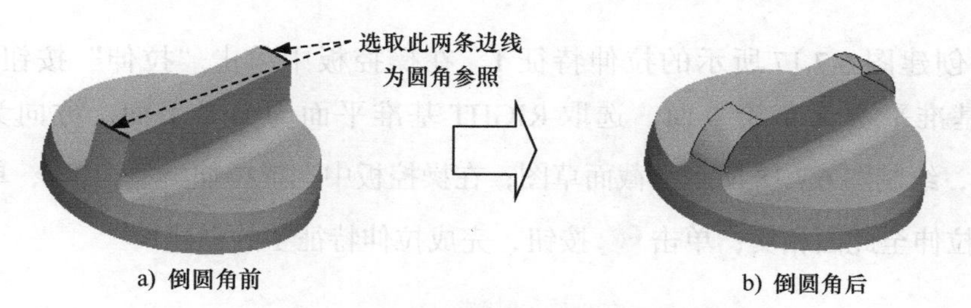

图 6.7.13 倒圆角特征 1

Step12. 创建图 6.7.14b 所示的倒圆角特征 2。单击 模型 功能选项卡 工程▾ 区域中的 倒圆角▾ 按钮，选取图 6.7.14a 所示的边线为倒圆角的边线；输入倒圆角半径值 2.0。

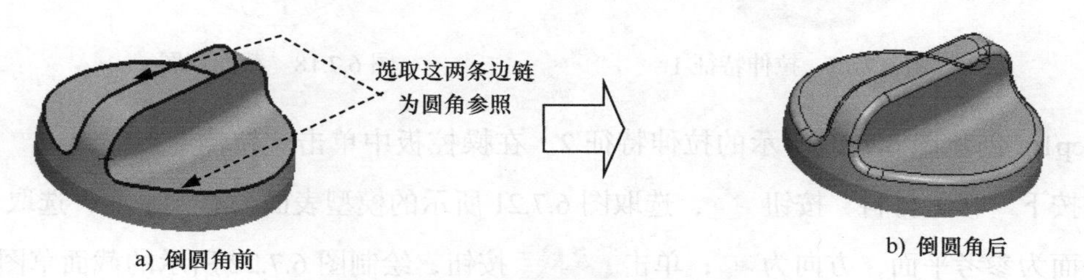

图 6.7.14 倒圆角特征 2

Step13. 创建图 6.7.15b 所示的倒圆角特征 3。单击 模型 功能选项卡 工程▾ 区域中的 倒圆角▾ 按钮，选取图 6.7.15a 所示的边线为倒圆角的边线；输入倒圆角半径值 15.0。

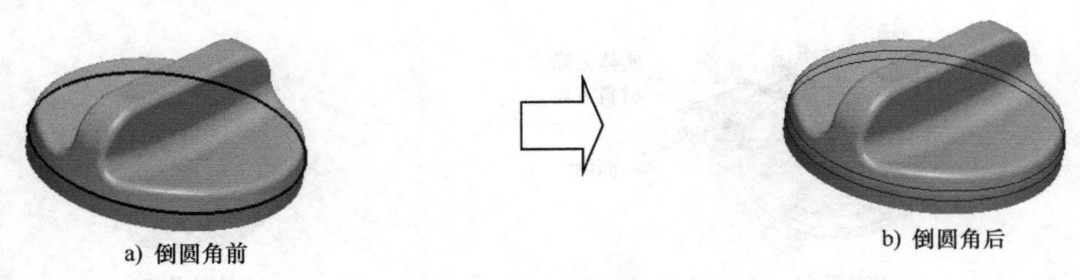

图 6.7.15　倒圆角特征 3

Step14. 创建图 6.7.16b 所示的抽壳特征。单击 模型 功能选项卡 工程 ▾ 区域中的“壳”按钮 回壳，选取图 6.7.16a 所示的面为移除面，在 厚度 文本框中输入壁厚值 2.0；单击 ✔ 按钮，完成抽壳特征的创建。

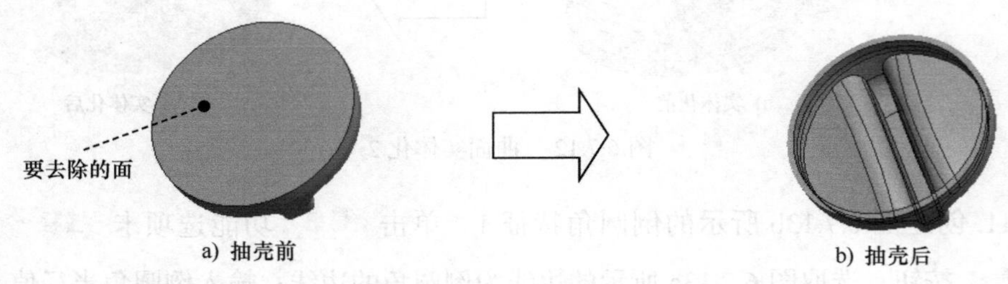

图 6.7.16　抽壳特征

Step15. 创建图 6.7.17 所示的拉伸特征 1。在操控板中单击“拉伸”按钮 拉伸，选取 FRONT 基准平面为草绘平面，选取 RIGHT 基准平面为参考平面，方向为 顶；单击 草绘 按钮，绘制图 6.7.18 所示的截面草图；在操控板中选择拉伸类型为 ⊒，单击图 6.7.19 所示的面为拉伸至此面相交；单击 ✔ 按钮，完成拉伸特征 1 的创建。

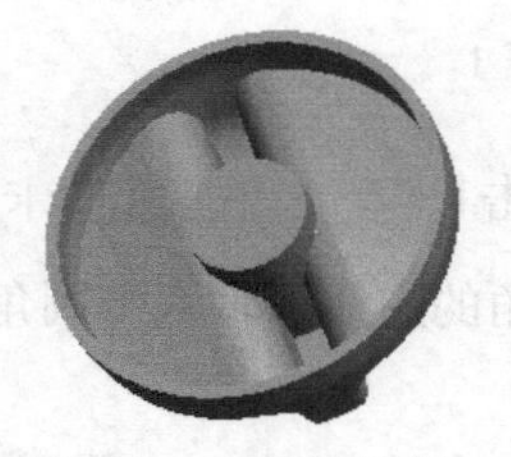

图 6.7.17　拉伸特征 1

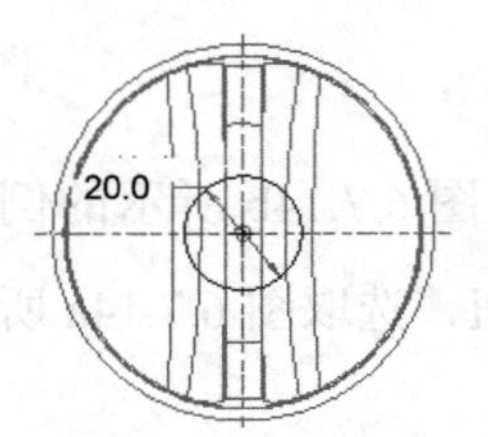

图 6.7.18　截面草图

Step16. 创建图 6.7.20 所示的拉伸特征 2。在操控板中单击“拉伸”按钮 拉伸，在操控板中按下“移除材料”按钮 ◪，选取图 6.7.21 所示的模型表面为草绘平面，选取 RIGHT 基准平面为参考平面，方向为 顶；单击 草绘 按钮，绘制图 6.7.22 所示的截面草图，在操控板中选取拉伸类型为 ⊒，输入深度值 5.0；单击 ✔ 按钮，完成拉伸特征 2 的创建。

Step17. 创建图 6.7.23b 所示的倒角特征。选取图 6.7.23a 所示的两条边线为倒角的边线；输入倒角值 0.5。

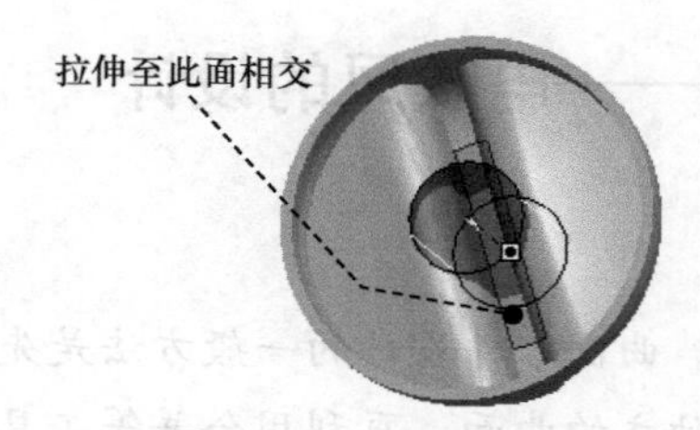

图 6.7.19 定义拉伸参照

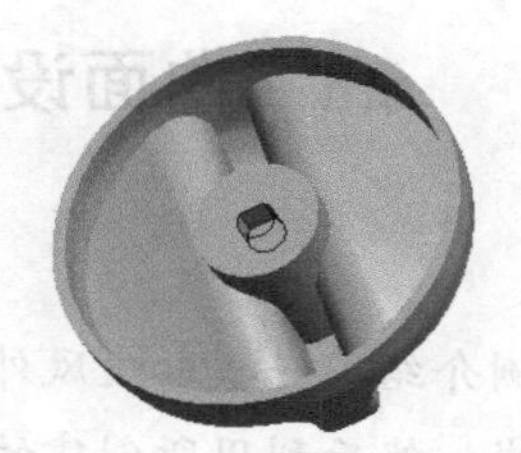

图 6.7.20 拉伸特征 2

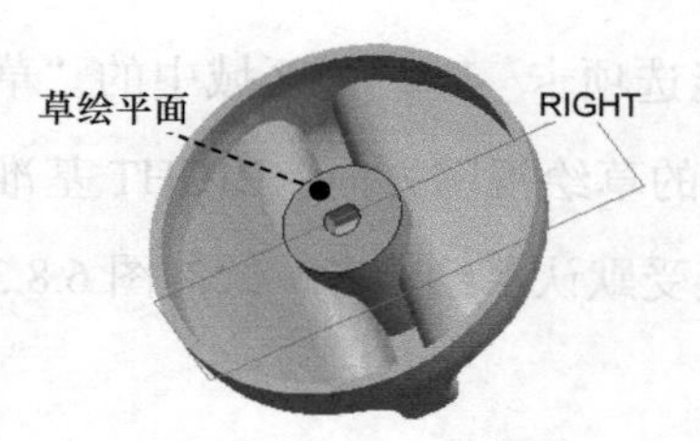

图 6.7.21 模型参照

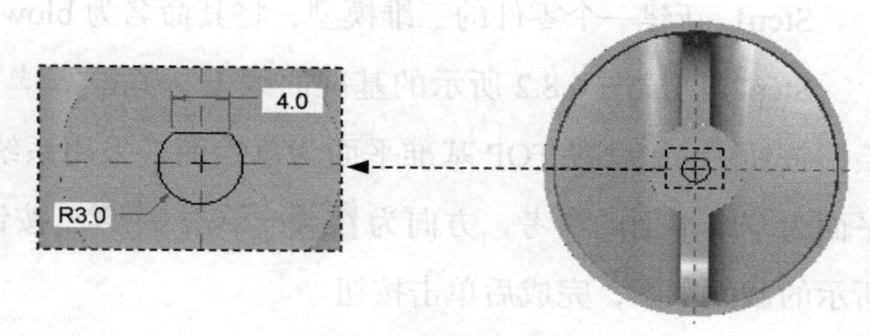

图 6.7.22 截面草图

Step18. 创建图 6.7.24b 所示的倒圆角特征 4。单击 模型 功能选项卡 工程 ▾ 区域中的 倒圆角 ▾ 按钮，选取图 6.7.24a 所示的边线为倒圆角的边线；输入倒圆角半径值 1.0。

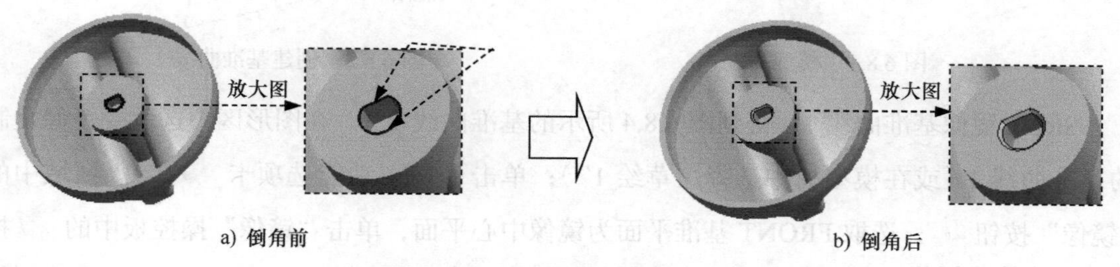

a) 倒角前　　b) 倒角后

图 6.7.23 倒角特征

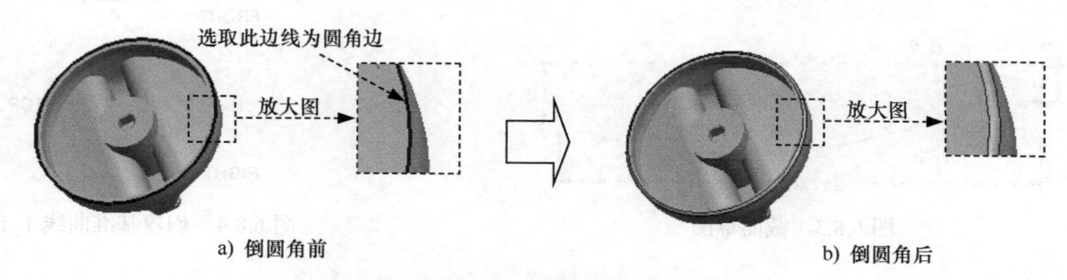

a) 倒圆角前　　b) 倒圆角后

图 6.7.24 倒圆角特征 4

Step19. 保存零件模型文件。

6.8 曲面设计综合范例 2 ——电吹风的设计

范例概述

本范例介绍了一款电吹风外壳的曲面设计过程。曲面零件设计的一般方法是先创建一系列基准曲线，然后利用所创建的基准曲线构建几个独立的曲面，再利用合并等工具将独立的曲面变成一个整体曲面，最后将整体曲面变成实体模型。电吹风外壳模型如图 6.8.1 所示。

Step1. 新建一个零件的三维模型，将其命名为 blower。

Step2. 创建图 6.8.2 所示的基准曲线 1。单击 模型 功能选项卡 基准 ▾ 区域中的“草绘”按钮 ，设置 TOP 基准平面为草绘面，采用系统默认的草绘视图方向；RIGHT 基准平面为草绘平面的参考，方向为 右；单击 草绘 按钮，接受默认草绘参考，绘制图 6.8.3 所示的截面草图，完成后单击按钮 ✔。

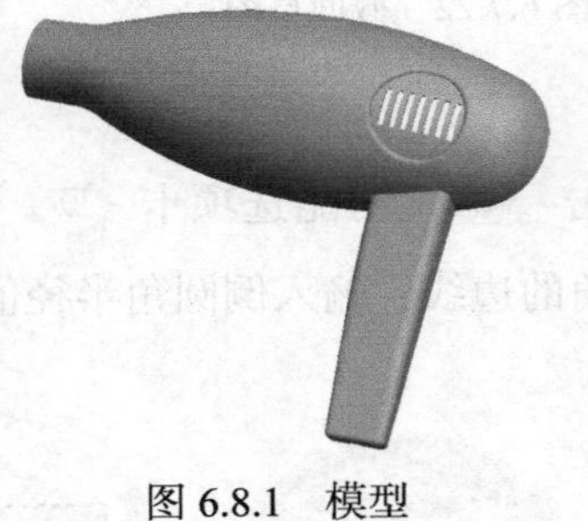

图 6.8.1 模型

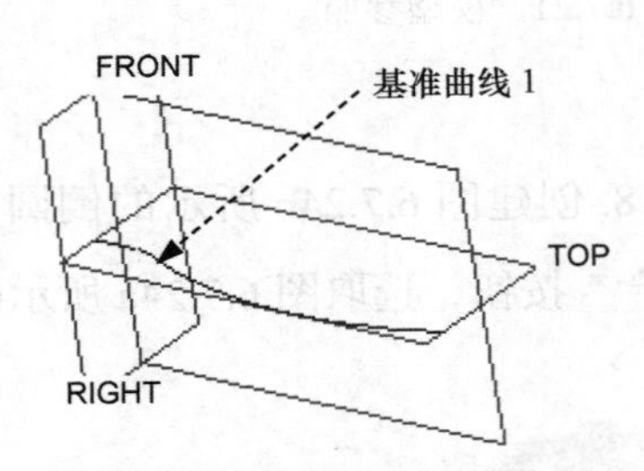

图 6.8.2 创建基准曲线 1

Step3. 镜像基准曲线 1，得到图 6.8.4 所示的基准曲线 1_1。在图形区中选取要镜像复制的基准曲线 1（或在模型树中选择“草绘 1”）；单击 模型 功能选项卡 编辑 ▾ 区域中的“镜像”按钮 ；选取 FRONT 基准平面为镜像中心平面，单击“镜像”操控板中的 ✔ 按钮，完成镜像操作。

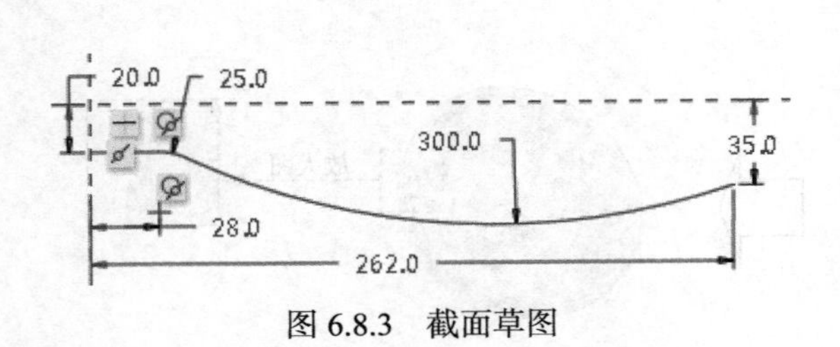

图 6.8.3 截面草图

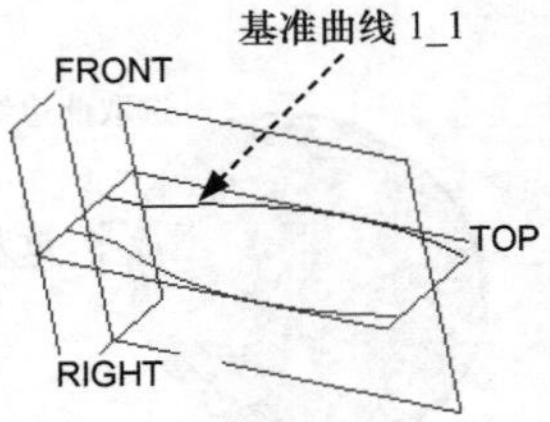

图 6.8.4 创建基准曲线 1_1

Step4. 创建图 6.8.5 所示的基准曲线 2。单击“草绘”按钮 ，设置 RIGHT 基准平面为草绘面，采用默认的草绘视图方向，TOP 基准平面为草绘平面的参考，方向为 顶；单击 草绘 按钮，接受默认草绘参考，再选取基准曲线 1 和基准曲线 1_1 的端点为草绘参考；

绘制图 6.8.6 所示的截面草图，完成后单击按钮 ✔（注意：圆弧的两个端点分别与基准曲线 1 和基准曲线 1_1 的端点对齐）。

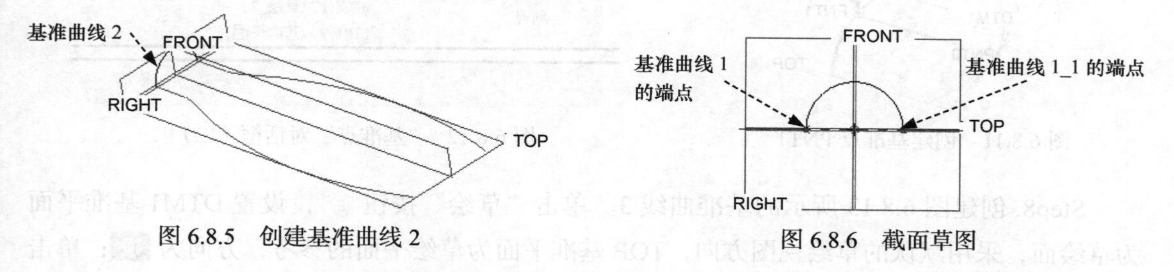

图 6.8.5 创建基准曲线 2 图 6.8.6 截面草图

Step5. 创建图 6.8.7 所示的基准平面 DTM1。单击“平面”按钮，系统弹出图 6.8.8 所示的“基准平面”对话框（一）；选取 RIGHT 基准平面；在“基准平面”对话框的“平移”文本框中输入值 160.0，单击对话框中的 确定 按钮。

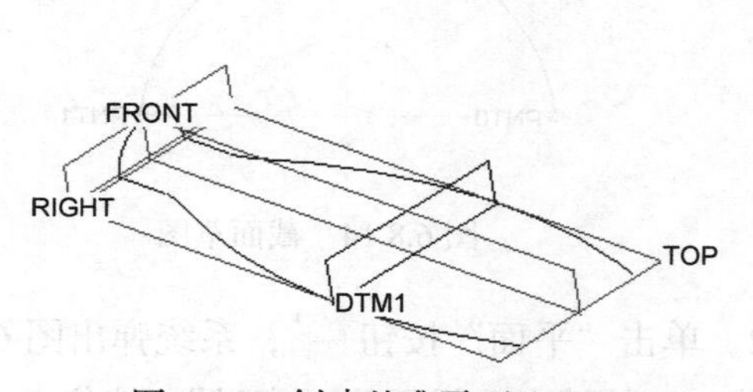

图 6.8.7 创建基准平面 DTM1

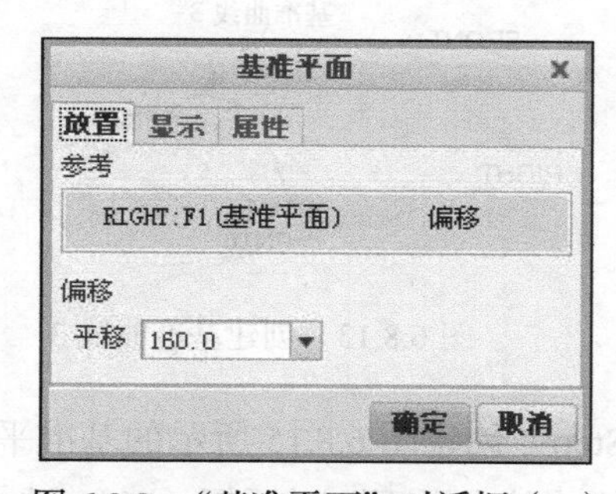

图 6.8.8 “基准平面”对话框（一）

Step6. 创建图 6.8.9 所示的基准点 PNT0。单击“创建基准点”按钮 点，系统弹出图 6.8.10 所示的“基准点”对话框（一）；如图 6.8.9 所示，选择基准曲线 1，按住 Ctrl 键，再选择基准面 DTM1，在“基准点”对话框（一）中单击 确定 按钮。

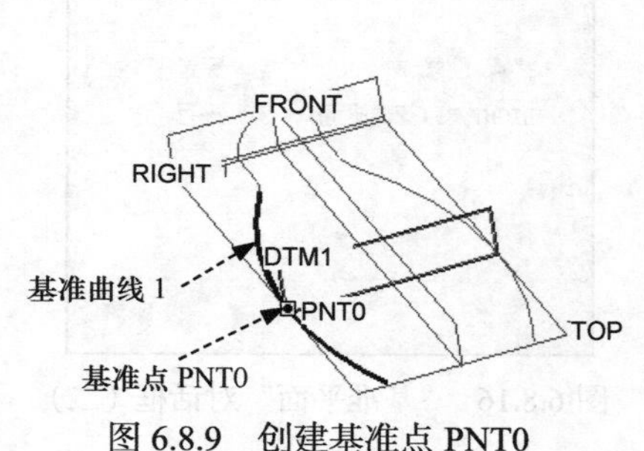

图 6.8.9 创建基准点 PNT0

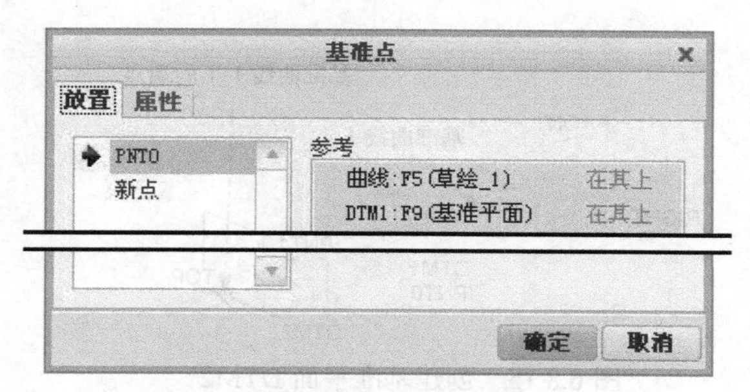

图 6.8.10 “基准点”对话框（一）

Step7. 创建图 6.8.11 所示的基准点 PNT1。单击“创建基准点”按钮 点，系统弹出图 6.8.12 所示的“基准点”对话框（二）；如图 6.8.11 所示，选择基准曲线 1_1，按住 Ctrl 键，再选择基准面 DTM1，在“基准点”对话框（二）中单击 确定 按钮。

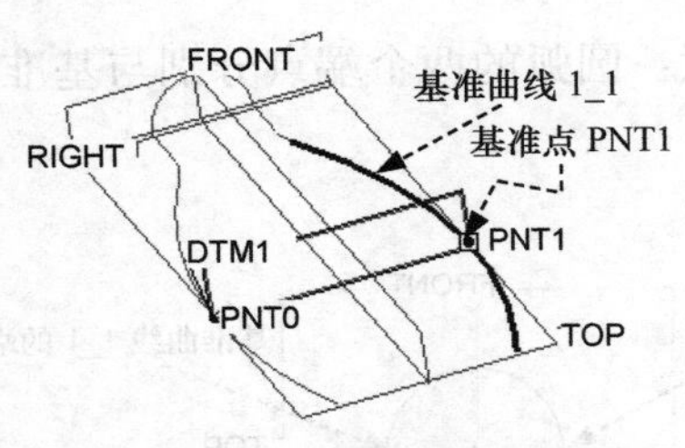

图 6.8.11　创建基准点 PNT1

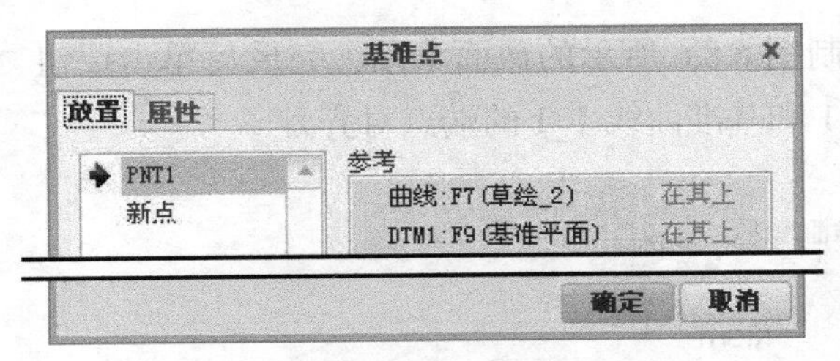

图 6.8.12　“基准点”对话框（二）

Step8. 创建图 6.8.13 所示的基准曲线 3。单击“草绘”按钮，设置 DTM1 基准平面为草绘面，采用默认的草绘视图方向，TOP 基准平面为草绘平面的参考，方向为 顶；单击 草绘 按钮，进入草绘环境后，接受默认草绘参考；绘制图 6.8.14 所示的截面草图，完成后单击 ✔ 按钮（注意：圆弧的两个端点分别与基准点 PNT0 和基准点 PNT1 对齐）。

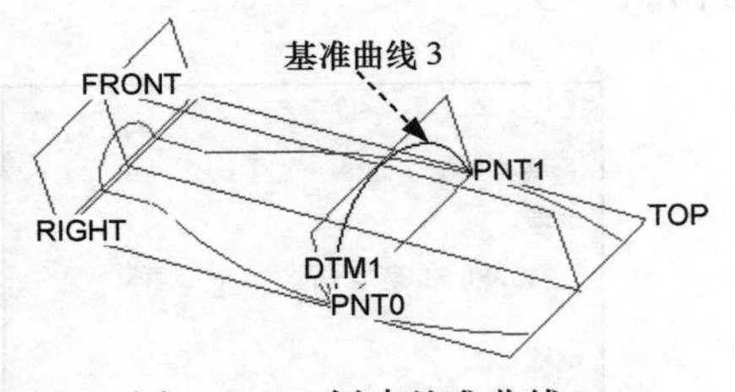

图 6.8.13　创建基准曲线 3

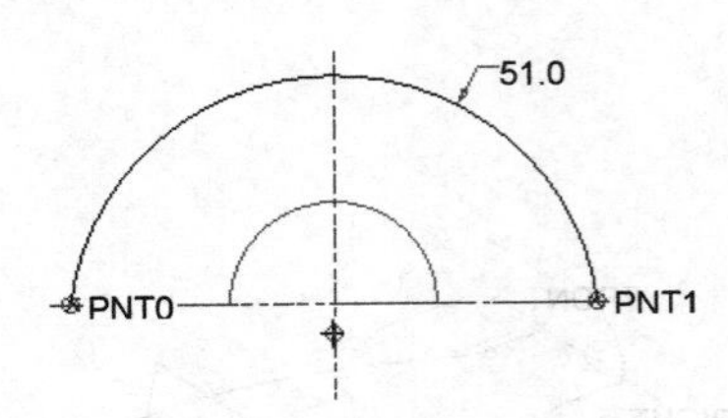

图 6.8.14　截面草图

Step9. 创建图 6.8.15 所示的基准平面 DTM2。单击“平面”按钮，系统弹出图 6.8.16 所示的“基准平面”对话框（二）；选择基准曲线 1_1 的端点，设置为“穿过”；按住 Ctrl 键，再选择 RIGHT 基准平面，并设置为“平行”；在“基准平面”对话框（二）中单击 确定 按钮。

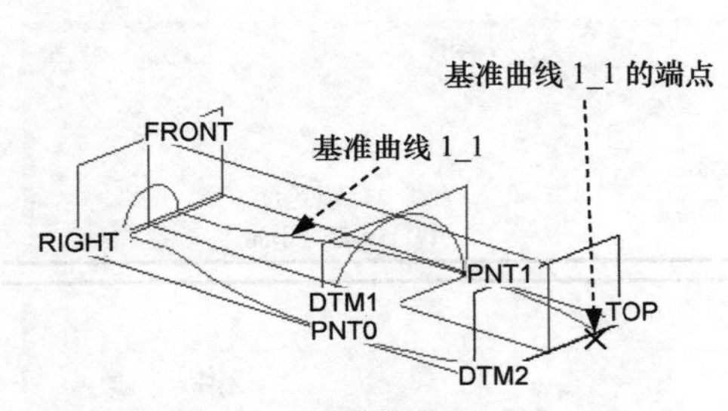

图 6.8.15　创建基准平面 DTM2

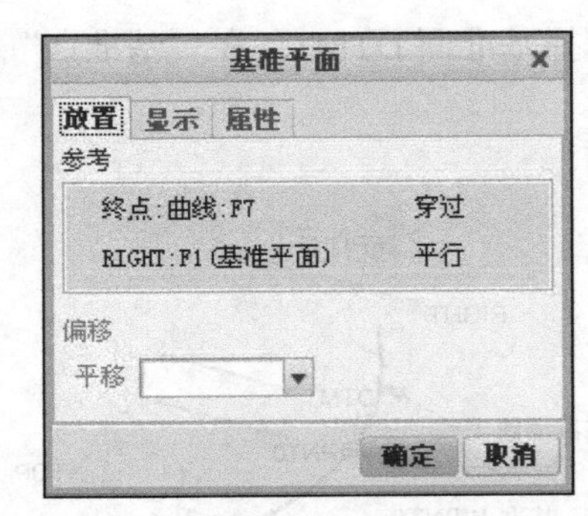

图 6.8.16　“基准平面”对话框（二）

Step10. 创建图 6.8.17 所示的基准曲线 4。单击“草绘”按钮，设置 DTM2 基准平面为草绘平面，采用默认的草绘视图方向，TOP 基准平面为草绘平面的参考，方向为 顶；单击 草绘 按钮，进入草绘环境后，接受默认草绘参考，再选取基准曲线 1 和基准曲线 1_1

的端点为草绘参考；绘制图 6.8.18 所示的截面草图，完成后单击 ✔ 按钮（注意：圆弧的两个端点分别与基准曲线 1 和基准曲线 1_1 的端点对齐）。

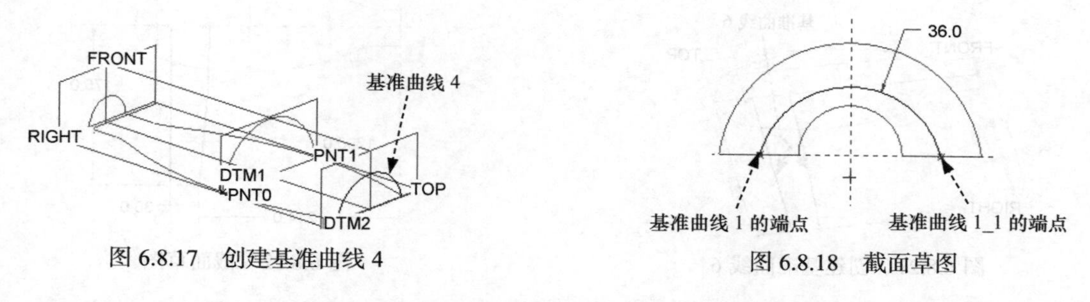

图 6.8.17 创建基准曲线 4　　图 6.8.18 截面草图

Step11. 创建图 6.8.19 所示的基准曲线 5。单击“草绘”按钮，设置 TOP 基准平面为草绘面，采用默认的草绘视图方向，RIGHT 基准平面为草绘平面的参考，方向为 右；单击 草绘 按钮，接受默认草绘参考，再选取基准曲线 1 和基准曲线 1_1 的端点为草绘参考；绘制图 6.8.20 所示的截面草图，完成后单击 ✔ 按钮（注意：圆弧的两个端点分别与基准曲线 1 和基准曲线 1_1 的端点对齐）。

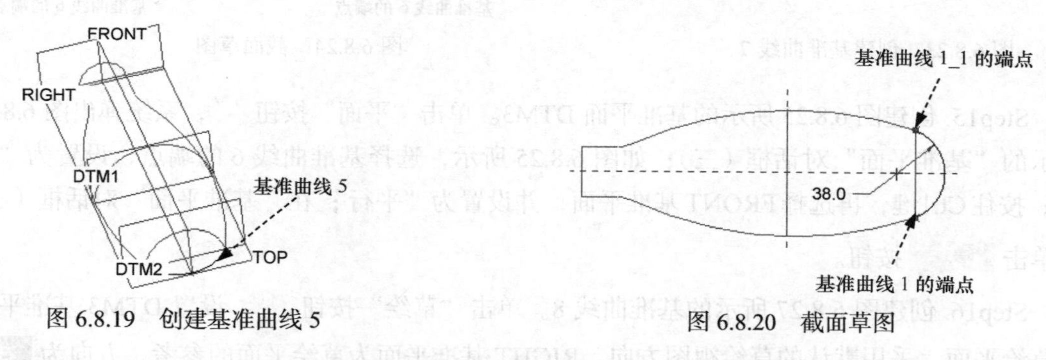

图 6.8.19 创建基准曲线 5　　图 6.8.20 截面草图

Step12. 将基准平面 DTM1、DTM2 隐藏。在模型树中选取 DTM1，右击，从系统弹出的快捷菜单中选择 隐藏 命令；单击“视图控制”工具栏中的按钮，基准平面 DTM1 将不显示；用同样的方法隐藏基准平面 DTM2。

Step13. 创建图 6.8.21 所示的基准曲线 6。单击“草绘”按钮，设置 TOP 基准平面为草绘平面，采用默认的草绘视图方向，RIGHT 基准平面为草绘平面的参考，方向为 右；单击 草绘 按钮，接受默认草绘参考；绘制图 6.8.22 所示的截面草图，完成后单击 ✔ 按钮。

说明： 图 6.8.22 所示的草图中的圆弧的圆心在水平的参考线上。

Step14. 创建图 6.8.23 所示的基准曲线 7。单击“草绘”按钮，设置 FRONT 基准平面为草绘平面，采用默认的草绘视图方向，RIGHT 基准平面为草绘平面的参考，方向为 右；单击 草绘 按钮，接受默认草绘参考，再选取基准曲线 6 的端点为草绘参考；绘制

图 6.8.24 所示的截面草图，完成后单击 ✓ 按钮。

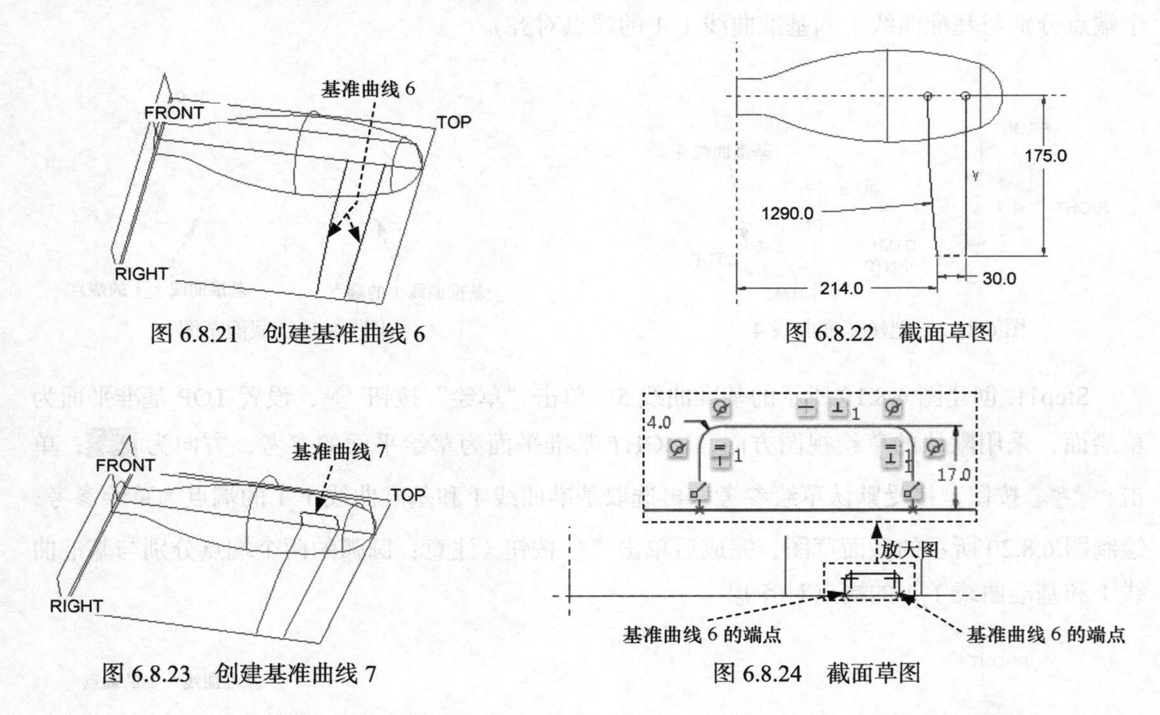

图 6.8.21 创建基准曲线 6

图 6.8.22 截面草图

图 6.8.23 创建基准曲线 7

图 6.8.24 截面草图

Step15. 创建图 6.8.25 所示的基准平面 DTM3。单击“平面”按钮 ，系统弹出图 6.8.26 所示的“基准平面”对话框（三）；如图 6.8.25 所示，选择基准曲线 6 的端点，设置为“穿过”；按住 Ctrl 键，再选择 FRONT 基准平面，并设置为“平行”；在“基准平面”对话框（三）中单击 确定 按钮。

Step16. 创建图 6.8.27 所示的基准曲线 8。单击“草绘”按钮 ，设置 DTM3 基准平面为草绘平面，采用默认的草绘视图方向，RIGHT 基准平面为草绘平面的参考，方向为 右；单击 草绘 按钮，接受默认草绘参考，再选取基准曲线 6 的端点为草绘参考；绘制图 6.8.28 所示的截面草图，完成后单击 ✓ 按钮。

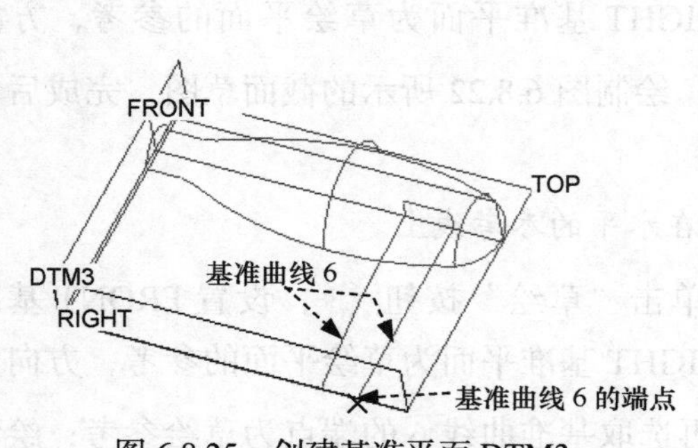

图 6.8.25 创建基准平面 DTM3

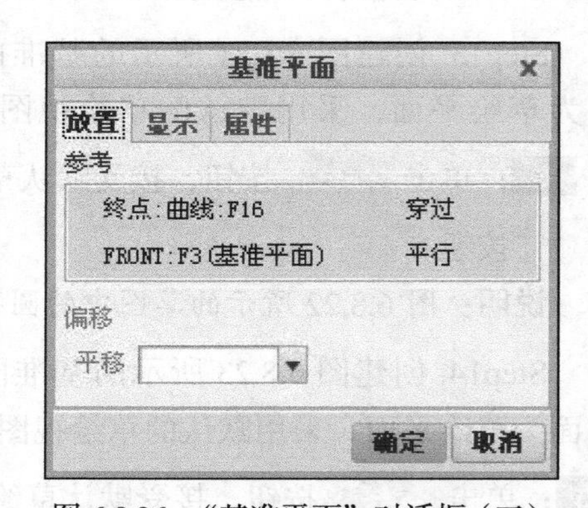

图 6.8.26 “基准平面”对话框（三）

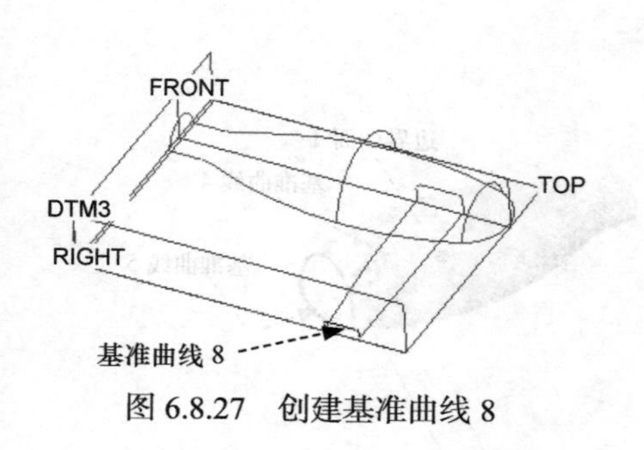

图 6.8.27 创建基准曲线 8

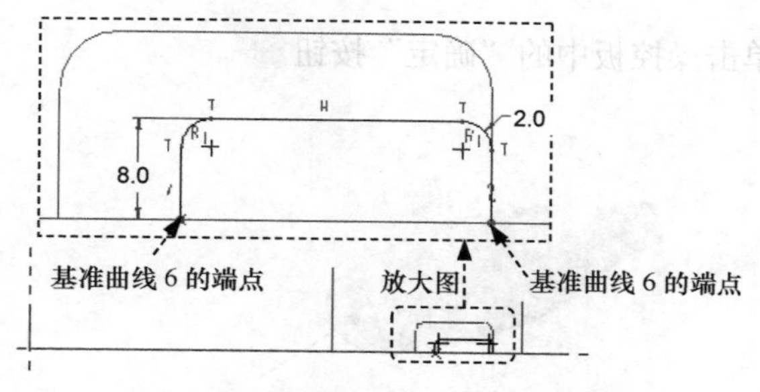

图 6.8.28 截面草图

Step17. 创建图 6.8.29 所示的边界曲面 1。单击 模型 功能选项卡 曲面 ▾ 区域中的“边界混合”按钮，此时出现图 6.8.30 所示的“边界混合”操控板（一）；按住 Ctrl 键，依次选择基准曲线 1、基准曲线 1_1（图 6.8.31）为第一方向边界曲线；单击操控板中的第二方向曲线操作栏，按住 Ctrl 键，依次选择基准曲线 2、基准曲线 3 和基准曲线 4（图 6.8.32）为第二方向边界曲线，单击操控板中的“确定”按钮 ✔。

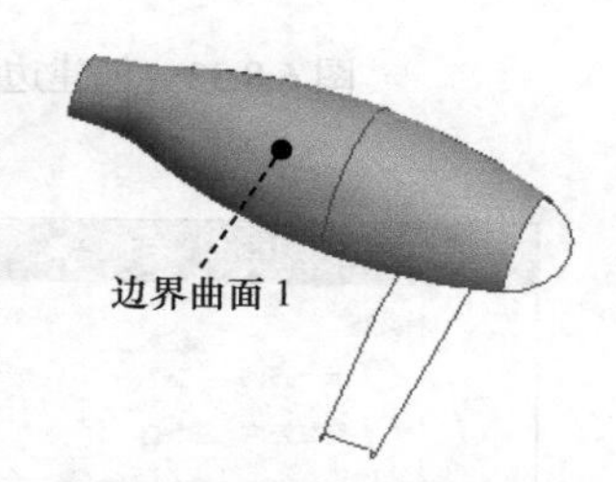

图 6.8.29 创建边界曲面 1

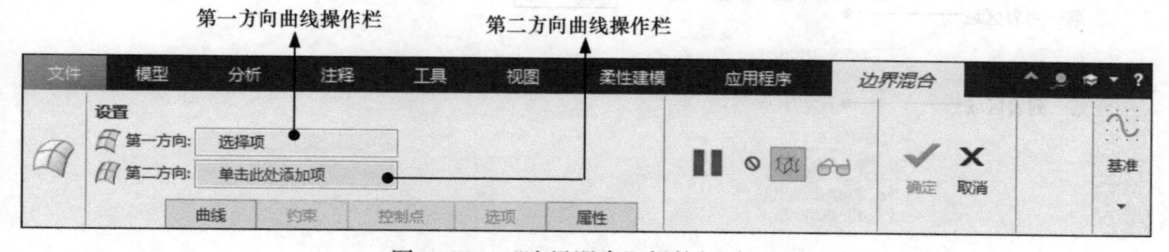

图 6.8.30 “边界混合”操控板（一）

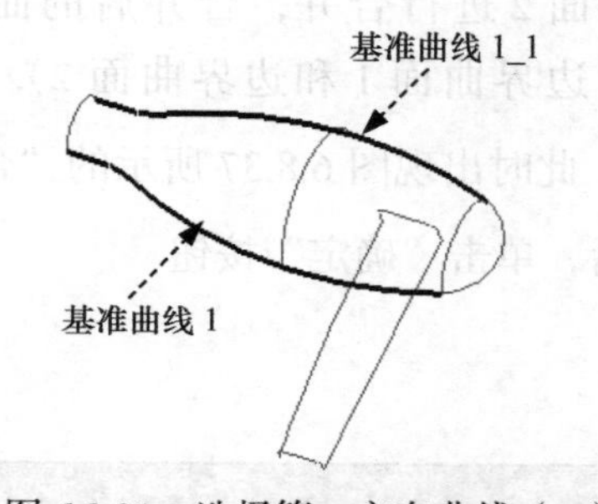

图 6.8.31 选择第一方向曲线（一）

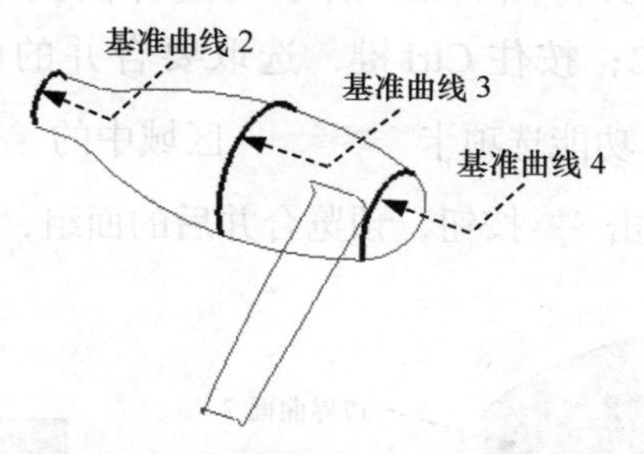

图 6.8.32 选择第二方向曲线（一）

Step18. 创建图 6.8.33 所示的边界曲面 2。单击“边界混合”按钮，按住 Ctrl 键，依次选择基准曲线 4 和基准曲线 5（图 6.8.34）为第一方向边界曲线；在图 6.8.35 所示的“边界混合”操控板（二）中单击 约束 按钮，在系统弹出界面的第一列表区域中将 方向 1 - 第一条链 设置为 相切；单击第二列表区域，在图 6.8.34 所示的模型中选取边界曲面 1，单击操控板中的“确定”按钮 ✔。

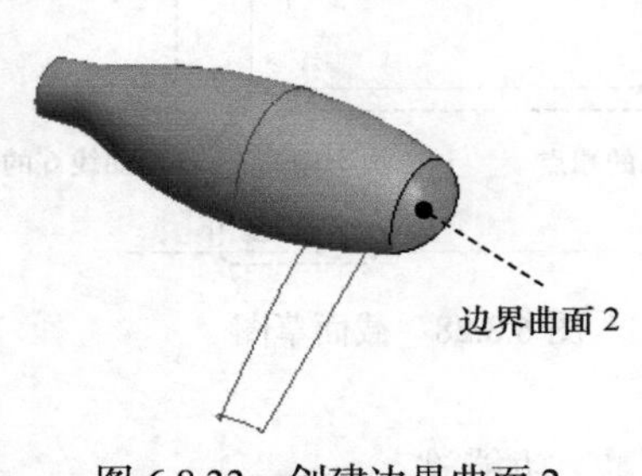

图 6.8.33　创建边界曲面 2

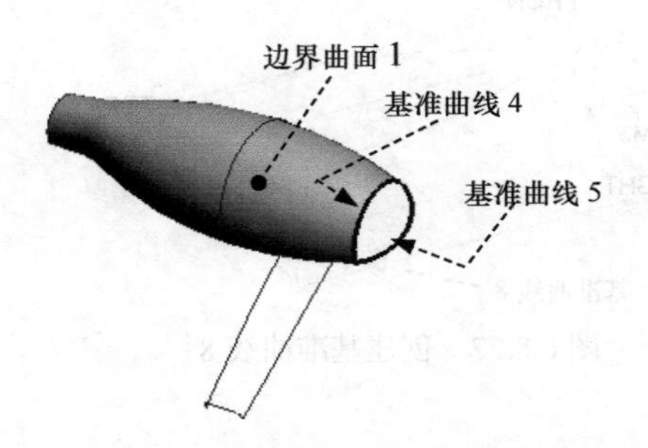

图 6.8.34　定义边界曲线

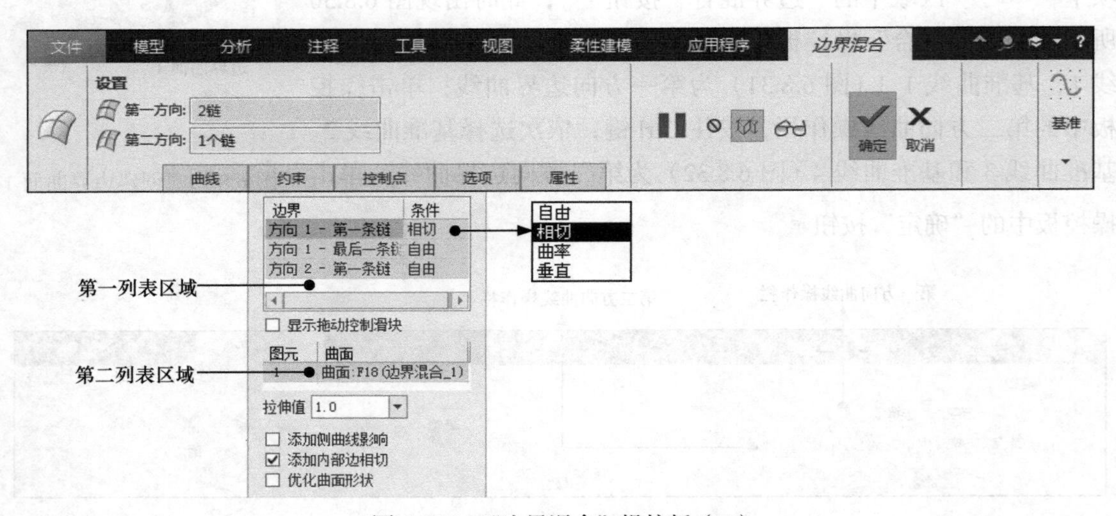

图 6.8.35　“边界混合”操控板（二）

Step19. 将图 6.8.36 所示的边界曲面 1 与边界曲面 2 进行合并，合并后的曲面编号为面组 12；按住 Ctrl 键，选取要合并的两个曲面（边界曲面 1 和边界曲面 2），然后单击 模型 功能选项卡 编辑 ▾ 区域中的 合并 按钮，此时出现图 6.8.37 所示的“合并”操控板；单击 60 按钮，预览合并后的面组，确认无误后，单击“确定”按钮 ✔。

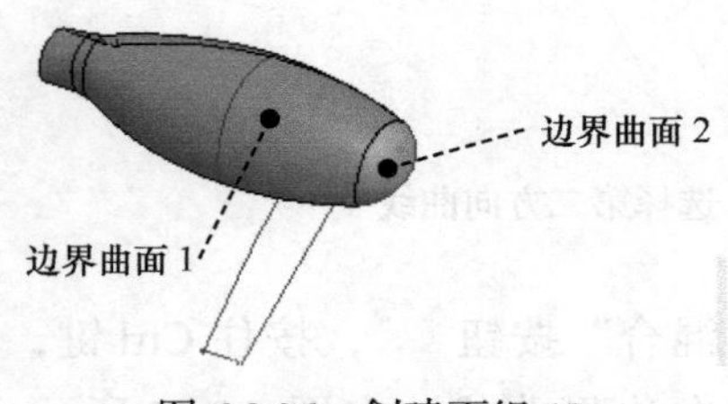

图 6.8.36　创建面组 12

图 6.8.37　“合并”操控板

Step20. 创建图 6.8.38 所示的边界曲面 3。单击“边界混合”按钮，按住 Ctrl 键，依次选择基准曲线 6_1 和基准曲线 6_2（图 6.8.39）为第一方向边界曲线，单击操控板中的第二方向曲线操作栏；按住 Ctrl 键，依次选择基准曲线 7 和基准曲线 8（图 6.8.40）为第二方向边界曲线，单击操控板中的“确定”按钮 ✓。

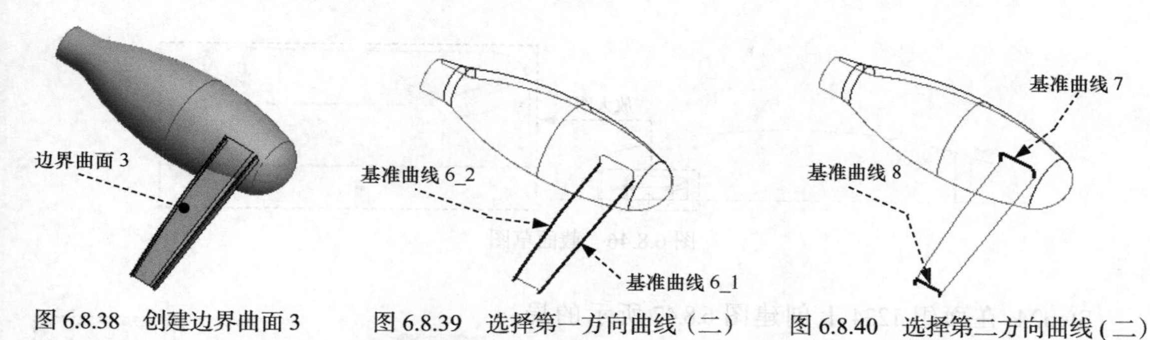

图 6.8.38 创建边界曲面 3　　图 6.8.39 选择第一方向曲线（二）　　图 6.8.40 选择第二方向曲线（二）

Step21. 将边界曲面 3 与面组 12 进行合并，合并后的曲面编号为面组 123。先按住 Ctrl 键，选取图 6.8.41 所示的边界曲面 3 和面组 12，再单击 模型 功能选项卡 编辑 ▾ 区域中的 合并 按钮；单击 👓 按钮，预览合并后的面组，确认无误后，单击“确定”按钮 ✓。合并后的结果如图 6.8.42 和图 6.8.43 所示。

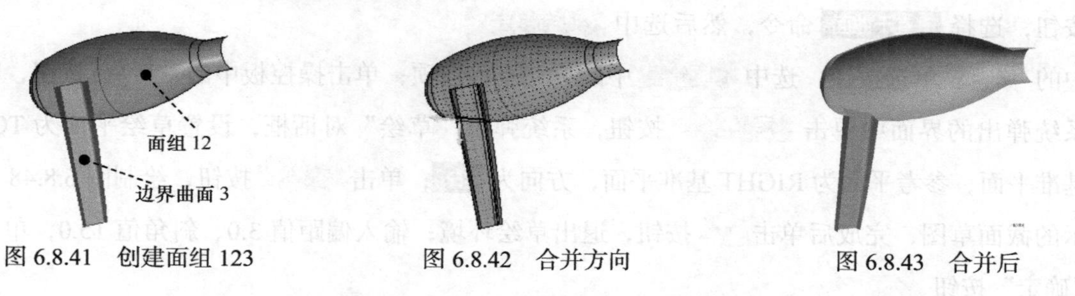

图 6.8.41 创建面组 123　　图 6.8.42 合并方向　　图 6.8.43 合并后

Step22. 创建图 6.8.44 所示的平整曲面。单击 模型 功能选项卡 曲面 ▾ 区域中的 填充 按钮，屏幕上方出现图 6.8.45 所示的“填充”操控板；在操控板中单击 参考 按钮，在系统弹出的界面中单击 定义... 按钮；设置草绘平面为 DTM3，草绘平面的参考为 RIGHT 基准平面，方向为 右；利用“使用边”命令，绘制图 6.8.46 所示的截面草图。

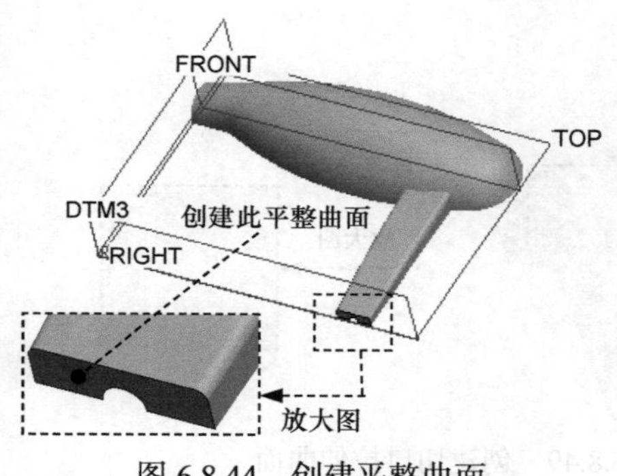

图 6.8.44 创建平整曲面

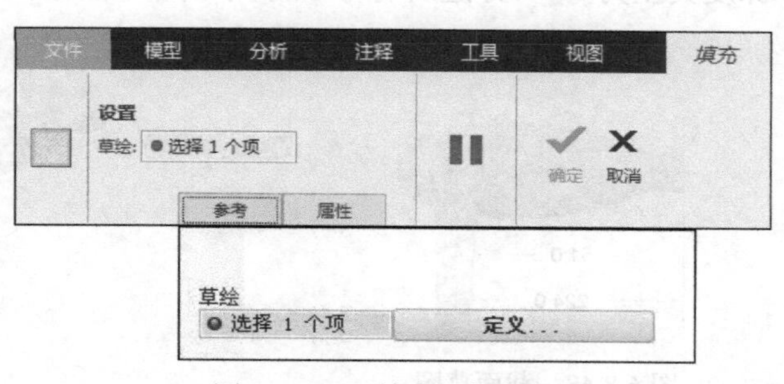

图 6.8.45 “填充”操控板

Step23. 将平整曲面与面组 123 进行合并，合并后的曲面编号为面组 1234。详细操作步骤参见 Step19。

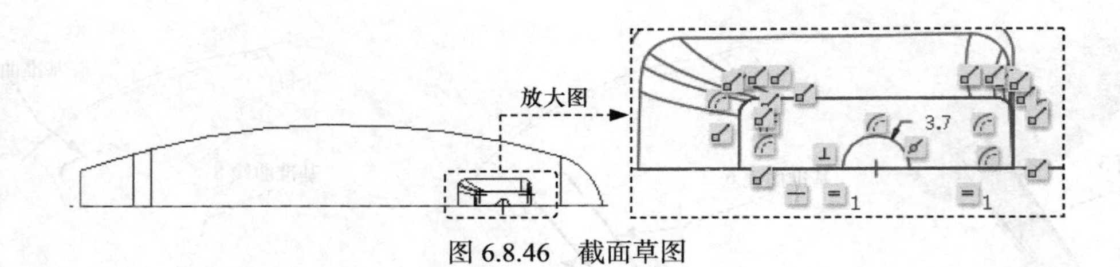

图 6.8.46 截面草图

Step24. 在面组 1234 上创建图 6.8.47 所示的局部偏移。选取面组 1234，单击 模型 功能选项卡 编辑 ▼ 区域中的 偏移 按钮，系统弹出“偏移”操控板；在操控板中的偏移类型栏中选取 (即带有斜度的偏移)，单击操控板中的 选项 按钮，选择 垂直于曲面 命令，然后选中 侧曲面垂直于 中的 ◉ 曲面 单选按钮，选中 侧面轮廓 中的 ◉ 直 单选项；单击操控板中的 参考 按钮，在系统弹出的界面中单击 定义... 按钮，系统弹出“草绘”对话框，设置草绘平面为 TOP 基准平面，参考平面为 RIGHT 基准平面，方向为 右；单击 草绘 按钮，绘制图 6.8.48 所示的截面草图，完成后单击 ✔ 按钮，退出草绘环境；输入偏距值 3.0、斜角值 15.0，单击“确定”按钮 ✔。

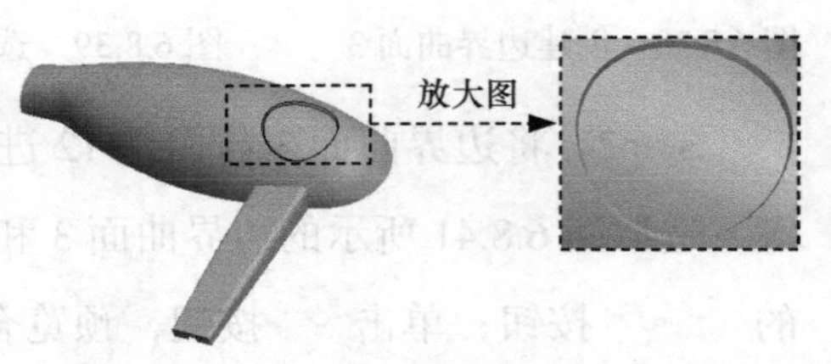

图 6.8.47 创建局部偏移

Step25. 创建图 6.8.49 所示的切口拉伸曲面。单击 模型 功能选项卡 形状 ▼ 区域中的 拉伸 按钮，系统出现图 6.8.50 所示的“拉伸”操控板，在操控板中按下“曲面特征类型”按钮 和“去除材料”按钮 ，选取图形区中的面组为修剪对象；在操控板中单击 放置 按钮，在系统弹出的“放置”界面中单击 定义... 按钮；设置草绘平面为 TOP 基准平面，参考平面为 RIGHT 基准平面，方向为 右；其特征截面草图如图 6.8.51 所示，深度类型为 (穿过所有)，然后单击 按钮。

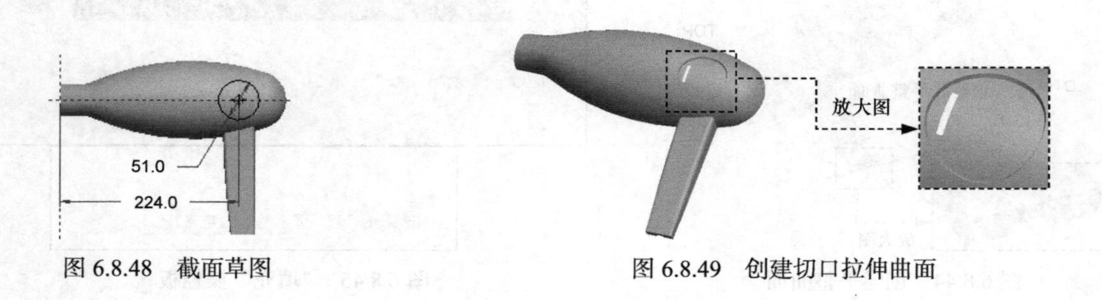

图 6.8.48 截面草图　　图 6.8.49 创建切口拉伸曲面

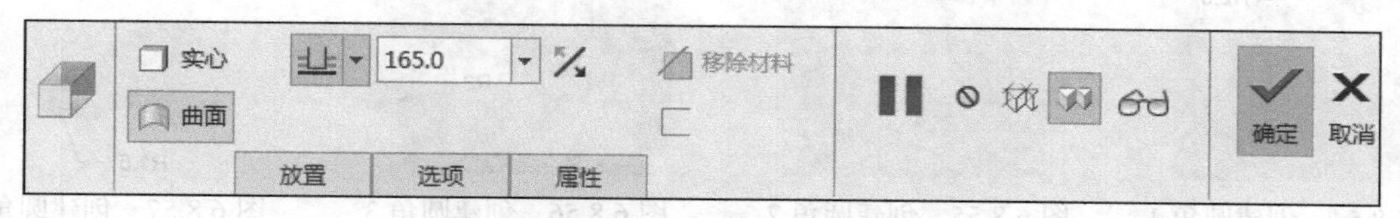

图 6.8.50　“拉伸”操控板

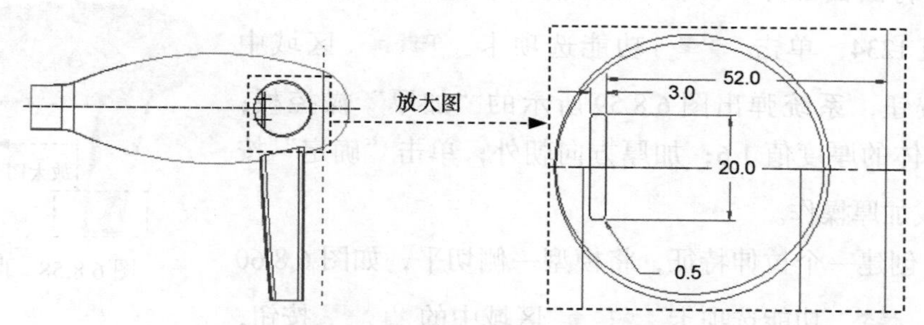

图 6.8.51　截面草图

Step26. 创建图 6.8.52 所示的切口拉伸曲面的阵列特征。在模型树中右击上一步创建的切口拉伸曲面特征后，选择 阵列... 命令；在操控板中选择以“尺寸”方式控制阵列，选取图 6.8.53 中的第一方向阵列引导尺寸 52.0，在“方向 1”的“增量”文本栏中输入值 –5.5，在操控板中第一方向的阵列个数栏中输入值 7.0；单击“确定”按钮 ✓。

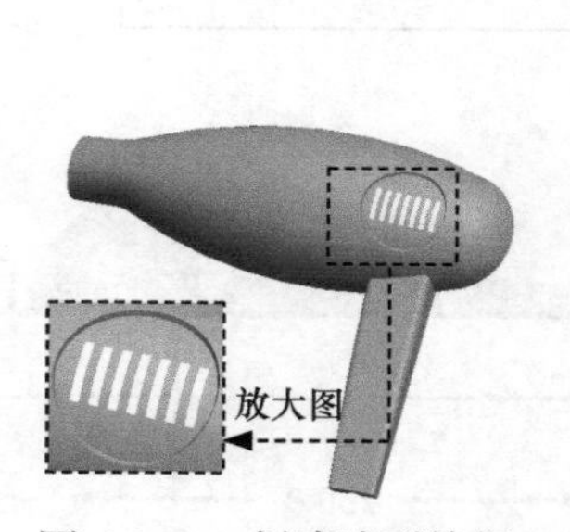

图 6.8.52　创建阵列特征

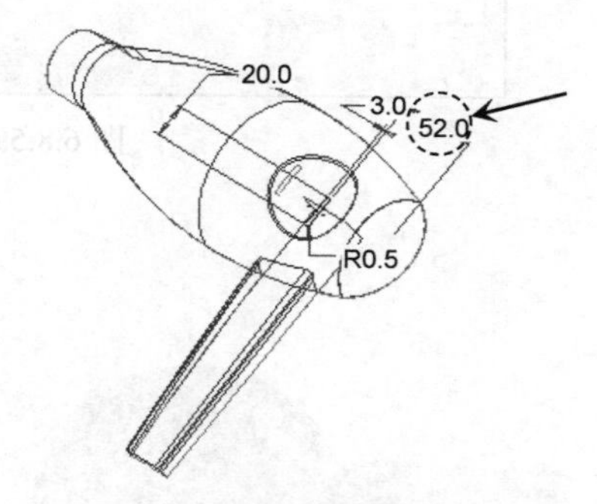

图 6.8.53　操作过程

Step27. 创建图 6.8.54 所示的圆角 1。单击 模型 功能选项卡 工程 ▼ 区域中的 倒圆角 ▼ 按钮，在模型上选择圆的内边线创建圆角，在操控板中的“圆角半径”文本框中输入值 2.5，按 Enter 键；单击“确定”按钮 ✓，完成特征的创建。

Step28. 创建图 6.8.55 所示的圆角 2，相关操作参见 Step27，圆角半径值为 1。

Step29. 创建图 6.8.56 所示的圆角 3，圆角半径值为 3。

Step30. 创建图 6.8.57 所示的圆角 4，圆角半径值为 1.5。

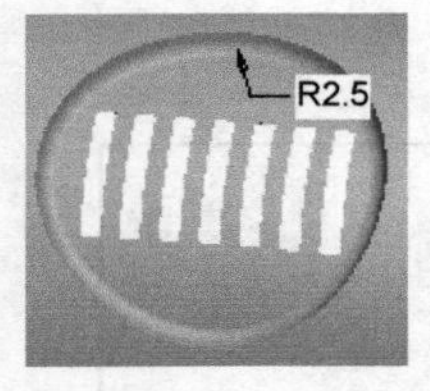

图 6.8.54 创建圆角 1

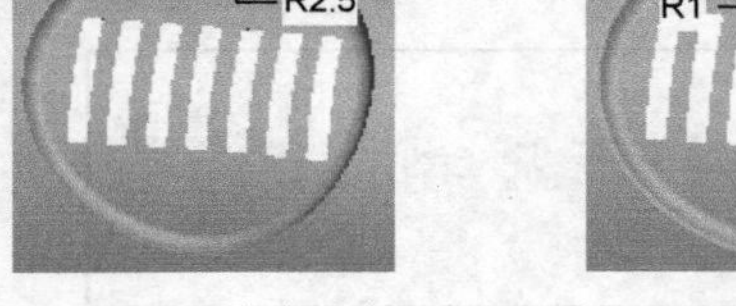

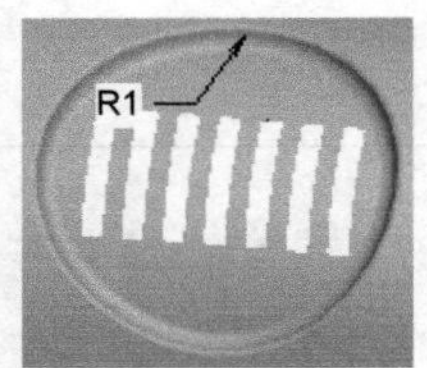

图 6.8.55 创建圆角 2

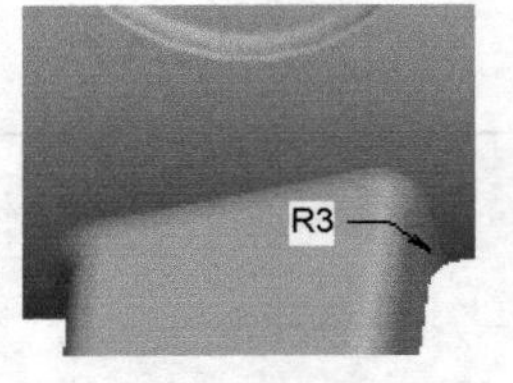

图 6.8.56 创建圆角 3

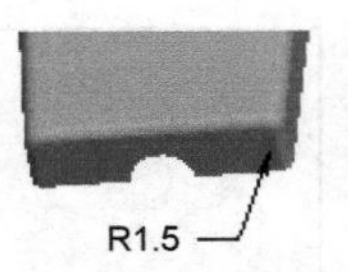

图 6.8.57 创建圆角 4

Step31. 将曲面加厚，如图 6.8.58 所示。选取要将其变成实体的面组 1234，单击 模型 功能选项卡 编辑 ▾ 区域中的 加厚 按钮，系统弹出图 6.8.59 所示的“加厚”操控板；输入薄板实体的厚度值 1.6；加厚方向朝外；单击“确定”按钮 ✔，完成加厚操作。

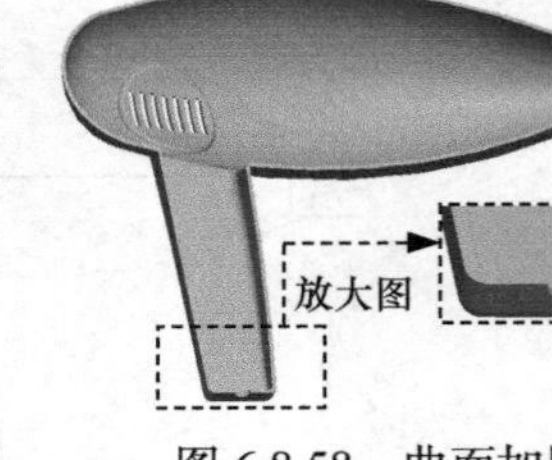

图 6.8.58 曲面加厚

Step32. 创建一个拉伸特征，将模型一侧切平，如图 6.8.60 所示。单击 模型 功能选项卡 形状 ▾ 区域中的 拉伸 按钮，系统出现“拉伸”操控板（二），在操控板中按下“实体特征类型”按钮 和“移除材料”按钮 ；右击，从菜单中选择 定义内部草绘... 命令；设置 RIGHT 基准平面为草绘平面，TOP 基准平面为草绘平面的参考，方向为 上；特征截面图形如图 6.8.61 所示，深度类型为 （穿过所有），然后单击 按钮。

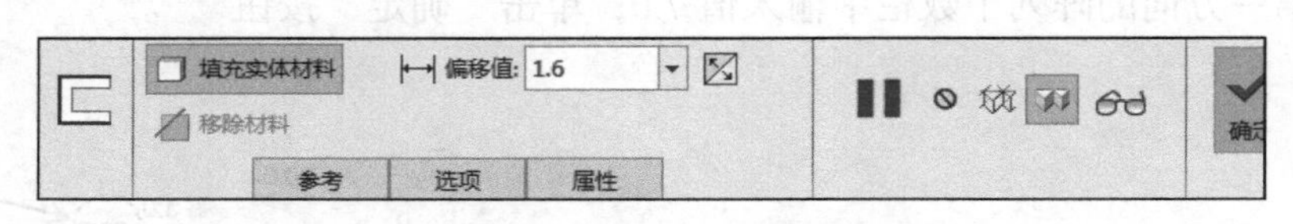

图 6.8.59 “加厚”操控板

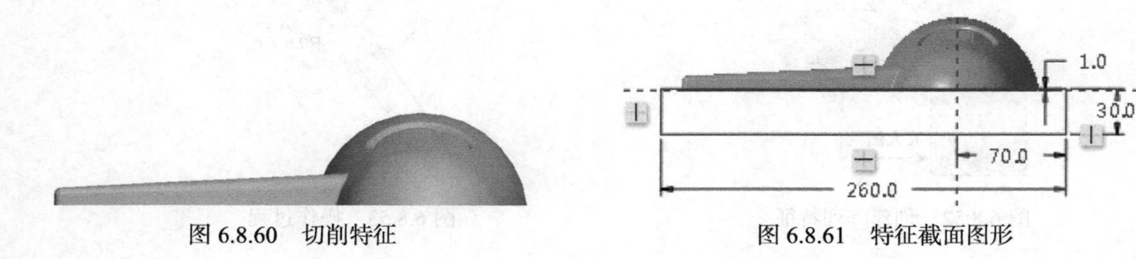

图 6.8.60 切削特征

图 6.8.61 特征截面图形

6.9 习 题

一、选择题

1. 下面哪一个功能可以将闭合的片体转化为实体？（ ）

A. 修剪　　B. 实体化　　C. 合并　　D. 相交

2. 构成填充平面的曲线必须共面吗？（　　）

A. 是　　B. 不是

C. 根据系统的设置来决定　　D. 以上都不对

3. 下面哪个图标是曲面编辑中的“偏移”命令？（　　）

A.　　B.　　C.　　D.

4. 识别特征图标 （　　）。

A. 填充　　B. 造型　　C. 边界混合　　D. 自由式

5. 下图是通过哪个命令实现从曲线到曲面的？（　　）

A. 混合　　B. 扫描　　C. 边界混合　　D. 造型

6. 下图是通过哪个命令使曲线变成曲面的？（　　）

A. 拉伸曲面　　B. 扫描曲面　　C. 旋转曲面　　D. 填充曲面

7. 下图中的曲面是通过哪个命令一步实现的？（　　）

A. 偏移曲面　　B. 填充曲面　　C. 扫描曲面　　D. 拉伸曲面

曲面

实体

8. 下图是通过哪个命令使曲线变成曲面的？（　　）

A. 填充曲面　　B. 扫描曲面　　C. 旋转曲面　　D. 拉伸曲面

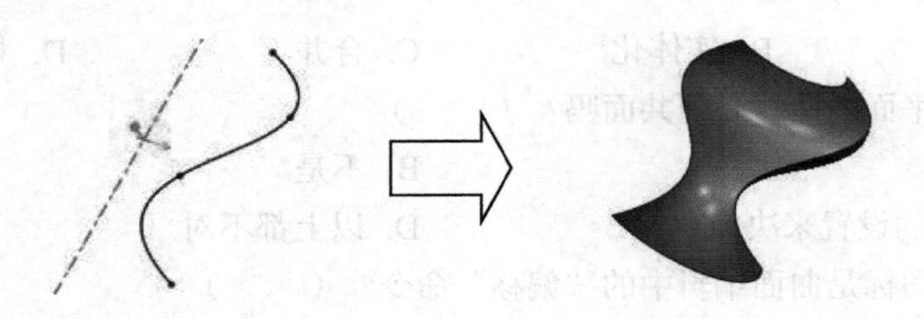

9. 下图是通过哪个命令实现得到的效果？（　　）

A. 合并　　B. 修剪　　C. 偏移　　D. 相交

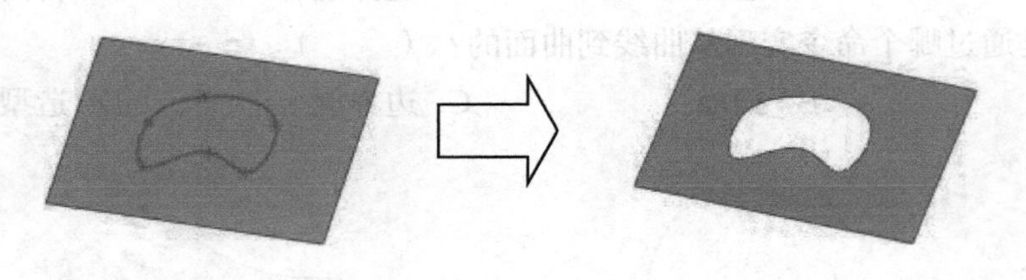

10. 下图是通过哪个命令实现得到的效果？（　　）

A. 边界混合　　B. 扫描　　C. 偏移　　D. 填充

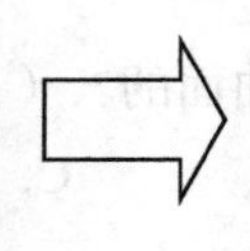

二、判断题

1. 扫描特征只能有一条扫描轨迹。（　　）

2. 拉伸曲面时，其截面允许有交叉。（　　）

3. 填充特征的截面草图可以是不封闭的。（　　）

4. 在旋转特征草绘截面中必须有一条几何中心线作为旋转轴。（　　）

5. 修剪面组的曲线可以是基准曲线，也可以是模型内部曲面的边线，还可以是实体模型边的连续链。（　　）

6. 使用“实体化”命令前，需将模型中所有分离的曲面“合并”成一个封闭的整体面组。（　　）

三、制作模型

1. 管接头

下面将创建图 6.9.1 所示的管接头模型（所缺尺寸可自行确定），此模型的设计思路：从模型表面着手，先由曲面构成实体的表面，然后对曲面加厚产生实体。

Step1. 新建一个零件的三维模型，将零件模型命名为 connecting_pipe.prt。

Step2. 创建图 6.9.2 所示的拉伸特征（即圆柱拉伸曲面），直径为 100，对称拉伸高度值为 200。

注意： 拉伸曲面两端不封闭。

Step3. 在 Step2 中创建的圆柱曲面的一个底面上创建一个平面 DTM1（图 6.9.3）。在 DTM1 上创建图 6.9.4a 所示的填充特征，填充截面如图 6.9.4b 所示。

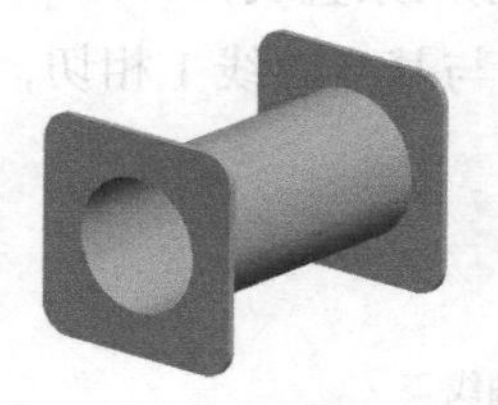

图 6.9.1 管接头模型

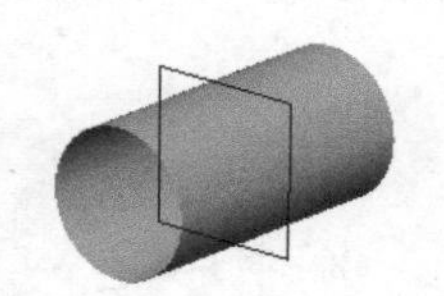

图 6.9.2 拉伸曲面

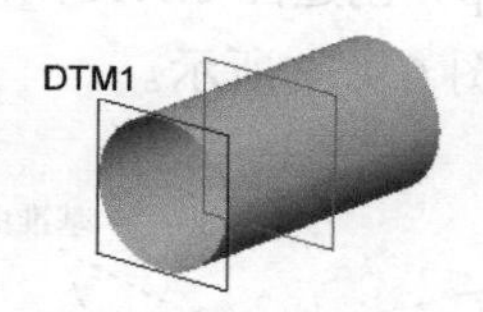

图 6.9.3 DTM1

Step4. 镜像 Step3 中所创建的填充特征（图 6.9.5）。

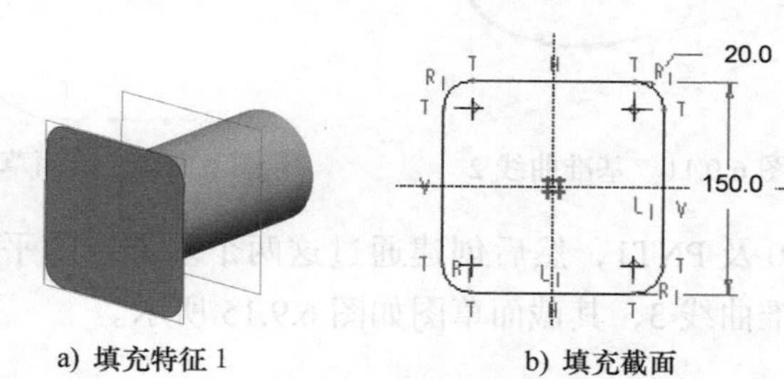

a) 填充特征 1　b) 填充截面

图 6.9.4 添加填充特征

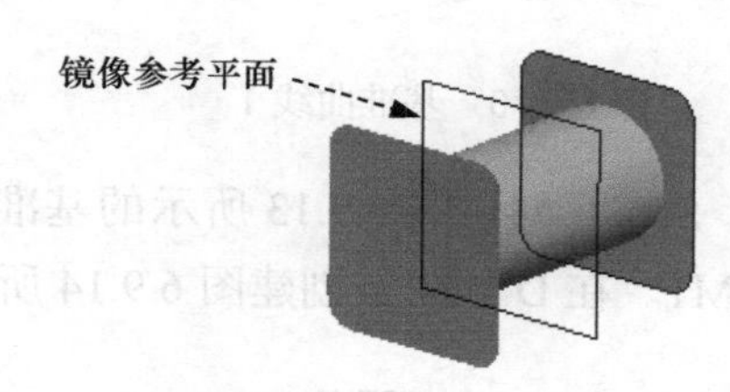

图 6.9.5 镜像

Step5. 合并 Step2 中创建的拉伸曲面与 Step3 中创建的填充平面，得到“合并”面组 1，如图 6.9.6 所示。

Step6. 合并面组 1 与镜像得到的平面，得到“合并”面组 2，如图 6.9.7 所示。

Step7. 加厚面组 2，厚度值为 5，如图 6.9.8 所示。至此完成该模型的创建。

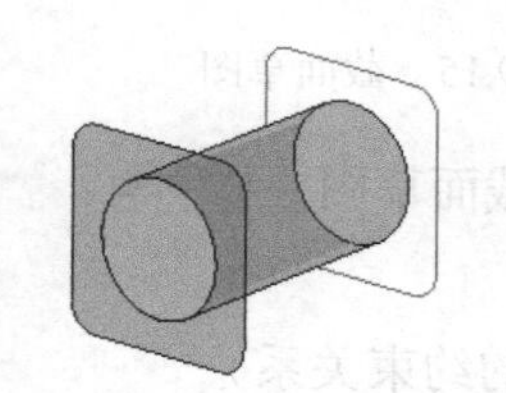

图 6.9.6 “合并”面组 1

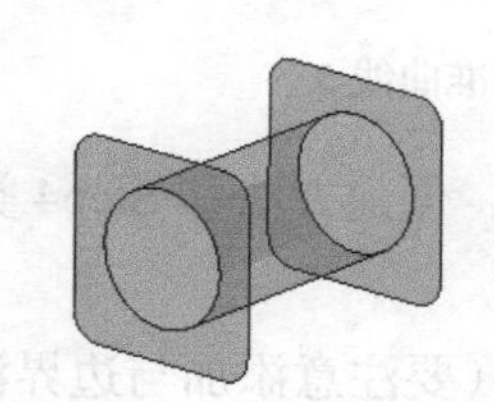

图 6.9.7 “合并”面组 2

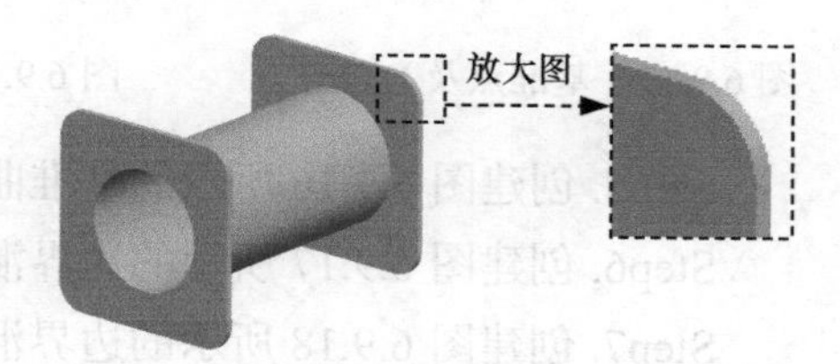

图 6.9.8 曲面加厚

2. 台灯罩

本练习综合运用了基准曲线、边界混合曲面、曲面合并、曲面镜像和曲面加厚等特征命令，较综合地体现了曲面的构型过程。

下面创建图 6.9.9 所示的台灯罩模型（所缺尺寸可自行确定）。

Step1. 新建一个零件的三维模型，将零件模型命名为 reading_lamp_cover.prt。

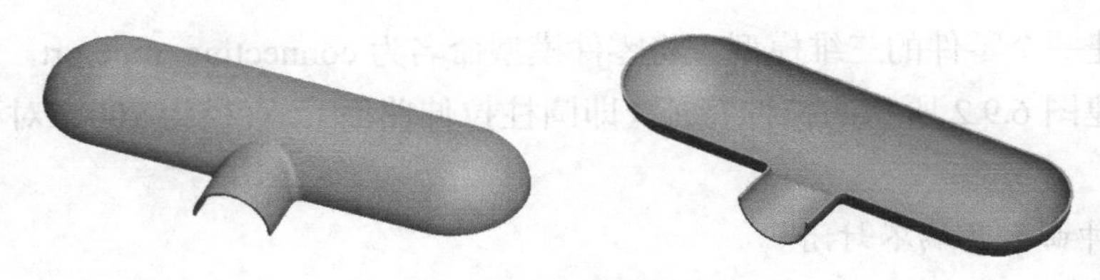

图 6.9.9　台灯罩模型

Step2. 创建图 6.9.10 所示的基准曲线 1（在同一次草绘里绘制两条直线）。

Step3. 创建图 6.9.11 所示的基准曲线 2，并约束基准曲线 2 与基准曲线 1 相切，其截面草图如图 6.9.12 所示。

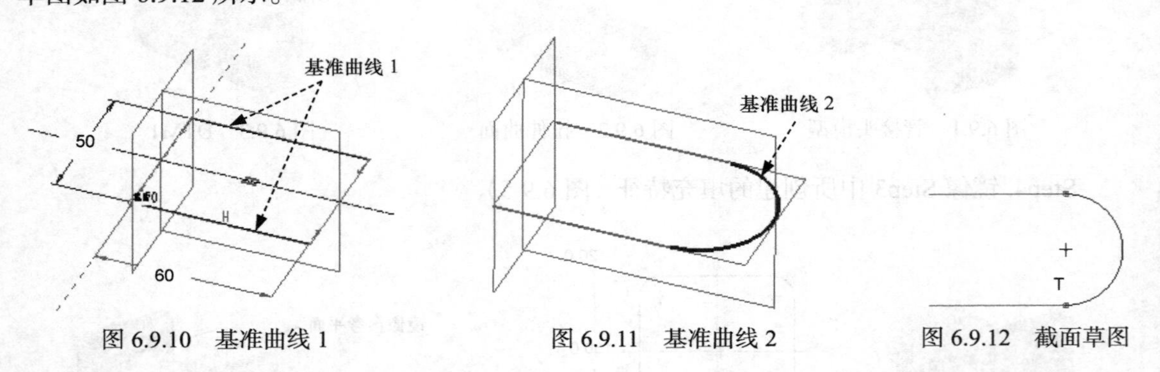

图 6.9.10　基准曲线 1　　图 6.9.11　基准曲线 2　　图 6.9.12　截面草图

Step4. 创建图 6.9.13 所示的基准点 PNT0 及 PNT1，然后创建通过这两个基准点的平面 DTM1。在 DTM1 上创建图 6.9.14 所示的基准曲线 3，其截面草图如图 6.9.15 所示。

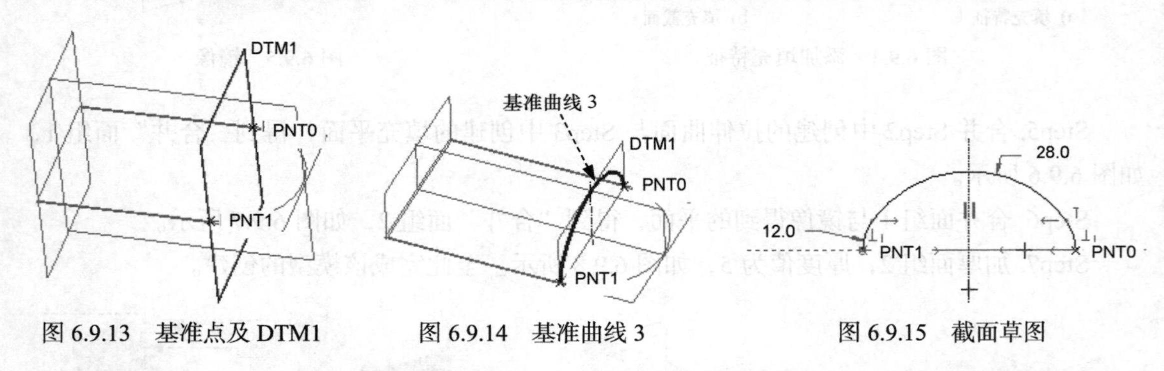

图 6.9.13　基准点及 DTM1　　图 6.9.14　基准曲线 3　　图 6.9.15　截面草图

Step5. 创建图 6.9.16 所示的基准曲线 4，创建方法和 Step4 类似，截面草图一样。

Step6. 创建图 6.9.17 所示的边界混合 1。

Step7. 创建图 6.9.18 所示的边界混合 2（要注意添加与边界混合 1 的约束关系）。

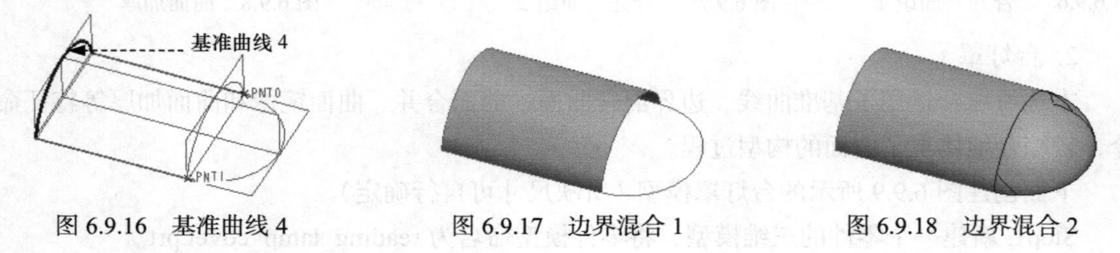

图 6.9.16　基准曲线 4　　图 6.9.17　边界混合 1　　图 6.9.18　边界混合 2

Step8. 合并 Step6 和 Setp7 中创建的边界混合 1、2，得到合并面组 1，如图 6.9.19 所示。

Step9. 镜像 Step8 中得到的面组 1，如图 6.9.20 所示。

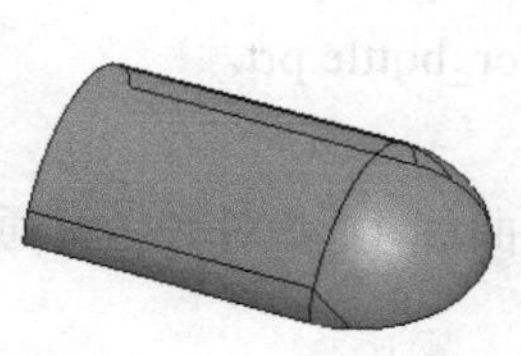

图 6.9.19 合并面组 1

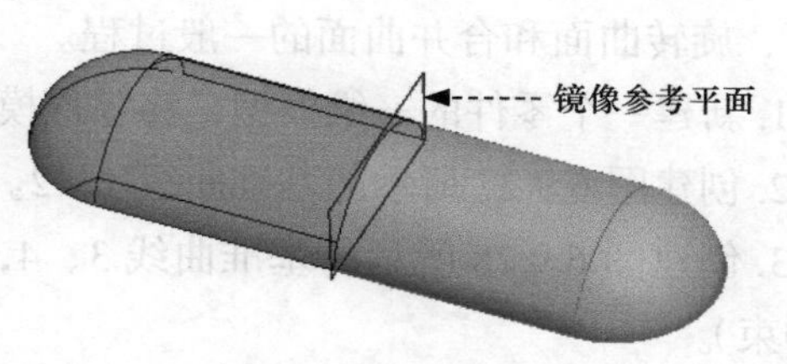

图 6.9.20 镜像曲面

Step10. 将镜像得到的镜像曲面与合并面组 1 合并，得到合并面组 2，如图 6.9.21 所示。

Step11. 创建图 6.9.22 所示的拉伸曲面。

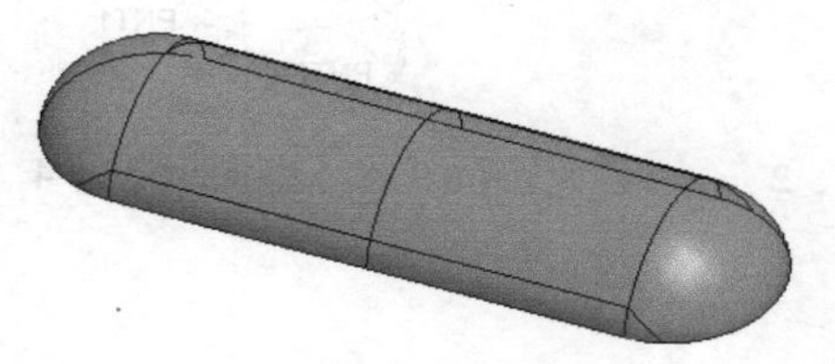

图 6.9.21 合并面组 2

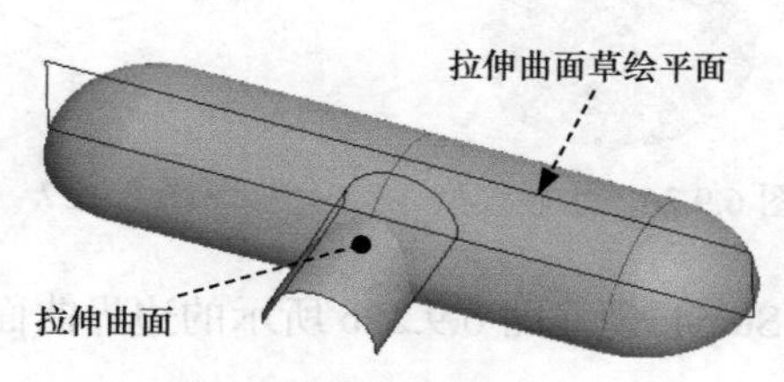

图 6.9.22 拉伸曲面

Step12. 将合并面组 2 与 Step11 中所创建的拉伸曲面合并为合并面组 3，如图 6.9.23 所示。

Step13. 创建图 6.9.24 所示的倒圆角特征，半径值为 3.0。

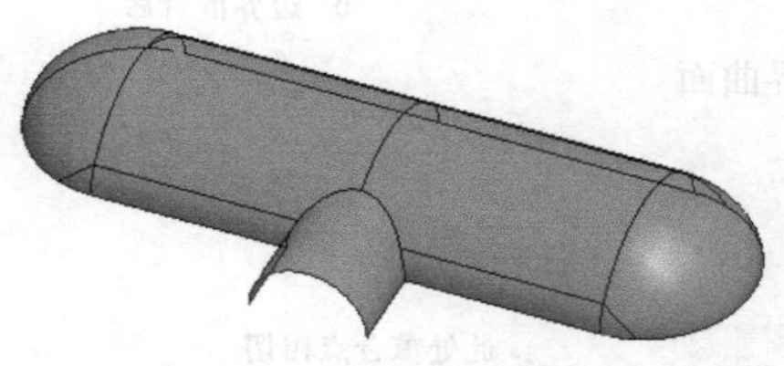

图 6.9.23 合并曲面 3

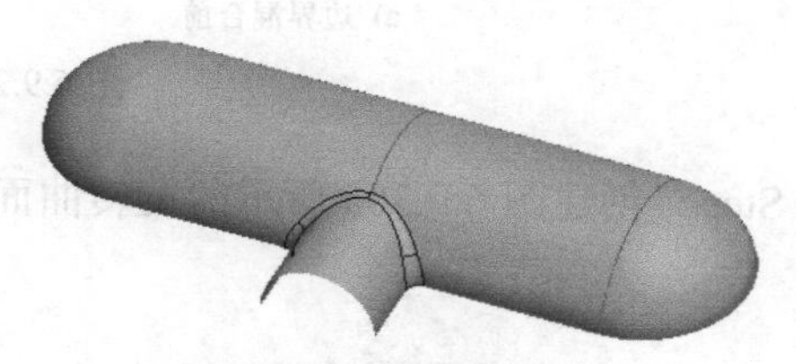

图 6.9.24 倒圆角特征

Step14. 加厚 Step13 得到的面组，如图 6.9.25 所示（注意：加厚的厚度不能太大，否则可能导致特征生成失败）。

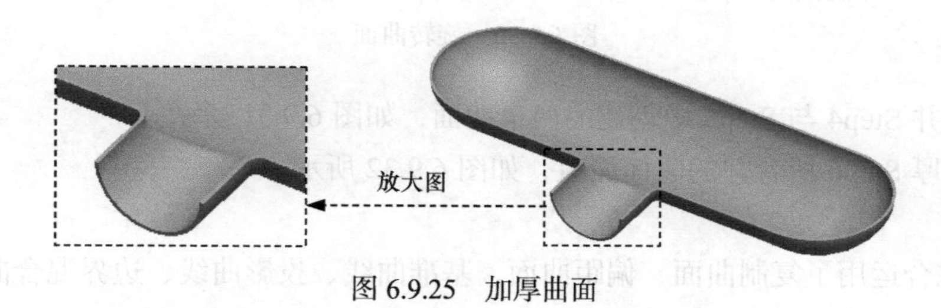

图 6.9.25 加厚曲面

3. 水瓶

下面创建图 6.9.26 所示的水瓶模型（所缺尺寸可自行确定），通过该习题可以熟悉创建边界曲面、旋转曲面和合并曲面的一般过程。

Step1. 新建一个零件的三维模型，将零件模型命名为 water_bottle.prt。

Step2. 创建图 6.9.27 所示的基准曲线 1、2。

Step3. 创建图 6.9.28 所示的基准曲线 3、4，注意与基准曲线 1、2 对齐（可通过创建基准点来约束）。

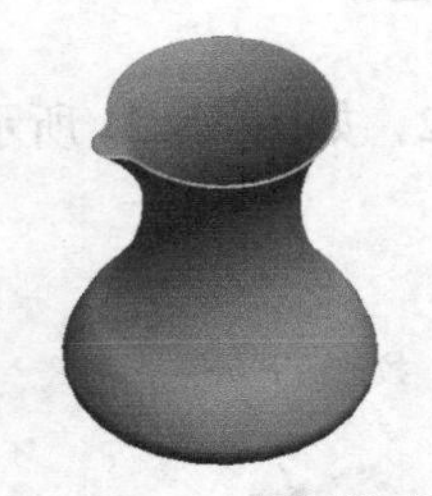

图 6.9.26 水瓶模型

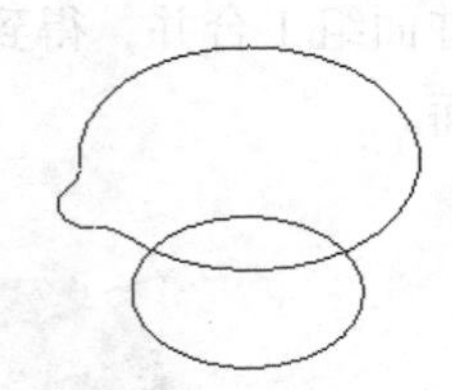

图 6.9.27 基准曲线 1、2

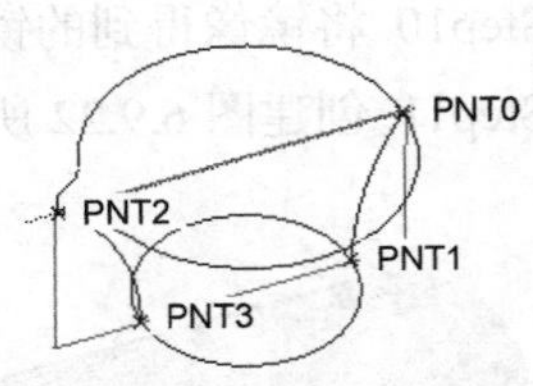

图 6.9.28 基准曲线 3、4

Step4. 创建图 6.9.29b 所示的边界曲面。

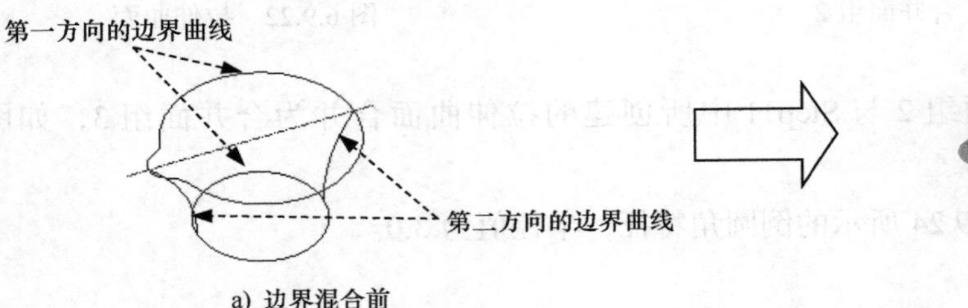

a) 边界混合前

b) 边界混合后

图 6.9.29 创建边界曲面

Step5. 创建图 6.9.30a 所示的旋转曲面。

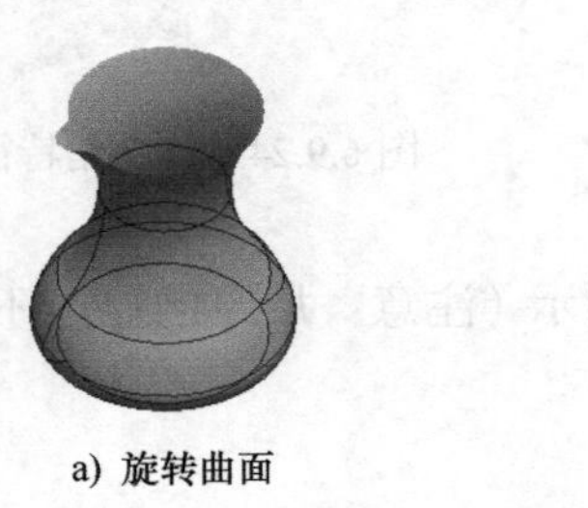

a) 旋转曲面

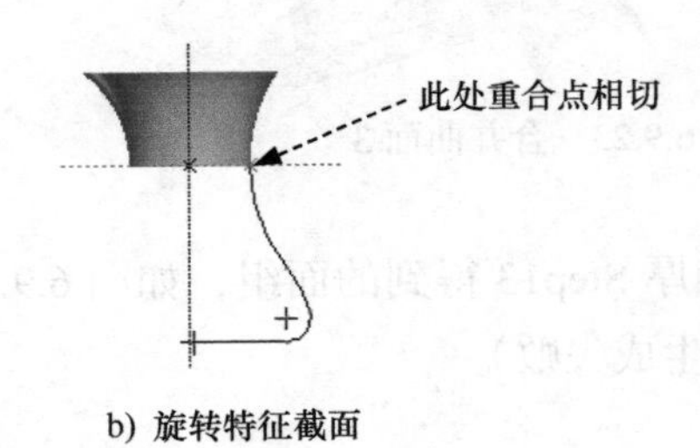

b) 旋转特征截面

图 6.9.30 旋转曲面

Step6. 合并 Step4 与 Step5 中创建的两个曲面，如图 6.9.31 所示。

Step7. 加厚 Step6 所合并的曲面面组，如图 6.9.32 所示。

4. 叶轮

本练习综合运用了复制曲面、偏距曲面、基准曲线、投影曲线、边界混合曲面、曲面加厚、成组以及阵列等特征操作，较综合地锻炼了曲面的构形能力。

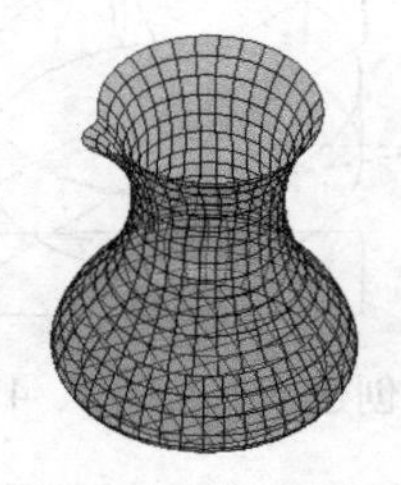
图 6.9.31 曲面合并

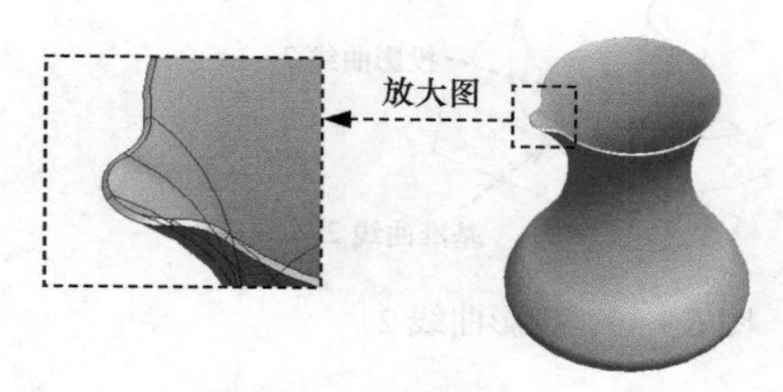

图 6.9.32 曲面加厚

下面创建图 6.9.33 所示的叶轮模型（所缺尺寸可自行确定）。

图 6.9.33 叶轮模型

Step1. 新建一个零件的三维模型，将零件模型命名为 impeller.prt。

Step2. 创建图 6.9.34 所示的拉伸特征 1。

Step3. 复制图 6.9.34 所示的圆柱曲面，复制粘贴后如图 6.9.35 所示。

Step4. 选取 Step3 所复制的曲面，创建偏距特征，如图 6.9.36 所示。

Step5. 创建一个基准平面，在此平面上创建图 6.9.37 所示的基准曲线 1。

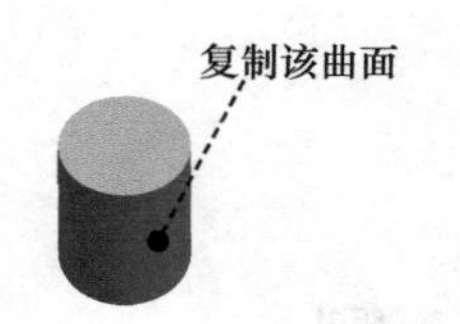

图 6.9.34 拉伸特征 1

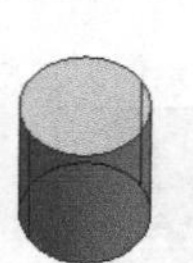
图 6.9.35 复制、粘贴曲面

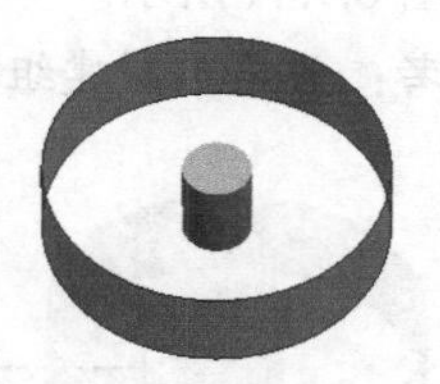
图 6.9.36 偏距特征

Step6. 选取 Step5 所创建的基准曲线 1，将其投影到 Step3 所创建的复制曲面上，形成投影曲线 1，如图 6.9.38 所示。

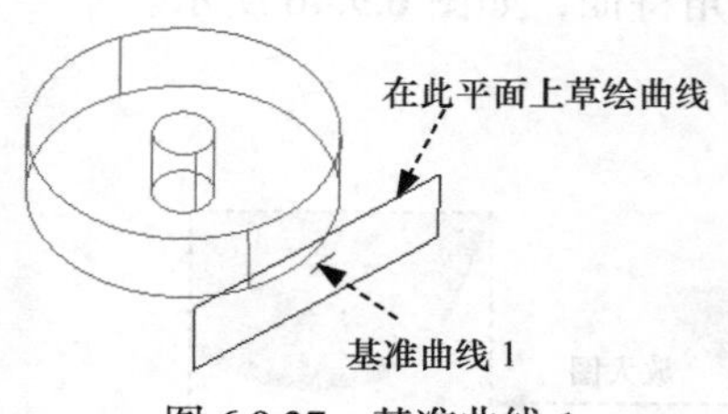

图 6.9.37 基准曲线 1

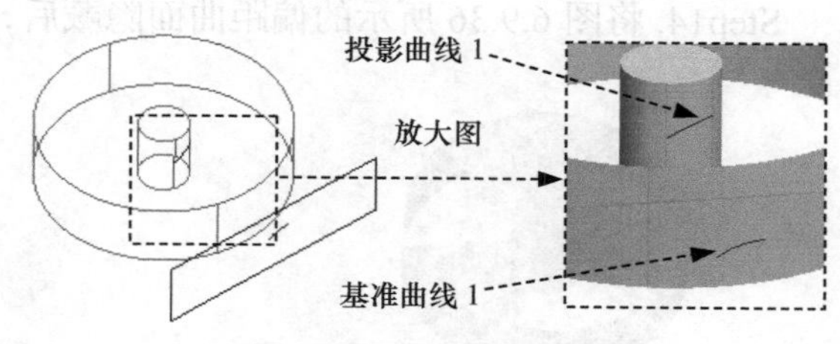

图 6.9.38 投影曲线 1

Step7. 同 Step5、Step6，创建图 6.9.39 所示的投影曲线 2。

Step8. 同 Step5，创建图 6.9.40 所示的基准曲线 3、4。

Step9. 创建图 6.9.41 所示的拉伸特征 2。

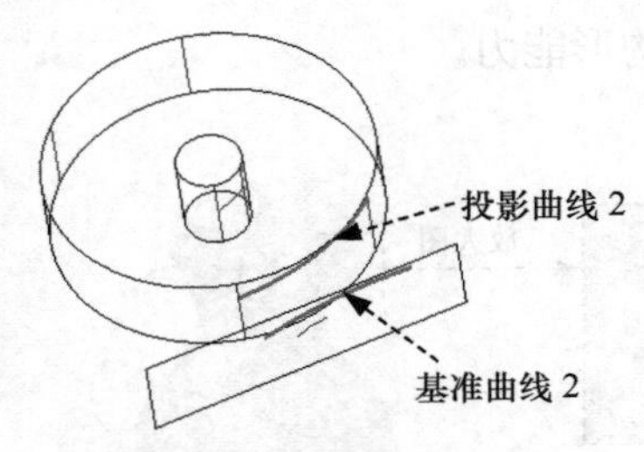

图 6.9.39 投影曲线 2

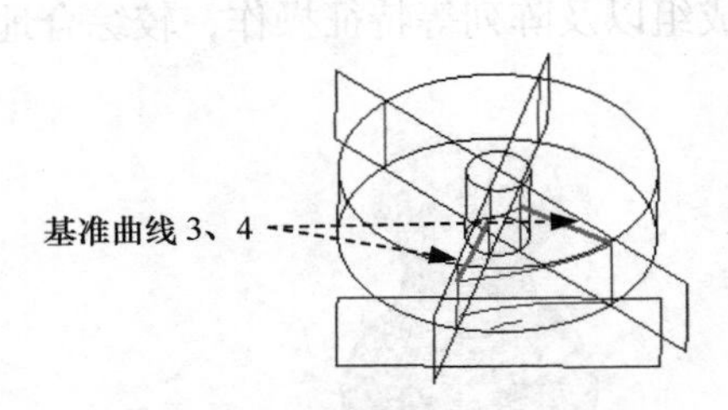

图 6.9.40 创建基准曲线 3、4

Step10. 利用之前创建的基准曲线和投影曲线，创建图 6.9.42 所示的边界混合曲面。

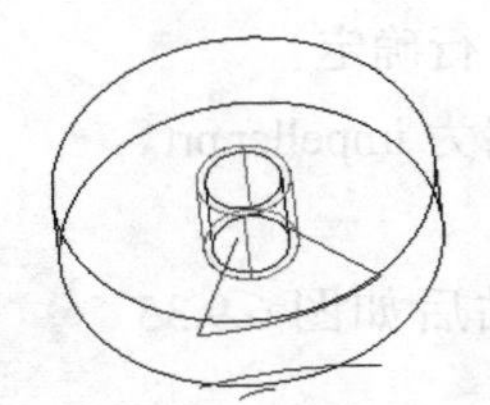

图 6.9.41 拉伸特征 2

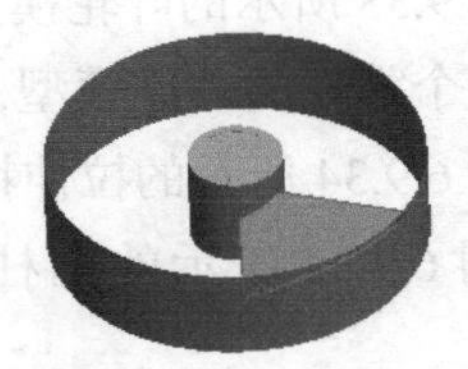

图 6.9.42 边界混合曲面

Step11. 加厚 Step10 所创建的边界曲面，如图 6.9.43 所示。

Step12. 将 Step10 中创建的边界曲面 1 与 Step11 中创建的加厚特征组成组 1，其部分模型树如图 6.9.44 所示。

思考： *若是不创建组 1，则会出现什么样的情况？*

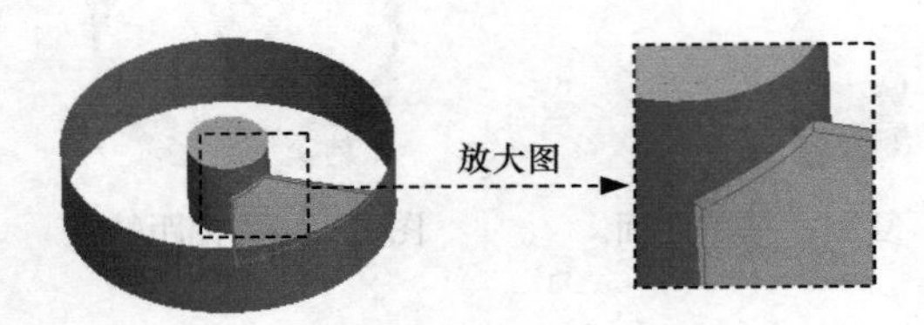

图 6.9.43 曲面加厚

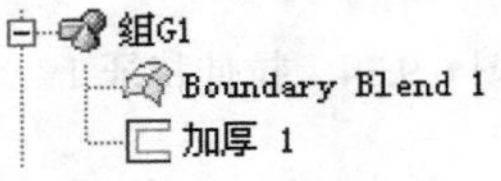

组G1
Boundary Blend 1
加厚 1

图 6.9.44 组 1

Step13. 阵列 Step12 中所创建的组 1，如图 6.9.45 所示。

Step14. 将图 6.9.36 所示的偏距曲面隐藏后，添加倒圆角特征，如图 6.9.46 所示。

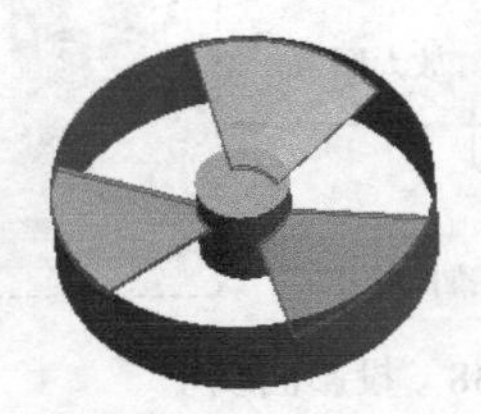

图 6.9.45 阵列特征

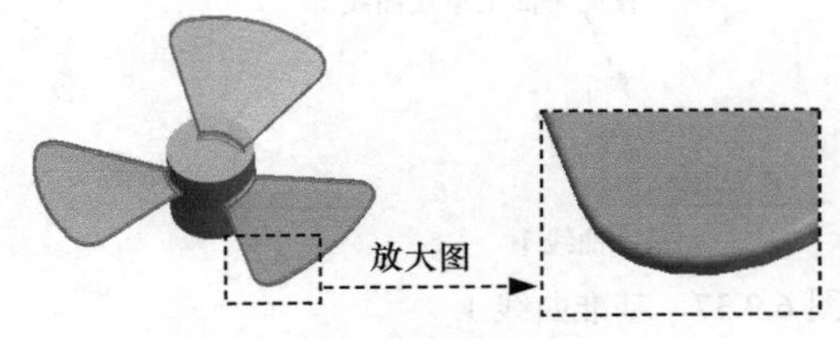

图 6.9.46 倒圆角特征

5. 修整曲面

将工作目录设置至 D:\dbcreo8.1\work\ch06.09\ex05，打开文件 surf_finishing.prt，通过对图 6.9.47a 所示的各个曲面进行曲面合并、加厚曲面及倒圆角等，最终得到图 6.9.47f 所示的模型。通过本习题的练习，体会和掌握使用曲面构造实体的技巧。

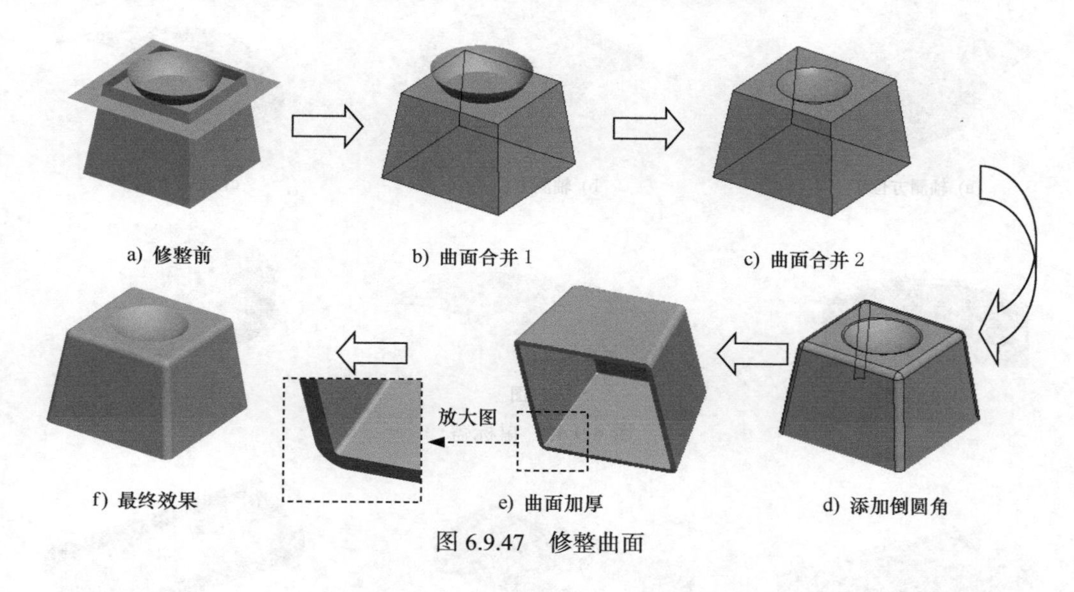

图 6.9.47 修整曲面

6. 旋钮

根据图 6.9.48 所给出的各个步骤视图，利用旋转曲面、复制曲面、边界混合曲面、阵列、曲面合并和曲面实体化等功能，创建图 6.9.48f 所示的旋钮模型（所缺尺寸可自行确定）。

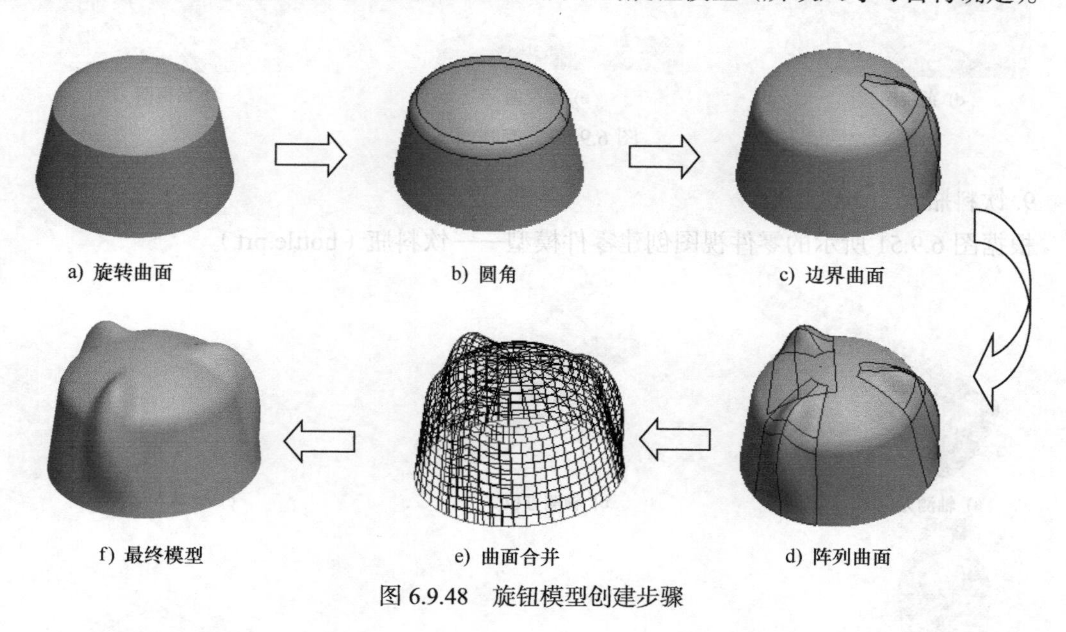

图 6.9.48 旋钮模型创建步骤

7. 鼠标盖

根据图 6.9.49 所示的零件视图创建零件模型——鼠标盖（mouse_surface.prt）。

8. 控制面板

根据图 6.9.50 所示的零件视图创建零件模型——控制面板（Control_panel.prt）。

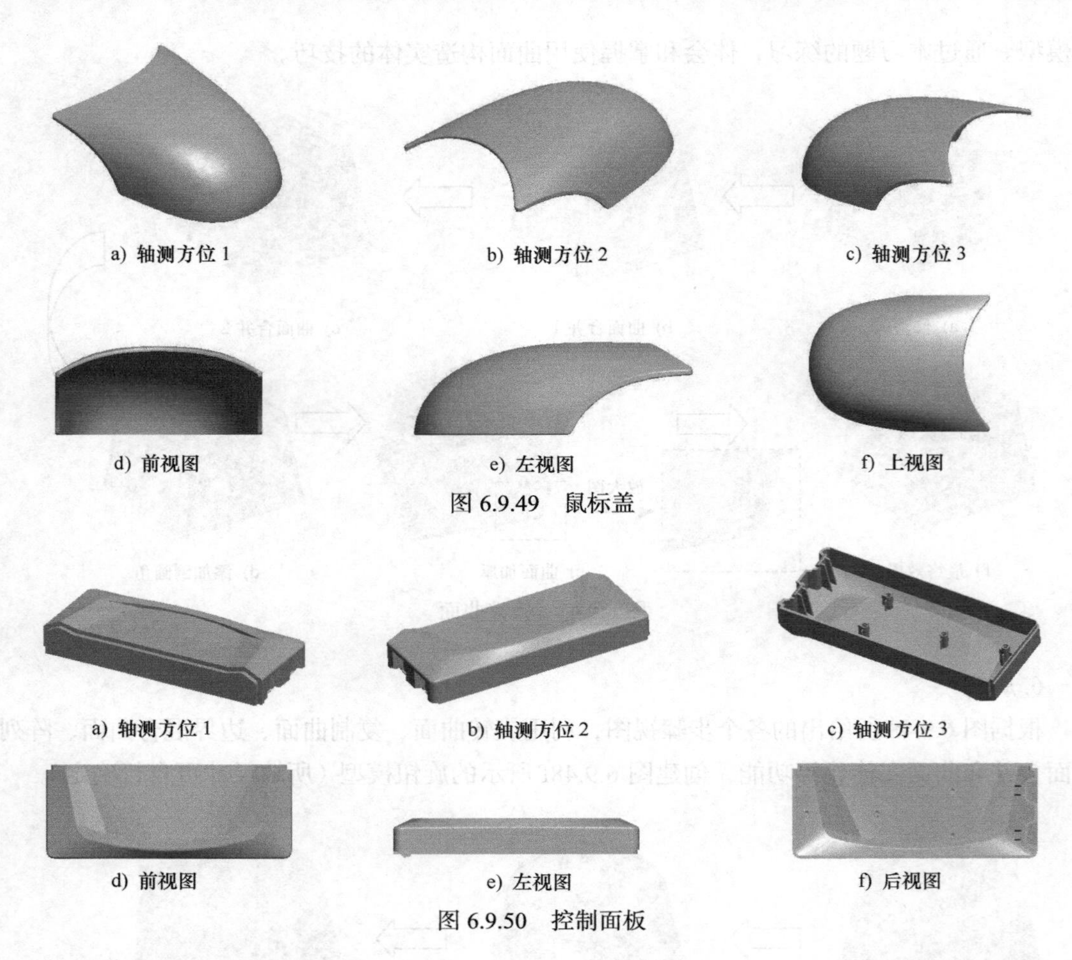

a) 轴测方位 1　b) 轴测方位 2　c) 轴测方位 3

d) 前视图　e) 左视图　f) 上视图

图 6.9.49　鼠标盖

a) 轴测方位 1　b) 轴测方位 2　c) 轴测方位 3

d) 前视图　e) 左视图　f) 后视图

图 6.9.50　控制面板

9. 饮料瓶

根据图 6.9.51 所示的零件视图创建零件模型——饮料瓶（bottle.prt）。

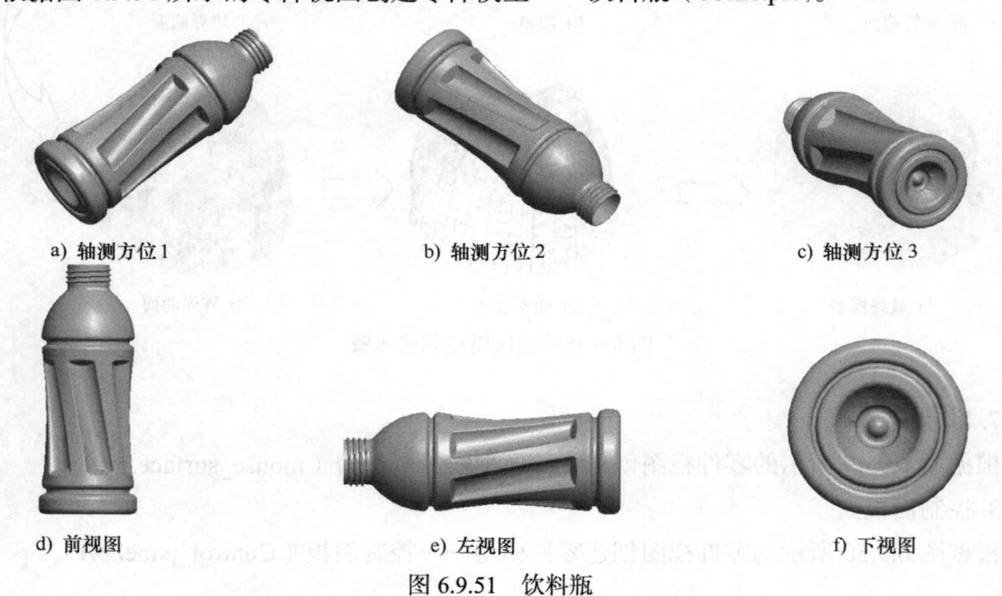

a) 轴测方位 1　b) 轴测方位 2　c) 轴测方位 3

d) 前视图　e) 左视图　f) 下视图

图 6.9.51　饮料瓶

第7章　钣 金 设 计

本章提要

在机械设计中，钣金件设计占很大的比例。钣金件具有重量轻、强度高、导电（能够用于电磁屏蔽）、成本低以及大规模量产性能好等特点。钣金件目前在电子电器、通信、汽车工业和医疗器械等领域得到了广泛应用。例如，在计算机、手机、平板电脑中，钣金件都是必不可少的组成部分。随着钣金的应用越来越广泛，钣金件的设计变成了产品开发过程中很重要的一环。机械工程师必须熟练掌握钣金件的设计技巧，使得设计的钣金件既满足产品的功能和外观等要求，又能使得冲压模具制造简单、成本低。本章将介绍 Creo 钣金设计的基本知识，包括以下内容：

- 钣金设计概述
- 创建钣金壁
- 钣金的折弯
- 钣金综合范例

7.1　钣金设计概述

钣金件一般是指具有均一厚度的金属薄板零件。机电设备的支撑结构（如电器控制柜）、护盖（如机床的外围护罩）等一般都是钣金件。与实体零件模型一样，钣金件模型的各种结构也是以特征的形式创建的，但钣金件的设计也有自己独特的规律。使用 Creo 软件创建钣金件的过程大致如下。

Step1. 通过新建一个钣金件模型，进入钣金设计环境。

Step2. 以钣金件所支持或保护的内部零部件大小和形状为基础，创建第一钣金壁（主要钣金壁）。例如，设计机床床身护罩时，先要按床身的形状和尺寸创建第一钣金壁。

Step3. 添加附加钣金壁。在第一钣金壁创建之后，往往需要在其基础上添加另外的钣金壁，即附加钣金壁。

Step4. 在钣金模型中，还可以随时添加一些实体特征，如实体切削特征、孔特征、圆角特征和倒角特征等。

Step5. 创建钣金冲孔（Punch）和切口（Notch）特征，为钣金的折弯作准备。

Step6. 进行钣金的折弯（Bend）。

Step7. 进行钣金的展平（Unbend）。

Step8. 创建钣金件的工程图。

7.2 创建钣金壁

7.2.1 钣金壁概述

钣金壁（Wall）是指厚度一致的薄板，它是一个钣金零件的“基础”，其他的钣金特征（如冲孔、成形、折弯和切割等）都要在这个“基础”上构建，因而钣金壁是钣金件最重要的部分。在 Creo 系统中，用户创建的第一个钣金壁特征称为第一钣金壁（First Wall），之后在第一钣金壁外部创建的其他钣金壁均称为分离的钣金壁（Unattached Wall）。

7.2.2 创建第一钣金壁

第一钣金壁和分离的钣金壁的创建均使用 形状▾ 选项卡中的命令（图 7.2.1），使用这些命令创建第一钣金壁的原理和方法与创建相应类型的曲面特征极为相似。另外单击 模型 功能选项卡 形状▾ 区域中的“拉伸”按钮 拉伸，可创建拉伸类型的第一钣金壁。

1. 拉伸类型的第一钣金壁

在以拉伸（Extrude）的方式创建第一钣金壁时，需要先绘制钣金壁的侧面轮廓草图，然后给定钣金厚度值和拉伸深度值，则系统将轮廓草图延伸至指定的深度，形成薄壁实体，如图 7.2.2 所示。其详细操作步骤说明如下。

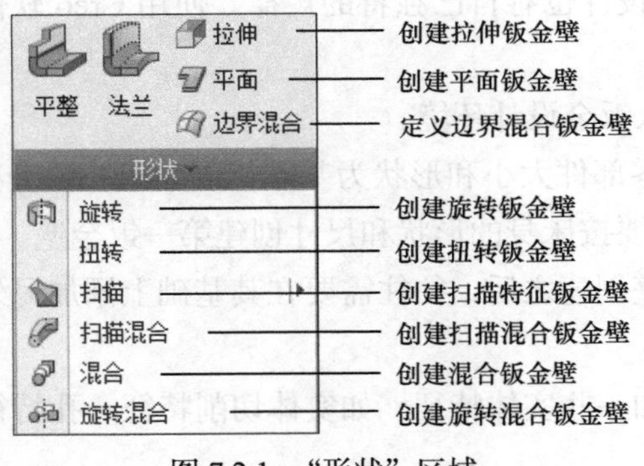

图 7.2.1 “形状”区域

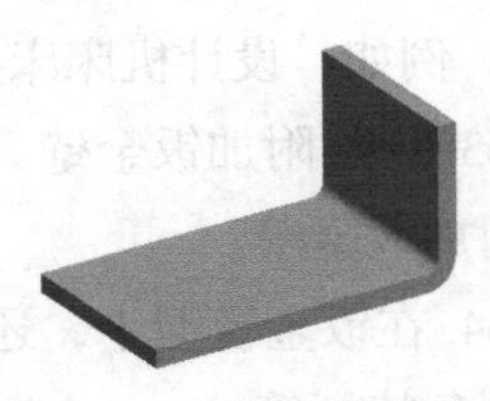

图 7.2.2 第一钣金壁

Step1. 新建零件模型。选择下拉菜单 文件▾ ➡ 新建(N) 命令，系统弹出“新建”对话框，在 类型 选项组中选中 ◉ 零件 单选项，在 子类型 选项组中选中 ◉ 钣金件 单选项，在 名称 文本框中输入文件名称 extrude_wall；取消选中 □ 使用默认模板 复选框，单击 确定 按钮，在系统弹出的“新文件选项”对话框的 模板 选项组中选择 mmns_part_sheetmetal 模板，单击 确定 按钮，系统进入钣金设计环境。

Step2. 选取命令。单击 模型 功能选项卡 形状 ▾ 区域中的“拉伸”按钮 拉伸。

Step3. 选取拉伸特征的类型。在选择 拉伸 命令后，屏幕上方会出现“拉伸”操控板。在操控板中单击实体特征类型按钮 （系统默认情况下，此按钮为按下状态）。

Step4. 定义草绘截面放置属性。

（1）在绘图区中右击，从系统弹出的快捷菜单中选择 定义内部草绘... 命令，此时系统弹出“草绘”对话框。

说明：也可以在操控板中单击 放置 按钮，然后在系统弹出的界面中单击 定义... 按钮。

（2）定义草绘平面。选取 RIGHT 基准平面作为草绘平面。

（3）草绘平面的定向。

① 指定草绘平面的参考平面。先在“草绘”对话框的“参考”文本框中单击，再单击图形区中的 FRONT 基准平面。

② 指定参考平面的方向。单击对话框中 方向 后面的 ▾ 按钮，在系统弹出的列表中选择 底部 选项。

（4）单击对话框中的 草绘 按钮。这时系统进行草绘平面的定向。从图中可看到，现在草绘平面与屏幕平行放置，并且 FRONT 基准平面橘黄色的一侧面朝向屏幕的底部。至此系统就进入了截面的草绘环境。

Step5. 创建特征的截面草绘图形。拉伸特征的截面草绘图形如图 7.2.3 所示，创建特征截面草绘图形的步骤如下。

（1）定义草绘参考。在进入 Creo 8.0 的草绘环境后，系统会自动为草图的绘制和标注选取足够的参考（如本例系统默认选取了 TOP 和 FRONT 基准平面作为草绘参考），所以系统不再自动打开“参考”对话框。在此不进行操作。

（2）创建截面草图。绘制并标注图 7.2.3 所示的截面草图。完成绘制后，单击“草绘”工具栏中的“确定”按钮 ✔。

Step6. 定义拉伸深度及厚度并完成基础特征。

（1）选取深度类型并输入其深度值。在操控板中选取深度类型 （即“定值拉伸”），再在深度文本框 216.5 ▾ 中输入深度值 30.0，并按 Enter 键。

（2）选择加厚方向（钣金材料侧）并输入其厚度值。接受图 7.2.4 中的箭头方向为钣金加厚的方向。在薄壁特征类型图标 后面的文本框中输入钣金壁的厚度值 3.0，并按 Enter 键。

（3）特征的所有要素定义完毕后，可以单击操控板中的“预览”按钮 ，预览所创建的特征，以检查各要素的定义是否正确。预览时，可按住鼠标中键进行旋转查看，如果所创建的特征不符合设计意图，可选择操控板中的相关项，重新定义。

（4）预览完成后，单击操控板中的“确定”按钮 ✓，才能最终完成特征的创建。

注意：将模型切换到线框显示状态（即按下工具栏按钮 、 或 ），可看到钣金件的两个表面的边线分别显示为白色和绿色（图 7.2.5）。在操控板中单击“切换材料侧”按钮 （图 7.2.6），可改变白色面和绿色面的朝向。由于钣金都较薄，这种颜色的区分有利于用户查看和操作。

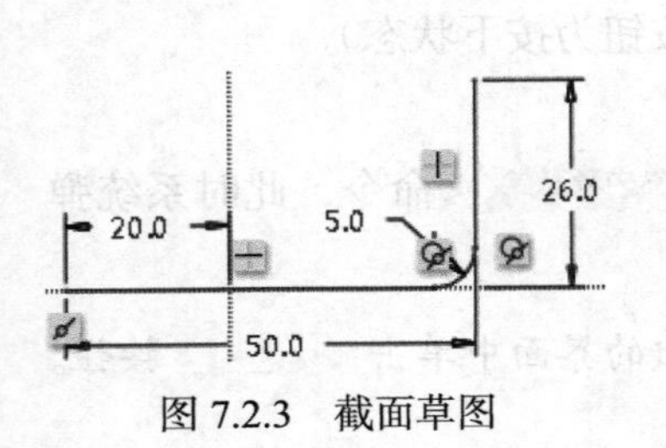

图 7.2.3　截面草图

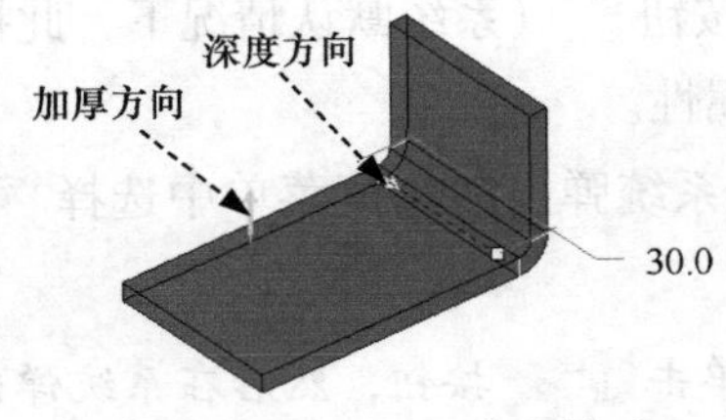

图 7.2.4　深度方向和加厚方向

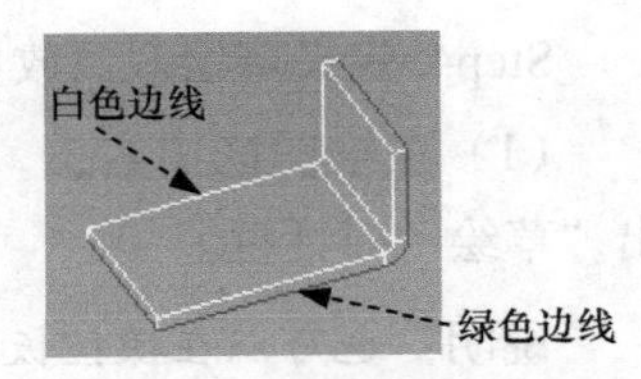

图 7.2.5　切换到线框显示状态

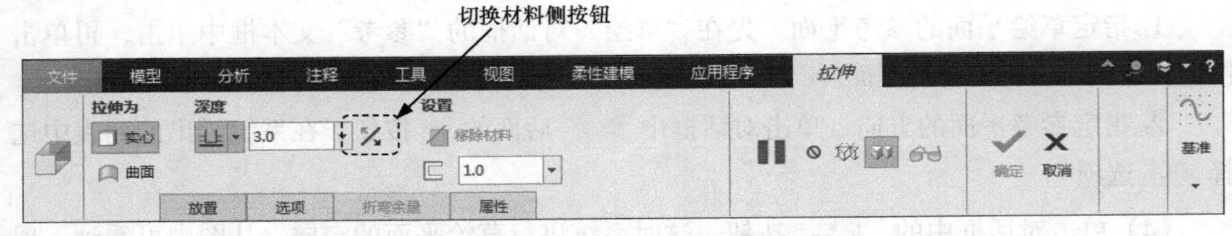

图 7.2.6　“切换材料侧”按钮的位置

2. 平整类型的第一钣金壁

平整（Flat）钣金壁是一个平整的薄板（图 7.2.7），在创建这类钣金壁时，需要先绘制钣金壁的正面轮廓草图（必须为封闭的线条），然后给定钣金厚度值即可。

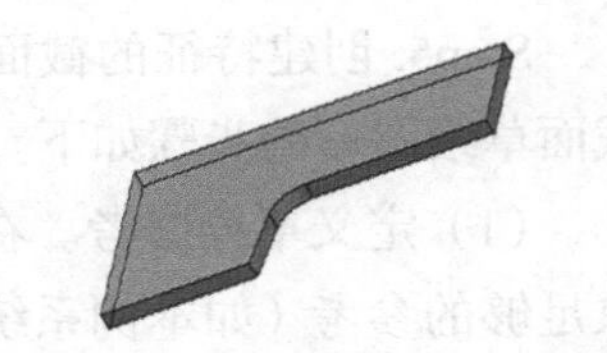
图 7.2.7　平整类型的第一钣金壁

注意：拉伸钣金壁与平整钣金壁创建时最大的不同在于，拉伸钣金壁的轮廓草图不一定要封闭，而平整钣金壁的轮廓草图则必须封闭。

详细操作步骤说明如下。

Step1. 新建一个钣金件模型，将其命名为 flat1_wall，选用 mmns_part_sheetmetal 模板。

Step2. 单击 模型 功能选项卡 形状 ▾ 区域中的“平面”按钮 平面，系统弹出图 7.2.8 所示的“平面”操控板。

Step3. 定义草绘平面。右击，选择 定义内部草绘... 命令；选择 TOP 基准平面作为草绘面，选取 RIGHT 基准平面作为参考平面，方向为 右；单击 草绘 按钮。

Step4. 绘制截面草图。绘制图 7.2.9 所示的截面草图，完成绘制后，单击“确定”按钮 ✓。

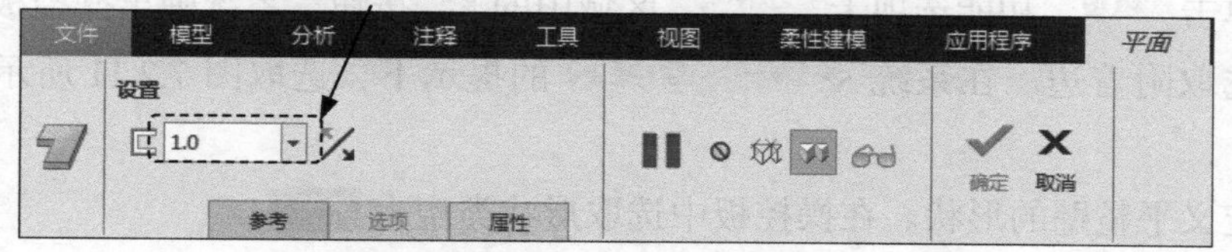

图 7.2.8　“平面”操控板

Step5. 在操控板的“钣金壁厚”文本框中输入钣金壁厚值 3.0，并按 Enter 键。

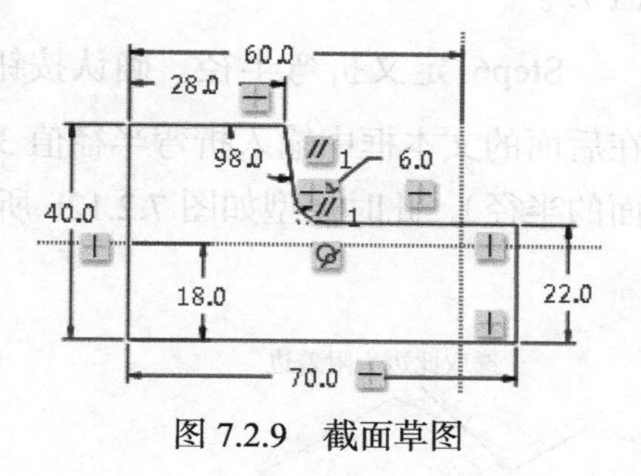

图 7.2.9　截面草图

Step6. 单击操控板中的“预览”按钮，预览所创建的平面钣金壁特征，然后单击操控板中的“确定”按钮，完成创建。

Step7. 保存零件模型文件。

7.2.3　创建附加钣金壁

在创建了第一钣金壁后，在 模型 功能区选项卡 形状 ▾ 区域中还提供了、两种创建附加钣金壁的方法。

7.2.4　平整附加钣金壁

平整（Flat）附加钣金壁是一种正面平整的钣金薄壁，其壁厚与主钣金壁相同。

1. 选择平整附加壁命令的方法

单击 模型 功能选项卡 形状 ▾ 区域中的“平整”按钮。

2. 创建平整附加壁的一般过程

在创建平整类型的附加钣金壁时，需先在现有的钣金壁（主钣金壁）上选取某条边线作为附加钣金壁的附着边；其次需要定义平整壁的正面形状和尺寸，给出平整壁与主钣金壁间的夹角。下面以图 7.2.10 为例，说明平整附加钣金壁的一般创建过程。

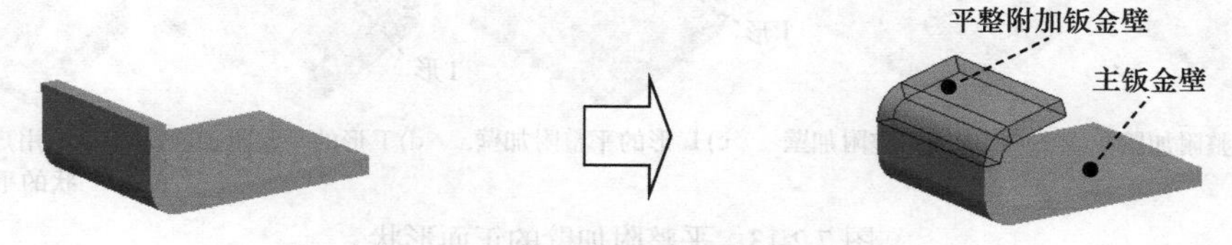

图 7.2.10　带圆角的平整附加钣金壁

Step1. 将工作目录设置为 D：\dbcreo8.1\work\ch07.02，打开文件 add_flat1_wall.prt。

Step2. 单击 模型 功能选项卡 形状▼ 区域中的 按钮，系统弹出操控板。

Step3. 选取附着边。在系统 ➪选择一个边连到壁上. 的提示下，选取图 7.2.11 所示的模型边线为附着边。

Step4. 定义平整壁的形状。在操控板中选取形状类型为 矩形。

Step5. 定义平整壁与主钣金壁间的夹角。在操控板的 图标后面的文本框中输入角度值 75。

Step6. 定义折弯半径。确认按钮 （在附着边上使用或取消折弯圆角）被按下，然后在后面的文本框中输入折弯半径值 3.0；折弯半径所在侧为 （内侧，即标注折弯的内侧曲面的半径）。此时模型如图 7.2.12b 所示。

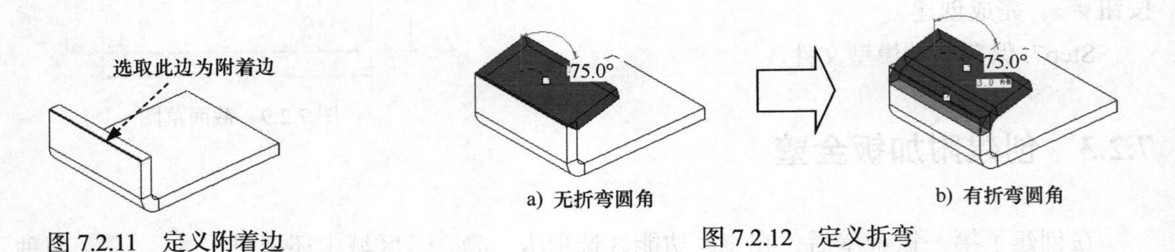

图 7.2.11　定义附着边　　图 7.2.12　定义折弯

Step7. 定义平整壁正面形状的尺寸。单击操控板中的 形状 按钮，在系统弹出的界面中分别输入值 15.0，0.0，0.0，并分别按 Enter 键。

Step8. 在操控板中单击 按钮，预览所创建的特征；确认无误后，单击“确定”按钮 。

3. 平整操控板各项说明

在“平整”操控板的“形状”下拉列表中可设置平整壁的正面形状。

矩形：创建矩形的平整附加壁，如图 7.2.13a 所示。

梯形：创建梯形的平整附加壁，如图 7.2.13b 所示。

L：创建 L 形的平整附加壁，如图 7.2.13c 所示。

T：创建 T 形的平整附加壁，如图 7.2.13d 所示。

用户定义：创建自定义形状的平整附加壁，如图 7.2.13e 所示。

图 7.2.13　平整附加壁的正面形状

在“平整”操控板的 按钮后面的“下拉”文本框中（图 7.2.14），可以输入或选择折弯角度的值。几种折弯角度如图 7.2.15 所示。

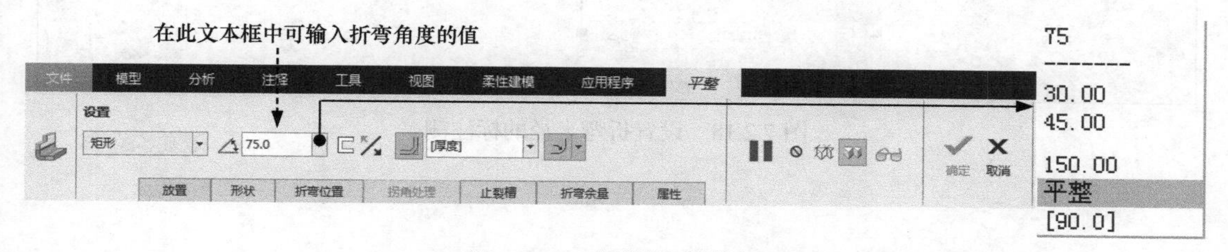

图 7.2.14 “平整”操控板

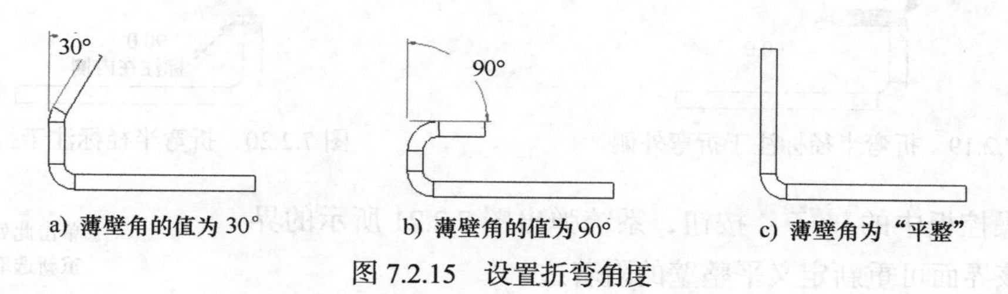

图 7.2.15 设置折弯角度

单击操控板中的 按钮，可切换附加壁厚度的方向（图 7.2.16）。

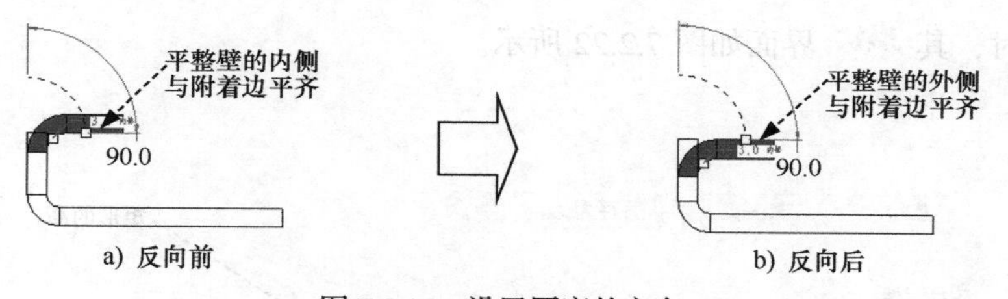

图 7.2.16 设置厚度的方向

单击操控板中的 按钮，可使用或取消折弯半径。

在图 7.2.17 所示的文本框中可设置折弯半径。

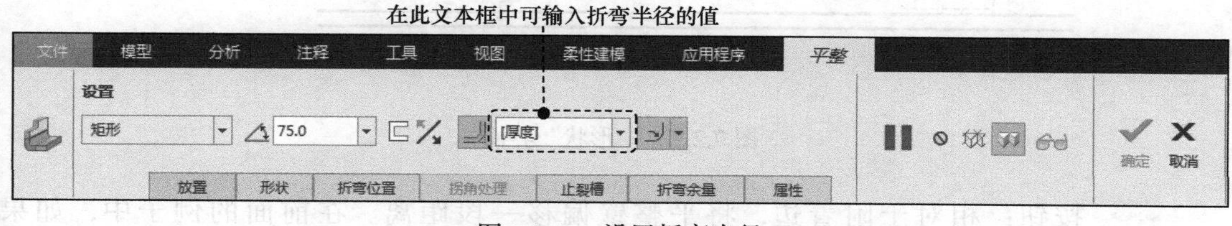

图 7.2.17 设置折弯半径

在图 7.2.18 所示的列表框中可设置折弯半径标注于折弯外侧或内侧。选择 项，则折弯半径标注于折弯外侧（这时折弯半径值为外侧圆弧的半径值，如图 7.2.19 所示）；选择 项，则折弯半径标注于折弯内侧（这时折弯半径值为内侧圆弧的半径值，如图 7.2.20 所示）。

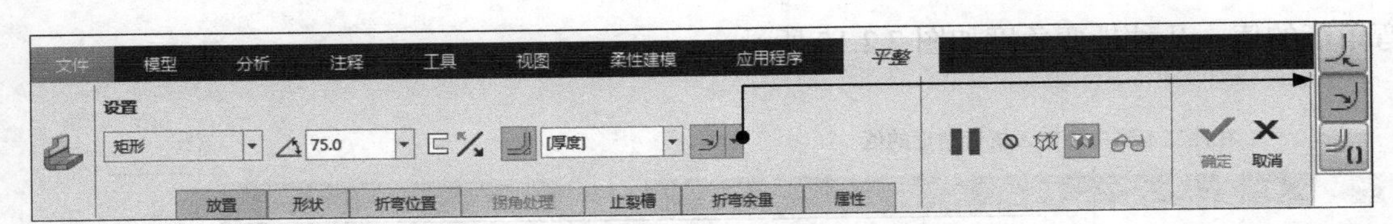

图 7.2.18 设置折弯半径的标注侧

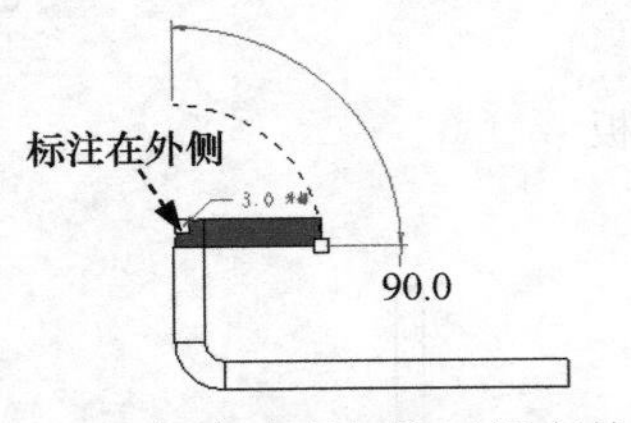

图 7.2.19 折弯半径标注于折弯外侧

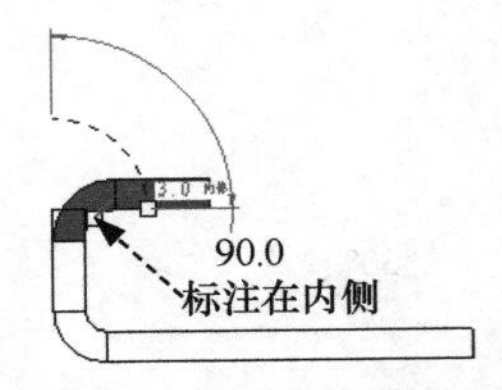

图 7.2.20 折弯半径标注于折弯内侧

单击操控板中的 **放置** 按钮，系统弹出图 7.2.21 所示的界面，通过该界面可重新定义平整壁的附着边。

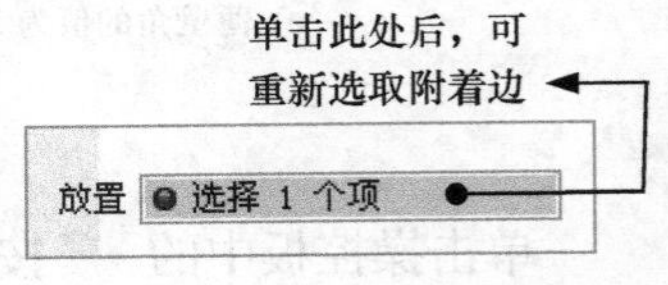

图 7.2.21 “放置”界面

形状 按钮：用于设置平整壁的正面形状的尺寸。选择不同的形状，单击 **形状** 按钮会出现不同的图形界面。例如，当选择 矩形 形状时，其 **形状** 界面如图 7.2.22 所示。

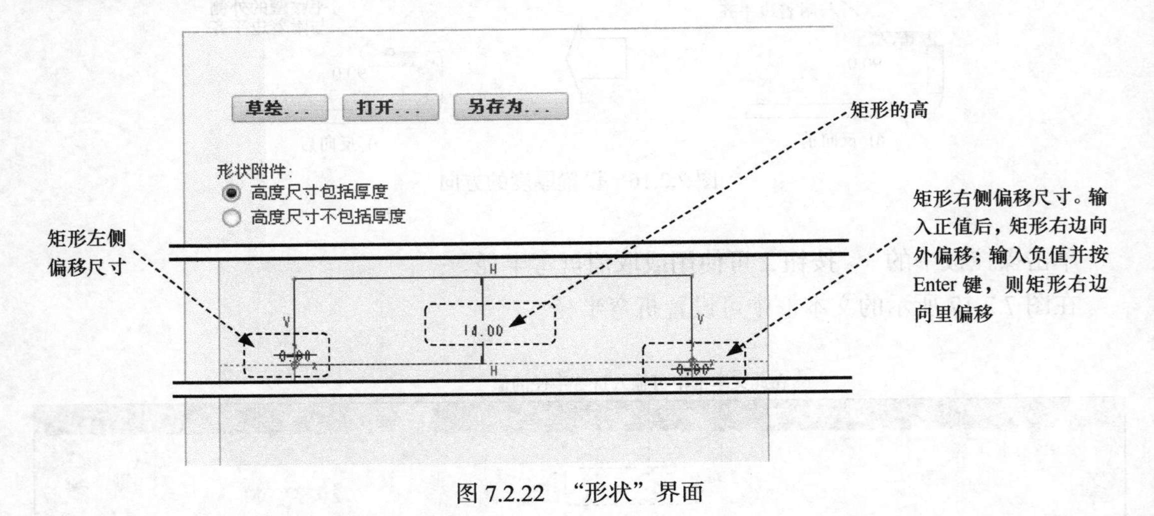

图 7.2.22 “形状”界面

偏移 按钮：相对于附着边，将平整壁偏移一段距离。在前面的例子中，如果在 **偏移** 界面中将偏移值设为 4.0（图 7.2.23），则平整壁向下偏移 4.0（图 7.2.24）。

注意： 如果在折弯角度下拉列表中选择“平整”项（图 7.2.25），则 **偏移** 按钮为灰色，此时该按钮不起作用。

止裂槽：用于设置止裂槽。

折弯余量：用于设置钣金折弯时的弯曲系数，以便准确计算折弯展开长度。**折弯余量**

界面如图 7.2.26 所示。

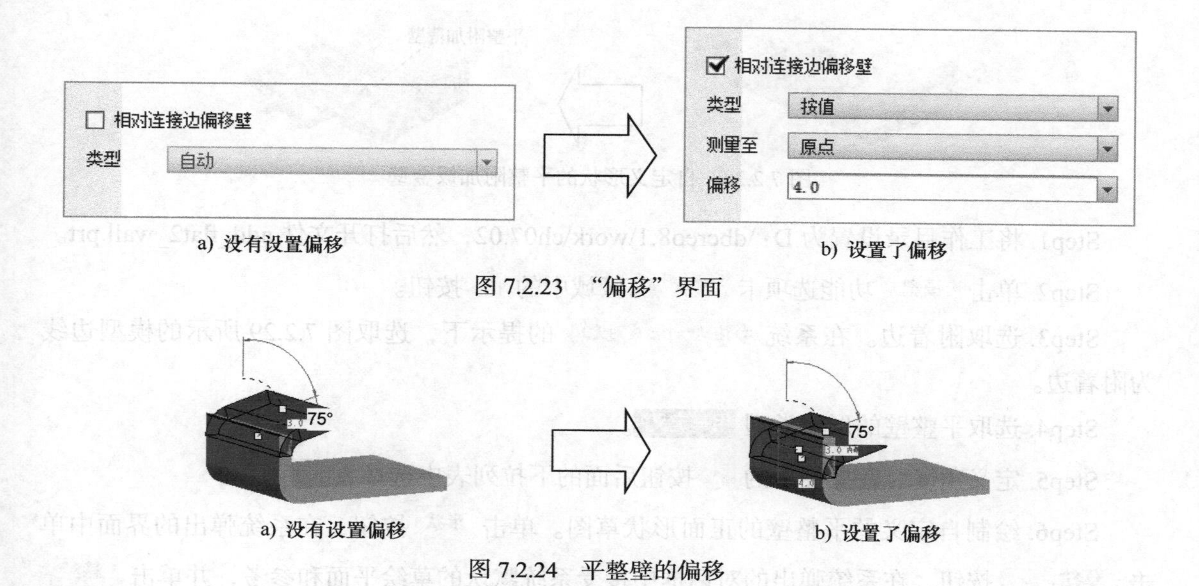

图 7.2.23 “偏移”界面

图 7.2.24 平整壁的偏移

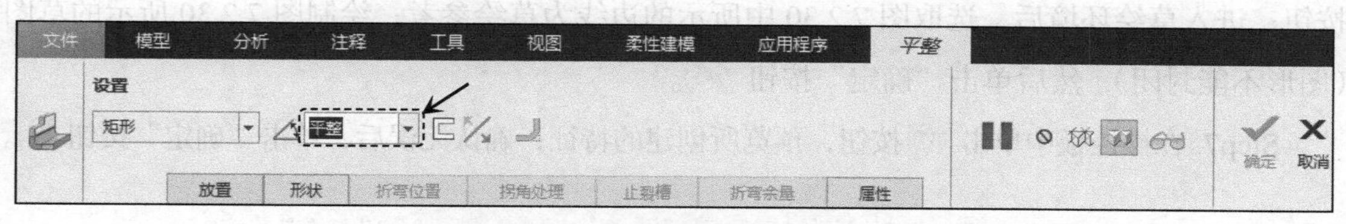

图 7.2.25 角度选择为“平整”

属性 界面：该界面可显示特征的特性，包括特征的名称及各项特征信息（如钣金的厚度），如图 7.2.27 所示。

图 7.2.26 “折弯余量”界面

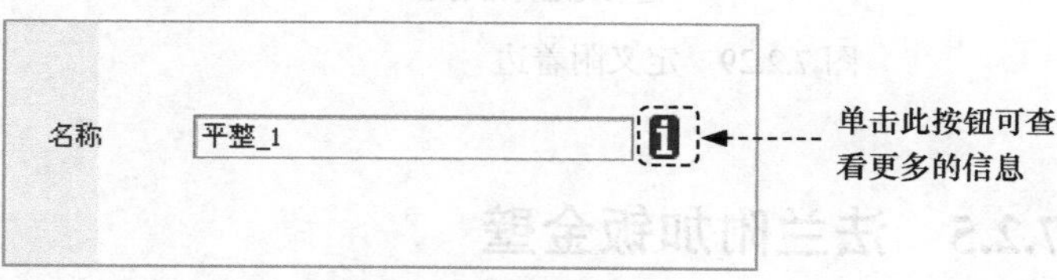

图 7.2.27 “属性”界面

4. 自定义形状的平整附加钣金壁

从操控板的“形状”下拉列表中选择 用户定义 选项，用户可以自由定义平整壁的正面形状。在绘制平整壁正面形状草图时，系统会默认附着边的两个端点为草绘参考，用户还应选取附着边为草绘参考，草图的起点与终点都需位于附着边上（即与附着边对齐），草图应为开放形式（即不需在附着边上创建草绘线以封闭草图）。下面以图 7.2.28 为例，说明自定义形状的平整壁的一般创建过程。

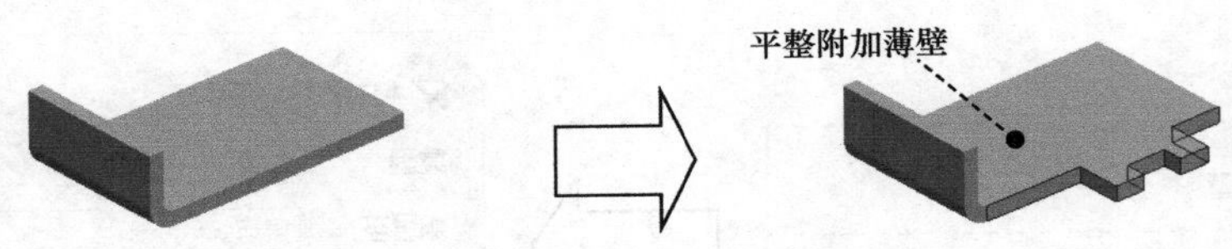

图 7.2.28 自定义形状的平整附加钣金壁

Step1. 将工作目录设置为 D：\dbcreo8.1\work\ch07.02，然后打开文件 add_flat2_wall.prt。

Step2. 单击 模型 功能选项卡 形状 ▾ 区域中的 按钮。

Step3. 选取附着边。在系统 ➡选择一个边连到壁上. 的提示下，选取图 7.2.29 所示的模型边线为附着边。

Step4. 选取平整壁的形状类型 用户定义。

Step5. 定义角度。在操控板的 按钮后面的下拉列表中选择 平整。

Step6. 绘制自定义的平整壁的正面形状草图。单击 形状 按钮，在系统弹出的界面中单击 草绘... 按钮，在系统弹出的对话框中接受系统默认的草绘平面和参考，并单击 草绘 按钮；进入草绘环境后，选取图 7.2.30 中所示的边线为草绘参考；绘制图 7.2.30 所示的草图（图形不能封闭），然后单击“确定”按钮 ✔。

Step7. 在操控板中单击 按钮，预览所创建的特征；确认无误后，单击“确定”按钮 ✔。

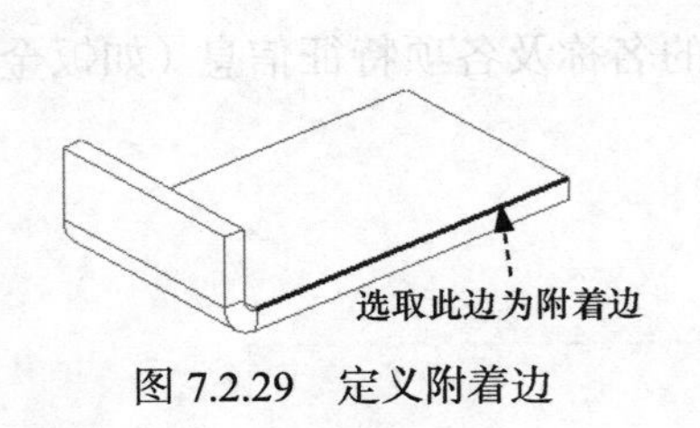

图 7.2.29 定义附着边

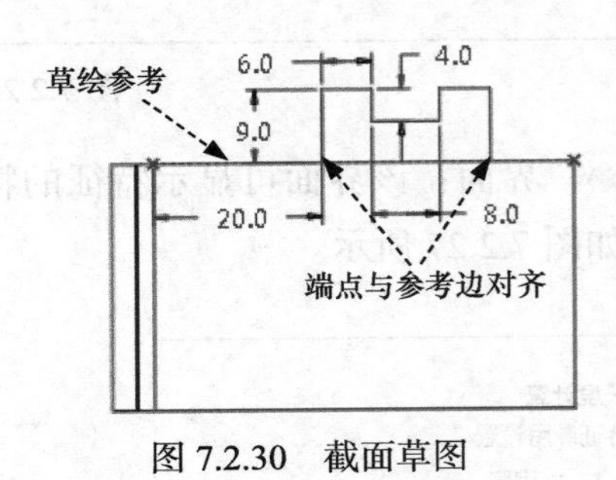

图 7.2.30 截面草图

7.2.5 法兰附加钣金壁

法兰（Flange）附加钣金壁是一种可以定义其侧面形状的钣金薄壁，其壁厚与主钣金壁相同。在创建法兰附加钣金壁时，须先在现有的钣金壁（主钣金壁）上选取某条边线作为附加钣金壁的附着边，其次定义其侧面形状和尺寸等参数。

1. 选择法兰命令的方法

单击 模型 功能选项卡 形状 ▾ 区域中的“法兰”按钮 。

2. 法兰操控板选项说明

在“法兰”操控板的“形状”下拉列表中（图 7.2.31）可设置法兰附加壁的侧面形状，具体效果见图 7.2.32。

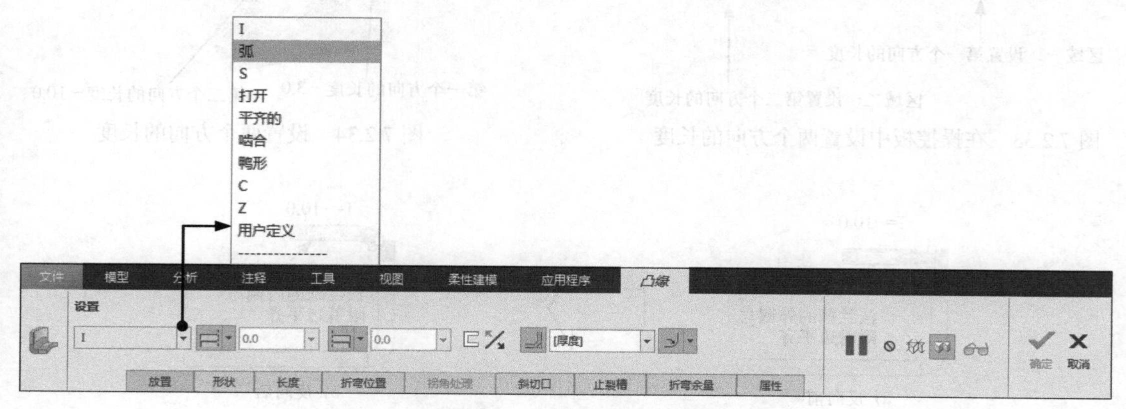

图 7.2.31 “法兰”操控板

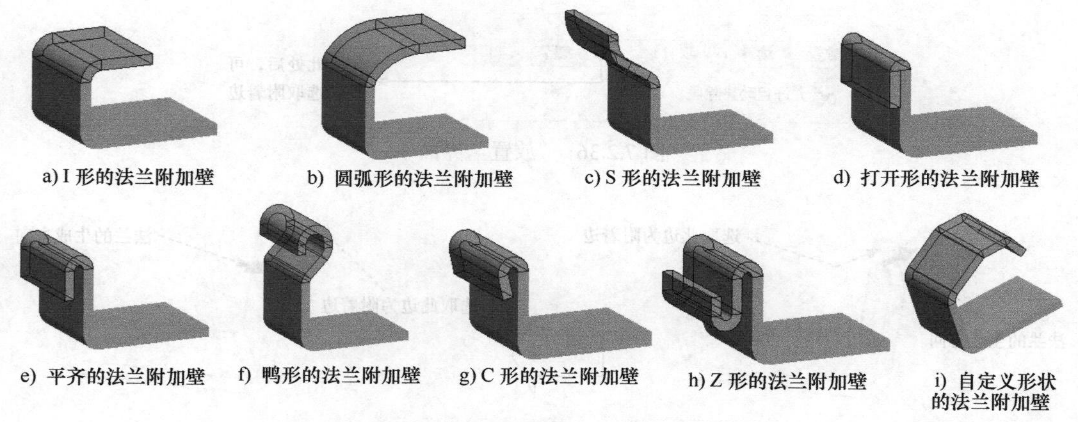

a) I 形的法兰附加壁　b) 圆弧形的法兰附加壁　c) S 形的法兰附加壁　d) 打开形的法兰附加壁

e) 平齐的法兰附加壁　f) 鸭形的法兰附加壁　g) C 形的法兰附加壁　h) Z 形的法兰附加壁　i) 自定义形状的法兰附加壁

图 7.2.32 法兰附加壁的侧面形状

在操控板中，如图 7.2.33 所示的区域一用于设置第一个方向的长度，区域二用于设置第二个方向的长度。第一、二两个方向的长度分别为附加壁偏移附着边两个端点的尺寸，如图 7.2.34 所示。区域一和区域二各包括两个部分：长度定义方式下拉列表和“长度”文本框。在文本框中输入正值并按 Enter 键，附加壁向外偏移；输入负值，则附加壁向里偏移。也可拖动附着边上的两个滑块来调整相应长度值。

单击操控板中的 按钮，可切换薄壁厚度的方向（图 7.2.35）。

放置 按钮：定义法兰壁的附着边。单击操控板中的 **放置** 按钮，系统弹出图 7.2.36 所示的“放置”界面，通过该界面可重新定义法兰壁的附着边。这里需要注意，法兰生成的方向是附着边面对的方向，如图 7.2.37 所示。

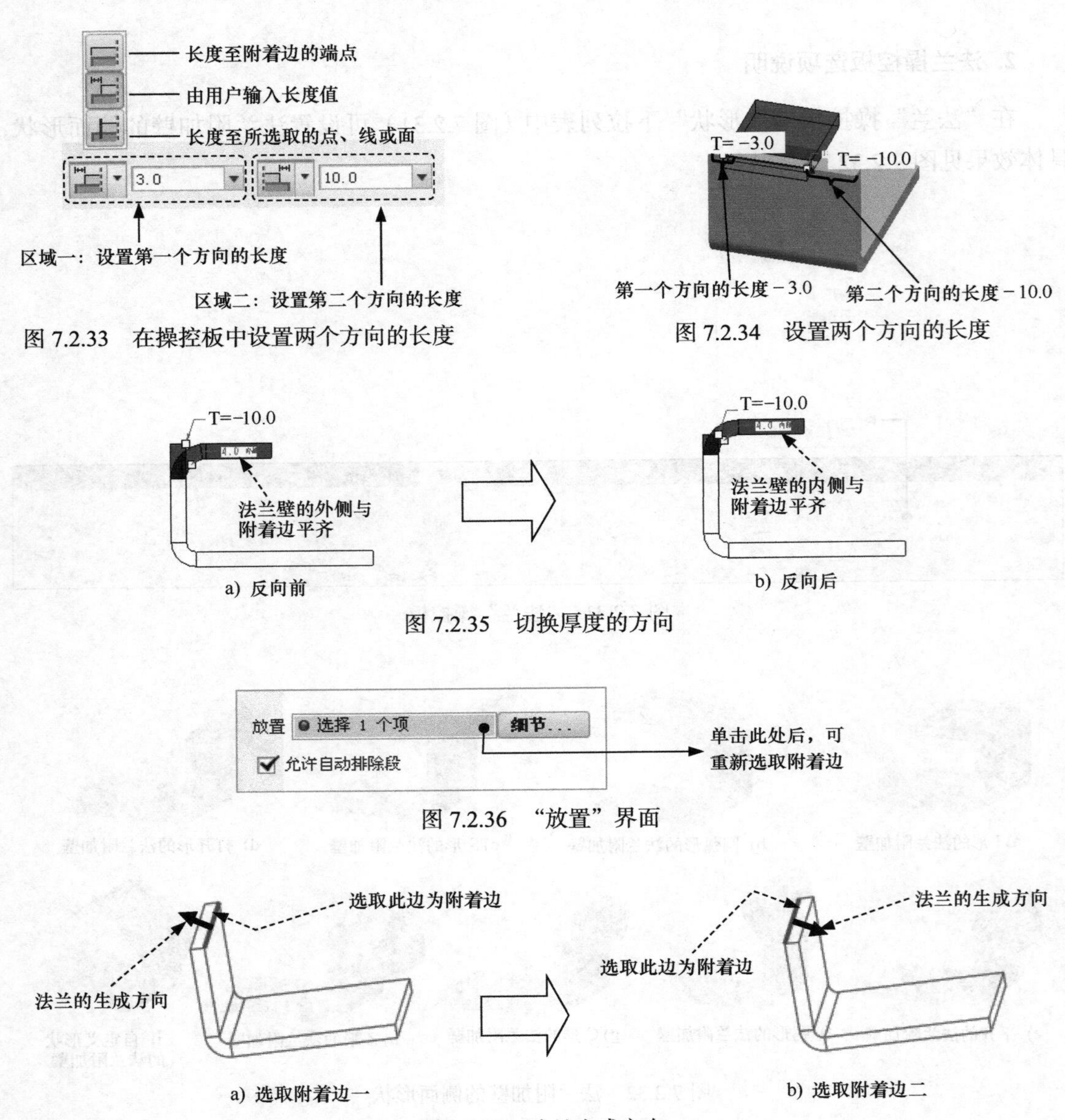

图 7.2.33　在操控板中设置两个方向的长度

图 7.2.34　设置两个方向的长度

a) 反向前　　b) 反向后

图 7.2.35　切换厚度的方向

图 7.2.36　“放置”界面

a) 选取附着边一　　b) 选取附着边二

图 7.2.37　法兰生成方向

形状：设置法兰壁的侧面图形的尺寸。选择不同的侧面形状，单击 **形状** 按钮会出现不同图形的界面。例如：当选择 **I** 形状时，其 **形状** 界面如图 7.2.38 所示。

长度 按钮用于设置第一、二两个方向的长度。**长度** 界面如图 7.2.39 所示，该界面的作用与图 7.2.40 所示的界面是一样的。

斜切口 按钮用于设置斜切口的各项参数。“斜切口”界面如图 7.2.41 所示，同时在相邻且相切的直边和折弯边线上创建法兰壁时，可以设置斜切口。

边处理 按钮用于设置两个相邻的法兰附加钣金壁连接处的形状。“边处理”界面如图 7.2.42 所示，其类型有开放的、间隙、不通孔和重叠（图 7.2.43）。

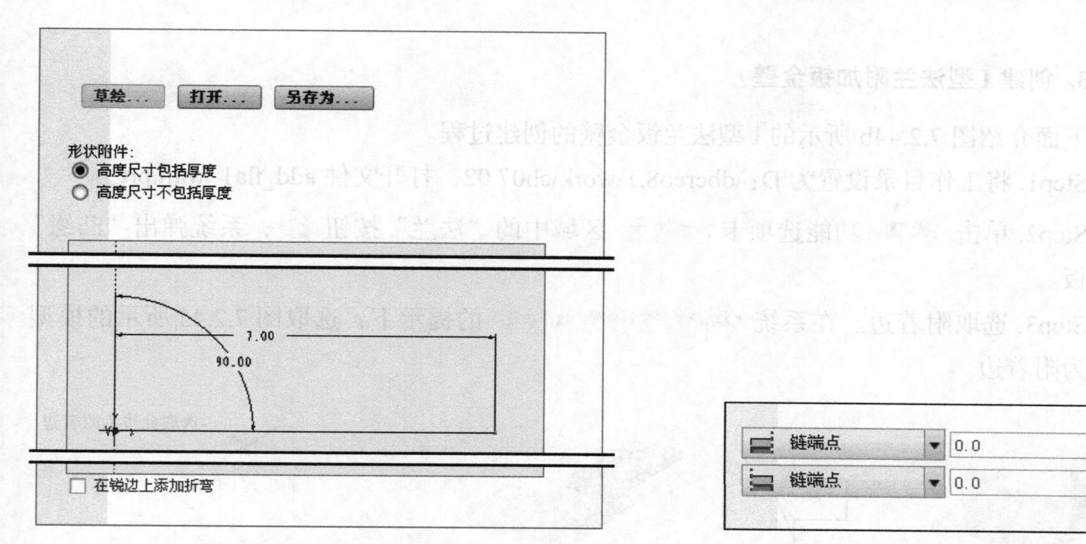

图 7.2.38 “形状”界面

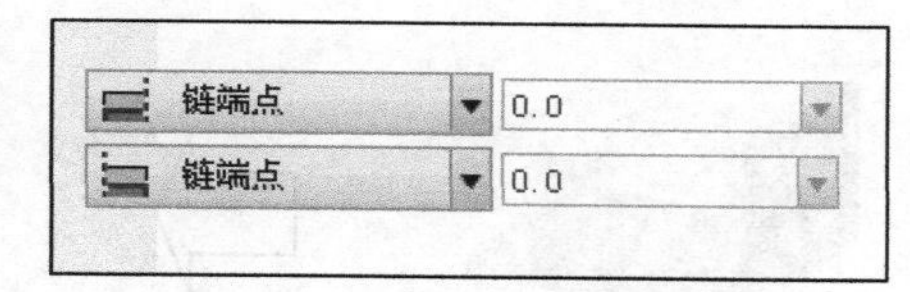

图 7.2.39 “长度”界面（一）

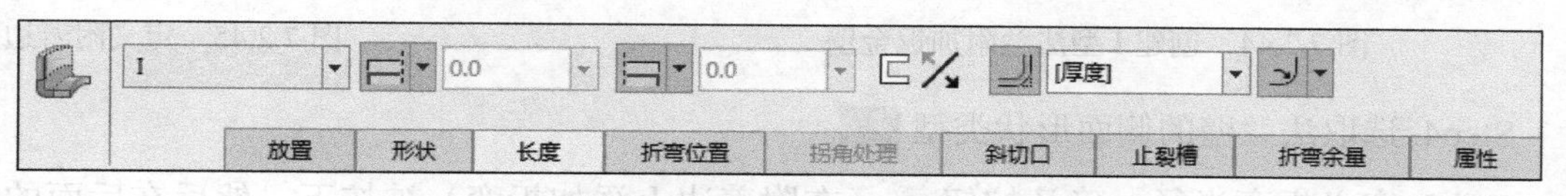

图 7.2.40 “长度”界面（二）

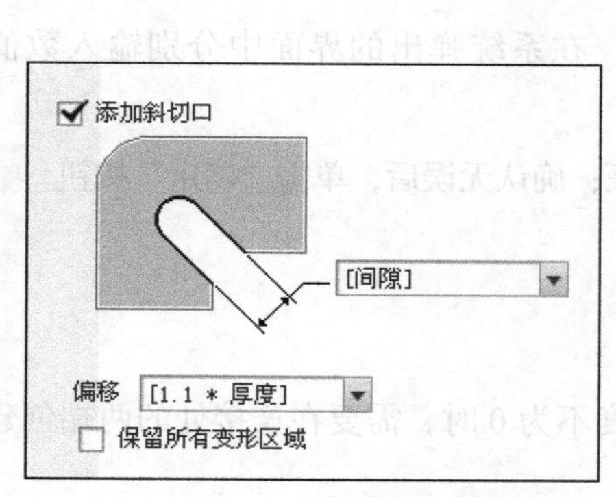

图 7.2.41 “斜切口”界面

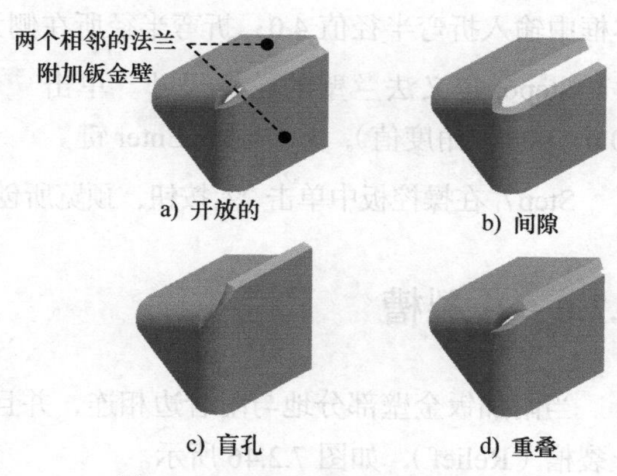

图 7.2.42 “边处理”的类型

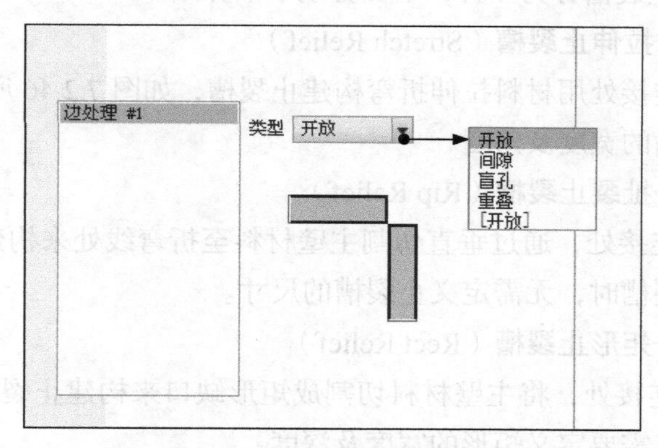

图 7.2.43 “边处理”界面

3. 创建I型法兰附加钣金壁

下面介绍图 7.2.44b 所示的I型法兰钣金壁的创建过程。

Step1. 将工作目录设置为 D：\dbcreo8.1\work\ch07.02，打开文件 add_fla1_wall.prt。

Step2. 单击 模型 功能选项卡 形状 区域中的“法兰”按钮，系统弹出“凸缘”操控板。

Step3. 选取附着边。在系统 选择要连接到薄壁的边或边链。 的提示下，选取图 7.2.45 所示的模型边线为附着边。

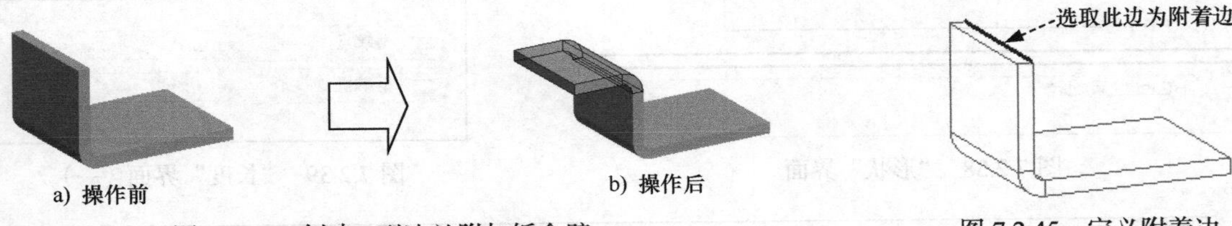

a) 操作前　b) 操作后

图 7.2.44　创建I型法兰附加钣金壁

图 7.2.45　定义附着边

Step4. 选取法兰壁的侧面形状类型 I。

Step5. 定义折弯半径。确认按钮（在附着边上添加折弯）被按下，然后在后面的文本框中输入折弯半径值 4.0；折弯半径所在侧为（内侧）。

Step6. 定义法兰壁的轮廓尺寸。单击 形状 按钮，在系统弹出的界面中分别输入数值 20.0、90.0（角度值），并分别按 Enter 键。

Step7. 在操控板中单击按钮，预览所创建的特征；确认无误后，单击“确定”按钮。

7.2.6　止裂槽

当附加钣金壁部分地与附着边相连，并且弯曲角度不为 0 时，需要在连接处的两端创建止裂槽（Relief），如图 7.2.46 所示。

Creo 系统提供的止裂槽分为 4 种，下面分别予以介绍。

第 1 种止裂槽——拉伸止裂槽（Stretch Relief）

在附加钣金壁的连接处用材料拉伸折弯构建止裂槽，如图 7.2.46 所示。当创建该类止裂槽时，需要定义止裂槽的宽度及角度。

第 2 种止裂槽——扯裂止裂槽（Rip Relief）

在附加钣金壁的连接处，通过垂直切割主壁材料至折弯线处来构建止裂槽，如图 7.2.47 所示。当创建该类止裂槽时，无需定义止裂槽的尺寸。

第 3 种止裂槽——矩形止裂槽（Rect Relief）

在附加钣金壁的连接处，将主壁材料切割成矩形缺口来构建止裂槽，如图 7.2.48 所示。当创建该类止裂槽时，需要定义矩形的宽度及深度。

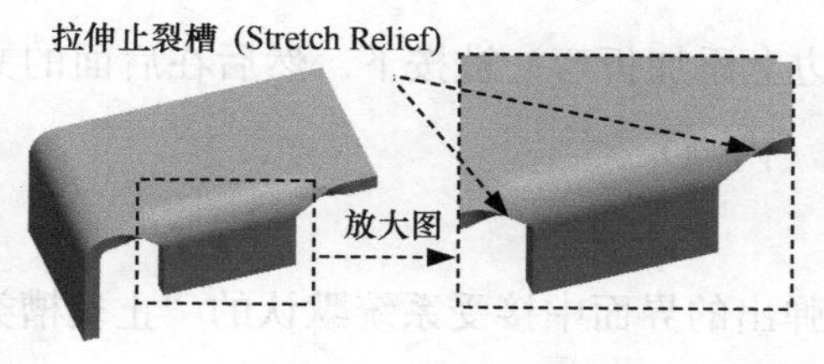

图 7.2.46 拉伸止裂槽

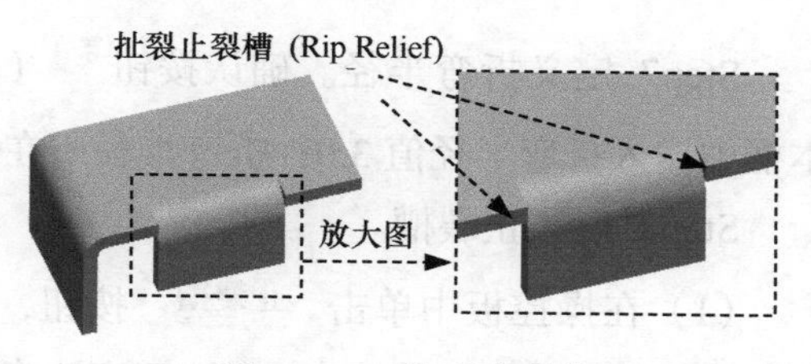

图 7.2.47 扯裂止裂槽

第 4 种止裂槽——长圆形止裂槽（Obrnd Relief）

在附加钣金壁的连接处，将主壁材料切割成长圆形缺口来构建止裂槽，如图 7.2.49 所示。当创建该类止裂槽时，需要定义圆弧的直径及深度。

下面介绍图 7.2.50b 所示的止裂槽的创建过程。

Step1. 将工作目录设置为 D:\dbcreo8.1\work\ch07.02，打开文件 relief_fla.prt。

Step2. 单击 模型 功能选项卡 形状 ▾ 区域中的“法兰”按钮 。

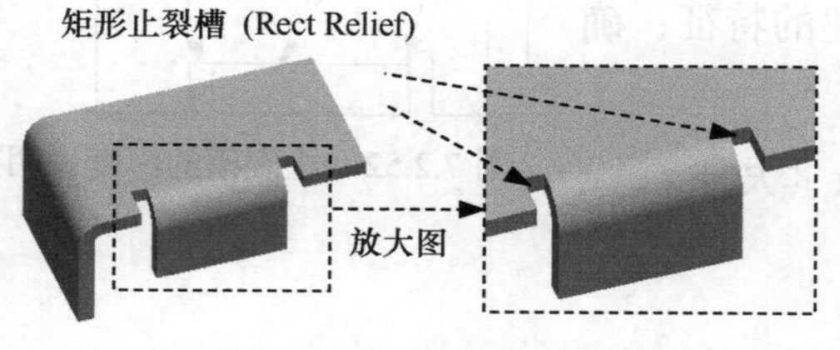

图 7.2.48 矩形止裂槽

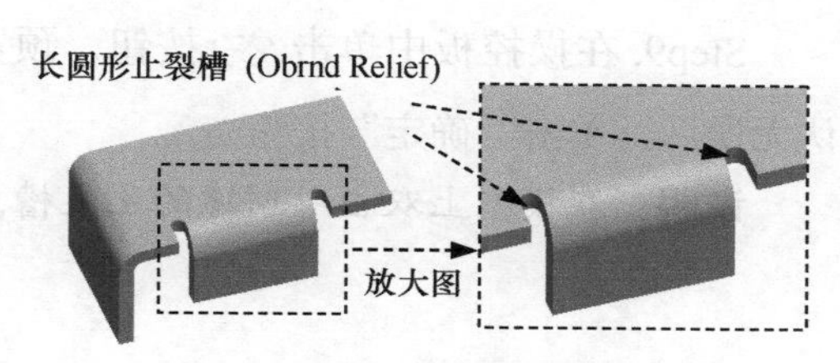

图 7.2.49 长圆形止裂槽

a) 操作前

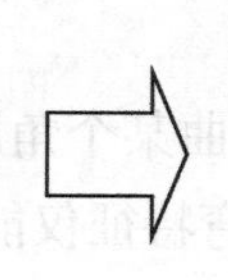

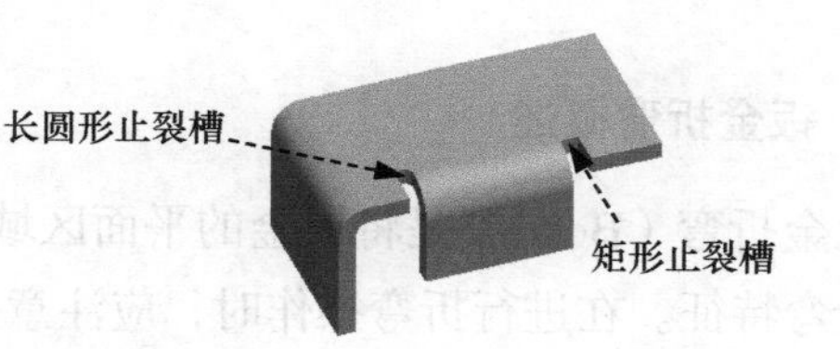

b) 操作后

图 7.2.50 止裂槽创建范例

Step3. 选取附着边。在系统 ◆选择要连接到薄壁的边或边链。的提示下，选取图 7.2.51 所示的模型边线。

Step4. 选取平整壁的形状类型 I 。

Step5. 定义法兰壁的侧面轮廓尺寸。单击 形状 按钮，在系统弹出的界面中，分别输入数值 18.0、90.0（角度值），并分别按 Enter 键。

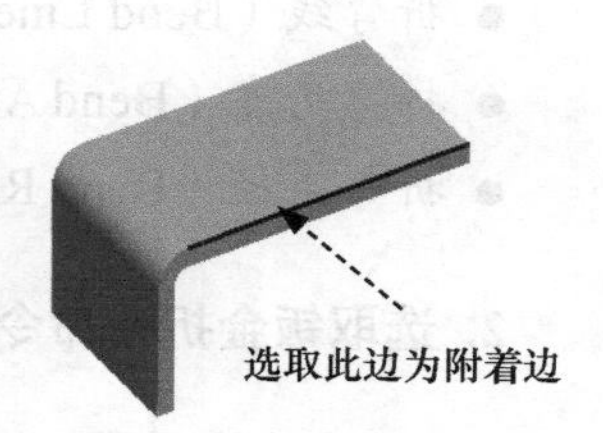

图 7.2.51 定义附着边

Step6. 定义长度。单击 长度 按钮，在系统弹出界面的下拉列表中选择 选项，然后在文本框中分别输入数值 –15.0 和 –10.0（注意：在文本框中输入负值，按 Enter 键后，则显示为正值）。

Step7. 定义折弯半径。确认按钮（在连接边上添加折弯）被按下，然后在后面的文本框中输入折弯半径值 3.0；折弯半径所在侧为（内侧）。

Step8. 定义止裂槽。

（1）在操控板中单击 止裂槽 按钮，在系统弹出的界面中接受系统默认的“止裂槽类别”为 折弯止裂槽，并选中 ☑单独定义每侧 复选框。

（2）定义侧 1 止裂槽。选中 ◉ 侧 1 单选项，在 类型 下拉列表中选择 矩形 选项，止裂槽的深度及宽度尺寸采用默认值。

注意：深度选项 至折弯 表示止裂槽的深度至折弯线处，如图 7.2.52 所示。

（3）定义侧 2 止裂槽。选中 ◉ 侧 2 单选项，在 类型 下拉列表中选择 长圆形 选项，止裂槽尺寸采用默认值。

注意：深度选项 与折弯相切 表示止裂槽矩形部分的深度至折弯线处。

Step9. 在操控板中单击 按钮，预览所创建的特征；确认无误后，单击“确定”按钮。

说明：在模型上双击所创建的止裂槽，可修改其尺寸。

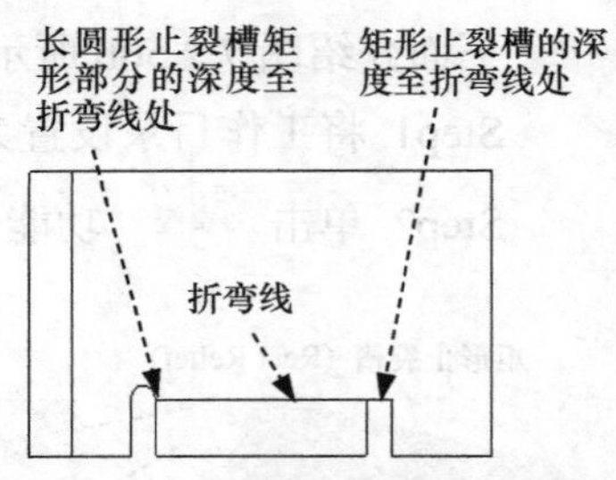

图 7.2.52　止裂槽的深度说明

7.3　钣金的折弯

1. 钣金折弯概述

钣金折弯（Bend）是将钣金的平面区域弯曲某个角度或弯成圆弧状，图 7.3.1 是一个典型的折弯特征。在进行折弯操作时，应注意折弯特征仅能在钣金的平面区域建立，不能跨越另一个折弯特征。

钣金折弯特征包括三个要素（图 7.3.1）。

- 折弯线（Bend Line）：确定折弯位置和折弯形状的几何线。
- 折弯角度（Bend Angle）：控制折弯的弯曲程度。
- 折弯半径（Bend Radius）：折弯处的内侧或外侧半径。

2. 选取钣金折弯命令

单击 模型 功能选项卡 折弯▼ 区域的 折弯▼ 按钮。

3. 钣金折弯的类型

在图 7.3.2 所示的“折弯”下拉菜单中可以选择折弯类型。

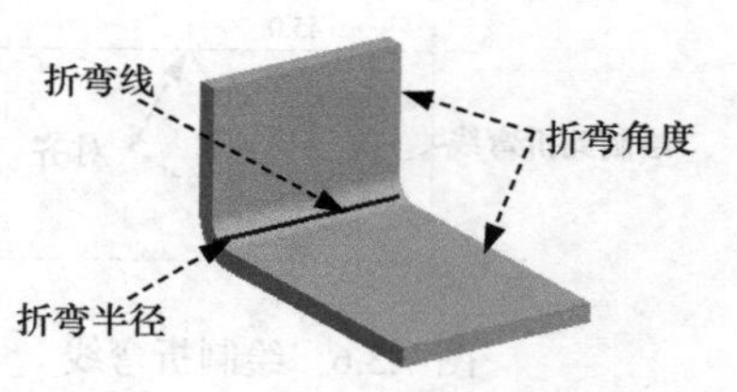

图 7.3.1 折弯特征的三个要素

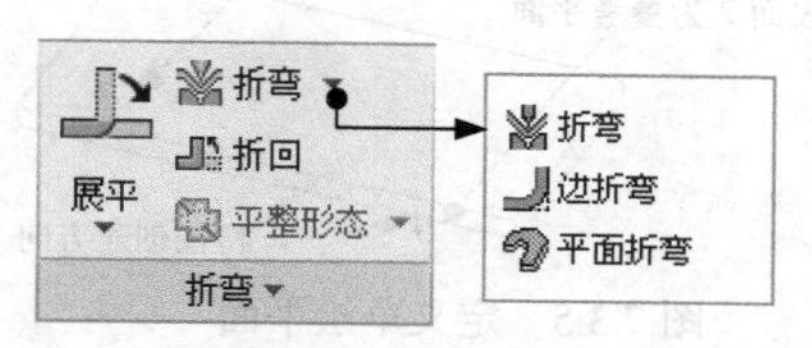

图 7.3.2 “折弯”下拉菜单

4. 角度折弯

角度类型折弯的一般创建步骤如下。

(1) 选取草绘平面及参考平面后，绘制折弯线。

(2) 指定折弯侧及固定侧。

(3) 指定折弯角度。

(4) 指定折弯半径。

本范例将介绍图 7.3.3b 所示的折弯的操作过程。

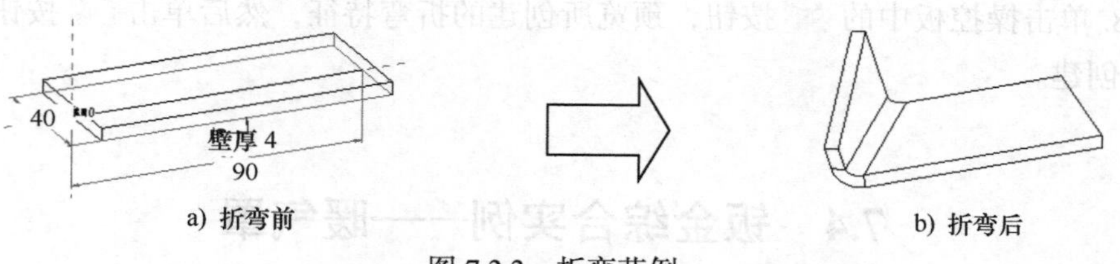

图 7.3.3 折弯范例

Step1. 将工作目录设置为 D:\dbcreo8.1\work\ch07.03，打开文件 bend_angle_2.prt。

Step2. 单击 模型 功能选项卡 折弯 区域 折弯 节点下的 折弯 按钮，系统弹出图 7.3.4 所示的“折弯”操控板。

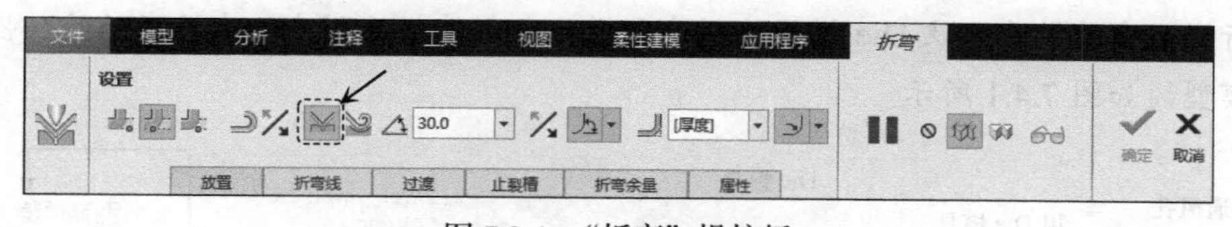

图 7.3.4 “折弯”操控板

Step3. 在图 7.3.4 所示的“折弯”操控板中单击 按钮（使其处于被按下的状态）。

Step4. 绘制折弯线。单击 折弯线 按钮，选取图 7.3.5 所示的模型表面 1 为草绘平面，单击该界面中的 草绘... 按钮，在系统弹出的“参考”对话框中选取图 7.3.5 所示模型表面 2 以及对侧的面为参考平面，再单击对话框中的 关闭(C) 按钮；进入草绘环境后，绘制图 7.3.6 所示的折弯线。

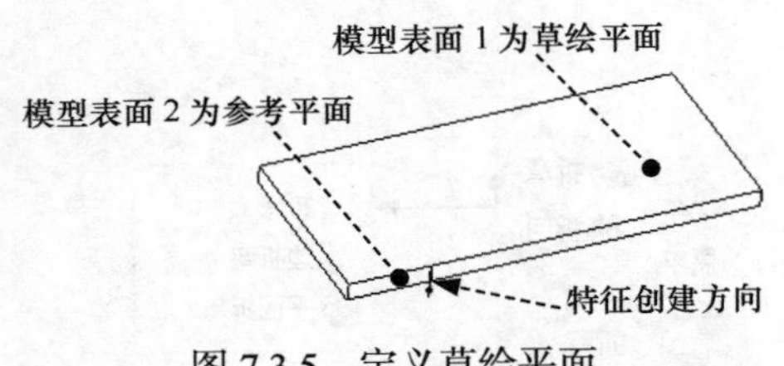

图 7.3.5 定义草绘平面

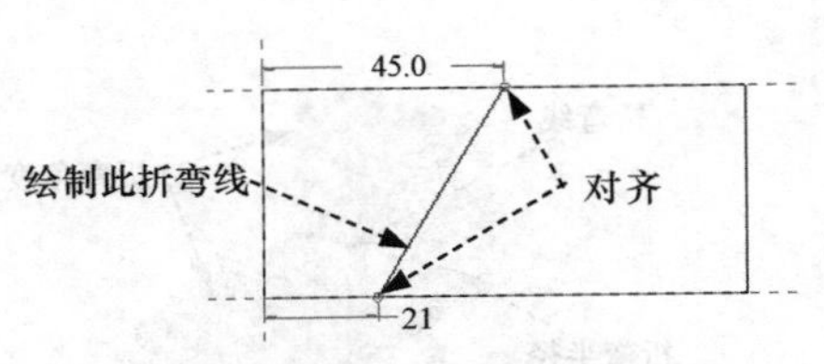

图 7.3.6 绘制折弯线

注意：折弯线的两端必须与钣金边线对齐。

Step5. 定义折弯方向和固定侧。折弯箭头方向和固定侧箭头方向如图 7.3.7 所示。

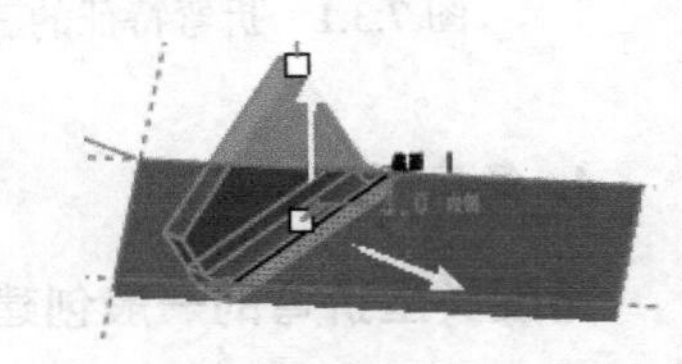

图 7.3.7 定义折弯方向和固定侧

说明：如果方向跟图形中不一致，可以直接单击箭头或在操控板中单击 按钮，来改变方向。

Step6. 单击 止裂槽 按钮，在系统弹出界面的 类型 下拉列表中选择 无止裂槽 选项。

Step7. 在操控板的 后文本框中输入折弯角度值 90.0，并单击其后的 按钮改变折弯方向；在 后的文本框中选择 厚度 选项，折弯半径所在侧为 。

Step8. 单击操控板中的 按钮，预览所创建的折弯特征，然后单击 按钮，完成折弯特征的创建。

7.4 钣金综合实例——暖气罩

实例概述

本实例主要运用了如下一些设计钣金的方法：将倒圆角后的实体零件转换成第一钣金壁、创建封合的钣金侧壁；将钣金侧壁延伸后，再创建“平整”附加钣金壁、钣金壁展开，在展开的钣金壁上创建切削特征、折弯回去、创建成形特征等。其中将钣金展平创建切削特征后再折弯回去的做法以及 Die 模具的创建和模具成形特征的创建都有较高的技巧性。零件模型及模型树如图 7.4.1 所示。

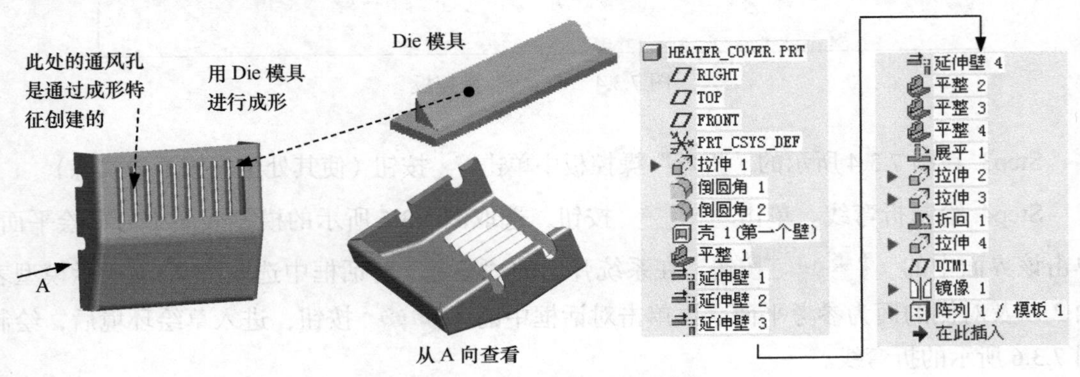

图 7.4.1 零件模型及模型树

Task1. 创建模具

Die 模具用于创建模具成形特征。在该模具零件中，必须有一个基础平面作为边界面。本实例中首先创建图 7.4.2 所示的用于成形特征的模具。此模具所创建的成形特征可形成通风孔。

图 7.4.2　模具

Step1. 新建一个实体零件模型，命名为 SM_DIE。

Step2. 创建图 7.4.3 所示的拉伸特征 1。在操控板中单击“拉伸”按钮 拉伸，选取 FRONT 基准平面为草绘平面，RIGHT 基准平面为参考平面，方向为 右；单击 草绘 按钮，绘制图 7.4.4 所示的截面草图；在操控板中定义拉伸类型为 ，输入深度值 1.0；单击 按钮，完成拉伸特征 1 的创建。

图 7.4.3　拉伸特征 1

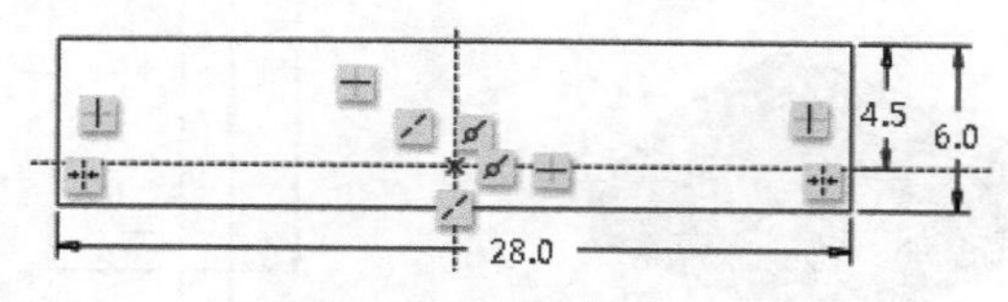

图 7.4.4　截面草图

Step3. 创建图 7.4.5 所示的拉伸特征 2。在操控板中单击“拉伸”按钮 拉伸。选取 RIGHT 基准平面为草绘平面，TOP 基准平面为参考平面，方向为 右；单击 草绘 按钮，绘制图 7.4.6 所示的截面草图（在绘制截面草图时，选取图 7.4.6 所示的模型边线为草图参照）；在操控板中定义拉伸类型为 ，输入深度值 25.0；单击 按钮，完成拉伸特征 2 的创建。

图 7.4.5　拉伸特征 2

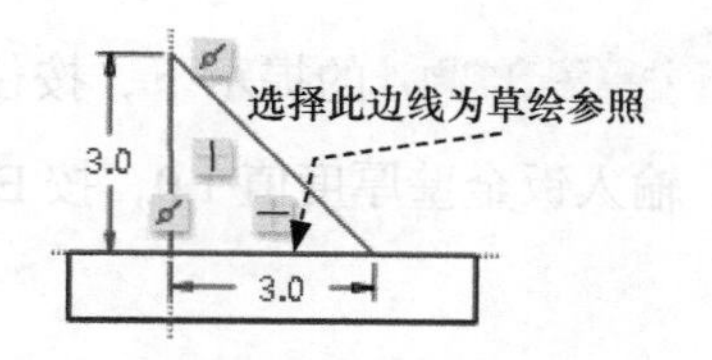

图 7.4.6　截面草图

Step4. 创建倒圆角特征 1。单击 模型 功能选项卡 工程 ▾ 区域中的 倒圆角 ▾ 按钮，选取图 7.4.7 所示的两条边线为倒圆角的边线，输入圆角半径值 0.8。

Step5. 创建倒圆角特征 2。选取图 7.4.8 所示的边线为倒圆角的边线，输入圆角半径值 1.5。

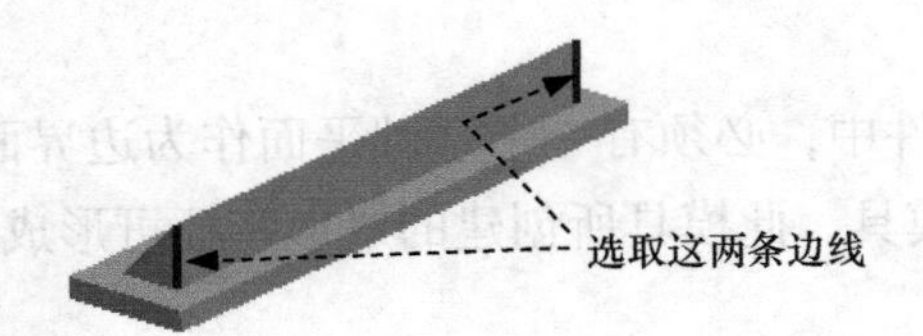

图 7.4.7　选取倒圆角边线

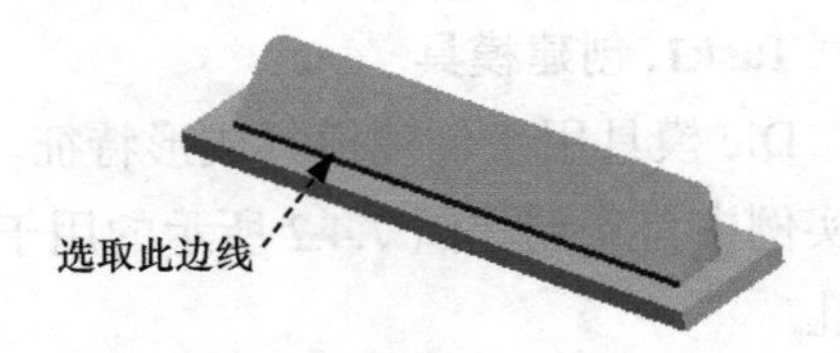

图 7.4.8　选取倒圆角边线

Step6. 保存零件模型文件。

Task2. 创建主体零件模型

Step1. 新建一个实体零件模型，命名为 HEATER_COVER。

Step2. 创建图 7.4.9 所示的拉伸特征 1。在操控板中单击“拉伸”按钮 拉伸，选取 FRONT 基准平面为草绘平面，RIGHT 基准平面为参考平面，方向为 右；单击 草绘 按钮，绘制图 7.4.10 所示的截面草图，在操控板中定义拉伸类型为 ，输入深度值 80.0；单击 ✓ 按钮，完成拉伸特征 1 的创建。

Step3. 创建倒圆角特征 1。选取图 7.4.11 所示的边线为倒圆角的边线，输入圆角半径值 15.0。

图 7.4.9　拉伸特征 1

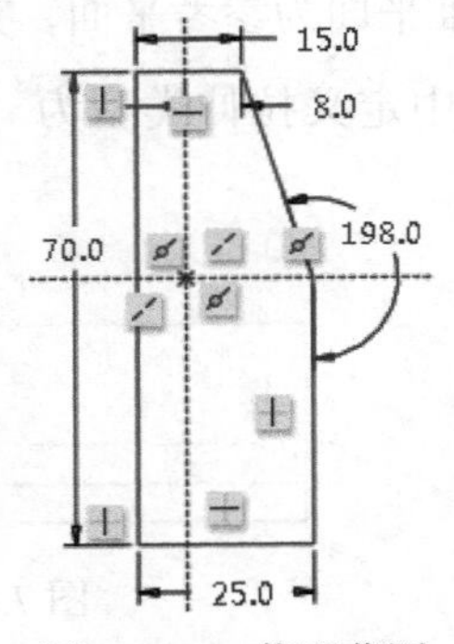

图 7.4.10　截面草图

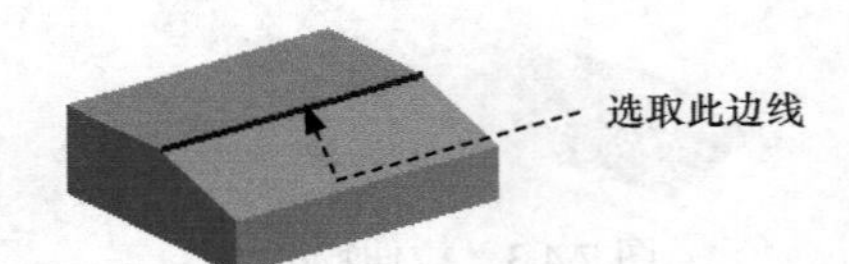

图 7.4.11　选取倒圆角的边线

Step4. 创建倒圆角特征 2。选取图 7.4.12 所示的两条边线为倒圆角的边线，输入圆角半径值 3.0。

Step5. 将实体零件转换成第一钣金壁，如图 7.4.13b 所示。选择 模型 功能选项卡 操作 ▾ 节点下的 转换为钣金件 命令；在系统弹出的“第一壁”操控板中选择 命令；在系统 ➪选择要从零件移除的曲面。的提示下，按住 Ctrl 键，选取图 7.4.14 所示的三个模型表面为壳体的移除面；输入钣金壁厚度值 1.0，按 Enter 键；单击 ✓ 按钮，完成转换钣金特征的创建。

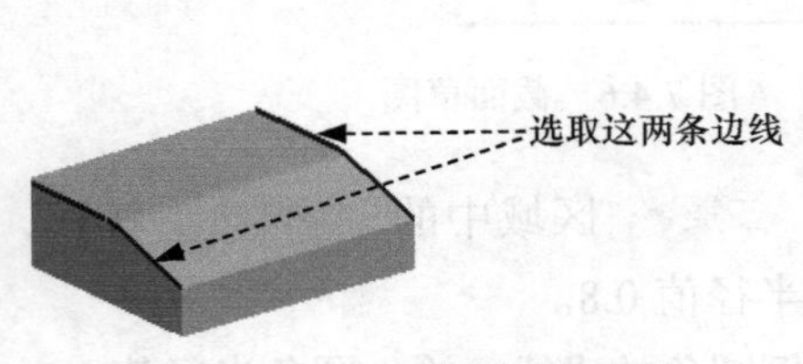

图 7.4.12　选取倒圆角的边线

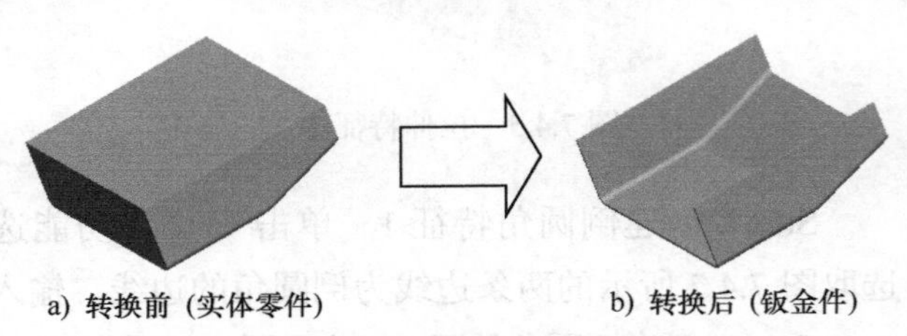

图 7.4.13　转换成第一钣金壁

Step6. 创建图 7.4.15 所示的附加钣金壁平整特征 1。单击 模型 功能选项卡 形状▼ 区域中的“平整”按钮；在系统 ◆选择一个边连到壁上. 的提示下，选取图 7.4.16 所示的模型边线为附着边；在操控板中选择 用户定义 选项，在 后的文本框中输入角度值 72.0，确认 按钮被按下，并在其后的文本框中输入折弯半径值 2.0，折弯半径所在侧为 ；在操控板中单击 形状 选项卡，在系统弹出的界面中选中 ◉ 高度尺寸不包括厚度 单选项，然后单击 草绘... 按钮，系统弹出“草绘”对话框，确认草绘的箭头方向如图 7.4.17 所示（如方向不一致，可单击对话框中的 反向 按钮切换箭头方向）；选取图 7.4.17 所示的模型表面为草绘参考平面，方向为 左；单击 草绘 按钮，绘制图 7.4.18 所示的截面草图，设置偏移；单击 偏移 选项卡，选中 ☑ 相对连接边偏移壁 复选框和 ◉ 添加到零件边 单选项，在操控板中单击 止裂槽 选项卡，在系统弹出界面中取消选中 ☐ 单独定义每侧 复选框，并在 类型 下拉列表中选择 扯裂 选项；在操控板中单击 ✔ 按钮，完成平整特征 1 的创建。

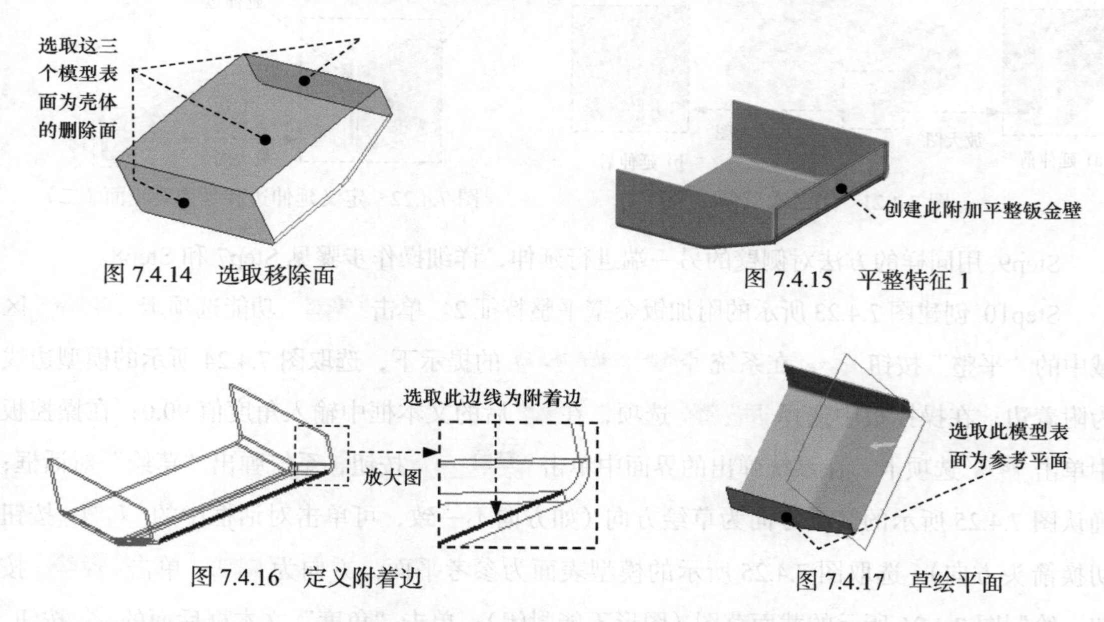

图 7.4.14 选取移除面

图 7.4.15 平整特征 1

图 7.4.16 定义附着边

图 7.4.17 草绘平面

Step7. 对侧壁的一端进行第一次延伸，如图 7.4.19 所示。选取图 7.4.20 所示的模型边线为要延伸边；单击 模型 功能选项卡 编辑▼ 区域中的“延伸”按钮 延伸，系统弹出“延伸”操控板；在操控板中单击“将壁延伸倒参考平面”按钮，然后在系统 ◆选择一个平面作为延伸的参考. 的提示下，选取图 7.4.20 所示的钣金内表面为延伸的终止面；单击操控板中的 ✔ 按钮，完成延伸壁 1 的创建。

Step8. 创建图 7.4.21 所示的第二次延伸。选取图 7.4.22 所示的模型边线为延伸边；单击 模型 功能选项卡 编辑▼ 区域中的“延伸”按钮 延伸，在系统弹出的操控板中单击 按钮，然后选取图 7.4.22 所示的钣金内表面为延伸的终止面；单击 ✔ 按钮，完成延伸壁 2 的创建。

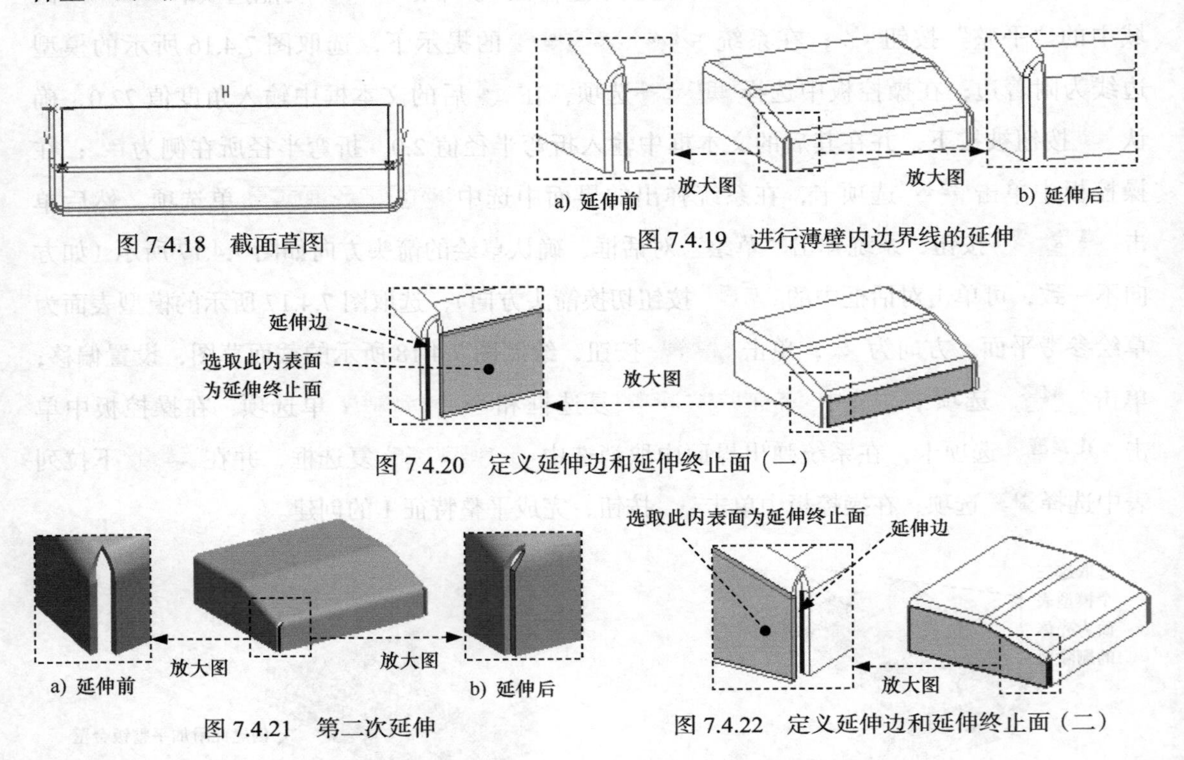

图 7.4.18 截面草图

图 7.4.19 进行薄壁内边界线的延伸

图 7.4.20 定义延伸边和延伸终止面（一）

图 7.4.21 第二次延伸

图 7.4.22 定义延伸边和延伸终止面（二）

Step9. 用同样的方法对侧壁的另一端进行延伸，详细操作步骤见 Step7 和 Step8。

Step10. 创建图 7.4.23 所示的附加钣金壁平整特征 2。单击 模型 功能选项卡 形状 ▾ 区域中的“平整”按钮，在系统 ➪选择一个边连到壁上. 的提示下，选取图 7.4.24 所示的模型边线为附着边；在操控板中选择 用户定义 选项，在后的文本框中输入角度值 90.0；在操控板中单击 形状 选项卡，在系统弹出的界面中单击 草绘... 按钮，系统弹出“草绘”对话框；确认图 7.4.25 所示的箭头方向为草绘方向（如方向不一致，可单击对话框中的 反向 按钮切换箭头方向），选取图 7.4.25 所示的模型表面为参考平面，方向为 底部；单击 草绘 按钮，绘制图 7.4.26 所示的截面草图（图形不能封闭）；单击“角度”文本框后面的按钮，确认按钮被按下，并在其后的文本框中输入折弯半径值 1.0，折弯半径所在侧为；在操控板中单击按钮，完成平整特征 2 的创建。

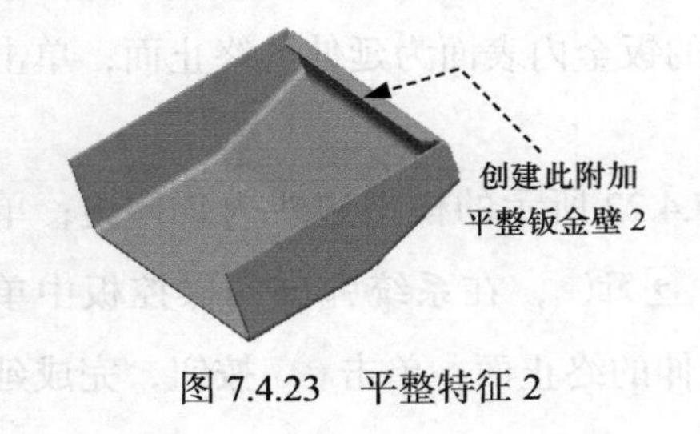

图 7.4.23 平整特征 2

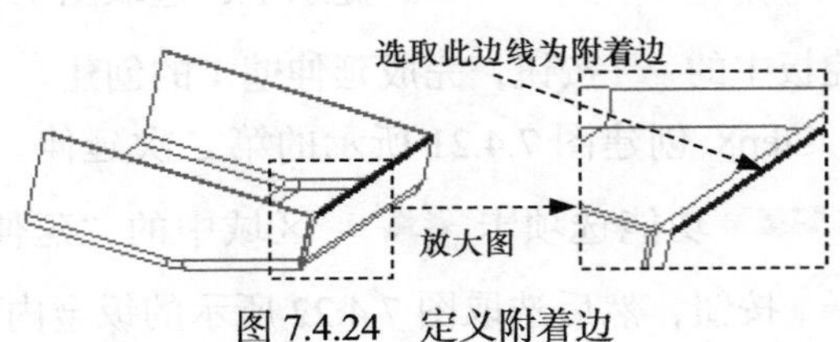

图 7.4.24 定义附着边

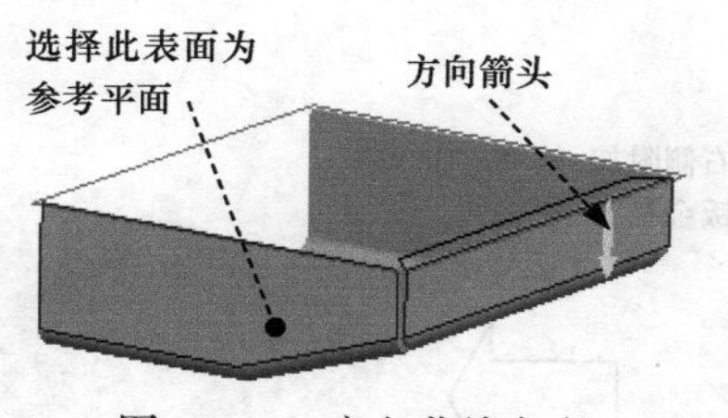

图 7.4.25 定义草绘方向

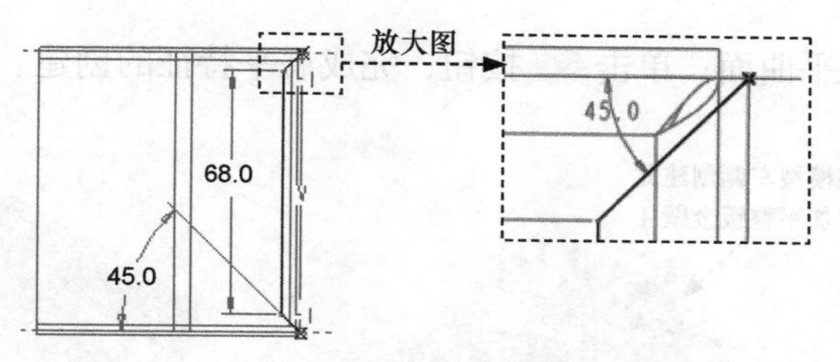

图 7.4.26 截面草图

Step11. 创建图 7.4.27 所示的右侧附加钣金壁平整特征 3。单击 模型 功能选项卡 形状▼ 区域中的“平整”按钮，在系统 ➪选择一个边连到壁上. 的提示下，选取图 7.4.28 所示的模型边线为附着边；在操控板中选择 用户定义 选项，在后的文本框中输入角度值 90.0，在操控板中单击 形状 选项卡，在系统弹出的界面中单击 草绘... 按钮，系统弹出“草绘”对话框；单击 反向 按钮，然后选取图 7.4.29 所示的模型表面为参考平面，方向为 右；单击 草绘 按钮，绘制图 7.4.30 所示的截面草图；单击“角度”文本框后面的按钮，确认按钮被按下，并在其后的文本框中输入折弯半径值 0.5，折弯半径所在侧为；在操控板中单击按钮，完成平整特征 3 的创建。

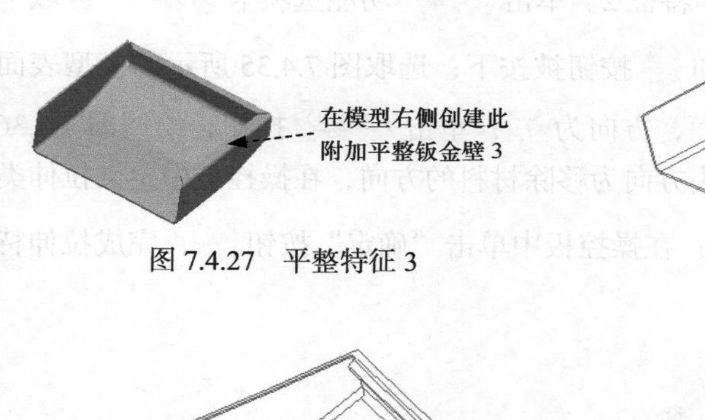

图 7.4.27 平整特征 3

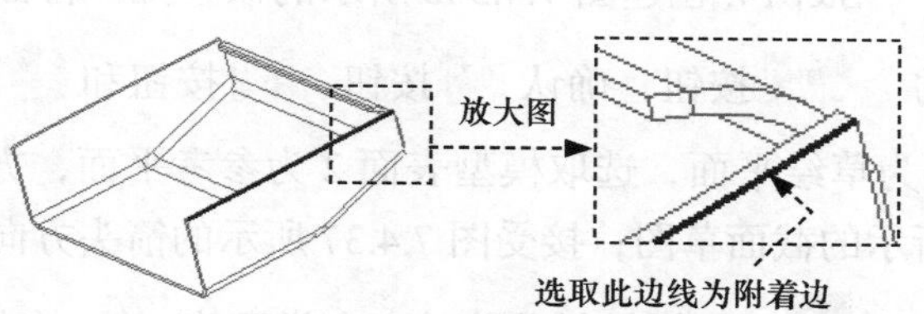

图 7.4.28 定义附着边

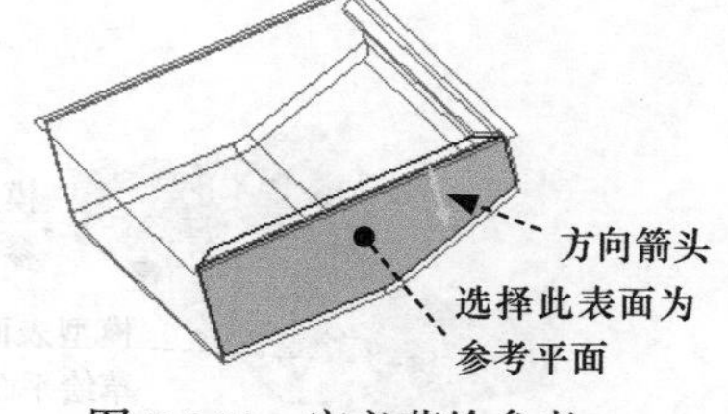

图 7.4.29 定义草绘参考

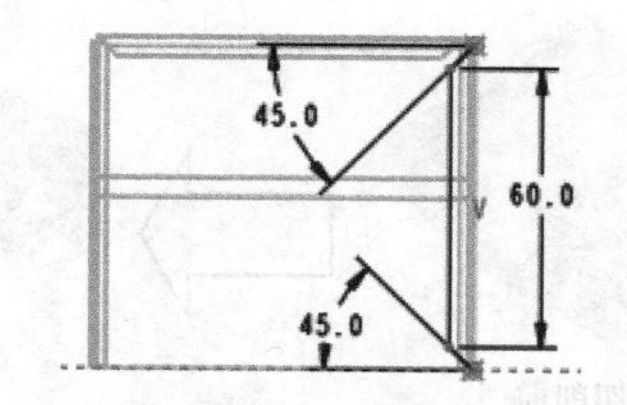

图 7.4.30 截面草图

Step12. 参照上一步的操作方法，创建图 7.4.31 所示的模型左侧的附加钣金壁平整特征 4。

Step13. 将图 7.4.32a 所示的右侧附加平整钣金壁展平。单击 模型 功能选项卡 折弯▼ 区域中的“展平”按钮，在“展平”操控板中单击按钮；在系统 ➪选择要在展平时保持固定的曲面或边. 的提示下，选取图 7.4.33 所示的模型右侧表面为固定面；单击 参考 按钮，在系统弹出的“参考”界面中将 折弯几何 下文本框中的选项全部移除，然后选取图 7.4.33 所示的圆弧面为展平曲面；单击 ✓ 按钮，完成展平特征的创建。

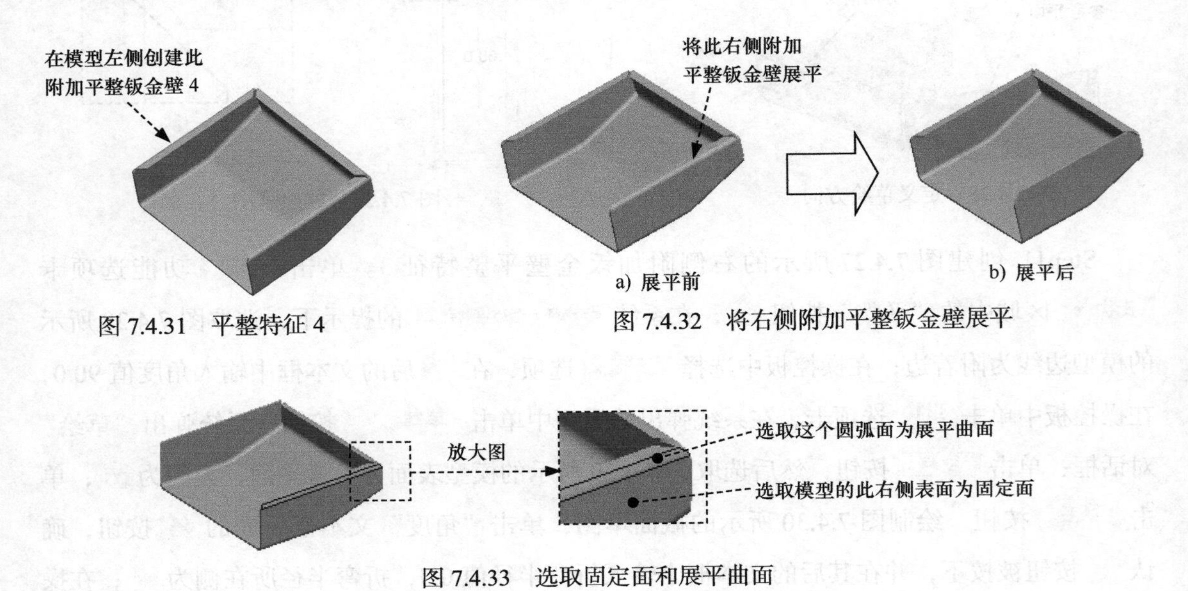

图 7.4.31　平整特征 4　　图 7.4.32　将右侧附加平整钣金壁展平

图 7.4.33　选取固定面和展平曲面

Step14. 创建图 7.4.34b 所示的钣金拉伸特征 2。单击 模型 功能选项卡 形状 ▼ 区域中的 拉伸 按钮，确认 按钮、 按钮和 按钮被按下；选取图 7.4.35 所示的模型表面 1 为草绘平面，选取模型表面 2 为参考平面，方向为 右；单击 草绘 按钮，绘制图 7.4.36 所示的截面草图；接受图 7.4.37 所示的箭头方向为移除材料的方向，在操控板中定义拉伸类型为 ，选择材料移除的方向类型为 ；在操控板中单击“确定”按钮 ✓，完成拉伸特征 2 的创建。

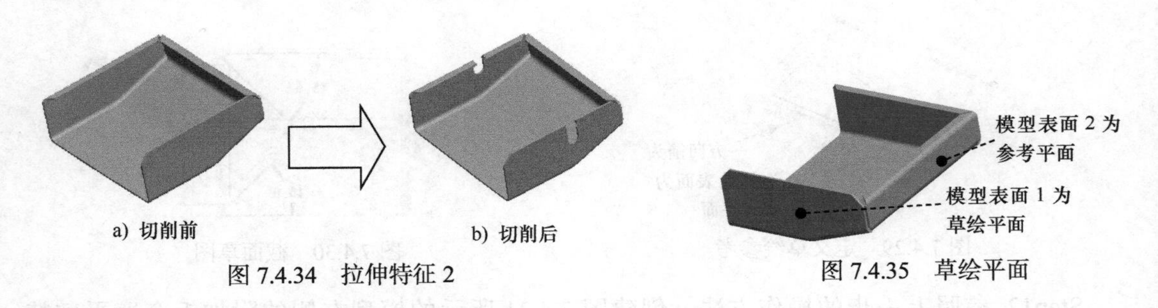

图 7.4.34　拉伸特征 2　　图 7.4.35　草绘平面

Step15. 创建图 7.4.38b 所示的钣金拉伸特征 3。在操控板中单击 拉伸 按钮，确认 按钮、 按钮和 按钮被按下；选取图 7.4.39 所示的模型表面 1 为草绘平面，选取模型表面 2 为参考平面，方向为 右；单击 草绘 按钮，绘制图 7.4.40 所示的截面草图；接受图 7.4.41 所示的箭头方向为移除材料的方向，在操控板中定义拉伸类型为 ，选择材料移除的方向类型为 。

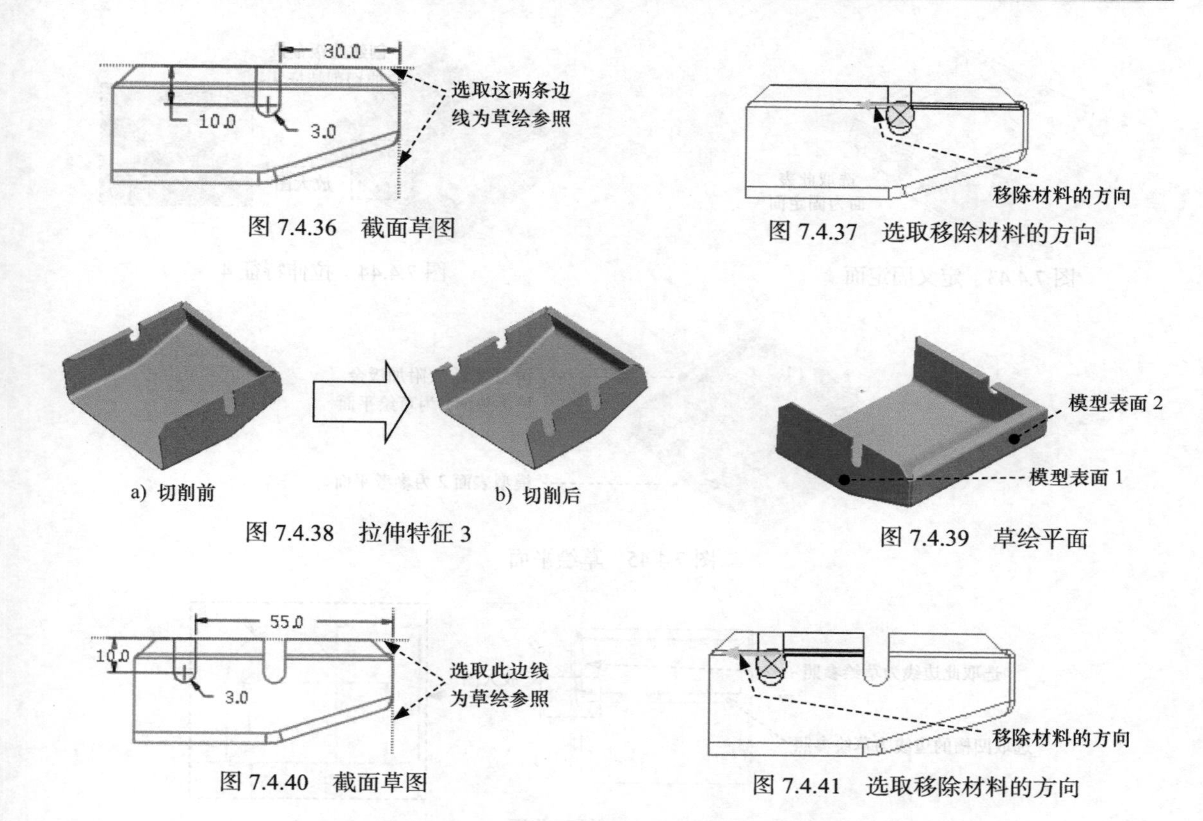

图 7.4.36 截面草图

图 7.4.37 选取移除材料的方向

图 7.4.38 拉伸特征 3

图 7.4.39 草绘平面

图 7.4.40 截面草图

图 7.4.41 选取移除材料的方向

Step16. 将图 7.4.42a 所示的右侧附加平整钣金壁再折弯回去。单击 模型 功能选项卡 折弯 ▾ 区域中的“折回”按钮 折回，系统弹出“折回”操控板；在“折回”操控板中单击 按钮，选取图 7.4.43 所示的模型右侧表面为固定面；单击 ✓ 按钮，完成折回特征 1 的创建。

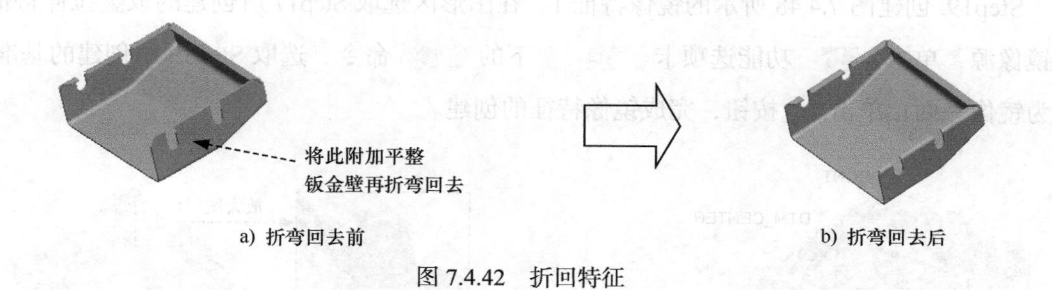

图 7.4.42 折回特征

Step17. 创建图 7.4.44 所示的钣金拉伸特征 4。在操控板中单击 拉伸 按钮，确认 按钮、 按钮和 按钮被按下；选取图 7.4.45 所示的模型表面 1 为草绘平面，选取模型表面 2 为参考平面，方向为 右；单击 草绘 按钮，绘制图 7.4.46 所示的截面草图；接受系统默认的箭头方向为移除材料的方向，在操控板中定义拉伸类型为 ，选择材料移除的方向类型为 。

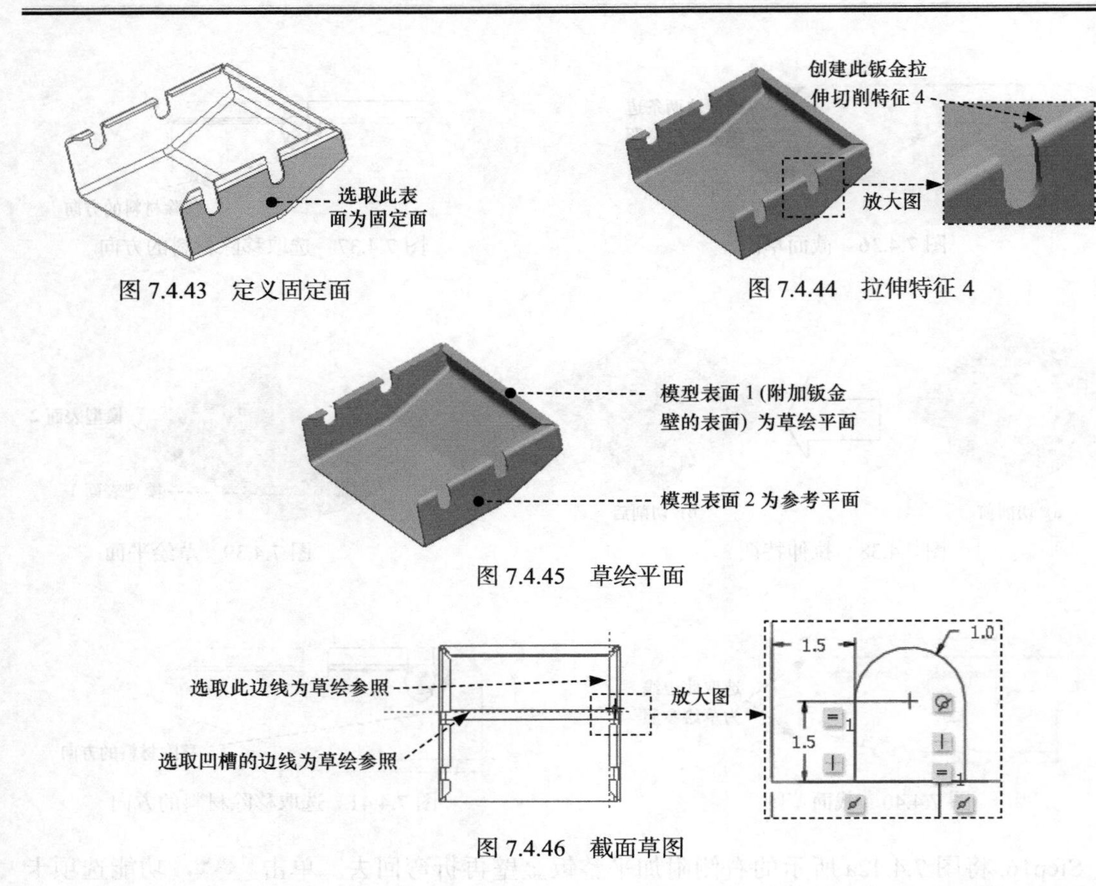

图 7.4.43　定义固定面

图 7.4.44　拉伸特征 4

图 7.4.45　草绘平面

图 7.4.46　截面草图

Step18. 创建图 7.4.47 所示的基准平面 1。单击“平面”按钮，选取 FRONT 基准平面为偏距参考面，在对话框中输入偏移距离值 40.0；然后单击 确定 按钮，完成创建（在模型树中将此步创建的基准平面重命名为 DTM_CENTER）。

Step19. 创建图 7.4.48 所示的镜像特征 1。在图形区选取 Step17 所创建的钣金拉伸特征 4 为镜像源，单击 模型 功能选项卡 编辑 ▾ 下的 镜像 命令，选取 Step18 所创建的基准平面为镜像平面；单击 ✓ 按钮，完成镜像特征的创建。

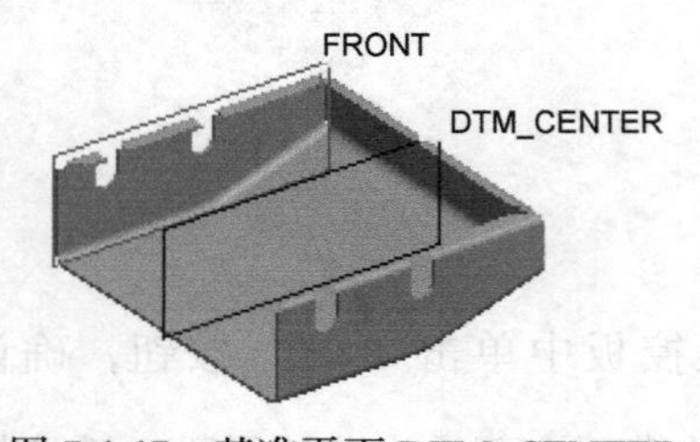

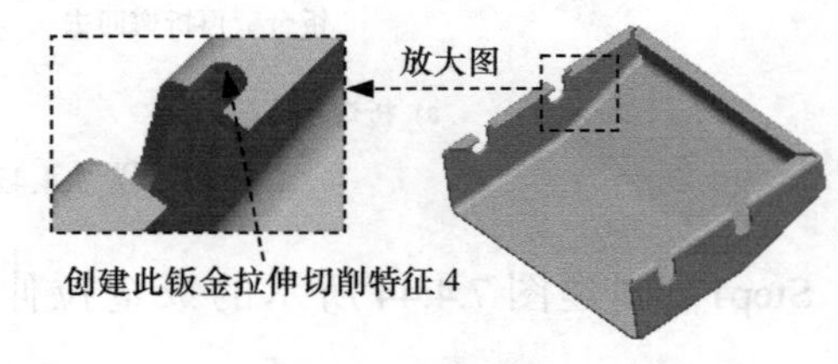

图 7.4.47　基准平面 DTM_CENTER

图 7.4.48　镜像特征

Step20. 创建图 7.4.49b 所示的凸模成形特征。单击 模型 功能选项卡 工程 ▾ 区域下的 凸模 按钮，在系统弹出的“凸模”操控板中单击 按钮，系统弹出文件“打开”对话框；选择 D:\creo6.1\work\ch11.06 目录下的 sm_die.prt 文件为成形模具，并将其打开；单击操控板中的 放置 选项卡，在系统弹出的界面中选中 ☑约束已启用 复选框，并添加图 7.4.50 所示的三组位置约束；单击 选项 选项卡，在系统弹出的界面中单击 排除冲孔模型曲面 下的空白区域，然后按住 Ctrl 键，选取图 7.4.51 所示的五个表面（一个背面、两个侧面和两个圆角）为排除面；在操控板中单击“确定”按钮 ✓，完成凸模成形特征的创建。

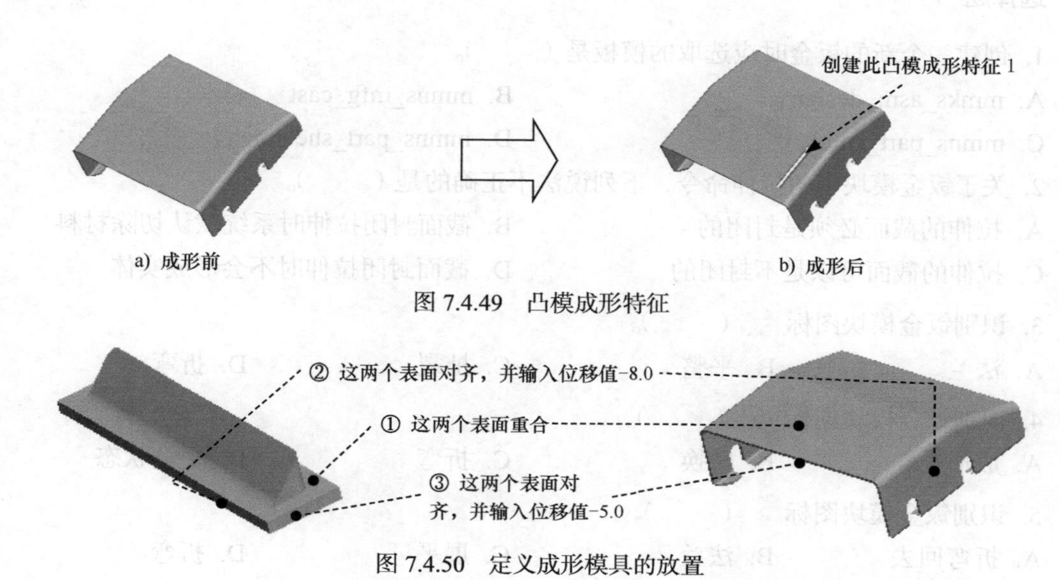

图 7.4.49 凸模成形特征

图 7.4.50 定义成形模具的放置

Step21. 创建图 7.4.52b 所示的阵列特征。在模型树中选取上一步创建的成形特征 1，再右击，从系统弹出的快捷菜单中选择 ⊞ 命令；在“阵列”操控板中选择以 方向 方式控制阵列，选取 FRONT 基准平面为第一方向参照，设定第一方向成员数为 8，阵列成员间距值为 8.0；在操控板中单击 ✓ 按钮，完成阵列特征 1 的创建。

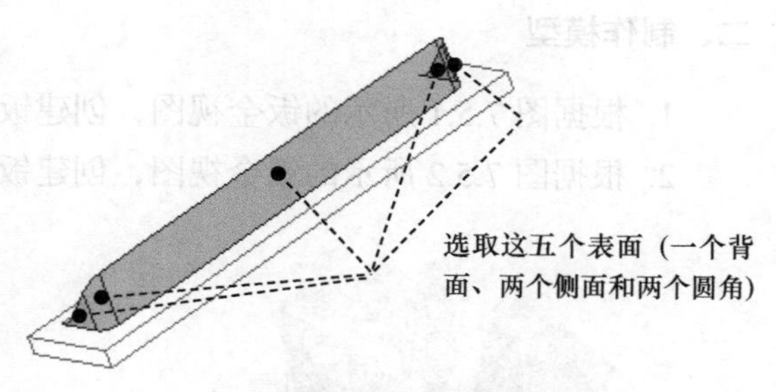

图 7.4.51 选取排除面

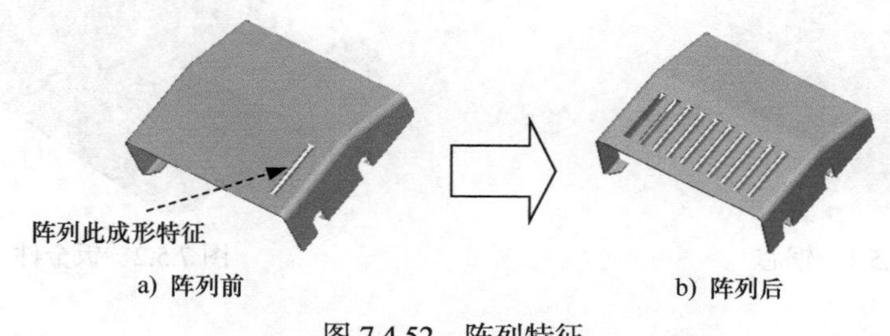

图 7.4.52 阵列特征

Step22. 保存零件模型文件。

7.5　习　题

一、选择题

1. 创建一个新的钣金时应选取的模板是（　　）。

A. mmks_asm_design　B. mmns_mfg_cast

C. mmns_part_solid　D. mmns_part_sheetmetal

2. 关于钣金模块中的拉伸命令，下列说法不正确的是（　　）。

A. 拉伸的截面必须是封闭的　B. 截面封闭拉伸时系统默认切除材料

C. 拉伸的截面可以是不封闭的　D. 截面封闭拉伸时不会形成实体

3. 识别钣金模块图标（　　）。

A. 法兰　B. 平整　C. 扯裂　D. 折弯

4. 识别钣金模块图标（　　）。

A. 成形　B. 转换　C. 折弯　D. 平整状态

5. 识别钣金模块图标（　　）。

A. 折弯回去　B. 法兰　C. 展平　D. 折弯

二、制作模型

1. 根据图 7.5.1 所示的钣金视图，创建钣金零件模型—— 铜芯（尺寸自定）。

2. 根据图 7.5.2 所示的钣金视图，创建钣金零件模型—— 钣金件（尺寸自定）。

图 7.5.1　铜芯

图 7.5.2　钣金件

读者意见反馈卡

尊敬的读者：

感谢您购买机械工业出版社出版的图书！

我们一直致力于CAD、CAPP、PDM、CAM和CAE等相关技术的跟踪，希望能将更多优秀作者的宝贵经验与技巧介绍给您。当然，我们的工作离不开您的支持。如果您在看完本书之后，有什么好的批评和建议，或是有一些感兴趣的技术话题，都可以直接与我联系。

责任编辑：丁锋

为了感谢广大读者对兆迪科技图书的信任与支持，兆迪科技面向读者推出"免费送课"活动，即日起，读者凭有效购书证明，可以领取价值100元的在线课程代金券1张，此券可在兆迪科技网校（http://www.zalldy.com/）免费换购在线课程1门。活动详情可以登录兆迪网校或者关注兆迪公众号查看。

兆迪网校

兆迪公众号

书名：《Creo 8.0机械设计教程》（高校本科教材）

1. 读者个人资料：

姓名：__________性别：___年龄：___职业：________职务：_________学历：_______

专业：__________单位名称：________________办公电话：___________手机：_______

QQ：________________________微信：____________E-mail：____________________

2. 影响您购买本书的因素（可以选择多项）：

□内容	□作者	□价格
□朋友推荐	□出版社品牌	□书评广告
□工作单位（就读学校）指定	□内容提要、前言或目录	□封面封底
□购买了本书所属丛书中的其他图书		□其他____________

3. 您对本书的总体感觉：

□很好　　□一般　　□不好

4. 您认为本书的语言文字水平：

□很好　　□一般　　□不好

5. 您认为本书的版式编排：

□很好　　□一般　　□不好

6. 您认为Creo其他哪些方面的内容是您所迫切需要的？

____

7. 其他哪些CAD/CAM/CAE方面的图书是您所需要的？

____

8. 您认为我们的图书在叙述方式、内容选择等方面还有哪些需要改进的？

____

____